AF269557

Joe Colombo

IGNAZIA FAVATA

Joe Colombo

DESIGNER

CATALOGO RAGIONATO
CATALOGUE RAISONNÉ
1962–2020

SilvanaEditoriale

COLLABORAZIONE / COLLABORATION

Teresa Bocchi Galassini
Sheida Birgani
Margaret Moser
Elisabetta Borgatti

Editing per "Ritratto di Joe Colombo" /
Editing for "Joe Colombo: A Portrait"
Andrea Calatroni

SI RINGRAZIANO / THANKS TO

ABC Italia srl - Amini Carpets
Accademia Carrara, Galleria d'Arte Moderna
e Contemporanea di Bergamo
Agorart
Alessi
Arnolfo di Cambio Compagnia Italiana del Cristallo
B-Line
Boffi
Bonacina 1889
Cappellini / Cap Design spa
Centre Pompidou, MNAM-CCI
Ditre Italia
Industrie Carnovali
Karakter
Kartell
Longhi
Lyngby Porcelain - KCPH Group A/S
MoMA - The Museum of Modern Art
Musée des Arts Décoratifs, Paris
Olivari
Oluce
Stilnovo
Valentina 94
Vitra Design Museum
Zanotta

Sommario

Contents

Una breve premessa

Joe Colombo è annoverato tra le poche personalità del design del XX secolo in grado di meritare l'appellativo di "leggendario" ed è questa la più appropriata definizione che Mateo Kries ha utilizzato nell'introduzione del catalogo della mostra a lui dedicata nel 2005 superando di cinque anni la definizione "il profeta del design" che Stefano Casciani e Anna Del Gatto avevano attribuito a Joe Colombo in una trasmissione televisiva a lui dedicata nel 2000 dalla RAI - Radiotelevisione Italiana.

Oggi, a cinquant'anni dalla sua scomparsa, non saprei come definirlo meglio.

Chi c'è di più prolifico e innovativo di Joe Colombo che ha tracciato la strada del design italiano con innumerevoli prodotti e idee innovative? Ancora oggi viene visto come il "designer del futuro" tanto che ormai tutti camminiamo spediti su quel futuro senza aver ancora raggiunto il cambiamento radicale delle sue idee.

Definire Joe Colombo è identificare un'epoca, gli anni sessanta/settanta, infatti ci sono epoche che, per varie ragioni e settori emergenti, sono definite da persone. Questa simmetria è la chiave di lettura del design italiano e di Joe Colombo.

Fin da giovanissimo ha dimostrato di avere diversi interessi: suonava il sassofono al Jazz Club Santa Tecla, dipingeva con Baj e Dangelo nel Movimento Nucleare, sciava (divenne anche maestro di sci), era appassionato di montagna, di automobili, di nuovi materiali, di tecnologie costruttive e molto altro.

Si è occupato di arredamento e di architettura approdando poi al design e sviluppando idee originali su come sarebbe cambiato il nostro modo di vivere.

Ricordo che per spiegare il dogma dell'Architettura e del Design, "Forma, Funzione e Tecnologia costruttiva", agli studenti del Politecnico di Milano ho usato come esempio una tela di ragno che deve avere una forma precisa, che è deputata a una funzione definita e che deve essere costruita utilizzando una tecnologia adeguata che soddisfi i bisogni di resistenza, flessibilità, leggerezza.

Così ragionava Joe Colombo, controllando consapevolmente le caratteristiche dei materiali, i processi produttivi e le funzioni di destinazione. Con tutti questi vincoli la forma nasceva già definita.

In un'epoca in cui tutto era beige o al massimo color mattone, utilizzava il colore in ogni prodotto e in ogni progetto di interni ottenendo la fiducia e la stima di Gio Ponti, Direttore di "Domus", che pubblicava tutti i suoi lavori.

Il suo primo progetto di design (1962) pubblicato è la lampada *Acrilica* prodotta nel 1963.

Il suo primo progetto di interni (1962) pubblicato è l'albergo Pontinental a Platamona (SS) in Sardegna, realizzato nel 1964 e da quel momento la sua attività si concentra in questi settori: produzione industriale, interni di appartamenti, negozi, alberghi, stand e allestimenti fieristici. Parallelamente sviluppa progetti di arredi componibili da produrre in serie che diventeranno elementi che soddisfano più funzioni, fino ai "monoblocchi polifunzionali" che racchiudono tutte le funzioni del vivere. Questa accelerazione creativa si interrompe nel 1971 anno della sua scomparsa a soli 41 anni.

Molti progetti appena schizzati sono rimasti nel cassetto, così come altri completamente disegnati e ancora inediti.

A Short Foreword

Joe Colombo is one of the few personalities in twentieth-century design deserving the definition of "legendary." And this is the most appropriate definition that Mateo Kries used in the introduction of the catalogue of the exhibition devoted to Joe Colombo in 2005, going beyond the appellative of "the prophet of design" that Stefano Casciani and Anna Del Gatto had attributed to him in a RAI - Radiotelevisione Italiana TV show broadcast in 2000.

Today, fifty years after his death, I would not know a better way to define him.

Who has been more prolific and innovative than Joe Colombo, who blazed the trail of Italian design with countless innovative products and ideas? Even today, he is seen as the "designer of the future," so much so that we all now walk in that future without having yet reached the radical change of his ideas.

Defining Joe Colombo is like identifying an epoch – the sixties and seventies – and there are epochs that, for different reasons and emerging sectors, are defined by people. This symmetry is the key to interpret Italian design and Joe Colombo.

From a very young age, he proved to have many interests, he played saxophone at the Santa Tecla Jazz Club, painted with Baj and Dangelo in the Nucleare art movement, loved skiing (and even became a ski instructor), he was passionate about the mountains, automobiles, new materials, construction technology, and so on.

He dealt with furniture and architecture, then landed in the world of design and developed original ideas on how our way of living would change.

I remember that when I explained the dogma of Architecture and Design – Form, Function, and Construction Technology – to the students of the Politecnico in Milan, I used the example of a spider web: it must have a precise form aimed at fulfilling a specific function and must be built using an adequate construction technology that satisfies robustness, flexibility, and lightweight requirements.

This was how Joe Colombo reasoned: consciously controlling the characteristics of the materials, production processes, and the final use. With these requirements in mind, the form was easily conceived.

In a period when everything was beige or brick-red, he used color in every product and every interior project, gaining the trust and esteem of the Director of "Domus," Gio Ponti, who published all of Joe Colombo's works.

His first published design project (1962) was the *Acrilica* lamp, produced in 1963.

His first published interior design concept (1962) was the Pontinental Hotel in Platamona (SS), Sardinia, realized in 1964. From that moment onward, his activity focused on the sectors of industrial production, interior designs for apartments, shops, hotels, trade fair stands, and developing designs for serial production modular furnishings, whose components satisfy several functions, up to the "multi-function mobile units" that contain all the functions for living. His focus on these multi-function modular units will steadily increase only to be interrupted in 1971, when Joe Colombo died at the age of 41.

Many projects, simply roughed out in sketches, remained in his drawers along with completed design projects that are still unpublished.

Note di lettura

La catalogazione delle opere di Joe Colombo è iniziata nel 1968, quando fu necessario attribuire un codice progressivo ai lavori in corso che erano arrotolati in cestoni e già preceduti da altri lavori di alcuni anni precedenti. Nello stesso anno è stato redatto anche uno schedario con il codice, il nome del prodotto, l'attribuzione della categoria, l'anno del progetto, il nome del produttore ecc.

Nel 1971, dopo la morte di Joe Colombo, è iniziata l'archiviazione vera e propria con uno schedario più completo che riportava il nome dell'opera, del committente, dei produttori attuali e storici, la documentazione relativa all'opera (schizzi, disegni, foto, cataloghi, pubblicazioni), la categoria, il numero di codice, oltre alla data del progetto, prima produzione o riedizione, prototipo, in produzione, fuori produzione e, negli ultimi tempi, lo stato dell'archiviazione digitale.

Molto più tardi sono stati aggiunti nello schedario anche i prodotti provenienti da arredi o di cui non erano stati sviluppati progetti, i cui numeri iniziano dal 500. I progetti firmati dallo Studio Joe Colombo sono invece stati aggiunti dal codice 1000 in poi.

La prima pubblicazione del *Ritratto di Joe Colombo* risale al 1988, all'epoca editata da Idea Books Edizioni, da MIT Press-Massachusetts Institute of Technology, USA, e da Thames and Hudson, Londra, e qui ampliata.

La pubblicazione dell'*Antologia giornalistica internazionale* è stata preceduta da una prima raccolta nel libro monografico *Joe Colombo* nella collana *I maestri del design* e pubblicata dal Sole 24 Ore, e qui aggiornata.

La *Produzione oggi* raccoglie anche prodotti rieditati. Durante i cinquant'anni trascorsi alcune società, pur prestigiose, hanno cessato l'attività mentre altre hanno ceduto l'azienda, così oggi i produttori storici sono circa metà del totale e altri hanno rieditato prodotti già noti. Ora, nel 2021, è in corso la realizzazione di quattro riedizioni e di due inediti. Le date che accompagnano l'ordine cronologico sono quelle del progetto; un solo prodotto – AJC.0392 – è inserito con la data della produzione attuale.

Sono citati solo i nomi dei produttori attuali perché unici titolari dei diritti di produzione.

Le date della produzione sono accompagnate dalla data della prima pubblicazione o prima esposizione al pubblico. In qualche raro caso è stata inserita solo la data del disegno firmato.

Nel tempo i nomi dei prodotti sono stati cambiati su richiesta del produttore oppure in seguito a diversa tecnologia costruttiva.

Il *Regesto delle opere* raccoglie i progetti realizzati sotto forma di produzione industriale o pre-serie o prototipi o modelli. Raccoglie anche i progetti realizzati di interni di abitazioni, negozi, alberghi e di allestimenti di mostre e stand fieristici. Gli arredamenti contengono i primi progetti per la produzione in serie.

La *Bibliografia* è essenziale. Sono indicati solo i libri monografici e le mostre monografiche con cataloghi, i premi e alcune importanti pubblicazioni di design.

La *Cronologia della vita e delle opere* è divisa in due parti, la prima dal 1930 al 1971, la seconda dal 1972 ad oggi. Le date che vengono indicate tra parentesi vicino al prodotto sono quelle del progetto.

Abbreviazioni
AJC.0000 = Codice numerico del progetto
MM = Mostre monografiche
MC = Mostre collettive

Notes to Readers

The cataloguing of Joe Colombo's works began in 1968, when it was necessary to attribute a progressive code to the works in progress, which had been left in organizers together with other works from previous years. In the same year, a card index was also drawn up, in which each design was attributed a code, the corresponding product name, a category, the year of project, the name of manufacturer, etc. In 1971, after Joe Colombo's death, a more thorough cataloguing began, which included the title of the work, name of the client, current and historical manufacturers, documentation relating to the work (sketches, drawings, photographs, catalogues, publications), category, the code number, the year of first production or reissue, prototype, whether that work was still in production or out of production and, in more recent years, the status of digital archiving.

At a later stage, products coming from furnishings, or whose design had not been developed, were added to the index. The codes attributed to these additional items began from 500. The designs signed by Studio Joe Colombo were added with the attribution of code 1000 onward.

The first publication of "Ritratto di Joe Colombo" [Joe Colombo: A Portrait] dates back to 1988. It was initially published by Idea Books Edizioni, MIT Press, USA, and Thames and Hudson, London; and it has now been expanded.

The publication of the "Antologia giornalistica internazionale" [International Press Digest] was preceded by a first collection in the monographic book *Joe Colombo,* released within the *I maestri del design* series published by Sole 24 Ore, and updated today.

The "Current Production" also includes reissued products. During the past fifty years, some companies discontinued their activity, while others have transferred their business and so today, there are about half of the initial historical manufacturers, while other companies have reissued well-known items. In 2020, four reissues and two new products are in progress. The dates accompanying the chronological order refer to the year of the design. Only one product (AJC.0392) was entered with the date of its present production.

Only the names of current manufacturers are mentioned, since they are the holders of production rights.

Dates of production are accompanied by the date of the first publication or first exhibit to the public. In some rare cases, only the date of the signed design was entered.

Over time, the names of designs were changed upon request of the manufacturer, or following a different construction technology.

The "Work Catalogue" gathers designs carried out in the form of industrial production, or pre-series, or prototypes, or models. It also includes designs created for home, shops, hotels, setup of exhibition and trade fair stands. Furnishings contain the fist designs for serial production.

The "Selected Bibliography" only includes monograph books, monographic exhibitions and related catalogues, awards, and some noteworthy design periodicals.

The "Life and Work Chronology" is divided in two parts; the first from 1930 to 1971; the second from 1972 to today. Dates in parentheses refer to the year of the initial design.

Abbreviations
AJC.0000 = Design numerical code
SE = Solo exhibitions
GE = Group exhibitions

IGNAZIA FAVATA

Ritratto di Joe Colombo

Gli inizi: pittura e "Città nucleari"

Orientato al mondo artistico sia per cultura che per immaginazione, appassionato di tecnologia e di futurologia, Joe Colombo divenne designer, credo, per soddisfare le sue innumerevoli curiosità. Aveva grandi capacità creative, entusiasmo e molti interessi, era una specie di fuoco d'artificio, una continua esplosione di idee. Fu un personaggio chiave della trasformazione che interessò il mondo dell'industria e dell'arte italiane negli anni cinquanta e sessanta. Per collocarlo nella giusta prospettiva è necessario ricostruire il suo iter professionale. In un'intervista rilasciata poco prima della sua scomparsa, Joe Colombo raccontava:

> La mia famiglia era una famiglia normale, una famiglia italiana, milanese; io ero un ragazzo normale, il mio gioco preferito era il meccano. Niente del mio ambiente mi spingeva verso una direzione o l'altra. Ho imparato tutto da solo, cioè ho imparato a scegliere da solo[1].

Nato a Milano il 30 luglio 1930, frequenta l'Accademia di Belle Arti di Brera e la facoltà di Architettura del Politecnico di Milano e si dedica, appena ventenne, alla pittura e alla scultura d'avanguardia, unendosi al movimento Arte Nucleare, fondato nel 1951 da Enrico Baj e Sergio Dangelo, con cui riteneva di avere delle affinità. In questo periodo Colombo, in una prospettiva pittorica informale, rappresenta forme organiche fossilizzate, proiettate verso un mondo atomico-nucleare dove la materia viene rimescolata dando vita a mondi nuovi in cui l'uomo, attraverso una nuova *scienza atomica*, crea "Città nucleari". Le forme libere e antropomorfe, le superfici ampie e forate, il gusto per il volume pieno, resteranno le basi estetiche di tutta la sua produzione.

Nel 1953 con Enrico Baj, parallelamente alle mostre di pittura, allestisce un originale soffitto in un locale notturno, il Santa Tecla di Milano, dove si suonava il primo jazz. Nel 1954 crea per la X Triennale di Milano, appena riaperta, tre zone di soggiorno all'aperto attrezzate con panchine ed "edicole televisive", dove alcuni televisori Zenit assumono, insieme all'aspetto di piccoli teatri, quello di inediti altarini dell'immagine.

In seguito, per il timore di essere considerato poco tecnico, rinnegherà spesso questa sua prima "stagione d'artista" (è per questo che molti attribuiscono le sue prime opere al fratello Gianni, noto esponente dell'Arte Programmata) ma, per la verità, anche in quest'epoca già si scorgono in embrione alcune delle sue realizzazioni future.

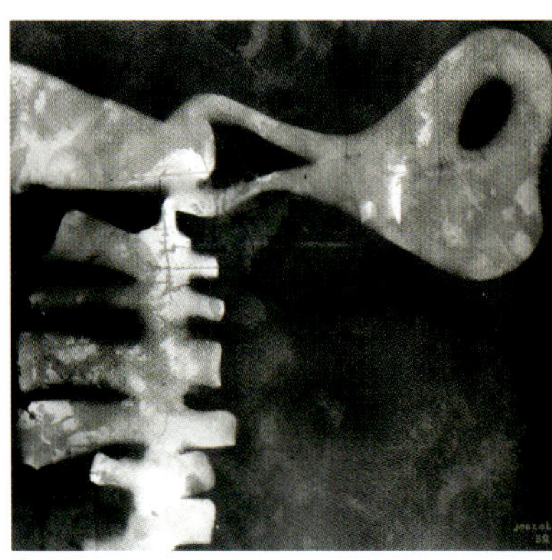

1.

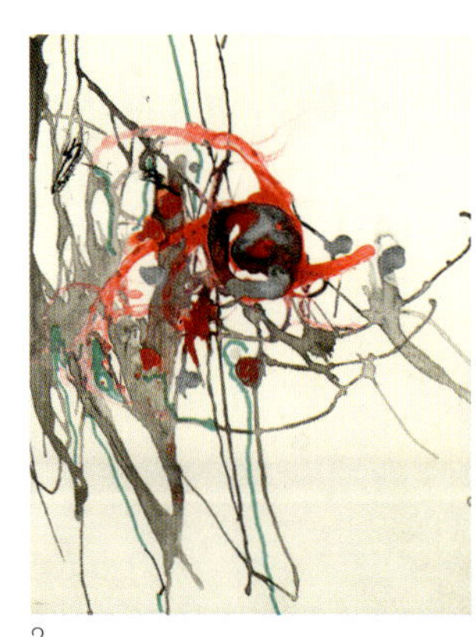

2.

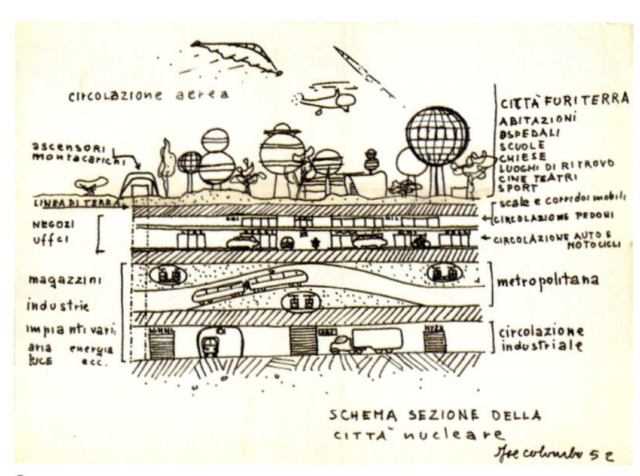

3.

IGNAZIA FAVATA

Joe Colombo: A Portrait

The Beginnings: Painting and "Nuclear Cities"

Attracted by the world of art by both background and imagination, passionate about technology and futurology, Joe Colombo became, in my belief, a designer to satisfy the enormous breadth of his curiosity. He had great creative capacities and showed remarkable enthusiasm for a multitude of interests: he was, in short, a sort of "firework," a continual outpouring of ideas. He was a key figure in the transformation experienced by the world of Italian industry and art in the 1950s and 1960s. To place him in the right perspective, it is necessary to take a look at the development of his career. In an interview, he gave shortly before he passed away, Joe Colombo recounted:

> My family was an ordinary family, an ordinary Italian family, from Milan. I was an ordinary little boy; my favorite toy was Meccano. Nothing in my environment pushed me in one direction or another. I learned everything by myself, that is, I learned to make up my own mind.[1]

Born in Milan on July 30, 1930, he attended the Accademia di Belle Arti of Brera and the Faculty of Architecture of the Politecnico of Milan, and devoted himself, at the age of twenty, to avant-garde painting and sculpture. He joined the Arte Nucleare movement, founded in 1951 by Enrico Baj

and Sergio Dangelo, with whom he felt he had a number of affinities. While painting from a non-figurative perspective, during this period Colombo represented fossilized organic forms, projected toward an atomic-nuclear world where the material is blended, giving rise to new worlds in which man, by means of a novel *atomic science*, creates "Nuclear Cities." The free and anthropomorphic forms, the large and perforated surfaces, his liking for solid volumes, these were to remain the aesthetic foundations of his entire body of work. In 1953, together with Enrico Baj, while staging a number of exhibitions of his paintings, he designed an original ceiling for a night club in Milan, the *Santa Tecla*, where traditional jazz was played. For the X Milan Triennale of 1954, he created three open air rest areas equipped with benches and "television shrines," in which a number of Zenit sets assumed the appearance of both miniature theaters and novel altars of imagery.

Later on, for fear of being regarded as not enough of a technician, he often disowned this early "artistic period" of his (and for this reason his early works are attributed by many people to his brother Gianni, a famous exponent of Programmed Art). But the truth is that, even at this early stage, the germs of his subsequent realizations could already be discerned.

1. *Composizione nucleare* raffigurante una forma organica fossilizzata, 1952 / *Nuclear Composition* depicting a fossilized organic form, 1952

2. *Esplosione nucleare*, 1952 circa / *Nuclear Explosion*, circa 1952

3. *Città nucleare*, 1952 / *Nuclear City*, 1952

4. *Edicola televisiva*, X Triennale di Milano, 1954 / *Television Shrine*, X Milan Triennale, 1954

5. *Edicole Televisive* in Piazza Duomo a Milano, schizzo, 1954 / *Television Shrines*, Milan, Piazza Duomo, sketch, 1954

4.

5.

Architettura e arredamento:
il tempo, quarta dimensione

Nello stesso periodo, si iscrive alla facoltà di Architettura e sviluppa numerosi progetti architettonici. La sua prima opera realizzata è un condominio, a Milano, nel 1956. Nel 1959 muore suo padre, Giuseppe, lasciandogli la responsabilità di un'azienda di apparecchiature elettriche. Per Colombo sarà un'occasione di confronto con la realtà e la concretezza, ma soprattutto l'incontro del suo mondo artistico con quello dell'industria in un'epoca in cui termini come design e designer stavano appena apparendo all'orizzonte e pochi intuivano l'ampio raggio d'impiego dei nuovi materiali plastici quali fiberglass, ABS, polietilene, PVC, metacrilati ecc. Sono molte le esperienze che fa in questo periodo, sia sui materiali che sulle tecniche costruttive e sui metodi e processi di produzione.

Nel 1961 apre il primo studio a Milano. Si occupa di architettura e arredamento con proposte tipologiche e soluzioni inusuali nelle quali prevale l'aspetto scultoreo o grafico. Data la sua passione per lo sci, molte proposte si riferiscono a rifugi e alberghi in montagna. Nel 1964 realizza gli interni di un albergo in Sardegna, il Pontinental, per cui gli verrà conferito il premio IN-Arch. Si possono già vedere alcune importanti soluzioni di studio sull'uso dei materiali, come il controsoffitto illuminato dall'interno e tempestato di prismi in perspex che riflettono e rifrangono la luce, colorandola. È questo tipo di studio, approfondito col fratello Gianni, che porterà, nel 1962, alla realizzazione della lampada *Acrilica*.

La passione per l'architettura e la scultura lo inducono anche a introdurre nell'arredo alcuni elementi architettonici, come profilati metallici (putrelle) a vista con alleggerimenti ellittici dell'anima del profilato. Qui Colombo riprende il tema pittorico delle ampie forme ovali su superfici piane. Questo elemento, a lui caro, era già stato utilizzato nel suo primo appartamento a Milano, dove alcune travi che sorreggono la soppalcatura si accompagnano con altre aventi la sola funzione di interrompere lo spazio, modificandolo.

Nascono i primi studi per elementi di arredo riproducibili in più esemplari: poltrone, sedie e piccoli contenitori, che vengono disegnati integralmente. Gli arredamenti, che all'inizio rispettano distribuzione e materiali tradizionali, diventano sempre più giochi di volumi e di colori, fino all'esito più evoluto rappresentato dal proprio appartamento, con i due monoblocchi *Rotoliving* e *Cabriolet Bed*.

> Le abitudini cambiano, l'interno degli ambienti deve cambiare con loro – diceva Colombo –. Nel passato lo spazio era statico, questa è stata la nozione classica per millenni. Il nostro secolo è caratterizzato invece dal dinamismo, c'è una quarta dimensione: il tempo. È necessario introdurre questa quarta dimensione nello spazio, in modo che lo spazio divenga dinamico.

Sul tema dello spazio-tempo ricordo un episodio curioso. All'epoca ero anche assistente di Fisica tecnica e Impianti al Politecnico di Milano e, pensando che il suo "spazio-tempo" fosse riferito ad Albert Einstein, gli domandai quale fosse il *soggetto relativo*. Non rispose subito, ma in seguito trovai alcuni suoi appunti su questa idea di spazio-tempo per una conferenza al *Design Research* nel 1966:

> Il contenitore o involucro dell'abitazione, elastico e flessibile dimensionato con valori mutabili secondo una scala dinamica comprendente le tre dimensioni prese dalla geometria, ma relative a momenti del tempo

Riporto, per confronto, anche uno stralcio da *Idee e opinioni* di Albert Einstein: "Qual è la posizione della teoria speciale di relatività rispetto al problema dello spazio? Anche nella fisica classica l'avvenimento è localizzato da quattro numeri, tre coordinate spaziali e una coordinata temporale.

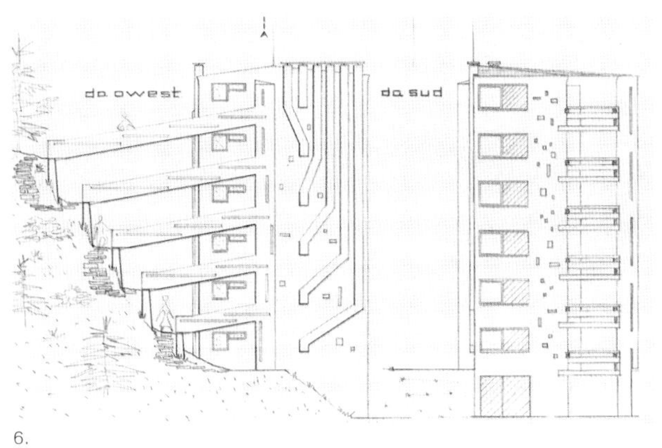

6.

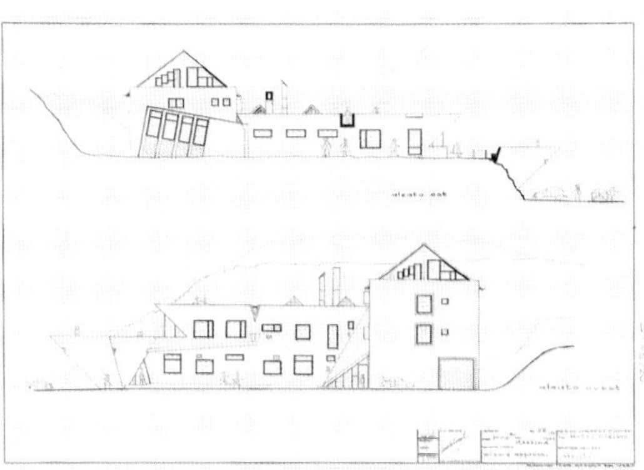

7.

6. Casa a Barni (Como), 1961, con ingressi a diversi livelli / Apartment in Barni (Como), 1961, with individual entrances on several levels

7. Hotel Stelvio, 1961 con volumi inclinati / Stelvio Hotel, 1961, with canted volumes

8-9. Atrio dell'albergo Pontinental, Sardegna, con i caratteristici prismi luminosi, 1962-1964 / Lobby of the Pontinental Hotel, Sardinia, with its singular luminous prisms, 1962–1964

Architecture and Furnishings:
Time, the Fourth Dimension

During the same period, he enrolled in the Faculty of Architecture, in Milan, and developed several architectural projects. His first architectural work was a condominium in Milan, designed in 1956. His father, Giuseppe, died in 1959, leaving him in charge of a firm manufacturing electrical equipment. For Colombo, this would not only be his encounter with the real world and concrete problems, but above all it would be the encounter between his artistic world and that of industry, at a time when terms like design and designer were just coming into use and few people could grasp the broad scope of applications for the new plastic materials, such as fiberglass, ABS, polyethylene, PVC, methacrylate and the like. This period was marked by his multiple experiments, not only with materials, but also with construction techniques and manufacturing methods and processes.

In 1961, he opened his first studio in Milan. He worked on the design of architecture and furnishings, coming up with a variety of typological proposals and solutions that were always unusual. Predominant in them, however, was the sculptural or graphic aspect. Owing to his passion for skiing, many of his proposals were intended for mountain refuges and hotels. In 1964, he designed the interior of a hotel in Sardinia, the Pontinental Hotel, for which he was awarded the IN-Arch prize. A number of important solutions stemming from his studies on the use of materials could already be detected in this project: a double ceiling illuminated from within and studded with Perspex prisms that reflect and refract the light, lending it color. It is exactly this type of study, explored in depth with his brother Gianni, that will lead him to design the *Acrilica* lamp in 1962.

His love for architecture and sculpture also led him to introduce a number of architectonic elements into his furnishings, such as visible iron beams with elliptical sections cut out of the core. Here, Colombo recovered the pictorial theme of large oval shapes in flat surfaces. This feature, which he was very fond of, had already been used in his first apartment in Milan, where a number of beams supporting the intermediate flooring were accompanied by others whose sole function was to interrupt the space, thus modifying it. At this time came the first studies of elements of furnishing that could be combined in different ways: for instance, armchairs, chairs and small containers that were designed to fit together. The furnishings, which in the beginning conformed to traditional patterns of distribution of the space and used traditional materials, showed an increasing tendency to turn into plays on volume and color, the most highly evolved example of which was his own apartment, with the mobile units *Rotoliving* and *Cabriolet Bed*.

> Habits change, room interiors must change with them – Colombo once said –. In the past, space was static; this has been the classic notion for millennia. Our century is characterized by dynamism and there is a fourth dimension: time. It is necessary to introduce this fourth dimension in space so that space, too, becomes dynamic.

On the theme of space-time, I remember a curious episode. At the time, I was also an assistant for the course of Technical Physics and Systems at the Politecnico of Milan and, thinking that his "space-time" concept was related to Albert Einstein, I asked him what the *relative subject* was. He did not reply immediately, but sometime later I found his notes on this idea of space-time for a conference at the *Design Research* of 1966:

> The container, or the shell of a home, elastic and flexible, whose dimensions vary according to a dynamic scale that includes the three dimensions drawn from geometry, whose relativity is based on a specific moment in time.

For comparison, I also quote Albert Einstein in *Ideas and Opinions*: "What is the position of the special theory of relativity in regard to the problem of space? Even in classical physics the event is localized by four numbers, three spatial coordinates and a time coordinate; the totality of physical 'events' is thus thought of as being embedded in a four-dimensional continuous manifold."[2]

In an interview, he analyzed this theme linking it to interior design:

> For the home, this means that, instead of using a space divided up into sub-spaces with precise functions (living-room, kitchen,

8.

9.

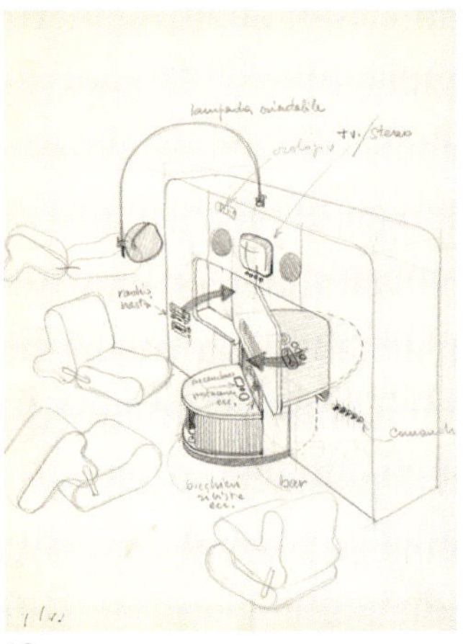

10.

11.

12.

La totalità degli 'eventi' fisici è così pensata come un'entità costretta in un continuo quadridimensionale"[2].
In un'intervista riprende e approfondisce il discorso legandolo agli interni:

> Per l'habitat questo significa che, invece di disporre di uno spazio suddiviso in sottospazi con funzioni ben determinate (soggiorno, cucina, ecc.), lo si può immaginare trasformabile secondo i bisogni del momento [...] ci si può accontentare di un volume globale più piccolo. In realtà, più grande per viverci.

> Ed è così che mi è parso indispensabile inventare degli elementi pratici e utili, dei mobili dinamici, dovendo abbandonare il simbolismo del mobile. Le caratteristiche di questi elementi devono corrispondere ai criteri di funzionalità, di dinamicità, di trasformazione, di mobilità[3].

E in altra sede lo completa:

> Io do un'importanza estrema allo studio di un oggetto per la produzione in serie, alla sua progettazione tecnica e alla scelta dei materiali, cercando di semplificare quello che dovrà essere il processo industriale di fabbricazione. Questi sono gli

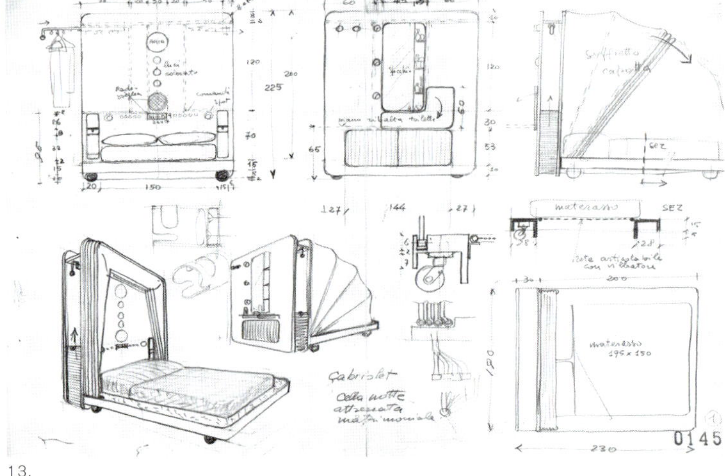

13.

10. Primo appartamento di Joe Colombo in via Tristano Calco, Milano, 1959 / Joe Colombo's first apartment in Milan, Via Tristano Calco, 1959

11-13. *Cabriolet Bed* e 12. *Rotoliving*, monoblocchi polifunzionali, quarto appartamento di Joe Colombo in via Argelati, Milano 1969 / 11-13. *Cabriolet Bed* and 12. *Rotoliving*, multi-function mobile units, Joe Colombo's fourth apartment in Milan, Via Argelati, 1969

14. Stand Stilnovo, Eurodomus 3, Milano, 1970. Sistema con elementi a L aggancabili / Stilnovo Stand, Eurodomus 3, Milan, 1970. System with L-elements

15. Stand Rosenthal, Eurodomus 3, Milano 1970. Percorso dell'esposizione ad altezza d'uomo / Rosenthal Stand, Eurodomus 3, Milan, 1970. Exhibition itinerary at eye level

16. Stand ADI, Eurodomus 2, Torino 1968. Struttura ad aste inclinate a 45 gradi. Con Arch. Alberto Rosselli / ADI Stand, Eurodomus 2, Turin, 1968. Structure with rods and junctions inclined by 45 degrees. With Architect Alberto Rosselli

14.

15.

16.

etc.), one can imagine a space that is transformable according to the needs of the moment […] one can be satisfied with a smaller overall volume. In reality, with more room for living.

And so, it seemed indispensable to me to invent practical and useful elements, dynamic pieces of furniture, as the symbolism of furniture has to be abandoned. The characteristics of these elements must answer to the criteria of functionality, dynamism, convertibility, and mobility.[3]

And in another context, he completed his statement by saying:

I give much importance to the study of an object for mass production, to its technical design and the choice of materials, in an attempt to simplify the industrial process by which it will have to be manufactured. These are the prime elements in determining the form of an object, so that 'stylism' disappears as a fundamental factor in the creative process. The whole procedure, of course, will have to be dominated by design, which still remains the tool of the trade, the means by which inventions are given concrete form, and by which the elements of culture, synthesis and color are introduced at the same time.[4]

Designs for Stores and Exhibition Stands

His designs for stores and stands underwent an evolution similar to that of his furnishings. Joe Colombo was always consistent in his ideas, which he sought to develop in a progressive fashion. As far as stores were concerned, Colombo began with the design of environments privileging materials that might produce special effects and then went on to create perfect display systems. Even the designs he produced for exhibitions like Eurodomus and the Milan Furniture Show almost seem exercises in set design. Later on, however, he felt the need of creating

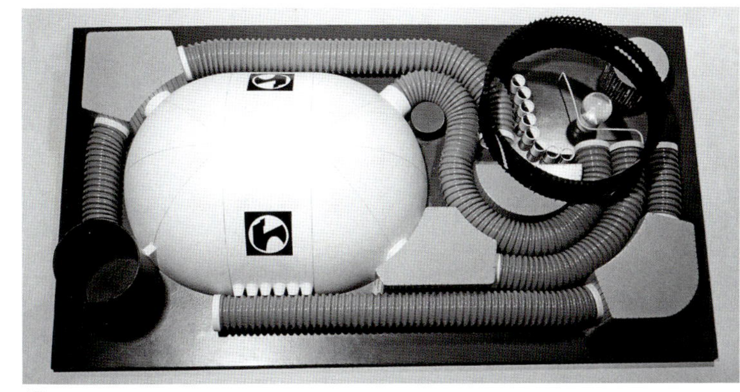
17.

18.

19.

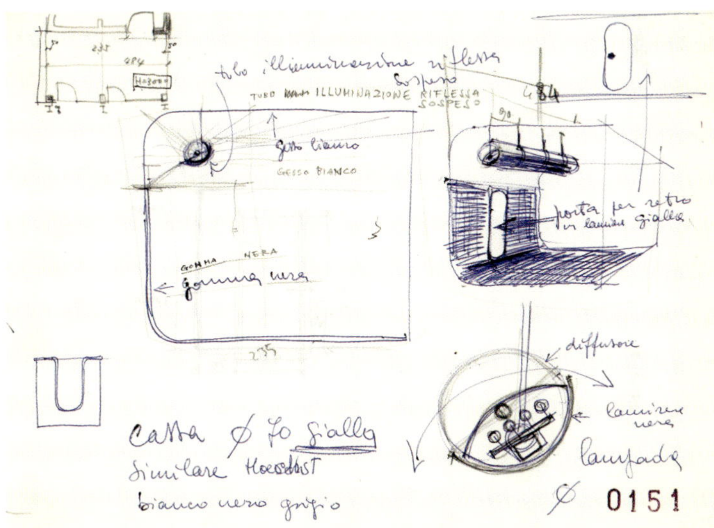
20.

17. Stand Hoechst alla Fiera della Plastica di Düsseldorf, 1970, modello / Hoechst Stand at the Düsseldorf trade fair for Plastics and Rubber, 1970, model

18. Negozio "Mario Valentino", Milano 1967. Soffitto in lamelle di perspex colorate / "Mario Valentino" store, Milan, 1967. Ceiling covered with colored Perspex plates

19-20. Sistema di arredamento per "Punto vendita programmato per autostrade", FINI, 1970 / Furnishing system for "Sales points along motorways", FINI, 1970

21. Negozio "Lella Sport", Milano 1966. Particolare del soffitto-struttura a cui sono appesi espositori scorrevoli per abiti / "Lella Sport" store, Milan, 1966. Detail of the ceiling-structure with suspended and rotating display shelves for garments

22. Negozio "Foto-cine Continental", 1965. Il soffitto è realizzato con i fogli argentati dei decori natalizi e le librerie/espositori sono protetti con lucernari industriali trasparenti / "Foto-cine Continental" store, 1965. The ceiling is covered with common Christmas decoration silver sheets, while the shelves/containers are protected by transparent domes

21.

22.

elementi che per primi determinano la forma di un oggetto, tanto che lo stilismo sparisce come elemento fondamentale di creatività. Tutto il procedimento, certamente, dovrà essere dominato dal design, che resta sempre lo strumento del mestiere, il mezzo per realizzare le invenzioni in forma concreta, introducendovi allo stesso tempo gli elementi di cultura, sintesi e colore[4].

Allestimenti di negozi e stand

Un'evoluzione analoga a quella dell'arredamento riguarda gli allestimenti di negozi e stand. Joe Colombo fu sempre coerente alle proprie idee, che cercò di sviluppare progressivamente. Per l'allestimento di negozi iniziò da ambienti in cui prevaleva l'uso di materiali particolari e d'effetto per arrivare a perfette macchine espositive. Anche gli allestimenti per le esposizioni, come Eurodomus e Salone del Mobile, sembrano quasi esercitazioni di scenografia, mentre in seguito nascerà la necessità di creare un sistema espositivo che costituisca il giusto supporto flessibile per gli oggetti da esporre. È il caso dello stand a elementi componibili realizzato per esibire le lampade di Stilnovo. Lo stand per la Hoechst, alla fiera della plastica di Düsseldorf, diventa addirittura una *macchina espositiva* assimilata all'immagine del flipper, dove percorsi diversi conducono in luoghi differenti. Gli stessi criteri danno l'impronta agli allestimenti dei negozi. Per Lella Sport la limitazione dello spazio lo induce a creare un tunnel sospeso al soffitto come contenitore di capi d'abbigliamento, e bussole girevoli con ripiani semplificano il lavoro dei commessi. Nel negozio Foto-Cine Continental, la luce si riflette e si moltiplica sul soffitto coperto di fogli argentati a piccole semisfere, mentre gli oggetti sono esposti in contenitori orizzontali o verticali coperti da cupole trasparenti.

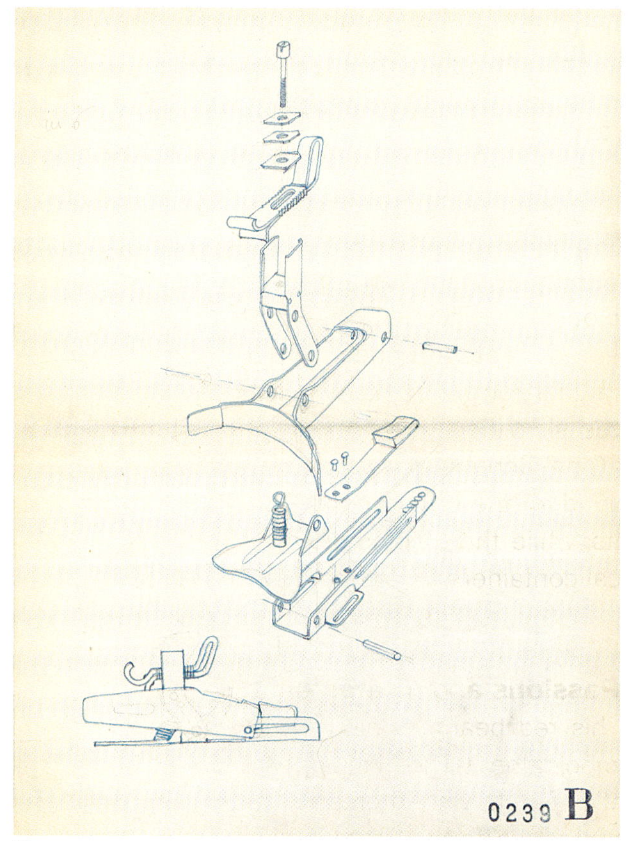

23.

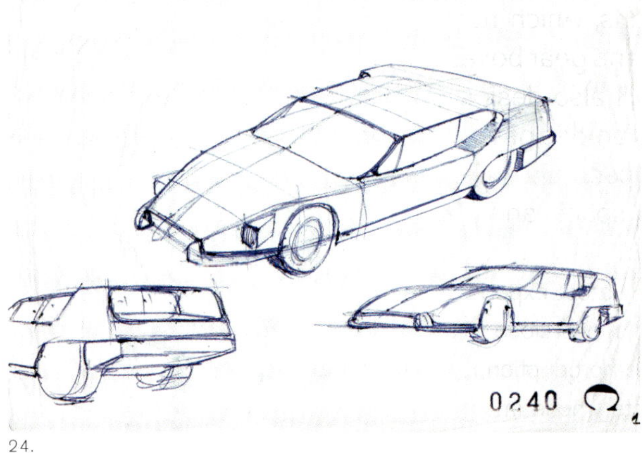

24.

23. Schizzo esploso per attacchi da sci, 1957 circa / Exploded view drawing for ski bindings, circa 1957

24. Schizzo di vettura sportiva / Sketch of a sports car

25. Progetto di roulotte, 1971 / Trailer design, 1971

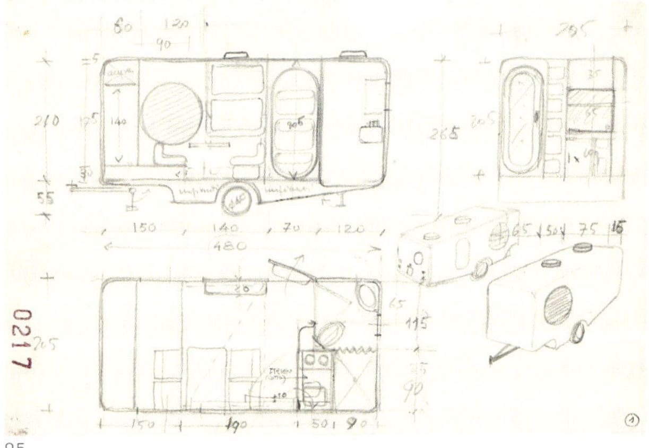

25.

a display system that would constitute the ideal flexible support for the objects on show. This is the case, for instance, for the stand made out of modular elements created to display the lamps produced by Stilnovo. The stand designed for Hoechst at the Dusseldorf plastic trade fair was a genuine "*display machine*" based on the imagery of the pinball game, in which different routes lead to different locations. He resorted to these same criteria for the setup of stores. For the Lella Sport store, the limited space led him to create a tunnel suspended from the ceiling as a container for garments, while gyrating compasses with shelves simplified the work of sales assistants. For the Foto-Cine Continental store, the light reflected and was amplified on the ceiling covered with semispherical silver sheets, while the objects were displayed in horizontal or vertical containers protected by transparent domes.

His Passions and Interests

With his red beard, shining eyes, and ever-present pipe, Colombo, rather thickset in appearance, led an exciting and frenetic life. He was interested in and attracted by everything. His love for skiing and automobiles had developed at the same pace as his passion for mechanics: his first designs, which never were realized, were indeed ski bindings and gear boxes, as well as automobiles. At a later stage, he will also design a professional photo camera. In 1970, he even designed a trailer. What Joe Colombo delved into with particular devotion was research linked to materials, living space, and mass production.

> My latest experiments with design are meant to propose global solutions close to prefabrication and, accordingly, to highly qualified production, far from the objectivistic design linked to products whose image is still the emblem of prestige, taste, culture, and so on. I want to focus on experimental research projected into the future that did not arise from formal fantasies or science fiction, but from serious theoretical studies and applications of new production technologies.[5]

Experiments, research, and passions that led him to speculate on the future of design and the industry, albeit both were still at an embryonic stage.

> Unfortunately, most manufacturers still look to style, but we are not interested in that at all… We are content with the fact that, although slowly, the few manufacturers that produce industrial design have been on the rise in the last few years. What worries me is that one

day design will be completely integrated into industry and, consequently, its evolution will soon be an involution. This danger might be closer than we expect and design in the field of furniture might get ruined before it reaches universality. That is why I've started talking of 'antidesign' for some time and I reject the objectivity of a product talking about living systems and structures; I think this is something we can get to only through pure research. Our consumer society is devouring designers; this was inevitable because so far design only limited to applied research.[6]

Designer for Profession

For Colombo, the designer was the "creator of the environment of the future." He had very clear ideas about the future:

> The possibilities presented by the extraordinary development of audiovisual processes are enormous […] The repercussions on the way in which humanity lives could be considerable. People will be able to study at home and carry on their own activities there. Distances will no longer have much importance, no longer will there be any justification for the megalopolis.

> Parallel to this, we are witnessing the fall of old taboos. 'Traditional families' tend to give way to small groups born out of affinity.

> These small groups will spread out into the countryside. We can imagine a sales hub (with orders placed via audiovisual media), a qualitative and quantitative development of public transportation according to a networked system. Man will stop being obsessed with the car.

> These groups living and working in common will require a new type of habitat, spaces that can be transformed, spaces conductive to meditation and experimentation, to intimacy and interpersonal exchanges.

> The habitat will have to be suited to physical and psychological functions, to the introverted and extroverted nature of man. Furnishings will disappear […] the habitat will be everywhere.[7]

When Colombo began to devote himself to architecture and furnishings, he designed every detail of construction and every type of object. In this way, he produced designs for chairs, armchairs, tables and containers, which he intended for mass production. His concept of the future, of collective consumption and utilization, was already there. At the time, there was no modern industrial production in Italy. In Milan and the nearby Brianza region, where period

Le passioni e gli interessi

Barba rossa, occhi luminosi e pipa in bocca, un po' tarchiato d'aspetto, Colombo viveva con frenesia. Tutto lo interessava e lo attraeva. Le passioni per lo sci e per l'automobile si erano sviluppate di pari passo con quella per la meccanica: i primi progetti, non realizzati, sono proprio attacchi per sci e cambi per auto, oltreché progetti di automobili; più tardi disegnerà anche una macchina fotografica professionale. Nel 1971 disegnò anche una roulotte. Quello cui si dedica più profondamente Joe Colombo è la ricerca legata ai materiali, allo spazio abitativo e alla produzione in serie.

> Le ultime esperienze di design da me fatte tendono proprio ad offrire soluzioni globali vicine alla prefabbricazione e quindi alla produzione altamente qualificata e lontana dal design oggettivistico legato ai prodotti la cui immagine è ancora rappresentativa di prestigio, gusto, cultura, ecc. Voglio parlare di ricerche sperimentali proiettate nel futuro che non sono nate da fantasie formali o da fantascienza, ma da seri studi teorici e applicazioni di nuove tecnologie produttive[5].

Sperimentazioni, ricerche e passioni che lo portano a fare delle considerazioni sul futuro del design e dell'industria, per quanto entrambi ancora in uno stato nascente:

> Purtroppo, la maggior parte delle produzioni fa ancora dello stile, ma a noi non interessa affatto, ci consola che, se pur lentamente, quella produzione di minoranza che fa dell'industrial design, da qualche anno, è in continua ascesa. Ma mi preoccupa al tempo stesso che un giorno il design verrà totalmente integrato all'industria e quindi la sua evoluzione diventerà subito involuzione. Forse questo pericolo è molto più vicino di quanto si può prevedere ed è possibile che il design nel campo del mobile si bruci prima di arrivare all'universalità. È per questo che già da un po' di tempo ho incominciato a parlare di 'anti-design' e sto rifiutando l'oggettività

26. *Personal Container*, 1965

27. Schizzo illustrativo del *Personal Container*, 1965 / Illustrative sketch of *Personal Container*, 1964

28. Schizzo di studio del *Personal Container*, 1965 / Drawing/study of *Personal Container*, 1964

29. *Container For Man* aperto 1965 / Open *Container For Man*, 1965

26.

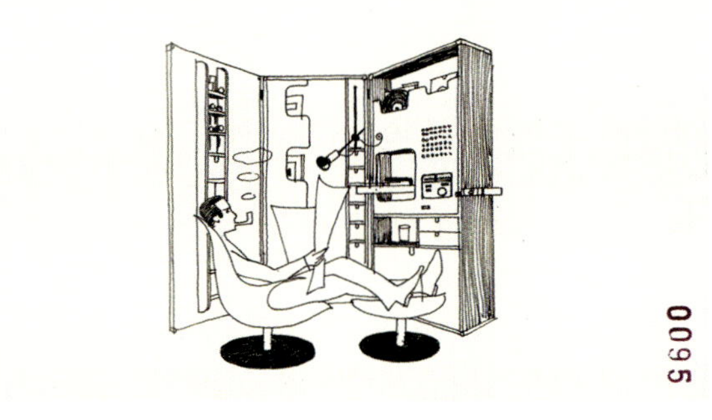

27.

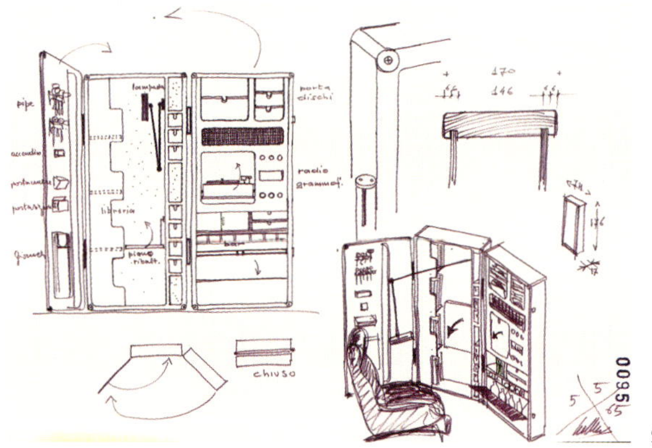

28.

29.

furniture was made, the few manufacturers who attempted the "modern" imitated "Danish" and "Swedish" styles. The proposals for mass-produced furniture put forward by Colombo appeared to be too far ahead of their time to be successful, as in the case of the *Roll* armchair and the *Container For Lady - For Man*.

The manufacturers talked about his designs but none was willing to continue with production after the realization of the preproduction models. This kind of difficulty led him to investigate certain themes outside the constraints of the manufacturing process, solely for the pleasure of satisfying his own curiosity and developing his ideas about what would be possible in the future. He found a number of sponsors who helped him in the realization of prototypes for exhibition at shows or just for publication in magazines. This series of designs included his plans for an inflatable armchair and even a study of a system of prefabrication for naval fittings, in which the hinged bed would be able to move with the pitch and the roll of the ship.

His best-known researches were the ones that he carried out in the framework of *Domus Ricerca*, promoted by the magazine *Domus* in 1966 and involving numerous sponsors and designers. Colombo gave a fundamental contribution with his design for a system of movable walls, a kitchen with a central block, and a *Minikitchen* on casters, which was eventually the object of serial production. There were very few manufacturers who knew how to transform pure experimentation into actual production. It is significant that the results of this experimentation are today icons of international design, which have been produced over the last fifty years. This is what happened to Giuseppe Ostuni from Oluce, who went along with Colombo in his obsession with experimentation by trying to construct the strangest prototypes with every sort of bulb commercially available. He ended up manufacturing the *Spider* lamp with a bayonet mount and the first lamp with a 500-Watt halogen bulb. This opened up the market to the progressive replacement of light fittings with floor lamps giving indirect and reflected light. The same can be said for Giulio Castelli from Kartell, who invested enormous resources and encountered considerable problems in an attempt to produce the first chair made entirely out of thermoplastic material, called *Universale* (1965). In the beginning, the chairs tended to crack or presented substantial molding defects, and so on. The company Comfort also broke new ground with his production of the *Elda*, creating a large fiberglass shell of nautical inspiration.

Giudo Anselmi, from Bieffe, even set up a new company, now B-Line, to produce the *Boby* trolley. Alfonso Bellato from Bellato-Elco also founded a new company to produce a line coordinated by Colombo. Other manufacturers were not ready to take such risks. All tried to bring out easier products and abandoned production when they did not achieve immediate results, although they had gained a great deal of publicity in the meantime. Even today a number of firms have an image that is still linked exclusively to the name of Joe Colombo.

Colombo's impatience with these small failures was so great that he preferred to turn to new manufacturers (a move that was in fact highly successful) rather than carry on with the ones he already had. In this way, he collected a disproportionate number of contracts and designed an enormous number of objects that were never made. If a manufacturer did not display the utmost enthusiasm, Colombo preferred to let the contract lapse in the belief that he would be able to find an alternative maker.

However, his innumerable commitments, his frequent trips abroad for exhibitions, conferences and meetings, together with his premature death, prevented him from realizing many of these projects. The richness and variety of his output

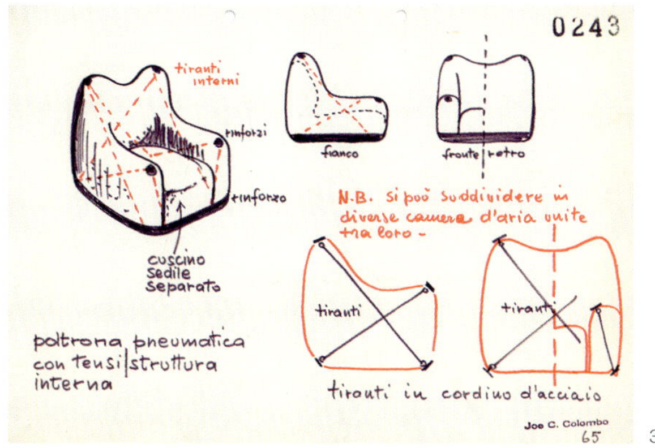

30. Schizzo di poltrona gonfiabile con tiranti, 1965 / Sketch of an inflatable armchair with tie-rods, 1965

del prodotto parlando di sistemi e strutture abitabili e penso sia un possibile discorso futuro a cui si potrà giungere solo attraverso la ricerca pura. La nostra civiltà dei consumi sta fagocitando il designer, ciò era inevitabile, poiché oggi il design si è limitato solo alla ricerca applicata[6].

Di professione designer

Per Colombo il designer era il "creatore dell'ambiente futuro". Sul futuro aveva idee molto chiare:

> Le possibilità offerte dallo sviluppo straordinario dei processi audiovisivi sono enormi […] Le ripercussioni potrebbero essere considerevoli per il modo di vivere dell'umanità. Le persone potranno studiare a domicilio e lì svolgeranno anche la propria attività. Le distanze non avranno più grande importanza, non sarà più giustificata la necessità di megalopoli.
>
> Parallelamente, si assiste alla caduta di vecchi tabù. Le 'famiglie classiche' tendono a cedere il passo a piccoli gruppi sorti per affinità.
>
> Questi piccoli gruppi si sparpaglieranno nelle campagne. Si può immaginare un centro-vendite (ordini tramite audiovisivi), uno sviluppo qualitativo e quantitativo dei trasporti pubblici secondo lo schema delle reti capillari. L'uomo perderà la mania per l'automobile.
>
> Questi gruppi di lavoro e di vita comunitaria esigeranno un nuovo tipo di habitat; spazi trasformabili, spazi favorevoli alla meditazione ed alla sperimentazione, all'intimità e agli scambi interpersonali.
>
> L'habitat deve rispondere alle funzioni fisio-psicologiche, alla natura introversa ed estroversa dell'uomo. L'arredamento sparirà […] l'habitat sarà dappertutto[7].

Quando Colombo comincia a occuparsi di architettura e arredamento, disegna ogni particolare costruttivo e ogni tipo di oggetto; nascono così disegni di sedie, poltrone, tavoli e contenitori vari, che lui vorrebbe produrre in serie. C'è già l'idea del futuro, dei consumi e dell'utilizzo collettivo. All'epoca, in Italia, non esisteva una produzione industriale moderna. A Milano, e nella vicina Brianza, che produceva mobili in stile, i pochi produttori che tentavano il "moderno" si rifacevano allo stile "danese" o "svedese". Le proposte di arredi in serie fatte da Colombo risultavano troppo avveniristiche per avere successo, come nel caso della poltrona *Roll* e del *Container For Lady - For Man*.

I produttori ne parlavano molto, ma nessuno voleva mantenere la produzione dopo la realizzazione della preserie. Questo tipo di difficoltà lo portò ad approfondire alcuni argomenti al di là del vincolo produttivo, solo per il gusto di soddisfare la sua curiosità e le sue idee del "futuribile", coinvolgendo diversi sponsor per realizzare prototipi da esporre in mostre o solo da pubblicare. Fanno parte di questa serie gli studi per una poltrona gonfiabile e perfino uno studio su un sistema di prefabbricazione per arredi navali, dove il letto su cerniere può ruotare a seconda del rollio o del beccheggio della nave.

Le ricerche più conosciute sono quelle sviluppate nell'ambito di *Domus Ricerca*, promossa dalla rivista "Domus" nel 1966, a cui collaborarono numerosi sponsor e progettisti. Colombo diede un contributo fondamentale progettando un sistema di pareti mobili, una cucina a blocco centrale e una mini-cucina (*Minikitchen*) su ruote poi prodotta in serie. Pochissimi furono i produttori che seppero trasformare la pura sperimentazione in produzione. È significativo che proprio i frutti di questa sperimentazione siano diventati, ad oggi, icone del design internazionale in produzione da più di cinquant'anni. Così avvenne per Giuseppe Ostuni, di Oluce, che seguiva Colombo nelle sue manie di sperimentazione

31.

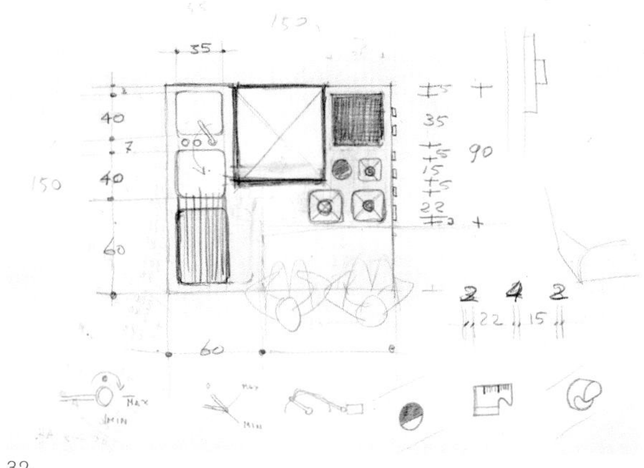

32.

31. *Cucina a blocco centrale*, 1966 per *Domus Ricerca* ed esposta alla prima mostra Eurodomus 1, a Genova / *Central block kitchen*, 1966, designed for *Domus Ricerca* and exhibited at Eurodomus 1 in Genoa

32. Schizzo quotato della *Cucina a blocco centrale*, 1966 vista dall'alto / Dimensioned drawing of *Central block kitchen*, 1966, seen from above

won him a large number of prizes over the span of a few years, including one gold and two silver medals at the Milan Triennale, two *ADI Compassi d'oro*, and two International Design Awards in the United States, a Tecnhotel Award and a SMAU Award.

His Method

It appeared as though Joe Colombo did his designing without effort. In actual fact, it was a very rapid synthesis of his knowledge of form, function, and technique. The way he used images to speak was a method of research as well as of communication. His line, hesitant at the beginning of his career (1960–1965), with frequent corrections, became increasingly precise with the passing of time (1965–1970). He spoke while drawing and drew anything. In his sketches, he represented the final objects and the parts that made them up, the perspective with various views, and even exploded view drawings. Between 1963 and 1965, he applied his passion for mechanics to his exploration into form and function.[8] One of the most meaningful prerogatives of Joe Colombo's designing process was to put forward various solutions to each problem. Each solution was perfectly defined and, on a case by case basis, was illustrated to the client together with equally valid alternatives, or was put aside for further development. In short, each project paved the way for a new project. Hence, an initial idea was the starting point for many other ideas. It was like a chemical chain reaction. A spontaneous method for setting up the project was drawn from observing the reality that surrounded him. Joe Colombo had an exceptional photographic memory and the ability to break down objects and reassemble them into new forms, to which he attributed new functions and meanings. In the initial phase of his production, the objects chased an unconscious form, as if they were sculptures and, only in a second phase, took on shapes conditioned by materials. Then, as experience brought him in touch with manufacturers, the objects were thought to be already *wedded* to the material. If the resulting shape suggested other possibilities of execution, he changed the material and modified the form accordingly. In other cases, it was precisely a specific material that led him to devise a new form. This same method of association was applied to functional requirements. Each object was born to satisfy a function and it was modified if there was more than one function and changed again if these functions became more complex and articulated.[9]

In the beginning, the shape of the object was searched through a series of approximations, while it was already perfectly defined in the first draft in his mature period and was only modified when technical or construction details were amended. None of it was the result of improvisation. Everything was studied and brought to perfection through a highly personal process of design. The object was very rapidly defined together with all its technical and functional characteristics; it was as if its shape were contained within the pencil and emerged already perfected, without any need for further corrections. He never used an eraser. The drawings were done in scale, showing the object from every side, in perspective, in cutaway and exploded view, and already dimensioned.

If it was necessary to add a function, if an omission had been made or it was decided to make the object out of a different material, the drawing was eliminated and another created with the same rapidity of synthesis. His creative capacities were such that instead of protesting when his designs were copied, he used to say: "I will make a better one."

He did very little talking and a great deal of drawing. While he was a man of few words, he drew with such skill (using an unbroken line without lifting the pencil) that many people believed that his sketches, his technical freehand drawings, drawn accurately to scale, were made after an object had been manufactured. Toward the end, Colombo spent less and less time in the studio: once the constraints of a design problem had been discussed, Colombo would prepare a series of sketches, often on an airplane or over the weekend, and then handed them over to me on his return for further development. They were perfectly dimensioned, complete sketches that could be reproduced in the execution phase. This was the case with the *Linea 72* project for Alitalia, for which a considerable number of perfectly defined sketches existed. Despite Colombo's death, completing the job presented no problems. The presence of Ambrogio Pozzi, an expert in ceramics and an associate of this contract, was very useful for confirming the accuracy of the dimensioning, especially for the first-class dishes, whose cutaway edges might risk of being deformed in the firing process.

The same was true for the *Total Furnishing Unit* for the Museum of Modern Art of New York, which had been designed with a single central element and subsequently reworked in a version with mobile units. By simply employing the colors Colombo had used in his most recent home, it was possible to develop the design following faithfully his sketches.

No sketches were made, however, for many of the last

provando a costruire i più strani prototipi con ogni sorta di lampadina che si trovasse in commercio. Si trovò così a produrre la lampada *Spider* con una lampadina con incastro a baionetta, e la prima lampada con lampadina alogena da 500 watt, che aprì il mercato alla progressiva sostituzione dei lampadari con lampade da terra a luce riflessa. Lo stesso si può dire per Giulio Castelli di Kartell, che investì molti mezzi ed ebbe non pochi guai nel tentativo di produrre la prima sedia interamente in materiale termoplastico, la *Universale* del 1965. All'inizio le sedie si fessuravano o avevano sostanziali difetti di stampaggio. Anche Giovanni Giorgetti, della Comfort, con la produzione della *Elda* tentò una nuova strada creando una grande scocca in fiberglass d'ispirazione nautica. Guido Anselmi, della Bieffe, addirittura fondò una nuova azienda, ora B-Line, per produrre il carrello *Boby*. Così come Alfonso Bellato, della Bellato-Elco, creò una nuova società per produrre una linea coordinata da Colombo. Gli altri produttori non rischiarono tanto, tentarono con prodotti più facili e abbandonarono le produzioni che non davano risultati immediati, ma ottennero comunque nel tempo grossi ritorni pubblicitari. L'immagine di alcune aziende è infatti tutt'ora legata esclusivamente al nome di Joe Colombo.

L'insofferenza di Colombo verso questi piccoli insuccessi era tale che preferiva coinvolgere nuovi produttori (cosa che del resto gli riusciva benissimo) piuttosto che insistere con chi aveva qualche dubbio, cosicché collezionò un gran numero di contratti e progettò un numero enorme di oggetti che non furono mai realizzati. Se il produttore non mostrava il massimo entusiasmo, Colombo preferiva rinunciare al contratto, convinto di poter trovare un altro committente.

Purtroppo gli innumerevoli impegni, i frequenti viaggi all'estero per mostre, conferenze, incontri, e la scomparsa prematura gli impedirono di realizzare tutti questi progetti, rimasti inediti. La ricchezza e la varietà delle sue produzioni gli procurarono in pochi anni un grande numero di premi, tra cui una medaglia d'oro e due d'argento alla Triennale di Milano, due Compasso d'oro ADI e due International Design Awards negli Stati Uniti, un premio Tecnhotel e uno SMAU.

Il metodo

Il modo di progettare di Joe Colombo sembrava basato sull'improvvisazione. Era, invece, una sintesi molto rapida della sua sapienza formale, funzionale e tecnica. Il suo parlare per immagini era un modo di ricercare, oltre che di comunicare. Il tratto agli inizi era un po' incerto e con frequenti correzioni; diventa con il tempo sempre più deciso. Lui parlava disegnando e disegnava qualunque cosa. Nei suoi schizzi rappresentava gli oggetti finiti e i pezzi che li componevano, la prospettiva con varie viste e perfino gli esplosi. Tra il 1963 e il 1965 applica, alla ricerca tra forma e funzione, anche la sua passione per la meccanica[8]. Una delle prerogative più significative del processo progettuale di Joe Colombo era quella di dare più soluzioni a ogni problema. Ogni soluzione era perfettamente definita e a seconda del caso veniva illustrata al committente insieme ad altre egualmente interessanti oppure veniva accantonata per successive elaborazioni. In sostanza, da progetto nasceva progetto. Cosicché da un primo concetto se ne sviluppavano molti altri. Era come vedere una reazione chimica a catena. Un metodo spontaneo d'impostazione del progetto era suggerito dall'osservazione della realtà che lo circondava. Joe Colombo aveva un'eccezionale memoria fotografica e la capacità di scomporre gli oggetti e ricomporli in nuove forme a cui attribuiva nuove funzioni e significati. Nella fase iniziale della sua produzione gli oggetti rincorrevano una forma inconscia, come fossero sculture e solo in un secondo tempo assumevano forme condizionate dai materiali. Poi, man mano che l'esperienza lo portava a contatto con i costruttori, gli oggetti venivano pensati già *sposati* al materiale. Se la forma nata suggeriva altre possibilità di realizzazione, ne cambiava il materiale e la modificava di conseguenza. In altri casi ancora era proprio il tipo di materiale a suggerire una forma del tutto nuova. Lo stesso metodo *per associazioni* si aveva con le esigenze funzionali. Ogni oggetto nasceva per soddisfare una funzione e cambiava se le funzioni erano più di una, modificandosi ulteriormente se queste diventavano più complesse e articolate[9].

La forma dell'oggetto agli esordi era ricercata attraverso diverse approssimazioni, mentre nel periodo della maturità veniva definita perfettamente già nella prima stesura e cambiava solo se mutavano i particolari tecnici o costruttivi. Nulla era frutto dell'improvvisazione. Tutto veniva studiato e ottimizzato attraverso un personalissimo processo progettuale. L'oggetto veniva definito molto rapidamente con tutte le sue caratteristiche tecniche e funzionali, la forma era racchiusa nella matita e usciva già perfetta, senza bisogno di ulteriori correzioni. La gomma non veniva mai utilizzata, il disegno era rappresentato in scala in tutte le sue viste, in prospettiva, in esploso e già quotato.

Se occorreva aggiungere una funzione o c'era stata una dimenticanza oppure se si voleva produrre il pezzo con un altro materiale, il disegno veniva eliminato e con la stessa velocità di sintesi ne veniva creato un altro. La sua capacità creativa era tale che, quando i suoi oggetti venivano copiati,

33.

34.

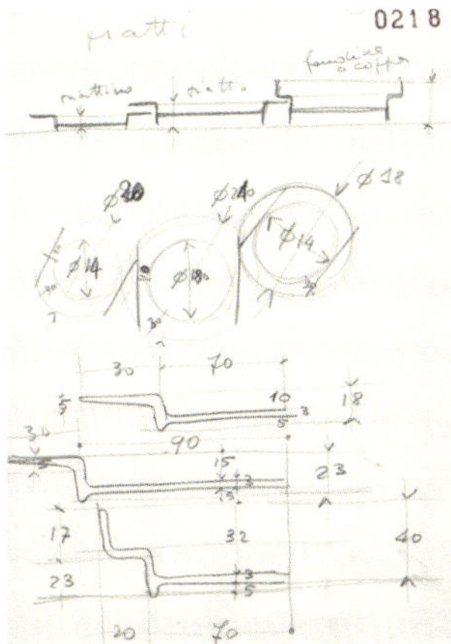
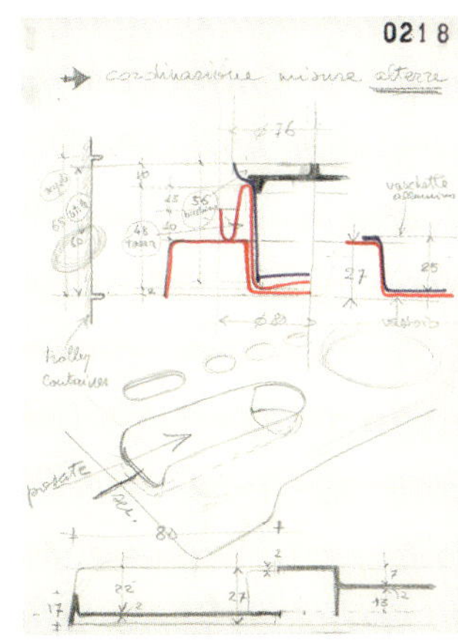

35-36.

33-35. Servizio di bordo Alitalia "Linea72", prima classe, corto raggio, con stoviglie in porcellana e posate in acciaio su vassoio, schizzo dei piatti e delle sezioni, 1970 / "Linea 72" dining set designed for Alitalia, first-class, short-haul flights, with porcelain dishes and stainless-steel cutlery on a tray, sketch of dishes and the sections, 1970

34-36. Servizio di bordo Alitalia "Linea72", seconda classe, corto raggio, con vaschette e posate in plastica, su vassoio preformato, schizzo della sezione, 1970 / "Linea 72" dining set designed for Alitalia, second-class, short-haul flights, with plastic containers and cutlery on a preformed tray, sketch of section, 1970

products designed by Colombo; he described them in words, standing in the doorway of my office: "Try putting down a trolley like the ones of the drawing tables… in ABS, in pieces." And that was how the *Boby* trolley was born. For the *Alogena* lamp, he handed me a 500-watt bulb and asked: "How big would the lamp body be?"

Everything suggested something else, every object could be transformed into another. When I accompanied him on visits to clients, fitters, or even exhibitions, I took along sheets of papers of a standard format so that he would not end up making sketches on scraps that I would not know how to file afterwards. He would draw on any surface, on the walls of workshops, on pieces of furniture as they were being prepared, and on the fences of building sites. It was his way of explaining himself so as to avoid confusion. Many people mistook his enthusiasm for naivety and his apparent simplicity for superficiality. Whenever somebody wrote negative comments about him, he never replied, convinced that only time would reveal the true value of his *antiacademic culture*. Functional requirements were his primary stimulus; the concepts of modular units, flexibility, programming, and the attachment of accessories lay at the basis of his entire output. His determination to satisfy all these needs was indefatigable and, once the functions had been identified and the object had been given its definitive form, he found it necessary to start the design process all over again as soon as his imagination suggested new functions or new construction techniques. The ergonomic studies carried out in those years, availing himself of the consultancy of the Clinica del Lavoro of the Policlinico in Milan, led him to develop a new concept of the relationship between man and object, and from this a novel concept of living space that presupposed the total independence of the furnishings and fittings from the setting in which they were placed (see the mobile units of the *Total Furnishing Unit*, of *Visiona 1* and in his own apartment).

A careful analysis of the space immediately surrounding man and of the equipment that he requires in order to live in a manner consistent with the reality in which we find ourselves […] Man has always built a shell in which to take refuge, fitting it out with the objects he will need afterwards. In this process, the container has almost always conditioned the contents. Now, if the elements and equipment necessary to human existence could be planned with the sole requirements of maneuverability, flexibility and the ability to be broken down almost totally into their component parts, then we would create an inhabitable system that could be adapted to any situation in space and time […] Once we have created contents that are perfectly suited to their purpose, then we will be

37.

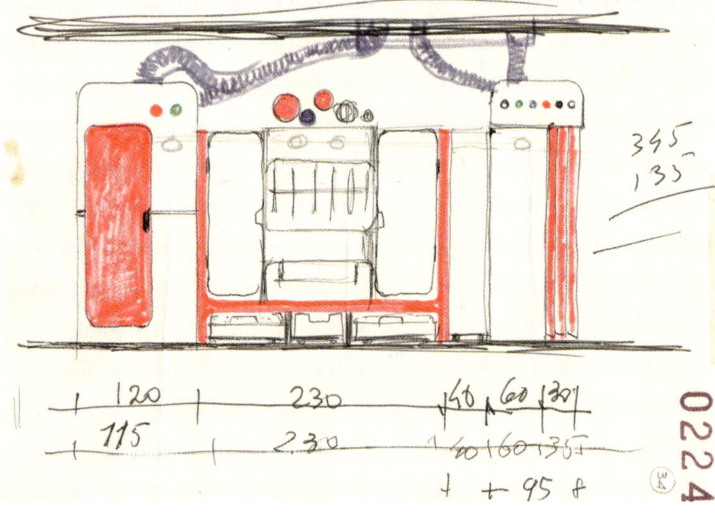

38.

39.

40.

invece di protestare, soleva dire: "Ne farò uno migliore". Parlava pochissimo e disegnava moltissimo. Si esprimeva con poche parole, ma disegnava con una tale sapienza (con il tratto continuo senza staccare la matita) che molti credevano che gli schizzi, disegni tecnici a mano libera perfettamente in scala, venissero eseguiti dopo la produzione dell'oggetto. Negli ultimi tempi la sua presenza in studio si era molto diradata cosicché, una volta discussi i vincoli di un problema progettuale, Colombo elaborava, spesso in aereo, o durante il weekend, una serie di schizzi e me li consegnava al rientro perché li sviluppassi. Erano schizzi così ben dimensionati e completi da poter essere riprodotti nella fase di disegno esecutiva. È questo il caso del progetto *Linea 72* per Alitalia, di cui esiste un notevole numero di schizzi perfettamente definiti. Nonostante la scomparsa di Colombo, concludere il lavoro non costituì un problema. La presenza di Ambrogio Pozzi, esperto di ceramiche e associato a questa commessa, fu molto utile per la conferma dell'esattezza dei dimensionamenti, soprattutto per i piatti di prima classe, che avendo le ali tagliate rischiavano di deformarsi in fase di cottura.

Lo stesso avvenne con il *Total Furnishing Unit* per il Museum of Modern Art di New York, che era stato interamente progettato con un unico elemento centrale e successivamente pensato nella versione coi monoblocchi spostabili. Fu sufficiente riprendere i colori dell'ultima abitazione di Colombo

37. *Total Furnishing Unit*, 1971 costituito da quattro monoblocchi polifunzionali e presentato al MoMA di New York nella mostra *The New Domestic Landscape* 1972 / *Total Furnishing Unit*, 1971, consisting of four multi-function mobile units. Exhibited at *The New Domestic Landscape*, MoMA, New York, 1972

38-39. *Total Furnishing Unit*, schizzo frontale dei quattro monoblocchi e prospettiva di quello centrale, 1971 / *Total Furnishing Unit*, frontal sketch of four mobile units and perspective of the central one, 1971

40. Habitat futuribile *Visiona 1* al Salone Interzum di Colonia, 1969 / *Visiona 1* habitat of the future at the Interzum Fair in Cologne, 1969

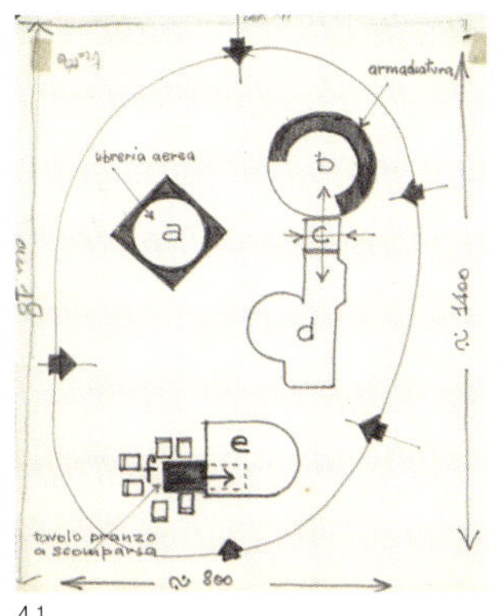

41.

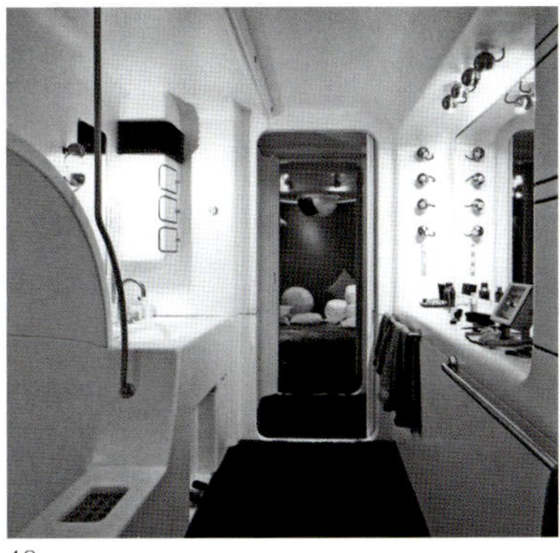

42.

41. Distribuzione libera dei monoblocchi di *Visiona 1*, 1969 / Free distribution of the mobile units of *Visiona 1*, 1969

42-43. *Visiona 1*, 1969, bagno e schizzo dell'esterno / *Visiona 1*, 1969, bathroom interior and exterior sketch

able to lay the foundations for a more rational methodology in the design of the container […] Research has revealed the dynamics of a dwelling for the man who lives in the reality of the present day, precisely defining the various situations at different times of the day, as well as the use of furniture and objects, determining the characteristics required to render them more suitable, their static and dynamic aspects in order to identify their typology, their dimensions and the space they occupy.[10]

It was Joe Colombo's dream to get rid of the object by packing its function into a single, 'formless' block. However, the constraint imposed by the sheer number of functions required forced him to go on designing new mobile units that grew increasingly similar to the cabin of a spaceship. In reality, the form that he was trying to free himself from kept on reappearing.

47.

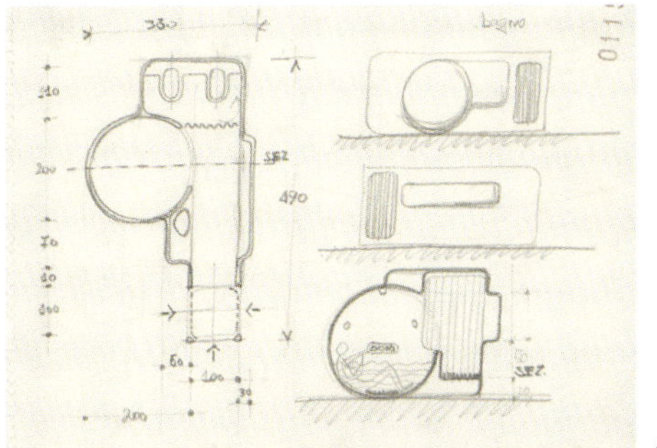

43.

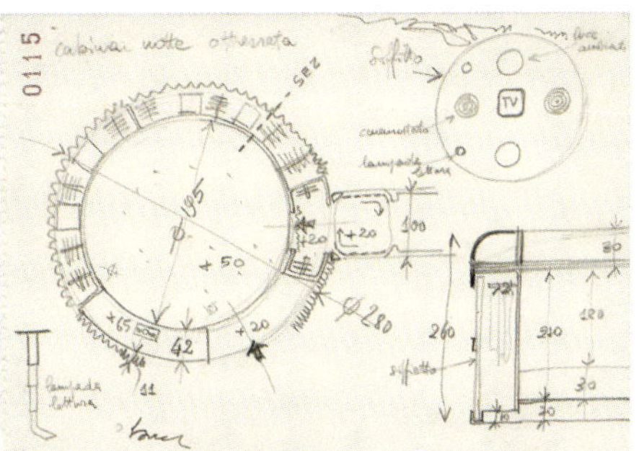

44.

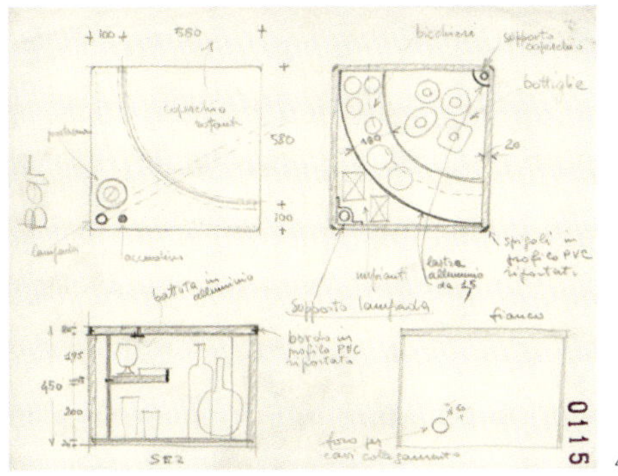

45.

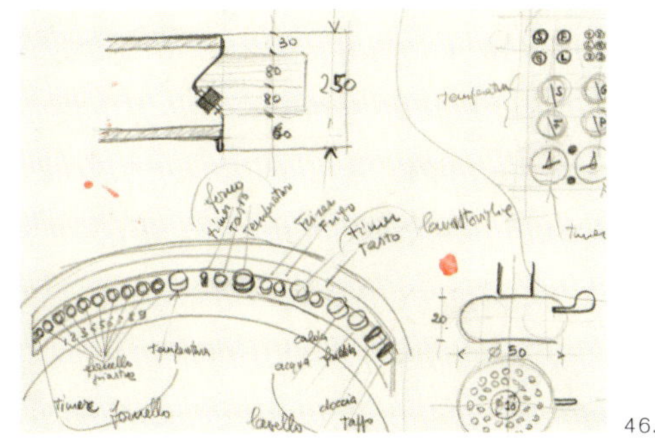

46.

44. *Visiona 1*, 1969, schizzo della cabina notte / *Visiona 1*, 1969, drawing of the bedroom cabin

45. *Visiona 1*, 1969, schizzo del mobile bar del *Central Living* / *Visiona 1*, 1969, drawing of the bar unit of the *Central Living*

46. *Visiona 1*, 1969, schizzo dei comandi della cucina / *Visiona 1*, 1969, drawing of the kitchen controls

47. *Rotoliving* e poltrona *Multichair* nel quarto appartamento di Joe Colombo in via Argelati, Milano / *Rotoliving* and *Multichair* armchair in Joe Colombo's fourth apartment in Milan, Via Argelati

per sviluppare il progetto rispettando fedelmente gli schizzi. Molti prodotti dell'ultimo periodo, invece, non hanno schizzi. Colombo li descriveva a voce, stando in piedi sulla porta del mio ufficio: "Prova a mettere giù un carrello tipo quelli dei tavoli da disegno … in ABS, a pezzi", così nacque il carrello *Boby*. Per la lampada *Alogena*, mi consegnò una lampadina da 500 watt domandandomi: "Quanto verrà grande un corpo lampada?".

Ogni cosa gli suggeriva qualcos'altro, ogni oggetto poteva essere trasformato in un altro, quando lo seguivo dai clienti o dagli allestitori o semplicemente alle mostre, portavo dei fogli in formato standard per evitare che schizzasse su foglietti che poi non sapevo come conservare. Disegnava su qualunque superficie, sui muri dei laboratori, sui mobili in allestimento e sulle pareti dei cantieri. Era il suo modo di spiegare per evitare discussioni. Molti scambiarono l'entusiasmo per ingenuità, e l'apparente semplicità per superficialità. Quando scrivevano su di lui commenti sfavorevoli non rispondeva mai, convinto che solo con il tempo sarebbe stato dato il giusto valore alla sua *cultura antiaccademica*. Le esigenze funzionali erano il suo primo stimolo: le idee di componibile, di flessibile, di programmabile e di accessoriabile erano alla base di tutta la sua produzione. La ricerca per soddisfarle tutte era instancabile fino a che, individuate le funzioni e determinato l'oggetto, occorreva ricominciare la progettazione non appena l'immaginazione suggeriva nuove funzioni o nuove tecniche costruttive. Gli studi ergonomici fatti in quegli anni, svolti con la consulenza della Clinica del Lavoro del Policlinico di Milano, lo portarono anche a sviluppare un nuovo concetto di rapporto tra uomo e oggetto, e di qui un innovativo concetto di spazio abitativo che presupponeva lo svincolo totale delle attrezzature d'arredo dall'ambiente in cui erano inserite (si vedano i monoblocchi del *Total Furnishing Unit*, di *Visiona 1* e della sua abitazione).

> Un'analisi attenta dello spazio immediato che circonda l'uomo e delle attrezzature che gli necessitano per abitare in modo coerente con la nostra realtà [...] L'uomo si è sempre costruito un involucro nel quale ripararsi, attrezzandolo successivamente con gli oggetti necessari. In questo processo, il contenitore ha quasi sempre condizionato il contenuto. Ora, se gli elementi e le attrezzature necessari all'uomo per abitare, si potessero programmare con i soli vincoli di manovrabilità, flessibilità e articolabilità quasi totale, costituiremmo un sistema abitabile che si può adattare a qualsiasi situazione nello spazio e nel tempo [...] Creato un contenuto che si addica perfettamente allo scopo, potremmo mettere le basi per una metodologia più razionale nella progettazione del contenitore [...] La ricerca ha accertato la dinamica di un'abitazione per l'uomo

48.

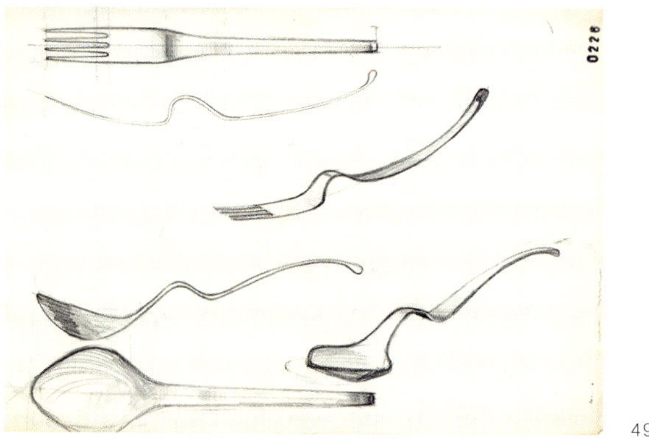

49.

50.

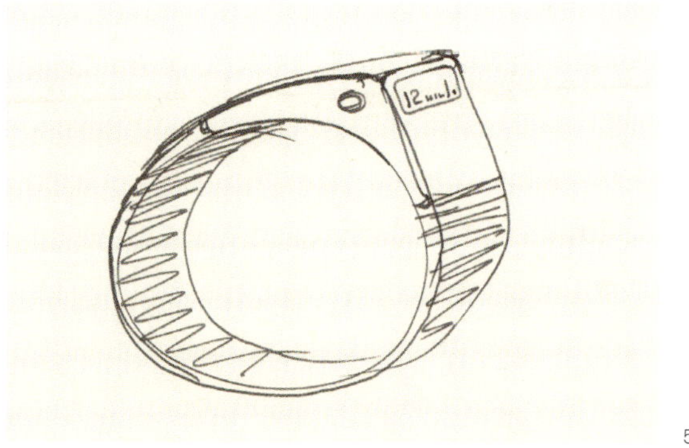

51.

48. Torre-faro *Calice* per illuminazione stradale, Pollice, 1970 / *Calice* tower-lamp pole for street lighting, Pollice, 1970

49. Schizzo di posate *Scia*, 1965 circa / Sketch of *Scia* cutlery, circa 1965

50. Orologio da polso, 1970, con funzione anche di sveglia / Wristwatch, 1970, with alarm functions

51. Schizzo orologio da polso, 1970, con lettura digitale / Sketch of a digital wristwatch, 1970

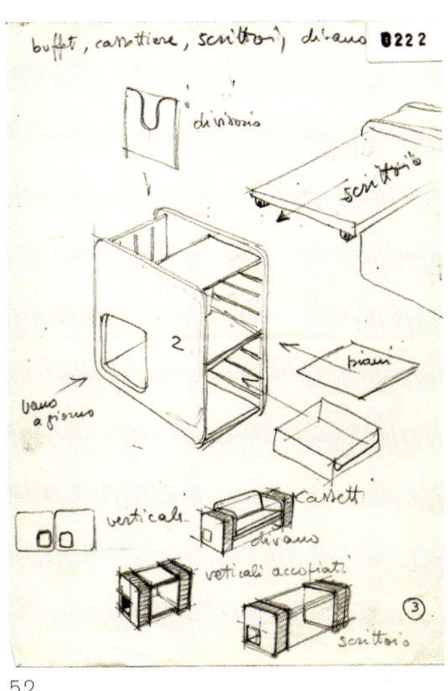

52. Schizzo *Mobili Coordinati B*, 1971, elementi assemblabili sia in orizzontale che in verticale con accessori / Sketch of *Mobili Coordinati B*, 1971, elements in plywood assembled both horizontally and vertically with accessories

53. Mobile a torre *Combi Center* su ruote, 1963, con elementi componibili verticalmente / *Combi Center* tower cabinet on casters, 1963, with modular elements to be stacked vertically

54. Schizzo del *Combi Center* per la sala ristorante di un hotel a Cervinia, 1965 / Sketch of *Combi Center*, devised for the dining room of a hotel in Cervinia, 1965

52.

53.

54.

His Production

The products designed by Joe Colombo over the course of his career can be divided up into three basic groups: objects and appliances, systems and series, and the multi-function mobile units.

To all intents and purposes, the "objects" are to be considered unique pieces and often emerged out of research into the use of materials. The *Acrilica* lamp (1962), for instance, was derived from a study of the application of methacrylate to the diffusion of light, and the *Elda* armchair (1963) was developed from a mold for fiberglass boats. On other occasions, objects were born out of specific functional requirements. This was the case for the *Minilamp*, a 50-watt floor lamp with hinged segments, and for the *Calice* street lamp made out of sectional poles, manufactured by Pollice Illuminazione and still visible along several spur routes. The image of these objects appears to be perfectly defined and can be linked back to his early experiences with painting. This type of image would constitute an absolute continuity of form and create a true esthetic language. The major part of Joe Colombo's output in the early part of his career consisted of unique pieces that were never published. Worthwhile mentioning is this regard is the flatware he designed in 1965 and the wrist watches from 1970.

The "systems" are characterized by elements that can be combined in different ways to produce a broad number of objects. Sometimes, the elements of a system have a well-defined shape and can be used independently, as in the *Combi Center*, in the *Triangular Container System* and in the *Mobili Coordinati B* that ware never produced. The basic elements of the system often had to be combined in order to give rise to different objects. In this case, it was the mechanical or technological solution that conditioned

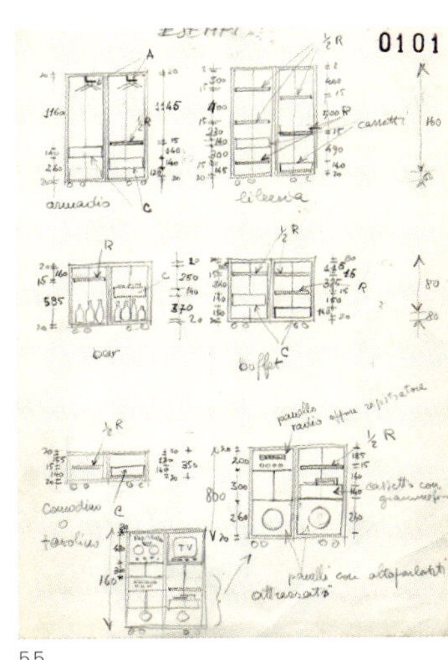

55. Schizzo quotato degli elementi del sistema *Triangular Container System*, 1968 / Dimensioned drawing of the elements composing the *Triangular Container System*, 1968

56. *Triangular Container System*, 1968 esempio di utilizzo / *Triangular Container System*, 1968. An example of use

55.

56.

che vive nella realtà odierna, puntualizzando le varie situazioni nei diversi intervalli della giornata e l'uso dei mobili e degli oggetti, determinandone le caratteristiche necessarie per renderli più idonei, il loro lato statico e dinamico al fine di individuare la tipologia, le misure, gli ingombri[10].

Il sogno di Joe Colombo era quello di annullare l'oggetto, inscatolandone la funzione in un monoblocco *informe*. Proprio il vincolo numerico delle funzioni lo costringeva invece continuamente a progettare nuovi monoblocchi che diventavano sempre più simili a cabine spaziali. In realtà la forma da cui cercava di liberarsi ricompariva continuamente.

La produzione

La produzione di Joe Colombo, nella sua evoluzione, può essere ricondotta a tre gruppi fondamentali: gli oggetti e gli apparecchi; i sistemi e le serie; i monoblocchi polifunzionali. Gli "oggetti" sono da considerare a tutti gli effetti dei pezzi unici e spesso nascono da ricerche sull'uso dei materiali. La lampada *Acrilica* (1962) fu ottenuta dallo studio sull'applicazione del metacrilato nella diffusione della luce e la poltrona *Elda* (1963) nacque dalla trasformazione di uno stampo per barche in fiberglass. Altre volte gli oggetti nascono da esigenze funzionali specifiche; è questo il caso della *Minilamp*, una lampada da terra da 50 watt a segmenti snodati, e della torre-faro *Calice* per illuminazione stradale, ad aste componibili, prodotto da Pollice Illuminazione e tuttora visibile in diversi raccordi stradali. L'immagine di questi oggetti risulta perfettamente definita e può essere ricondotta alle iniziali esperienze pittoriche. Questo tipo di immagine costituirà un'assoluta continuità formale e creerà un proprio linguaggio estetico. I pezzi unici rimasti inediti prevalgono nel primo periodo dell'attività di Joe Colombo; fra questi vanno sicuramente citate le posate del 1965 e, nell'ultimo periodo, gli orologi da polso del 1970.

I "sistemi" sono caratterizzati da elementi componibili tra loro, che assemblati danno vita a un gran numero di oggetti. A volte gli elementi del sistema hanno una configurazione ben definita e possono essere usati autonomamente, come avviene per il *Combi Center*, per il *Triangular Container System* e per i *Mobili Coordinati B* inediti. Quasi sempre gli elementi base del sistema devono essere assemblati fra loro per dar corpo a prodotti diversi. In questo caso sono le soluzioni meccaniche o tecnologiche che condizionano le scelte formali, al punto che spesso l'oggetto composto assume una nuova forma. Ne sono esempio il *Sistema programmabile per abitare T14*, esposto alla XIV Triennale di Milano, la poltrona *Additional System*, oltre al *System Chair*, uno stravagante sistema per comporre poltrone, divani e lettini relax, inedito.

57.

58.

the choice of form, to the point where the assembled object assumed a new shape. Examples of this are the *T14 Programmable Living System*, exhibited at the XIV Milan Triennale, the *Additional System* armchair, and the *System Chair*, an extravagant system for assembling armchairs, couches, and small relaxation sofas, which was not produced.

The "multi-function units" incorporated all the functions for which they had been designed in a single unit. Thus, the *Minikitchen* provided everything needed for the preparation of food; the *Totem*, designed for entrances, was equipped with a mirror, lamp, umbrella stand, and so on; the *Tavolo Totale* table contained all the dishes and accessories necessary for dining; the *Letto Spaziale* bed was surrounded by turrets equipped with telephone, light, radio, ashtray, etc.; the *Total Furnishing Unit* incorporated all the requirements of the home. In reality, they were genuine machines for living, increasingly similar to robots or spaceship cabins.

His ability to associate one idea with another was one of his most visible qualities, both in speaking or acting, in drawing or sketching. Behind these innate abilities was a great curiosity, almost an anxiety for knowledge that he manifested by asking questions to experts of many disciplines:

> My profession has set me up for analytical research around objects to be mass produced, from the smallest to the largest. Giving shape by drawing to the objects that industry destines to serial production means, above all, objectively designing the object for its intended use or purpose. Technicians, engineers, market researchers must be friends with designers, who ask only for their collaboration to be able to design products in the most useful, objective, and concrete way. A designer cannot, if not superficially, be at the same time an engineer, a qualified technician skilled in all fields of industrial production, an ergonomist,

a marketing manager, a production planner, a psychologist, a sociologist, and, ultimately, an industrialist. Today, for example, to design a chair, all of these skills are needed to conduct truly constructive research, which will ultimately lead a designer to complete his project.[11]

The Integral Habitat of the Future

Beyond the exuberance of Joe Colombo's proposals and the evolution of his designs, there was an intense intellectual quest; a quest that cannot be disregarded. Joe Colombo's initial position was critical with regard to production at the time:

> The experiences that have been undergone so far in the field of design and of furnishings in general can be regarded as the last bastions of the speculation that is still under way on the experiments and results of the far-off and glorious Bauhaus, on the teachings of the great rationalist architects and on the by now academic schemes of the Scandinavians; hence, apart from detrimental regressions connected with 'styling' and 'revivals', we have come to objects that are solely the fruit of formal invention and imagination for its own sake. These eccentricities, nevertheless, may have technological validity, as it occurred with the 'pneu' experiments, the ones with cardboard, the 'polystyrene sack,' and so on.[12]

Later on, he defended the new forms relying on the use of new materials. "It is clear that the appearance of new materials presents new possibilities for the solution of problems and it is equally clear that the designer cannot ignore this."[13] Finally, he developed a theory according to which architects would become either city planners or designers and would be responsible for the design of the future:

> All the problems that are being tackled today have to be solved on the social level in a comprehensive fashion and will have to involve future planning as well. Therefore, we will no longer be able to live for the home by making it our temple of representation, but we will have to make the home live for us, for our needs, for a new way of living more consistent with the reality of today and tomorrow. In this connection, we have already carried out research that has led us to the design of the habitat of tomorrow that is completely free from that tradition which turns every object into a matter of taste, prestige, fashion, etc.[14]

The presupposition behind these proposals for a new kind of habitat is a radical transformation of society via the

57. Sistema *T14* presentato alla XIV Triennale di Milano, 1968 e successivamente prodotto per i grandi magazzini La Rinascentedi Milano / *T14* system presented at the XIV Milan Triennale, 1968, and later produced for the La Rinascente department stores in Milan.

58. Elementi smontati del sistema *T14* esposti alla Rinascente di Milano 1968 / Disassembled elements of the *T14* system displayed at the La Rinascente department stores in Milan, 1968

I "monoblocchi" raggruppano in sé tutte le funzioni per le quali sono stati studiati; così la *Minikitchen* soddisfa le esigenze di preparazione dei cibi; il *Totem* da ingresso è attrezzato con specchio, lampada, portaombrelli, ecc.; il *Tavolo Totale* contiene tutte le stoviglie e gli accessori per il pranzo; il *Letto Spaziale* è circondato da torri attrezzate con telefono, luce, radio, portacenere ecc., il *Total Furnishing Unit* racchiude tutte le esigenze dell'abitare. Sono in realtà delle macchine per abitare, sempre più simili a robot o a interni di astronavi.

La capacità di associare un'idea a un'altra era una delle sue qualità più visibili, sia nel parlare che nell'agire, che nel disegnare o schizzare. Dietro a queste capacità innate c'era una grande curiosità, quasi un'ansia di sapere che manifestava facendo domande a ogni genere di esperti.

> La mia professione mi ha impostato alla ricerca analitica attorno agli oggetti da produrre in serie, sia i più piccoli come i più grandi. Dare una forma per mezzo del disegno ai prodotti che l'industria crea in serie, significa innanzitutto disegnare obiettivamente l'oggetto per l'uso o l'impiego a cui è destinato. I tecnici, gli ingegneri, i ricercatori di mercato devono essere amici del designer, il quale non chiede altro che la loro collaborazione per poter disegnare nella maniera più utile, più obiettiva e più concreta i prodotti. Il designer non può, se non in maniera superficiale, essere allo stesso tempo un ingegnere, un tecnico specializzato in tutti i campi della produzione industriale, un ergonomo, un uomo di marketing, un production planner, uno psicologo, un sociologo e infine un industriale. Oggi, per disegnare una sedia, per esempio, occorrono tutte queste competenze per condurre una ricerca veramente costruttiva dalla quale il designer può, come risultato finale, concludere un design[11].

L'habitat futuribile integrale

Al dì là dell'esuberanza delle proposte di Joe Colombo e dello sviluppo della sua produzione, c'era una grande ricerca intellettuale, che non si può disconoscere. All'inizio Joe Colombo parte da posizioni di critica verso la produzione esistente.

> Le esperienze fino ad oggi fatte nel campo del design e dell'arredamento in genere si possono considerare gli ultimi baluardi della speculazione ancora in atto sulle esperienze e sui risultati della lontana e gloriosa Bauhaus, sugli insegnamenti dei grandi architetti razionalisti e sugli schemi ormai accademici degli scandinavi per cui, a parte dannose involuzioni legate allo 'styling' e al 'revival', si è arrivati agli oggetti frutto solo di invenzione formale e di fantasia fine a se stessa. Queste stranezze, tuttavia, possono avere validità tecnologica, come è avvenuto per le esperienze pneu, per quelle su cartone, per il sacco di polistirolo, ecc.[12].

In un secondo tempo difende le nuove forme con l'uso di nuovi materiali: "È chiaro che l'avvento di nuovi materiali offre sempre nuove possibilità di soluzione ai problemi ed è altrettanto chiaro che il designer non può rimanerne estraneo"[13]. Infine elabora una teoria secondo la quale gli architetti diventeranno o urbanisti o designer e da cui nasce il design futuribile:

> Tutti i problemi che oggi vengono affrontati devono essere risolti a livello sociale in modo globale e devono coinvolgere anche programmazioni future. Pertanto, non potremo più vivere la casa facendone il nostro tempio di rappresentatività, ma dovremo far vivere la casa per noi, per le nostre esigenze, per un nuovo modo di vivere più coerente con la realtà di oggi e di domani. Abbiamo già fatto, a questo proposito, delle ricerche che ci hanno condotto alla progettazione dell'habitat di domani, completamente svincolato da quella tradizione che fa di ogni oggetto un fatto di gusto, di prestigio, di moda, ecc.[14].

Queste proposte di habitat hanno come presupposto una radicale trasformazione della società con l'avvento delle comunicazioni audiovisive, il perfezionamento tecnologico e il superamento del consumismo che creeranno la necessità di produrre tipologie abitative diverse da quelle tradizionali. La posizione dell'architetto (che darà soluzioni globali) dovrà mutare.

> L'architetto progettista di case diventerà o urbanista o designer. Infatti, la soluzione dei problemi globali implica l'impiego di strumenti che consentano tali soluzioni e quindi l'impiego della prefabbricazione, della produzione in serie, della specializzazione dei progettisti e degli operatori, ecc.[15].

Per Colombo, in sostanza, si era vicini a una svolta storica che avrebbe dovuto produrre un mondo nuovo di relazioni interdisciplinari.

> La ricerca di una metodologia di progettazione architettonica si attua attraverso studi di ecologia, di psicologia, di ergonomia, ecc. intorno all'uomo d'oggi e in rapporto alla dimensione in cui vive, cioè allo spazio immediato che lo circonda ed alle attrezzature che gli necessitano per abitare in modo coerente con la realtà esterna.

59.

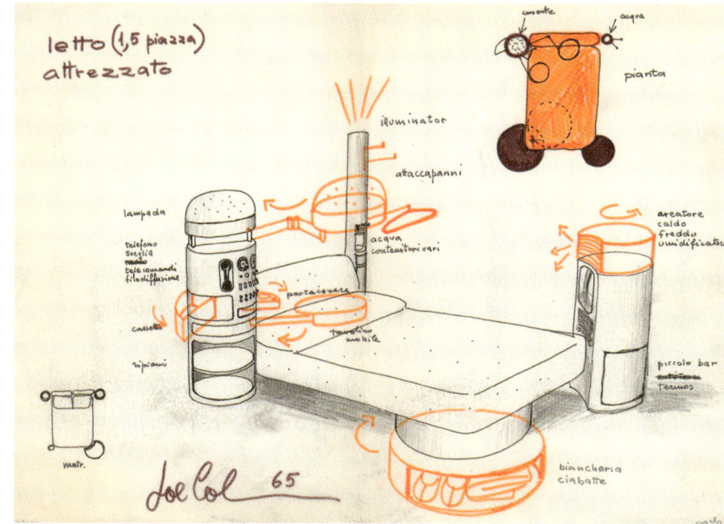

61.

60.

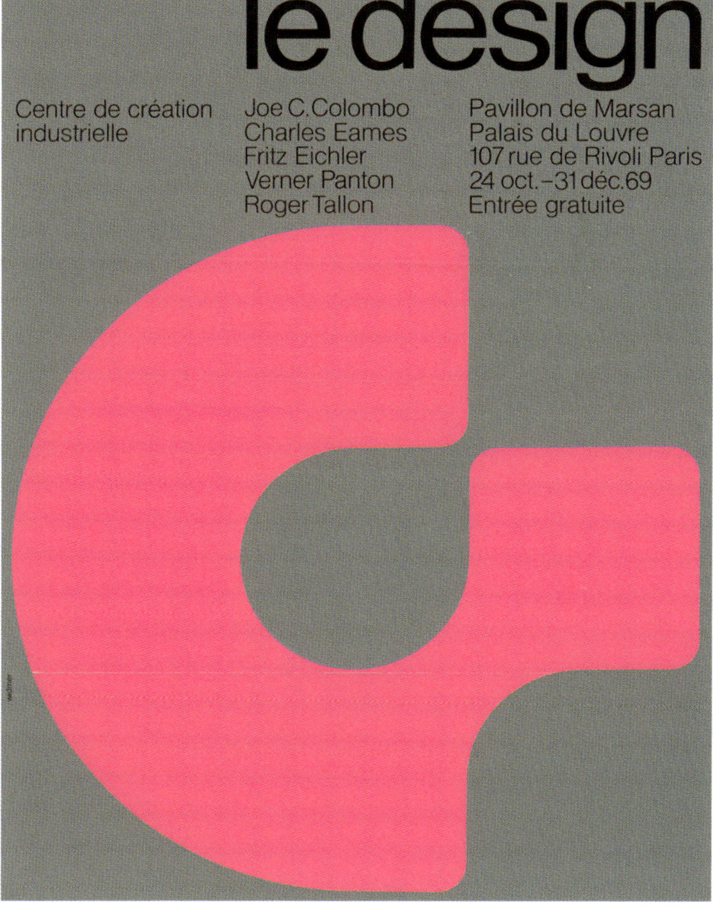

62.

advent of audiovisual communications, improvements in technology, and the overcoming of consumer society, which will create the need for different patterns of living from the traditional ones. The position of the architect (who will come up with global solutions) will have to change.

> The architect will become either a city planner or a designer. In fact, the solution to global problems implies the use of instruments that permit such solutions and, therefore, the use of prefabrication and mass production, the specialization of designers and workers, etc.[15]

In essence, Colombo felt that we were close to a historic turning point that would produce a new world of interdisciplinary relationships.

> The search for a methodology of architectural design is conducted through studies of ecology, psychology, ergonomics, and so on, of the man of today in relation to the dimension in which

59-60. *Additional System*, 1967, con sei cuscini assemblabili in modi diversi / *Additional System*, 1967, with six cushions, modular assembly to create different solutions

61. Monoblocco *Combi Bed*, 1965, realizzato per la mostra *4: 3*, Kunsthalle der BRD, Bonn, 2000 / *Combi Bed* mobile unit, 1965, realized for the exhibition *4: 3*, Kunsthalle der BRD, Bonn, 2000

62. Manifesto della mostra *Le Design* (*Che cosa è il Design?*) con cinque designer tra cui Joe Colombo, Louvre, Parigi, 1969 / Poster for the exhibition *Le Design* (*Che cosa è il Design?*) featuring five designers including Joe Colombo, Louvre, Paris, 1969

Ora il problema consiste proprio nell'offrire attrezzature che siano finalmente autonome, svincolate dal contenitore architettonico, coordinabili e programmabili in modo da potersi adattare a qualunque situazione di spazio, presente e futura.

Questo concetto di un rapporto tra spazio e tempo è il parametro di base per tutte le nostre ricerche e richiede, per la sempre più celere evoluzione dell'uomo, attrezzature abitative autonome, flessibili, coordinabili, trasformabili e utilizzabili in modi diversi, tali quindi da adattarsi sempre al loro utilizzatore[16].

La terminologia 'arredamento', 'decorazione', 'mobile', ecc. è oggi superata dai suoi stessi contenuti, in quanto è superato il rapporto tra la realtà in cui viviamo e i vecchi oggetti di arredamento[17].

Così Joe Colombo conclude il suo pensiero sull'architettura:

Tutte queste esperienze sono impostate su uno studio metodologico che ha come premessa un'analisi critica del design attuale, come punto di partenza l'uomo d'oggi e il microcosmo nel quale vive e come punto di arrivo l'urbanistica ed i problemi sociali che coinvolge[18].

Propone infine le sue soluzioni globali: "Le soluzioni di habitat futuribile integrale, che iniziano un discorso di rinnovamento, tendono ad un habitat struttura coordinato, pianificato e programmato, che disponga di tutto il processo tecnologico e scientifico e che elimini le inutili sovrastrutture esistenti"[19].
Il 30 luglio 1971, nel pieno della sua maturità creativa, Joe Colombo moriva d'infarto. Compiva quel giorno quarantun anni, in pochissimo tempo aveva prodotto moltissimo.
La grande eredità lasciata da Joe Colombo al design è l'idea di libertà. Libertà d'immagine, libertà d'uso, libertà di produrre, libertà di pensare, libertà di superare il passato ,insomma, libertà di vivere secondo le proprie esigenze materiali e intellettuali.
Gli aspetti più sorprendenti della sua poetica hanno in comune la capacità di anticipare i tempi su temi che oggi appaiono scontati. Un aspetto è quello *interattivo* tra l'uomo e tutte le attrezzature all'interno dello spazio abitato, un altro è quello della *riduzione degli spazi abitati*, perché trasformabili, un terzo è *l'innovazione* nel senso del rinnovamento continuo di tutte le funzioni, un quarto è l'idea di *riduzione della mobilità urbana* dovuta allo sviluppo delle telecomunicazioni. Ma l'aspetto più sorprendente, al di là della tecnologia, della funzionalità e dell'innovazione, è l'immagine distintiva dei suoi progetti che racchiudono un aspetto estetico riconoscibile e indipendente dal tempo. Per questo i progetti di Joe Colombo non sono invecchiati né vincolati al tempo. Questo ultimo aspetto, non cercato e non previsto, è l'immagine che rende riconoscibili tutti i suoi prodotti che sembrano progettati oggi e che forse diventeranno eterni come simboli dei nostri tempi. Non a caso nel 1999 la RAI - Radiotelevisione Italiana gli ha dedicato una trasmissione dal titolo *Il profeta del design*, curata da Stefano Casciani e Anna Del Gatto.
Raccontare del mio maestro, Joe (Cesare) Colombo, non è mai stato facile, i ricordi si affollano nella mente ed è difficile ritrovare il prima e il dopo di certi avvenimenti. In tanti anni ho rilasciato interviste, ho scritto su di lui, descritto le sue teorie e portato avanti il suo lavoro, ma raramente ho raccontato episodi di vita quotidiana. Credo che nel nostro studio non ci fosse nulla di diverso da altri studi professionali. Joe si chiudeva nel suo ufficio e rispondeva a moltissime telefonate anche se stavamo lavorando assieme, era instancabile. La parte più stressante del lavoro era dovuta al fatto che, con lui in studio, non era possibile rispettare i programmi perché voleva sempre migliorare i progetti aggiungendo o modificando qualcosa, era un perfezionista[20].
Erano gli anni sessanta, anni in cui si pensava che la scienza avrebbe risolto tutti i problemi, compresi quelli sociali.
Joe immaginava un "uomo" serio, preciso, molto dinamico, comunicativo, capace di utilizzare tutte le risorse messe a sua disposizione dalla ricerca e dalla scienza. Immaginava che il mondo sarebbe cambiato rapidamente in meglio e che il trionfo della scienza avrebbe reso inutile l'arte.
Nonostante la passione per l'automobile immaginava anche che avremmo potuto evitare di spostarci per andare al lavoro e che avremmo potuto disegnare servendoci di un "cervello elettronico" (termine allora in uso).
Immaginava un benessere diffuso in cui tutti gli oggetti di design sarebbero stati via via superati da nuove esigenze e sostituiti da altri. Fu tra i primi a occuparsi di ergonomia chiedendo la consulenza del Prof. Antonio Grieco della Clinica del Lavoro di Milano e del Prof. Tullio Bonaretti, psicologo.
Pian piano descrive spazi sempre più piccoli in cui tutto si muove per adattarsi all'uomo. Per Colombo l'uomo non è e non sarà mai un robot, ma sarà dentro un robot a guidarlo[21].
Già nel 1969, poco più di cinquant'anni fa, è un museo d'arte, il Louvre, che qualifica "il design" in una mostra dal titolo *Che cosa è il Design?*, allestita nel Pavillon de Marsan dal CCI - Centre de Création Industrielle a Parigi con Joe Colombo, Charles Eames, Fritz Eichler, Verner Panton e Roger Tallon, considerati i cinque designer internazionali più rappresentativi dell'epoca.

he lives, i.e. in relation to his immediate surroundings and to the equipment that he requires in order to live in harmony with the outside world.

Now, the problem lies in supplying equipment that will at last be autonomous, independent of its architectural container, and that can be coordinated and programmed to adapt to any spatial situation, in the present or in the future.

This concept of a relationship between space and time is the basic parameter of all our research and requires, given the increasingly rapid evolution of the human race, equipment for living that is autonomous and flexible and that can be converted and utilized in different ways, so that it always adapts itself to its user.[16]

The terminology 'interior design,' 'decoration,' 'furnishings,' etc., has been superseded today by its very contents insofar as the relationship between the reality in which we live and traditional items of furnishing has been superseded.[17]

And so Joe Colombo concluded his thought on architecture:

All these experiments have been enjoined by a methodological study that has a critical analysis of current design as its premise, the man of today and the microcosm in which he lives as its starting point, and city planning and the social problems bound up with it as its goal.[18]

Finally, he put forward his own global solutions: "The design solutions for an 'integral habitat of the future' that initiate a way of thinking about renewal, tend towards a coordinated, planned and programmed 'habitat structure,' that makes use of the entire technological and scientific process and that eliminates the existing useless adjuncts."[19]
On July 30, 1971, at the height of his creative maturity, Joe Colombo died of a heart attack. It was his forty-first birthday. Over a very short time, he had produced an immense variety of designs. The great legacy he left to Italian design is the idea of freedom. Freedom of image, freedom of use, freedom to produce, freedom to think, freedom to overcome the past. In short, freedom to live according to one's material and intellectual needs.
The most surprising aspect of his poetics was his ability to be ahead of his time on themes that today seem obvious. First of all, the *interaction* between man and all his equipment within his inhabited space; secondly, the *reduction of the volume of the living space*; thirdly, *innovation* in the sense of continuous renewal of all functions; fourthly, the

idea of *reducing urban mobility* due to the improvement of telecommunications. The most amazing aspect, though, beyond technology, functionality, and innovation, is the distinctive image of his designs which display an aesthetic recognizable and independent of time. That is why Joe Colombo's designs have not become old-fashioned, nor are linked to time. This latter aspect, neither sought nor foreseen, is the *image* that makes all of his products recognizable; they seem to have been designed today and will perhaps become eternal icons. It was not by chance that, in 1999, RAI - Radiotelevisione Italiana devoted a program entitled *Il profeta del design* (*The Prophet of Design*) to him, curated by Sefano Casciani and Anna Del Gatto.
Talking about my master, Joe (Cesare) Colombo, has never been easy; memories crowd in my mind and it is difficult to find the before and after of certain events. For many years, I have given interviews, I have written about him, described his theories, and carried on his work. But, I have rarely told about episodes of daily life. I do not think that our studio was very different from other design studios. Joe closed himself in his office and answered many phone calls, even though we were working together on a project. He was tireless. The most stressful part of the job was that, with him in the studio, it was impossible to respect deadlines because he always wanted to improve the designs, adding or modifying something. He was a perfectionist.[20]
It was in the sixties when it was thought that science would solve all problems, including social ones.
Joe imagined a serious, precise, dynamic, communicative "man," capable of using all of the resources made available to him by research and science.
He thought that the world would rapidly change for the better and that the triumph of science would render art useless.
Despite his passion for automobiles, he conjectured that we could avoid having to travel to go to work and that we could draw relying on an "electronic brain" (that was the term in vogue at the time).
He imagined widespread well-being, in which all design objects would be gradually overcome by new needs and replaced by others. He was among the first to tackle ergonomics asking for the advice of Prof. Antonio Grieco from the Clinica del Lavoro of Milan and Prof. Tullio Bonaretti, psychologist.
Little by little, he described smaller and smaller spaces in which everything would develop to adapt to man. In Colombo's view, man is not and will never be a robot; he will rather be inside a robot, guiding it.[21]
As early as 1969, just over fifty years ago, it was a museum devoted to art, the Louvre, that qualified "design" on the occasion

"Che cos'è il design?" è anche la prima domanda di una lunga intervista fatta a Joe Colombo, pubblicata nel catalogo della mostra, a cui risponde:

> Il Design è un insieme che comprende l'architettura, l'urbanistica, la produzione, i mezzi di comunicazione e cioè tutto ciò che costituisce il microcosmo in cui l'uomo vive e si muove. Il design industriale non è sicuramente uno stile: è funzionale e razionale… L'idea di un prodotto non nasce mai da un atto istintivo… La stessa invenzione è il risultato di studi e ricerche[22].

È ancora il Louvre, nel 2007, a quasi quarant'anni dall'esposizione precedente, che nelle sale del Musée des Arts Décoratifs celebra Joe Colombo in una mostra monografica con le sue opere, i suoi schizzi, i disegni, le immagini della sua vita, una mostra che, promossa dal Vitra e dalla Triennale, aveva iniziato il suo viaggio nel 2005 alla Triennale di Milano per proseguire poi in Germania, a Weil am Rhein, nella sede del Vitra Design Museum nel 2006, in Inghilterra, a Manchester, alla Manchester Gallery, nel 2007, in Austria, al Landesmuseum di Graz, nel 2008, e concludere il suo viaggio al Grassimuseum di Lipsia nel 2009[23].

Ed è nel 2014, al Museo Casa Buonarroti di Firenze, che si evidenzia un ritorno simbolico all'arte nel confronto progettuale di metodo tra Joe Colombo e Michelangelo Buonarroti nella mostra *Michelangelo e il Novecento* (pp. 52-54, *Antologia giornalistica internazionale*).

La creatività non ha confini; così come non possiamo definire i confini tra arte e scienza, il legame di Joe Colombo con l'arte non si è mai interrotto nonostante la sua identità tecnica consolidata e i suoi innumerevoli interessi largamente sviluppati.

1 P. Bühler, *Joe Colombo. Patron de la "Casa nostra"* (intervista con Joe Colombo), "H", n. 3, agosto-settembre 1971, p. 75.

2 I. Favata, *In studio con Joe Colombo*, in *Joe Colombo. Inventing the Future*, mostra a cura di M. Kries, I. Favata, catalogo della mostra monografica (Vitra Design Museum, Weil am Rhein / La Triennale di Milano), Skira, Milano 2005, pp. 40-41.

3 Bühler, *Joe Colombo. Patron de la "Casa nostra"* cit., pp. 77-78.

4 A. Belloni, *Interview mit Joe C. Colombo*, "MD - Moebel interior Design", n. 1, gennaio 1966, p.135.

5 *Joe Colombo, Habitat umano*, in V. Ceppellini (a cura di), *Il Milione. Libro dell'anno*, Istituto Geografico De Agostini, Novara, 1970, p. 65.

6 *Qu'est-ce que le Design?* (intervista con Joe Colombo), catalogo della mostra, CCI - Centre de Création Industrielle, Parigi, 1969, s. p.

7 Bühler, *Joe Colombo. Patron de la "Casa nostra"* cit., p. 78.

8 *Ignazia Favata e Joe Colombo* (intervista con Ignazia Favata), in Y. Sugihara, T. Suzuki, *Joe Colombo 1952-1971*, "Niche 05", Opa Press, Tokyo 2018, p. 45.

9 I. Favata, *L'impostazione e la metodica di sviluppo del progetto*, in *I Colombo*, a cura di V. Fagone, catalogo della mostra monografica, Mazzotta, Milano 1995, pp. 71-73.

10 Joe Colombo, *Espressioni e produzioni italiane. Sistema programmabile per abitare*, in *XIV Triennale*, catalogo della mostra, Triennale, Milano 1968, p.138.

11 Favata, *In studio con Joe Colombo* cit., pp. 45-46.

12 G. Gramigna, *Design: la fine di un mito?* (intervista con Joe Colombo), "Ottagono", n. 19, dicembre 1970, p. 27.

13 *Joe Colombo, Dal microcosmo al macrocosmo*, "Casa Arredamento Giardino", gennaio 1971, p. 23.

14 *Ibidem*.

15 *Joe Colombo, Habitat umano* cit., pp. 64-65.

16 Gramigna, *Design: la fine di un mito?* cit., p. 27.

17 A. Ando, *Joe Colombo - Visiona '69*, "Toshi-Jutaku of Urban Housing", 7104, n. 36, aprile 1971, pp. 79-82.

18 Gramigna, *Design: la fine di un mito?* cit., p. 27.

19 *Joe Colombo, Dal microcosmo al macrocosmo* cit., p. 23.

20 Favata, *In studio con Joe Colombo* cit., p. 37.

21 *Ibidem*, pp. 47-48.

22 *Qu'est-ce que le Design?* cit., s. p.

23 I. Favata, *Un tecnico al Louvre*, in A. Branzi, V. Fagone, I. Favata, *I maestri del design. Joe Colombo*, Il Sole 24 Ore, Milano 2011, p. 98.

of the exhibition *What Is Design?* organized in the Pavillon de Marsan by CCI - Centre de Création Industrielle in Paris, where Joe Colombo exhibited along with Charles Eames, Fritz Eichler, Verner Panton, and Roger Tallon, considered the most representative international designers of the time.

"What is design?" is also the first question during a long interview with Joe Colombo, published in the exhibition catalogue, to which he replied:

> Design is a whole encompassing architecture, urban planning, production, mass media, everything that constitutes the microcosm in which man lives and moves. Industrial design is certainly not a style: it is functional and rational… The idea for a product never stems from instinct… Invention is the result of studies and research.[22]

In 2007, once more at the Louvre and almost forty years after the previous exhibit, Colombo was celebrated in the halls of the Musée des Arts Décoratifs in a monographic exhibition featuring his works, his sketches, drawings, and images of his life. A traveling exhibition promoted by Vitra and the Triennale that, from the initial stage at the Milan Triennale in 2005, touched Germany (Weil am Rhein, in the seat of the Vitra Design Museum) in 2006, England (Manchester, at the Manchester Gallery) in 2007, Austria (Graz, at the Landesmuseum) in 2008, and concluded its journey in Germany (Leipzig, at the Grassimuseum) in 2009.[23]

In 2014, the Museo Casa Buonarroti of Florence highlighted a symbolic return to art in the methodological design comparison between Joe Colombo and Michelangelo Buonarroti on the occasion of the exhibition *Michelangelo e il Novecento* (pp. 53–55, "International Press Digest").

Creativity has no boundaries; just as we cannot define the border dividing between art and science, likewise Joe Colombo's link with art has never been interrupted despite his solid technical background and his countless wide-ranging interests.

1 P. Bühler, "Joe Colombo. Patron de la 'Casa nostra'" (interview with Joe Colombo), *H*, no. 3, August–September 1971, p. 75.

2 I. Favata, "In studio con Joe Colombo", in *Joe Colombo. Inventing the Future*, exhibition curated by I. Favata, M. Kries, exhibition catalogue (Vitra Design Museum, Weil am Rhein / La Triennale di Milano), Skira, Milan, 2005, pp. 40–41.

3 Bühler, *Joe Colombo. Patron de la "Casa nostra"*, pp. 77–78.

4 A. Belloni, "Interview mit Joe C. Colombo", *MD - Moebel interior Design*, no. 1, January 1966, p.135.

5 *Joe Colombo*, "Habitat umano", in V. Ceppellini (ed.), *Il Milione. Libro dell'anno*, Istituto Geografico De Agostini, Novara, 1970, p. 65.

6 "Qu'est-ce que le Design?" (interview with Joe Colombo), exhibition catalogue, CCI - Centre de Création Industrielle, Parigi, 1969, n. p.

7 Bühler, *Joe Colombo. Patron de la "Casa nostra"*, p. 78.

8 "Ignazia Favata e Joe Colombo" (interview with Ignazia Favata), in Y. Sugihara, T. Suzuki, *Joe Colombo 1952-1971*, *Niche 05*, Opa Press, Tokyo, 2018, p. 45.

9 I. Favata, "L'impostazione e la metodica di sviluppo del progetto", in *I Colombo*, ed. by V. Fagone, exhibition catalogue, Mazzotta, Milan, 1995, pp. 71–73.

10 Joe Colombo, "Espressioni e produzioni italiane. Sistema programmabile per abitare", in *XIV Triennale*, exhibition catalogue, Triennale, Milan, 1968, p.138.

11 Favata, "In studio con Joe Colombo", pp. 45–46.

12 G. Gramigna, "Design: la fine di un mito?" (interview with Joe Colombo), *Ottagono*, no.19, December 1970, p. 27.

13 "Joe Colombo, Dal microcosmo al macrocosmo", *Casa Arredamento Giardino*, January 1971, p. 23.

14 *Ibidem*.

15 *Joe Colombo, Habitat umano*, pp. 64–65.

16 Gramigna, "Design: la fine di un mito?", p. 27.

17 A. Ando, "Joe Colombo - Visiona '69", *Toshi-Jutaku of Urban Housing*, 7104 n. 36, April 1971, pp. 79–82.

18 Gramigna, "Design: la fine di un mito?", p. 27.

19 *Joe Colombo, Dal microcosmo al macrocosmo*, p. 23.

20 Favata, "In studio con Joe Colombo", p. 37.

21 *Ibid.*, pp. 47–48.

22 "Qu'est-ce que le Design?" n. p.

23 I. Favata, "Un tecnico al Louvre", in A. Branzi, V. Fagone, I. Favata, *I maestri del design. Joe Colombo*, Il Sole 24 Ore, Milan, 2011, p. 98.

Back to the Future

Colombo era affascinato dai futurologi, i narratori di visioni future[1]. Il suo progetto riflette una tensione verso ciò che potrebbe realizzarsi, che non è solo legata alla passione tipica della sua epoca per la Science Fiction, la fantascienza internazionale di cui in Italia arrivavano le prime importanti traduzioni. Come non ricordare, per esempio, la collana Urania della Mondadori, fondata nel 1952, grazie alla quale arrivano al pubblico italiano autori quali Asimov, Ballard e Dick, tra i tanti. Ma inquadrare il lavoro di Colombo in questo filone, o, pensando al suo corrispettivo nella disciplina progettuale, a quello del Lunar Age Design o Space Design, sarebbe decisamente riduttivo e limitante. La sua visione non è legata a un gusto o un interesse, bensì è decisamente sistemica; tanto che il progetto che maggiormente lo rappresenta in tal senso è quello su scala urbanistica dedicato alle cosiddette "Città nucleari". Esse vengono progettate nello stesso anno in cui l'autore presenterà "Proiezioni nucleari", un filmato realizzato a quattro mani insieme a Enrico Baj con il quale condividerà anche un periodo di ricerca artistica nel movimento Arte Nucleare. Il riferimento alla potenza dell'atomica è quello di una generazione segnata dalle immagini distruttrici dell'arma più letale che l'uomo abbia mai concepito, la quale si presta alle intenzioni di rifondazione dell'ideologia che la sottende. I nuclearisti parlano di una bellezza che coincide con una verità che è contenuta dentro la fisica dell'atomo; un vero quindi scientifico che va indagato e rivelato più che rappresentato.

Il futuro di Colombo diventa allora quello prossimo e la sua attitudine progettuale organizza lo spazio attraverso uno zoning chiaro e audace: è molto interessato ai flussi, al movimento delle persone e dei mezzi di trasporto, alle dinamiche sociali. La sua non è una città statica, rappresentativa di uno status, monumentale, esattamente come non lo sarà la sua idea di casa. Il design è una ricerca applicata ai bisogni reali dell'uomo. Pertanto nella sua città lo zoning non sarà solo orizzontale ma anche verticale: l'underground diventa il luogo che risolve i problemi della viabilità, destinando al livello più basso i trasporti tecnici delle merci, appena sopra quelli per gli abitanti, lasciando così il livello 0 alla "città fuoriterra" e alla circolazione aerea i collegamenti veloci. Le tipologie architettoniche sono disegnate come unità ben definite e distinte, chiaramente identificabili e fruibili. Il quadro che ne deriva è quello di un'organizzazione di sistema che sarà la prova generale di una visione che troverà la sua applicazione reale negli spazi interni, in una dimensione nella quale l'autore lascerà il suo segno più incisivo.

Habitat continuo

L'urbanistica determinava l'architettura, questa a sua volta coordinava gli "interiors" i quali infine andavano riempiti con oggetti ed elementi di "furniture" il cui design non era coordinato e non nasceva certo da una ricerca pura attorno al problema, che solo nei casi più felici poteva essere trattato in un campo di semplice ricerca applicata. L'analisi del problema dovrebbe dunque partire dal centro verso l'esterno, contrariamente a quello che normalmente si è fatto fino ad oggi. Lo spazio immediato che circonda l'uomo, naturalmente inteso come campione estrapolato dalla collettività, dal gruppo, tutto ciò che costituisce il suo microcosmo, nel quale egli vive e si muove, è il campo nel quale si dovrà condurre una serie di ricerche atte e a risolvere la problematica di un nuovo habitat più coerente ai nostri tempi, strutturato e coordinato[2].

Nel 1969 l'autore scrive un paio di articoli su "Casabella" nei quali esplicita chiaramente la sua visione, muovendosi sostanzialmente per progressive messe a fuoco dalla scala urbanistica a quella dell'interior, cogliendo nella separazione tra queste dimensioni spaziali uno dei maggiori problemi del progetto contemporaneo. Il celebre "dal cucchiaio alla città" resta nell'impostazione di molti architetti un esercizio di stile; nel migliore dei casi un approccio di genere ottocentesco, ancora improntato alla Gesamtkunstwerk, la teoria dell'opera d'arte totale. Quello di cui parla Colombo è un cambio di paradigma radicale: l'uomo rimesso al centro

DOMITILLA DARDI

Back to the Future

Colombo was fascinated by futurologists, the narrators of future visions[1]. His designs reflect a desire to fulfill what could be achieved, which is not only linked to the passion for Science Fiction that was popular at the time, making its way into Italy with the first important translations. How can we forget, for example, the *Urania* series, released by Mondadori publishers and established in 1952, thanks to which authors such as Asimov, Ballard, and Dick, just to name a few, reached the Italian public. Yet, framing Colombo's work in this dimension, or thinking of its counterpart in design, for instance Lunar Age Design or Space Design, would be decidedly reductive and limiting. His vision is not linked to a taste or an interest; but it is definitely systemic. So much so that the design that best represents him in this sense is the urban planning project devoted to the so-called "Nuclear Cities". These were designed in the same year in which he presented "Nuclear Projections", a film made together with Enrico Baj, with whom Colombo will also share a period of artistic exploration in the framework of the Arte Nucleare movement. The reference to the power of atomic energy is that of a generation marked by the destructive images of the most lethal weapon that man had ever conceived, which suits the purpose of a re-elaboration of the underlying ideology. The followers of Arte Nucleare spoke of a beauty that coincides with a truth contained within the physics of the atom; a scientific credo that must be investigated and revealed rather than represented. The future devised by Colombo then became the near future and his design attitude organized the space through clear and audacious zoning: he was very interested in flows, the movement of people and means of transport, and social dynamics. His was not a static city, representative of a monumental status, just as his idea of a home will not reflect those standards. Design was a research applied to the real needs of man. Therefore, in the city he planned, zoning will not only be horizontal but also vertical: the underground becomes the place that solves the problems

of traffic, allocating the technical transport of goods to the lowest level, just beneath the levels reserved to the inhabitants, thus leaving level '0' to the 'above ground city' and fast connections to aerial traffic. Architectural typologies were designed as well-defined and distinct units, clearly identifiable and exploitable. The resulting framework is the organization of a system; a sort of rehearsal of a vision that will find its real application in interior design, in a dimension in which Colombo will leave his most incisive mark.

A Continuous Living Space

The urban planning determined the architecture, which in turn coordinated the interiors that had to be filled with objects and elements of furniture, whose design was not coordinated and certainly did not stem from a pure research around the problem, which only in the best of cases could be addressed in the field of applied research. The analysis of the problem should therefore begin from the center outward, contrary to what has normally been done to date. The immediate space that surrounds man, naturally understood as a sample extrapolated from the community, the group, represents his microcosm where he lives and moves around; this is the field in which a series of researches should be conducted in order to solve the problem of a new living space that is suitable to our times, structured and coordinated.[2]

In 1969, Colombo wrote a couple of articles for *Casabella*, in which he clearly expressed his vision, moving substantially by progressive focus from the urban scale to that of interiors, seizing the separation between these spatial dimensions as one of the major problems of contemporary design. The famous quote "from spoon to the city" remains an exercise of style in the approach of many architects; in the best case, a nineteenth-century approach, which was still based on *Gesamtkunstwerk*, the 'total work of art' theory. What Colombo is talking about is a radical paradigm shift: man put back in the center asks for solutions concerning his

chiede soluzioni per il suo habitat sia su scala domestica che urbanistica. Pertanto quando un designer progetta un oggetto non dovrebbe applicare uno stile o una cifra autoriale a una scala ridotta rispetto a quella della città o dell'architettura, ma impostare nell'oggetto il suo sistema.

A questo punto – spiega lo stesso autore – si può iniziare un discorso di antidesign che supera ogni valore "oggettistico": sarà senza dubbio un discorso nuovo che si rifiuta a priori di prendere in considerazione gli elementi singoli che possono costituire un habitat per fare al contrario un discorso unitario. I blocchi coordinati tra loro disposti in uno spazio libero determinano una struttura entro la quale l'uomo potrà vivere in maniera più coerente alla realtà di oggi che si proietta in un immediato domani[3].

Colombo, infatti, non progetta mai solo un oggetto, ma un'azione, una reazione, un gesto, un movimento. La sua non è ricerca della *gute form*, ma indagine sui dispositivi che rendono fruibile lo spazio abitabile. Con precisione Marco Romanelli parlerà di "sociogrammi domestici"[4], quasi mezzi atti a indagare le relazioni sociali più che a servire il bel disegno.
Sempre su "Casabella" l'autore aveva parlato di un "sistema programmabile per abitare, ovvero una diversa architettura per un diverso modo di abitare". La sua disamina propone un metodo di estrema completezza e coerenza:

Una ricerca per una nuova metodologia della progettazione architettonica non può avere che un solo punto di partenza: uno studio ecologico dell'uomo d'oggi e, in particolare, del microcosmo nel quale vive.
Un sistema programmabile per abitare è frutto di una ricerca preliminare condotto a tre livelli:
- a livello ergonomico
- a livello sociologico e di marketing
- a livello tipologico e tecnologico.
[…] Un sistema per abitare i cui criteri informatori sono: la programmabilità nel tempo e nello spazio; il design per fruizione collettiva (nucleo familiare); l'impiego di una nuova tecnologia che non tiene conto solo di nuovi materiali […] ma anche di esigenze produttive di vendita (facilità di stoccaggio e di assemblaggio)[5].

Alla sua visione a 360° non sfuggono neanche gli aspetti gestionali e organizzativi, anticipando una tendenza contemporanea: quella a passare dal design del prodotto a quello dei servizi. Tant'è che egli parla anche di "producibilità su scala industriale", intesa come attitudine a considerare il potenziale della produzione per il mass market (ricordiamo che la XIV Triennale nel 1968, quella della contestazione e per questo motivo mai inaugurata, è proprio dedicata al "grande numero"), e di "distribuzione attraverso i grandi magazzini", centrando un'altra delle istanze del nostro tempo,

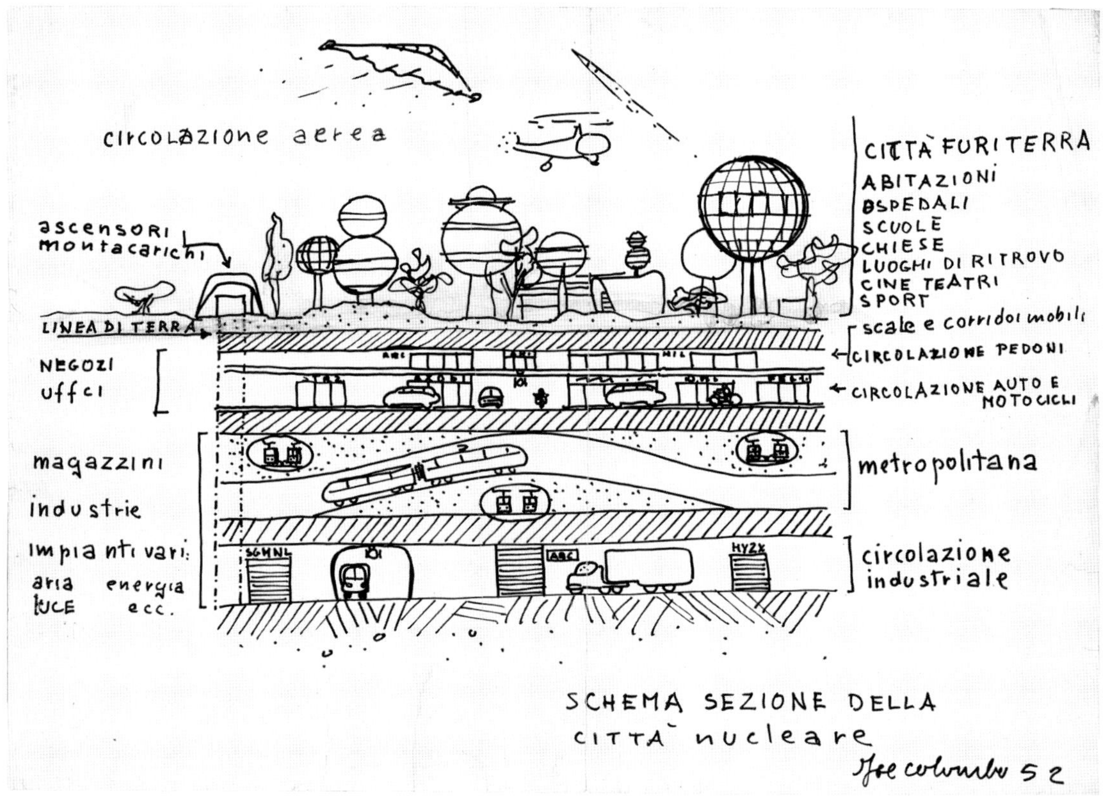

1. Ipotesi urbanistiche per la nuova *Città Nucleare* interrata e per la città fuoriterra costruita sopra quella vecchia, 1952 / Urban planning ideas for the new underground *Nuclear City* and the aboveground city built on top of the old one, 1952

living space both on a domestic and urban scale. Therefore, when a designer plans an object, they should not apply a style, or their signature style, to a reduced scale compared to that of the city or architecture, but they should set this object within its relevant system.

> At this point – Colombo explains – we can start talking about 'antidesign' that goes beyond any 'object-related' value: it will undoubtedly be a new discourse that refuses a priori to take into consideration the individual elements that can constitute a living space and instead focus on a unitary concept. The blocks coordinated with one another arranged in a free space determine a structure within which man will be able to live more coherently with today's reality, where he is projected into an immediate tomorrow.[3]

In fact, Colombo never designed just an object, but an action, a reaction, a gesture, a movement. His is not a search for the *gute form*, but an exploration into the devices that make a living space livable. More precisely, Marco Romanelli will talk about "domestic sociograms,"[4] almost a means capable of investigating social relations rather than serving beautiful design.

Again in *Casabella*, Colombo spoke of a "Programmable living system, that is to say a different architecture for a different way of living the space." His analysis puts forward a method of extreme completeness and consistency:

> A research for a new methodology of architectural design cannot have but a single starting point: an environmentally friendly study of modern man and, in particular, of the microcosm in which he lives.
>
> A programmable living system is the fruit of a preliminary research conducted on three levels:
>
> - on an ergonomic level;
> - on a sociological and marketing level;
> - on a typological and technological level.
>
> […] A living system whose informative criteria are: programmability in time and space; design for collective use (family unit); the use of a new technology that takes into account not only new materials […] but also sales production needs (easy storage and assembly).[5]

His 360-degree vision did not miss managerial and organizational aspects either, anticipating a contemporary trend: that of moving from product design to that of services. In fact, Colombo also talked about "producibility on an industrial scale," intended as an attitude to consider the potential for the mass market – remember that the XIV Triennale of 1968, the edition of the protest and for this reason never inaugurated, was actually addressing another issue of our time, that of including a solution for distribution in the project. In that period in Italy, perhaps only Munari will devote an equally close attention to this topic: he will include a reflection on storage and assembly in the *Falkland* (a lamp with a decidedly contained volume in the storage and transport phase compared to the 'final' hung product) and on the identification of the functions in the "Living space." The question about what makes a space livable was in fact crucial toward the end of the 1960s, especially in Italy where the government had enacted a law whereby "each inhabitant settled, or to be settled, will have approximately 25 square meters of gross living space."[6] The home was no longer the traditional place divided into rooms with specific functions, but became a container of movements, of practical and emotional needs, of interactions between human beings. In a drawing from 1969, Colombo outlined a plan for the apartment in Via Argelati where the accent was not on the furniture or the distribution of the various rooms, but on the flows. It is almost like looking at the sign of those 'sociograms' with a study of the vector lines of movement. Because the man Colombo is thinking of and for whom he designs the new living space is alive as never before: full of inconsistencies, second thoughts, gestures and beautiful peculiarities. Not only is the home no longer a "machine à habiter," but the time of "standard furniture for standard needs" on the wake of Le Corbusier is decidedly far away. The designer – as Colombo interprets him – is a professional devoid of any demiurgic or educational ambitions; he is a man who desires a space that moves and even transforms along with him, supporting his virtues and also his defects.

Movement, Gesture, Transformation

The founding principle of Joe Colombo's design is in some ways diametrically opposite to contemporary concepts or, at least, to a large part of the latter. In fact, if today much of design seems to come to life and die for the static nature of the image that will be divulged through social media, Colombo's is instead a kinetic design, conceived for movement over time. Its photogenic qualities are irrelevant when compared to its dynamism and adaptability of use. His design stems from an attentive and shared observation of the relationship between body and object; it is also often dictated by a need that the designer was the first to feel. The figure of the "author as first user" has historically generated great masterpieces, and Colombo's furnishings,

quella di includere nel progetto una soluzione per la distribuzione. Forse solo Munari negli stessi anni in Italia avrà un'attenzione altrettanto precisa al tema: egli includerà una riflessione sullo stoccaggio e l'assemblaggio nella Falkland (lampada capace di assumere un ingombro decisamente contenuto nelle fasi di stoccaggio e trasporto rispetto a quelle della forma appesa e "finita") e sulla identificazione delle funzioni nello "Spazio abitabile". La questione su cosa renda lo spazio abitabile, infatti, è cruciale sulla fine degli anni sessanta, soprattutto in Italia dove era uscito un decreto che sanciva che "ad ogni abitante insediato o da insediare corrispondano mediante 25 mq di superficie lorda abitabile"[6]. La casa non è più il luogo dell'identificazione tradizionale funzioni-stanze, ma diventa un contenitore di movimenti, di necessità pratiche ed emozionali, di interazioni tra esseri umani. In un disegno del 1969 Colombo delinea una pianta per l'appartamento di via Argelati dove a essere messi in risalto non sono né gli arredi né tanto meno la distribuzione degli spazi in camere, bensì i flussi. Sembra di vedere proprio il segno di quei "sociogrammi" con uno studio delle direttrici vettoriali del movimento. Perché l'uomo al quale egli pensa e per il quale progetta il nuovo habitat è vivo come non mai: pieno di incoerenze, ripensamenti, gesti e bellissime peculiarità. Non solo la casa non è più una "machine à habiter", ma anche il tempo dei "mobili-tipo per bisogni-tipo" di lecorbusieriana memoria è decisamente lontano. Il designer – come lo interpreta Colombo – è un professionista privo di velleità demiurgiche o educative; è un uomo che desidera uno spazio che si muova e, addirittura, si trasformi insieme a lui, assecondandone le virtù, ma anche i difetti.

Movimento, gesto, trasformazione

Il design di Joe Colombo parte da un assunto per certi versi diametralmente opposto a quello contemporaneo, o per lo meno a una cospicua parte di quest'ultimo. Se oggi, infatti, molto design sembra nascere e morire per la staticità dell'immagine che lo porterà alla divulgazione tramite i social media, quello del designer milanese è al contrario un design cinetico e pensato per il movimento nel tempo. La sua fotogenia è irrilevante se paragonata alle sue dinamicità e duttilità d'uso. Esso nasce dall'osservazione profonda e partecipe della relazione tra corpo e oggetto; anche perché spesso deriva da un'esigenza di cui l'autore è il primo a sentire la necessità. La figura dell'autore - primo utente ha storicamente generato grandi capolavori e gli arredi, lampade, oggetti di Colombo non disattendono questo assioma, anzi.

Spesso si tratta, infatti, di oggetti che partono da un gesto personale, persino da un vizio oggi totalmente *politically incorrect* come quello del fumo verso il quale egli manifesta non solo indulgenza, ma addirittura attenzione generatrice di tanti progetti. È il caso della serie di bicchieri *Smoke* del 1964, che rinverdisce una tipologia altrimenti iper-inflazionata con la geniale virata verso una morfologia che tiene conto dell'abitudine dei fumatori incalliti di voler impugnare bicchiere e sigaro/sigaretta contemporaneamente. Anche il tavolo Poker del 1965 è una sorta di inno ai vizi umani: fumo e gioco come opportunità progettuali. A distanza di tempo potremmo leggerlo quasi come un manifesto di libertà che mette in luce le incoerenze della società borghese con una critica condotta dall'interno, come autoanalisi. E ora possiamo apprezzarne il carattere forse più rivoluzionario di tanti proclami a forte componente ideologica di quegli anni.

> Il secondo elemento peculiare del design di Colombo è, come già detto, quello del movimento e della trasformabilità. Come spiegherà meglio egli stesso, la staticità del contenitore-casa è la condizione di partenza per la danza che funzioni, mobili e abitanti sono chiamati a svolgere nell'ambiente domestico. "Il contenitore statico – sostiene l'autore – che determina l'abitazione dovrà essere in un certo senso svincolato dal contenuto perché quest'ultimo si possa muovere, quindi elastico nel suo intimo per soddisfare questa dinamica e flessibile internamente per adattarsi nel tempo, che muta l'azione abitare nei diversi momenti sia ciclici (il giorno, la notte, l'estate, l'inverno ecc.), sia accidentali (un ospite, un party eccetera.), sia evoluzionistici (la nascita una perdita di un componente della famiglia ecc.)[7].

Il movimento interno si sovrappone a quello del tempo, che richiede attitudine alla trasformazione, al cambiamento: "Ho fatto dei mobili per una casa dimensionata non solo nello spazio ma anche nel tempo, cioè dei mobili che si trasformano in funzione dell'uomo nel tempo. Un nuovo modo di architettura che dà uno spazio elastico, flessibile, articolabile, estensibile"[8], ci spiega lo stesso autore.

L'uomo si muove nello spazio e vive nel tempo, quindi i mobili devono necessariamente essere pensati per assecondare queste condizioni. Trasformabilità, versatilità, multifunzionalità sono gli obiettivi perseguiti per i quali le soluzioni trovate contemplano di volta in volta l'uso di ruote, cuscinetti a sfera, giunti mobili, cerniere. La ricerca sulla cinetica dei solidi del fratello Gianni è un parallelo di grande ispirazione in questi anni: il suo *Rotoplastik* (1960) e le *Strutturazioni acentriche* (1962) sono certamente ricerche che aprono la strada a *Combi Center* e *Rotoliving*. Ma la sfida per Joe è

lamps, and objects do not betray this axiom, on the contrary. His objects often started from a personal gesture, even from a vice that today is *politically incorrect*, like smoking, toward which he not only manifested an indulgence but it was the inspiring idea that brought to life many projects. This is the case of the 1964 series of *Smoke* glasses, which added new flair to a much explored category of objects thanks to the ingenious idea of a new shape that takes into account the habit of inveterate smokers that want to hold a glass and a cigar/cigarette simultaneously. The *Poker* table from 1965 was also a sort of tribute to human vices: smoking and playing cards become design opportunities. We could now read it as a manifesto of freedom that highlights the inconsistencies of bourgeois society with a criticism conducted from within, as self-analysis. And, today, we can appreciate its character, which was perhaps more revolutionary than many ideological statements of those years.

The second peculiar element of Colombo's design is, as mentioned above, movement and transformability. As he himself will best explain, the static nature of the container-home is the starting point for the practice of living a space, where functions, furniture and inhabitants are called upon to play their role. "The static container – Colombo affirmed – which determines the home must in a certain sense be released from its contents in order for the latter to move; therefore, flexible to adapt over time, to the changing needs of a living space dictated by the cycle of life (day, night, summer, winter, etc.), accidental events (a guest, a party, etc.), or evolutionary events (a birth, the loss of a family member, etc.).[7]

Internal movement overlaps with that of time, which requires an attitude toward transformation, toward change: "I designed furniture for a home whose dimensions take into account not only the internal space, but also time; furniture that transforms itself based on the changing needs of man over time. A new way of conceiving architecture that offers a flexible, modular, extendible space,"[8] quoting Joe Colombo.

Man moves in his space and lives his time; so, furniture must necessarily be conceived to accommodate these conditions. Transformability, versatility, multi-functionality are the goals pursued, and the solutions devised to achieve these goals foresee the use of casters, ball bearings, movable joints, hinges. The exploration on the kinetic of solids conducted by his brother Gianni was of great inspiration in those years; his *Rotoplastik* (1960) and *Strutturazioni acentriche* [Acentric structures] (1962) were certainly explorations that paved the way to the design of *Combi Center* and *Rotoliving*. But the challenge Joe Colombo faced was complex: the issue at stake was to render the

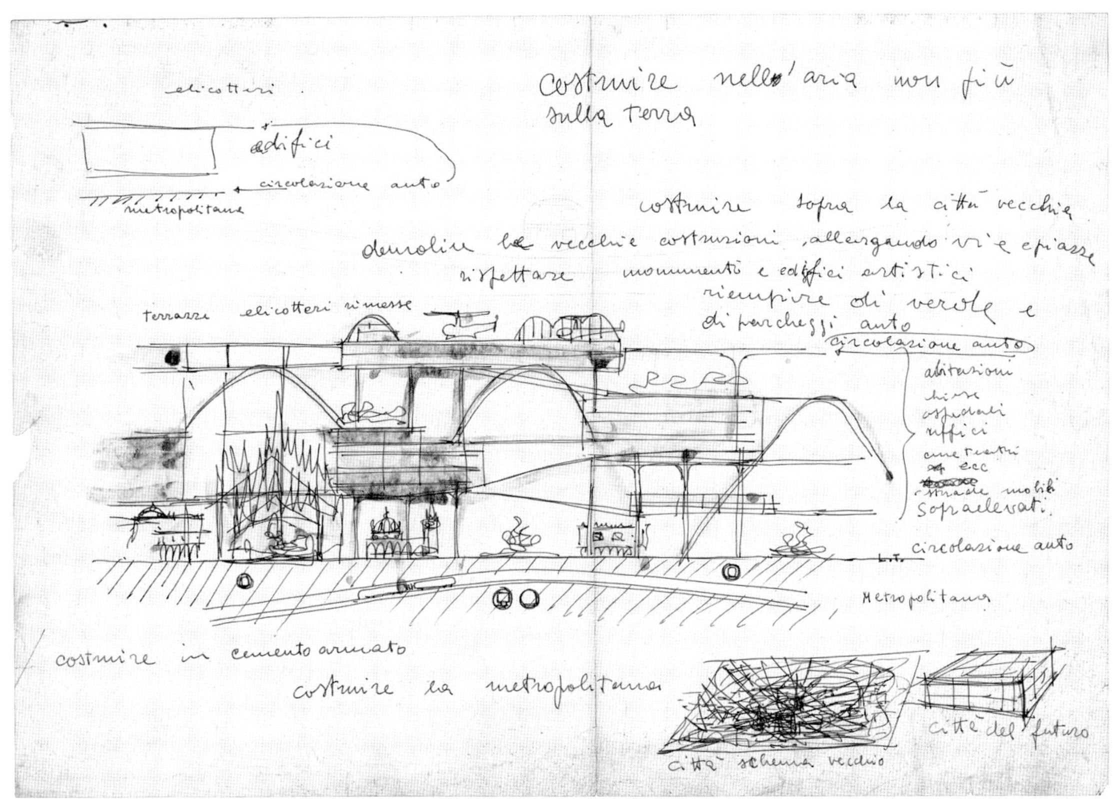

2. Ipotesi urbanistiche per la nuova *Città Nucleare* interrata e per la città fuoriterra costruita sopra quella vecchia, 1952 / Urban planning ideas for the new underground *Nuclear City* and the above-ground city built on top of the old one, 1952

complessa: si tratta di rendere funzionale e applicabile al quotidiano la potenza del movimento rotatorio. Il designer ha sposato la causa di un'arte che passa dall'ambito astratto e teorico alla praticità della vita e al paesaggio domestico. I suoi sono mobili di nome e di fatto, seguono fedelmente il proprio utente come il *Boby* – con un nome che della fedeltà ha fatto un vessillo – o la poltroncina *Cart*, progetto inedito del 1966 riscoperto di recente, che permette grazie a ruote un semplice gesto di accompagnamento per garantirne il movimento. Il dinamismo poi può essere anche quello della multifunzionalità: come nella *Multichair* del 1970, non a caso inclusa nel New Domestic Landscape del MoMA due anni dopo come esempio di versatilità nell'arredo, accanto a quell'*environment* progettato per quella mostra epocale e che Colombo non riuscirà a vedere realizzato. La stessa multifunzionalità della celebre *Minikitchen* del 1963, uno dei suoi progetti più lungimirante e longevo. Oppure quella del bicchiere *Clessidra*, con una dinamica multifunzionale semplice e intuitiva: a seconda della base scelta, cambia la capienza e il gioco è fatto. Perché la multifunzionalità dell'autore non è mai complicata, anzi, è semplice e diretta, quindi "difficile" come avrebbe detto Munari. Il migliore meccanismo è quello che non deve essere spiegato, che non richiede pulsanti magici che nascondono circuiti complicati; non è un gadget cinematografico che deve stupire nello spazio di un frame, è un sistema di conversione funzionale che deve durare nel tempo e aggiungere gesti nuovi all'elenco della nostra mobilità domestica.

Nemo propheta in patria

Affrontando l'opera – tanto più quella "completa" qui presentata – di Joe Colombo si comprende subito che di classico non vi è nulla, e colpisce la discrepanza tra la visionarietà delle opere, non tanto in senso formalistico quanto concettuale, e la sostanziale disattenzione nei suoi confronti da parte di storici e critici di allora. Egli non è citato da Paolo Fossati nel suo *Il Design in Italia*[9] del 1972 e neanche nella prima *Storia del Design* di De Fusco[10] del 1985 (salvo poi un ripensamento fugace in *Made in Italy* nel 2007[11]). Viene citato da Burdek[12] e da Dorfles[13], ma senza particolari approfondimenti. Sul fronte delle riviste la questione non sembra sostanzialmente migliore: compare nel numero 101 del 1991 di "Ottagono", quello dedicato ai maestri del design italiano, ma non incluso nel gruppo centrale che annovera Sottsass, Munari, Magistretti e Sambonet. Unica vera eccezione è quella riservata dalla stampa americana e da Gio Ponti, che su "Domus"

gli dedica ripetutamente pagine di palese ammirazione. La sua storia sembra non sfuggire al destino riservato ad altri futuribili visionari internazionali: dal tedesco Luigi Colani ai francesi Olivier Mourgue e Pierre Paulin, da Verner Panton all'italiano Cesare Leonardi (che meriterebbe una drastica rivalutazione storico-critica). Non a caso tutti "battitori liberi", per così dire, non inquadrabili in una scuola, un fenomeno collettivo, una neo-avanguardia. Anche quando Colombo venne incluso nel gruppo della mostra *Italy, The New Domestic Landscape* al MoMA di New York nel 1972 – operazione curatoriale basata peraltro su una sintesi critica di realtà alquanto eterogenee – si conquista il suo spazio nella sezione *Environments* per pertinenza con un lavoro perseguito da almeno una decina di anni nella sua visione degli habitat domestici, ribadendo il riconoscimento più internazionale che nostrano del suo lavoro.

Colombo non sembra far parte di nessuno dei filoni del design italiano degli anni sessanta: non è nel gruppo degli autori che hanno fondato quell'alleanza industria-architetti come i Castiglioni o Magistretti, anche perché di formazione è stato alla fine più un artista dotato di una spiccata vocazione per la tecnologia che un architetto. Al tempo stesso proprio per questo suo talento tecnico non rientra nemmeno nel novero degli autori giunti al design dall'arte come Munari o Mari e, se dimostra una volontà teorico-politica, lo farà direttamente attraverso il suo progetto, senza saggi o manifesti. Infine non s'identifica con la reazione al modernismo come Sottsass, Branzi o quelli che verranno di lì a poco definiti i Radicals: la sua nozione di antidesign non sferra attacchi alla visione capitalistica e consumistica del design, ma afferma "il concetto di prodotto industriale pragmatico che tuttavia non si lascia subordinare dalle leggi uniformanti del mercato", come ha giustamente notato di recente Alexandra Midal[14].

Plastiche trasparenze

Un ultimo pensiero va alla visione anticipatrice sui materiali che contraddistingue molta produzione del designer milanese. La storia del progetto ci ha sempre dimostrato come i grandi geni siano quelli che si fanno guidare dalla visione prima ancora che dalla tecnologia. Al punto da inventarsela, la propria tecnologia, pur di realizzare quella visione. O di sperimentare con nuovi materiali tecnologici arrivando subito e prima degli altri a picchi di interpretazione spesso mai più raggiunti. È il caso della lampada *Acrilica* per Oluce, elaborata insieme al fratello Gianni nel 1962, l'anno magico per l'illuminazione italiana, quello di un'altra coppia di fratelli, i Castiglioni, che progettano per Flos alcuni dei

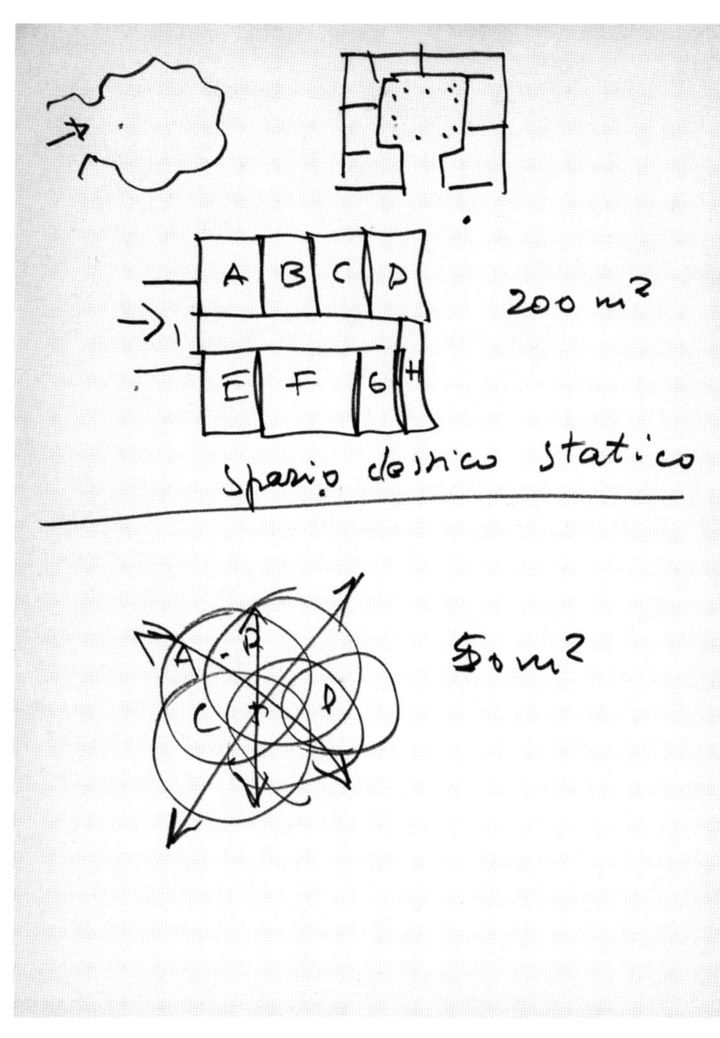

3. Spazio statico e spazio dinamico con superficie minima necessaria, schizzo a pennarello su carta, 1970 / Static space and dynamic space with minimum surface requirements, felt-tip pen sketch on paper, 1970

power of the rotary movement functional and applicable to everyday life. The designer espoused the cause of an art that from an abstract and theoretical sphere flows to the practicality of life and the domestic landscape. His are really furnishings that 'faithfully' follow the user, like *Boby* – whose name became a banner for loyalty – or the *Cart* armchair, an unpublished project from 1966 recently rediscovered, in which casters guarantee movement with a simple gesture. Dynamism also applies to multi-functionality, as in the *Multichair* from 1970; not surprisingly included in the New Domestic Landscape at MoMA two years later as an example of versatility in furnishings within the environment designed for that momentous exhibition that Colombo will not be able to see realized. The concept of multi-functionality also applies to the famous *Minikitchen* of 1963, one of his most forward-looking and long-lasting projects, or to the *Clessidra* glass, with a simple and intuitive multi-functional dynamic: it changes its volume according to the chosen base, very simple. Because the concept of

multi-functionality for Joe Colombo is never complicated, it is simple and straightforward, therefore 'difficult' as Munari would have said. The most successful mechanism is the one that needs no explanation, that does not require magic buttons hiding complex circuits, it is not a cinematic gadget that must astonish in the space of a frame, but is a system of functional conversion that must last over time and add new gestures to the standard movements within our living space.

No Man is a Hero at Home

When examining Joe Colombo's work – especially his 'complete' portfolio presented here – it is immediately clear that there was nothing that could be defined as 'classic' and what is striking is the discrepancy between the visionary nature of his designs, not so much in a formalistic as a conceptual sense, and the substantial lack of attention paid to his projects by historians and critics of the time. He was not mentioned by Paolo Fossati in his *Il Design in Italia* [*Design in Italy*][9] from 1972, and not even in the first History of Design by De Fusco[10] from 1985 (except for a fleeting afterthought in *Made in Italy* from 2007[11]). He was mentioned by Burdek[12] and Dorfles[13], but without particular details. Where magazines are concerned, the situation did not seem any better: Colombo is mentioned in *Ottagono* (issue no. 101 of 1991, which was devoted to masters of Italian design), but his name does not appear in the central body of the article, which lists Sottsass, Munari, Magistretti, and Sambonet. The only real exception is the one reserved by the American press and Gio Ponti, who on several occasions devoted entire pages of admiration for Colombo in *Domus*.

His story does not seem to escape the fate reserved for other international visionaries: from German Luigi Colani to French Olivier Mourgue and Pierre Paulin, from Verner Panton to Italian Cesare Leonardi (who would deserve a drastic historical-critical revaluation). It is no coincidence that they are all 'independent players,' who could not be classified in a specific school, a collective phenomenon, a neo-avant-garde.

più grandi successi di tutti i tempi nel settore. La lampada dei Colombo è una pura scultura di luce che sfrutta le capacità di trasmissione luminosa del materiale acrilico, esaltato da quella trasparenza plastica per materiale e forma. E, a proposito di plastica, l'anno successivo è quello di *Elda*, la prima poltrona di grande formato realizzata in materiale plastico stampato, nata sull'ispirazione di una visita a un cantiere nautico dove si realizzavano piccoli scafi in vetroresina a scocca unica.

Ma la visione più ardita è sempre quella che non si può realizzare nell'immediato: nel 1964 l'autore progetta una poltroncina totalmente trasparente e curva, la sorella concettuale della lampada *Acrilica*. Ci vorranno più di quarant'anni prima che essa divenga una realtà producibile (da Kartell).

In una delle sue ultime interviste dichiarerà: "Si potrà studiare e lavorare da casa; le distanze non avranno più importanza; la megacittà perderà significato"[15].

Una visione che porta davvero "back to the future".

1 M. Kries, *In accordo con i futurologi osservo… Tecnologia, visione e utopia nell'opera di Joe Colombo*, in *Joe Colombo. Inventing the Future*, mostra a cura di M. Kries, I. Favata, catalogo della mostra monografica (Weil am Rhein, Vitra Design Museum / La Triennale di Milano), Skira, Milano 2005, pp. 74-91.
2 Joe Colombo, su "Casabella", n. 342,1969, s. p.
3 *Ibidem*.
4 Marco Romanelli, in *Joe Colombo. Inventing the Future* cit., p. 101.
5 "Casabella", n. 333, febbraio 1969, p. 31.
6 Decreto ministeriale del 2 aprile 1968.
7 Riportato in *Joe Colombo. Inventing the Future* cit., p. 41.
8 *Ibidem*, p. 40.
9 P. Fossati, *Il Design in Italia, 1945-1972*, Einaudi, Torino 1972.
10 R. De Fusco, *Storia del Design*, Laterza, Roma-Bari, 1985.
11 R. De Fusco, *Made in Italy, storia del design italiano*, Laterza, Roma-Bari, 2007.
12 B. E. Bürdek, *Design. Storia, teoria e pratica del design del prodotto*, 1ª ed. 1991, trad. it., Mondadori, Milano 1992.
13 G. Dorfles, *Introduzione al disegno industriale*, Einaudi, Torino 1972.
14 A. Midal, in *Joe Colombo. Inventing the Future* cit., p. 97.
15 P. Bühler, *Joe Colombo. Patron de la "Casa nostra"* (intervista con Joe Colombo), "H", n. 3, agosto-settembre 1971, pp. 75-79, riportato in *Joe Colombo. Inventing the Future* cit., p. 82.

Even when Colombo was included in the group of designers for the exhibition *Italy, the New Domestic Landscape* at MoMA in New York in 1972 – where the curators however focused on a somewhat heterogeneous selection – he conquered his space in the *Environments* section thanks to his work conducted for at least a decade around his vision of domestic Habitats, reaffirming a success that was acknowledged more on an international level than in his own country. Colombo does not seem to belong to any of the Italian design trends of the 1960s: he was not in the group of authors who founded an alliance between industry and architects, such as the brothers Castiglioni or Magistretti, also because in the end his formation was that of an artist with a remarkable vocation for technology rather than the academic education of an architect. At the same time, precisely because of his technical talent, he was not part of the group of authors who came to design from art, such as Munari or Mari, and, when he manifested his theoretical-political leaning, he would do so directly through his projects, without essays or manifestos. Lastly, he did not identify himself in the reaction to modernism like Sottsass, Branzi, or those who will soon after be defined 'Radicals': his notion of 'antidesign' did not launch attacks on the capitalistic and consumerist vision of design, but affirmed "the concept of a pragmatic industrial product that does not bend to the uniform laws of the market," as Alexandra Midal has rightfully noted recently.[14]

Plastic Transparencies

A final thought goes to Colombo's anticipatory vision on materials that distinguished a large part of his design production. The history of design has always shown us that the great geniuses are those who are first led by their vision, and only in a second phase by technology. To the point of inventing their own technology, in order to fulfill that vision. Or of experimenting with new technological materials, arriving immediately and before the others to peaks of interpretation that are often never replicated. This is the case of the *Acrilica* lamp, designed for Oluce in collaboration with his brother Gianni in 1962, the magical year for Italian lighting systems, the same year when another pair of brothers, the Castiglioni's, designed some of the greatest successes of all times for Flos. Colombo's lamp is a pure sculpture of light that exploits the light transmission capacity of the acrylic material, highlighted by a plastic transparency in material and shape. And, speaking of plastic, the following year marked the birth of *Elda*, the first large format armchair produced in molded plastic material, inspired by a visit to a shipyard that manufactured fiberglass hulls for small boats. But the most daring vision is always the one that cannot be achieved immediately: in 1964, Colombo designed a totally transparent and curved armchair, the 'conceptual sister' of the *Acrilica* lamp. More than forty years passed before it was actually produced (by Kartell).

In one of his last interviews, Colombo declared: "People will be able to study and work at home; distances will no longer matter, the megacity will lose its meaning."[15]

A vision that truly brings us "back to the future."

1 M. Kries, "In accordo con i futurologi osservo… Tecnologia, visione e utopia nell'opera di Joe Colombo", in *Joe Colombo. Inventing the Future*, exhibition curated by I. Favata, M. Kries, exhibition catalogue (Weil am Rhein, Vitra Design Museum / La Triennale di Milano), Skira, Milan, 2005, pp. 74–91.

2 Joe Colombo, in *Casabella*, no. 342, 1969, n. p.

3 *Ibid.*

4 M. Romanelli, in *Joe Colombo. Inventing the Future*, p. 101.

5 *Casabella*, no. 333, February 1969, p. 31.

6 Government Decree of 2 April 1968.

7 Quoted in *Joe Colombo. Inventing the Future*, p. 41.

8 *Ibid.*, p. 40.

9 P. Fossati, *Il Design in Italia, 1945-1972*, Einaudi, Turin, 1972.

10 R. De Fusco, *Storia del Design*, Laterza, Rome-Bari, 1985.

11 R. De Fusco, *Made in Italy, storia del design italiano*, Laterza, Rome-Bari, 2007.

12 B. E. Bürdek, *Design. Storia, teoria e pratica del design del prodotto*, first edition 1991, Italian translation, Mondadori, Milan, 1992.

13 G. Dorfles, *Introduzione al disegno industriale*, Einaudi, Turin, 1972.

14 A. Midal in *Joe Colombo. Inventing the Future* cit., p. 97.

15 P. Bühler, "Joe Colombo. Patron de la 'Casa nostra'" (interview with Joe Colombo), *H*, no. 3, August-September 1971, pp. 75–79, quoted in *Joe Colombo. Inventing the Future*, p. 82.

Antologia giornalistica internazionale

SUCCESSO

Il successo internazionale di Joe Colombo è immediato. Già nel 1966 il MoMA seleziona due suoi prodotti per la collezione permanente e Barbara Plumb scrive un articolo dal titolo *America Discovers Colombo*[1].

Daniele Baroni, su "Interni", nel 1977, scrive: "Dotato di una naturale predisposizione per le soluzioni meccaniche, egli ha sempre risolto nella tecnologia i suoi migliori oggetti, senza caricarli di sovrastrutture formalistiche. Caratteristiche queste che lo hanno sempre differenziato dagli altri designer e che gli hanno permesso di affermarsi anche in campo internazionale"[2].

Sempre nello stesso anno Polly Clayden su "ELLE Décoration" descrive il periodo: "La scena del design italiano negli anni sessanta era un eccitante fermento di idee e di invenzioni nel quale emergeva una grande abbondanza di talenti creativi. Uno dei più grandi designers di quel periodo è Joe Colombo [...].
La storica mostra di New York ha focalizzato l'attenzione internazionale su di una decina di realizzazioni e di oggetti. Ha anche provveduto ad una celebrazione postuma di uno dei talenti più brillanti di questo rinascimento italiano: Joe Colombo"[3].

Nel 1996 Rita Reif pubblica un articolo sul "New York Times" intitolato *A Wizard Who Saw a Future of Simplicity* (*Un mago che vide un futuro di semplicità*) e scrive: "Il suo primo progetto, un trasparente arco di luce, chiamato lampada *Acrilica*, vinse una medaglia d'oro alla Triennale di Milano nel 1964. Due anni più tardi Colombo fu descritto come il designer italiano più prolifico e innovativo.
Queste manifestazioni di consenso già fin dall'inizio della sua carriera erano giustificate dalla successione di prodotti di prim'ordine che andavano a suo onore, molti dei quali con l'impiego di materiali usati per la prima volta per oggetti di casa e di ufficio". Poi cita Paola Antonelli, conservatrice del settore architettura e design e direttrice ricerca e sviluppo del MoMA: "Colombo era un autentico visionario in un'epoca di visionari – ha detto Paola Antonelli –. La sua intuizione era valida non per il singolo oggetto, ma per i sistemi e gli ambienti. I suoi oggetti si sono venduti a migliaia, e ci sono molto pochi visionari di quel periodo i cui oggetti si siano venduti in quel modo. Sorprendentemente, molti dei suoi pezzi sono ancora in produzione".
E ricorda anche un'intervista a Massimo Vignelli, un designer italiano nato a New York che lo aveva conosciuto negli anni del liceo a Milano: "Joe Colombo era avanti nel tempo [...]. Egli era una stella di prima grandezza nell'ambiente del design italiano [...]. Aveva una incredibile capacità creativa, familiarità con i nuovi materiali, un linguaggio tutto suo e una sua direzione da seguire"[4].

Nel 2003 Maria Cristina Tonelli Michail, in occasione del festival Europalia, al Grand-Hornu di Mons in Belgio, scrive: "Se il ruolo dello storico è di conservare la memoria di ciò che è già stato fatto, di raffrontare un metodo della ricerca del passato con la riflessione sulla contemporaneità, è molto più arduo quando, in un caso come questo, è posto a confronto con un procedimento e una teorizzazione ancora così attuali"[5].

UMANITÀ

Paola Antonelli nel 1990, in occasione della mostra *Civiltà delle Macchine* al Lingotto, di Torino annota: "I puzzle di Joe Colombo sono metodicamente regolati dall'imposizione di precise relazioni funzionali, ergonomiche, psicologico-percettive, a loro salvaguardia"[6].

Tra i vari aspetti del lavoro di Joe Colombo Stefano Casciani, in *L'Architettura presa per mano* del 1992, ne individua alcuni lati umani: "Frenetico progettista, infaticabile inventore, visionario di un futuro immediato da toccare con le mani [...] Joe Colombo è stato unico nella sua genialità perché ha sempre saputo ricollegarla a un concetto molto semplice di umanità del progetto"[7].

Nel 2010 in *Macchina semplice* lo stesso critico descrive il suo lavoro come "un'opera che non ha uguali, né in Italia né nel resto del mondo, quella di Joe Colombo, un eccezionale fenomeno umano creativo"[8].

International Press Digest

SUCCESS

Colombo's international success was immediate. As early as 1966, MoMA selected two of his works for its permanent collection and Barbara Plumb wrote an article entitled *America Discovers Colombo*.[1]

In 1977, Daniele Baroni wrote in *Interni*: "He had a natural leaning for mechanical solutions. He always turned to technology to design his best products, without charging them with formalistic superstructures. These signature features have always distinguished him from other designers, enabling him to score success on an international level."[2]

In the same year, in *ELLE Decoration*, Polly Clayden described that period: "Italian design scene in the sixties was an exciting ferment of ideas and inventions that fostered the emergence of creative talents. One of the greatest designers of that period is Joe Colombo […]. The historic New York exhibition focused international attention on a dozen creations and designs. It was also a posthumous celebration of one of the most brilliant talents of this Italian Renaissance: Joe Colombo."[3]

In 1996, Rita Reif entitled her article released in the *New York Times* "A Wizard Who Saw a Future of Simplicity" and wrote: "His first design, a clear plastic arc of light called the *Acrilica* lamp, won a gold medal at Milan's Triennale in 1964.

Two years later Colombo was described as Italy's most prolific and innovative designer. Such early acclaim was justified by the succession of firsts credited to him, many of which used materials in ways that were new in offices and homes." The writer then quoted Paola Antonelli, curator of Architecture and Design and Research and Development Director at MoMA: "Colombo was a true visionary in a time of visionaries," said Paola Antonelli. "His vision was not for the single object but for systems and environments. His objects sold in the thousands, and there are very few visionaries of that period whose objects sold that way. Amazingly, many of his pieces are still in production." She also mentioned an interview released to Massimo Vignelli, an Italian born New York designer who had known him since high school in Milan, "Joe Colombo was ahead of the time […] He was a prime star of the Italian design movement […] He had an incredible creative power, a familiarity with new materials, a language of his own and a trendiness."[4]

In 2003, at the Europalia festival held at the Grand-Hornu in Mons (Belgium), Maria Cristina Tonelli Michail wrote: "If the role of historians is to preserve the memory of what has already been done, to compare a method of research of the past with reflection on contemporaneity, this task is much more difficult when, in a case like this, they are confronted with a process and theory still so modern."[5]

HUMANITY

Paola Antonelli, in 1990, on the occasion of the exhibition *Civiltà delle Macchine* (Civilization of Machines) at the Lingotto in Turin, stated: "Joe Colombo's jigsaws are methodically adjusted by the arrangement of precise functional, ergonomic, psychological-perceptive relationships to safeguard them."[6]

Among the aspects of Joe Colombo's work, Stefano Casciani pinpointed his sense of humanity in *L'Architettura presa per mano* (Hands on Architecture), published in 1992: "A frantic designer, an unflagging inventor, the visionary of an immediate future to be touched with the hands […] Joe Colombo was unique in his genius because he always knew how to relate creativity to a very simple concept of humanity in design."[7] The same author, in *Macchina semplice* (Simple Machine) from 2010, described Colombo's work as "a designer with no equal, either in Italy or in the rest of the world, an exceptional creative human phenomenon."[8]

On the occasion of the exhibition *I Colombo* held in Bergamo in 1995, Aldo Colonetti wrote: "Any design by Joe Colombo speaks to the heart, to the feelings, besides responding to the functional and technical needs underpinning the itinerary that a 'modern' designer like him seeks: the search for an expressive form capable of speaking to

Aldo Colonetti nel 1995, in occasione della mostra *I Colombo* a Bergamo, scrive: "Ogni progetto di Joe Colombo parla anche al cuore, ai sentimenti, oltre che alle necessità funzionali e tecniche da cui si sviluppa l'itinerario di un designer 'moderno' come il nostro: la ricerca di una forma espressiva in grado di parlare a tutti è, forse, la qualità maggiore di Colombo"[9].

Infine Paolo Lavezzari, nel 2002, su *Casa Vogue* parla di passione e progetto e descrive l'ambiente che Joe frequenta all'inizio della sua carriera: "Quel milieu che Colombo frequenta, dove ha amici ai quali propone nuovi interni, arredi mobili, luci che inventa. Lo aiutano da un lato la sua straordinaria capacità di relazione, di convincere e di autoconvincersi, dall'altro un riuscire a vedere il progetto senza ripensamenti – al più, varianti dell'idea iniziale – che trasferisce sulla carta con una linea sicura, continua [...]. Colombo riesce a disegnare in una notte tutti i progetti e i lucidi per illustrare fino nei dettagli, al mattino dopo, le sue idee a un possibile cliente incontrato la sera prima"; e conclude così la sua descrizione: "Conquista il suo primo importante cantiere nel '62 al mare, in Sardegna, un grande albergo che è subito un successo. Nello stesso anno realizza la luce *Acrilica* per Oluce, mettendo a frutto la sua costante ricerca di nuovi materiali. È l'inizio della sua breve, intensa avventura del design, a volte visionaria, spesso profetica, al centro della quale è sempre e comunque l'uomo"[10].

PROGETTO

Gillo Dorfles sul catalogo della mostra *I Colombo* del 1995 scrive: "I suoi lavori sono sempre estremamente vitali, estremamente liberi, pur essendo perfettamente riusciti da un punto di vista progettuale, perché in lui ci sono già i principi di un design italiano, chiamiamolo post-razionalista, di invenzione cioè, anti

Dieter Rams: e in lui questo avviene prima ancora che in altri; cioè Gae Aulenti o lo stesso Sottsass vengono in un secondo tempo. Insomma Joe Colombo è stato quello che forse ha aperto per primo la via alla fantasiosità del design italiano"[11].
In occasione della stessa mostra Aldo Colonetti, parlando del progetto, annota: "Certamente sullo sfondo opera la preoccupazione di affidare agli oggetti e agli spazi una chiara, esplicita soluzione funzionale, in una visione della cultura del progetto che ha, soprattutto, un destino sociale"[12].

Mentre Arturo Dell'acqua Bellavitis in occasione della mostra *Inventing the Future* del 2005 osserva: "Joe Colombo propone una maniera tutta italiana di fare innovazione che resterà quale specifica costante del settore dell'arredo e degli apparecchi illuminotecnici, che, per necessità e per scelta, preferisce inventare da sé le soluzioni tecniche per adattare le nuove tecnologie con linguaggi estetici e d'uso, e non viceversa"[13].
Per la stessa mostra Mateo Kries intitola un suo saggio *Tecnologia, visione e utopia nell'opera di Joe Colombo*: "Egli considerava il design come 'ricerca applicata', che doveva utilizzare nozioni derivanti da discipline completamente diverse come la psicologia, l'ergonomia, la sociologia, e in modo determinante anche l'evoluzione tecnica. Pertanto la cronologia della sua opera si legge come un allontanamento graduale dai parametri stilistici e tipologici del design classico, così come si ritrovano ancora nelle sue opere fino a metà degli anni sessanta, a favore di una filosofia creativa completamente nuova e orientata al futuro, che si esprime nei suoi sistemi mobili e nelle sue unità abitative simili a contenitori [...].
L'ingegnere in Colombo si rileva anche attraverso i suoi disegni. Con precisione quasi maniacale, già nei progetti, rilevava i più piccoli elementi tecnici, indicandone le

dimensioni o evidenziandoli cromaticamente. Analoga volontà di sistematizzazione è testimoniata anche dai diagrammi e schemi in cui riassumeva le caratteristiche dei mobili per i vari tipi di impiego, la sovrapposizione dei tipi di utilizzo di determinati ambienti o la scelta dei tipi di plastica più idonei per determinati scopi"[14].
E ancora per la stessa mostra Marco Romanelli intitola un suo saggio *Una profezia interrotta* e scrive: "Probabilmente, come fece in ogni disciplina intrapresa di fronte a un compito da assolvere, Colombo voleva capire. Capire come si faceva, non solo capire come si progettava. Ecco un'altra differenza, fin dall'inizio evidente, rispetto alla formazione più teorica dei colleghi. Colombo è interessato al processo, al fare. Deve sapere, deve vedere. Sapendo e vedendo, cambierà. Il suo è realmente il processo dell'inventore [...]. Sicuramente tale specificità, tale differenza fu immediatamente percepita da un altro grande 'alternativo' della storia del progetto italiano, quel Gio Ponti che aborriva gli schemi, che progettava contemporaneamente grattacieli e posate, che ogni dieci anni, evolveva nel suo linguaggio. Ebbene Ponti – architetto, innamorato della classicità, imbevuto di cultura francese, raffinatissimo scrittore – si innamorò di questa vulcanica differenza che era Colombo. Da subito lo invitò alle mostre che organizzava. Soprattutto lo seguì, dalle pagine della sua 'Domus'. Ponti intuiva che l'evoluzione progettuale, per cui lui, già anziano, indefessamente aveva combattuto, trovava in Colombo una voce certa"[15].

Andrea Calatroni nel 2019 scrive: "Con questa formazione estesa e variegata nel 1965 Joe Colombo disegna *Spider* per Oluce, un oggetto di forte ispirazione automobilistica. Una carrozzeria che si adegua al motore sottostante, in questo caso una lampadina. Come è stato rilevato dalla Giuria del IX Compasso d'oro (vinto

everyone is perhaps Colombo's greatest quality."9

Lastly, in 2002 in *Casa Vogue*, Paolo Lavezzari spoke of passion and design, describing the environment that Joe frequented at the beginning of his career: "That milieu that Colombo frequents – where he has friends to whom he proposes new interiors, movable furnishings, lamps that he himself invents – on the one hand, foster his extraordinary ability to satisfy their requests and his own creativity; on the other, they help him to see a project without second thoughts – at most, variations of the initial idea – which he transfers to paper with a secure, continuous line […]. Colombo is able to draw an entire project and transparencies up to the tiniest detail in a single night and present it the following morning to a potential client that he met the evening before"; and he concluded his description with: "He attained his first important contract in 1962 at the seaside in Sardinia, a large hotel that was immediately a success. In the same year, he created the *Acrilica* lamp for Oluce, relying on his constant experimentation with new materials. It was the beginning of his short, intense adventure in the world of design, sometimes visionary, often prophetic, at the center of which man is always and in any case the absolute protagonist."10

DESIGN
In the exhibition catalogue of *I Colombo*, in 1995, Gillo Dorfles wrote: "His works are always extremely vital, extremely free, while they are perfectly successful from a design point of view because in him there are already the principles of an Italian design that we could define as post-rationalist, of invention, in other words, anti-Dieter Rams: and in him, this happens before it does in others, for instance, Gae Aulenti or even Sottsass. In short, Joe Colombo was the one who perhaps opened the way to

fancifulness in Italian design."11
For the same exhibition, Aldo Colonetti, when addressing the topic of design, highlighted: "Undoubtedly, in the background there is a concern of entrusting objects and spaces with a clear, explicit functional solution, in a vision of the culture of the project that has, above all, a social destination."12

On the occasion of the exhibition *Inventing the Future* held in 2005, Arturo Dell'acqua Bellavitis observed: "Joe Colombo proposes an all-Italian way of creating innovation that will remain a constant benchmark in the sector of furnishings and lighting, which, by necessity or choice, prefers to invent the technical solutions for adapting new technology with aesthetic and functional languages, and not vice versa."13
For the same exhibition, Mateo Kries released an essay entitled "Tecnologia, visione e utopia nell'opera di Joe Colombo" (Technology, Vision and Utopia in Joe Colombo's Work), where he affirmed: "He considered design as 'applied research,' which had to use notions deriving from completely different disciplines, such as psychology, ergonomics, sociology and, in a decisive way, also on technical evolution. Therefore, the chronology of his works can be read as a gradual departure from the stylistic and typological parameters of classic design, which are still found in his works until the mid-sixties, to the benefit of a completely new and future-oriented creative philosophy, which expresses itself in his modular systems and in his living units similar to containers […].
The engineer in Colombo is revealed in his drawings. With almost maniacal precision, he pinpointed the tiniest technical elements even from his initial sketches, indicating their dimensions or highlighting them chromatically. A similar desire for systematization is also evidenced by the diagrams and schemes in which he summarized the characteristics of furniture

for the various types of use, the overlapping of the types of use in certain environments, or the choice of the most suitable plastic materials for certain purposes."14
For the same exhibition, Marco Romanelli entitled his essay "Una profezia interrotta" (An Interrupted Prophecy), where he wrote: "Probably, as he did in every discipline he tackled when faced with a task to be performed, Colombo wanted to understand. Understand how to produce something, not just understanding how to design it. Here is the striking difference that distinguished him from the more theoretical training of his peers. Colombo was interested in the process, in the doing. He had to know, he had to see. Knowing and seeing, he would change his project. His is really the inventor's process […]. Surely this specificity, this difference was immediately perceived by another great 'alternative' in the history of Italian design: Gio Ponti, who abhorred schemes, who simultaneously designed skyscrapers and cutlery, who evolved in his language every ten years. And Ponti – architect, lover of the classic, drenched with French culture, refined writer – fell in love with this volcanic difference that he highlighted in Colombo. He immediately invited him to the exhibitions that he organized. In particular, he followed him from the pages of his *Domus* magazine. Ponti intuited that the design evolution, for which he, already elderly, had fought tirelessly, found a certain voice in Colombo."15

In 2019, Andrea Calatroni wrote: "In 1965, relying on his multifarious and extensive background, Joe Colombo designed *Spider* for Oluce; an object of strong automotive inspiration. A body that adapts to the underlying engine; in this case, a lightbulb. As underlined by the Awards Committee of the IX Compasso d'oro (awarded to Joe Colombo in 1967), *Spider* 'solves the problem of a table, wall, and ceiling lamp all in one.' Joe Colombo

nel 1967) *Spider* 'risolve il problema dell'illuminazione da tavolo, da parete e da soffitto'. Joe Colombo ha progettato una testa luminosa sostenuta da un sottile stelo in metallo, un semilavorato industriale che, a seconda della lunghezza e delle basi cui è abbinato, risponde a esigenze differenti. È altresì interessante notare la presenza in giuria di Pio Manzù, già allora noto per aver disegnato automobili innovative come Autonova GT"[16].

SPAZIO E TEMPO

Polly Clayden su "ELLE Décoration" nel1997 scriveva: "Il suo maggior contributo era di aver cambiato atteggiamento nei confronti dello spazio, creando l'idea di spazio abitativo modulabile invece di ambienti con funzioni strettamente specifiche. In poco più di un decennio egli ha dimostrato di essere in grado di stabilire un approccio maturo con il design, concependo oggetti che trascendono la moda ed hanno un richiamo senza tempo che tuttora rispecchia sottilmente la loro epoca ed hanno una individualità che li rende unici"[17].

Marco Romanelli nella mostra del 2005 rileva che lo spazio viene pensato come una scena teatrale e aggiunge: "L'utopia condivisa è infatti quella di un futuro salvifico in cui la tecnologia avrebbe aiutato l'umanità a procedere sulla strada della conoscenza [...]. Esiste in Colombo una pulsione personale a inventare un sistema di vita e di relazione meno borghesemente irrigidito"[18].

FORMA, FUNZIONE, TECNOLOGIA COSTRUTTIVA

Arturo Belloni nel 1966, su "MD - Moebel Interior Design", osservava: "Grazie a dei moduli intercambiabili e mobili, essi possono essere liberamente disposti in una casa e in questo spazio sono in grado di spostarsi con facilità, in accordo con le nostre attuali condizioni di vita [...]. È principalmente in questa direzione che sono rivolti gli sforzi di Joe Colombo, e, bisogna riconoscerlo, con successo"[19].

Eva Karcher e Manuela Von Perfall nel 2000 nel libro *Italienisches Design* commentano: "I progetti di Joe Colombo contrastano senza pietà l'idea della cultura dell'ambiente classico ed elegante [...] con la sua previsione di un nuovo rapporto fra uomo e ambiente, con il suo incrollabile credo nella mutata forza del design e con la sua capacità, dà un'impronta allo stile italiano degli anni '60. Oltre a ciò va aggiunta una grande competenza tecnica ed analitica ed un dono naturale di plasticità nel disegno"[20].

FORMA E COMPONIBILITÀ

Aldo Colonetti nel suo saggio sul catalogo della mostra di Bergamo del 1995 sviluppa interessanti considerazioni sulla forma. "L'invenzione di forme nuove, che non abbiano tutte le proprie radici nel sistema di oggetti precedenti, è uno degli atteggiamenti progettuali più difficili e pericolosi, in quanto la storicità dei linguaggi espressivi, la conoscenza già codificata dei materiali e delle tecnologie non possono essere eliminate con un atto di volontà creativa, come se nulla fosse mai esistito [...]. Coniugare ricerca estetica e soluzioni formali inedite, insieme alla polivalenza espressiva e funzionale di nuovi materiali che alla fine degli anni cinquanta cominciano, timidamente, a circolare tra gli architetti e i designer è l'impegno programmatico, non solo di quel particolare periodo, ma di tutto il percorso professionale di Colombo: e in questo stesso percorso emerge, costantemente, la sensibilità verso il 'bello funzionale' che non sarà mai dimenticato"[21].

Gianni Ottolini e Matteo Pirola per la mostra *Inventing the Future* del 2005 scrivono:

"Come elemento di passaggio da questa filosofia dell'arredamento domestico a quella successiva giocata non più sul 'contenitore' edilizio, ma sui suoi 'contenuti', risolti coi famosi blocchi plurifunzionali degli ultimi anni, vale la pena di segnalare il *Sistema programmabile per abitare "T14"*, disegnato per i grandi magazzini La Rinascente, in cui Joe Colombo assume in pieno i problemi del design industriale più ortodosso: producibilità seriale dei componenti, costo contenuto, flessibilità e adattabilità a diversi contesti e tipi di utenza dell'arredamento domestico secondo un codice formale semplificato"[22].

HABITAT FUTURIBILI

Daniele Baroni nel già citato "Interni" del 1977 ci ricorda: "In quegli stessi anni approfondiva anche particolari ricerche ergonomiche che lo hanno portato in seguito a sperimentare soluzioni strutturali complesse, vere e proprie machines à habiter, dalle quali emergeva in modo sintomatico un nuovo concetto di spazio abitativo e una diversa interpretazione del suo uso e delle funzioni che in esso si esercitano abitualmente. Attorno al 1968 giunse ad organizzare cellule abitative autosufficienti"[23].

Enzo Biffi Gentili nella mostra *La Sindrome di Leonardo* a Stupinigi nel 1995 parla degli habitat futuribili e delle loro origini: "Così si possono considerare 'immaginazioni megastrutturali' alla futurista i progetti del 1952 di 'città nucleari' e sotterranee, sul bordo della fantascienza; ma anche i molti suoi oggetti di design e unità minime abitative o cellule e container attrezzati"[24].

Davide Rampello nella mostra *Inventing the Future* del 2005 ci dice: "Il futuro di Joe Colombo era un futuro antinostalgico in cui una tecnologia intelligente avrebbe aiutato l'uomo in tutte le sue attività,

conceived a lampshade supported by a thin metal stem, an industrial semi-finished product that, based on its length and bases to which it is combined, responds to different needs. It is also interesting to note the presence on the jury of Pio Manzù, already an acclaimed designer of innovative cars, such as Autonova GT."[16]

SPACE AND TIME

In 1997, in *ELLE Decoration*, Polly Clayden wrote: "His major contribution was to have changed his attitude toward space, creating the idea of modular living space instead of environments with strictly specific functions. In just over a decade, he has shown that he was able to establish a mature approach to design, conceiving objects that transcend fashion and have a timeless appeal that still subtly reflects their epoch and have an individuality that makes them unique."[17]

At the 2005 exhibition, Marco Romanelli highlighted that space was thought of as a theatrical scene and added: "The shared utopia is in fact that of saving a future in which technology would have helped humanity to proceed along the path of knowledge […]. In Colombo there is a personal drive to invent a system of life and relationships less bourgeois-ishly rigid."[18]

FORM, FUNCTION, CONSTRUCTIVE TECHNOLOGY

In 1966, in *MD - Moebel Interior Design*, Arturo Belloni added: "His interchangeable and mobile modules can be freely arranged in a home and, in that space, they can be moved easily, in accordance with our current lifestyle […]. It is mainly in this direction that Joe Colombo's efforts are directed and, we must admit, with enormous success."[19]

In 2000, Eva Karcher and Manuela Von Perfall, in their book *Italienisches Design*, commented: "Joe Colombo's designs mercilessly contrast the culture of the classic and elegant milieu […] With his prediction of a new relationship between man and the environment, with his unwavering belief in the changed strength of design and with his talent, he gave his own imprint to the Italian style of the sixties. To this, we must also add his great technical and analytical expertise and his natural gift of plasticity in design."[20]

FORM AND MODULARITY

In his essay published in the catalogue accompanying the exhibition held in Bergamo in 1995, Aldo Colonetti developed interesting considerations on form: "The invention of new forms that do not have all their roots in the system of previous objects is one of the most difficult and dangerous tasks in design, as the historicity of expressive languages, the already codified knowledge of materials and technologies cannot be eliminated with an act of creative will, as if nothing had ever existed. […] Combining aesthetic research and novel formal solutions, together with the expressive and functional versatility of new materials that at the end of the fifties began timidly circulating among architects and designers, was the programmatic task not only of that particular period but of the entire professional path undertaken by Colombo: and along this route, what emerges constantly is a sensitivity toward 'functional beauty,' which will be never neglected."[21]

In 2005, for the exhibition *Inventing the Future*, Gianni Ottolini and Matteo Pirola wrote: "As an element of transition from this philosophy of home furnishings to the following stage, played no longer on the building seen as 'container' but as 'contents' and achieved with his famous multifunctional blocks designed in his last years of life, it is worth mentioning his *T14*

Programmable living system, conceived for La Rinascente department store, in which Joe Colombo fully addressed the problems of the most orthodox industrial design: serial production of components, limited cost, flexibility and adjustability to various contexts, and types of home furnishings according to a simplified formal code."[22]

FUTURISTIC HABITATS

In the aforementioned essay published in *Interni* in 1977, Daniele Baroni recalled that: "In those same years, he deepened ergonomics-dedicated research that led him to experiment with complex structural solutions, real machines à habiter, from which a new concept of living space emerged and a different interpretation of its use and of the functions that are commonly carried out inside it. Around 1968, he even designed self-sufficient "micro-living-worlds."[23]

At the exhibition *La Sindrome di Leonardo* (The Leonardo Syndrome) held in Stupinigi in 1995, Enzo Biffi Gentili spoke of futuristic living spaces and their origins: "The designs from 1952 of 'nuclear and underground cities' on the edge of science fiction can be considered futurist 'megastructural imaginations,' as well as many other of his design objects and his 'micro-living-worlds,' or his modular cells and containers."[24]

At the 2005 exhibition *Inventing the Future*, Davide Rampello said: "Joe Colombo's future was an anti-nostalgic future, in which intelligent technology would aid man in all of his activities, laying the foundations for real living modules."[25] On the occasion of the same exhibition, William Menking and Peter Lang entitled their essay *Total Living Architecture* and wrote: "The resulting critical perspective is what makes Colombo's work much more than mere industrial design. Colombo's

ponendo le basi per veri e propri modelli abitativi"[25].

Sempre in occasione della stessa mostra, William Menking e Peter Lang intitolano il loro saggio *Total Living Architecture* e scrivono: "La prospettiva critica risultante è quella che rende il lavoro di Colombo molto più che un semplice design industriale. La pulsione creativa di Colombo si estendeva ben oltre i confini dell'utilizzazione pratica dei suoi oggetti; la sua ricerca, portata avanti tutta la vita, si sviluppa invece nell'ambito molto più vasto dei rapporti fra l'individuo e il suo mondo esistenziale.

Per poter comprendere come Colombo riuscisse, dieci anni prima della comparsa di gruppi come Archizoom e Superstudio, a svincolarsi dalle costrizioni del moderno e a ottenere un'impostazione ardita e tecnologicamente innovativa nell'ambito del design abitativo, si deve esaminare la prima evoluzione artistica di Colombo, nel corso della quale, per alcuni anni, fu attivo anche come architetto. Colombo conduceva, con maggiore intensità rispetto ad altri designer contemporanei, una ricerca architettonica critica, che si differenziava da quella che Vittorio Gregotti aveva definito come 'purissima tradizione milanese'. Se si dovessero prendere a parametro di valutazione delle capacità architettoniche di Colombo gli edifici effettivamente realizzati, ci sarebbero in effetti pochi esempi da tenere presenti"[26].

ANTIDESIGN

Nel 1995 su "Abitare" Fulvio Irace scrive: "Anticipando i tempi in un'ansia di realizzare il futuro, questo geniale autodidatta dell'architettura e del design aveva raggiunto per sue solitarie intuizioni la percezione della necessità di un radicale cambiamento e, cosa ancor più sorprendente, il segreto della sua possibile forma [...].

Inventore dell'"antidesign' come superamento dell'oggetto, Joe Colombo ha sfiorato l'utopia, l'ironia e la poesia con la nonchalance di chi ha fretta di produrre il nuovo, senza tempo per indugiare nei narcisismi delle questioni di stile. Archimede pitagorico della funzione, Joe Colombo ci ha consegnato intatta la previsione di una fresca libertà d'abitare, dove protagonista è l'individuo e il mobile suo servizievole prolungamento"[27].

Silvana Annichiarico nel 2003 parla di "anti-design ovvero l'immaginazione del possibile" alla mostra al Festival di Europalia al Grand-Hornu in Belgio e racconta: "Qualcuno ha scritto che 'un progetto non riguarda quello che il fruitore dice di volere, ma quello che potrebbe volere'. Questa importante affermazione coglie e sottolinea la vocazione intrinseca della cultura del design, cultura il cui intendimento è di esplorare ciò che è nuovo e possibile, che vuole anticipare contesti che non si sono ancora affermati, precedere i bisogni e i desideri ancora in corso di formazione.
A questo proposito, l'opera di Joe Colombo è esemplare: ogni suo progetto è sempre frutto di una visione. Affonda le radici in una fiducia incrollabile nelle possibilità della tecnologia e precede almeno di vent'anni – pioniere assoluto – temi come la flessibilità della forma e la poli-funzionalità"[28].

Infine Alexandra Midal nel 2005 per il catalogo della mostra *Inventing the Future* ci parla di "anti-design per il design: il rivoluzionario concetto di design di Joe Colombo" e scrive: "Sorprende non poco che a partire dal 1971, anno della morte di Colombo, i membri dell'"architettura radicale' rivendicarono in proprio il concetto di anti-design pur attribuendo a esso un significato diverso da quello inteso da Colombo. Per essi l'antidesign

è sinonimo per 'contro design': una prassi per progettare e produrre mobili in modo antimoderno [...].
Per Colombo l'antidesign, pur contraddicendo gli ideali modernistici e la loro essenza, era soprattutto una filosofia rivoluzionaria dell'abitare, non un altro modo di produrre oggetti. In tal modo Colombo tracciò una via inusuale che non era né funzionalistica né radicale. Con il suo concetto di prodotto industriale pragmatico che tuttavia non si lascia subordinare dalle leggi uniformanti del mercato, Colombo fu completamente solo nella sua epoca, diventando così al contempo un precursore degli attuali sviluppi"[29].

UN CONFRONTO

Nel 2019 Andrea Calatroni cita i commenti di Joe Colombo sul congresso della X Triennale del 1954: l'interesse di Joe Colombo per il "design", allora disciplina ancora tra virgolette, iniziò come lui stesso racconta: "Dal Congresso della X Triennale, nel 1954, e sulla base di studi artistici a Brera e d'architettura al Politecnico nonché attraverso l'esperienza [...] arrivai a formarmi in questo campo nel 1962".
E prosegue: "Ritengo molto importante il 'design' poiché esso svolge un ruolo indispensabile all'uomo [...] secondo me il design è tutto". Partendo da questi assunti Joe Colombo conferma che fare "design" non è un "atto istintivo, anche se si arriva a un'invenzione, è sempre il risultato di uno studio o una ricerca"[30].

Davide Turrini, sul catalogo della mostra *Michelangelo e il Novecento* del 2014, aveva già richiamato lo stesso congresso ricordando: "Nel 1954, durante i lavori del 1° Congresso Internazionale dell'Industrial Design che si tiene alla X Triennale di Milano, il designer statunitense Walter Dorwin Teague esprime la necessità di radicare il design in una tradizione di lunga

creative drive went far beyond the boundaries of the practical use of his objects: his research, conducted throughout his life, developed instead in the much wider sphere of the relationships between the individual and his existential world. To understand how Colombo managed, ten years before the emergence of groups like Archizoom and Superstudio, to free himself from the constraints of the modern and obtain a bold and technologically innovative approach in the field of living space design, we must examine the first artistic phase of his work, during which – for a few years – he was also active as an architect. Colombo conducted critical architectural research with greater intensity than other contemporary designers; and his research differed from what Vittorio Gregotti had defined as the 'purest Milanese tradition.' If one were to select the buildings that were actually constructed as a parameter to assess Colombo's architectural ability, there would in fact be few examples to consider."[26]

ANTIDESIGN

In 1995 Fulvio Irace wrote in *Abitare*: "Anticipating the times in an anxiety to realize the future, this brilliant self-taught architect and designer had reached, via his solitary intuitions, the perception of the need for radical change and, even more surprising, the secret of its possible shape […].
As the inventor of 'antidesign,' meant as an overcoming of the object, Joe Colombo had touched utopia, irony, and poetry with the nonchalance of those in a hurry to produce the new, with no time to linger on the narcissisms of style issues. A Gyro Gearloose of functionality, Joe Colombo has handed us intact the prediction of new freedom in living space, where the individual is the protagonist and the furnishings his obliging servants."[27]

In 2003, Silvana Annichiarico spoke of "Antidesign, or the imagination of the possible" at the Europalia Festival held at the Grand-Hornu in Mons (Belgium), and recounted: "Someone wrote that 'a design does not concern what the user says he wants, but what he might want.' This important statement seizes and underlines the intrinsic vocation of the culture of design; a culture meant at exploring what is new and possible, meant at anticipating contexts that have not yet been established, at preceding the needs and desires still being formed.
In this regard, Joe Colombo's work is exemplary: each of his designs is always the result of a vision. He was rooted in an unshakable trust in the potential of technology and preceded by at least twenty years – an absolute pioneer – themes such as flexibility of form and multi-functionality."[28]

Lastly, in the catalogue accompanying the 2005 *Inventing the Future* exhibition, Alexandra Midal wrote of "Antidesign for Design: the revolutionary design concept of Joe Colombo": "It is not surprising that beginning in 1971, the year of Colombo's death, the members of 'radical architecture' claimed the concept of antidesign as their own, even though attributing a different meaning to it than that intended by Colombo. For them, antidesign was synonymous for 'counter design': a practice for designing and producing furniture in an anti-modern way […]
For Colombo, while challenging modernistic ideals and their essence, antidesign was above all a revolutionary philosophy of living space, not another way of producing objects. In this way, Colombo traced an unusual path, which was neither functionalistic nor radical. With his concept of a pragmatic industrial product, which however does not bend to the uniform laws of the market, Colombo was completely alone in his time, thus becoming at the same time a precursor of current development."[29]

A COMPARISON

In 2019, Andrea Calatroni cited Joe Colombo's comments on the Conference held at the X Triennale of 1954: Joe Colombo's interest in "design," at the time a discipline still referred to in quotation marks, began – quoting Joe Colombo – "at the Conference organized for the X Triennale, in 1954, and, based on my artistic studies at the Brera Academy and architecture studies at the Politecnico, as well as through experience […], I decided to focus on this field in 1962."
He then added: "I attach great Importance to 'design' because it plays a fundamental role for man […] in my view, design is everything." Starting from these assumptions, Joe Colombo confirmed that producing "design" is not "an instinctive act, even if you arrive at an invention; it is always the fruit of study or research."[30]

In the catalogue accompanying the 2014 exhibit *Michelangelo e il Novecento*, Davide Turrini recalled this same Conference: "In 1954, during the First International Conference on Industrial Design held at the X Milan Triennale, US designer Walter Dorwin Teague expressed the need to root design in a long-lasting tradition, underlining the evidence of a design practice that crosses multiple fields of application, comparable to the work of the Renaissance artist emblematically represented by Michelangelo. […]
Joe Colombo is one of the most significant interpreters of this Italian alternative, within which he gives voice to the constant search toward the achievement of a total project."
He continued: "This exhibition connects Joe Colombo's designs with Michelangelo's drawings for the plutei of the Biblioteca Medicea Laurenziana in Florence. This juxtaposition aims at igniting a reflection on the various

durata, sottolineando l'evidenza di una prassi progettuale trasversale rispetto a molteplici campi applicativi, assimilabile al lavoro dell'artefice rinascimentale emblematicamente rappresentato da Michelangelo. [...]
Joe Colombo è uno dei più rilevanti autori di tale alternativa italiana, nel cui ambito manifesta una costante tensione verso il progetto integrale".
E prosegue: "La mostra pone in relazione i progetti di Joe Colombo con il disegno michelangiolesco per i plutei della biblioteca Medicea Laurenziana di Firenze. L'accostamento vuole attivare una riflessione sui vari ordini di analogie riscontrabili in termini di configurazioni connesse allo studio del corpo umano, di percezione integrale del problema progettuale e di prassi creativa che nel disegno voglia soluzioni alternative, procedendo organicamente dal generale al dettaglio, con frequenti ritorni e sicuri passaggi di scala. Michelangelo studia il monoblocco polifunzionale (sedile, leggio-scrittoio, scaffale per la custodia dei volumi) in relazione alla presenza del fruitore, concependo organicamente l'unità ambientale della biblioteca, dalla struttura architettonica delle pareti al disegno del soffitto agli arredi. La vertigine dovuta alla distanza temporale che separa i due autori non impedisce di rintracciare anticipazioni e sviluppi, e di apprezzare i caratteri comuni di un 'design' che comunica con immediatezza le proprie valenze d'uso, attraverso funzioni tradotte in forme riconoscibili ed ergonomicamente appropriate"[31].

A pagina / On page 55
Schizzi di confronto del metodo progettuale tra Joe Colombo e Michelangelo Buonarroti esposti alla mostra *Michelangelo e il Novecento* al Museo Casa Buonarroti, a Firenze, nel 2014 / Sketches comparing the design methods of Joe Colombo and Michelangelo, displayed on the occasion of the 2014 *Michelangelo e il Novecento* exhibition at the Museo Casa Buonarroti, Florence

1. Sedia *Toga*, matita su carta, 1966 / *Toga* chair, pencil on paper, 1966

2. Tavolo da disegno *Supertavolo*, matita su carta, 1969 / *Supertavolo* drawing table, pencil on paper, 1969

3. Tavolo da disegno *Supertavolo*, penna a sfera su carta, 1969 / *Supertavolo* drawing table, ballpoint pen on paper, 1969

4. Poltrona e divano *Impronta*, penna a sfera su carta, 1954 / *Impronta* sofa and armchair, ballpoint pen on paper, 1954

1 B. Plumb, *America discovers Colombo*, "NewYork Times", 4 settembre 1966.
2 D. Baroni, *I protagonisti del design. Joe Colombo*, "La rivista dell'arredamento, Interni", n. 269, giugno 1977, p. 54.
3 P. Clayden, *Pop Hero: Joe Colombo*, "ELLE Decoration", n. 59, maggio 1977, pp. 108-110.
4 R. Reif, *A Wizard Who Saw a Future of Simplicity*, "New York Times", 29 settembre 1996, p. 41.
5 M. C. Tonelli Michail, *Joe Colombo*, in *Maestri Design italiano. Collezione Permanente Triennale di Milano*, catalogo della mostra-festival Europalia-Italia, Grand-Hornu di Mons, Belgio 2003, p. 106.
6 P. Antonelli, *Joe Colombo. L'Existenzminimum*, in P. Antonelli, M. De Giorgi, *Civiltà delle macchine. Collezione per un modello di museo del disegno industriale italiano*, catalogo della mostra, Milano 1990, p. 70.
7 S. Casciani, *L'architettura presa per mano. La maniglia moderna e la produzione Olivari*, Idea Books edizioni, Milano 1992, p. 75.
8 S. Casciani, *Macchina semplice. Dall'architettura al design.100 anni di maniglie Olivari*, Skira, Milano 2011, p. 77.
9 A. Colonetti, *Joe Colombo nella storia del design italiano*, in V. Fagone, *I Colombo*, catalogo della mostra monografica, Mazzotta, Milano 1995, p. 64.
10 P. Lavezzari, *Joe Colombo's Passion & Projects*, "Casa Vogue", n. 14, dicembre 2002.
11 Intervista a Gillo Dorfles, *Joe e Gianni Colombo a Milano fra arte e design*, in Fagone, *I Colombo* cit., pp. 27-28.
12 A. Colonetti, *Joe Colombo nella storia del design italiano*, in Fagone, *I Colombo* cit., pp. 68-69.
13 A. Dell'Acqua Bellavitis, *Innovazione fra artigianato e industria: Joe Colombo e la nascita dell'industria italiana dell'arredo*, in M. Kries, *Joe Colombo. Inventing the Future*, catalogo della mostra monografica, Vitra Design Museum, Skira, Milan 2005, p. 53.
14 Kries, *Joe Colombo* cit., pp. 75-76.
15 M. Romanelli, *Joe Colombo: una profezia interrotta. Accenni per un ritratto progettuale*, in Kries, *Joe Colombo* cit., pp. 99-100.
16 A. Calatroni, *Spider*, per catalogo Oluce, Milano 2019.
17 Clayden, *Pop Hero: Joe Colombo* cit., pp. 108-110.
18 Romanelli, *Joe Colombo: una profezia interrotta* cit., p. 103.
19 A. Belloni, *Interview mit Joe C. Colombo* (intervista con Joe Colombo), "MD-Moebel Interior Design", n. 1, gennaio 1966, pp. 135-136.
20 E. Karcher, M. Von Perfall, *Italienisches Design*, Wilhelm Heyne Verlag, München 2000, p. 116.
21 A. Colonetti, *Joe Colombo nella storia del design italiano*, in Fagone, *I Colombo* cit., pp. 63-64.
22 G. Ottolini, M. Pirola, *Joe Colombo interni e allestimenti*, in Kries, *Joe Colombo Inventing the future* cit., p. 63.
23 D. Baroni, *I protagonisti del design. JoeColombo*, "La rivista dell'arredamento, Interni", n. 269, giugno 1977, p. 54.
24 E. Biffi Gentili (a cura di), *La Sindrome di Leonardo. Arte e Design in Italia 1940-1975*, Umberto Allemandi & C., Torino 1995, p. 32.
25 D. Rampello, *Joe Colombo alla Triennale di Milano*, in Kries, *Joe Colombo Inventing the future* cit., p.12.
26 W. Menking, P. Lang, *Total Living Architecture - Joe Colombo e l'architettura*, in Kries, *Joe Colombo Inventing the future* cit., p. 29.
27 F. Irace, *Joe Colombo Architetto e designer. Joe e Gianni Colombo, designer e artisti*, "Abitare", n. 339, aprile 1995, pp. 206-207.
28 S. Annichiarico, *L'Anti-design ovvero l'immaginazione del possibile*, in *Maestri Design italiano* cit., p. 22.
29 A. Midal, *Antidesign per il design: Il rivoluzionario concetto di design di Joe Colombo*, in Kries, *Joe Colombo. Inventing the Future* cit., p. 97.
30 A. Calatroni, *Spider*, per catalogo Oluce, Milano 2019, con riferimento a: *Intervista con Joe Colombo, Qu'est-ce que le Design?*, catalogo della mostra, CCI - Centre de Création Industrielle, Parigi 1969.
31 D. Turrini, *Joe Colombo, 31. Progetti di sedute e di un tavolo da disegno*, in E. Ferretti, M. Pierini, P. Ruschi, *Michelangelo e il Novecento*, catalogo della mostra, Silvana Editoriale, Cinisello Balsamo 2014, pp. 227, 230.

analogies that can be found in terms of configurations related to the study of the human body, of the integral perception of the design problem, and of creative practice searching for alternative solutions, proceeding systematically from general to detail and, back again, from detail to the overall vision. Michelangelo studied these multi-purpose parapets (which served as seats, bookstands/writing desks, shelves for storing books) taking into account the physical presence of the user and the overall environment that would house these units, from the architectural structure of the walls to the design of the ceiling and furnishings. The vertiginous temporal gap separating the two authors does not prevent us from tracing innovative ideas and developments, and from appreciating the common thread of a 'design' that immediately communicates its multiple uses through functions translated into recognizable and ergonomically appropriate forms."[31]

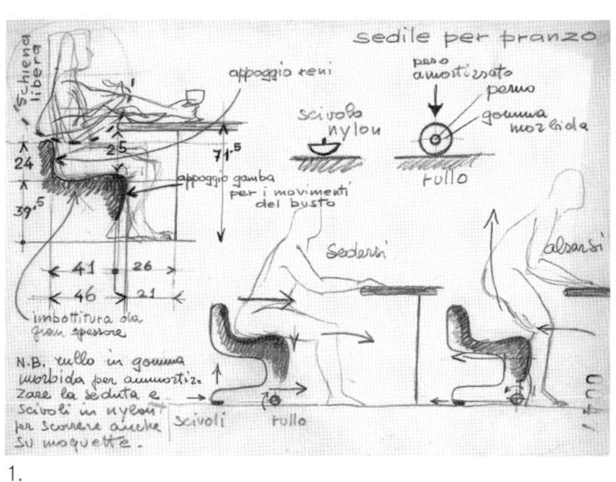

1.

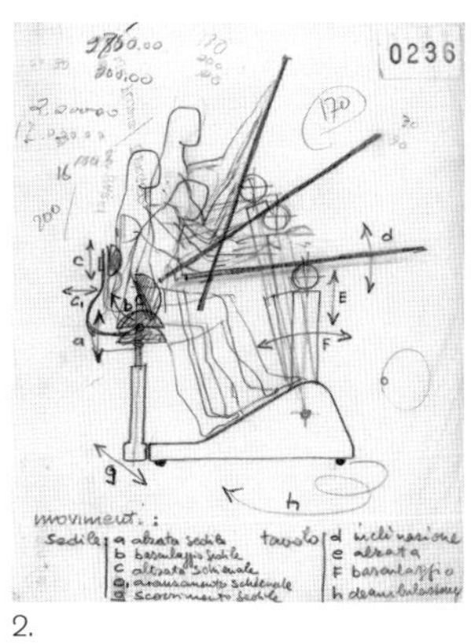

2.

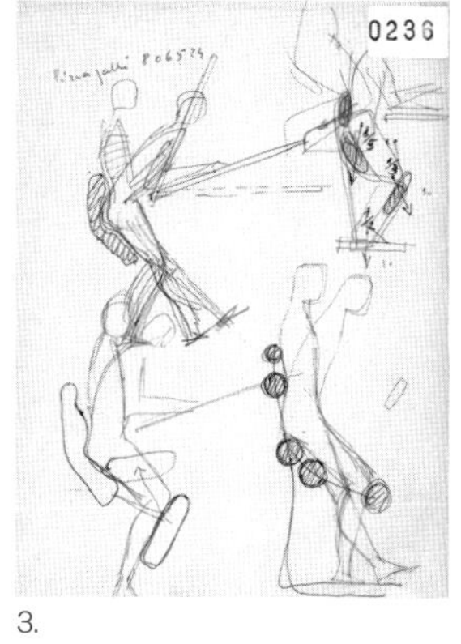

3.

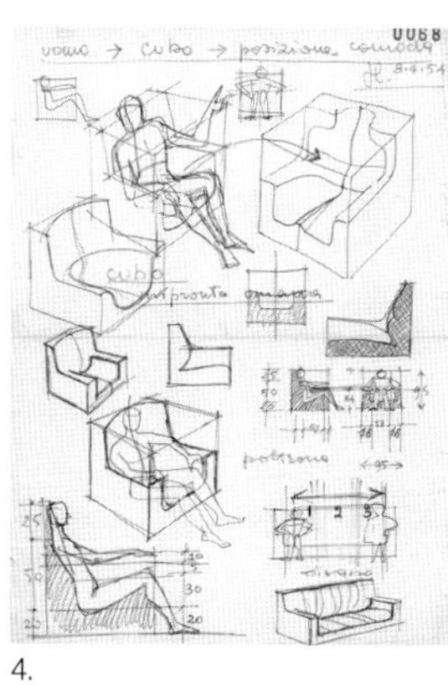

4.

1 B. Plumb, "America discovers Colombo," in *New York Times*, 4 September 1966.

2 D. Baroni, "I protagonisti del design. JoeColombo," in *La rivista dell'arredamento, Interni*, no. 269, June 1977, p. 54.

3 P. Clayden, "Pop Hero: Joe Colombo," in *ELLE Decoration*, no. 59, May 1977, pp. 108–110.

4 R. Reif, "A Wizard Who Saw a Future of Simplicity," *New York Times*, 29 September 1996, p. 41.

5 M. C. Tonelli Michail, "Joe Colombo," in *Maestri Design italiano. Collezione Permanente Triennale di Milano*, festival-exhibition catalogue, Europalia-Italia, Grand-Hornu, Mons, Belgium, 2003, p. 106.

6 P. Antonelli, "Joe Colombo. L'Existenzminimum," in P. Antonelli, M. De Giorgi, *Civiltà delle macchine. Collezione per un modello di museo del disegno industriale italiano*, exhibition catalogue, Milan 1990, p. 70.

7 S. Casciani, *L'architettura presa per mano. La maniglia moderna e la produzione Olivari*, Idea Books Edizioni, Milan 1992, p. 75.

8 S. Casciani, *Macchina semplice. Dall'architettura al design.100 anni di maniglie Olivari*, Skira, Milan 2011, p. 77.

9 A. Colonetti, "Joe Colombo nella storia del design italiano," in V. Fagone, *I Colombo*, solo exhibition catalogue, Mazzotta, Milan 1995, p. 64.

10 P. Lavezzari, "Joe Colombo's Passion & Projects," in *Casa Vogue*, no. 14, December 2002.

11 Interview with Gillo Dorfles, "Joe e Gianni Colombo a Milano fra arte e design," in Fagone, *I Colombo*, pp. 27–28.

12 A. Colonetti, *Joe Colombo nella storia del design italiano*, in Fagone, *I Colombo*, pp. 68–69.

13 A. Dell'Acqua Bellavitis, "Innovazione fra artigianato e industria: Joe Colombo e la nascita dell'industria italiana dell'arredo," in M. Kries, *Joe Colombo. Inventing the Future*, solo exhibition catalogue, Vitra Design Museum, Skira, Milan 2005, p. 53.

14 Kries, *Joe Colombo*, pp. 75–76.

15 M. Romanelli, "Joe Colombo: una profezia interrotta. Accenni per un ritratto progettuale," in Kries, *Joe Colombo*, pp. 99–100.

16 A. Calatroni, *Spider*, for Oluce catalogue, Milan 2019.

17 Clayden, *Pop Hero: Joe Colombo*, pp. 108–110.

18 Romanelli, *Joe Colombo: una profezia interrotta*, p. 103.

19 A. Belloni, "Interview mit Joe C. Colombo" (interview with Joe Colombo), in *MD-Moebel Interior Design*, no. 1, January 1966, pp. 135–136.

20 E. Karcher, M. Von Perfall, *Italienisches Design*, Wilhelm Heyne Verlag, München 2000, p. 116.

21 A. Colonetti, "Joe Colombo nella storia del design italiano," in Fagone, *I Colombo*, pp. 63–64.

22 G. Ottolini, M. Pirola, "Joe Colombo interni e allestimenti," in Kries, *Joe Colombo Inventing the Future*, p. 63.

23 D. Baroni, "I protagonisti del design. Joe Colombo," in *La rivista dell'arredamento, Interni*, no. 269, June 1977, p. 54.

24 E. Biffi Gentili (ed.), *La Sindrome di Leonardo. Arte e Design in Italia 1940-1975*, Umberto Allemandi, Turin 1995, p. 32.

25 D. Rampello, "Joe Colombo alla Triennale di Milano," in Kries, *Joe Colombo Inventing the future*, p.12.

26 W. Menking, P. Lang, "Total Living Architecture - Joe Colombo e l'architettura," in Kries, *Joe Colombo Inventing the future*, p. 29.

27 F. Irace, "Joe Colombo Architetto e designer. Joe e Gianni Colombo, designer e artisti," in *Abitare*, no. 339, April 1995, pp. 206–207.

28 S. Annichiarico, "L'Anti-design ovvero l'immaginazione del possibile," in *Maestri Design italiano*, p. 22.

29 A. Midal, "Antidesign per il design: Il rivoluzionario concetto di design di Joe Colombo," in Kries, *Joe Colombo. Inventing the Future*, p. 97.

30 A. Calatroni, *Spider*, for Oluce catalogue, Milan 2019, with reference to: *Intervista con Joe Colombo, Qu'est-ce que le Design?*, exhibition catalogue, CCI - Centre de Création Industrielle, Paris, 1969.

31 D. Turrini, "Joe Colombo, 31. Progetti di sedute e di un tavolo da disegno," in E. Ferretti, M. Pierini, P. Ruschi, *Michelangelo e il Novecento*, exhibition catalogue, Silvana Editoriale, Cinisello Balsamo 2014, pp. 227, 230.

AJC. 0260

Acrilica Lampada / Lamp

progetto / design	1962	Joe Colombo
produzione / production	1963	OLUCE

Lampada da tavolo costituita da un convettore di alto spessore in metacrilato curvato a "C" e da una base metallica verniciata a fuoco dove è nascosta una piccola sorgente luminosa tubolare fluorescente.
Il flusso luminoso parte dalla base e sale verso la sommità, attraversa il materiale e si riflette sulla superficie piegata in modo da portare la luce dal punto di emissione verso la direzione opposta fin sul piano di lavoro. Questo oggetto innovativo anticipa le successive numerose applicazioni della fibra ottica.
Collaborazione al progetto: Gianni Colombo.

Table lamp consisting of a high-thickness C-curved methacrylate diffuser and a heat-lacquered metal base that hides a small fluorescent tube light source.
The light beam stems from the base and rises up to the top, passes through the diffuser and reflects on its curved surface so as to direct the light beam from the point of emission to the opposite direction to the work surface. This innovative design anticipated the later numerous applications of fiber optics.
Gianni Colombo collaborated in its design.

1.

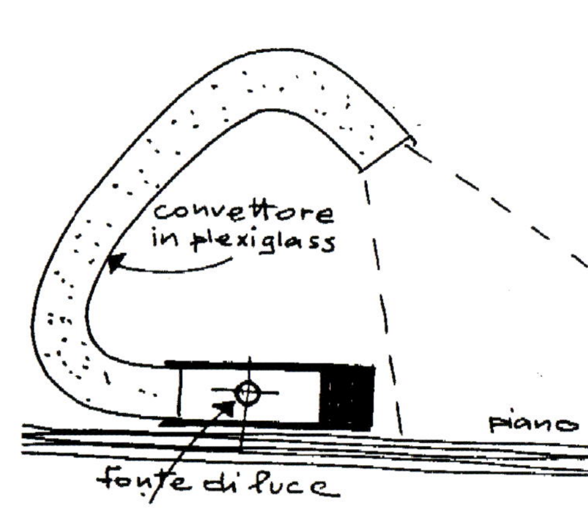

2.

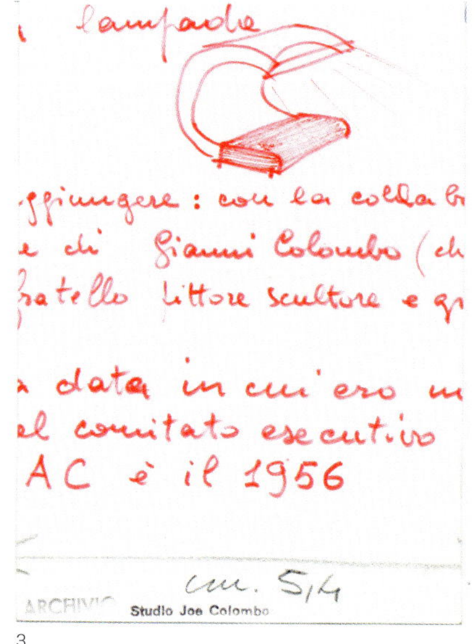

3.

4.

5.

1. Lampada *Acrilica*, a convettore acrilico di luce e con base metallica bianca, 1962 / *Acrilica* consisting of a methacrylate light diffuser and a white metal base, 1962

2. Lampada *Acrilica*, schizzo della sezione, 1962 / *Acrilica* lamp, section drawing, 1962

3. Lampada *Acrilica*, schizzo e manoscritto, 1962 / *Acrilica* lamp, sketch and manuscript, 1962

4. Lampada *Acrilica*, catalogo Oluce, medaglia d'oro, XIII Triennale di Milano, 1964 / *Acrilica* lamp, Oluce catalogue, gold medal, XIII Milan Triennale, 1964

5. Lampada *Acrilica*, a convettore acrilico di luce e con base metallica nera, 1962 / *Acrilica* lamp consisting of a methacrylate light diffuser and a black metal base, 1962

AJC. 0264b

Onda Divano / Sofa

progetto / design	1962	Joe Colombo
realizzazione / realization	1964	
produzione / production	2008	INDUSTRIE CARNOVALI

Il divano *Onda*, progettato nel 1962 per l'Albergo Pontinental in Sardegna a Platamona, è stato rieditato da Industrie Carnovali, con la struttura in acciaio e l'imbottitura ricoperta in pelle con impunture longitudinali. Il meccanismo, facilmente manovrabile e adeguato alla normativa vigente, fa slittare in avanti la seduta senza spostare lo schienale e consente di trasformare il divano da conversazione in un divano relax o, all'occorrenza, in letto singolo.

The *Onda* sofa, designed in 1962 for the Pontinental Hotel in Platamona (Sardinia, Italy), was reissued by Industrie Carnovali with a steel frame and leather upholstery cover with large lengthwise stitching. The mechanism, easy to maneuver and compliant with current standards, slides the seat forward without moving the backrest and allows you to transform the conversation sofa into a relaxation sofa or, when needed, into a single bed.

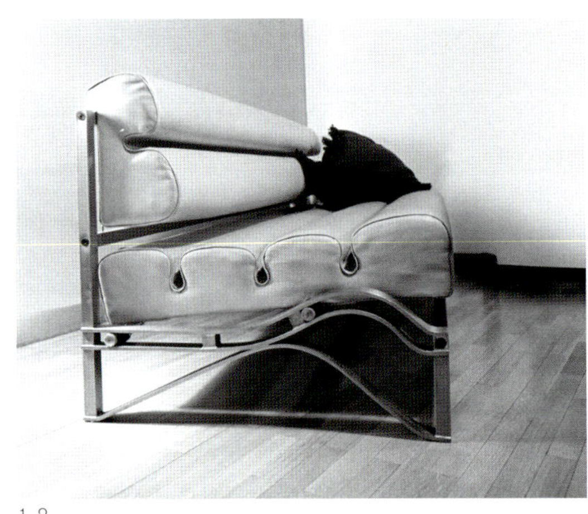 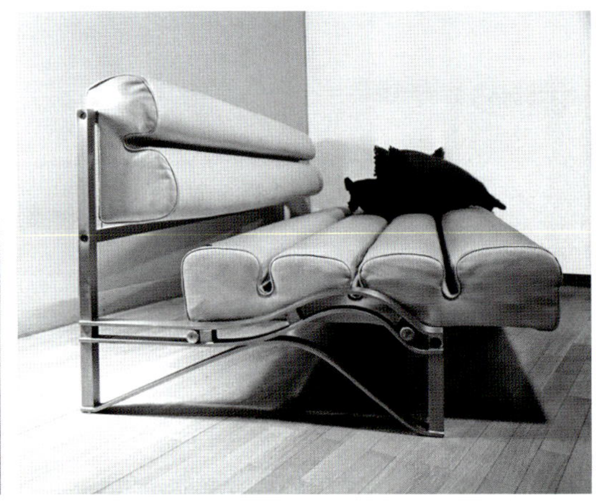

1-2.

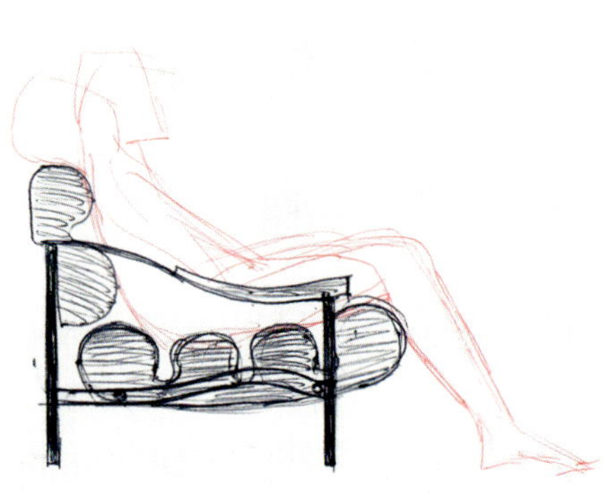

3-4.

1-2. Divano *Onda*, progettato per l'albergo Pontinental, a Platamona, in Sardegna, 1962, visto nelle due posizioni da conversazione e relax o letto / *Onda* sofa, designed for the Pontinental Hotel in Platamona, Sardinia, 1962, seen in its two positions: conversation-relaxation sofa and bed

3-4. Divano *Onda*, schizzi colorati a penna a sfera su carta delle due posizioni, 1962 / *Onda* sofa, ballpoint pen color sketches showing the two positions, 1962

5-6. Divano *Onda*, produzione 2008, fotografato nelle due posizioni conversazione e relax o letto / *Onda* sofa, version produced in 2008 and photographed in its two positions: conversation-relaxation sofa and bed

5-6.

AJC.0264c

Cricket e / and Cricket Plus Poltroncina alta e bassa / Low and high seat armchair

progetto / design	1962	Joe Colombo
produzione / production	1963	
riedizone / re-edition	2007	INDUSTRIE CARNOVALI

Le poltroncine alte e basse facevano parte di una serie con sedia e con poltrona, esposta a Londra in occasione dell'Interfurn Chairs of Nations del 1965. Sulla struttura in piatto d'acciaio, la seduta risulta molleggiata mentre lo schienale è costituito da un semplice rullo. Dopo una lunga interruzione sono state rieditate la poltroncina alta, *Cricket*, e bassa, *Cricket Plus*.

These low and high seat armchairs were part of a series with chair and large armchair, exhibited in London on the occasion of the 1965 Interfurn Chairs of Nations. They consist of a flat steel frame, a sprung seat, and a simple roll as a backrest. After a long interruption, production resumed with a reissued high (*Cricket*) and low (*Cricket plus*) seat armchair.

1-2. Poltroncina *Cricket*, versione bassa e alta con braccioli / *Cricket* armchair, low and high versions

3-4. Poltroncina alta con braccioli *Cricket*, disegni su carta da lucido, 1962 / *Cricket* armchair, high version, drawings on tracing paper, 1962

1-2.

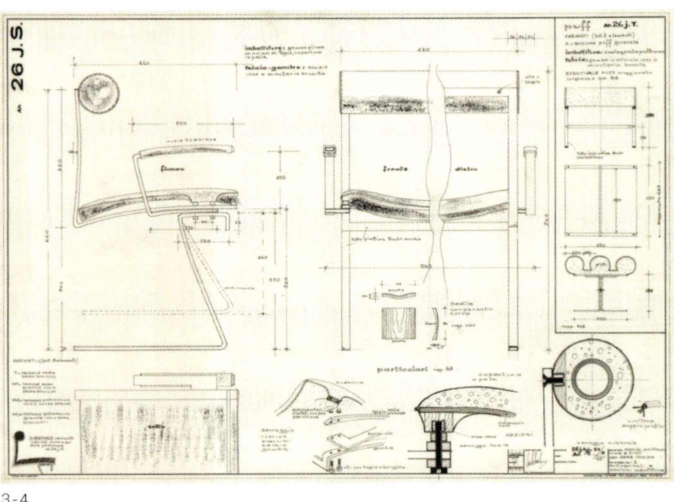
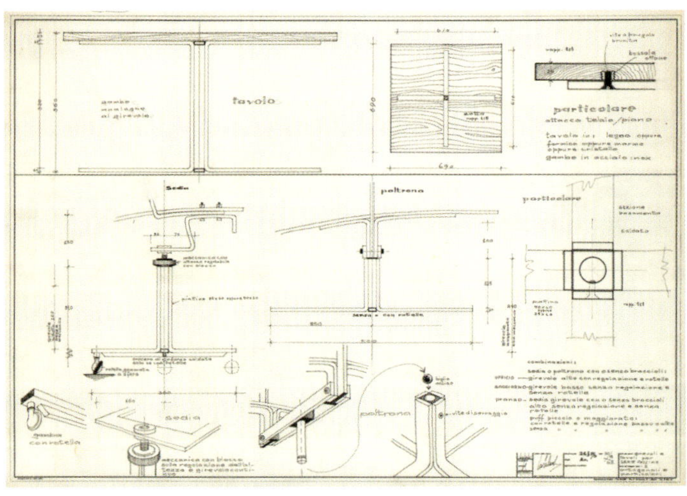

3-4.

AJC.0374
Bell Chair Poltrona / Armchair

progetto / design	1963	Joe Colombo
produzione / production	2006	
riedizione / re-edition	2015	VALENTINA 94

La poltrona per ufficio *Bell Chair* appartiene a uno studio di poltrona da realizzare in un unico pezzo di compensato curvato di cui fanno parte sia la poltroncina *Sella*, progettata nel 1963, sia questa poltrona con uno studio anche di vari tipi di basamenti in materiali diversi e con forme diverse.
La forma avvolgente è alleggerita da due asole laterali che si formano nella piegatura della seduta e da tre intagli nella base. Prodotta con imbottitura in pelle scura, presenta cuscini a segmenti applicati direttamente alla scocca.

The *Bell Chair* office armchair stemmed from the study for an armchair to be realized in a single piece of curved plywood, which gave rise to both the *Sella* small armchair, designed in 1963, and this armchair, which was fitted with various bases in different materials and shapes.
The enveloping form is lightened by two lateral spaces to the sides of the seat and three holes in the base. It is produced with a padding covered in dark leather; its segmented cushions are embedded in the frame.

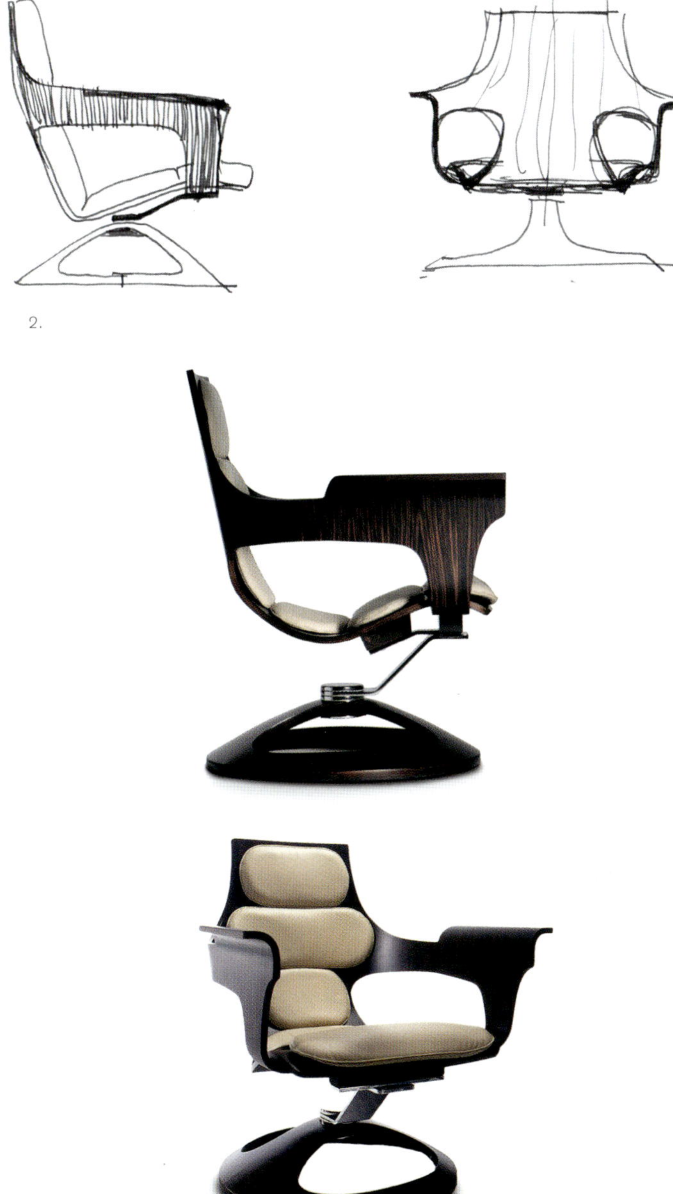
2.

1.

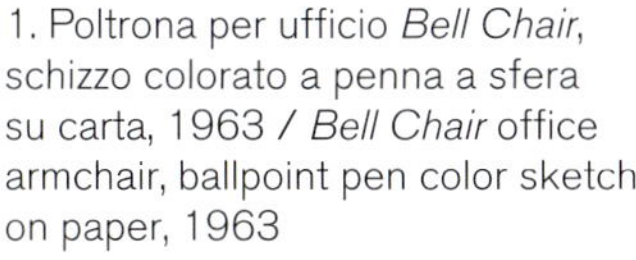

3-4.

1. Poltrona per ufficio *Bell Chair*, schizzo colorato a penna a sfera su carta, 1963 / *Bell Chair* office armchair, ballpoint pen color sketch on paper, 1963

2. Poltrona per ufficio *Bell Chair*, schizzo a penna a sfera su carta, 1963 / *Bell Chair* office armchair, ballpoint pen sketch on paper, 1963

3-4. Poltrona per ufficio *Bell Chair* in compensato curvato, base metallica e cuscini imbottiti applicati. Già prodotta nel 2006 è stata rieditata nel 2015 / *Bell Chair* office armchair in curved plywood with a metal base and padded cushions embedded in the frame. Initially manufactured in 2006, it was reissued in 2015

AJC 0056
Minikitchen Cucina / Kitchen

progetto / design	1963	Joe Colombo
produzione / production	1964	BOFFI
riedizione / re-edition	1993	BOFFI

Piccola cucina monoblocco su ruote che contiene, in un volume di circa mezzo metro cubo, gli elettrodomestici e tutto l'occorrente per cucinare e apparecchiare per quattro persone. In origine conteneva le stoviglie per sei persone. Funziona elettricamente ed è realizzata in legno, acciaio e materiali plastici. Dopo un lungo intervallo la produzione è stata ripresa nel 1993 e adeguata alle nuove norme per le apparecchiature elettriche. Inoltre era stata studiata anche la possibilità di coprirla con un telo impermeabile per esterni con cerniere.

È in produzione la versione in Corian, adatta sia per interni che per esterni.

Small compact kitchen module on casters occupying a volume of approximately half a cubic meter, containing electrical appliances and everything needed to cook and serve four persons. The original design also contained dishes for six persons.

It has an electric cooktop and is produced in wood, steel and plastic materials. After a long interval, production was resumed in 1993 and adapted to new standards for electrical appliances. In addition, the possibility of covering it with a waterproof outdoor fabric with zippers was also studied.

It is currently produced in Corian, which is suitable for both indoor and outdoor use.

1.

1. *Minikitchen* vista dall'alto aperta / *Minikitchen* seen from above, open module

2. *Minikitchen*, vista prospettica chiusa in legno / *Minikitchen*, perspective view, with wooden panels

3. *Minikitchen*, versione in Corian, vista prospettica aperta / *Minikitchen*, Corian version, perspective view, open module

4. *Minikitchen*, schizzo a matita su carta, 1963 / *Minikitchen*, pencil sketch on paper, 1963

5. Premio "Futuribile in Cucina" alla Fiera Campionaria del Friuli Venezia Giulia, Pordenone, 1968 / "Futuribile in Cucina" award at the trade fair in Friuli Venezia Giulia, Pordenone, 1968

2.

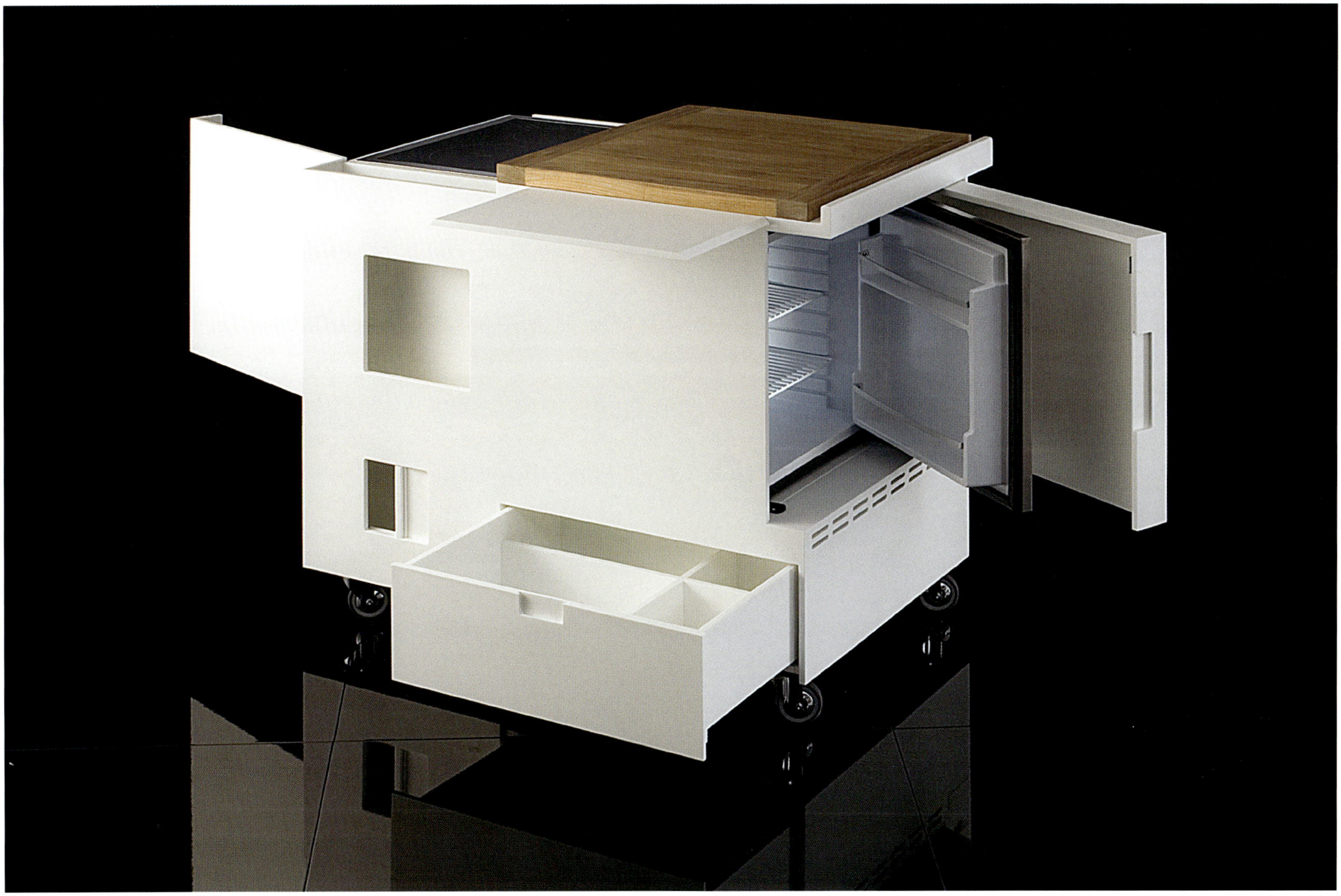

3.

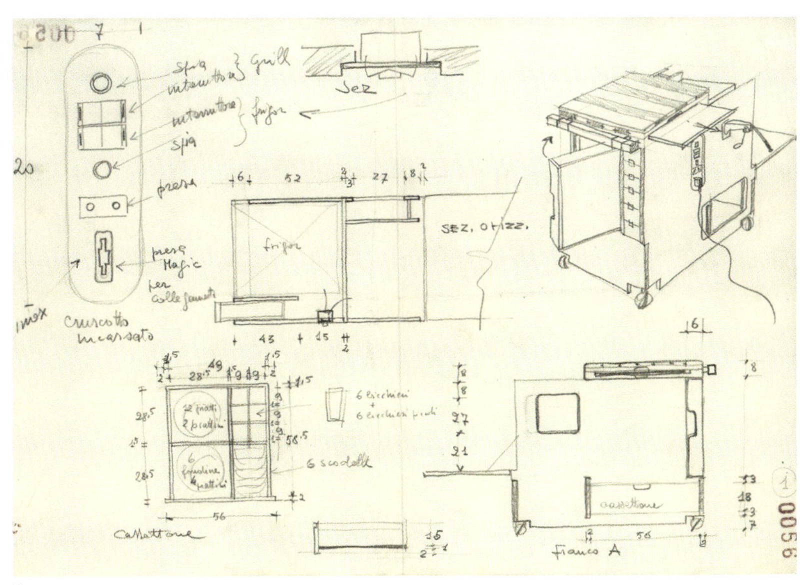

4.

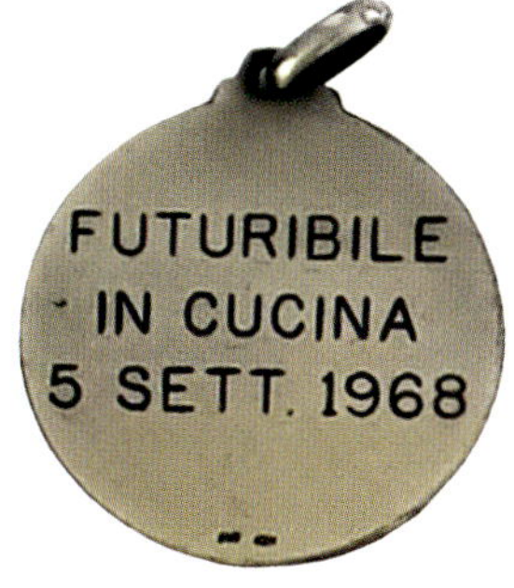

FIERA CAMPIONARIA NAZIONALE FRIULI VENEZIA GIULIA
- PORDENONE -
FUTURIBILE
- IN CUCINA
5 SETT. 1968

5.

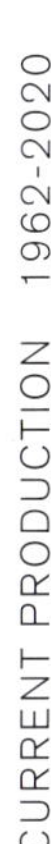

AJC.0129

Elda Poltrona / Armchair

progetto / design	1963	Joe Colombo
produzione / production	1965/2017	COMFORT - Gruppo Fratelli Longhi
produzione / production	2017	LONGHI

Si può considerare la prima grande poltrona in materiale plastico stampato, fiberglass, con spalmatura a mano: si tratta di una grande conchiglia autoportante e rotante alla base con cuscinetti a sfera, che accoglie nell'interno un'imbottitura a cuscini differenziati rivestiti in pelle o in tessuto, agganciati alla scocca in cui sono stati inseriti, in fase di realizzazione, appositi elementi metallici. La parte esterna viene verniciata mentre quella interna rimane grezza per essere poi rivestita in pelle o tessuto.

Joe Colombo progettò questa poltrona dopo aver visto un cantiere nautico dove si realizzavano le scocche di piccole barche in vetroresina.

La particolare forma avvolgente, creando una vera zona privacy, permette all'utilizzatore di estraniarsi dall'ambiente circostante.

Inizialmente i colori erano bianco e nero; con il tempo sono stati aggiunti altri colori tra i quali l'azzurro, il grigio, il testa di moro e il mattone.

Dal 1965 la produzione non è mai stata interrotta passando dalla Comfort, primo produttore, alla Longhi che faceva parte del Gruppo Fratelli Longhi.

La poltrona *Elda* è stata utilizzata nel film *La spia che mi amava,* della saga di James Bond, nel 1977.

Elda can be considered the first large armchair in molded plastic material, fiberglass, with entirely handmade molds: it consists of a large shell resting on a base with ball bearing wheels, and a polyurethane foam padding covered in leather or fabric. The padding in different thicknesses is fixed to the frame using special built-in metal elements. The outer fiberglass is lacquered while the inner side is covered with leather or fabric.

Joe Colombo designed this armchair after visiting a shipyard that manufactured fiberglass shells for small boats.

The particular enveloping shape, which creates a true privacy zone, allows the user to get away from the surrounding environment.

It was originally produced in black and white. Other colors were added at a later stage, including light blue, gray, dark brown, and brick red.

Production has never been interrupted since 1965: from Comfort, the initial manufacturer, it was handed over to Longhi, which was part of the Gruppo Fratelli Longhi.

The *Elda* armchair was used in the movie *The Spy Who Loved Me* from the James Bond series, released in 1977.

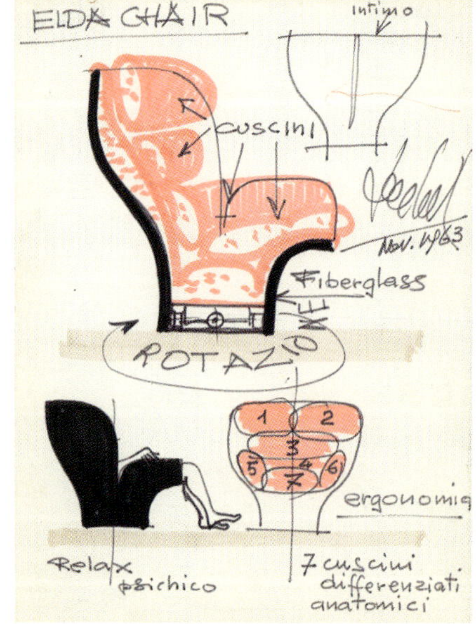

1. 2. 3.

1. Copertina della rivista "Japan Interior Design", n.130, 1970, che a Joe Colombo ha dedicato quasi un intero numero / Cover of *Japan Interior Design* magazine, issue no. 130, 1970, almost entirely devoted to Joe Colombo

2. Poltrona *Elda*, schizzo a pennarello su carta, 1963 / *Elda* armchair, felt-tip pen sketch on paper, 1963

3. Poltrona *Elda*, vista dal retro, rivestimento interno in pelle / *Elda* armchair seen from behind, padding covered in leather

4. Poltrona *Elda*, rivestimento interno in tessuto, scocca in fiberglass, produzione Longhi / *Elda* armchair, padding covered in fabric, fiberglass frame, Longhi production

4.

AJC.0043
Poltroncina a elementi curvati / Curved element armchair

progetto / design	1964	Joe Colombo
produzione / production	1964	KARTELL
riedizione / re-edition	2011	KARTELL

La poltroncina è stata realizzata con tre elementi in legno compensato curvato che si incastrano tra loro senza alcun elemento di giunzione. Il sistema permette la massima semplificazione in fase di montaggio.

In origine era completata da due cuscini di basso spessore e da piedini da utilizzare per l'appoggio su moquette o tappeti. In quel periodo Joe Colombo, studiando la lampada *Acrilica*, aveva immaginato di poter utilizzare lastre trasparenti anche per questa poltrona, ma ci sono voluti molti anni, fino al 2011, per realizzarla.

La prima produzione del 1964 veniva verniciata in vari colori tra cui bianco, nero, rosso, arancio e verde. Dopo alcuni anni di interruzione è stata prodotta una nuova edizione in materiale plastico PMMA in tre colori, trasparente, nera e bianca, presentata al Salone del Mobile di Milano nel 2011.

Molte poltroncine sono state prodotte in colore vermiglio ed esposte a Milano nell'ampio spazio della corte di Palazzo Reale, con una performance interattiva a un allestimento spettacolare in un evento durante il Salone del mobile del 2016.

This small armchair was realized with three elements in curved plywood dovetailed into one another with no joints. This system allows for an easy assembly.

It was originally completed with two thin cushions and feet to be used over carpets or rugs. In that period, while studying the design for the *Acrilica* lamp, Joe Colombo had imagined using transparent sheets for this armchair, but it took many years, until 2011, to actually produce it.

The first version produced in 1964 was lacquered in various colors, including white, black, red, orange, and green. After a few years of interruption, production was resumed with a reissued edition in PMMA plastic material in three colors – transparent, black, and white – which was presented at Milan's Salone del Mobile of 2011.

Many armchairs were produced in vermilion color and exhibited in Milan, on the occasion of the stunning interactive performance organized in the large space of the courtyard of Palazzo Reale concomitantly with the 2016 edition of the Milan's Salone del Mobile.

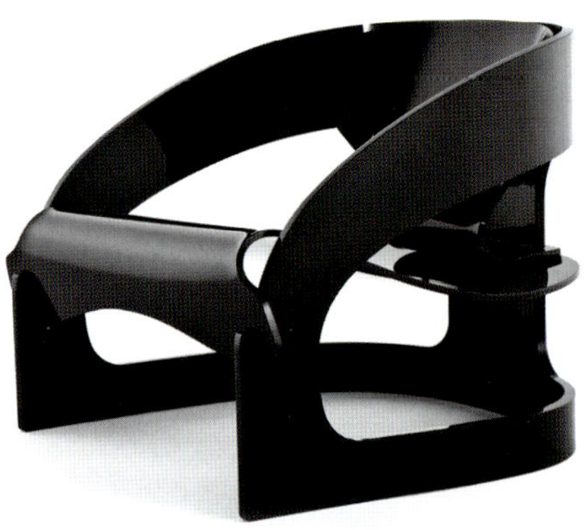

1.

2.

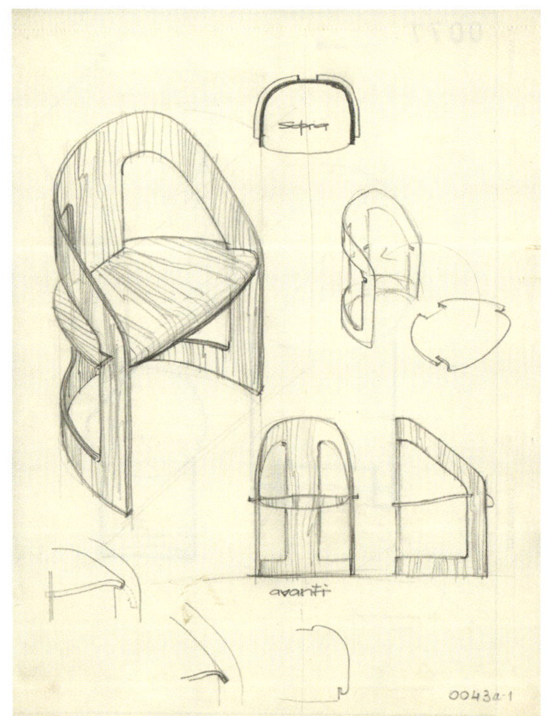

3.

4.

1. *Poltroncina a elementi curvati*, in PMMA (polimetilmetacrilato), versione nera / *Curved element armchair*, in PMMA (Polymethyl methacrylate), black version

2. I tre singoli elementi della *Poltroncina a elementi curvati* in compensato curvato laccato nero, da assemblare a incastro senza viti 1964 / The three individual elements of the *Curved element armchair* in black lacquered curved plywood, to be dovetailed into one another with no need of screws, 1964

3. *Poltroncina a elementi curvati*, schizzo a matita su carta, 33 x 24 cm, 1964 / *Curved element armchair*, pencil sketch on paper, 33 x 24 cm, 1964

4. *Poltroncina a elementi curvati*, in PMMA (polimetilmetacrilato), versione trasparente / *Curved element armchair*, in PMMA (Polymethyl methacrylate), transparent version

5. *Poltroncina a elementi curvati*, colore vermiglio, esposta nella corte del Palazzo Reale di Milano, durante il Salone del Mobile del 2016 / *Curved element armchair*, vermilion color, exhibited in the courtyard of Palazzo Reale in Milan, concomitantly with the 2016 Salone del Mobile

5.

AJC.0128

Sbalzo Sedia / Chair

progetto / design	1964	Joe Colombo
produzione / production	1965	
riedizione / re-edition	2006	INDUSTRIE CARNOVALI

La sedia *Sbalzo*, già prodotta nel 1965, è formata da una struttura continua tubolare in metallo cromato a cui sono agganciati, con un facile sistema d'assemblaggio centrale, due semi-sedili simmetrici in compensato curvato o rivestiti in pelle.
Questo tipo di struttura consente di impilare le sedie e di permettere un confortevole molleggio.
Viene prodotta con o senza braccioli.

The *Sbalzo* chair, originally produced in 1965, consists of a one-piece polished steel tubular frame supporting a seat made of two symmetrical sections in curved plywood or covered in leather, fastened to the central portion of the frame with an easy assembly system.
This special design allows you to stack the chairs and lends the seat comfortable resilience.
It is produced with or without armrests.

2.

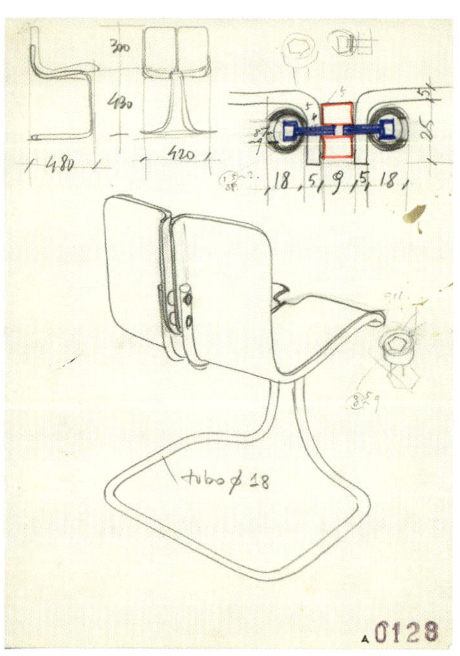

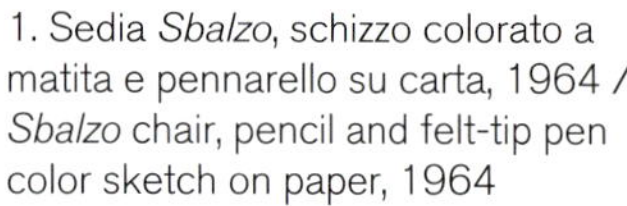

1.

3.

1. Sedia *Sbalzo*, schizzo colorato a matita e pennarello su carta, 1964 / *Sbalzo* chair, pencil and felt-tip pen color sketch on paper, 1964

2-3. Sedia *Sbalzo*, versioni con e senza braccioli e costituite da due elementi in compensato curvato e da una struttura metallica / *Sbalzo* chair, versions with and without armrests, consisting of two elements in curved plywood and a metal frame

AJC.0049B

Bolle Lampada da terra / Floor lamp

progetto / design	1964	Joe Colombo
produzione / production	1964	
riedizione / re-edition	2011	PALLUCCO

Questa lampada da terra è composta da un cilindro in materiale plastico traslucido che contiene lampade a basso consumo. All'esterno vengono infilati sette piccoli cilindri metallici, con aperture circolari di diversi diametri, che possono essere ruotati anche singolarmente, regolando così l'intensità luminosa e creando diversi effetti d'ambiente. Si può accendere separatamente la luce del cilindro e quella indiretta a fascio verso l'alto.
Dal 2011 è prodotta da Pallucco con cilindri in alluminio verniciato.

This floor lamp consists of an inner cylindrical satin-finished methacrylate frame with energy-efficient light-bulbs. Seven small perforated metal cylinders with round openings of varying diameter are threaded onto this frame. The cylinders can be rotated individually to adjust the intensity of the light and create different lighting effects. The cylinder light and the indirect beam light can be turned on separately.
It has been produced by Pallucco since 2011 with painted aluminum cylinders.

1. Lampada da terra cilindrica *Bolle*, con schermature a elementi cilindrici girevoli con asole circolari in materiale plastico traslucido / *Bolle* cylindrical floor lamp consisting of a satin-finished methacrylate frame and rotating cylinders with round openings to adjust the intensity of the light

2. Lampada da terra *Bolle*, disegno CAD, per riedizione, stampato con plotter su carta, studio Joe Colombo, 2011 / *Bolle* floor lamp, CAD drawing for a reissuing, plotter print on paper, studio Joe Colombo, 2011

3. Lampada da terra *Bolle* cilindrica, abitazione a Crans Montana 1964 / *Bolle* cylindrical floor lamp, apartment in Crans Montana, 1964

4. Lampada da terra cilindrica *Bolle*, abitazione a Crans Montana,1964 / *Bolle* cylindrical floor lamp, apartment in Crans Montana, 1964

1.

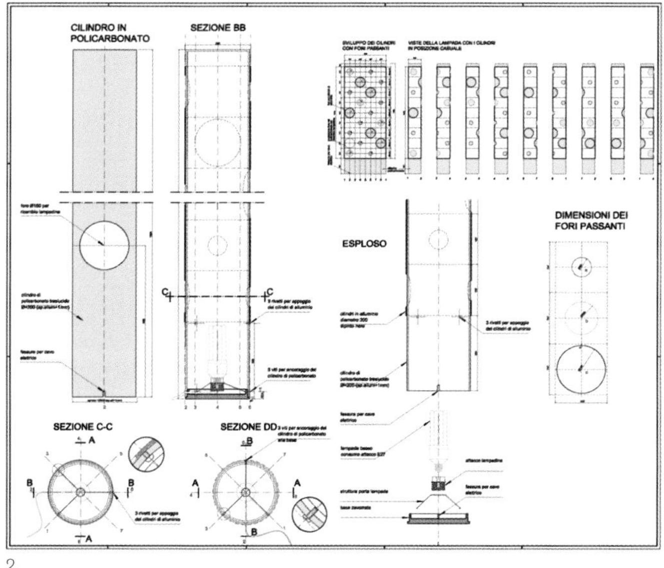

2.

3.

4.

AJC.0074
Nastro Poltrona / Armchair

progetto / design	1964	Joe Colombo
produzione / production	1965	Bonacina P.A.
riedizione / re-edition	2016	Bonacina 1889

Per questa serie di poltrone e divani Joe Colombo utilizza un materiale tradizionale in modo innovativo, accostando bastoni di giunco curvati e giuntati fra loro in modo da realizzare una struttura senza soluzione di continuità. La serie è completata dai cuscini del sedile e dello schienale, in tessuti speciali, ed è stata rieditata con nuovi colori.
Già denominata *Poltrona 1.000*, è stata pubblicata per la prima volta sulle riviste internazionali di settore nel 1965, quando era prodotta da Pierantonio Bonacina, poi passata a Bonacina 1889 nel 2016.
Oggi anche la struttura è laccata in diversi colori.

Joe Colombo's design for this series of armchairs and sofas saw the innovative use of a traditional material. In fact, he devised a frame consisting of bent rattan canes joined together so as to obtain a continuous jointless structure. The series is completed with special fabric covered cushions for the seat and the backrest, and it was reissued in new colors.
Originally called *Poltrona 1.000*, it was first published on specialized international press in 1965, when it was produced by Pierantonio Bonacina. Production then passed to Bonacina 1889 in 2016.
Today the rattan frame is lacquered in several colors.

1.

1-2. Poltrona e divano *Nastro*, in bastoni di giunco curvati e imbottitura rivestita in pelle 1964 / *Nastro* armchair and sofa, in bent rattan canes and leather-covered padding, 1964

3. Poltrona *Nastro*, schizzo a pennarello su carta da lucido, 1964 / *Nastro* armchair, felt-tip pen drawing on tracing paper, 1964

2.

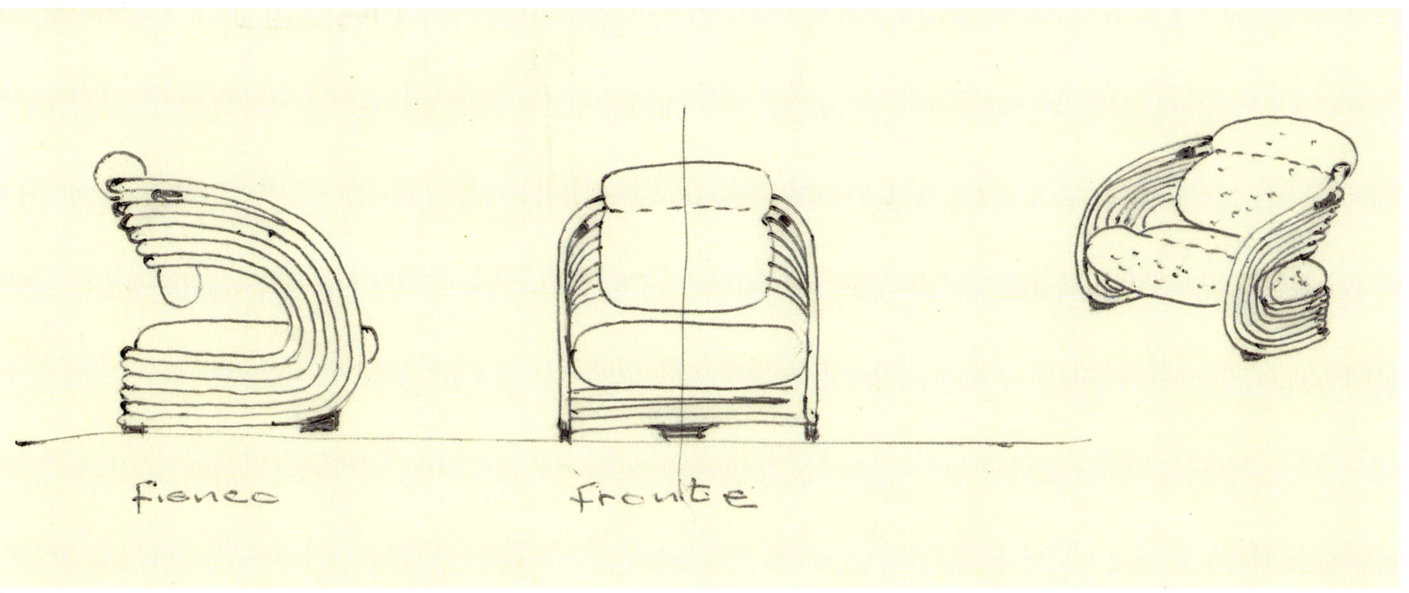

3.

AJC.0077

Globe Lampada / Lamp

progetto / design	1964	Joe Colombo
produzione / production	1964	OLUCE
riedizione / re-edition	2015	OLUCE

Lampada da tavolo a base metallica con un largo foro circolare dove alloggia una sfera in vetro stampato che contiene, al suo interno, un faretto cilindrico in metallo che proietta la luce.

La boccia sferica può essere ruotata in ogni direzione. Il faretto interno originariamente poteva essere staccato e usato separatamente. La lampada è stata prodotta da Oluce e viene rieditata nel 2015 nelle tre versioni da tavolo, a sospensione (in due misure, 20 e 30 cm di diametro) e a parete nei colori nickel e oro satinato, bronzo anodizzato.

Table lamp with a metal base. A large round hole at the center of the base houses a transparent molded glass sphere that contains a cylindrical metal spotlight that projects the light.

The glass sphere can be rotated in all directions. The internal spotlight could originally be detached and used separately. This lamp was produced by Oluce and was reissued in 2015 as the three versions – table, suspension (in two dimensions of 20 and 30 cm diameter), and wall – in satin-finished nickel and gold, and anodic bronze colors.

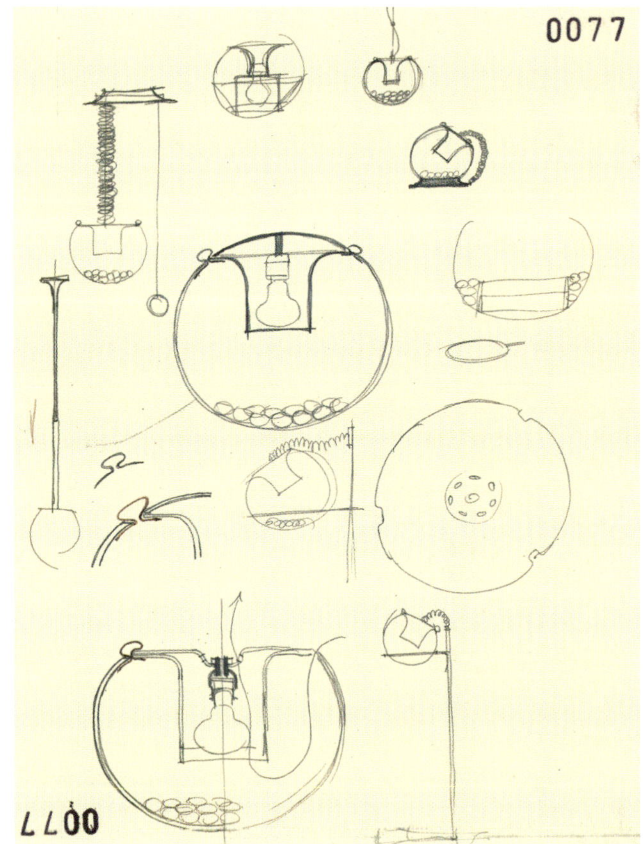

1.

2.

3.

4.

5.

CURRENT PRODUCTION   1962–2020

1. Lampada *Globe*, schizzi di studio a matita su carta, 1964 / *Globe* lamp, study sketches, pencil on paper, 1964

2-3. Lampada *Globe*, versioni da tavolo e applique / *Globe* lamp, table and wall versions

4-5. Lampada *Globe*, versione a sospensione in due misure da 20 cm e da 30 cm di diametro, catalogo Oluce, 2018 / *Globe* lamp, suspension version in two sizes (20 cm and 30 cm diameter), Oluce catalogue, 2018

AJC.0390
Ring Modulo contenitore / Container module

progetto / design	1964	Joe Colombo
produzione / production	1964	
riedizione / re-edition	2014	B-LINE

Il contenitore *Ring* è composto da moduli cubici in lamiera verniciata e da due ripiani in legno di rovere. Caratterizzato da due facce parallele con due aperture tonde, che rendono facile l'accesso per la posa e la presa degli oggetti, il modulo è impilabile fino a tre elementi e può essere corredato da ruote piroettanti. Se utilizzato singolarmente può funzionare come tavolino e anche da pouf. Il progetto originario fu realizzato in legno con cuscino tondo in pelle per la seduta nella zona relax in un albergo.

Ring is a versatile container made up of cubic painted steel modules and two oak shelves. It has two parallel sides with two round openings, for easy access to store or collect objects. Up to three *Ring* modules can be stacked one on top of the other. The container can be equipped with swivel casters. When used as a single module, it can function as a low table or footstool. The original design was produced for the lobby of a hotel, in wood with a round leather cushion on the seat.

1.

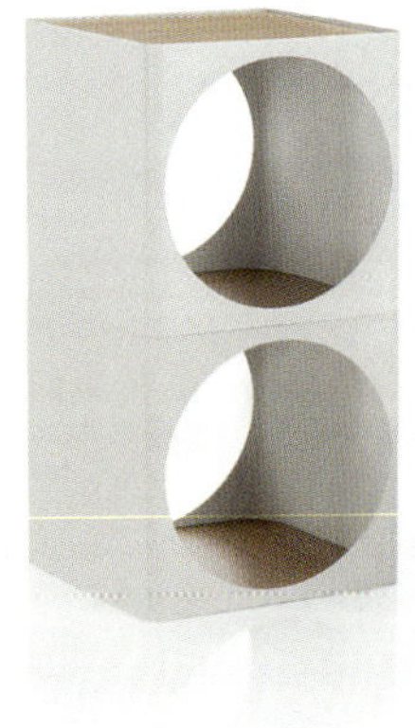

2.

3.

1-2. *Ring*, contenitore cubico con aperture centrali tonde, impilabile. Composizione con colore bianco e grigio antracite. Riedizione in metallo con ruote e pianetto in legno, 2014 / *Ring*, stackable cubic container with round openings in the center. Composition in white and anthracite grey. Reissued in 2014 in a metal version with swivel casters and wooden plane

3. *Ring*, nella versione pouf, *Residence Unità*, Madonna di Campiglio, 1964 / *Ring*, in its ottoman version, *Residence Unità*, Madonna di Campiglio, 1964

Fresnel Lampada / Lamp

| **progetto / design** | 1964 | Joe Colombo |
| **produzione / production** | 1965 | OLUCE |

Dallo studio per l'applicazione di componenti industriali alla produzione di oggetti da arredamento, nasce una serie di lampade con l'utilizzo di vetri Fresnel per l'isolamento dei cavi ad alta tensione da cui si ottengono diversi tipi di illuminazione, da interni e da esterni, per sospensioni, da terra, da parete e da soffitto.
Questa lampada da esterni, adatta anche per essere infissa nel terreno, è realizzata con un'asta metallica affusolata che regge la base del corpo lampada in pressofusione di alluminio con applicato alla sommità un diffusore speciale costituito da "una lente" Fresnel trattenuta da molle in acciaio. Nella versione da interni, da parete o da soffitto, viene utilizzato solo il corpo lampada.
Con l'uso di pezzi speciali si possono realizzare alberi luminosi.

The study for the application of industrial components to the production of furnishings gave rise to a series of lamps using Fresnel glass lenses for the insulation of high voltage cables to obtain several types of lighting for suspension, floor, wall, and ceiling lamps, for both indoor and outdoor use.
This outdoor floor lamp, which can also be fixed to the ground, consists of a tapered metal pole that supports the base of the lamp body in die-cast aluminum and, at the top, a special Fresnel lens diffuser connected with steel springs. Only the lamp body is present in the indoor version, either a wall or ceiling lamp.
Using special accessories, luminous trees can be created.

2.

1. Lampada *Fresnel*, schizzo a pennarello su carta, 1964 / *Fresnel* lamp, felt-tip pen sketch on paper, 1964

2. Lampada *Fresnel*, applique da interni ed esterni / *Fresnel* lamp, indoor and outdoor wall version

3. Lampada *Fresnel*, versione da terra da esterni, varie altezze / *Fresnel* lamp, outdoor floor version, various heights

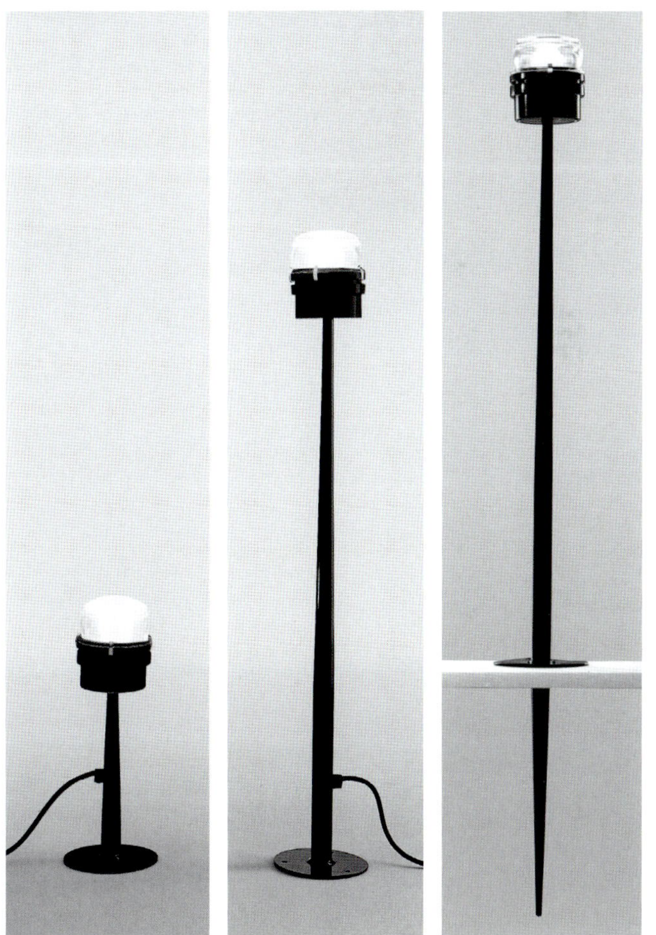

3.

AJC.0112
Smoke Bicchiere / Glass

| **progetto / design** | 1964 | Joe Colombo |
| **produzione / production** | 1964 | ARNOLFO DI CAMBIO Compagnia Italiana del Cristallo |

È il primo bicchiere che abbandona la tradizionale forma simmetrica per migliorare la praticità d'uso attraverso una forma eccentrica.

Appartiene a uno studio per consentire l'uso del bicchiere insieme alla sigaretta, o ad altri oggetti nella stessa mano, grazie alla morfologia della base del bicchiere che si inserisce e viene trattenuto nell'incavo tra il pollice e l'indice, mentre la coppa appoggia sul dorso della mano stessa con un perfetto bilanciamento.

Ideato per cene in piedi e per chi fuma, è stato poi anche utilizzato da persone con difficoltà ad articolare le dita.

La serie è stata prodotta in cristallo a stampo trasparente o in colore lilla e composta da sette misure: acqua, vino, bibita, flûte ecc. Oggi viene prodotta una serie limitata ad alcune misure e denominata *Smoke Old Fashion*. Alcuni modelli sono prodotti anche con la base e il gambo neri.

This is the first glass that abandoned a traditional symmetrical shape to improve its practical use through an eccentric form.

It is part of a design study that allows the use of the glass while holding a cigarette, or holding other objects in the same hand thanks to the shape of the base, which is held in the hollow between the thumb and forefinger as the glass rests perfectly balanced on the back of the hand.

Initially conceived for standing dinners and smokers, it was also used by people with difficulty articulating their fingers.

This series was produced in transparent or lilac molded crystal, comprised of seven sizes: water, wine, soft drink, flute, etc. Today, a series limited to few sizes is produced, called *Smoke Old Fashion*. Some models are also produced with a black base and stem.

1.

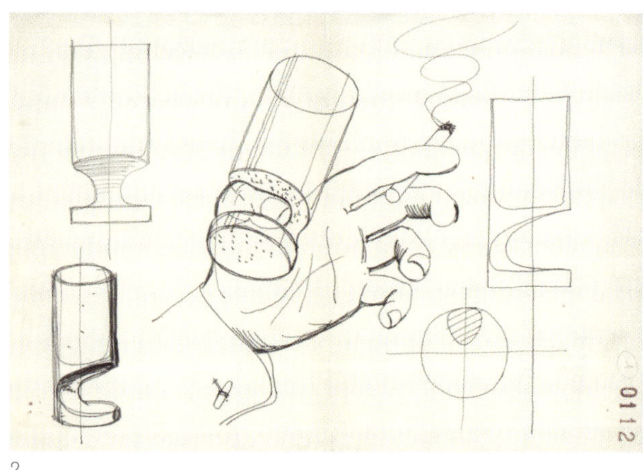

2.

3.

4.

5.

1. Bicchiere *Smoke*. Joe Colombo ne illustra l'uso insieme alla sigaretta, tenendolo tra il pollice e l'indice, 1964 / *Smoke* glass: Joe Colombo's hand uses it, while holding a cigarette, between his thumb and forefinger, 1964

2. Bicchiere *Smoke*, schizzi di utilizzo, penna a sfera su carta, 1964 / *Smoke* glass, sketches of possible uses, ballpoint pen on paper, 1964

3. Bicchiere *Smoke*, schizzi di studio, matita su carta, 1964 / *Smoke* glass, preparatory pencil sketches on paper, 1964

4. Bicchiere *Smoke*, esposto nello stand Arnolfo di Cambio, Eurodomus 3, alla Triennale di Milano, 1970 / *Smoke* glass exhibited in the Arnolfo di Cambio stand, Eurodomus 3, Milan Triennale, 1970

5-6. Bicchiere *Smoke*, serie completa, 1964 / *Smoke* glass, complete set, 1964

6.

AJC.0061
Spider Serie di lampade / Lamp series

progetto / design   1965   Joe Colombo
produzione / production 1965   OLUCE

È un sistema di illuminazione costituito da un corpo lampada e da alcuni elementi in acciaio combinabili fra loro in modo da permettere diversi tipi di applicazioni. Il corpo lampada, disegnato per una lampadina speciale a spot orizzontale, è realizzato in lamiera di alluminio tranciata, piegata e verniciata nei colori bianco o nero. Il corpo illuminante può essere montato su diversi supporti in acciaio, da tavolo, a parete, a soffitto, a morsetto e regolato da uno snodo di "bachelite", un materiale plastico anche isolante che ne permette le diverse posizioni, inclinazione, rotazione e altezza variabile del riflettore. Per la lampadina, originariamente con attacco a baionetta, viene oggi prodotto un adattatore in modo da poter utilizzare lampadine LED.
La produzione della *Spider* non è mai stata interrotta.

A lighting system consisting of a lamp body and steel components that can be combined to devise several modular solutions. The lamp body, designed for a special horizontal spotlight bulb, is produced in bent and lacquered aluminum sheet, either black or white. The light source can be mounted on various steel supports to create a table, wall, or ceiling lamp, with an adjustable clamp regulated by a Bakelite (plastic insulating material) joint that allows for changes of position, inclination, rotation, and height of the reflector. For the lightbulb, originally devised with a bayonet mount, an adapter is now provided so that LED bulbs can be used.
The production of *Spider* has never been interrupted.

1.

2.

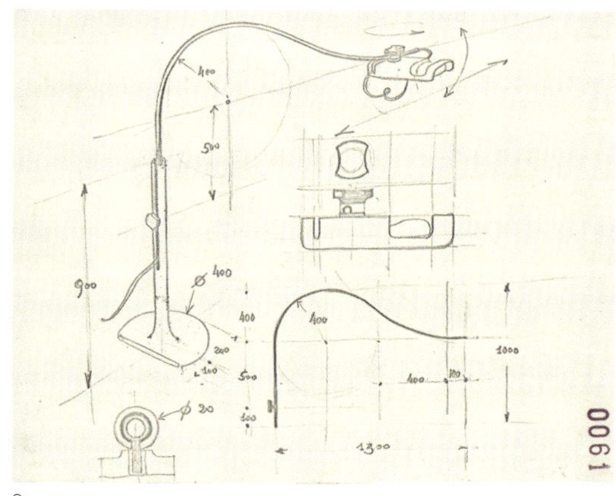

3.

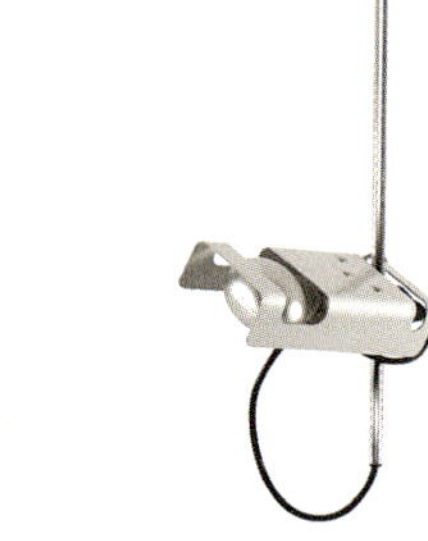

4.

5.

1. Lampada *Spider*, versione a morsetto e da terra / *Spider* lamp, adjustable clamp and floor versions

2. Lampada *Spider*, premio Compasso d'Oro, ADI, 1967 / *Spider* lamp, Compasso d'Oro award, ADI, 1967

3. Lampada *Spider*, schizzo a matita su carta, 1965 / *Spider* lamp, pencil sketch on paper, 1965

4. Lampada *Spider*, versione a sospensione / *Spider* lamp, suspension version

5. Lampada *Spider*, versione da tavolo / *Spider* lamp, table version

6. Lampada *Spider*, versione da terra / *Spider* lamp, floor version

6.

AJC.0234b

Continental Libreria / Bookcase

progetto / design	1965	Joe Colombo
produzione / production	1965	
riedizione / re-edition	2006	INDUSTRIE CARNOVALI

Realizzata nel 1965 per il negozio Foto Cine Continental come elemento espositivo per apparecchi fotografici, la libreria *Continental* è costituita da una maglia di piani perpendicolari fra loro che formano una calotta semisferica a casellario. Per il negozio era prevista una versione protetta da una guscio semisferico trasparente che, oltre a proteggere gli oggetti esposti, richiamava il concetto di "lente" e creava una continuità espressiva tra il contenuto e il contenitore.

È stata utilizzata nel 2005 come espositore inclinato per lampade nella mostra *Joe Colombo. Inventing the Future* al Vitra Design Museum e alla Triennale di Milano. Oggi la libreria è prodotta in legno naturale o in alluminio verniciato in diversi colori in tre dimensioni diverse. La versione grande, in legno, può essere con forma a casellario semisferico intera o divisa in modo simmetrico lungo il diametro, consentendo di disporre i due elementi semicircolari separati l'uno dall'altro sia orizzontalmente che verticalmente.

Created in 1965 for the Foto Cine Continental store as a showcase for photographic equipment, the *Continental* bookcase consists of a grid of perpendicular shelves forming a pigeonhole-like semispherical cap. The version designed for the store foresaw a transparent semispherical cover to protect the articles on display that recalled the concept of a "lens", creating continuity between the container and the content. It was used in 2005 as an inclined display case for lamps at the exhibit *Joe Colombo. Inventing the Future*, at the Vitra Design Museum and at the Milan Triennale.

Today, this bookcase is produced in natural wood or lacquered aluminum in several colors and in three different sizes. The large, wooden version is available as a single semispherical pigeonhole structure or as two separate sections divided symmetrically along the diameter to be arranged close to one another either horizontally or vertically.

1.

2.

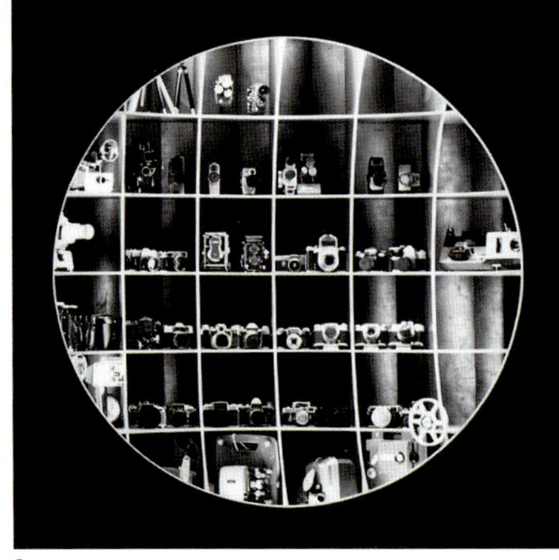

3.

4.

5.

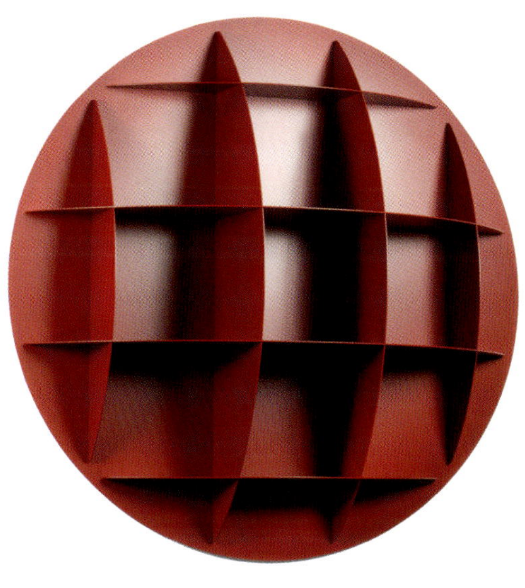

6.

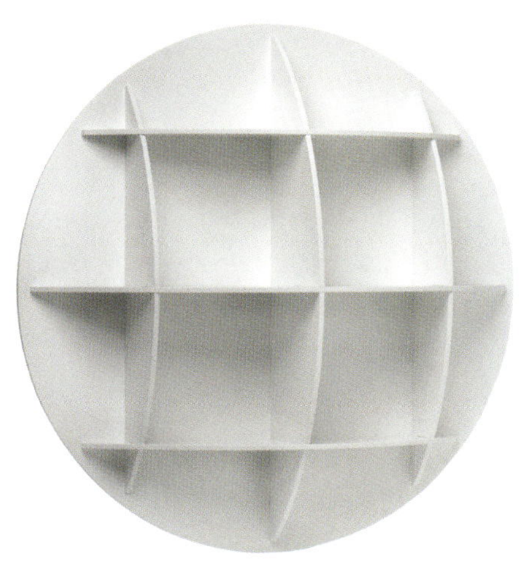

7.

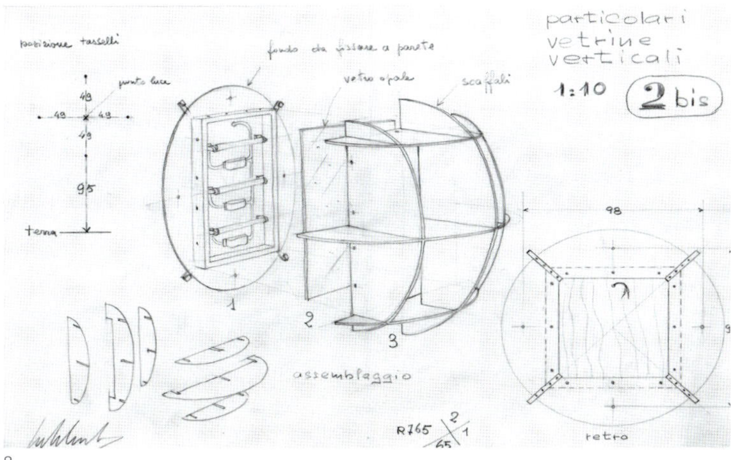

8.

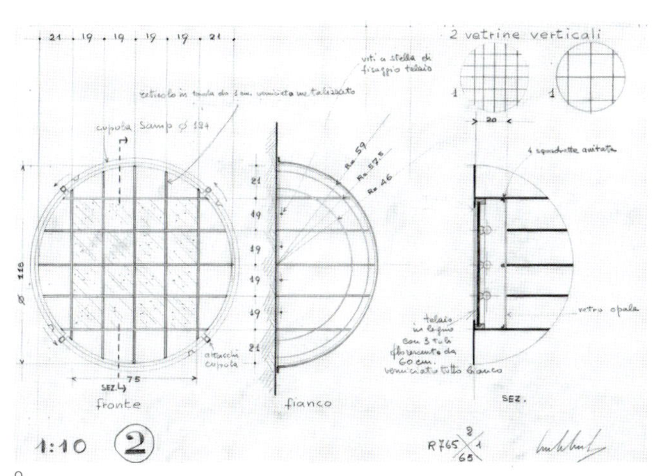

9.

1. Stralcio della rivista, "Domus", n. 427, giugno 1965 / Excerpt of *Domus* magazine, issue no. 427, June 1965

2-4. Negozio Foto-cine Continental, 1965 / Foto-cine Continental store, 1965

5-7. Libreria *Continental*, nelle tre misure di diametro, 180, 140 e 118, prodotte in legno multistrato, MDF laccato o alluminio verniciato, 2006 / *Continental* bookcase, in its three different sizes (diameter 180,140, and 118), produced in plywood, lacquered MDF, or lacquered aluminum, 2006

8-9. Libreria *Continental*, schizzi a matita su carta, 1965 / *Continental* bookcase, pencil drawings on paper, 1965

AJC.0399
Joe Tavolo / Table

progetto / design	1965	Joe Colombo
produzione / production	1965 e / and 1967	
riedizione / re-edition	2016	INDUSTRIE CARNOVALI

Il tavolo *Joe* fa parte di una serie di prodotti disegnati per il proprio appartamento in via Argelati. Originariamente progettato come oggetto modificabile, a seconda delle necessità, il tavolo era scorrevole su guide nascoste in un contenitore e aveva la doppia funzione di tavolino contenitore basso e tavolo da pranzo, essendo montato su una pedana rialzata rispetto al pavimento.

Il tavolo è caratterizzato da una gamba in acciaio curvata alla base, dettaglio presente anche negli schizzi di una sedia che faceva parte della stessa serie. È stato rieditato nel 2016 con piano ellittico in legno con possibilità di varie altre forme e di vari materiali.

The *Joe* table is part of a series of products designed by Joe Colombo for his own apartment in Via Argelati. Originally designed as a modifiable object based on specific needs, this table could slide on tracks hidden in a container and had the double function of a low container-table and a dining table, since it was mounted on a raised platform higher than the floor.

The original feature of this table is its steel leg curved at the base; a detail also featured in the sketches of a chair that was part of the same series. It was reissued in 2016 with an elliptical wooden top with the possibility of other shapes and various materials.

1.

1. Tavolo *Joe*, produzione serie 2016 / *Joe* table, serial production 2016

2. Tavolo *Joe*, abitazione Joe Colombo in via Argelati, 1965 e 1967 / *Joe* table, Joe Colombo's apartment in Via Argelati, 1965 and 1967

2.

AJC.0259
Modello 300 Sedia / Chair

progetto / design	1965	Joe Colombo
produzione / production	1966	
riedizione / re-edition	2014	KARAKTER

La sedia, smontabile per il trasporto, è stata studiata per poter essere contenuta in un involucro di minimo spessore e quindi per un basso costo di spedizione.
La struttura, in legno massello, è costituita da due elementi simmetrici, gambe/schienale, che si assemblano al sedile e allo schienale con viti a brugola nascoste in una scanalatura. Le sedie si possono accostare per essere agganciate fra loro a formare delle schiere. Dal 2014 è ritornata in produzione con un'altezza maggiore per adeguarsi alla popolazione di statura mediamente aumentata.

This chair, easily disassembled for transportation, was designed to be shipped with minimum packaging and, accordingly, low freight charges.
Its solid oak frame consists of two symmetrical elements, legs and backrest, joined to the seat and backrest with Allen screws hidden in a groove. The chairs can be hooked to one another to form rows. In 2014, production was resumed with a reissued version with higher height to adapt to the average population whose height has increased.

1.

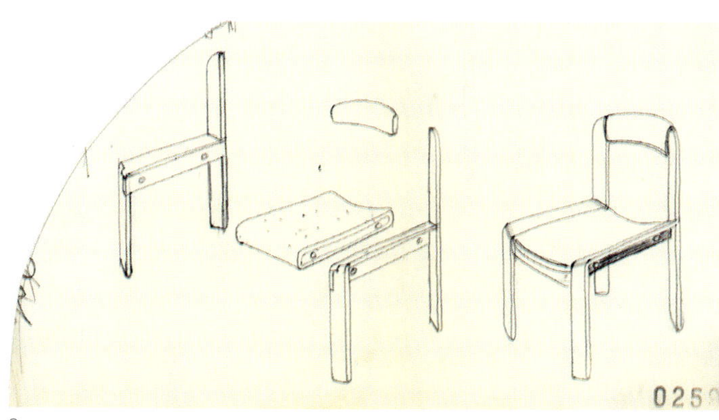

2.

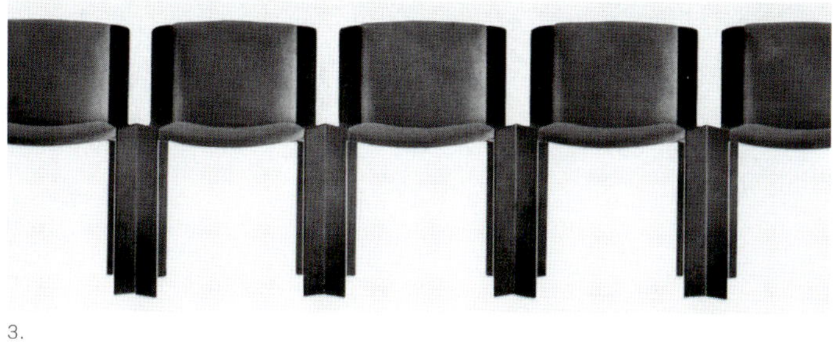

3.

Mod. 300   sedile e schienale in compensato curvato a forma anatomica, imbottiti e ricoperti in stoffa, finta pelle elastica o pelle naturale.

Questo modello viene eseguito in jacarandà, palissandro, oppure in faggio laccato.
Parti imbottite asportabili a mezzo viti.
Le gambe sono fornite di puntalini di gomma dura.

Mod. 300   Sitz und Rueckenlehne aus koerpergerecht verformtem Sperrholz mit Schaumgummi gepolstert und mit Stoff, Kunstleder oder echtem Leder bezogen.

Diese modell werden in Jacarandà, Palissander, oder Buche lackiert hergestellt.
Die gepolsterten Teile sind mit Schrauben leicht auswechselbar.
Fuesse mit Hartgummi Auflagen.

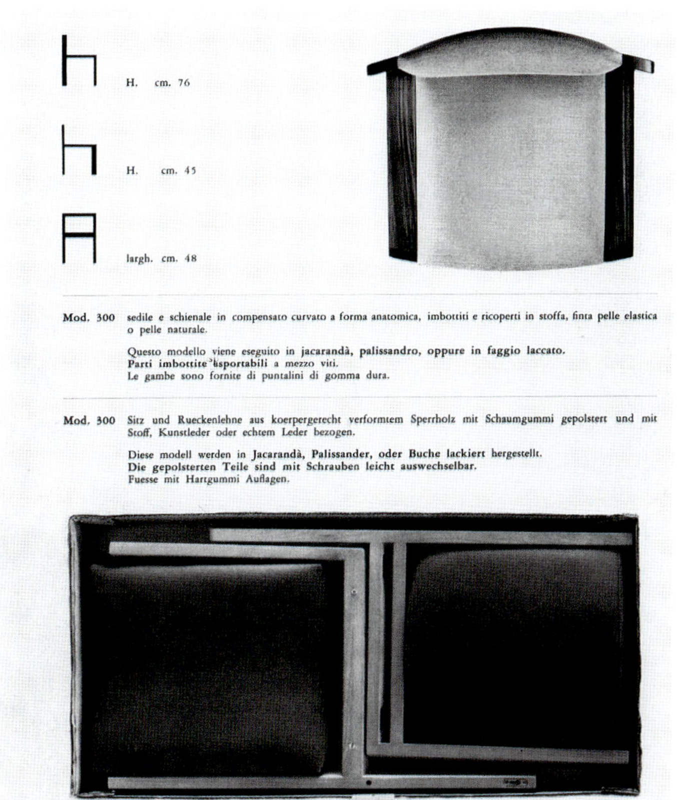

4.

1. Sedia *Modello 300*, produzione 2014 con rivestimento in tessuto o in pelle / *Modello 300* chair, 2014 production with fabric or leather upholstery cover

2. Sedia *Modello 300*, schizzo a penna a sfera su carta, 1965 / *Modello 300* chair, ballpoint pen drawing on paper, 1965

3. Sedia *Modello 300*, esempio di accostabilità / *Modello 300* chair, an example of how the chairs can be hooked to one another

4. Sedia *Modello 300*, catalogo del produttore, 1966 / *Modello 300* chair, manufacturer's catalogue, 1966

AJC.0391

Crossed Pouf / Ottoman

progetto / design	1965	Joe Colombo
produzione / production	1965	
riedizione / re-edition	2014	B-LINE

Pouf imbottito in poliuretano espanso con base in legno adatto a spazi interni ed esterni. Caratterizzato da cuciture a contrasto che spiccano sul tessuto, è realizzato su base quadrata e rettangolare che possono essere abbinati per creare numerose composizioni di forme.
È stato utilizzato in pelle nel 1965 per gli arredi di un appartamento ad Alassio e poi riutilizzato in vari altri arredi.

Soft padded footstool made of polyurethane foam with a wooden base suitable for interior and exterior décor. It distinguishes itself for its contrasting seams that stand out on the fabric. It is available with square and rectangular bases that can be mixed and matched to create numerous arrangements.
A leather version was produced in 1965 for the furnishings of an apartment in Alassio and later used for several other furnishing solutions.

1. Pouf *Crossed*, appartamento ad Alassio, 1965 / *Crossed* ottoman, apartment in Alassio, 1965

2. Pouf *Crossed*, in tre colori e tre dimensioni diverse / *Crossed* ottoman, in three different colors and three different sizes

1.

2.

AJC.0321

Clessidra Bicchieri e vasi / Glasses and vases

progetto / design	1966	Joe Colombo
produzione / production	2017	KARAKTER

Servizio di bicchieri reversibili in vetro il cui nome *Clessidra* richiama la possibilità di uso anche capovolti con due volumi diversi accoppiati.

Viene prodotta anche una seconda versione di bicchieri in cui uno dei due volumi diventa pieno e ridotto di dimensioni per creare una facile presa dopo averli riposti rovesciati. Proprio la forma accoppiata delle due versioni ha suggerito un nuovo "porta candela".

Service of reversible glass vases whose name *Clessidra* (hourglass) recalls the possibility of their use even when overturned with two diverse volumes coupled together. A second version is also produced, in which one of the volumes is filled and reduced in size to allow for easy grip after being placed upside down.
The coupled form of the two versions suggested a new use as a 'candle holder.'

1. Bicchiere *Clessidra*, versione con doppio uso (sopra-sotto) / *Clessidra* glass vase, double use (overturned) version

2. Bicchiere *Clessidra*, versione porta candela / *Clessidra* glass vase, candle holder version

3. Bicchiere *Clessidra*, schizzo a colori, matita e pennarello su carta, 1966 / *Clessidra* glass vase, pencil and felt-tip pen color sketch on paper, 1966

4. Bicchiere *Clessidra*, versione a base piena / *Clessidra* glass vase, filled base version

1.

2.

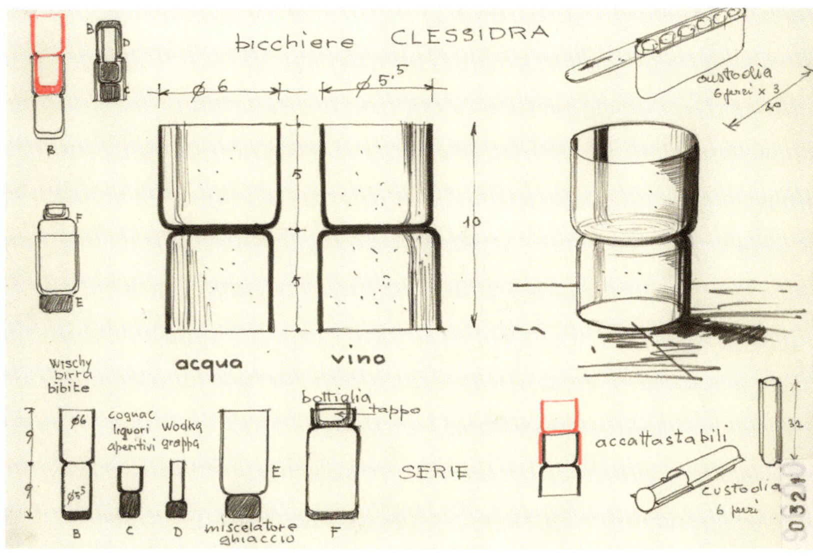

3.

4.

AJC.0021
Cart Poltrona / Armchair

progetto / design	1966	Joe Colombo
produzione / production	2016	DITRE ITALIA

La poltroncina per interni *Cart* è un progetto inedito di Joe Colombo del 1966.
La particolare forma ergonomica è caratterizzata da un unico bracciolo/schienale avvolgente che permette l'appoggio delle braccia ad altezza naturale. Questa superficie unica e la forma inclinata dello schienale conferiscono dinamicità all'oggetto, come fosse predisposto per il movimento.
La poltrona appoggia su due ruote frontali monodirezionali e su due piedini posteriori che permettono facilità di spostamento con un minimo sollevamento dello schienale.
Il cuscino imbottito della seduta, sporgente frontalmente, permette un comodo appoggio delle gambe e una posizione rilassata.
L'edizione del 2016 è proposta in bicolore, interpretando le intenzioni progettuali e gli studi sul colore di Joe Colombo. La combinazione di colori evidenzia l'aspetto monolitico del volume e il contrasto interno/esterno fa risaltare le proporzioni compatte.

Cart interior armchair is a previously unreleased project designed by Joe Colombo in 1966.
Its distinctive ergonomic shape is characterized by a single armrest/backrest enveloping the person seated that allows for the support of the arms at natural height. Its single surface and the inclined form of the backrest lend dynamism to the form, as if it were ready for movement.
The armchair rests on two front unidirectional casters and two rear feet, making it easy to move it with a minimum lifting of the backrest.
The padded seat cushion, protruding from the front, allows comfortable leg support and a relaxed seated position.
The 2016 version was proposed in two colors, interpreting Joe Colombo's original design and color studies. The color combination highlights the monolithic aspect of the volume, while the internal/external contrast highlights its compact proportions.

1.

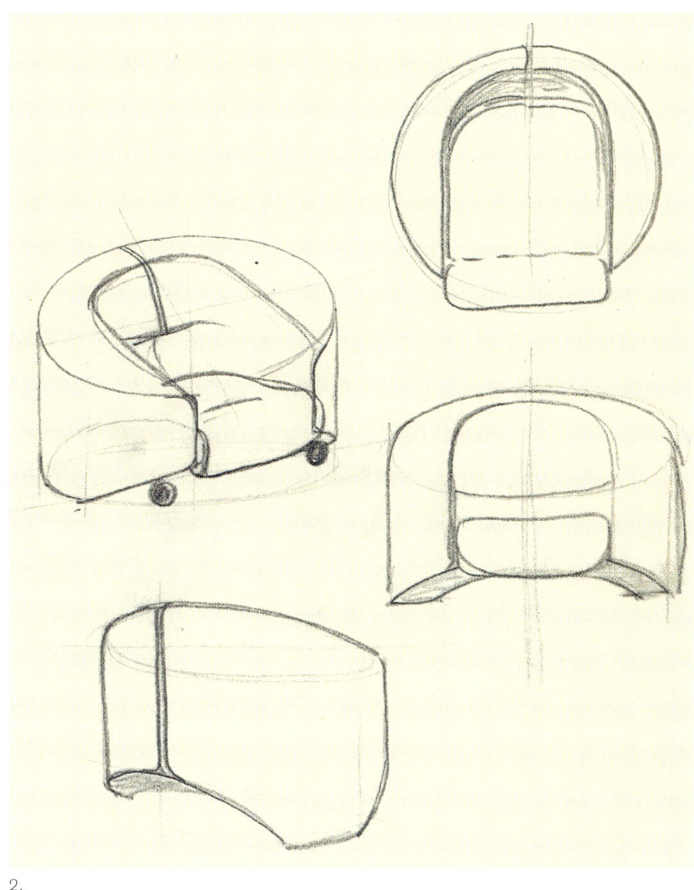

2.

1. Poltrona e divano *Cart* /
Cart armchair and sofa

2. Poltrona *Cart*, schizzo a matita su
carta, 1966 / *Cart* armchair, pencil
drawing on paper, 1966

3. Poltrona *Cart*, nelle tre viste /
Cart armchair shown in its three
views

3.

AJC.0001

Il Kilometro   Mobiletti pensili / Wall-mounted shelves

progetto / design	1967	Joe Colombo
produzione / production	1967	
riedizione / re-edition	2014	KARAKTER

Sistema modulare che comprende diversi elementi con varie funzioni appesi a una barra componibile fissata lungo le pareti e di lunghezza variabile secondo le esigenze. Permette svariate composizioni con ripiani, scaffali, vetrinette, cassettiere, librerie, vani per radio e giradischi, mobiletti bar e contenitori vari.

Gli elementi sono realizzati in legno naturale o laccato.

Originariamente le barre di sospensione erano anche elettrificate e permettevano l'inserimento di faretti per l'illuminazione.

Prodotto nel 1967 e utilizzato anche nell'appartamento di Joe Colombo, è stato rieditato nel 2014.

Modular shelving system consisting of several elements with various functions hanging from a modular bar fixed to the wall whose length is adjustable based on specific requirements. This system allows for several compositions with shelves, display cabinets, drawers, bookcases, radio and record-player container, minibar and other types of containers.

Its elements are produced in natural or lacquered wood. The support bars were originally provided with sockets for the insertion of spotlights.

Initially produced in 1967 and used in Joe Colombo's apartment, this shelving system was reissued in 2014.

1.

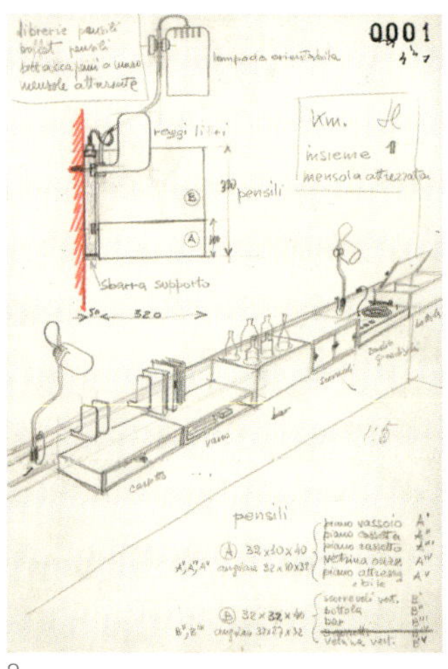

2.

3.

1. Mobiletti pensili *Il Kilometro*, scorrevoli su rotaia / *Il Kilometro* wall-mounted shelves, sliding on tracks

2. Mobiletti pensili *Il Kilometro* con binario elettrificato, schizzo colorato matita su carta, 1967 / *Il Kilometro* wall-mounted shelves with track provided with sockets, pencil color sketch on paper, 1967

3. Mobiletti pensili *Il Kilometro*, esposti nello showroom Bernini, Roma, 1968 / *Il Kilometro* wall-mounted shelves, exhibited in the Bernini Showroom, Rome, 1968

4. Mobiletti pensili *Il Kilometro*, disegno su carta da lucido, 1967 / *Il Kilometro* wall-mounted shelves, drawing on tracing paper, 1967

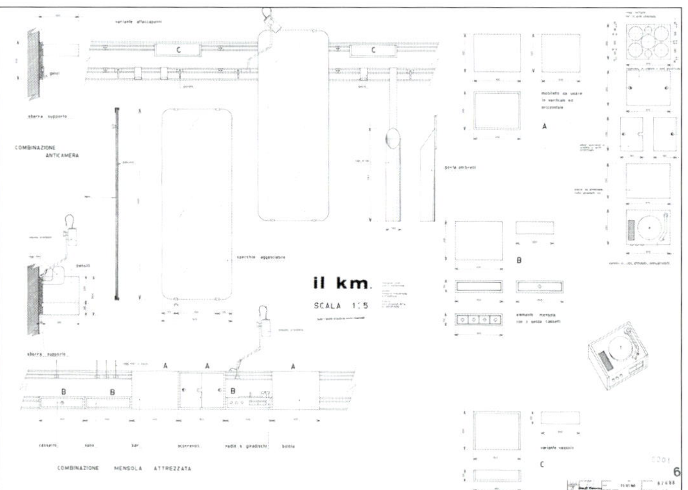

4.

AJC.0036

Two in One Bicchieri e vasi / Glasses and vases

progetto / design	1967	Joe Colombo
realizzazione / realization	1968	
produzione / production	2015	LYNGBY PORCELAIN

Innovativa serie di bicchieri reversibili per acqua e vino, liquori, bibite, cocktail.

I primi prototipi furono realizzati da Riedel nel 1968 su progetti del 1967 di varie forme "double" ed esposti poi in occasione della mostra monografica al Musée d'Art Moderne di Villeneuve D'Ascq nel 1984.

Sono stati rieditati nel 2015 nella versione bicolore, come vasi per fiori reversibili, e nella versione trasparente come bicchieri a elementi singoli.

An innovative series of reversible glasses for water, wine, spirits, soft drinks, cocktails.

The first prototypes were produced by Riedel in 1968 upon designs from 1967 of various 'double' shapes, which were then exhibited on the occasion of the monographic exhibition held at the Musée d'Art Moderne in Villeneuve D'Ascq in 1984.

This series was reissued in 2015 in a two-color version as reversible flower vases and in a transparent version as single glasses.

1.

2.

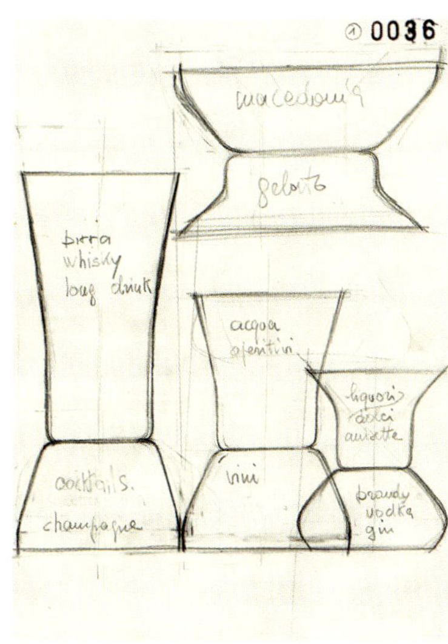

3.

1. Bicchieri *Two in One*, versione bicolore / *Two in One* glasses, two-color version

2. Bicchieri *Two in One*, versione a elemento singolo / *Two in One* glasses, single glass version

3. Bicchieri *Two in One*, schizzo a matita su carta, 1967 / *Two in One* glasses, pencil sketch on paper, 1967

4. Bicchieri *Two in One*, disegno su carta da lucido, 1967 / *Two in One* glasses, drawing on tracing paper, 1967

5. Bicchieri *Two in One*, disegno su carta da lucido, 1967. Collezione permanente del CCI - Centre Georges Pompidou, Parigi / *Two in One* glasses, drawing on tracing paper, 1967. Permanent collection of the CCI - Centre Georges Pompidou, Paris

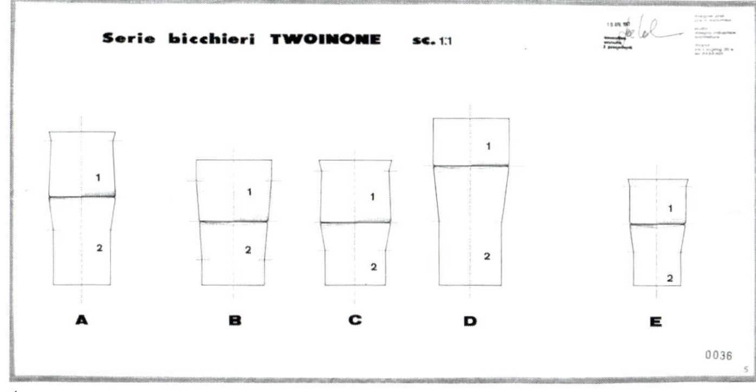

4.

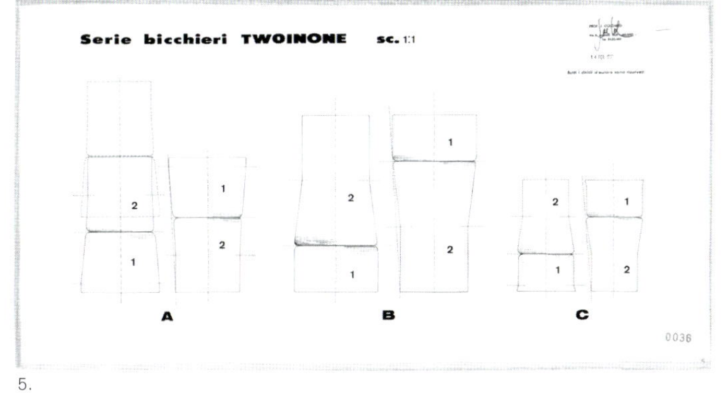

5.

AJC.0091

Totem Appendiabiti / Coat hanger

| **progetto / design** | 1967 | Joe Colombo |
| **produzione / production** | 2013 | INDUSTRIE CARNOVALI |

In un cilindro in acciaio inox satinato all'interno e laccato in vari colori all'esterno, è ricavata una grande asola per riporre ombrelli e bastoni. Uno specchio posato su una superficie piana riflette l'intera persona posta in piedi di fronte. *Totem* è dotato di appendiabiti di varie forme, posizionabili a piacimento sul bordo circolare superiore. Può essere completato da una lampada che proietta la luce sul soffitto.

Questo oggetto fa parte di una serie di oggetti attrezzati capaci di soddisfare diverse funzioni, come il *Letto Spaziale Combi Bed*, il *Tavolo Totale*.

Nel 1988 è stato pubblicato lo schizzo nel libro *Joe Colombo 1930-1971*, Idea Book.

A stainless-steel cylinder, with satin finish on the interior and an outer lacquered finish in various colors, with a large hollow for storing canes and umbrellas. A mirror on a flat vertical surface reflects the whole figure of a person standing in front of it. *Totem* is equipped with hooks of different shapes, which can be positioned at will on the upper rounded edge. A lamp projecting light on the ceiling can further be added.

Totem is part of a multipurpose object series, such as the *Letto Spaziale* bed, the *Combi Bed*, and the *Tavolo Totale* table.

In 1988, its sketch was published in the book *Joe Colombo 1930-1971*, Idea Book.

1-2. Appendiabiti *Totem*, con ganci, specchio e portaombrelli e con ripiani all'interno / *Totem* coat hanger, equipped with hooks, mirror and umbrella stand, and inner shelves

3. Appendiabiti *Totem*, schizzo a penna a sfera su carta, 1967 / *Totem* coat hanger, ballpoint pen sketch on paper, 1967

1.

2.

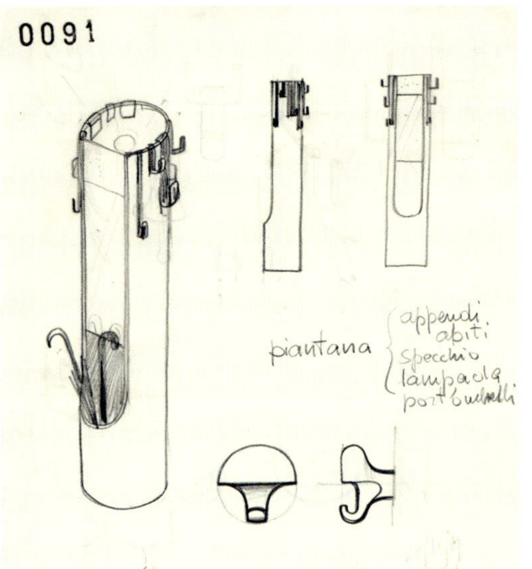

3.

AJC.0051

Astrea Poltrona e divano / Armchair and sofa

progetto / design	1967	Joe Colombo
produzione / production	1968	COMFORT - Gruppo Fratelli Longhi
riedizione / re-edition	2017	LONGHI

Poltrona e divano con struttura in fiberglass di forma cilindrica tagliata in diagonale per accogliere cuscini indipendenti di diverse altezze e forme per creare schienali, braccioli e sedute. Lo stesso tema verrà sviluppato nello stesso anno in poltrone esposte alla XIV Triennale di Milano nella zona ricreazione e ristoro.

Armchair and sofa with a cylindrical fiberglass frame cut diagonally to accommodate independent cushions in different thicknesses and shapes to create backrests, armrests, and seats. This same theme was developed in the same year for the design of armchairs that will be displayed in the rest area of the XIV Milan Triennale.

2.

1.

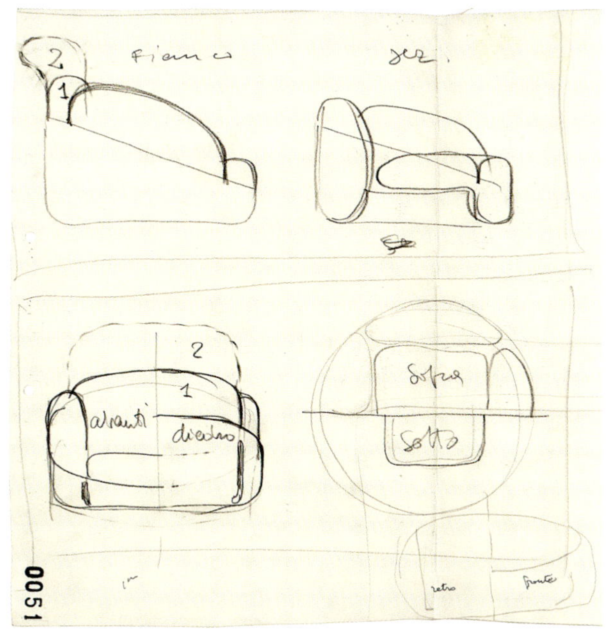

3.

1-2. Poltrona *Astrea*, foto da catalogo 1967 e foto attuale / *Astrea* armchair, a photo from the 1967 catalogue and a present-day photo

3. Poltrona *Astrea*, con scocca in fiberglass, schizzo a matita su carta, 1967 / *Astrea* armchair, fiberglass frame, pencil sketch on paper, 1967

AJC.0265-0266

Coupé Serie di lampade / Lamp series

progetto / design	1967	Joe Colombo
produzione / production	1967	OLUCE
riedizione / re-edition	2002 e / and 2015	OLUCE

I primi studi di questa serie risalgono al 1964 quando Joe Colombo disegna la lampada *Calotta*, prodotta da Oluce e pubblicata su diverse riviste, le cui lavorazioni di tornitura e fresatura diventeranno anche le lavorazioni della *Coupé*.

Il sistema di illuminazione è composto da due forme diverse: una cilindrica rieditata nel 2002 e una semisferica rieditata nel 2015.

La versione semisferica da parete e da terra è caratterizzata da uno stelo curvo di notevoli dimensioni con una base definita "mezzotondo" e costituita da un cerchio a cui è stato tolto un segmento circolare in modo da poterla accostare a una parete. Uno snodo in materiale plastico nero (bachelite) ne permette l'inclinazione, la rotazione e la variabilità d'altezza del riflettore. La versione cilindrica è prodotta nelle versioni da tavolo, da terra, da parete nei colori bianco e nero. Ed è stata prodotta anche in altri colori.

La versione da parete della *Coupé* semisferica utilizza due piccole basi del tipo "mezzo tondo" accostate in cui passa lo stelo.

La versione da parete della *Coupé* cilindrica utilizza una sola piccola base dello stesso tipo.

Joe Colombo svilupperà il tema del segmento circolare applicandolo anche ad altri prodotti di genere diverso.

La lampada *Coupé* è realizzata in metallo con corpo lampada e base verniciate a fuoco.

Per festeggiare il cinquantesimo anno di produzione, nel 2017, è stata presentata in colore oro.

The first studies for this series date back to 1964, when Joe Colombo designed the *Calotta* lamp, produced by Oluce and published in several magazines, whose turning and milling processes will also be applied to the realization of *Coupé*.

The lighting system foresees two different shapes: a cylindrical (reissued in 2002) and a semispherical dome (reissued in 2015).

The wall and floor versions with semispherical dome have an original long and curved stem with an "half-circle" base, notably a circle deprived of one circular segment that allows to fix the lamp to a wall. A joint in black plastic material (Bakelite) allows the inclination, rotation and height adjustment of the dome for directing the light beam. The cylindrical version is produced as a table, floor, and wall lamp in black and white. It was also produced in other colors.

The wall version of the semispherical *Coupé* is fitted with two "half-circle" bases, one next to the other, which support the stem.

The wall version of the cylindrical *Coupé* is fitted with one "half-circle" base of smaller dimensions.

Joe Colombo will develop the theme of the circular segment and will apply it to other designs for different products. *Coupé* is produced in metal with heat-lacquered lamp body and base.

A limited edition in gold finish was presented in 2017 to celebrate the fiftieth year of production.

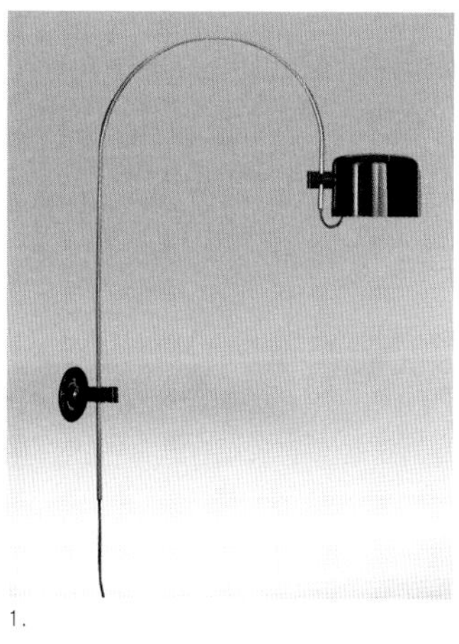

1.

2.

3.

4.

1. Lampada *Coupé* cilindrica, versione ad arco da parete / Cylindrical *Coupé* lamp, arched wall version

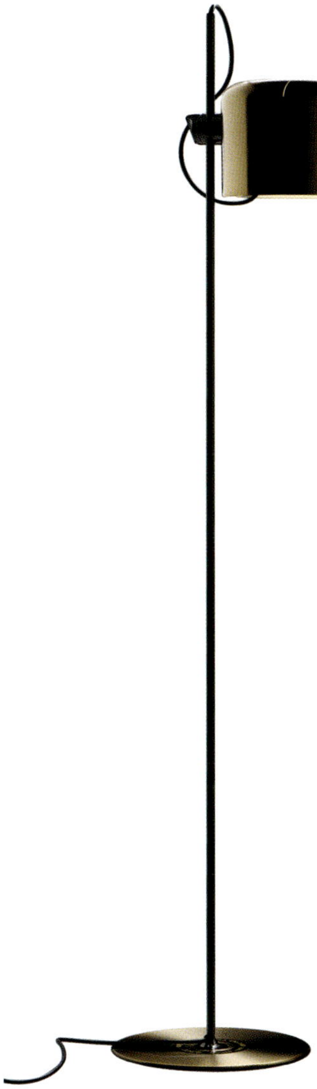

2. Lampada *Coupé* semisferica, versione ad arco da parete / Semispherical *Coupé* lamp, arched wall version

3. Lampada *Coupé* cilindrica, versionc da tavolo / Cylindrical *Coupé* lamp, table version

4. Lampada *Coupé* cilindrica, versione da terra, pagina pubblicitaria dello showroom "George Kovacs", *America discovers Colombo*, New York, 1968. Uno snodo in plastica permette all'elemento illuminante l'inclinazione, la rotazione completa e la variabilità di altezza / Cylindrical *Coupé* lamp, floor version, advertising page of the "George Kovacs" showroom, *America discovers Colombo*, New York, 1968. A joint in plastic material allows the inclination, total rotation and height adjustment of the dome to direct the light beam.

5. Lampada *Coupé* semisferica, versione da terra con arco di grandi dimensioni / Semispherical *Coupé* lamp, large arched floor version

6. Lampada *Coupé* cilindrica, versione da terra, color oro, edizione limitata per i 50 anni di *Coupé* nel 2017 / Cylindrical *Coupé* lamp, floor version, gold color, limited edition presented in 2017 to celebrate the fiftieth anniversary of *Coupé*

7-9. Lampada *Coupé*, schizzi a matita su carta, 1967 / *Coupé* lamp, pencil sketches on paper, 1967

5.

6.

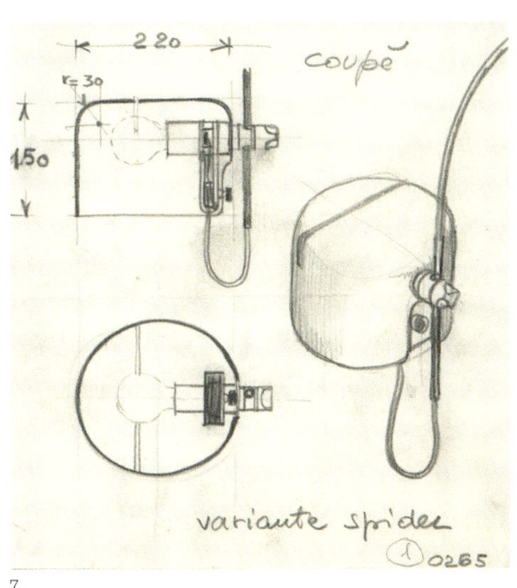

7.

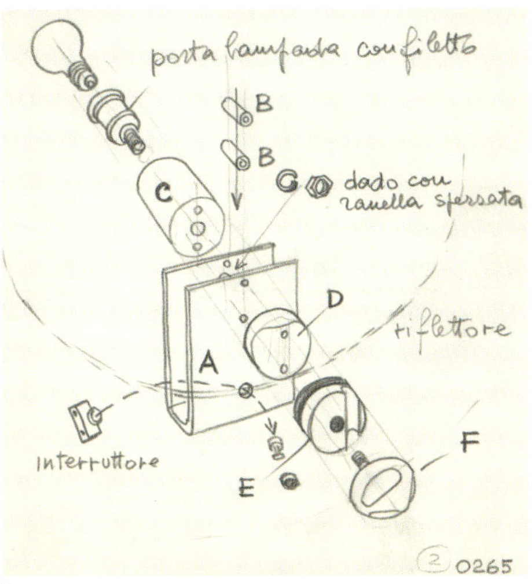

8.

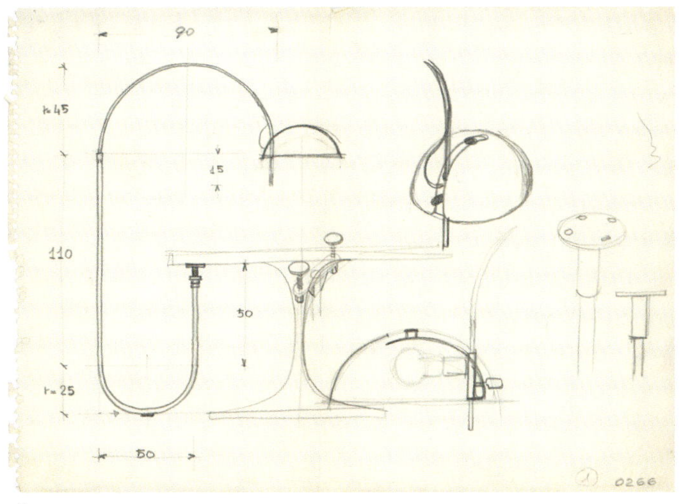

AJC.0089
Sferico Bicchiere / Glass

progetto / design	1968	Joe Colombo
produzione / production	1968	
riedizione / re-edition	2016	KARAKTER

Serie di bicchieri derivata dallo studio di combinazioni tra geometrie sferiche e cilindriche.

I primi prototipi sono stati realizzati da Riedel con dimensioni ridotte in vetro soffiato nel 1968 e con basamenti di diverse forme.

Altri prototipi del 1995 sono stati realizzati da Nason Moretti in misure standard ed esposti alla mostra *I Colombo* alla Galleria d'Arte Moderna e Contemporanea dell'Accademia Carrara a Bergamo.

Sono prodotti in serie dal 2016 da Karakter.

A series of glasses stemming from a study of combinations between spherical and cylindrical geometries.

The first prototypes were produced by Riedel in blown glass in 1968, in smaller sizes than the original design and with bases of different shapes.

Other prototypes from 1995 were produced by Nason Moretti in standard sizes and exhibited at the *I Colombo* exhibition at the Galleria d'Arte Moderna e Contemporanea of the Accademia Carrara in Bergamo.

Its serial production was started in 2016 by Karakter.

1.

1. Bicchiere *Sferico* con forme sferiche e cilindriche accoppiate / *Sferico* glass with combinations of spherical and cylindrical geometries

2. Bicchiere *Sferico*, disegno su carta da lucido, 1968 / *Sferico* glass, drawing on tracing paper, 1968

3. Bicchiere *Sferico*, schizzo a matita su carta, 1968 / *Sferico* glass, pencil sketch on paper, 1968

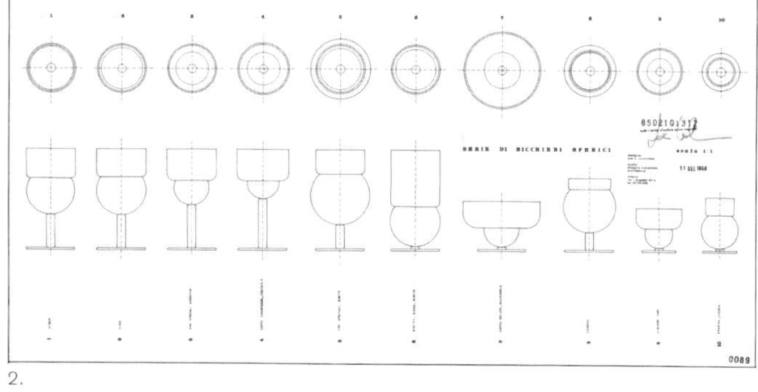

2.

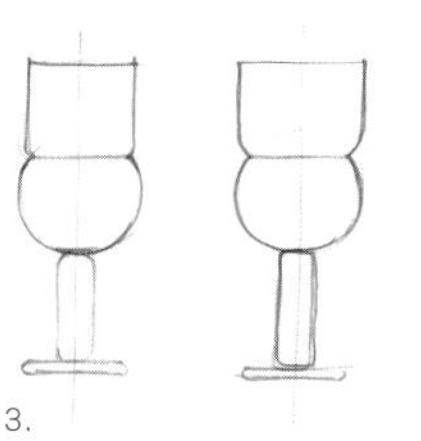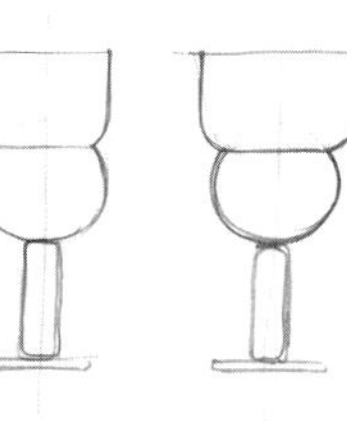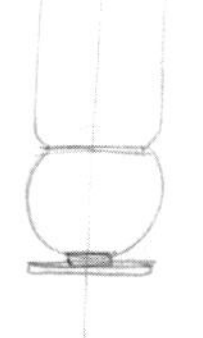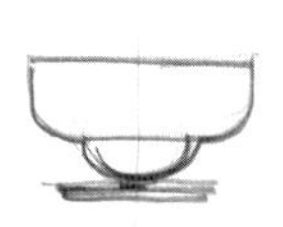

3.

0089

AJC.0052
Poker Tavolo / Table

progetto / design	1968	Joe Colombo
realizzazione / realization	1969	ZANOTTA
produzione / production	1969	ZANOTTA

Tavolo da gioco quadrato realizzato con l'innovativo materiale laminato plastico Print stratificato, dello spessore di 13 mm. Due piani paralleli sono collegati da gambe metalliche tubolari che nascondono una vite con dado di serraggio. Gli angoli sono completati con pianetti d'appoggio rotanti, estraibili, con portacenere.
Facevano parte della serie anche scrivanie con o senza cassetti e tavoli rettangolari e rotondi.

Square gaming table made with the innovative Print layered plastic laminate (13 mm thickness). Two parallel panels are connected by tubular metal legs that hide a screw and its corresponding fastening nut. The corners are completed with rotating and extractable supports fitted with an ashtray.
This series also comprised desks with or without drawers, rectangular and round tables.

1. Tavolo da gioco *Poker*, con doppio piano in Print stratificato e pianetti rotanti agli angoli / *Poker* gaming table, with double panel in Print layered plastic laminate and rotating supports at its corners

2. Tavolo *Mastro*, schizzo di particolari, pennarello su carta, 1968 / *Mastro* table, felt-tip pen sketch of details on paper, 1968

3. Tavolo *Poker*, schizzo del sistema di misure e forme per sviluppare anche tavoli e scrivanie della serie *Mastro*, matita su carta, 1968 / *Poker* table, drawing showing sizes and shapes to develop tables and desks for the *Mastro* series, pencil on paper, 1968

1.

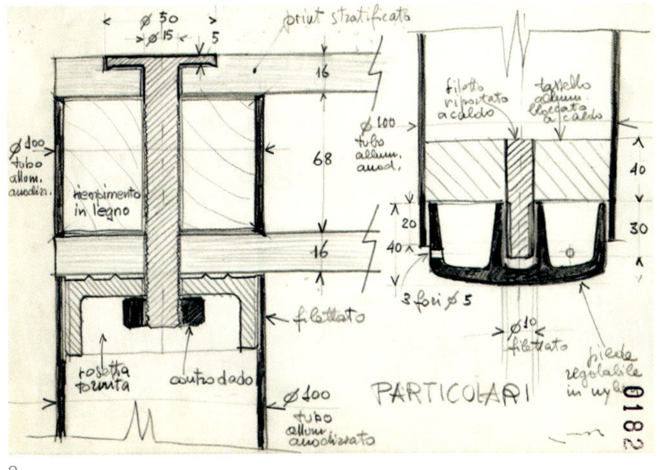

2.

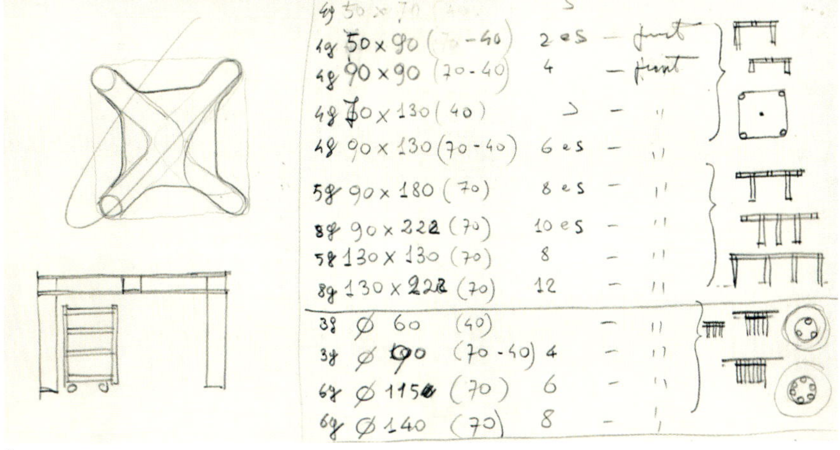

3.

AJC.0106

Biglia Portacenere / Ashtray

progetto / design	1968	Joe Colombo
produzione / production	1969	ARNOLFO DI CAMBIO
riedizione / re-edition	2018	ARNOLFO DI CAMBIO Compagnia Italiana del Cristallo

Portacenere in cristallo con rivestimento in metallo che permette di eliminare mozziconi di sigaretta e fumo con la semplice rotazione della sfera appoggiata alla base anch'essa in cristallo.

Variamente colorato o cromato, era completato da una serie di altri oggetti da fumo: portasigarette cilindrico sormontato da un accendino sferico in cristallo e scatola portasigari con coperchio metallico scorrevole.

Dopo un periodo di sospensione la produzione della *Biglia* è stata ripresa.

Metal-plated crystal ashtray that allows for the elimination of cigarette butts and their smoke with the simple rotation of the crystal sphere resting on the base.

Produced in polished silver and other colors, it was completed by a series of other smoking objects: a cylindrical cigarette case with a spherical crystal lighter and a cigar case with sliding metal cover.

After a period of suspension, the production of *Biglia* was resumed.

1.

2.

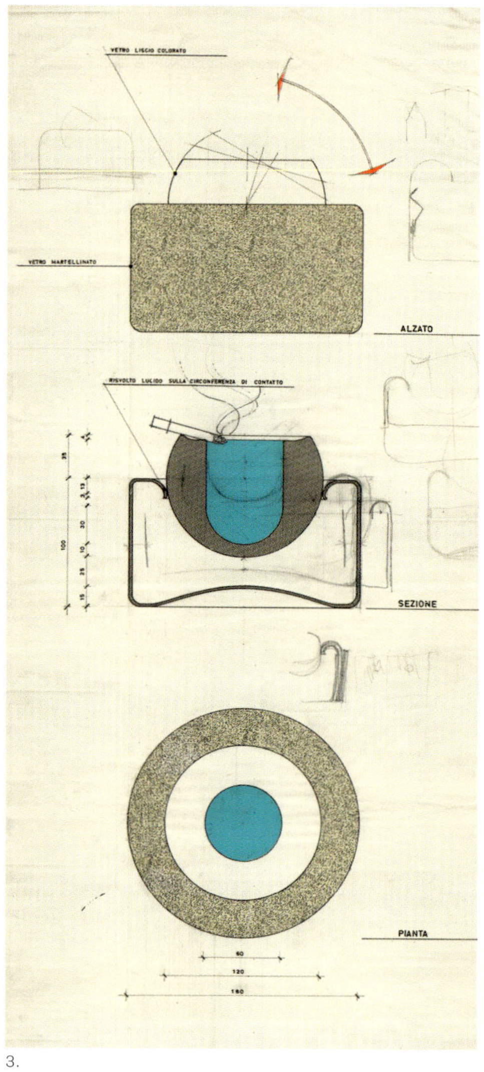

3.

1. Portacenere *Biglia*, serie cromata completata da portasigarette cilindrico con accendino sferico e scatola porta sigari / *Biglia* ashtray, polished silver series including a cylindrical cigarette case with a spherical crystal lighter and a cigar case

2. Portacenere *Biglia* in tre colori / *Biglia* ashtray in three colors

3. Portacenere *Biglia*, disegno su carta da lucido con pellicola adesiva (retino) a colori, 1968 / *Biglia* ashtray, drawing on tracing paper with colored adhesive film, 1968

AJC.0132
Square System Contenitori / Containers

progetto / design	1969	Joe Colombo
produzione / production	1970	
riedizione / re-edition	2015	KARAKTER

Sistema di contenitori combinabili all'infinito originariamente prodotti in ABS stampato a iniezione, costituito da sei elementi: mezzo corpo, coperchio, cassetto, elemento ripiano-fondo-reggi cassetto, tapparella, tapparella per corpo intero, oltre a ferramenta e accessori vari che permettono di comporre:
- mobiletti di diverse dimensioni, con ruote oppure con piedini regolabili che possono essere utilizzati come tavolini da centro soggiorno, bar, porta riviste, porta televisore, porta lavoro, carrellini, comodini da notte. I moduli possono essere utilizzati sia singolarmente che combinati come cassettiere per scrivanie, per armadi ecc.
- colonne centrali, singole o combinate, per mobili bar, librerie lineari a parete, nonché da centro locale quali divisori semplici o contrapposti.
- combinazioni lineari quali pensili o basi, nonché cucine componibili.
- scrivanie e tavoli da lavoro creati con l'aggiunta di accessori e di elementi per piani aggiuntivi.
Il sistema è stato riedito e presentato al Salone del Mobile 2015 in lega di alluminio in risposta a nuove esigenze tecniche e di mercato.

A system of infinitely combinable containers originally produced in injection-molded ABS, consisting of six elements: a half container, a cover, a drawer, a shelf/drawer support, a shutter, a shutter for the entire body of the container, besides hardware and various accessories to create:
- cabinets of various dimensions, on casters or adjustable feet, to be used as side table, minibar, magazine holder, television support, work stand, trolley, bedside table. The modules can be used individually or stacked together to form a chest of drawers for desks, cabinets, etc.
- central columns, single or combined for minibars, wall bookcases, or as partitioning elements in a living space.
- shelving systems or supports, as well as modular kitchens.
- desks and work tables with the addition of accessories and elements for additional tops.
This system was reissued in aluminum alloy to meet new technical and market requirements and was presented at the 2015 edition of the Salone del Mobile.

1. Sistema di contenitori *Square System* in alluminio, 2015 / *Square System* modular containers in aluminum, 2015

2-3. Contenitori in alluminio *Square System* in due versioni, con ruote e senza, 2015 / *Square System* aluminum modular containers with and without swivel casters, 2015

4. Sistema di contenitori *Square System* in ABS, schizzo di particolari a colori a penna sfera su carta, 1969 / *Square System* ABS modular containers, ballpoint pen color sketch of details on paper, 1969

5. Sistema di contenitori *Square System* in ABS composto da sei elementi assemblabili in modo diverso, 1970 / *Square System* ABS modular containers consisting of six elements that can be assembled in various ways, 1970

2-3.

1.

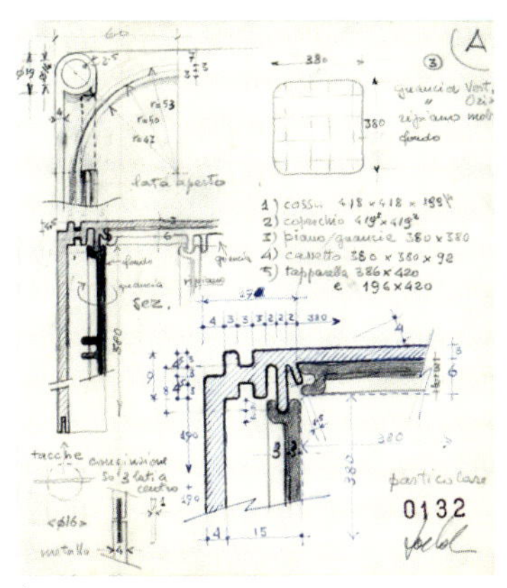

4.

5.

AJC.0133
Tube Chair Poltrona / Armchair

progetto / design	1969	Joe Colombo
produzione / production	1970-1976	
riedizione / re-edition	2016	Cappellini / Cap Desing

Da un tubo di plastica semirigida di 50 cm di diametro e lungo 60 cm, rivestito di espanso e di tessuto colorato, escono, come per gioco, altri tubi simili, di diametro inferiore. Con appositi giunti in gomma e metallo, i tubi si uniscono fra loro, creando poltrone alte, basse, lunghe e divani con inclinazione variabile. Il progetto include una sacca per il trasporto.
La *Tube Chair* di Joe Colombo per Cappellini riceve il Design Awards 2018: best reissue Wallpaper International.

From a semi-rigid hollow plastic cylinder – 50 cm/19.6 in diameter and 60 cm/23.6 in length – covered with foam and colored fabric, other similar tubes of a smaller diameter emerge, as if by chance. These tubes are fastened together with special rubber and metal clamps, creating low or high, short or long armchairs and sofas with adjustable inclination. The design includes a special carrying bag.
The *Tube Chair* by Joe Colombo for Cappellini was awarded the Design Awards 2018: best reissue Wallpaper International.

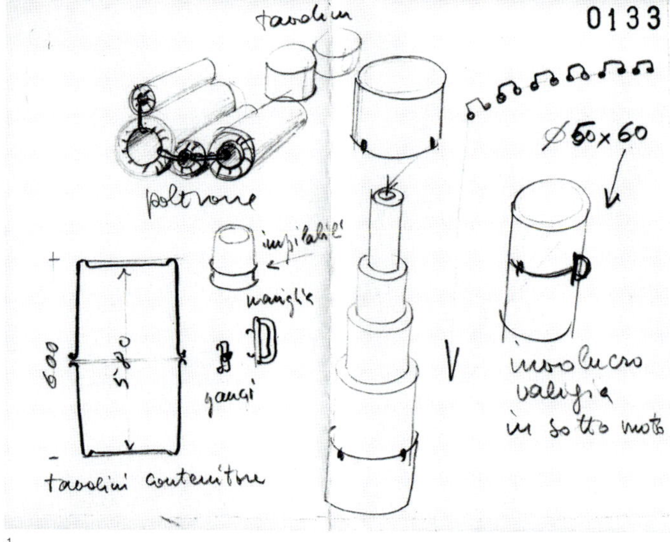

1.

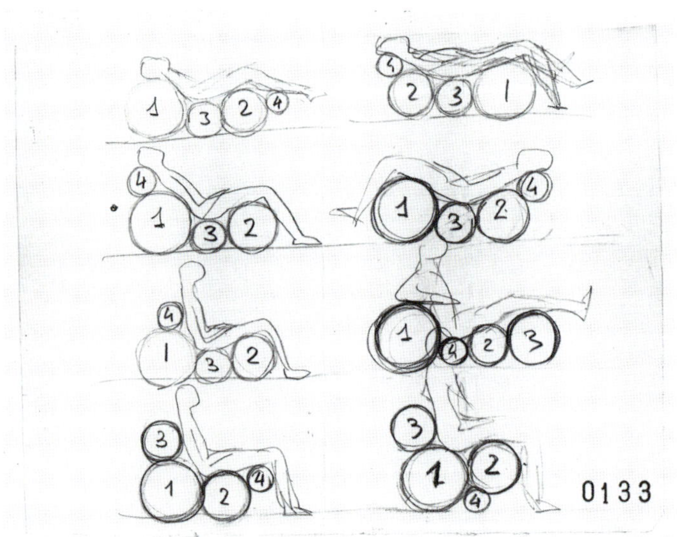

2.

3.

4.

1. Poltrona *Tube Chair*, schizzo a matita su carta, 1969. Collezione permanente del Musée des Arts Décoratifs, Parigi / *Tube Chair* armchair, pencil sketch on paper, 1969. Permanent collection of the Musée des Arts Décoratifs, Paris

2. Poltrona *Tube Chair*, schizzo con schema di combinazioni, matita su carta, 1969. Collezione permanente del Musée des Arts Décoratifs, Parigi / *Tube Chair* armchair, sketch showing the various possible combinations, pencil on paper, 1969. Permanent collection of the Musée des Arts Décoratifs, Paris

3. Poltrona *Tube Chair*, copertina rivista "H", n. 3, agosto-settembre 1971. P. Bühler, *Joe Colombo - Patron de la "Casa nostra"* (intervista con Joe Colombo) / *Tube Chair* armchair, cover of the *H* magazine, issue no. 3, August–September 1971. P. Bühler, "Joe Colombo - Patron de la 'Casa nostra'" (interview with Joe Colombo)

4. Poltrona *Tube Chair* con tutti gli elementi del sistema di assemblaggio / *Tube Chair* armchair with all of its elements required for assembly

5. Poltrona *Tube Chair*, sistema di tubi di diversi diametri per comporre poltrone in diverse forme e utilizzi / *Tube Chair* armchair, a system consisting of cylinders of varying diameters to create armchairs of different shapes and for diverse uses

5.

AJC.0161

Robo Contenitore / Container

progetto / design	1969	Joe Colombo
produzione / production	1969	
riedizione / re-edition	2010	INDUSTRIE CARNOVALI

Il contenitore cilindrico su ruote progettato nel 1969 ed esposto nel 1970 a Milano sia alla mostra Eurodomus 3 che al 10° Salone del Mobile, era stato prodotto in ABS ed è stato riproposto in acciaio laccato in vari colori e in più misure con coperchio in ABS o con rivestimento in pelle. Può essere corredato da un piano fisso luminoso. Contiene un elemento separatore dello spazio che ha tre scomparti di diversa forma e capienza e può essere usato come tavolino d'appoggio, minibar, supporto per la televisione o per il telefono, mobiletto da bagno, fioriera, porta ombrelli, contenitore per rotoli da disegno, giornali, riviste e altro ancora. È prodotto in vari colori e in tre altezze diverse.

Robo is a cylindrical container on casters designed in 1969; it was exhibited in 1970 in Milan both at Eurodomus 3 and at the 10th Salone del Mobile. Originally produced in ABS plastic material, it was later proposed in lacquered steel in different colors and various sizes with ABS top or leather cover. It can be equipped with a fixed luminous surface. Its inner space is divided in three compartments of varying shape and capacity. It can be used as a side table, minibar, television or telephone support, bathroom cabinet, flower vase, umbrella stand, or container for drawing rolls, newspapers, magazines, and much more. It is produced in various colors and in three different heights.

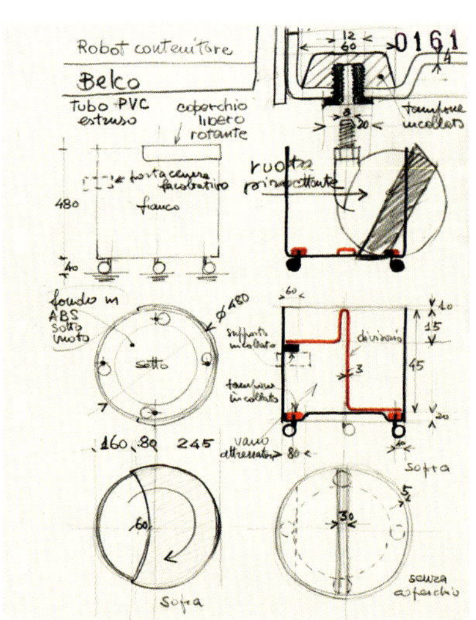

1.

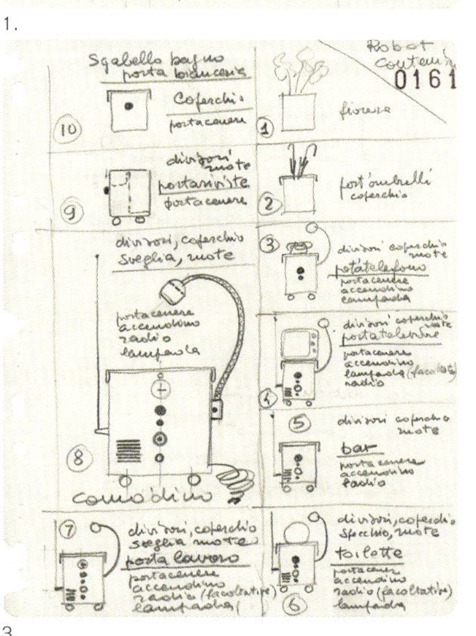

3.

2.

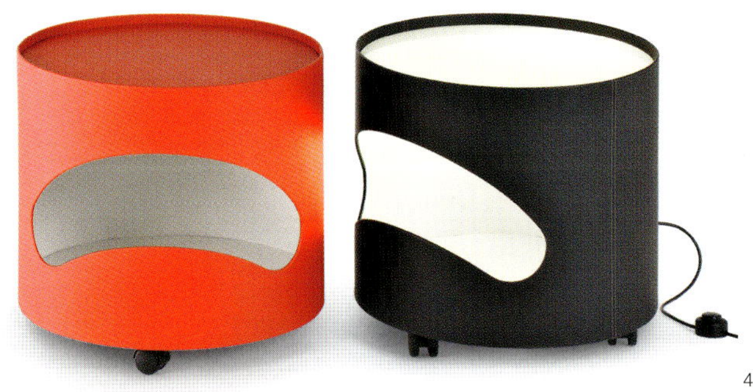

4.

1. Contenitore *Robo*, schizzo colorato, matita e pennarello su carta, 1969. Collezione permanente del CCI - Centre Georges Pompidou, Parigi / *Robo* container, pencil and felt-tip pen color sketch on paper, 1969. Permanent collection of the CCI - Centre Georges Pompidou, Paris

2. Contenitore *Robo* con altezze e diametri diversi. Catalogo Industrie Carnovali del 2010 / *Robo* container in different heights and diameters. Industrie Carnovali's catalogue from 2010

3. Contenitore *Robo*, schizzo, matita su carta, 1969 / *Robo* container, pencil sketch on paper, 1969

4. Contenitore *Robo*, con luce nelle due versioni colorate nero e rosso / *Robo* container equipped with a fixed luminous surface in black and red versions

AJC.0314

5 in 1 Bicchieri / Glasses

progetto / design	1970	Joe Colombo
produzione / production	1990	
riedizione / re-edition	2020	KARAKTER

Set di cinque bicchieri in vetro, inseribili l'uno nell'altro, con forme integrabili per acqua, vino, flûte ecc. La composizione che ne risulta ha una morfologia di fiore stilizzato. Estrema praticità dovuta all'ingombro molto ridotto nel riporlo e nel presentarlo a tavola.

A set of five glass vases, which can be stacked one inside the other, with several shapes for water, wine, champagne, etc. When stacked, the five glasses take on the shape of a stylized flower. Thanks to the compact form, the stacked glasses constitute an extremely practical system for storage and for bringing to the table.

1.

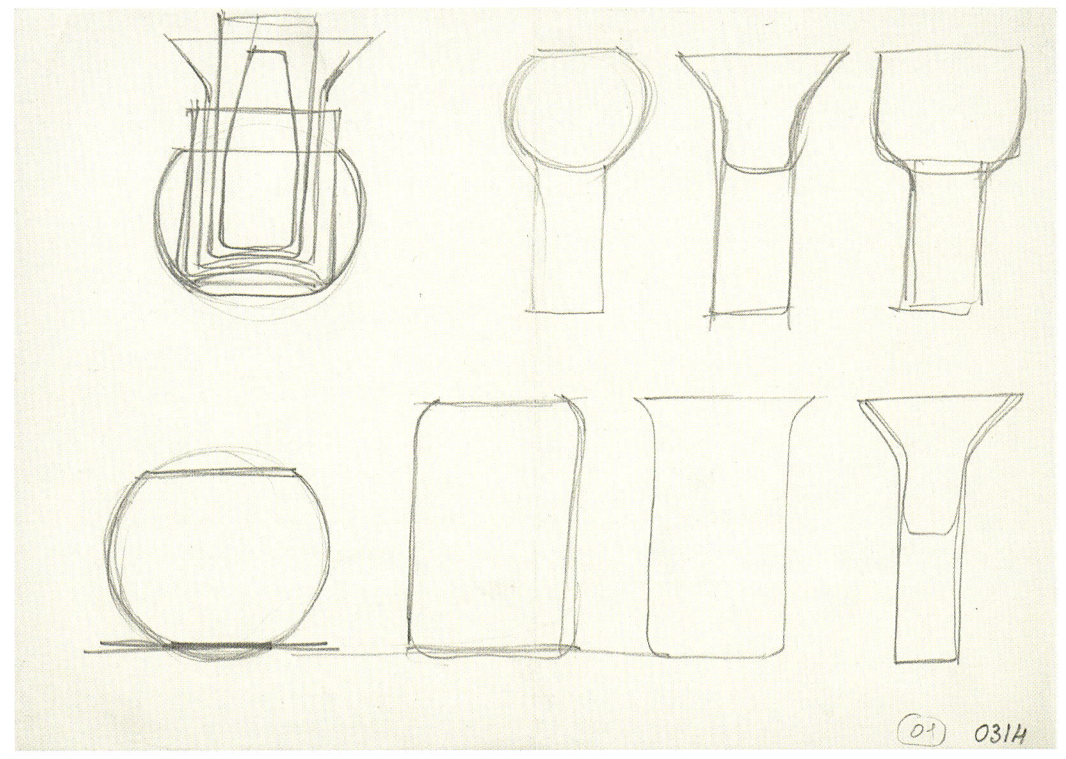

2.

1. Bicchieri *5 in 1*, costituiti da cinque bicchieri di forme integrabili / *5 in 1* set of glass vases comprising five glasses of several shapes that can be stacked one inside the other

2. Bicchieri *5 in 1*, schizzo, matita su carta, 1970 / *5 in 1* set of glass vases, pencil sketch on paper, 1970

AJC.0146
Multichair Poltrona / Armchair

progetto / design	1970	Joe Colombo
produzione / production	1970	
riedizione / re-edition	2004	B-LINE

Sistema trasformabile costituito da due cuscini imbottiti di forma ergonomica e rivestiti in tessuto elasticizzato che possono essere utilizzati singolarmente o che, accostati in posizioni diverse, diventano sedie, poltrone da conversazione o da relax. I cuscini hanno la struttura in acciaio, sono imbottiti con poliuretano espanso e sono uniti con due appositi ganci in cuoio e con perni in acciaio che possono essere facilmente sfilati e rinfilati in boccole predisposte sui fianchi dei cuscini stesi. Nel 1972 *Multichair* viene esposta alla mostra *Italy: The New Domestic Landscape* al Museum of Modern Art, New York e selezionata tra gli oggetti più significativi per flessibilità d'uso e più innovativi nell'ambiente domestico.

Multichair is a convertible system consisting of two padded ergonomic cushions upholstered with stretch fabric that can be used as a single element or, when arranged in different positions, become chairs or armchairs for conversation/relaxation. The cushions have a steel structure and are padded with polyurethane foam. The two elements are joined with two leather belts and steel pins that can be easily removed and reinserted through the bushings on the sides of the cushions. In 1972, *Multichair* was exhibited at *Italy: The New Domestic Landscape* show held at the Museum of Modern Art in New York, and was selected among the most significant objects on display for its flexible use and innovative style in a living space.

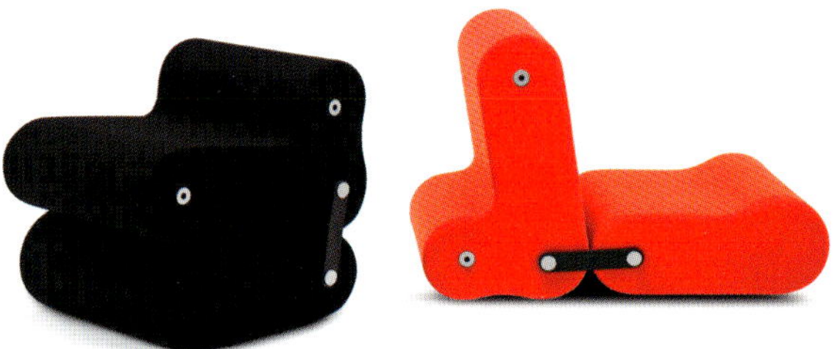

1.

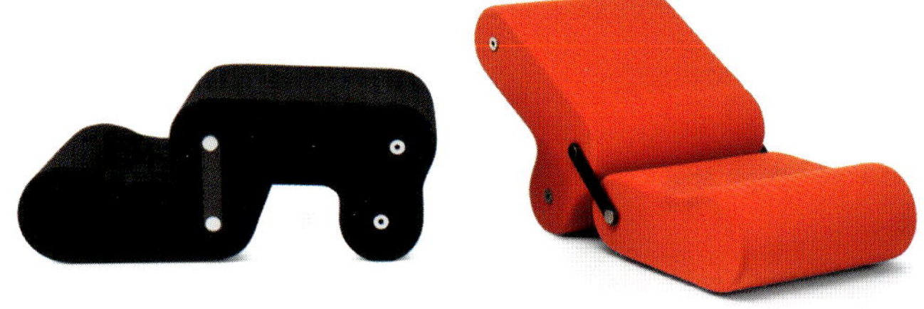

2.

3.

1-2. Poltrona *Multichair*, in varie posizioni / *Multichair* armchair, in different seat positions

3. Poltrona *Multichair*, in color nero, posizione relax / *Multichair* armchair, black color, relaxation position

4. Poltrona *Multichair*, disegno illustrativo delle varie posizioni di utilizzo su carta da lucido con pellicola adesiva (retino) a colori, 1970. Collezione permanente del CCI - Centre Georges Pompidou, Parigi / *Multichair* armchair, drawing showing the various possible positions on tracing paper with colored adhesive film, 1970. Permanent collection of the CCI - Centre Georges Pompidou, Paris

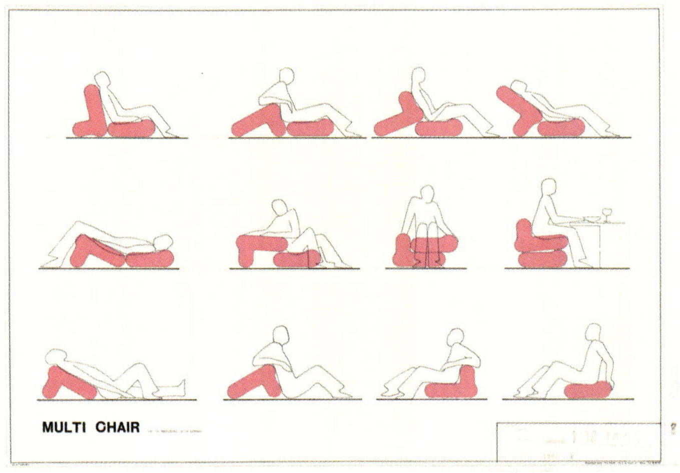

4.

5.

6.

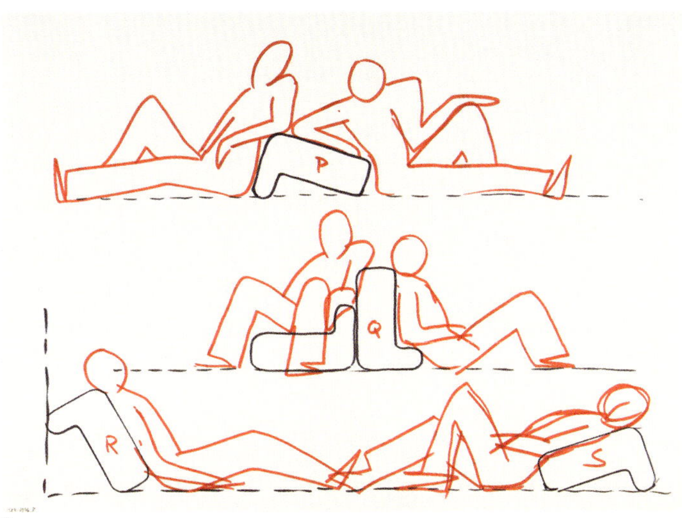

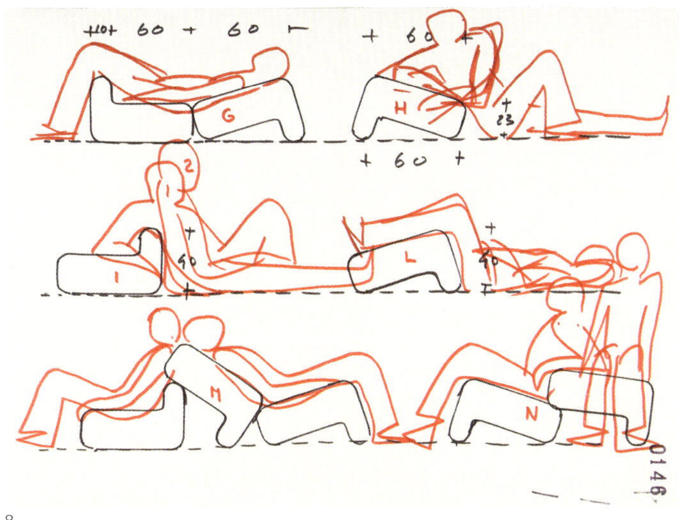

7.

8.

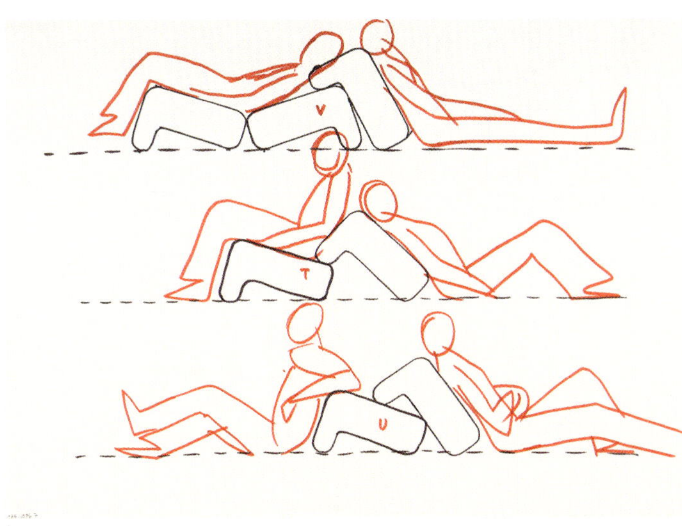

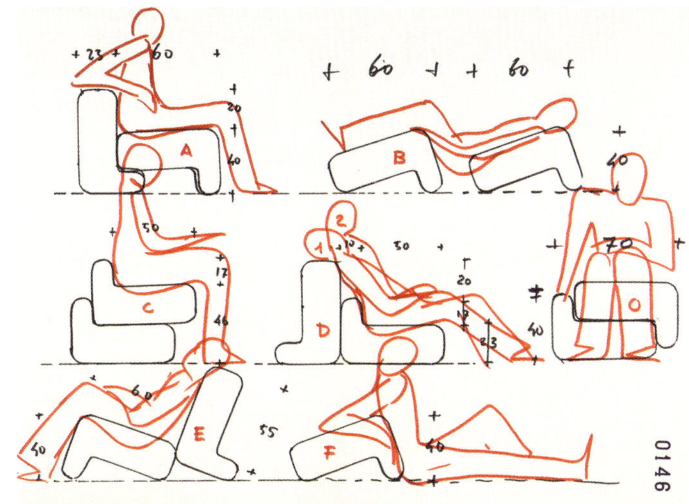

9.

10.

5. Poltrona *Multichair*, ambientata con *Total Furnishing Unit*, per la mostra *Italy: The New Domestic Landscape* al Museum of Modern Art, New York, 1972 / *Multichair* armchair, set with the *Total Furnishing Unit* for the exhibit *Italy: The New Domestic Landscape* at the Museum of Modern Art, New York, 1972

6. Poltrona *Multichair*, ambientata nel quarto appartamento di Joe Colombo in via Argelati a Milano, 1970 / *Multichair* armchair, set inside Joe Colombo's fourth apartment in Milan, Via Argelati, 1970

7-10. Poltrona *Multichair*, schizzi colorati, pennarello su carta,

1970. Collezione permanente del Metropolitan Museum of Art, New York / *Multichair* armchair, felt-tip pen color sketches on paper, 1970. Permanent collection of the Metropolitan Museum of Art, New York

AJC.0158
Topo e / and Minitopo Lampade / Lamps

progetto / design	1970	Joe Colombo
produzione / production	1970	STILNOVO
riedizione / re-edition	2019	STILNOVO

Apparecchio costituito da elementi combinabili fra loro per creare un sistema di illuminazione. Il corpo lampada è nato come inviluppo di una lampadina a incandescenza con attacco E27 cd oggi è prodotto con una lampadina LED con lo stesso attacco.

Dal 1970 la produzione non è mai stata interrotta.

Sono prodotte le versioni da tavolo, da terra e da morsetto. Viene anche prodotta una versione da tavolo, *Minitopo*, con un appoggio in tubo metallico, che forma un'ampia curva in verticale per una facile presa e un cerchio alla base per un appoggio stabile.

Nella sua versione a morsetto, da tavolo e da terra, è estensibile e orientabile in ogni direzione grazie al sistema a due bracci snodati con rotazione sui due piani perpendicolari. È realizzato in acciaio stampato e verniciato a fuoco nei colori rosso, bianco, nero e verde con supporto cromo.

Per la *Minitopo* sono state sviluppate interessanti combinazioni di colori Chrome Special-total cromo e Gold Special-oro/nero e anche un colore speciale, un rosso – *Historical Iconic Red* – realizzato nel 2019 in occasione della mostra di design *Red In Italy, The Colours of Red in Italian Design* presentata a Bruxelles e promossa dall'Istituto Italiano di Cultura, da Campari Group e Galleria Campari.

A lamp consisting of modular elements to be combined to create a lighting system. The lamp body was originally designed to house a E27-mount incandescent lightbulb; today it is produced with a E27-mount LED lightbulb.

Production has never been interrupted since 1970.

Table, floor, and clamp versions are available. A *Minitopo* table/desk version is also produced with a gooseneck for easy grip as support base.

In the clamp, table and floor versions, it is extendable and adjustable in all directions thanks to two articulated stems with rotation on two perpendicular planes. It is produced in molded and heat-lacquered steel in red, white, black and green colors with chrome-plated support.

The *Minitopo* version is produced in original chromatic combinations: Chrome Special-total chrome and Gold Special-gold/black, and a special red called *Historical iconic Red* realized in 2019 on the occasion of the Brussels design show *Red in Italy, The Colours of Red in Italian Design* promoted by the Italian Institute of Culture, the Campari Group, and Galleria Campari.

1.

2.

3.

4.

1. Lampada *Topo*, nelle tre versioni da tavolo, da parete e da terra / *Topo* lamp, in its three versions: table, wall, and floor lamp

2. Lampada *Topo*, catalogo Stilnovo, versione a morsetto / *Topo* lamp, Stilnovo catalogue, clamp version

3. Lampada *Minitopo*, versione da tavolo, colore bianco e con base cromata / *Minitopo* lamp, table version, white color with chrome-plated base

4. Lampada *Minitopo*, versione da tavolo, colore rosso / *Minitopo* lamp, table version, red color

5. Lampada *Topo*, schizzo a matita su carta, 1970 / *Topo* lamp, pencil sketch on paper, 1970

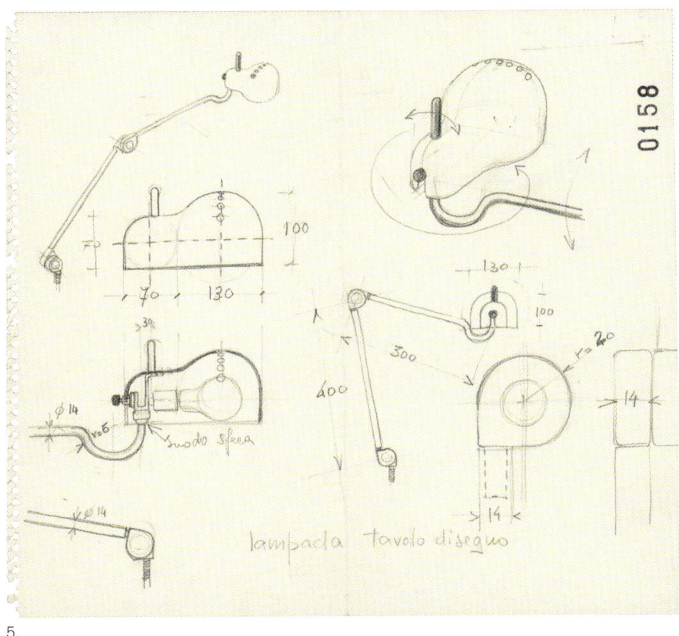

5.

AJC.0139
Boby Carrello / Trolley

progetto / design	1970	Joe Colombo
produzione / production	1970	B-LINE

Contenitore mobile e versatile con vassoi rotanti intorno a un asse posto lungo uno degli angoli. Originariamente studiato per tavoli da disegno, viene utilizzato in uffici, in negozi, in casa ecc., grazie alla sua capacità di contenimento e alla sua componibilità verticale in tre altezze diverse.

Anche i cassetti hanno altezze diverse e possono essere montati con diverse soluzioni. È realizzato in materiale plastico ABS e stampato a iniezione.

Dal 1970 la produzione non è mai stata interrotta passando dal primo produttore alla B-LINE attraverso la formazione di un ramo d'azienda.

Per questo progetto Joe Colombo riceve il premio SMAU nel 1971.

In seguito lo Studio Joe Colombo ha sviluppato *Spinny*, un'applicazione dei soli cassetti con un modello su ruote con struttura e basamento in acciaio con funzione di cassettiera, ed un modello fisso con ancoraggio a parete I cassetti in ABS stampato a iniezione ruotano di 180° intorno a una barra al centro del basamento e si bloccano tramite un aggancio alla struttura stessa.

Versatile and movable container with shelf modules that rotate around an axis placed along one of the corners. Originally designed for drawing tables, it is used in offices, stores, homes, etc. thanks to its storage capacity and its vertical modularity with three different height solutions.

The drawers also have different heights and can be assembled with different solutions. It is made of injection-molded ABS plastic material.

Production has never been interrupted since 1970 and was transferred from the original manufacturer to B-LINE through the creation of a company branch.

In 1971, Joe Colombo was awarded the SMAU award for this design.

The Studio Joe Colombo later developed *Spinny*, a drawer unit fitted with swivel casters and steel structure and base, available also as a fixed version with wall anchorage. The injection-molded ABS plastic drawers rotate 180° around an axis at the center of the base and are blocked with an anchorage to the structure.

1.

2.

3.

4.

1. Cassettiera *Spinny* nella versione
a parete, colore nero, Studio
Joe Colombo, 2004 / *Spinny*
drawer unit, fixed version with wall
anchorage, black color, Studio Joe
Colombo, 2004

2. Cassettiera *Spinny*, versione
con ruote, colore rosso, Studio Joe
Colombo, 2004 / *Spinny* drawer
unit, version with swivel casters, red
color, Studio Joe Colombo, 2004

3. Cassettiera *Spinny* nella versione
con ruote, colore blu, Studio Joe
Colombo, 2004 / *Spinny* drawer
unit, version with swivel casters,
blue color, Studio Joe Colombo,
2004

4. Carrello *Boby*, foto di gruppo con
persone / *Boby* trolley, group photo
with people

5. Carrello *Boby*, versione con
cassetti aperti, colore giallo
Honey / *Boby* trolley, version with
open drawers, Honey yellow color

5.

AJC.0140
Triedro Lampada / Lamp

progetto / design	1970	Joe Colombo
produzione / production	1970	STILNOVO
riedizione / re-edition	2019	STILNOVO

Sistema di illuminazione costituito da elementi combinabili tra loro in modi diversi per permettere l'illuminazione coordinata sia in un'abitazione che in un ufficio o in luoghi pubblici.

Il corpo illuminante, costituito da una lamiera piana tranciata e piegata, può essere montato su diversi supporti per creare lampade da tavolo, a sospensione, a parete, da soffitto, a morsetto. Il sistema prevedeva anche un attacco a binario per permettere lo spostamento delle lampade in zone diverse.

Originariamente pensata con tre palette assemblabili per la spedizione, è stata poi prodotta con un unico elemento piegato a formare un fiore a tre petali.

È prodotta in colore bianco con supporto nero.

Dal 1970 la produzione non è mai stata interrotta passando dal primo produttore alla Stilnovo attraverso la formazione di un ramo d'azienda.

Lighting system consisting of several modular elements that can be combined to form various solutions for home, office, or public spaces.

The lampshade consists of a bent and shaped metal sheet and can be mounted on various supports to create table, suspension, wall, ceiling, or clamp lamps. This system also foresaw a rail track to allow for the movement of the lightbulbs to different areas.

Originally conceived with three modular elements to be assembled, it was later produced as a single folded lampshade forming a three-petaled flower.

It is produced in white with a black support.

Production has never been interrupted since 1970, passing from the initial manufacturer to Stilnovo after the creation of a company branch.

1.

2.

1. Lampada *Triedro*, versione ad applique / *Triedro* lamp, wall version

2. Lampada *Triedro*, versione a morsetto / *Triedro* lamp, clamp version

3. Lampada *Triedro*, versione a sospensione / *Triedro* lamp, suspension version

4. Lampada *Triedro*, schizzo, matita su carta, 1970 / *Triedro* lamp, pencil sketch on paper, 1970

5. Lampada *Triedro*, schizzo, matita su carta, 1970 / *Triedro* lamp, pencil sketch on paper, 1970

6. Lampada *Triedro*, versione da terra / *Triedro* lamp, floor version

3.

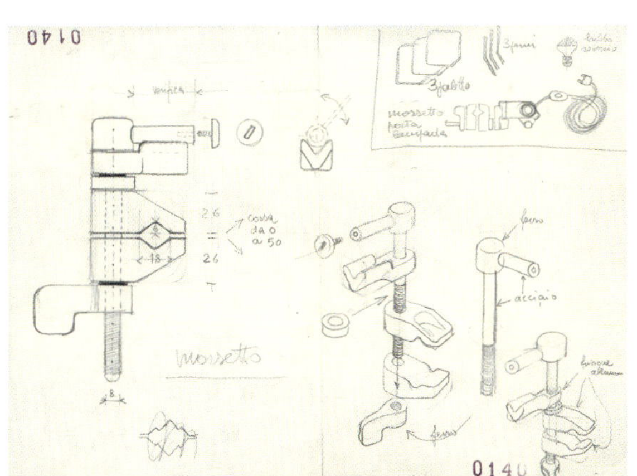

4.

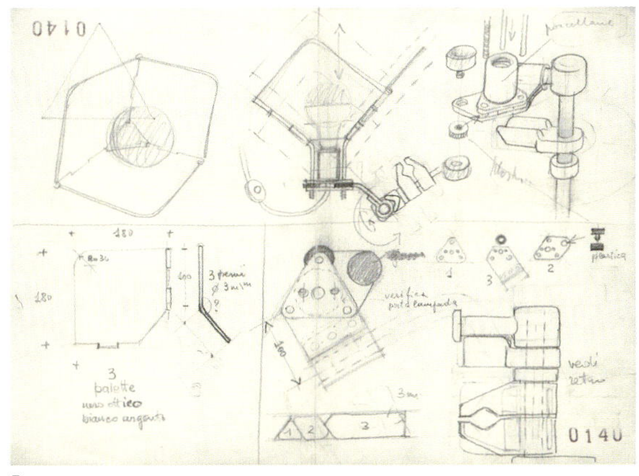

5.

6.

AJC.0173

Optic Orologio-sveglia / Alarm clock

progetto / design	1970	Joe Colombo
produzione / production	1971	
riedizione / re-edition	1988	ALESSI

Sveglietta e orologio da tavolo con schermo antiriflesso in materiale plastico. La cassa del meccanismo è avvolta da una forma cilindrica che, sporgente sul quadrante, crea una schermatura antiriflesso e, sporgente sul retro, permette due posizioni: una inclinata e una parallela al piano. Originariamente per interrompere la suoneria era sufficiente passare dalla posizione inclinata a quella parallela al piano. Un foro praticato nella parte superiore permette di appendere l'orologio al muro.

Table alarm clock with anti-glare ABS screen. The mechanism is accommodated inside a cylindrical housing that protrudes from both the clock face, creating an anti-glare screen, and the rear, to allow two positions: to sit parallel to the supporting plane and at a slight angle. Originally, the alarm could be turned off simply by tilting the clock from the inclined position to the parallel position. A hole in the upper part allows you to hang the clock on a wall.

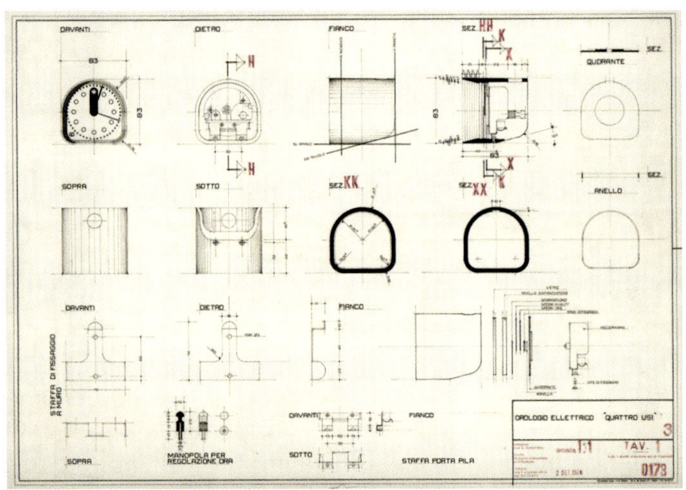

1.

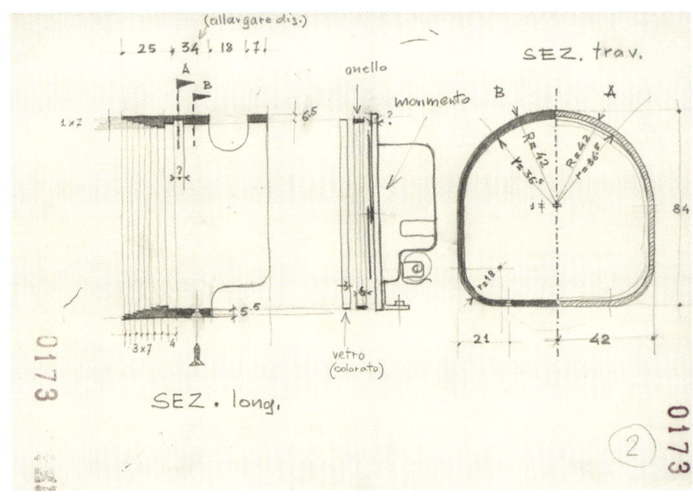

2.

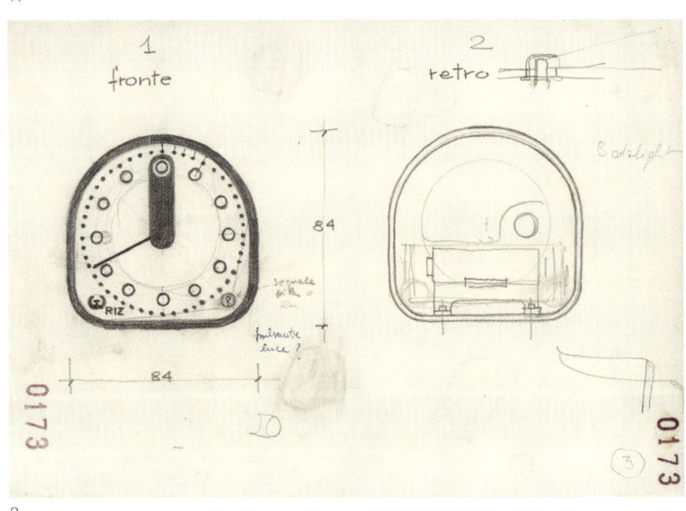

3.

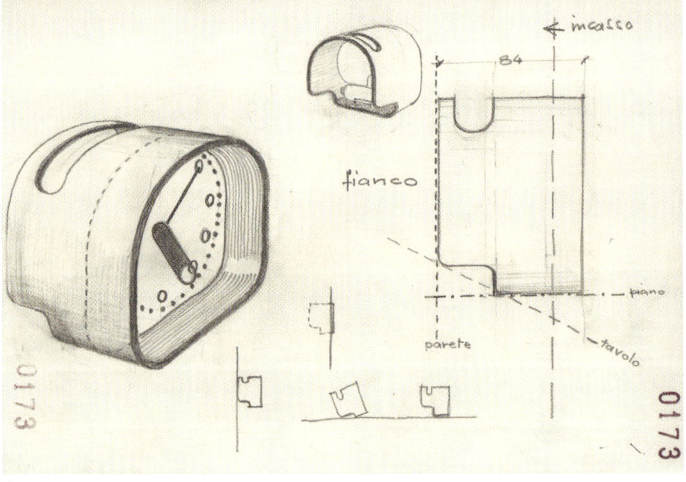

4.

5.

1. Orologio-sveglia *Optic*, disegno su carta da lucido, 1970 / *Optic* alarm clock, drawing on tracing paper, 1970

2. Orologio-sveglia *Optic*, schizzo delle sezioni, matita su carta, 1970 / *Optic* alarm clock, sketch of the various sections, pencil on paper, 1970

3. Orologio-sveglia *Optic*, schizzo del fronte e del retro, matita su carta, 1970 / *Optic* alarm clock, sketch of the face and rear, pencil on paper, 1970

4. Orologio-sveglia *Optic*, schizzo del fianco e delle prospettive, matita su carta, 1970 / *Optic* alarm clock, sketch of its side and perspectives, pencil on paper, 1970

5. Orologio-sveglia *Optic* nelle due varianti di colore bianco e nero / *Optic* alarm clock in its two color variants, black and white

AJC.0177a

Colombo 626 Lampada / Lamp

progetto / design   1970   Joe Colombo
produzione / production   1970   OLUCE

È stata la prima lampada alogena destinata all'illuminazione di interni. È costituita da un corpo lampada in metallo verniciato a fuoco da inserire su uno stelo verticale nelle versioni da terra con base, da parete e da soffitto con piccole basi. Il corpo lampada presenta una parte esterna con fessure parallele trasversali per la dispersione del calore e una parte più interna con funzione di schermo/riflettore della luce. Utilizzava una lampadina alogena da 300 watt e oggi è prodotta anche con una lampada LED da 24 watt.
È spostabile verticalmente a diverse altezze e orientabile in tutte le direzioni con un morsetto in bachelite ed è anche dimmerabile.
Il design è essenziale e di grande riconoscibilità.
È prodotta nei colori bianco e nero.

This was the first halogen lamp for interior lighting. It consists of a heat-lacquered metal reflector inserted on a vertical stem; available as floor lamp with a base, or as ceiling or wall lamp with smaller bases. The outer lamp body has transversal parallel openings to disperse heat, while the inner portion acts as a screen/light reflector. It used a 300 watt halogen lightbulb; today it is also produced with a 24 watt LED bulb.
Its Bakelite clamp allows to adjust it vertically to different heights and orient it in all directions; it is also equipped with a dimmer switch.
Its design is essential and highly recognizable.
It is produced in black and white colors.

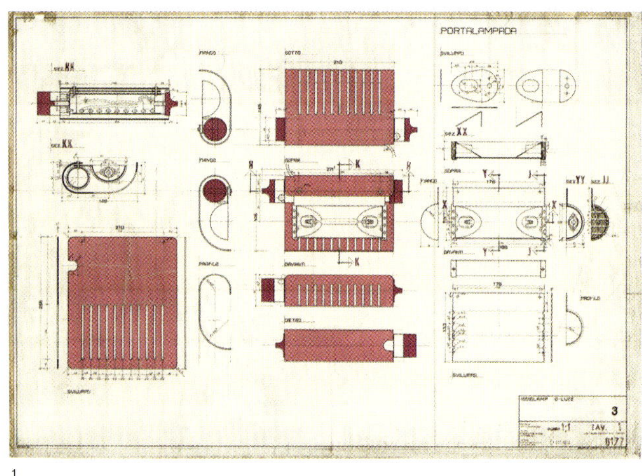

1.

2.

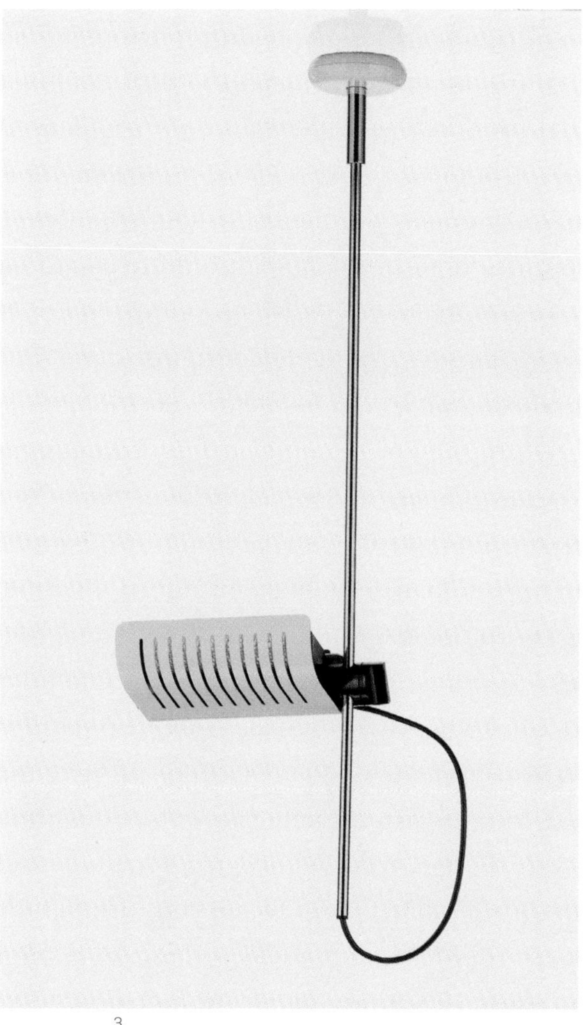

3.

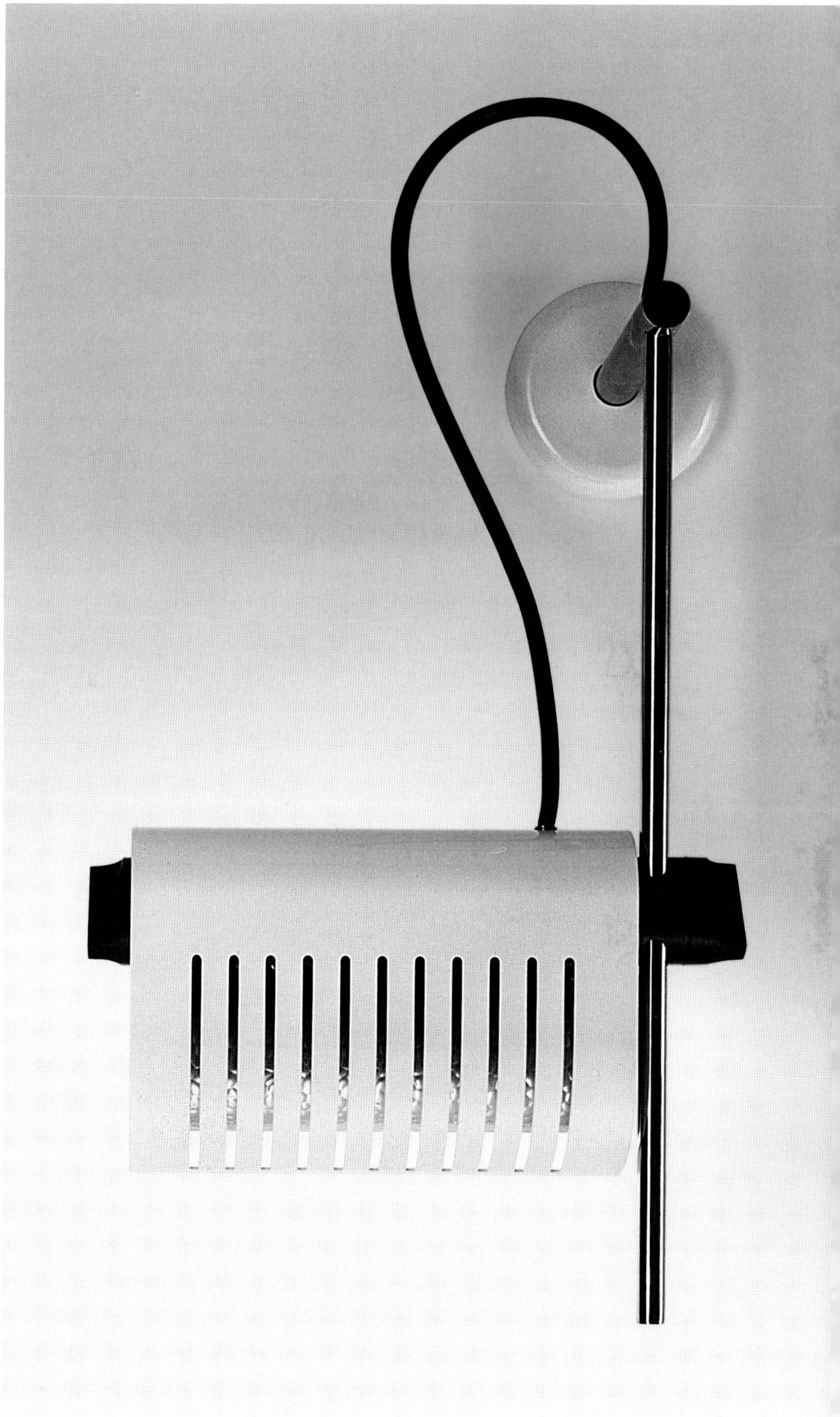

1. Lampada *Colombo 626*,
versione da terra / *Colombo 626*
lamp, floor version

2. Lampada *Alogena*, ora *Colombo
626*, disegno costruttivo su carta
da lucido con pellicola adesiva
(retino) a colori, 1970 / *Alogena*
lamp, now known as *Colombo
626*, drawing on tracing paper with
colored adhesive film, 1970

3. Lampada *Colombo 626*,
versione a sospensione / *Colombo
626* lamp, suspension version

4. Lampada *Colombo 626*,
versione applique / *Colombo 626*
lamp, wall version

4.

AJC.0277

Beta Maniglia / Handle

progetto / design	1971	Joe Colombo
produzione / production	1972	OLIVARI
riedizione / re-edition	2010	OLIVARI

Le prime maniglie di questa serie erano maniglie per porta e finestra con un particolare sistema di assemblaggio, con un bullone interno nascosto da un elemento "paracolpi" in resina che rendeva superflui i fermaporte. Erano stati studiati e prodotti due modelli "α" e "β" che, per la loro forma richiamavano l'immagine delle lettere dell'alfabeto greco.

Questo sistema brevettato impediva che il perno di fissaggio (o grano) si sfilasse e che la maniglia si potesse smontare involontariamente.

Nel 2010 si è scelto di continuare la produzione con il modello base della β.

La maniglia è prodotta in ottone con le finiture in Cromo lucido o satinato e in SuperInox o SuperAntracite satinati.

La forma, geometrica ed essenziale, è rappresentativa degli anni settanta.

The first handles in this series were conceived for doors and windows with a special assembly system in which a bolt concealed by a shock absorber in resin made a doorstop unnecessary. Two models – called "α" and "β" – had been studied and produced which, due to their shape, recalled the image of the two letters of the Greek alphabet. This patented system prevented the fixing pin (or dowel) from coming out, so that the handle would not come apart involuntarily.

In 2010, it was decided to continue the production of the "β" basic model.

This handle is produced in brass with polished or satin chrome finishing and in satin-finished Super Stainless Steel or Super Anthracite.

The essential and geometrical aspect is distinctive of the 1970s.

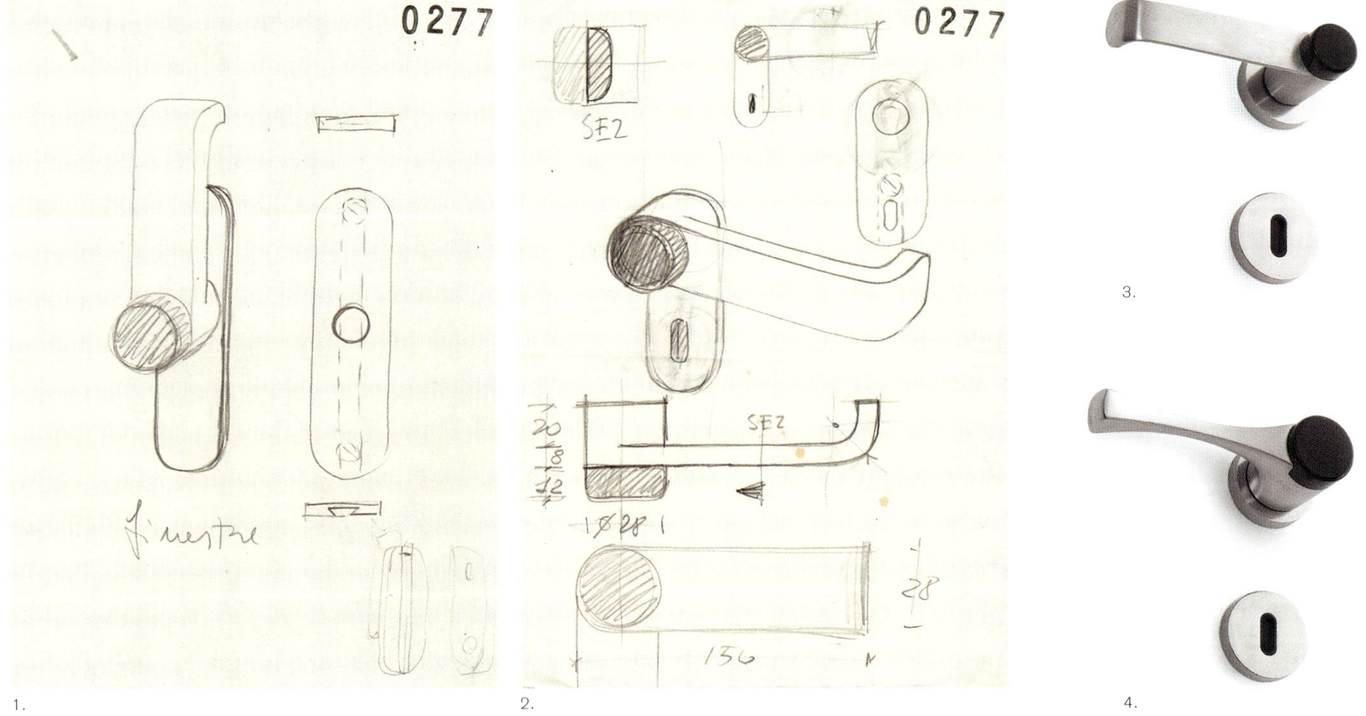

1.

2.

3.

4.

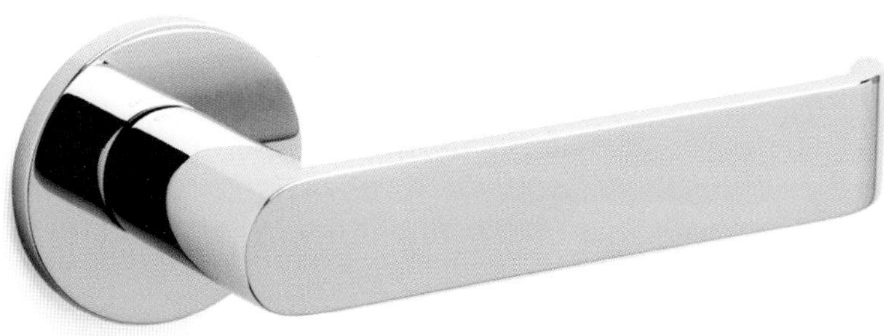

5.

6.

1. Maniglia *Beta* con paracolpi per finestra, schizzo a matita su carta, 1971 / *Beta* handle with shock absorber for window, pencil sketch on paper, 1971

2. Maniglia *Beta* con paracolpi per porta, schizzo a matita su carta, 1971 / *Beta* handle with shock absorber for door, pencil sketch on paper, 1971

3. Maniglia *Beta* in ottone con paracolpi in materiale plastico / *Beta* handle in brass with plastic shock absorber

4. Maniglia *Alfa* in ottone con paracolpi in materiale plastico / *Alfa* handle in brass with plastic shock absorber

5-6. Maniglia *Beta*, nelle due versioni SuperInox e SuperAntracite satinati / *Beta* handle, in the satin-finished Super Stainless Steel and Super Anthracite versions

7-8. Maniglia *Beta*, nelle due versioni con piastra di fissaggio grande e piccola / *Beta* handle, in its two versions with small and large fixing plate

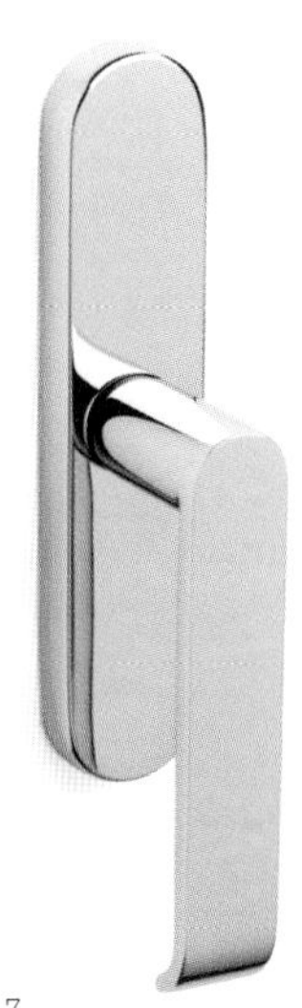

7.

8.

AJC.0207

Domo Lampada / Lamp

progetto / design	1971	Joe Colombo
produzione / production	1994	
riedizione / re-edition	2016	KARAKTER

È una lampada collegata a due tipi di bracci, uno inclinato a 60 gradi e uno ad arco che si inseriscono in morsetti che permettono la rotazione in tutte le direzioni e nelle versioni da tavolo, da terra e da parete. Il corpo lampada può ruotare sul proprio asse offrendo la massima possibilità di direzionare la luce.

Già prodotta nel 1971 in vetro, è stata rieditata in lamiera tranciata e stampata in colore ottone, in verde scuro o nero Ha una forma che accoglie quella sferica del bulbo che sporge nella parte inferiore diffondendo ulteriormente la luce.

Nella versione da terra e da tavolo due ampi basamenti ne permettono la stabilità massima.

This lamp is connected to two types of arms – one inclined at 60 degrees and one arch-shaped – that are inserted into clamps that allow rotation in all directions. Table, floor, and wall versions are available. The lamp body can rotate on its axis to direct the light beam at leisure.

Originally produced in glass in 1971, it was reissued in molded metal in the colors of brass, dark green, and black. Its shape perfectly accommodates the spherical lightbulb that slightly juts out from the lower part, further diffusing the light.

The floor and table versions have a robust base that guarantees maximum stability.

1. Lampada *Domo*, versione da parete / *Domo* lamp, wall version

2. Lampada *Domo*, schizzo colorato a pennarello su carta, 1971 / *Domo* lamp, felt-tip pen color sketch on paper, 1971

3. Lampada *Domo*, versione da tavolo, color oro / *Domo* lamp, table version, gold color

4. Lampada *Domo*, versione da terra / *Domo* lamp, floor version

1.

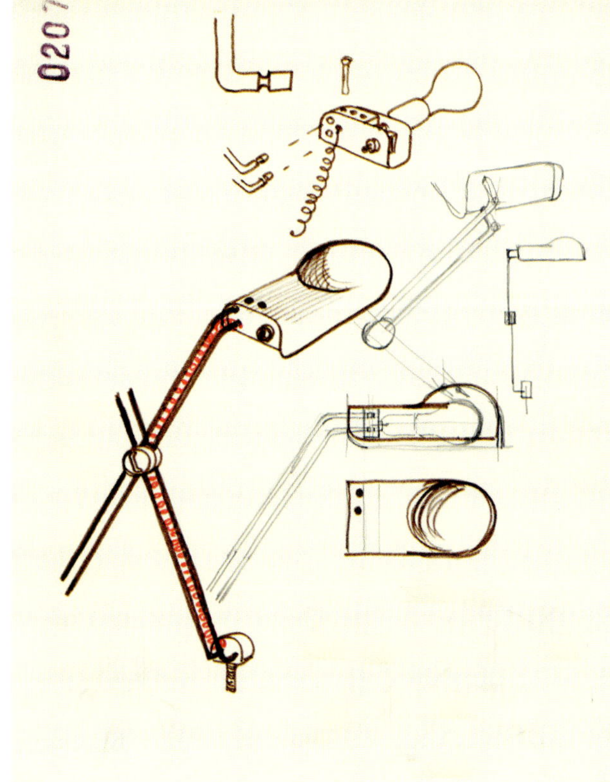

2.

3.

4.

AJC.0392

Ellipse Mensola / Bookshelves

progetto / design	1959	Joe Colombo
produzione / production	1959	
riedizione / re-edition	2014	INDUSTRIE CARNOVALI

Il sistema di mensole *Ellipse* viene disegnato da Joe Colombo per il suo primo appartamento di Via Tristano Calco a Milano e utilizzato come trave passante per reggere soppalcature e per caratterizzare gli spazi interni modificandone il volume. Lo stesso elemento è stato utilizzato come testata del letto con funzione di piano-libreria e vano contenitore e come elemento mensola. Il sistema è composto da un modulo intero e da un mezzo modulo per permettere diverse composizioni.

L'elemento, da agganciare singolarmente a parete, può essere accoppiato in lunghezza o impilato verticalmente in modo da costituire una vera e propria libreria.

La particolare forma permette di lasciare a vista gli oggetti contenuti e allo stesso tempo proteggerli.

Nel 2014 è stato rieditato in lega leggera di alluminio.

The *Ellipse* shelf system was designed by Joe Colombo for his own apartment in Via Tristano Calco in Milan, and was used as a beam to support mezzanines and lend a fanciful appearance to the living space by modifying its volume. This same system was also used as bookshelf to be placed above the bedhead, as a storage container, or simply as a shelf. It consists of a whole ellipsoidal module and a half-ellipse module to form diverse compositions.

The modules, hung individually on the wall, can be put together lengthwise or stacked vertically as a single module creating a real bookcase.

Its peculiar shape allows for the display of stored objects and protects them at the same time.

In 2014, this system was reissued in light aluminum alloy.

1.

2.

3.

1. Mensola *Ellipse*, versione intera chiusa e mezza aperta / *Ellipse* bookshelves in its two versions: whole ellipsoidal module and a half-ellipse module

2. Mensola *Ellipse*, ambientata come testiera del letto nel primo appartamento di Joe Colombo in via Tristano Calco, Milano, 1959 / *Ellipse* bookshelves, set as bedhead inside Joe Colombo's first apartment in Milan, Via Tristano Calco, 1959

3. Mensola *Ellipse*, ambientata come mensola sovrapporta nell'albergo Pontinental, a Platamona, in Sardegna, Disegno prospettico con figure ritagliate e applicate, china e matita su carta da lucido, 1962 / *Ellipse* bookshelves, above a door in the Pontinental Hotel, in Platamona, Sardinia. Perspective drawing with cut and appliquéd figures, India ink and pencil on tracing paper, 1962

Paper Plus Cestino / Wastebasket

| **progetto / design** | 2015 | Studio Joe Colombo |
| **produzione / production** | 2015 | INDUSTRIE CARNOVALI |

Il cestino in metallo verniciato a fuoco *Paper Plus* è pensato come gettacarte. Può raccogliere anche materiali di piccole dimensioni di tipo diverso grazie a una suddivisione accessoria interna. Disegnato per soddisfare i più semplici movimenti di spostamento e svuotamento è dotato di ruote e di comoda presa per la mano con un foro per il pollice e un'asola per le altre quattro dita.

The heat-lacquered metal *Paper Plus* container was conceived as a wastepaper basket. It can also contain different materials of smaller dimensions thanks to an internal partitioning. Its design allows you to move and empty it easily; it is fitted with casters and a comfortable hand grip with a hole for the thumb and a space for the remaining four fingers.

1.

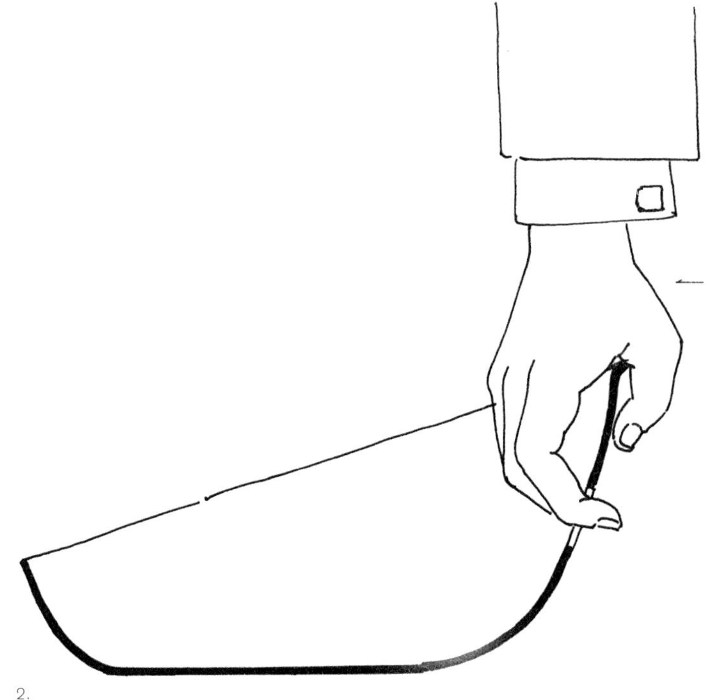

2.

3.

1. Cestino gettacarte *Paper Plus* / *Paper Plus* wastepaper basket

2. Cestino, servizio di bordo Alitalia *Linea '72*, particolare del disegno su carta da lucido, sezione sull'impugnatura, 1970 / Wastebasket, *Linea '72* Alitalia in-flight service, drawing on tracing paper, detail of the hand grip, 1970

3. Cestino, servizio di bordo Alitalia *Linea '72*, prototipo, particolare dell'impugnatura, 1970 / Wastebasket, *Linea '72* Alitalia in-flight service, prototype, detail of the hand grip, 1970

AJC.1003
Class Poltrona e divano / Armchair and sofa

| **progetto / design** | 2016 | Studio Joe Colombo |
| **produzione / production** | 2016 | DITRE ITALIA |

Nata dall'elaborazione di uno schizzo di Joe Colombo, la serie di poltrone e divani *Class* è caratterizzata da una forma pura ed essenziale con scocca imbottita e leggermente arrotondata sui bordi che dona un aspetto morbido all'oggetto nel suo insieme. La struttura collega il piano della seduta con lo schienale e definisce il bracciolo inclinato per un appoggio naturale ed ergonomico. I cuscini alloggiano all'interno della scocca e affiorano lievemente dallo schienale e dalla seduta, donando un aspetto dinamico alla serie. Particolarmente adatti ad alberghi e sale d'attesa, il divano e la poltrona *Class* hanno il vantaggio di avere cuscini di alto spessore.

Born from the development of a sketch by Joe Colombo, the *Class* series of armchairs and sofas stands out for its pure and essential form: its padded structure and slightly rounded edges lend a soft appearance to the overall object. The frame connects the seat to the backrest and highlights the inclined armrest for a natural and ergonomic support. The cushions are embedded in the frame and emerge slightly from the backrest and the seat, lending a dynamic appearance to the series. Particularly suitable for hotels and waiting rooms, the *Class* sofa and armchair have the advantage of having high-thickness cushions.

1.

1. Poltrona e divano *Class*, con schienale inclinato verso l'esterno / *Class* armchair and sofa, with backrest inclined outwards

Collezione museale / Museum collection

progetto / design	2016	Studio Joe Colombo
produzione / production	2016	Agorart

Schizzi e frasi significative di Joe Colombo sono illustrati sugli oggetti da utilizzare in tutte le occasioni in tessuto o PVC della Collezione Museale creata da Agorart, Milano, nel 2016.

La collezione si ispira alla fase più rilevante ed espressiva del lavoro di Joe Colombo – l'ideazione – sempre rappresentata con schizzi prospettici e verificata con dimensionamenti quotati.

La serie, costituita da otto elementi raggruppati in quattro gruppi, evidenzia quattro schizzi rappresentati fedelmente in colore bianco e nero, che risaltano sui colori di fondo scelti. Lo zainetto, il cuscino, la borsa, la tovaglietta denominati *Nastro* sono realizzati in cotone gobelin; la mini borsa double e la pochette denominate *Acrilica* sono realizzate in nylon; la sciarpa denominata *Combi Center* è realizzata in lana e seta; infine la borsa shopping denominata *Elda* è realizzata in PVC. La frase riprodotta sulla borsa *Elda* introduce la quarta dimensione – il dinamismo –, tema innovativo che ha accompagnato tutta la produzione di Colombo e le sue ambientazioni.

Il valore degli schizzi è particolarmente significativo nella panoramica del lavoro di Joe Colombo perché rappresentano il suo modo di ragionare sempre sintetico, preciso e ben definito, tracciato con linee continue senza staccare la matita dal foglio. In questo caso sono stati scelti anche due rari schizzi colorati che rappresentano una vera eccezione nella panoramica delle illustrazioni che hanno sempre accompagnato i progetti di Joe Colombo.

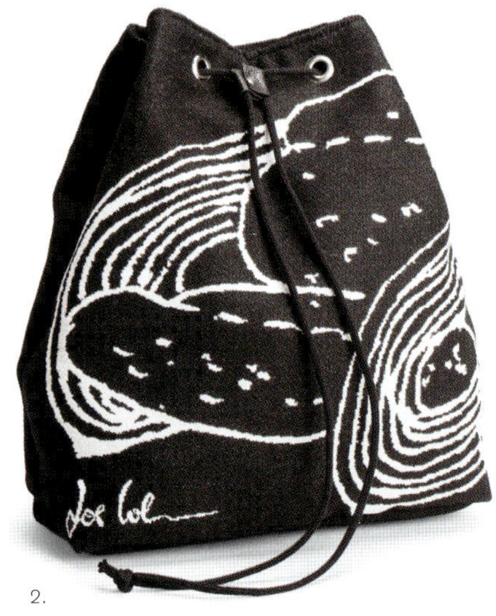

2.

3.

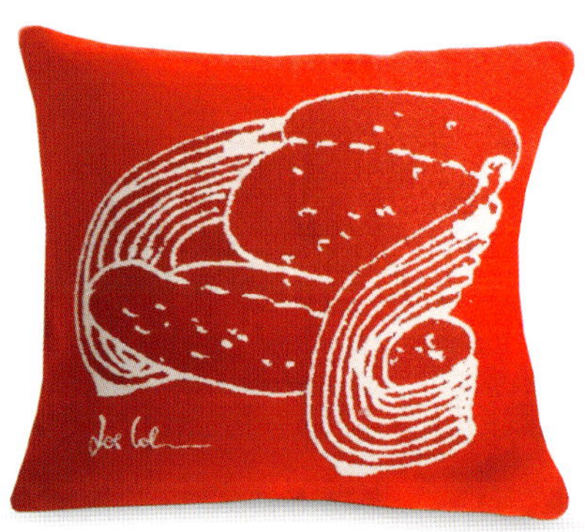

1.

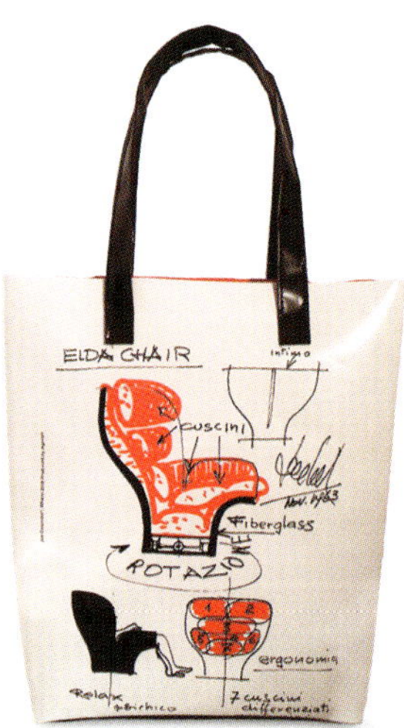

4.

Significant sketches and quotes by Joe Colombo are illustrated on the fabric or PVC objects – to be used on any occasion – of the Museum collection created in 2016 by Agorart, Milan.

This collection was conceived to highlight the most significant and expressive side of Joe Colombo's work: his *ideas* are always reproduced with perspective sketches and report the original dimensions along with the artist's quotes.

This series comprises eight elements divided in four groups that reproduce faithfully four black and white sketches standing out on the background colors. The backpack, the cushion, the bag, and the placemat of the *Nastro* group are produced in Gobelin cotton; the clutch and the pouch of the *Acrilica* group are produced in nylon; the scarf, called *Combi Center*, is made of wool and silk; the shopper, called *Elda*, is made in PVC. The quote reproduced on the *Elda* shopper introduces the fourth dimension – dynamism –, the innovative concept underpinning all of Colombo's production and his settings.

These sketches are indicative of Joe Colombo's designing method as they mirror his way of thinking: always straightforward, precise, and well-defined; the drawing traced with an unbroken line without ever lifting the pencil from the paper. Two rare colorful sketches were also chosen; a true exception in the many drawings and illustrations that accompanied Joe Colombo's project designs.

1. Cuscino con l'immagine dello schizzo della poltrona *Nastro* / Cushion featuring the sketch of the *Nastro* armchair

2. Zainetto in lana con l'immagine dello schizzo della poltrona *Nastro* / Wool shoulder bag featuring the sketch of the *Nastro* armchair

3. Pochette in nylon con l'immagine dello schizzo della lampada *Acrilica* / Nylon clutch featuring the sketch of the *Acrilica* lamp

4. Borsa shopping in PVC con l'immagine dello schizzo della poltrona *Elda* / PVC shopper featuring the sketch of the *Elda* armchair

5. Sciarpa in lana e seta con l'immagine dello schizzo del *Combi Center* / Wool and silk scarf featuring the sketch of *Combi Center*

5.

AJC.0398
Collezione tappeti / Carpet collection

progetti / designs	1968-1970	Joe Colombo
produzione / production	2016	ABC ITALIA - AMINI CARPETS

DESCRIZIONE GENERALE

Lo studio del "grafismo" presente nelle opere di Joe Colombo è il punto di partenza di questa nuova collezione di tappeti.

I disegni di Joe Colombo vengono rappresentati in una diversa scala per diventare oggetti adatti a dare nuova personalità agli ambienti.

Partendo da un progetto grafico di Joe Colombo, composto da cerchi di tre o quattro diametri diversi con funzione fonoassorbente, è stata realizzata una serie caratterizzata da cromie specifiche che aggiornano gli accostamenti degli anni settanta alla percezione odierna del colore.

In altri casi è proprio la parte più riconoscibile del progetto, già icona del design, a essere rappresentata e rimarcata in una nuova dimensione percettiva.

La proposta di ABC Italia prevedeva non solo la realizzazione di un prodotto di qualità ma soprattutto la riconoscibilità del progetto originale.

Così con quattro progetti di Joe Colombo sono stati realizzati quattro moduli di tappeti tutti taftati a mano con blend di lana Neo Zelandese.

Elaborazione grafica: Arch. Daniele Lo Scalzo Moscheri.

BUBBLES

Questa serie parte da un progetto grafico di Joe Colombo applicato all'illuminazione e all'acustica. Il disegno è composto da cerchi di tre o quattro diametri diversi che creano ritmi e schemi dinamici. La collezione ripropone questi studi grafici in una diversa scala con cromie specifiche che aggiornano gli accostamenti degli anni settanta alla percezione odierna del colore mantenendo allo stesso tempo la sua riconoscibilità.

LUCE

La serie di tappeti *Luce*, della collezione Joe Colombo, evidenzia gli elementi grafici e immediatamente riconoscibili del progetto del 1970 della lampada *Alogena*. Questa lampada, ancora prodotta e diventata icona del design, è il risultato della costante ricerca di Joe Colombo per l'innovazione e il legame con l'elemento tecnico.

La parabola esterna, costituita da una lamiera tagliata da linee regolari, e il morsetto nero in bachelite sono i segni inconfondibili rappresentati in questa serie di tappeti.

1.

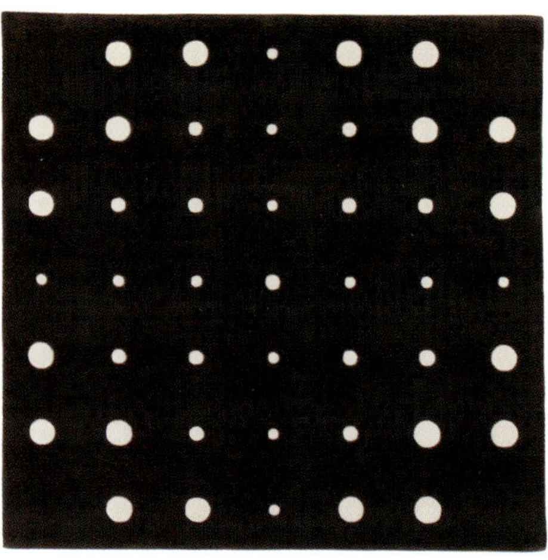

2.

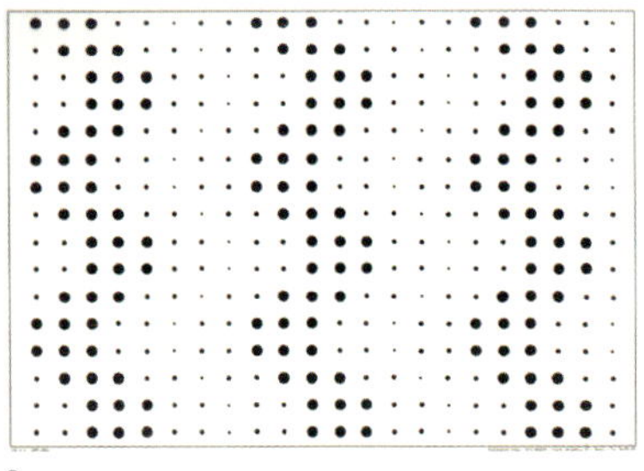

3.

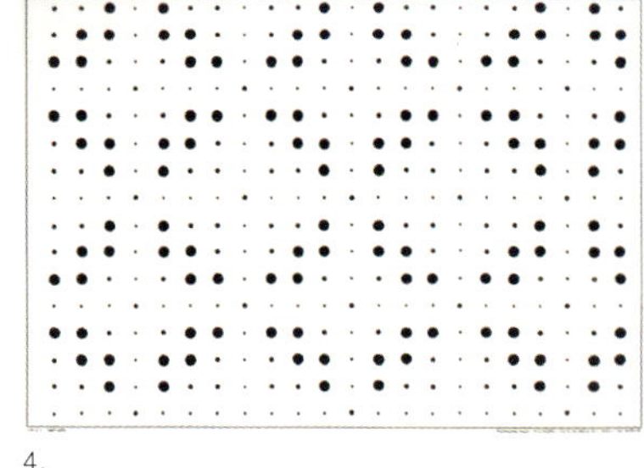

4.

1-4. Tappeto *Bubbles*, in varie misure (rettangolare e quadrato) e colori / *Bubbles* carpet, in various sizes (rectangular and square) and different colors

GENERAL OVERVIEW

The study of 'graphic design' in Joe Colombo's works is the starting point for this new collection of carpets.

Joe Colombo's technical drawings are represented to a different scale to become pieces of furniture that lend new distinctive features to the living space.

Starting from a graphic design by Joe Colombo, consisting of circles of three or four different diameters with sound-absorbing properties, a series of carpets was created with specific colors that update combinations harking back to the 1970s to today's perception of color.In other cases, the distinctive features of the original iconic design have been represented and highlighted in a new perceptive dimension. ABC Italia's proposal meant not only the production of a quality product, but above all the recognizability of the original design.

That is how four designs by Joe Colombo were used to create four modules of hand-tufted carpets in a blend of New Zealand wool varieties.

Graphic design processing by Architect Daniele Lo Scalzo Moscheri.

BUBBLES

This series stems from a graphic design by Joe Colombo conceived for lighting and acoustics. The motif consists of circles of three or four different diameters that create dynamic rhythms and patterns. The collection proposes these graphic designs to a different scale, where chromatic combinations harking back to the 1970s have been updated to a modern feel while maintaining the original design recognizability.

LUCE

The *Luce* series of carpets from the Joe Colombo Collection highlights the graphic and immediately recognizable elements of the 1970 design for the *Alogena* lamp. This icon of design, which is still produced, is the result of Joe Colombo's constant research for innovation and the application of technical features to his projects. The external parabola, consisting of a metal sheet cut along regular lines, and the black Bakelite clamp are the unmistakable signature elements represented in this series of carpets.

5.

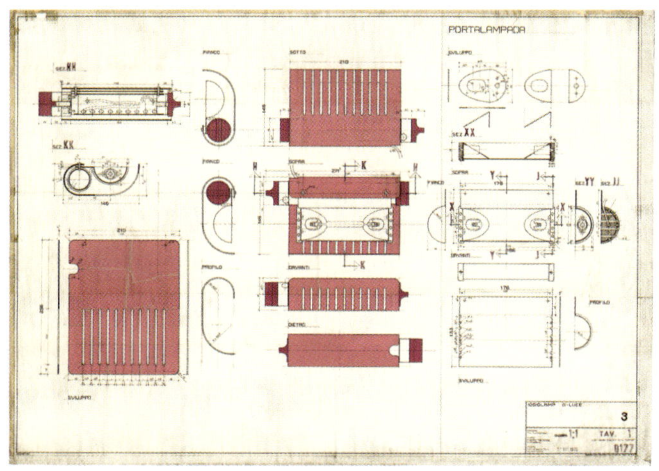

7.

5. Tappeto *Luce*, versione rettangolare /
Luce carpet, rectangular version

6. Tappeto *Luce*, versione a passatoia /
Luce carpet, runner rug version

7. Lampada *Alogena* ora *Colombo 626*,
disegno costruttivo su carta da lucido, 1970 /
Alogena lamp, now known as *Colombo 626*,
drawing on tracing paper, 1970

6.

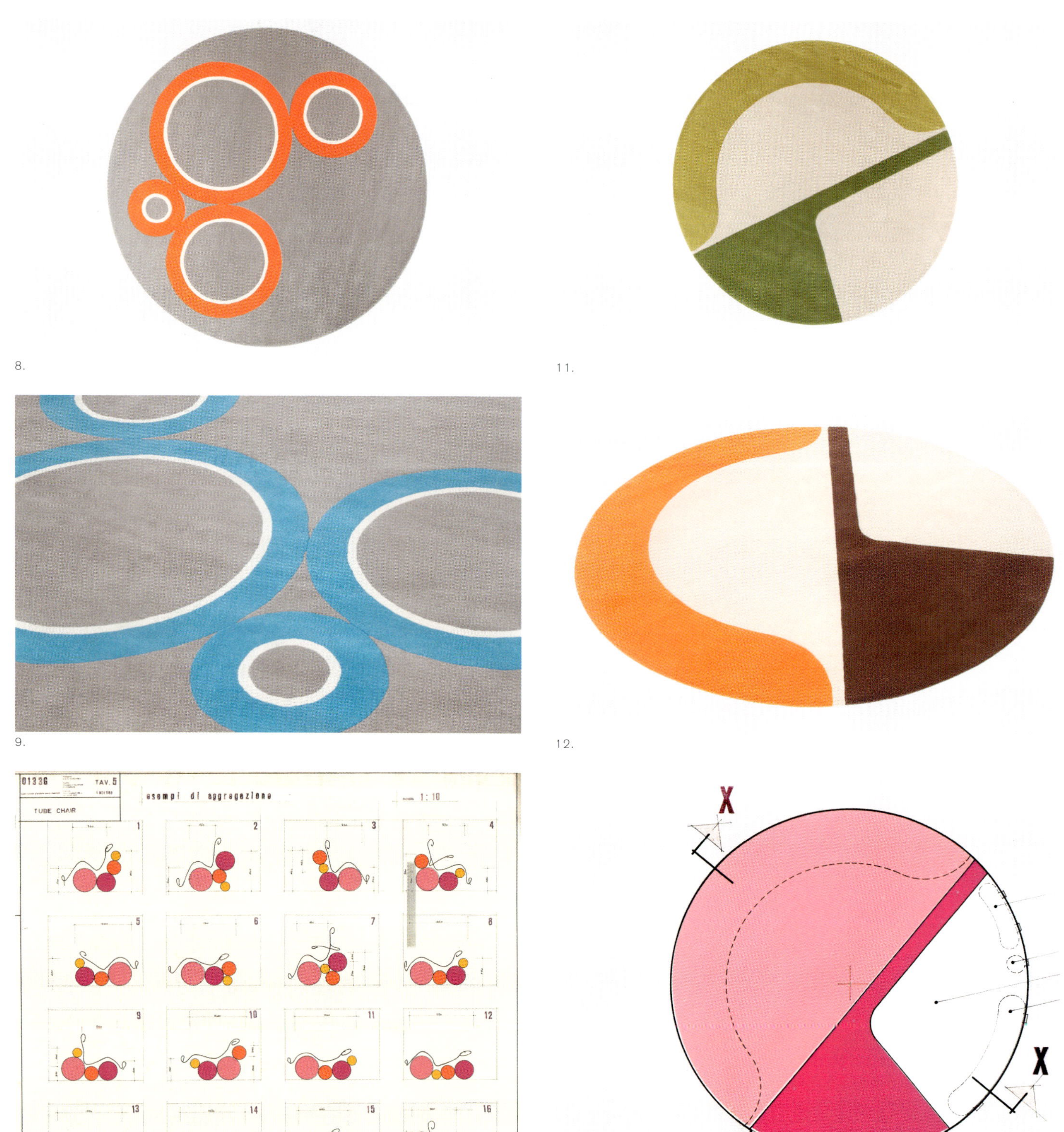

8.

9.

10.

11.

12.

13.

TUBE

Il tappeto dedicato a una delle più note icone del design del 1969 riproduce una delle numerose combinazioni dei quattro diametri che costituiscono il progetto della *Tube Chair* di Joe Colombo. I diametri iscritti in un cerchio mantengono le proporzioni originali, così come i colori evidenziano la struttura e lo schema progettuale. Semplicità del segno, dinamicità intrinseca delle forme e scelta dei colori caratterizzano il tappeto e lo rendono immediatamente riconoscibile.

ISOLA

Questa serie di tappeti ripropone il particolare segno grafico presente nei disegni tecnici del progetto di Joe Colombo per l'allestimento del padiglione Hoeschst in occasione della Fiera della Plastica di Düsseldorf nel 1970. Questo elemento deciso e morbido allo stesso tempo è mantenuto integralmente e completato con gradazioni di colore in parte già presenti nelle tavole originali e in parte nuove.

TUBE

This carpet, dedicated to one of the most renowned design icons of 1969, reproduces one of the numerous combinations of the four diameters at the basis of Joe Colombo's *Tube Chair* design. The diameters of the circles maintain their original proportions, likewise the colors, which highlight the original structure and project. Simplicity of design, intrinsic dynamism of forms, and choice of colors are the distinctive features of this carpet, making it immediately recognizable.

ISOLA

This series of carpets reintroduces the particular graphic design element visible in technical drawings penned by Joe Colombo for the Hoeschst pavilion at the Düsseldorf Plastics Fair of 1970. This decisive yet smooth graphic element is integrally maintained and completed with a color range that was in part present in the original drawings and partly new.

8. Tappeto *Tube*, versione rossa / *Tube* carpet, red version

9. Tappeto *Tube*, versione azzurra / *Tube* carpet, blue version

10. Poltrona *Tube Chair*, disegno dell'utilizzo delle posizioni che si possono ottenere, carta da lucido, 1969 / *Tube Chair* armchair, drawing on tracing paper showing the various possible combinations, 1969

11. Tappeto *Isola*, versione verde / *Isola* carpet, green version

12. Tappeto *Isola*, versione arancione / *Isola* carpet, orange version

13. Tappeto *Isola*, disegno su carta da lucido, progetto per il padiglione Hoeschst alla Fiera della Plastica di Düsseldorf, 1970 / *Isola* carpet, drawing on tracing paper, design for the Hoeschst pavilion at the Düsseldorf Trade Fair for Plastics and Rubber, 1970

1

**Pittura nucleare /
Nuclear Painting**

1952

"Composizione nucleare"
raffigurante una forma organica
fossilizzata, inchiostro di china su
cartoncino, 64 x 66 cm, firmato
e datato in basso a destra
"Joe Col '52".
Si possono notare gli elementi
che poi caratterizzano anche i suoi
prodotti di design: linee morbide
con raccordi circolari e asole di
varie forme. /
"Nuclear Composition" depicting
a fossilized organic form, India ink
on cardboard 64 x 66 cm, signed
and dated lower right "Joe Col
'52".
What is immediately striking is
the set of elements that will also
distinguish his design products:
soft lines with circular junctions
and eyelets of various shapes.

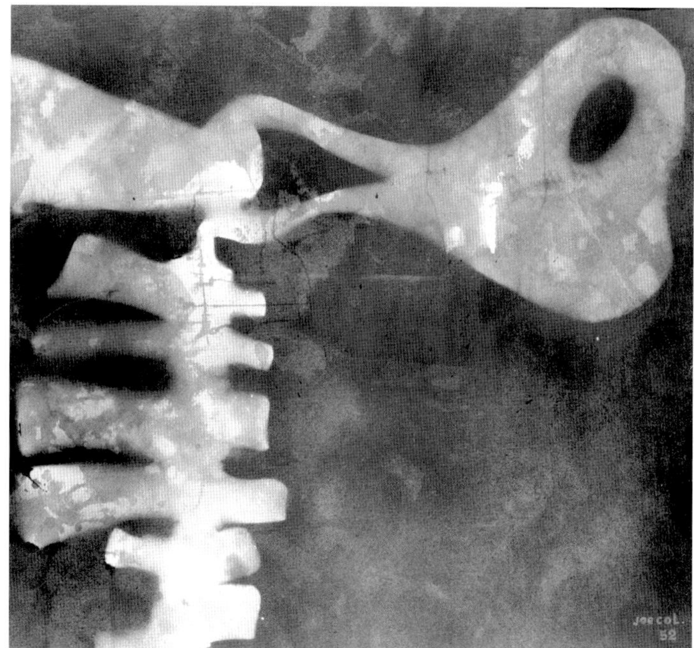

2

Città nucleare / Nuclear City

AJC.0905
Disegno a china /
Indian ink drawing
1952

Studio per la "città nucleare
sotterranea", 1952.
Nella *Città nucleare* Joe
Colombo organizza le funzioni
dell'abitare (casa, teatro, chiesa,
ospedale, albergo eccetera) con
le infrastrutture (per automobile,
treno, piroscafo, aeroplano) e
immagina di costruire gli edifici
in serie, facendo uso di materiali
standardizzati.
Il progetto risale al 1952 durante
gli studi di architettura e urbanistica
al Politecnico di Milano.
Il tema dell'innovazione, che
verrà sviluppato durante tutta la
sua attività, rivela due aspetti poi
ricorrenti in tutta la sua produzione
di design: l'organizzazione
delle funzioni e la ricerca della
produzione in serie. /
Study for "underground nuclear
city", 1952.
In *Nuclear City,* Joe Colombo
organizes the functions of living
space (homes, theatre, church,
hospital, hotels, etc.) together with
infrastructures (for automobiles,
trains, ships, airplanes), and
imagines the construction of
serial buildings using standardized
materials.
This design dates to 1952, when
Colombo studied at the School of
Architecture and Urban Planning of
the Politecnico of Milan.
The theme of innovation that he
will develop throughout his career
highlights two recurring aspects
in his design production: the
organization of functions and the
exploration of serial production.

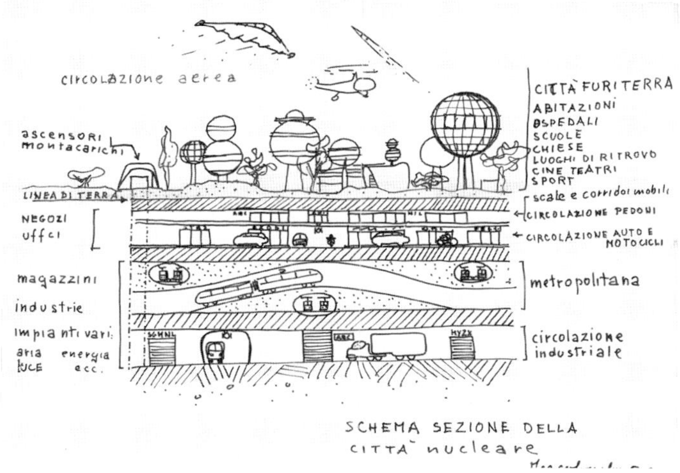

3
Automobili / Automobiles
AJC.0240

Anni 1950 e 1960 /
1950s and 1960s

Schizzi di vetture sportive e di
particolari. La passione per la
meccanica lo portava a disegnare
automobili e parti in movimento. /
Sketches of sports cars and details.
His passion for mechanics led him
to design automobiles and moving
parts.

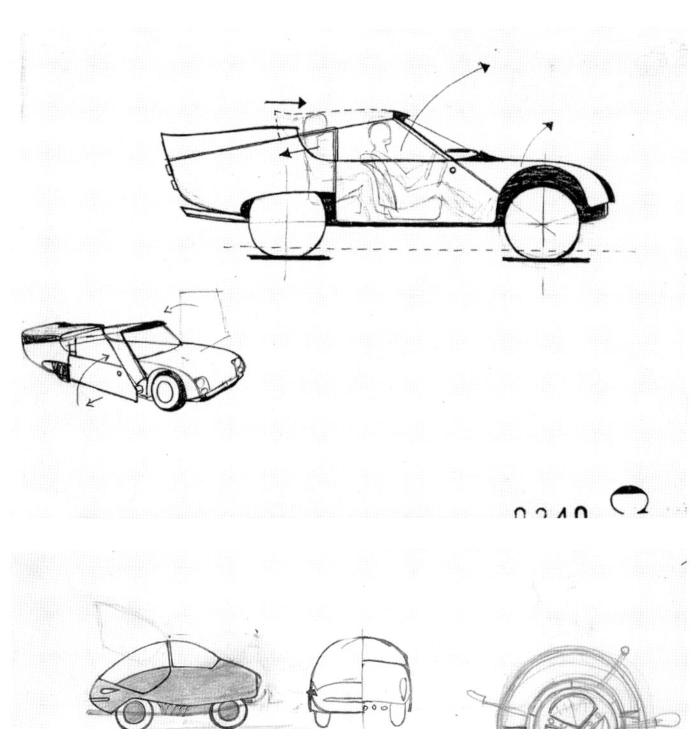

4
**Installazione di "edicole
televisive" alla X Triennale
di Milano / Installation of
"television shrines" at the
X Milan Triennale**

AJC.0066a
progetto / design 1954

Installazione alla X Triennale di
Milano nel 1954 per la creazione
di tre soggiorni all'aperto attrezzati
per la sosta con panchine e speciali
"edicole televisive" progettate
da Joe Colombo, con struttura
metallica e tettuccio in tela. /
Installation at the X Milan
Triennale of 1954 with three
open air rest areas equipped with
benches and special "television
shrines" designed by Joe Colombo,
with a metal structure and canvas
awning.

5

**Allestimento per le
"ceramiche di Albisola"
alla X Triennale di Milano /
Set-up for "Albisola ceramics"
at the X Milan Triennale**

AJC.0066b
progetto / design 1954
realizzazione / realization 1954

La mostra delle ceramiche di
Albisola, alla X Triennale di Milano,
è stata allestita su progetto di
Joe Colombo che ha utilizzato un
materiale povero come il cartone
ondulato per creare espositori
con piani d'appoggio per piccole
sculture in ceramica, piatti,
piastrelle, vasi ecc., a firma di Lucio
Fontana, Enrico Baj, Corneille,
Sergio Dangelo, Emilio Scanavino
e altri. /
The exhibit of Albisola ceramics
at the X Milan Triennale was set
up on a design by Joe Colombo,
who used a poor material, namely
corrugated cardboard, to create
shelf displays for small ceramic
sculptures, plates, tiles, vases, etc.,
designed by Lucio Fontana, Enrico
Baj, Corneille, Sergio Dangelo,
Emilio Scanavino, and others.

6

**"Impronta"
Poltrona e divano / Armchair
and sofa**

AJC.0068
progetto / design 1954
produzione / production 2016
fuori produzione / out of production

La poltrona *Impronta* è stata
progettata nel 1954, quando Joe
Colombo ancora frequentava
l'Accademia di Belle Arti di Brera
e il Politecnico di Milano. L'oggetto
è il risultato di un preciso disegno,
che mette in relazione la figura
umana e gli studi ergonomici a essa
riferiti durante la posizione di relax.
È caratterizzata da una forma ben
definita, iscrivibile in un cubo, volta a
garantire la comodità della seduta. /
The *Impronta* armchair was
designed in 1954 when Joe
Colombo still studied at the
Accademia di Belle Arti of Brera
and at the Politecnico of Milan. This
object is the outcome of a precise
design that highlights ergonomic
studies of the human figure in
relaxation. Its original form is
embedded in a cube to guarantee
the comfort of the seat.

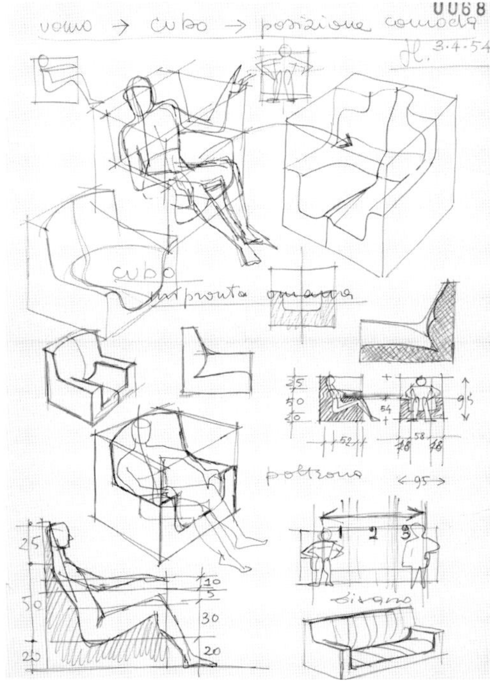

7
**Edificio in / Building in
Via Rosolino Pilo, Milano**

AJC.0331
progetto / design 1956
realizzazione / realization 1957

La facciata è caratterizzata da
prismi murali sulle balconate,
evidenziati con colore diverso da
quello della facciata.
I prismi murali costituiscono
gli elementi separatori degli
appartamenti dietro i quali si
sviluppano i servizi igienici.
Collaborazione al progetto
architettonico: ing. Baj. /
The façade has singular mural prisms
on the balconies, painted with a
different color from the façade.
The mural prisms serve as separating
elements between the apartments
and disguise sanitary facilities.
Eng. Baj collaborated in the
architectural design.

8
**Sci e attacchi da sci /
Ski and ski bindings**

AJC.0239
progetto / design 1957

Gli schizzi per attacchi da sci
dimostrano fin dal 1957, quando Joe
Colombo aveva solo 26 anni, le sue
capacità di rappresentazione e di
studio dei componenti meccanici. /
These sketches for ski bindings
demonstrate Colombo's ability to
represent and study mechanical
components as early as since
1957, when Colombo was only
26 years old.

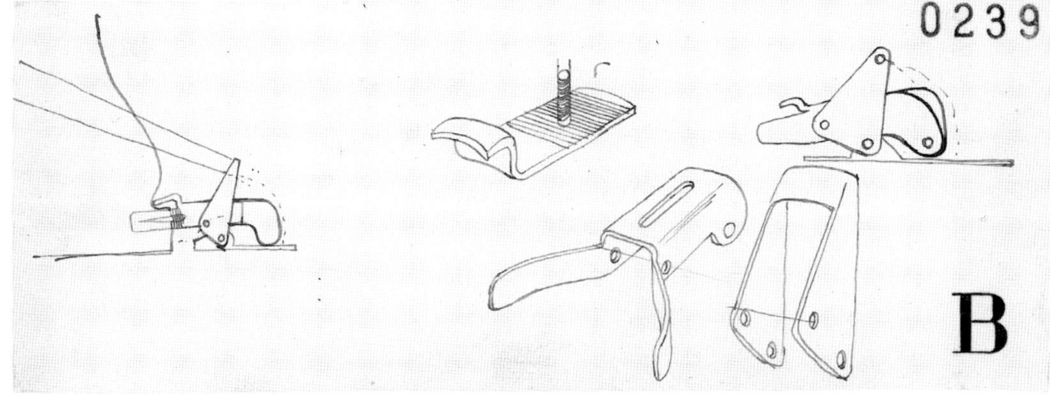

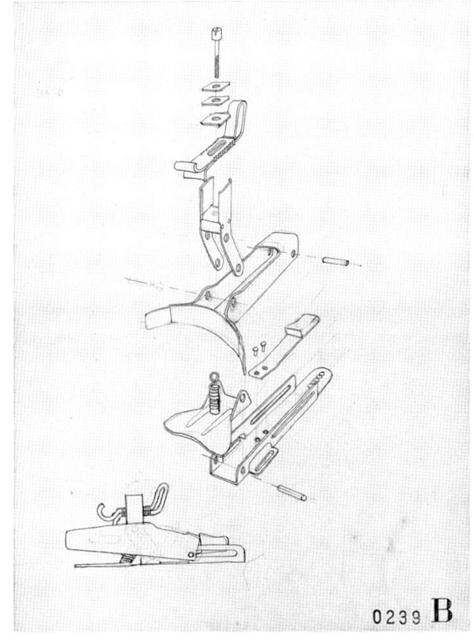

9

Primo appartamento di Joe Colombo / Joe Colombo's first apartment in Via Tristano Calco, Milano

AJC.0190
progetto / design 1959
realizzazione / realization 1959

Primo appartamento di Joe Colombo, realizzato nel 1959, con le caratteristiche putrelle (profilati metallici) alleggerite da asole ellittiche, alcune a sostegno di soppalcature, altre per ridurre otticamente le altezze.
Alcuni elementi degli stessi profilati, opportunamente chiusi agli estremi, vengono utilizzati come pensili, librerie e testate del letto. /
Joe Colombo's first apartment, realized in 1959, with its characteristic beams (metal profiles) made lighter thanks to elliptical eyelets; some support the mezzanine, others are placed for an optical reduction of the height of the ceiling. Some elements of these metal profiles, suitably closed at the ends, serve as shelves, bookshelves, and headboard.

10

Hotel Stelvio al Passo dello Stelvio / Stelvio Hotel at the Stelvio Mountain Pass

AJC.0325
progetto / design 1961
modello / model

La passione per lo sci e la montagna induce Joe Colombo a sviluppare alcune soluzioni per alberghi e rifugi in montagna. Tra queste, il progetto di massima dell'Hotel Stelvio del 1961 è caratterizzato da notevole libertà compositiva.
Le coperture inclinate con diverse angolature, come pure alcuni volumi anch'essi inclinati e gli aggetti visibili sul fronte, dove sono poste le terrazze, conferiscono a tutto l'edificio un aspetto grafico e scultoreo che si scosta dalla tradizione e preannuncia nuove tendenze.
Gli elementi tecnologici, gli impianti e i camini, sono inseriti come elementi compositivi di tutto l'insieme. /
His passion for skiing and the mountains led Joe Colombo to develop solutions for hotels and mountain lodges. Among these, his master plan for the Stelvio Hotel from 1961 is characterized by its considerable compositional freedom.

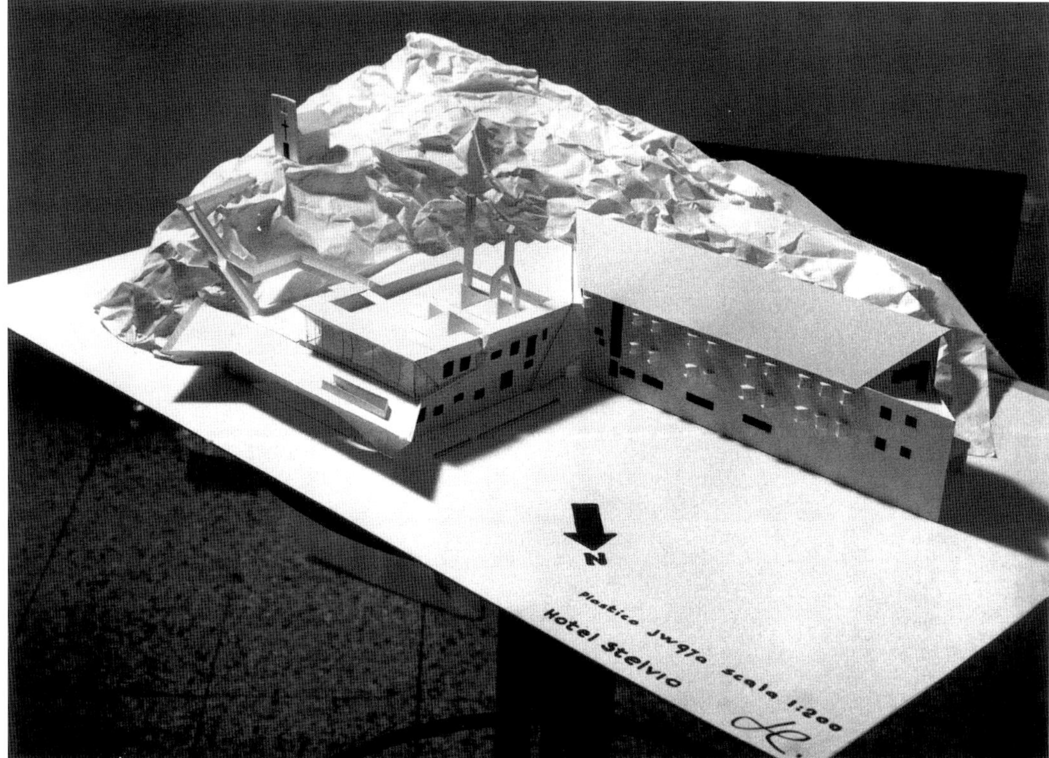

The roof, sloping at diverse angles, as well as the canted volumes and jutting overhangs on the façade, where the balconies are placed, lend the entire building a graphic and sculptural aspect, departing from tradition and heralding new trends.
Technological components, installations and fireplaces are inserted as compositional elements of the whole.

11
Villa a / in Barni (Co)

AJC.0337
progetto / design 1961
modello / model

Modello di una villa realizzato dal
Vitra Design Museum per la mostra
Joe Colombo. Inventing the Future
ed esposto alla Triennale di Milano
nel 2005. Sviluppata su due piani,
la villa è inserita in un declivio e
presenta una pianta triangolare.
Si notano: l'ingresso prismatico,
finestre quadrate con e senza
cornice, bow window al primo
piano, fessure lineari su una parete,
lucernari e camini sul tetto. /
Mockup of a villa realized by the
Vitra Design Museum for the *Joe
Colombo. Inventing the Future*
exhibit and displayed at the Milan
Triennale of 2005. The villa has a
triangular plan and develops on two
floors; it is placed along a slope.
To be noticed: a prism-shaped
entrance, square windows with and
without frames, bow window on
the first floor, linear slots along one
wall, skylights and chimneys
on the roof.

12
**Allestimento dello stand
"Ditta Colombo Cesare spa"
alla Fiera Campionaria di
Milano / Set-up of the "Ditta
Colombo Cesare spa" stand
at the Milan Trade Fair**

AJC.0296
progetto / design 1961
realizzazione / realization 1961

Nel 1961 Joe Colombo partecipa
alla Fiera Campionaria di Milano
con l'allestimento dello stand della
società a lui intestata negli anni in
cui aveva dovuto sostituire il padre
nella gestione dell'attività che
produceva conduttori elettrici
e componenti. /
In 1961, Joe Colombo participated
in the Milan Trade Fair with the
set-up of the stand of the electrical
equipment company he took over
after the death of his father.

13
**Allestimento dello stand
"Chemico" alla Fiera
Campionaria di Milano /
Set-up of the "Chemico"
stand at the Milan Trade Fair**

AJC.0271
progetto / design 1961
realizzazione / realization 1961

L'allestimento dello stand della
Chemico alla Fiera Campionaria di
Milano è costituito da telai in legno
posizionati sul perimetro e orientati
a formare un'ampia curva con
cartelli incorniciati dai telai. /
The set-up of the "Chemico"
stand at the Milan Trade Fair
consists of wooden frames placed
on the perimeter and oriented to
form a wide curve with framed
billboards.

14
**"Acrilica"
Lampada / Lamp**

AJC.0260
progetto / design 1962
produzione / production 1963
OLUCE
vedi / see p. 58

Lampada da tavolo costituita da un
convettore in metacrilato curvato
a "C" e da una base metallica dove
è nascosta una piccola sorgente
luminosa tubolare fluorescente.
Il flusso luminoso attraversa il
materiale e si riflette sulla sua
superficie più esterna fino a
raggiungere il piano di lavoro.
Questo oggetto innovativo
anticipa le successive numerose
applicazioni della fibra ottica.
Collaborazione al progetto:
Gianni Colombo. /
Table lamp consisting of a C-curved
methacrylate diffuser and a metal
base that hides a small fluorescent
tube light source.
The light beam passes through the
diffuser and reflects on its external
surface up to reach the work
surface. This innovative design
anticipated the later numerous
applications of fiber optics.
Collaboration to the project:
Gianni Colombo.

15
"Onda"
Divano / Sofa

AJC.0264b
progetto / design 1962
realizzazione / realization 1964
produzione / production 2008
INDUSTRIE CARNOVALI
vedi / see p. 60

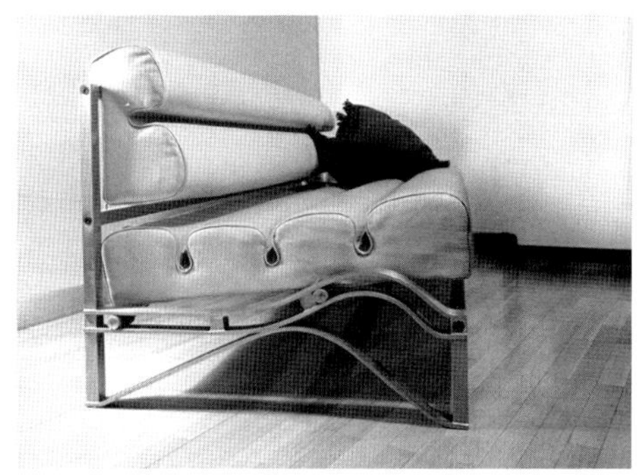

Il divano *Onda*, progettato nel
1962, faceva parte degli arredi
dell'albergo Pontinental in
Sardegna; è stato rieditato da
Industrie Carnovali con la struttura
in acciaio e l'imbottitura ricoperta in
pelle con impunture longitudinali.
Il meccanismo, facilmente
manovrabile, fa slittare in avanti la
seduta senza spostare lo schienale
e consente di trasformare il divano
da conversazione in un divano relax
o, all'occorrenza, in letto singolo. /
The *Onda* sofa, designed in 1962,
was part of the furnishings for the
Hotel Pontinental in Sardinia and was
reissued by Industrie Carnovali with
a steel frame and leather upholstery
cover with lengthwise stitching. The
mechanism, easy to maneuver, slides
the seat forward without moving
the backrest and allows you to
transform the conversation sofa into
a relaxation sofa or, when needed,
into a single bed.

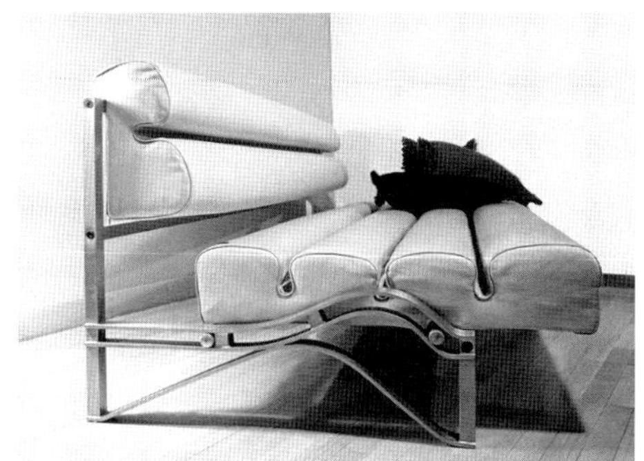

16
"Cricket" e / and
"Cricket Plus"
Poltroncina e sedia /
Chair and Armchair

AJC.0264c
progetto / design 1962
produzione / production 1963
riedizione / re-edition 2007
INDUSTRIE CARNOVALI
vedi / see p. 62

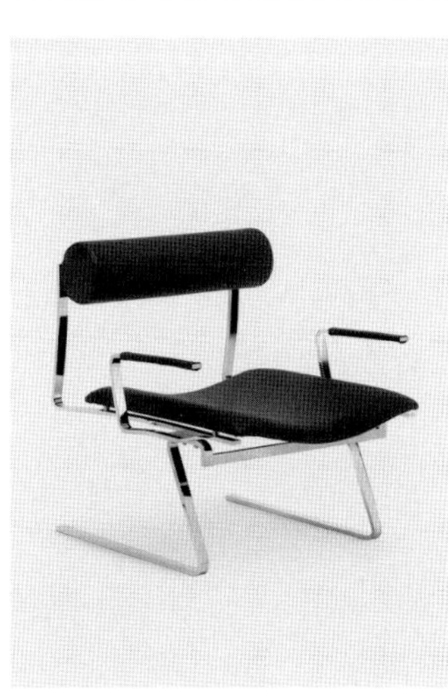

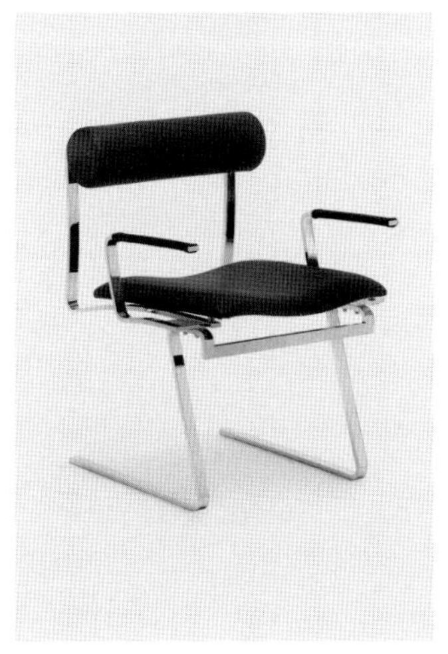

La poltroncina *Cricket*, già realizzata
nel 1963, faceva parte di una serie
con poltrona, esposta a Londra in
occasione dell'Interfurn Chairs of
Nations, e con poltroncina e sedia.
Sulla struttura in piatto d'acciaio, la
seduta risulta molleggiata mentre
lo schienale è costituito da un
semplice rullo. Dopo una lunga
interruzione sono state rieditate le
poltroncine alta (*Cricket*) e bassa
(*Cricket Plus*). /
The *Cricket* series, first realized in
1963, included a larger armchair,
which was exhibited in London on

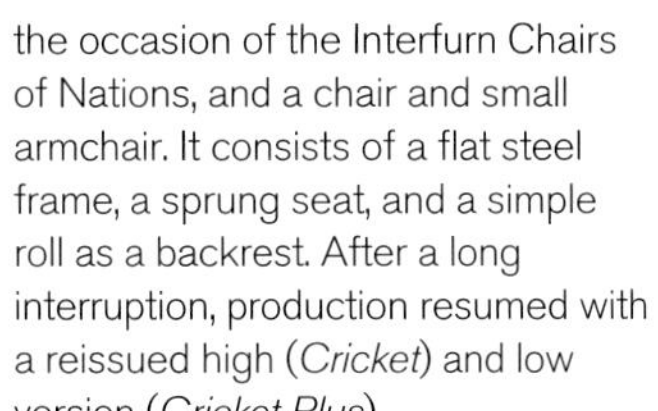

the occasion of the Interfurn Chairs
of Nations, and a chair and small
armchair. It consists of a flat steel
frame, a sprung seat, and a simple
roll as a backrest. After a long
interruption, production resumed with
a reissued high (*Cricket*) and low
version (*Cricket Plus*).

"Roll"
Poltrona / Armchair

AJC.0264a
progetto / design 1962
produzione / production 1963
riedizione / re-edition 2006
fuori produzione / out of production

La poltrona *Roll*, già realizzata nel
1963, faceva parte di una serie con
sedia e poltroncine, poi esposta a
Londra in occasione dell'Interfurn
Chairs of Nations del 1965.
La struttura è in piatto d'acciaio
cromato su cui poggiano il
sedile e lo schienale formati
da un'imbottitura unica a rulli,
rivestita in pelle o sky. Il sistema
è completato da un poggiapiedi
anch'esso a rulli continui. /
The *Roll* armchair, first realized
in 1963, was part of a series
encompassing also a chair and a
small armchair, which was exhibited
in London on the occasion of the
Interfurn Chairs of Nations of
1965. A flat chromed steel frame
supports the seat and the backrest,
which both consist of padded rolls
covered with leather or synthetic
leather. The armchair is completed
with a footrest also consisting of
padded rolls.

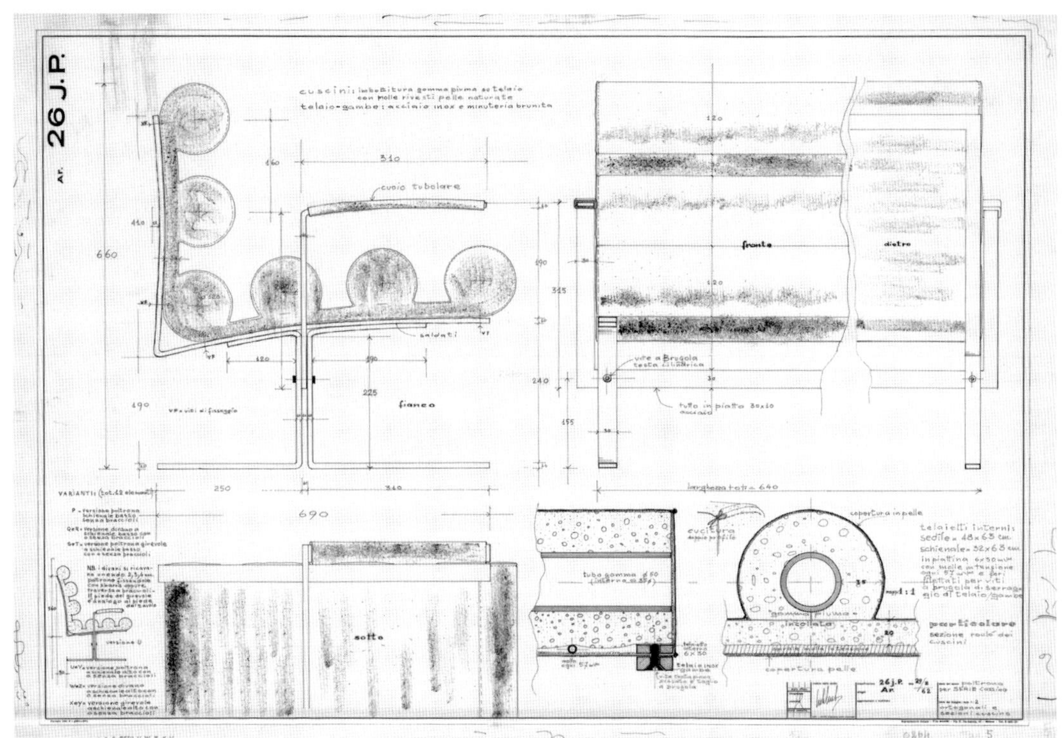

18

**Hotel Pontinental a
Platamona in Sardegna /
Pontinental Hotel
in Platamona, Sardinia**

AJC0269
progetto / design 1962
realizzazione / realization 1964

Per il progetto dell'albergo
Pontinental, nel Golfo dell'Asinara
in Sardegna, Joe Colombo disegna
tutti gli interni e prevede elementi
assemblabili trasportati per mare
sull'isola con il minimo ingombro di
spazio, poi montati in cantiere.
I rivestimenti in legno di teak
sono composti su piani diversi
e semplicemente avvitati senza
incastri.
Per l'illuminazione dei passaggi
e degli ingressi dell'albergo Joe
Colombo utilizza prismi di perspex
illuminati da una sorgente luminosa
nascosta nel controsoffitto.
Gli ambienti, molto soleggiati,
presentano soffitti tinteggiati con
colore scuro. Le pareti delle grandi

sale interne sono invece in grigio
chiaro. /
When Joe Colombo was entrusted
with the interior design of the
Pontinental Hotel, in Gulf of Asinara,
Sardinia, he designed modular
elements that could be transported
to the island occupying a minimum
amount of space. Assembly took
place on site at the Hotel.
Teak wood panels were fixed at
different levels and were simply
screwed onto the structural
elements.
Perspex prisms Illuminated by
a light source concealed in the
double ceiling were used for
corridors and the lobby of the
hotel.
The ceiling of the rooms flooded
with natural light were painted
in dark colors. The walls of the
large internal function rooms were
painted in a light grey.

19

**Allestimento dello stand
"Ditta Colombo Cesare spa"
alla Fiera Campionaria di
Milano / Set-up of the "Ditta
Colombo Cesare spa" stand at
the Milan Trade Fair**

AJC.0289
progetto / design 1962
realizzazione / realization 1962

Allestimento della ditta Colombo
Cesare SpA, che produceva
conduttori elettrici e componenti,
alla Fiera Campionaria di Milano,
negli anni in cui la società era
intestata a Joe Colombo.
Già si possono notare semisfere
stampate e cilindri trasparenti, poi
utilizzati in progetti di arredi. /
Set-up of the Colombo Cesare
SpA corporate stand, which
manufactured electrical wiring and
equipment, at the Milan Trade Fair
in the years when Joe Colombo
had taken over the company.
The stand already featured
the printed hemispheres and
transparent cylinders that Joe
Colombo will later use for his
interior design projects.

**Appartamento in via
San Francesco a Milano /
Apartment in Milan,
Via San Francesco**

AJC.0323
progetto / design 1962
realizzazione / realization 1962

L'appartamento presenta alcune
pareti in mattoni "faccia a vista"
che Joe Colombo accosta a pareti
rivestite di pannelli in legno con
varie funzioni, porte scorrevoli,
boiserie con inserti per ganci,
appendiabiti, portaombrelli.
Gli armadi e gli arredi sono
progettati per la produzione in serie
e hanno caratteristiche specifiche
per il loro montaggio e smontaggio
in modo da poterli utilizzare anche
in posizioni diverse se cambiano le
esigenze della famiglia. /
Next to the exposed brick walls,
Joe Colombo added wood paneling
with various functions, such as
sliding doors, panels for hanging
coats and umbrellas.
The cabinets and furnishings were
designed for serial production
and their design foresees various
assembly solutions to be used
in different arrangements when
needed.

**"Trapuntata"
Poltrona / Armchair**

AJC.0309
progetto / design 1962
realizzazione / realization 1962
fuori produzione / out of production

Poltroncina trapuntata con struttura
in tubo d'acciaio e compensato
curvato con rivestimento in pelle.
È stata realizzata anche la sedia
con caratteristiche analoghe.
Entrambe sono state utilizzate
nell'arredamento di un appartamento
in via San Francesco a Milano /
A tubular steel and curved plywood
frame accommodates a seat and
backrest upholstered in quilted
leather.
A chair with similar features was
also realized.
Both the chair and the armchair
were used for the furnishings of an
apartment in Milan, located in Via
San Francesco.

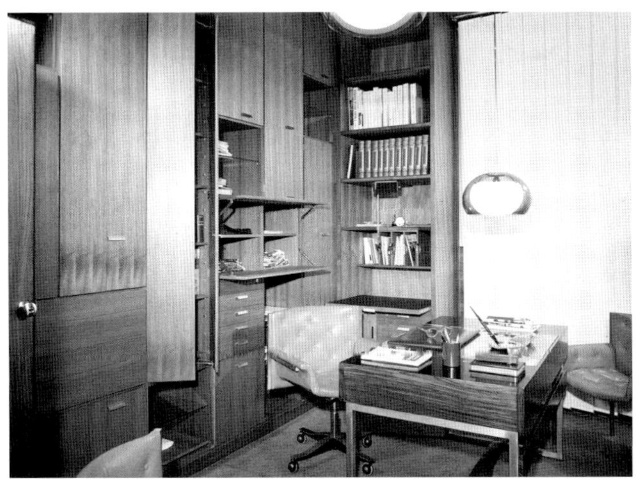

22
Sistema Appenderie /
Hanging System

AJC.0308
progetto / design 1962
realizzazione / realization 1962
fuori produzione / out of production

Realizzazione di rivestimento
murale tipo boiserie con una serie
di scanalature in cui inserire e far
scorrere alcuni tipi di appendiabiti,
portaombrelli, bastoni da passeggio
a altri oggetti di questo tipo.
Questa soluzione era stata
progettata per gli arredi di un
appartamento in via San Francesco
a Milano. /
A wall wooden paneling with a
series of grooves in which to insert
and slide several types of hooks
to hang coats, umbrellas, walking
canes, etc.
This solution was designed for
the furnishings of an apartment
in Milan, located in Via San
Francesco.

23
Divano attrezzato /
Equipped sofa

AJC.0057
progetto / design 1962
realizzazione / realization 1962
fuori produzione / out of production

È uno dei primi divani attrezzati che
presentano sia sui lati che sul retro
volumi che ne permettono l'utilizzo
a libreria o per accessori vari.
Faceva parte degli arredi di un
appartamento in via San Francesco
a Milano. /
It is one of the first sofas
"equipped" at its sides and on its
rear with volumes to be used as
bookcases or organizers.
It was part of the furnishings of an
apartment in Milan, located in Via
San Francesco.

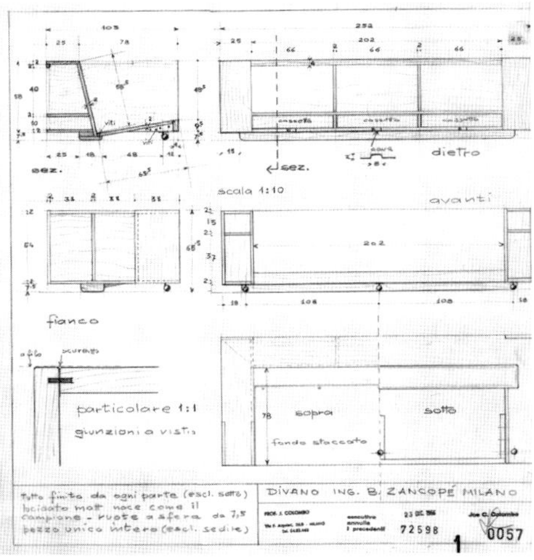

"Combi Center"

AJC.0013
progetto / design 1963
produzione / production 1964
riedizione / re-edition 1997
fuori produzione / out of production

Sistema di elementi cilindrici diversamente attrezzati e sovrapponibili per formare mobili contenitori da centro con diverse altezze e con funzioni differenti. Nella prima versione, i cilindri erano rotanti l'uno sull'altro in modo eccentrico.
Alla XIII Triennale del 1964 è stato presentato come mobile contenitore per hobby, in diverse versioni.
Alla XIV Triennale è stato usato come espositore nella libreria a uso del pubblico. /
A system of cylindrical elements, each devised for different purposes, stackable vertically for a tower of cabinets of various heights to be placed in the center of a room.
In the first version, the cylindrical elements could be rotated eccentrically one above the other.
It was presented at the XIII Milan Triennale of 1964 as cabinet/organizers in various versions.
It was used as bookcase for the public at the XIV Milan Triennale.

25
"Bell Chair"
Poltrona / Armchair

AJC.0374
progetto / design 1963
produzione / production 2006
riedizione / re-edition 2015
VALENTINA 94
vedi / see p. 63

vedi / see p. 63

La poltrona per ufficio *Bell Chair*
appartiene a uno studio di poltrona
da realizzare in un unico foglio di
compensato curvato. Appartiene
alla stessa serie della poltroncina
Sella prodotta nel 1963. Per il
basamento ne sono stati studiati
vari tipi in materiali diversi e con
forme diverse.
La scocca è alleggerita da due
asole laterali che si formano
nella piegatura della seduta e
da tre intagli nella base. I cuscini
a segmenti sono applicati
direttamente alla scocca. /
The *Bell Chair* office armchair
stemmed from the study for an
armchair to be realized in a single
piece of curved plywood. It belongs
to the same series of the *Sella*
small armchair, produced in 1963.
Several types of bases were
studied with different materials
and shapes.
The frame is lightened by two
lateral spaces to the sides of
the seat and three holes in the
base. Its segmented cushions are
embedded in the frame.

26
"Sella"
Poltroncina / Small armchair

AJC.0282
progetto / design 1963
produzione / production 1965
fuori produzione / out of production

Poltrona realizzata in un unico elemento in compensato curvato con rivestimento in pelle o tessuto. Anche il basamento è composto da due elementi in compensato curvato accoppiati e collegati alla scocca con un semplice sistema di assemblaggio. /

An armchair consisting of a single piece of curved plywood with padding covered or leather or fabric. The base is likewise made of two elements of curved plywood coupled and connected to the frame by means of an easy assembly system.

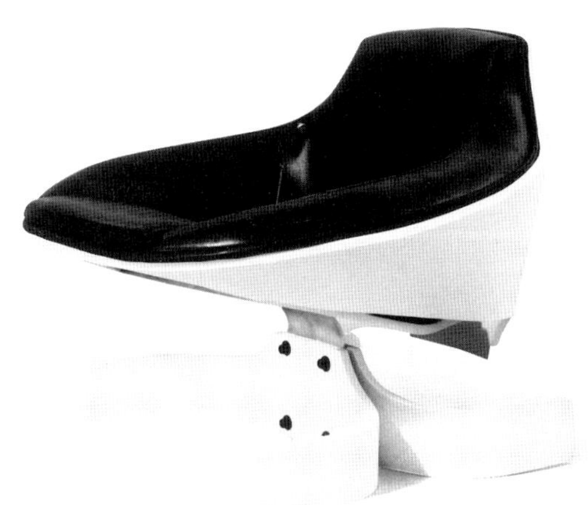

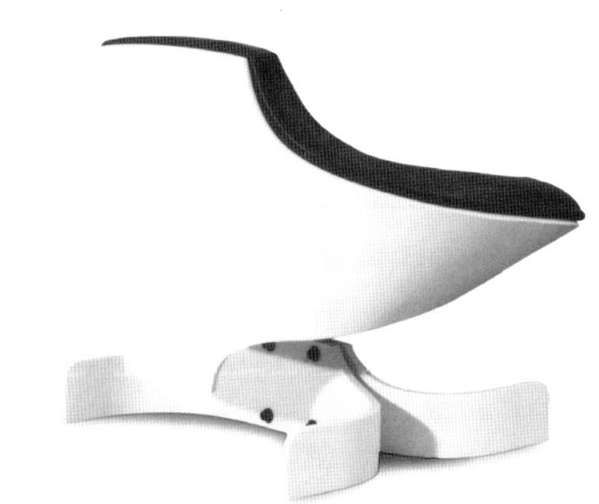

27
"Minikitchen"
Cucina / Kitchen

AJC.0056
progetto / design 1963
produzione / production 1964
BOFFI
riedizione / re-edition 1993 BOFFI
vedi / see p. 64

Piccola cucina monoblocco su
ruote che contiene, in un volume
di circa mezzo metro cubo, gli
elettrodomestici e tutto l'occorrente
per cucinare e apparecchiare per
quattro persone.

Realizzata originariamente in
legno è stata riedidata nel 1993 in
Corian, adattata sia per interni che
per esterni e adeguata alle nuove
norme per le apparecchiature
elettriche. /
Small compact kitchen module
on casters occupying a volume of
approximately half a cubic meter,
containing electrical appliances and
everything needed to cook
and serve four people.
Originally realized in wood, it was
reissued in 1992 in Corian and
adapted to new standards for
electrical appliances. It is suitable
for both indoor and outdoor use.

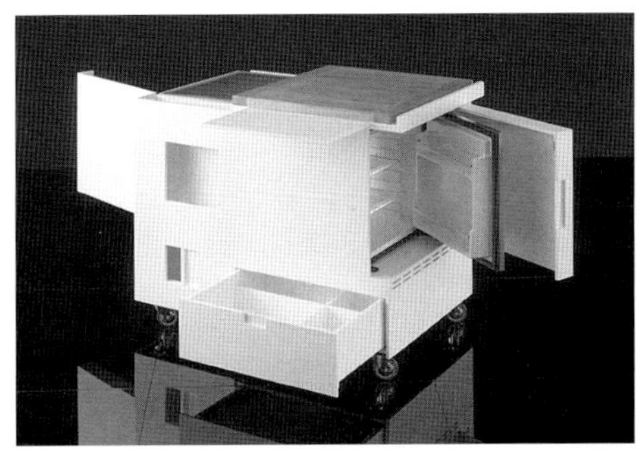

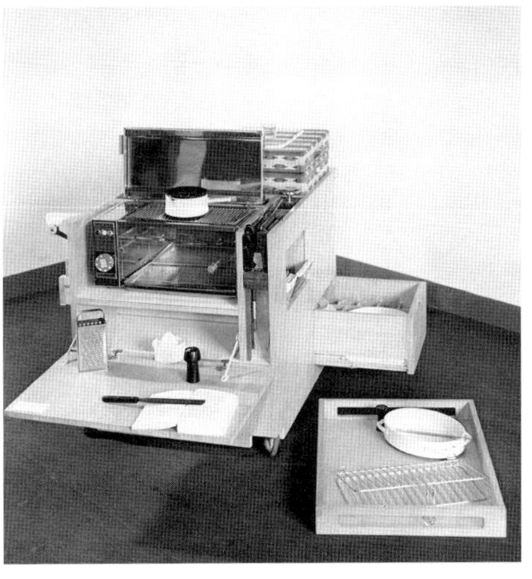

28
"Elda"
Poltrona / Armchair

AJC.0129
progetto / design 1963
produzione / production
1965/2017 COMFORT -
Gruppo Fratelli Longhi
produzione / production 2017
LONGHI
vedi / see p. 66

Prima grande poltrona in fiberglass:
si tratta di una grande conchiglia
autoportante e rotante alla base che
accoglie nell'interno un'imbottitura a
cuscini differenziati agganciati alla
struttura e rivestiti in pelle o in tessuto.
La parte esterna viene verniciata
mentre quella interna viene rivestita in
pelle o tessuto come i cuscini.
Joe Colombo progettò questa
poltrona dopo aver visto un cantiere
nautico dove si realizzavano le
scocche di piccole barche in
vetroresina.
Inizialmente i colori erano bianco
e nero; con il tempo sono stati
aggiunti altri colori tra i quali
l'azzurro, il grigio, il testa di moro
e il color cuoio.
La poltrona *Elda* è stata utilizzata
nel film *La spia che mi amava*, della
saga di James Bond, nel 1977.
Fa parte di numerose collezioni
permanenti museali. /
It is the first large armchair in
fiberglass: it consists of a large
shell resting on a base with ball
bearing wheels and a padding of
varying thickness fixed to the frame
covered in leather or fabric. The
outer fiberglass is lacquered while
the inner side is covered in leather
or fabric like the padding.
Joe Colombo designed this
armchair after visiting a shipyard
that manufactured fiberglass shells
for small boats.
It was originally produced in black
and white. Other colors were added
at a later stage, including light blue,
grey, dark brown, and natural leather.
The *Elda* armchair was used in the
movie *The Spy Who Loved Me* from
the James Bond series, released
in 1977.
It is exhibited in the permanent
collection of several museums.

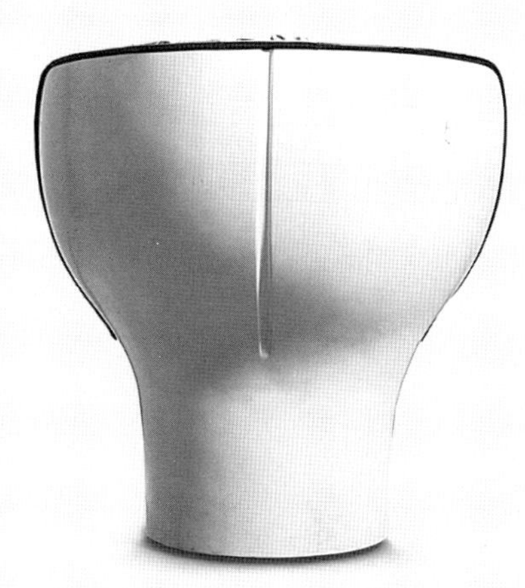

29

"Golf"
Serie / Series

AJC.0283
progetto / design 1963
produzione / production 1964
fuori produzione / out of production

Poltrona e divano con struttura in
legno laccato spostabile su rotelle
e con cuscini indipendenti.
La prima versione ha un telaio in
legno a vista, con diverse varianti
negli accessori e nell'imbottitura,
sempre in pelle.
La serie comprende anche
un pouf e un tavolino basso con
vetro superiore.
Il cuscino, con cuciture diagonali
incrociate, è completato da un
bottone centrale
Le asole sul retro del divano
e sui fianchi del pouf agevolano
lo spostamento. /
Armchair and sofa with a lacquered
wooden frame resting on casters
and with separate cushions.
The first version had a visible
wooden frame with different
variations in accessories and
padding, always covered in leather.
This series also encompasses an
ottoman and a coffee table with
glass top.
The cushion, with diagonal cross
stitching, is completed with
a central button.
The slots on the rear of the sofa
and on the sides of the ottoman
make it easier to move the
furniture.

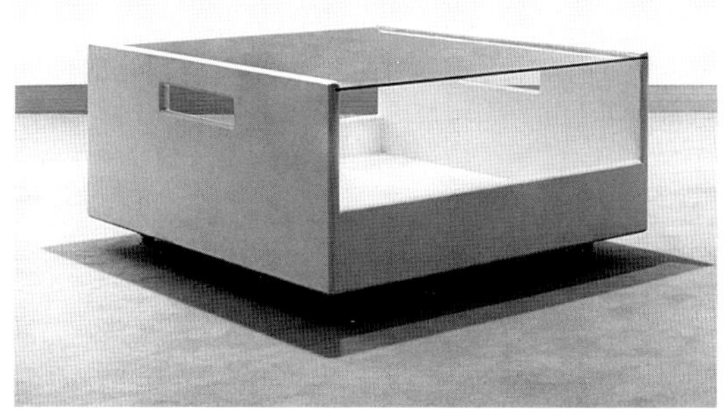
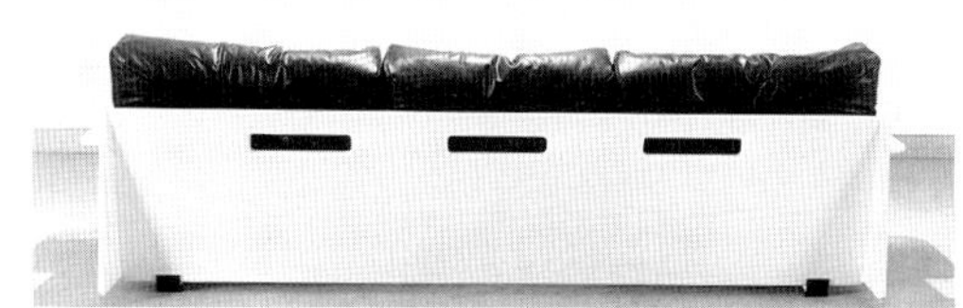

30
Motel a / in Follonica (Gr)

AJC.0327
progetto / design 1963
modello / model

Foto del modello, vista a nord.
L'edificio, a pianta triangolare,
presenta facciate influenzate
dall'architettura organica di Frank
Lloyd Wright ed elementi esterni
prismatici. /
Photo of the model, north view.
The façades of this triangular
plan building draw on Frank Lloyd
Wright's organic architecture and
feature prism-shaped external
elements.

31
"Onda" o / or "Ra"
Lampada / Lamp

AJC.0008
progetto / design 1964
produzione / production 1965
riedizione / re-edition 1976
fuori produzione / out of production

Lampada a sospensione, a
luce diffusa verso l'alto e a
luce diretta verso il basso, che
appartiene a una serie studiata
per l'applicazione di componenti
industriali alla produzione di oggetti
d'arredamento.

Nella sua prima versione è
stato usato un vetro Fresnel per
l'isolamento dei cavi ad alta tensione.
Nella versione successiva il diffusore
è in vetro ondulato e acidato. /
Suspension lamp with diffuse
lighting upwards and direct lighting
downward, which belongs to a
series designed for the application
of industrial components to the
production of furnishings.
Its first version saw the use of
Fresnel glass lenses for the
insulation of high voltage cables.
In the following version, the light
diffuser was in corrugated and
etched glass.

32
"Serie 670" / "670 Series"

AJC.0022
progetto / design 1964
produzione / production 1965
fuori produzione / out of production

Il mobile attrezzato, progettato
per il soggiorno, è composto da
quattro cubi, con lato ciascuno
di 43 cm, attrezzati con cassetti,
vani estraibili e ripiani ribaltabili.
Pensato per contenere giradischi,
radio e bar, è montato su ruote
fissate sull'asse verticale o
sull'asse orizzontale in modo
da poter essere utilizzato sia
orizzontalmente sia verticalmente.

Prodotto originariamente in legno
naturale chiaro o scuro è stato poi
prodotto con superfici laccate. /
This piece of furniture was devised
for the living room and is made up
of four cubic modular units, each
measuring 43 cm per side. Each
module is equipped with drawers,
pull-out compartments and flip-
open shelves. It was designed to
hold a turntable, radio and a minibar and is equipped with swivel
casters that can be mounted either
on its vertical or horizontal axis, so
that the unit can be stacked either
vertically or horizontally.
Originally manufactured in light
or dark natural wood, it was later
produced in lacquered wood.

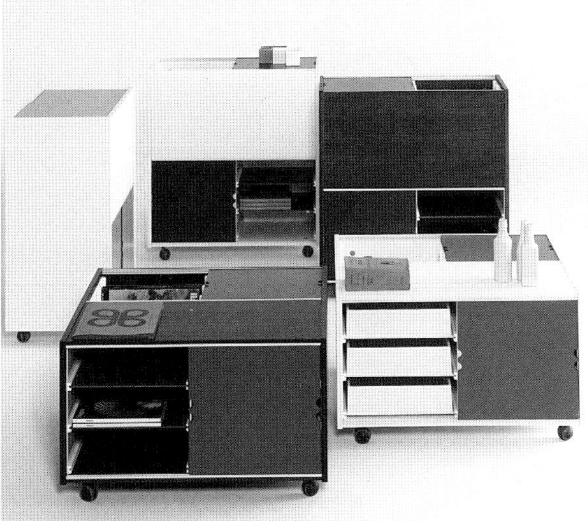

33
"Ragno"
Lampada / Lamp

AJC.0029
progetto / design 1964
produzione / production1965
riedizione / re-edition 1971
fuori produzione / out of production

La lampada da esterni appartiene
a una serie studiata per
l'applicazione di componenti
industriali alla produzione di oggetti
d'arredamento. Prodotta con vetro
Fresnel per l'isolamento dei cavi ad
alta tensione, presenta un diffusore
pressato su di un supporto in
fusione di alluminio con gambe
in tubo verniciato e calotta di
copertura in ABS a iniezione.
La grande estensione delle gambe
consente la stabilità dell'oggetto

senza necessità di ancoraggio. È
dotata di due serie di puntali, una
adatta per penetrare nel terreno,
l'altra per l'appoggio su qualunque
tipo di pavimentazione. /
This outdoor lamp belongs
to a series designed for
the application of industrial
components to the production
of furnishings and is produced
with Fresnel glass for the
insulation of high voltage cables.
Its light diffuser is mounted
on an aluminum cast support
with lacquered tubular legs and
injection-molded ABS cover.
The great extension of the legs
aids in stabilizing the lamp without
the need of anchorage. It is
equipped with two sets of bases:
one suitable for penetrating the
ground, the other for resting on any
type of flooring.

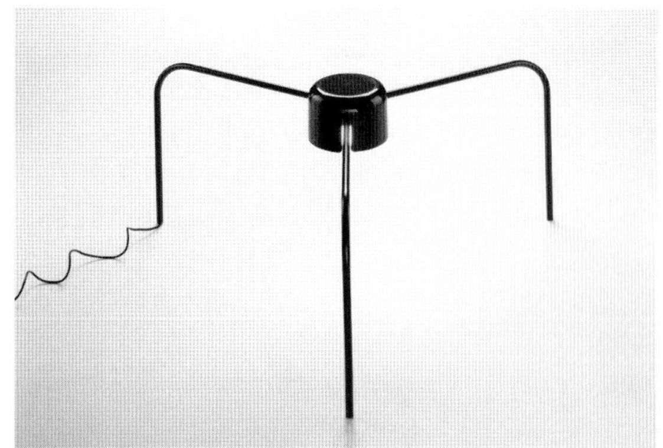

34
Poltroncina a elementi
curvati / Curved element
armchair

AJC.0043
progetto / design 1964
produzione / production 1964
KARTELL
riedizione / re-edition 2011
KARTELL
vedi / see p. 68

La poltroncina è stata realizzata
con tre elementi in legno
compensato curvato che si
incastrano tra loro senza alcun
elemento di giunzione. In origine
era completata da due cuscini
di basso spessore e da piedini
da utilizzare per l'appoggio su
moquette o tappeti.

La prima produzione del 1964
veniva verniciata in vari colori tra
cui bianco, nero, rosso, arancione
e verde. È stata poi prodotta una
nuova edizione in materiale plastico
PMMA, in tre colori, trasparente,
nera e bianca, presentata al Salone
del Mobile di Milano nel 2011. /
This small armchair was realized
with three elements in curved
plywood dovetailed into one
another with no joints. It was
originally completed with two thin
cushions and feet to be used over
carpets or rugs.
The first version produced in 1964
was lacquered in various colors,
including white, black, red, orange,
and green. It was reissued in PMMA,
in three colors – transparent, black,
and white – which was presented at
Milan's Salone del Mobile of 2011.

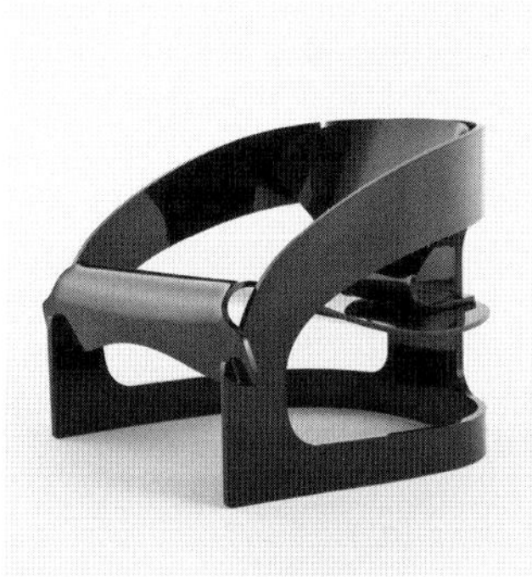

35
"Sbalzo"
Sedia / Chair

AJC.0128
progetto / design 1964
produzione / production 1965
riedizione / re-edition 2006
INDUSTRIE CARNOVALI
vedi / see p. 70

Già prodotta nel 1965, la sedia
Sbalzo è formata da una struttura
continua tubolare in metallo
cromato a cui sono agganciati, con
un facile sistema di assemblaggio
centrale, due semi-sedili simmetrici
in legno compensato curvato a
vista o rivestiti in pelle.
Questo tipo di struttura consente di
impilare le sedie.
Viene prodotta con o senza
braccioli. /
Originally produced in 1965, the
Sbalzo chair consists of a one-
piece polished steel tubular frame
supporting a seat made of two
symmetrical sections in curved
natural plywood or covered in leather,
fastened to the central portion of the
frame with an easy assembly system.
This special design allows to stack
the chairs.
It is produced with or without
armrests.

36
**Lampada a schermo girevole
inclinato / Inclined rotating
screen lamp**

AJC.0049a1
progetto / design 1964
produzione / production 1964
fuori produzione / out of
production

La lampada è composta da due
cilindri stampati in materiale
plastico inseriti l'uno nell'altro:
quello interno, traslucido, contiene
la lampadina e fa da diffusore e
base di appoggio, mentre quello
esterno, con una parte in diagonale,
ruotando regola l'intensità
luminosa.
Appartiene a una serie con altri
modelli e diverse finestrature. /

This lamp consists of two molded
plastic cylinders inserted one
inside the other: the internal one,
translucent, houses the lightbulb
and acts as a diffuser and support
base, while the external cylinder,
with a diagonal face, rotates and
adjusts the intensity of the light.
It is part of a series comprising
other models with different
openings.

37

Lampada a schermo girevole pluribolle / Bubble lamp with rotating screen

AJC.0049a2
progetto / design 1964
realizzazione / realization 1964
fuori produzione / out of
production

La lampada è composta da due cilindri stampati in materiale plastico inseriti l'uno nell'altro: quello interno, traslucido, contiene la lampadina e fa da diffusore e base di appoggio, mentre quello esterno, opaco e con tanti fori di diverse dimensioni allineati verticalmente, regola l'intensità luminosa ruotando.
Appartiene a una serie di altri modelli con diverse finestrature. / This lamp consists of two molded plastic cylinders inserted one inside the other: the internal one, translucent, houses the lightbulb and acts as a diffuser and support base, while the external cylinder, opaque and with several holes of various sizes aligned vertically, rotates and adjusts the intensity of the light.
It is part of a series comprising other models with different openings.

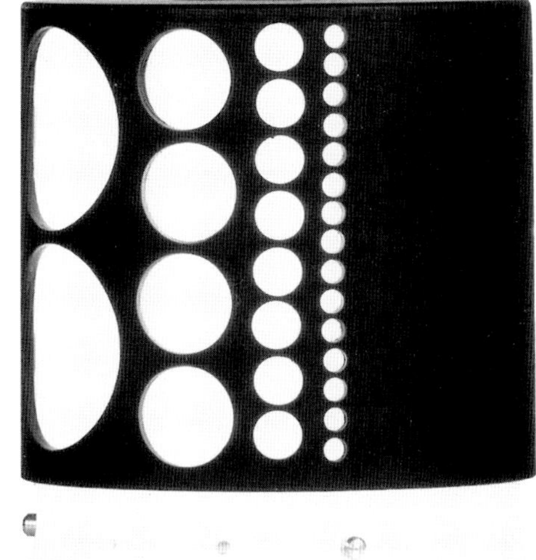

38

Lampada a schermo girevole forato / Perforated rotating screen lamp

AJC.0049a3
progetto / design 1964
produzione / production 1964
fuori produzione / out of production

La lampada è composta da due cilindri stampati in materiale plastico inseriti l'uno nell'altro: quello interno, traslucido, contiene la lampadina e fa da diffusore e base di appoggio, mentre quello esterno, opaco e con due finestrature di diametri diversi, ruotando regola l'intensità luminosa.
Appartiene a una serie di due modelli con diverse altezze e finestrature: uno con due fori di diversa dimensione contrapposti; uno con un grande foro ovale. / This lamp consists of two molded plastic cylinders inserted one inside the other: the internal one, translucent, houses the lightbulb and acts as a diffuser and support base, while the external cylinder, opaque and with two openings of different diameters, rotates and adjusts the intensity of the light.
It is part of a series featuring two models with different heights and openings: one with two opposing holes of different diameters, and one with a single large oval hole.

39
Abitazione a Crans Montana (CH) / Apartment in Crans Montana (CH)

AJC.0312
progetto / design 1964
realizzazione / realization 1964

Come in tutti gli appartamenti progettati da Joe Colombo, vengono utilizzati arredi appositamente disegnati accostati a prodotti di serie tra cui la lampada *Bolle*. L'appartamento presenta distribuzione e finiture tradizionali a cui vengono aggiunte porte a soffietto sotto zone soppalcate e un interessante tendaggio continuo che forma un'ampia curva per raccordare due pareti perpendicolari finestrate. /
As in all the apartments designed by Joe Colombo, custom furnishings are combined with serial production objects, including the *Bolle* lamp. Folding doors under the mezzanine areas and an original continuous curtain that forms a wide curve uniting two perpendicular walls with windows contrast the traditional finishing and internal partitioning of the apartment.

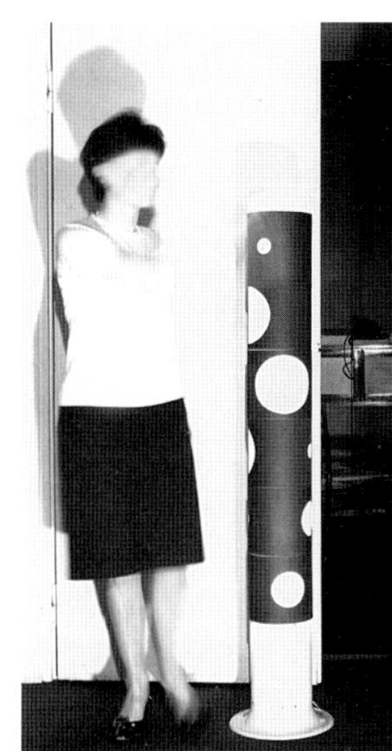

40
"Bolle"
Lampada da terra / Floor lamp

AJC.0049b
progetto / design 1964
produzione / production 1964
riedizione / re-edition 2011
PALLUCCO
vedi / see p. 71

Lampada da terra composta da un cilindro in materiale plastico traslucido che contiene lampade a basso consumo. All'esterno vengono infilati sette piccoli cilindri in alluminio verniciato, con aperture circolari di diversi diametri, che possono essere ruotati anche singolarmente, regolando così l'intensità luminosa e creando diversi effetti d'ambiente. Si può accendere separatamente la luce del cilindro e quella indiretta a fascio verso l'alto. /
This floor lamp consists of a translucent plastic cylinder that houses energy-efficient lightbulbs. Seven small perforated, lacquered aluminum cylinders with round openings of varying diameter are threaded onto this frame. The small cylinders can be rotated individually to adjust the intensity of the light and create different lighting effects. The cylinder light and the indirect upward beam light can be turned on separately.

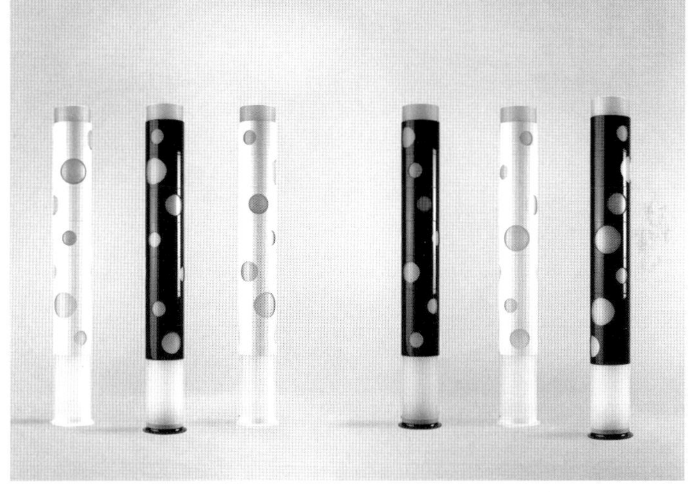

41
"Nastro"
Poltrona / Armchair

AJC.0074
progetto / design 1964
produzione / production 1965
BONACINA P.A.
riedizione / re-edition 2016
BONACINA 1889
vedi / see p. 72

Per questa serie di poltrone e divani vengono utilizzati bastoni di giunco curvati e giuntati fra loro in modo da realizzare una struttura senza soluzione di continuità. Sulla struttura vengono appoggiati due cuscini in tessuto, uno per la seduta e uno per lo schienale. La struttura viene laccata in diversi colori. Già denominata *Poltrona 1.000,* è stata pubblicata per la prima volta sulle riviste internazionali di settore nel 1965. /
The frame of this series of armchairs and sofas consists of bent rattan canes joined together so as to obtain a continuous jointless structure. The frame is completed with fabric covered cushions for the seat and the backrest. The rattan frame is lacquered in several colors. Originally called *Poltrona 1.000*, it was first published on specialized international press in 1965.

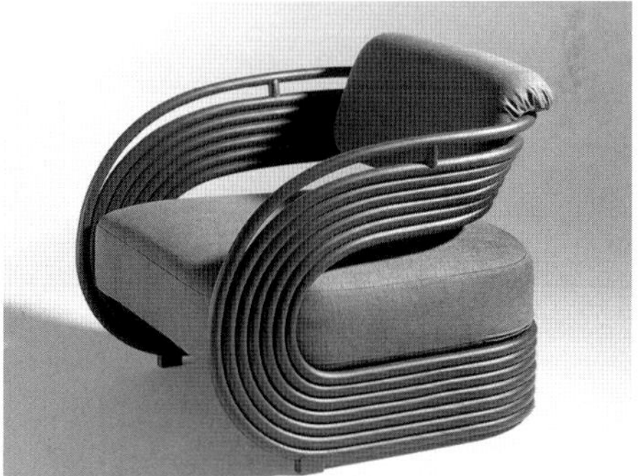
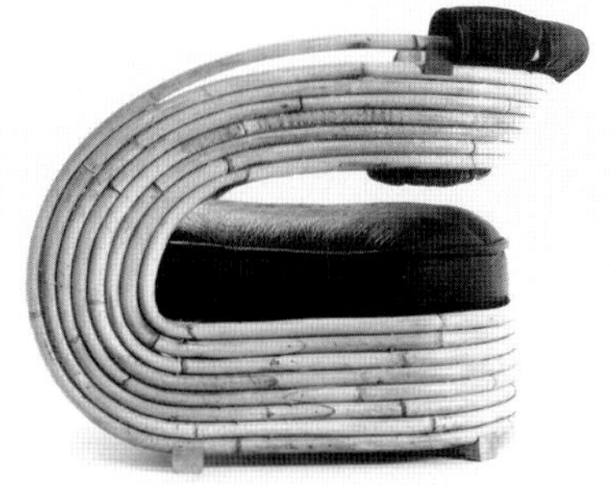

42

"Globe"
Lampada / Lamp

AJC.0077
progetto / design 1964
produzione / production 1964
OLUCE
riedizione / re-edition 2015
OLUCE
vedi / see p. 74

Lampada da tavolo a base metallica
con un largo foro circolare dove
alloggia una sfera in vetro stampato
che contiene, al suo interno, un
faretto cilindrico in metallo che
proietta la luce. La boccia sferica
può essere ruotata in ogni direzione.
La lampada è stata prodotta nel
1964 con diversi tipi di basamenti
e viene riedita nel 2015 nelle tre
versioni da tavolo, a sospensione e
a parete. /
Table lamp with a metal base. A large
round hole at the center of the base
houses a transparent molded glass
sphere that contains a cylindrical
metal spotlight that projects the light.
The glass sphere can be rotated in
all directions.
This lamp was initially produced
in 1964 with varying base and
was reissued in 2015 as the three
versions: table, suspension, and
wall lamp.

43

"Asimmetrico"
Bicchiere / Glass

AJC.0088
progetto / design 1964
produzione / production 1968
fuori produzione / out of
production

Bicchiere asimmetrico il cui gambo,
applicato alla coppa, termina con
un piede in vetro colato, di forma
arrotondata.
Appartiene a uno studio per
consentire l'uso del bicchiere
insieme alla sigaretta o ad altri
oggetti, grazie alla morfologia del
suo piede che si inserisce e viene
facilmente trattenuto tra il pollice e
l'indice della mano, mentre la coppa
appoggia sul dorso della mano
stessa.
Adatto per ricevimenti in piedi e per
chi fuma. /
Asymmetrical glass whose stem,
attached to the receptacle, ends
with a rounded foot in poured glass.
It is part of a design study to allow
the use of the glass while holding
a cigarette or other objects, thanks
to the shape of the stem, which is
easily held in the hollow between

the thumb and forefinger, while the
receptacle rests perfectly balanced
on the back of the hand.
Perfect for standing dinners and
smokers.

...kel	Weiß-wein	Likör	Sekt	Long-drink
...ße Nr.	1	5	8	11
...ccm	240	90	200	330
...e mm	150	110	190	170

44
"Container For Lady - For Man"

AJC.0095a
progetto / design 1964
produzione / production 1965
fuori produzione / out of production

Questa serie di contenitori polifunzionali è costituita da elementi in legno con attrezzature interne montate su scivoli ed eseguite in materiali diversi (perspex, cristallo, legno eccetera). I contenitori, corredati anche di impianto luce, possono essere cóllegati l'uno all'altro con cerniere e chiudersi a baule in modo da essere comodamente trasportati e spediti. Aprendosi si trasformano in paraventi articolati adatti a creare zone appartate e riservate in un ambiente più ampio.
Nei *Container For Lady - For Man* la disposizione dei vani per abiti e dei cassetti è stata studiata tenendo conto delle diverse necessità dell'abbigliamento maschile e femminile. Entrambi sono corredati da una serie di accessori. /
This series of multifunctional containers is made up of wooden units, each containing organizers mounted on tracks and realized in various materials (Perspex, crystal, wood, etc.). The containers, also equipped with lighting, can be hinged to each other and be closed like a trunk to be easily transported and shipped. When they are opened, they turn into screens suitable for creating secluded and reserved areas in a larger environment.
The design for the *Containers For Lady - For Man* foresees units and drawers that are specifically conceived taking into account the different needs of men's and women's garments. Both are equipped with a series of accessories.

45
"Personal Container"

AJC.0095b
progetto / design 1964
produzione / production 1965
fuori produzione / out of
production

Questa serie di contenitori
polifunzionali è costituita da
elementi in legno con attrezzature
interne montate su scivoli ed
eseguite in materiali diversi
(perspex, cristallo, legno ecc.).
I contenitori, corredati anche di
impianto luce, possono essere
collegati l'uno all'altro con
cerniere e chiudersi a baule in
modo da essere comodamente
trasportati e spediti. Aprendosi si
trasformano in paraventi articolati
adatti a creare zone appartate
e riservate in un ambiente più
ampio.
Study Container è composto da
un elemento scrittoio a ribalta
con attrezzatura tipo "secrétaire",
incernierato all'elemento libreria
con cassettiera.
Il *Personal Container* contiene
giradischi, porta dischi, radio,
piccola libreria, porta riviste, bar,
portacenere e cassetti vari.
Derivato dallo stesso studio
progettuale, il contenitore-libreria
Book Box. /
This series of multifunctional
containers is made up of wooden
units, each containing organizers
mounted on tracks and realized in
various materials (Perspex, crystal,
wood, etc.). The containers, also
equipped with lighting, can be
hinged to each other and be closed
like a trunk to be easily transported
and shipped. When they are
opened, they turn into screens
suitable for creating secluded
and reserved areas in a larger
environment.
Study Container includes a fold
down desk element with office
equipment; hinged to the bookcase
with drawers.
The *Personal Container* contains a
turntable, record holder, radio, small
bookcase, magazine rack, minibar,
ashtray, and various drawers.
This same concept led to
the design of the *Book Box*
container-bookcase.

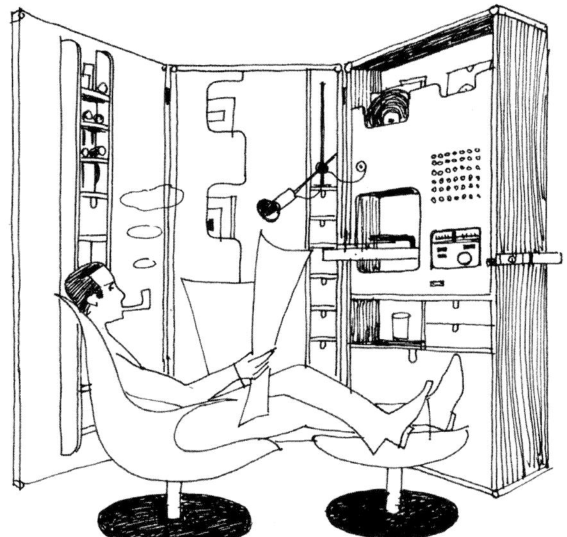

46
"Container"
Libreria / Bookcase

AJC.0171a
progetto / design 1964-1970
produzione / production 1971
fuori produzione / out of
production

Contenitori plurifunzionali realizzati
in legno laccato con attrezzature
interne in perspex, cristallo o legno.
Ogni elemento è montato su scivoli
che agevolano lo spostamento.
I contenitori possono essere
incernierati a due a due e chiusi a
"baule".
Il progetto era nato da un'evoluzione
del *Personal Container* nella
versione librerie del 1964.
Sono stati esposti alla mostra *Le
case firmate di Casa Amica* nel
1971. /
Lacquered wood multifunctional
containers with internal organizers
in Perspex, crystal, or wood.
Each of the organizers rests
on sliding tracks. Each pair of
containers can be hinged and
closed like a trunk.
This design stemmed from
an improvement of the 1964

Personal Container series used as
bookcases.
They were exhibited at the "*Casa
Amica Signature Homes*" trade
show in 1971.

47
"Book Box"
Libreria / Bookcase

AJC.0171b
progetto / design 1964
produzione / production 2006
fuori produzione / out of
production

Il *Book Box* è un elemento che
appartiene alla serie dei *Personal
Container* progettati nel 1964 e
che, accostato ad altri, può formare
librerie a parete o da centro,
con schienale o senza, con varie
composizioni modulari.
Derivato dallo studio progettuale
dei *Personal Container*, il
contenitore-libreria, prodotto dal
2006 al 2015, prevede che i libri
vengano riposti parallelamente
al piano di appoggio anziché
perpendicolarmente.
È stato presentato al Salone del
Mobile di Milano nel 2006. /
Book Box is part of the series of
Personal Containers designed in
1964. When placed next to other
modules, it can form wall anchored
or freestanding bookcases or open
storage organizers with or without
backing.
This storage organizer-bookcase,
whose concept stems from the

design of the *Personal Containers*,
was produced from 2006 to 2015.
Its design foresees that books be
placed parallel to the support plane
and not vertically.
It was presented at the Milan
Salone del Mobile in 2006.

"Residence Unità" a / in Madonna di Campiglio

AJC.0330
progetto / design 1964
realizzazione / realization 1964

La sala comune del Residence
Unità è destinata alla conversazione
e al relax e viene arredata con
materiali tradizionali nel pavimento,
nei rivestimenti e nei mobili che
sono tutti in legno naturale.
Il soffitto e le sedute sono blu e, a
contrasto, vengono allineati cuscini
di vari colori. /
The lobby-living room of the
Residence Unità was conceived as
a conversation and relaxation area
and was designed with traditional
materials in the floor, walls and
furniture, all in natural wood.
In contrast is the blue ceiling and
cushions of various colors on the
sofas.

"Ring"
Modulo Contenitore / Container module

AJC.0390
progetto / design 1964
produzione / production 1964
riedizione / re-edition 2014
B-LINE
vedi / see p. 76

Il mobile contenitore *Ring* è
composto da moduli in lamiera
verniciata e da due ripiani in legno
di rovere. Caratterizzato da due
facce parallele con due aperture
tonde, il modulo è impilabile su
ruote piroettanti ed è sovrapponibile
fino a tre elementi. Se utilizzato
singolarmente può funzionare
come tavolino e anche come pouf.
Il progetto originario fu realizzato in
legno con cuscino tondo in pelle per
la seduta. È stato originariamente
utilizzato nel Residence Unità a
Madonna di Campiglio. /
RING is a versatile container made
up of painted steel modules and two
oak shelves. It has two parallel sides

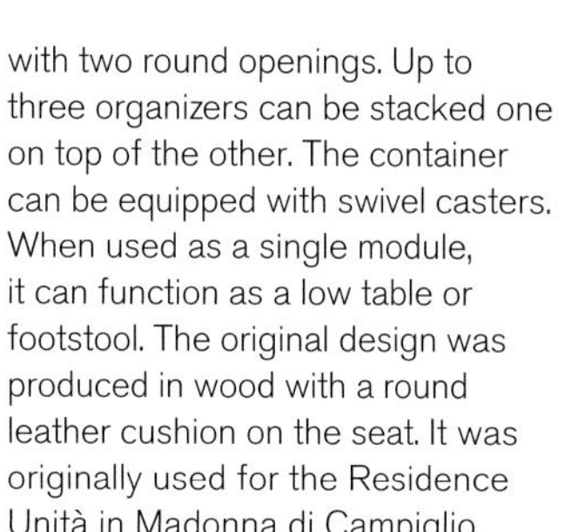

with two round openings. Up to
three organizers can be stacked one
on top of the other. The container
can be equipped with swivel casters.
When used as a single module,
it can function as a low table or
footstool. The original design was
produced in wood with a round
leather cushion on the seat. It was
originally used for the Residence
Unità in Madonna di Campiglio.

50
"Fresnel"
Lampada / Lamp

AJC.0248a
progetto / design 1964
produzione / production 1965
OLUCE
vedi / see p. 77

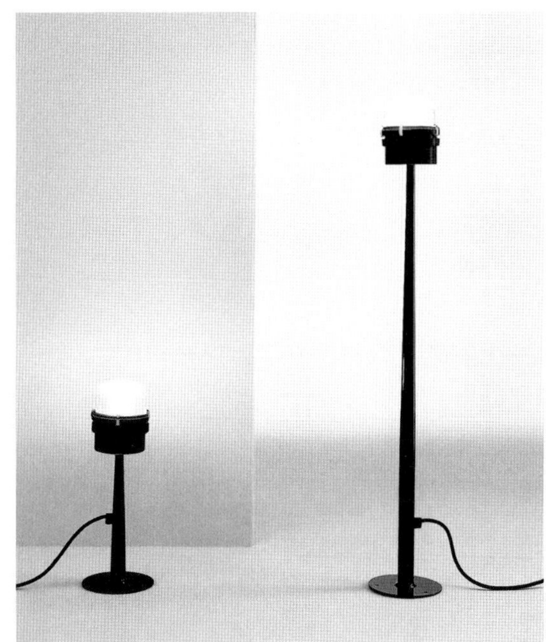

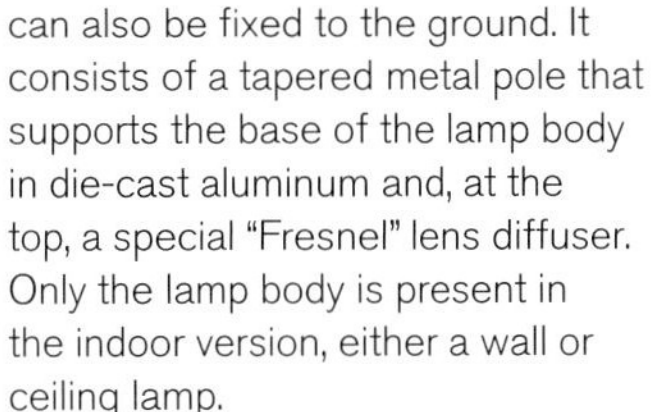

Dallo studio per l'applicazione di componenti industriali alla produzione per l'arredamento nascono una serie di lampade con l'utilizzo di vetri Fresnel.
Questa lampada, sia da esterni che da interni, è adatta anche per essere infissa nel terreno ed è realizzata con un'asta metallica affusolata che regge la base del corpo-lampada in pressofusione di alluminio con applicato alla sommità un diffusore speciale costituito da una "lente Fresnel".
Nella versione da interni, da parete o da soffitto, viene utilizzato solo il corpo lampada. /
The study for the application of industrial components to the production of furnishings gave rise to a series of lamps using "Fresnel" glass lenses.
This indoor and outdoor lamp can also be fixed to the ground. It consists of a tapered metal pole that supports the base of the lamp body in die-cast aluminum and, at the top, a special "Fresnel" lens diffuser. Only the lamp body is present in the indoor version, either a wall or ceiling lamp.

51
Lampada "Fresnel"
con tubazioni industriali /
"Fresnel" lamp with
industrial pipes

AJC.0248b
progetto / design 1964
produzione / production 1964
fuori produzione / out of production

Questa lampada appartiene a una serie studiata per l'applicazione di componenti industriali alla produzione di oggetti da arredamento.
Lampada da esterni in due versioni, adatta per essere infissa nel terreno e realizzata con elementi di tubo industriale e con applicate alla sommità "lenti Fresnel" trattenute da molle in acciaio. /
This lamp is part of a series studied for the application of industrial components to the production of furnishings.
Outdoor lamp available in two versions, which can also be fixed to the ground and realized with industrial pipes and special "Fresnel" glass lenses connected at the top with steel springs.

52
"Fresnel"
Lampada, vari modelli /
Lamp, various models

AJC.0261
progetto / design 1964
produzione / production 1965
fuori produzione / out of production

Lampade a tenuta stagna per
esterni con diffusori in vetro
Fresnel di varie forme.
Appartiene a una serie studiata
per l'applicazione di componenti
industriali alla produzione di oggetti
d'arredamento.
A seconda dei modelli possono
essere applicate a parete, a soffitto
e da tavolo. /
Outdoor waterproof lamps with
Fresnel glass diffusers of various
shapes.
It belongs to a series designed
for the application of industrial
components to the production of
furnishings.
Based on the model, it can be a
wall, ceiling, or table lamp.

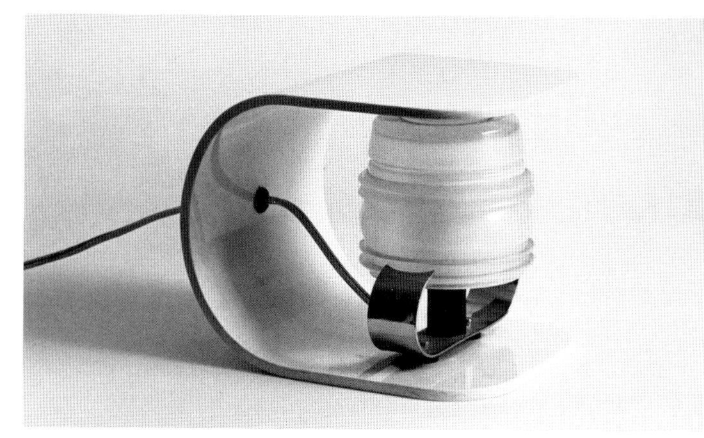

53
"Optical"
Lampada / Lamp

AJC.0262
progetto / design 1964
produzione / production 1964
fuori produzione / out of production

Questa lampada appartiene a una
serie studiata per l'applicazione
di componenti industriali
alla produzione di oggetti da
arredamento.
Come altre di questa serie, le
lampade sono a tenuta stagna per
esterni e interni con diffusori in
vetro Fresnel e con basi e supporti
in metallo verniciato. /
This lamp belongs to a series
designed for the application of
industrial components to the
production of furnishings.
Like other lamps within this series,
it is waterproof for both outdoor
and indoor use with Fresnel glass
diffusers and lacquered metal
bases and supports.

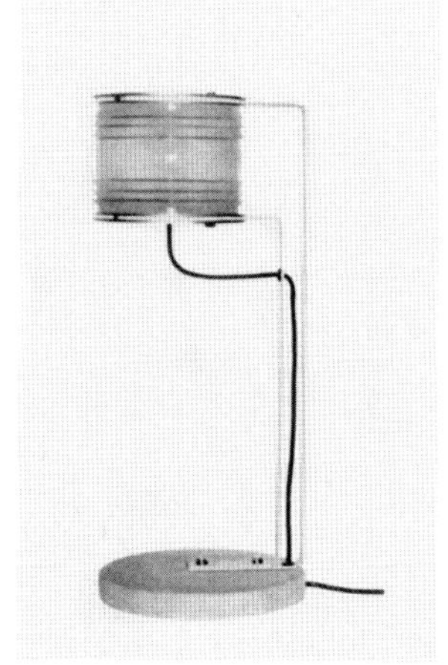

54
"Smoke"
Bicchiere / Glass

AJC.0112
progetto / design 1964
produzione / production 1964
ARNOLFO DI CAMBIO
Compagnia Italiana del Cristallo
vedi / see p. 78

Appartiene a uno studio per consentire l'uso del bicchiere insieme alla sigaretta, o ad altri oggetti nella stessa mano, grazie alla posizione eccentrica del gambo che si inserisce e viene trattenuto nell'incavo tra il pollice e l'indice, mentre la coppa appoggia sul dorso della mano stessa.
La serie è stata prodotta in cristallo a stampo, trasparente o in colore lilla. Oggi viene prodotta una serie limitata ad alcune misure e denominata *Smoke Old Fashion*. Alcuni modelli sono prodotti anche con la base e il gambo neri.
Nella foto sono rappresentati due prototipi con base intera, poi molata. /
It is part of a design study to allow the use of the glass while holding a cigarette or other objects in the same hand, thanks to the eccentric shape of the stem, which is easily held in the hollow between the thumb and forefinger, while the receptacle rests perfectly balanced on the back of the hand.
This series was produced in transparent or lilac molded crystal. Today, a series limited to few sizes is produced, called *Smoke Old Fashion*. Some models are also produced with a black base and stem.
The image shows two prototypes with a full and polished base.

55
"Farfalla"
Sedia / Chair

AJC.0235
progetto / design 1964
realizzazione / realization 1975

Di questa sedia in compensato curvato sono stati realizzati due prototipi: uno tutto in legno e uno con struttura metallica.
Le viti sulle gambe assemblano contemporaneamente le gambe stesse al sedile e allo schienale. /
Two prototypes of this curved plywood chair were created one entirely in plywood and one with a metal frame.
The screws on the chair legs assemble the legs to both the seat and the backrest.

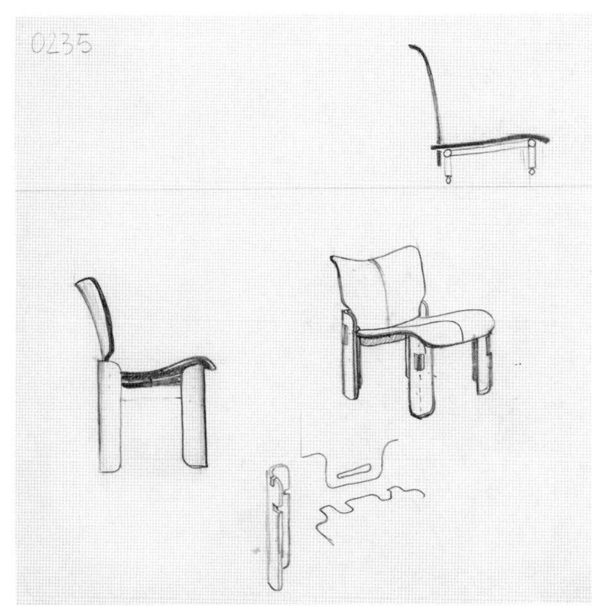

56

"Calotta"
Lampada / Lamp

AJC.0100
progetto / design 1964
produzione / production 1964
fuori produzione / out of
production

Per creare un'illuminazione diffusa,
la *Calotta*, in alluminio laccato, ha la
forma di elmetto con delle fessure
nella parte superiore che lasciano
filtrare la luce. La lampadina è
schermata da un cilindro fissato a
pressione con mollette metalliche.
Nella versione a sospensione,
a saliscendi con contrappeso,
l'attacco al soffitto può scorrere
lungo una rotaia, mentre la *Calotta*
è inclinabile.
Esistono anche una versione
da terra e una da tavolo. In
quest'ultima la base che regge il
corpo lampada è cilindrica in vetro
sabbiato e poggia direttamente sul
piano. /
The helmet shaped *Calotta* lamp
in lacquered aluminum has slits
on the upper part that let light
filter through, creating a diffuse
light. The lightbulb is shielded by a
cylinder fixed with metal clamps.
In the suspended version,
adjustable via a counterweight, the
attachment to the ceiling can slide
along a track while the lamp shade
can be inclined.
A floor and a table version were
also designed. The table version is
equipped with a cylindrical base in
sandblasted glass that holds the
lamp body.

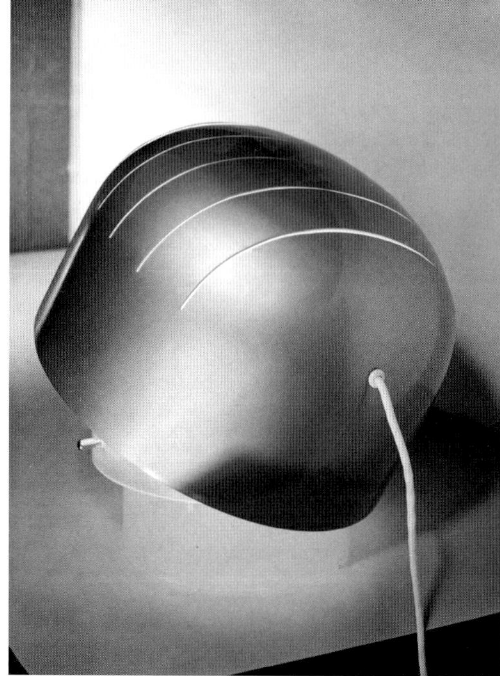

57
"Supercomfort"
Poltrona / Armchair

AJC.0237
progetto / design 1964
produzione / production 1965
riedizione / re-edition 2004
fuori produzione / out of
production

La poltrona nasce nel 1964 da un
attento studio ergonomico della
postura seduta e dall'idea di utilizzare
un unico foglio di compensato
multistrato curvato e intagliato senza
giunti, con legno a vista o laccato.
Per ottimizzare la produzione
del 1965 la struttura è stata poi
composta da due fogli intagliati,
uno per la seduta e uno per le
due gambe. Il cuscino in pelle,
cucito a settori, è appoggiato sulla
stessa struttura e tenuto fermo
da due bottoni, mentre le gambe
sono incollate alla struttura stessa.
Completano la poltrona due copri
braccioli.
Rieditata nel 2004 è stata poi
chiamata anche *Superleggera*. /
This armchair was conceived in
1964 after a careful ergonomic study
of the seated posture and stemmed
from the idea of using a single sheet
of multilayer plywood, curved and
cut without joints. The finishing is in
either natural or lacquered wood.
To optimize the 1965 production,
the frame was composed of two
sheets of plywood, one for the seat
and one for the two legs. The leather
cushion, sewn in sections, is attached
to the frame with two buttons, while
the legs are glued to the frame. The
armrests are covered with leather.
This armchair was reissued in 2004
and named *Superleggera* (super
light).

58

"Seth"
Lampada / Lamp

AJC.0246
progetto / design 1964
produzione / production 1964
riedizione / re-edition 1978
fuori produzione / out of
production

Piccola plafoniera o applique, a
luce diffusa, con canotto verniciato
a fuoco in vari colori e staccato dal
piatto superiore circolare, sempre
bianco, in modo da diffondere
anche una lama di luce sul soffitto
o sulla parete. /
A small ceiling or wall lamp for
diffuse lighting. The lamp body is
heat-lacquered in various colors
and detached from the circular
white upper plate that diffuses a
blade of light onto the ceiling or the
wall depending on the model.

59

"Corsair"
Condizionatore / Air
Conditioner

AJC.0257
progetto / design 1964
produzione / production 1964
fuori produzione / out of production

Il condizionatore d'aria *Corsair*
viene prodotto dalla Rheem Safim
nel 1964 quando gli impianti di
condizionamento distribuivano l'aria
raffrescata solo con canali.
Si tratta di uno dei primi
condizionatori portatili che vengono
studiati per ambienti singoli.
Joe Colombo esegue molti
schizzi per una ricerca preliminare
ergonomica e funzionale prima di
arrivare a una soluzione semplice
con una facciata in materiale
plastico e con tre manopole
che comandano l'accensione, il
raffrescamento e l'orientamento del
flusso d'aria. /
The *Corsair* air conditioner was
produced by Rheem Safim in 1964
when air conditioning systems
only distributed cool air through
conduits.
It is one of the first portable air
conditioners designed for single
environments.
Joe Colombo executed several
drawings for a preliminary
ergonomic and functional study
before arriving at a simple solution
with a plastic cover and three
knobs that turn the system on and
off, control the cooling function,
and the orientation of air flow.

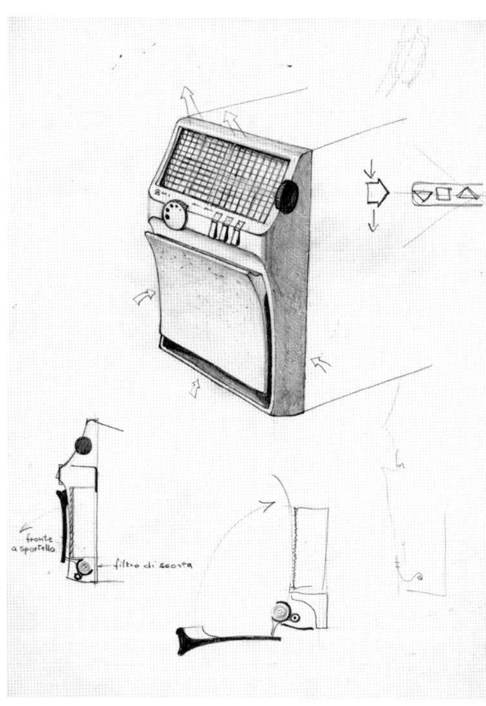

60
**Tavolo ampliabile /
Extendible table**

AJC.0299
progetto / design 1964
produzione / production 1964
fuori produzione / out of
production

Questo tavolo disegnato da Joe
Colombo ha una dimensione
minima di 80 x 80 cm e si apre
fino a raggiungere la misura di
160 x 160 cm per ospitare otto
persone e può essere utilizzato
anche nella posizione intermedia
da 160 x 80 cm per sei persone.
Il piano si apre due volte, prima da
quadrato diventa rettangolare, poi
di nuovo diventa un quadrato ma di
grande dimensione.
È smontabile e può essere
spedito in un contenitore di circa
18 x 80 x 90 cm.
Faceva parte dell'arredamento
dell'appartamento di via Sismondi. /
This table designed by
Joe Colombo has reduced
encumbrance (80 x 80 cm) and
opens up to a length and width of
160 x 160 cm to accommodate
eight people. It can also be used
in an intermediate position of
160 x 80 cm to accommodate
six people. The table opens twice,
first from a square it becomes
rectangular, then again to become
a square with a larger dimension.
It can be disassembled for shipping
inside a container of approximately
18 x 80 x 90 cm.
It was part of the furniture of the
apartment in Via Sismondi.

61
**"Simmetrico"
Bicchiere / Glass**

AJC.0301
progetto / design 1964
prototipo / prototype 1964
fuori produzione / out of
production

Bicchieri cilindrici in cristallo
soffiato con la parte inferiore piena
e molata sul perimetro in modo
da ricavare un gambo sottile con
base sufficientemente larga per
impedirne il rovesciamento. /
Cylindrical glasses in blown crystal
with a full base polished around its
perimeter to obtain a fine stem with
a sufficiently large base to prevent
the glass from overturning.

62

**Appartamento in via Sismondi
a Milano, piano terreno /
Apartment in Via Sismondi,
Milan, ground floor**

AJC.0313a
progetto / design 1964
realizzazione / realization 1964

Gli interni di questo appartamento
sono stati studiati insieme a quelli
dell'appartamento sovrastante
di proprietà di componenti della
stessa famiglia e sono caratterizzati
da rivestimenti in panno di
colori inusuali che dai pavimenti
risvoltano sulle pareti e a volte
anche sui soffitti.
L'appartamento al piano terreno
presenta un pavimento rialzato
che ingloba piastre luminose
che tracciano il percorso verso
il soggiorno che si intravede
entrando.
I colori utilizzati sono il bordeaux, il
verde e il giallo.
Tutti gli arredi sono progettati da
Joe Colombo e completati con
elementi prodotti in serie tra cui
i mobili della serie *670* prodotti
da Bernini, lampade a schermo
girevole e in metacrilato, prodotte

da Kartell, lampade *Spider*,
prodotte da Oluce, poltroncine
a elementi curvati, prodotte da
Kartell, e sedie *Sbalzo*, prodotte da
Arflex. /
The interiors of this apartment
were designed concurrently with
those of the apartment on the floor
above it, owned by members of the
same family. They are characterized
by textile wall covering in original
colors that run from the floors up to
portions of the ceiling.
The ground floor apartment has a
raised floor that includes luminous
plates tracing a path toward the
living room that can be seen from
the entrance.
The colors used are Burgundy red,
green, and yellow.
All the furnishings were designed
by Joe Colombo and completed
with serial production elements,
including the cabinets from
the *670 Series* manufactured
by Bernini, the rotating screen
lamps and methacrylate lamps
manufactured by Kartell, the *Spider*
lamps manufactured by Oluce,
the curved element armchairs
manufactured by Kartell, and the
Sbalzo chairs manufactured by
Arflex.

63

**Appartamento in via Sismondi
a Milano, primo piano /
Apartment in Via Sismondi,
Milan, first floor**

AJC.0313b
progetto / design 1964
realizzazione / realization 1964

Gli interni di questo appartamento
sono stati studiati insieme a quelli
dell'appartamento sottostante
di proprietà di componenti della
stessa famiglia e sono caratterizzati
da rivestimenti in panno di
colori inusuali che dai pavimenti
risvoltano sulle pareti e a volte
anche sui soffitti.
L'appartamento al primo piano
utilizza colori blu carta da zucchero
con completamenti in legno
naturale a contrasto e prodotti in
serie tra cui i mobili della serie *670*
prodotti da Bernini, le lampade a
schermo girevole e in metacrilato,
prodotte da Kartell, lampade

Onda e *Spider*, prodotte da Oluce,
poltroncine a elementi curvati,
prodotte da Kartell, e sedie *Sbalzo*,
prodotte da Arflex. /
The interiors of this apartment
were designed concurrently with
those of the apartment on the floor
below it, owned by members of the
same family. They are characterized
by textile wallcovering in original
colors that run from the floors up to
portions of the ceiling.
The apartment on the first floor
features baby blue colors with
contrasting finishing in natural
wood completed with serial
production elements, including
the cabinets from the *670
Series* manufactured by Bernini,
the rotating screen lamps and
methacrylate lamps manufactured
by Kartell, the *Onda* and *Spider*
lamps manufactured by Oluce,
the curved element armchairs
manufactured by Kartell, and the
Sbalzo chairs manufactured by
Arflex.

64
"Montana"
Poltroncina / Armchair

AJC.0303
progetto / design 1964
realizzazione / realization 1964
fuori produzione / out of
production

La poltroncina *Montana* è stata
prodotta in serie limitata per alcuni
appartamenti tra cui quello a Crans
Montana, da cui il nome.
La struttura è in legno a tre gambe
di cui quella sul retro è più grande
delle due laterali per garantire la
stabilità. Il sedile e lo schienale
sono imbottiti e rivestiti in pelle. /
The *Montana* armchair was
produced in a limited series for
some apartments, including the
one in Crans Montana, hence the
name.
The wooden frame has three legs;
the one on the rear is larger than
the two lateral legs to guarantee
stability. The seat and the backrest
are padded and covered with
leather.

65
"Portofino"
Bicchieri / Glasses

AJC.0322
progetto / design 1964
produzione / production 1990
fuori produzione / out of
production

Bicchiere in vetro soffiato con
impronta a effetto scanalatura
simmetrica che permette una facile
presa e l'inserimento in un vassoio
con apposite guide a pettine
verticali che ne impediscono lo
slittamento. Ideato per essere
usato su mezzi in movimento come
barche, aerei o treni. /
Glasses made of blown glass with
a symmetrical slot that allows an
easy grip and insertion into a tray
with special vertical stops that
prevent the glasses from slipping
out. A design conceived for use
on moving vehicles, such as boats,
planes, or trains.

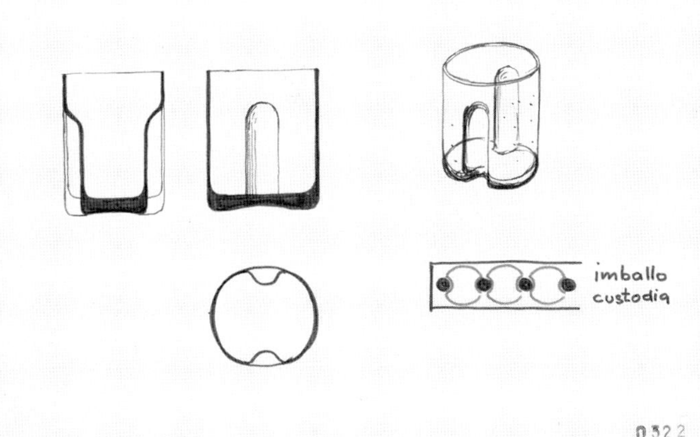

66
Portacenere a sfera in
marmo / Marble sphere
ashtray

AJC.0011
progetto / design 1965
produzione / production 1966
fuori produzione / out of production

Presentato nell'ambito delle
proposte di *Domus Ricerca*
all'Eurodomus 1 di Torino nel 1966
per un appartamento sperimentale,
è stato poi oggetto di ricerca su
nuove applicazioni del marmo
nello stesso anno alla Biennale del
marmo a Vicenza.
Realizzato in due diverse misure,
questo portacenere è a colonna
leggermente svasata con
l'imboccatura chiusa da una sfera
di metallo scavata, che nell'incavo
riceve la cenere e, ruotando, la fa
cadere sul fondo. /
This ashtray was exhibited as part
of the *Domus Ricerca* proposals for
Eurodomus 1 in Turin, in 1966, for
an experimental apartment. In the
same year, it was presented at the
Biennale del Marmo in Vicenza as a
research study on new applications
for marble.
Produced in two different sizes, it is
shaped like a slightly flared column
with its mouth closed by a hollow
metal sphere where ashes are
collected. By rotating the sphere,
the ashes fall to the bottom of the
column.

67
"Alfa"
**Maniglia con paracolpi /
Handle with shock absorber**

AJC.0030
progetto / design 1965
produzione / production 1971
fuori produzione / out of
production

Maniglia per porta e finestra con
particolare sistema di assemblaggio
con bullone interno, nascosto da
un elemento "paracolpi" in resina
che rendeva superflui i fermaporte.
Questo sistema, brevettato,
evitava che il perno di fissaggio (o
grano) potesse sfilarsi, impedendo
che la maniglia si smontasse
involontariamente.
La forma libera con curve ampie
derivava da uno studio impostato
negli anni cinquanta rielaborato
successivamente. /
Door and window handle with
a special assembly system, in
which a bolt concealed by a resin
shock absorber made doorstops
superfluous. This patented system
prevented the fixing pin (or
dowel) from coming out, so that
the handle would not come apart
unintentionally.
Its shape with ample curves derived
from a study conceived in the
1950s and re-elaborated at a
later date.

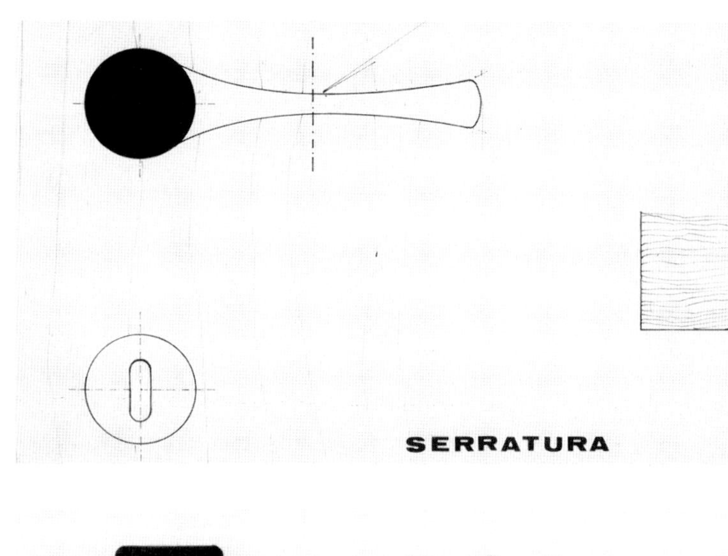

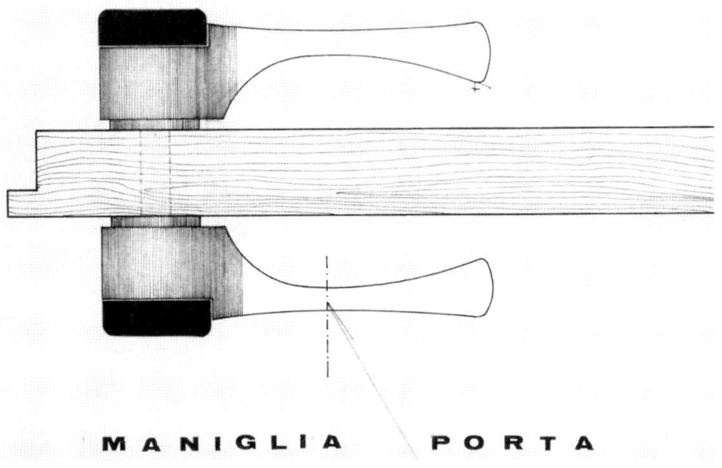

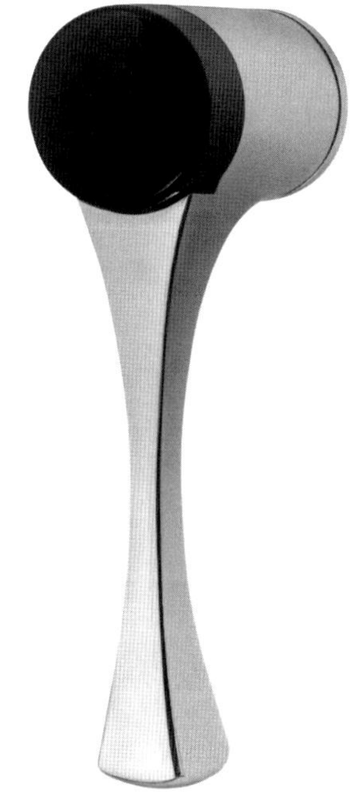

68

"Spider"
Serie di lampade /
Lamp series

AJC.0061
progetto / design 1965
produzione / production 1965
OLUCE
vedi / see p. 80

Il corpo lampada, disegnato per una lampadina speciale a spot orizzontale, è realizzato in lamiera di alluminio tranciata, piegata e verniciata che può essere montata su diversi supporti in acciaio, per formare lampade da tavolo, a parete, a soffitto, a morsetto. Per la forma della lampadina speciale viene oggi prodotto un adattatore per lampadine LED.
La produzione della *Spider* non è mai stata interrotta. /
The lamp body, designed for a special horizontal spotlight bulb, is produced in bent and lacquered aluminum sheet, which can be mounted on various steel supports to create a table, wall, or a ceiling lamp, as well as a lamp with adjustable clamps. An adapter is now provided so that LED bulbs can be used.
The production of *Spider* has never been interrupted.

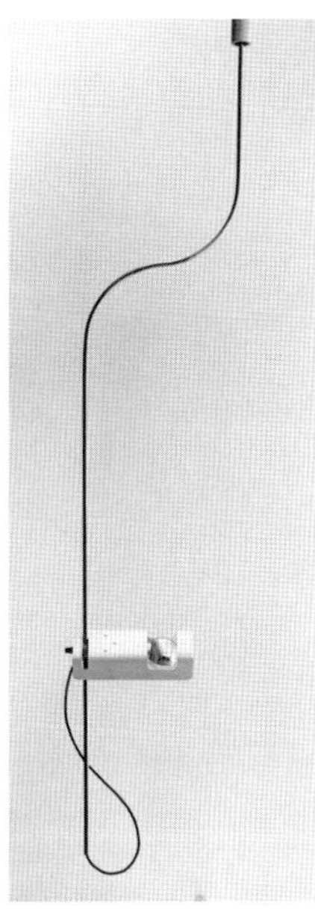
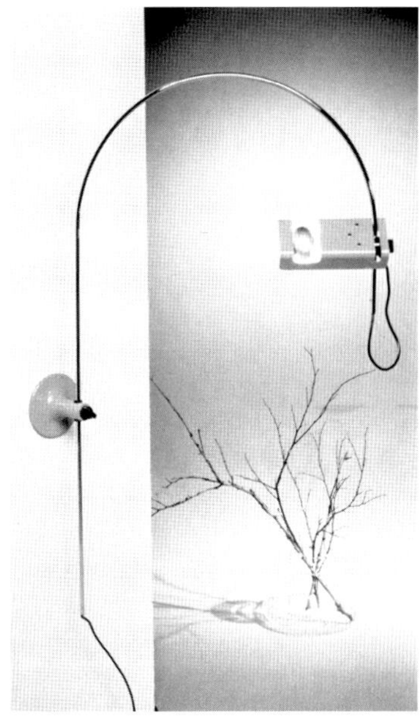

69

Appartamento ad Alassio /
Apartment in Alassio

AJC.0078
progetto / design 1965
realizzazione / realization 1965

L'appartamento ad Alassio nasce con alcune pareti in mattoni "faccia a vista", che caratterizzano l'ambiente tipico degli anni sessanta, e già arredato prevalentemente con mobili in vimini e pavimenti in cotto.
Joe Colombo interviene inserendo moquette nella zona notte e in piccole aree con pedane che definiscono alcuni spazi dedicati a funzioni speciali. Aggiunge anche mobili su ruote della serie *670* prodotti da Bernini, oltre alle lampade *Calotta* e *Fresnel*, prodotte da Oluce, e alle lampade a schermo girevole prodotte da Kartell. /
The apartment in Alassio had exposed brick walls, which characterized the typical environments of the 1960s, cotto floors, and was already furnished with wicker furniture.
Joe Colombo's intervened by introducing carpeting in the bedroom and in other small areas with platforms that define some spaces dedicated to special functions. He also added cabinets on swivel casters from the *670 Series* manufactured by Bernini, the *Calotta* and *Fresnel* lamps manufactured by Oluce, and the rotating screen lamps manufactured by Kartell.

70

"PK"
Tavolo / Table

AJC.0105
progetto / design 1965
produzione / production 1967
fuori produzione / out of production

Nello studio di applicazioni di pannelli in laminato Print di basso spessore per Abet Print, nasce il tavolo *PK* del 1965 con piano di forma quadrata e gambe a L. Il piano è costituito da due pannelli di cui quello sottostante è con lati arcuati rientranti per permettere un comodo accostamento delle ginocchia.
I due piani si assemblano insieme alle gambe con una vite che entra in un cuneo in acciaio inox.
Il progetto sarà seguito dal carrello per musica anch'esso prodotto da Abet Print. /
The *PK* table was conceived in 1965 in the framework of a research for the application of Print low-thickness plastic laminate panels for Abet Print. This table has a square top and L-shaped legs. The table top consists of two panels, the lower one with curved sides allowing a comfortable approach of the knees.
The two panels are assembled to the legs via a screw fixed inside a stainless steel wedge.
This project will be followed by the trolley for music equipment, also manufactured by Abet Print.

71
"Universale"
Sedia / Chair

AJC.0159
progetto / design 1965
produzione / production 1967
fuori produzione / out of
production

Studiata originariamente per essere prodotta in pressofusione, è stata realizzata prima in ABS, poi in vari altri materiali come Nylon, Moplen e Polipropilene colorato in pasta. Data la difficoltà della messa a punto degli stampi e del processo di produzione, è stata prodotta solo nel 1967. È la prima sedia stampata interamente con un unico materiale plastico. È impilabile e affiancabile. I piedi sfilabili potevano essere sostituiti con altri più piccoli per cambiarne l'altezza. Si possono realizzare così sedie per pranzo, studio, alberghi, scuole, oppure con i puntali più bassi per conversazione, sedute per bambini e per il giardino. È stato realizzato anche un elemento più alto che permette anche una seduta per bar, tavola calda, disegnatori, seggioloni per bambini e sedili per uso industriale.
Il facile accostamento della sedia ha permesso l'utilizzo nell'allestimento della mensa dei dipendenti della ditta Rhodiatoce nel 1969. /
Originally conceived to be manufactured in die-casting, it was initially produced in ABS, then in various other materials, such as Nylon, Moplen and colored Polypropylene. Given the difficulty of tuning the molds and the manufacturing process, it was only produced in 1967. It is the first chair entirely cast by using a single plastic material. The chairs can be stacked or placed side by side. The feet can be removed and replaced with smaller ones to change the height. In this way, different types of chairs can be created for dining, study, hotels, schools, or with lower heights, as chairs for conversation, for children and outdoor spaces. A version with taller legs was also realized, to be used as bar and cafeteria stools, drawing chairs, children's high chairs, or for industrial purposes.
Thanks to its small encumbrance, it was used for the corporate office's cafeteria of Rhodiatoce in 1969.

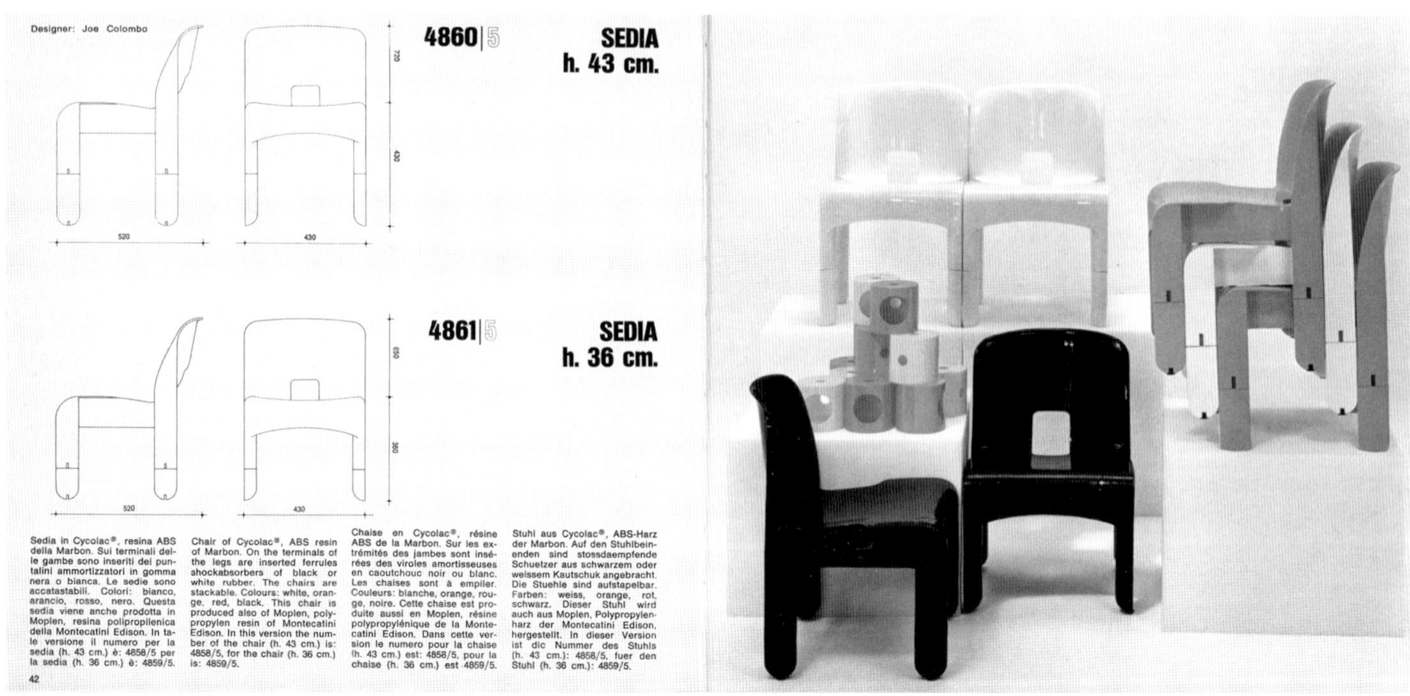

Sedia in Cycolac®, resina ABS della Marbon. Sui terminali delle gambe sono inseriti dei puntalini ammortizzatori in gomma nera o bianca. Le sedie sono accatastabili. Colori: bianco, arancio, rosso, nero. Questa sedia viene anche prodotta in Moplen, resina polipropilenica della Montecatini Edison. In tale versione il numero per la sedia (h. 43 cm.) è: 4858/5 per la sedia (h. 36 cm.) è: 4859/5.

Chair of Cycolac®, ABS resin of Marbon. On the terminals of the legs are inserted ferrules shockabsorbers of black or white rubber. The chairs are stackable. Colours: white, orange, red, black. This chair is produced also of Moplen, polypropylen resin of Montecatini Edison. In this version the number of the chair (h. 43 cm.) is: 4858/5, for the chair (h. 36 cm.) is: 4859/5.

Chaise en Cycolac®, résine ABS de la Marbon. Sur les extrémités des jambes sont insérées des viroles amortisseuses en caoutchouc noir ou blanc. Les chaises sont à empiler. Couleurs: blanche, orange, rouge, noire. Cette chaise est produite aussi en Moplen, résine polypropylénique de la Montecatini Edison. Dans cette version le numero pour la chaise (h. 43 cm.) est: 4858/5, pour la chaise (h. 36 cm.) est 4859/5.

Stuhl aus Cycolac®, ABS-Harz der Marbon. Auf den Stuhlbeinenden sind stossdaempfende Schuetzer aus schwarzem oder weissem Kautschuk angebracht. Die Stuehle sind aufstapelbar. Farben: weiss, orange, rot, schwarz. Dieser Stuhl wird auch aus Moplen, Polypropylenharz der Montecatini Edison, hergestellt. In dieser Version ist die Nummer des Stuhls (h. 43 cm.): 4858/5, fuer den Stuhl (h. 36 cm.): 4859/5.

42

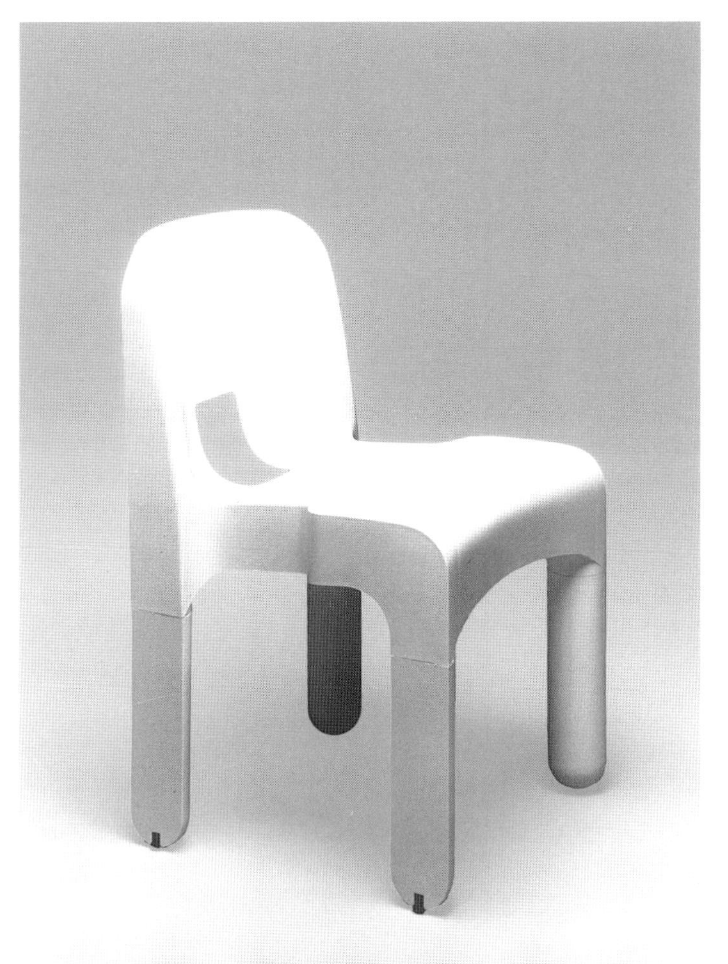

72

**Negozio foto-cine
"Continental" a Milano /
Foto-cine "Continental"
store in Milan**

AJC.0234a
progetto / design 1965
realizzazione / realization 1965

L'arredo di questo negozio
racchiude in sé lo sviluppo del
tema, sfera, semisfera, calotta
sferica, utilizzate come elementi
espositivi.
Gli espositori pensili applicati alle
pareti verranno poi prodotti anche
per librerie e sono qui costituiti da
un casellario spesso retroilluminato,
con schienale e schermati da
semisfere trasparenti in perspex per
impedire il contatto con il pubblico.
Anche il soffitto è rivestito da fogli
argentati con piccole semisfere che
riflettono la luce dell'ambiente. /
The furnishing devised for this
store embodies the development
of the theme of the 'sphere',
hemisphere, spherical caps used as
display elements.
The showcases hanging from the
walls will later be produced also as
bookcases. For this specific design,
the pigeonhole-like grids often have a
backlit display shielded by transparent
semispherical Perspex covers to
prevent the public from touching the
items inside the showcases.
The ceiling is also covered with
hemispherical silver sheets that
reflect the ambient lighting.

73

**"Continental"
Libreria / Bookcase**

AJC.0234b
progetto / design 1965
produzione / production 1965
riedizione / re-edition 2006
INDUSTRIE CARNOVALI
vedi / see p. 82

La libreria *Continental* è
costituita da una maglia di piani
perpendicolari fra loro che formano
una calotta semisferica a casellario.
È prodotta in tre dimensioni. La
versione più grande viene prodotta
in legno naturale o laccato e può
essere divisa in modo simmetrico
lungo il diametro, consentendo
anche l'uso in orizzontale. Le
versioni media e piccola sono
prodotte in alluminio verniciato in
vari colori.
È stata utilizzata nel 1965 in un
negozio per esporre macchine
fotografiche e cineprese e
riutilizzata nel 2005 nella mostra
itinerante *Joe Colombo Inventing
the Future* come espositore per
lampade. /
The *Continental* bookcase
consists of a grid of perpendicular
shelves forming a pigeonhole-like
semispherical cap. It is produced
in three different sizes. The larger
version is manufactured in natural
or lacquered wood and can be
divided symmetrically along the
diameter so as to be placed
horizontally. The small and medium
versions are manufactured in
lacquered aluminum in several
colors.
In 1965, it was used in a store
as a showcase for photographic
equipment. It was then displayed in
2005 for the travelling exhibition
Joe Colombo Inventing the Future
as a showcase for lamps.

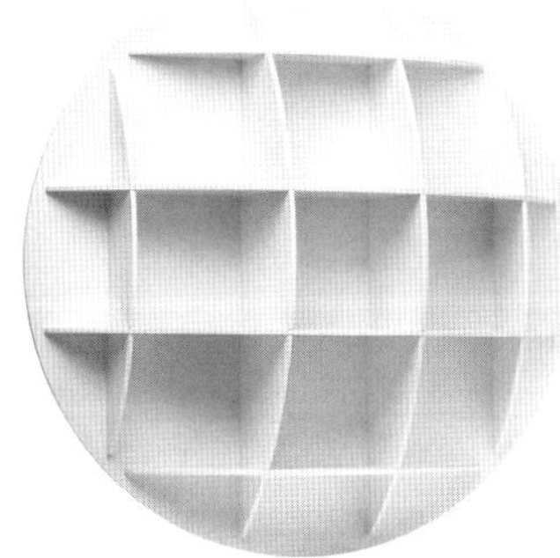

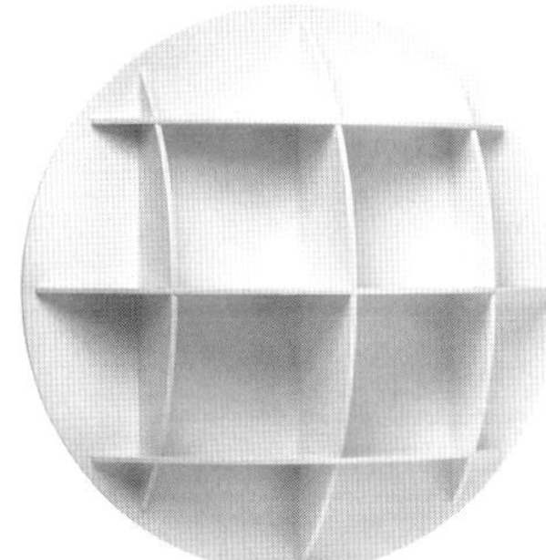

74
"Joe"
Tavolo / Table

AJC.0399
progetto / design 1965
produzione / production 1965 e /
and 1967
riedizione / re-edition 2016
INDUSTRIE CARNOVALI
vedi / see p. 84

Il tavolo *Joe* è stato utilizzato
nell'appartamento in via Argelati ed
è caratterizzato da una gamba in
acciaio curvata alla base, dettaglio
presente anche negli schizzi di una
sedia che faceva parte della stessa
serie. È stato rieditato nel 2019
con piano ellittico in legno con
possibilità di varie altre forme
e di vari materiali. /
The *Joe* table was used in Joe
Colombo's apartment in Via
Argelati. The original feature of this
table is its steel leg curved at the
base; a detail also featured in the
sketches of a chair that was part of
the same series. It was reissued in
2019 with an elliptical wooden top
with the possibility of other shapes
and various materials.

75
"Modello 300"
Sedia / Chair

AJC.0259
progetto / design 1965
produzione / production 1966
riedizione / re-edition 2014
KARAKTER
vedi / see p. 85

La sedia è stata studiata per essere
contenuta in un involucro minimo
per la spedizione. La struttura,
in legno massello, è costituita
da due elementi simmetrici,
gambe/schienale, che si
assemblano al sedile e allo
schienale con viti a brugola
nascoste in una scanalatura.
Le sedie si possono accostare
agganciate fra loro a formare
delle schiere. /
This chair was designed to be
shipped with minimum packaging.
Its solid oak frame consists of
two symmetrical elements, legs
and backrest, joined to the seat
and backrest with Allen screws
hidden in a groove. The chairs can
be hooked to one another to form
rows.

76
"Gran-Ma"
Poltrona / Armchair

AJC.0275
progetto / design 1965
produzione / production 1984
fuori produzione / out of
production

Nel 1984 viene prodotta e
presentata al 24° Salone del
Mobile la serie di poltrone e divani
Gran-Ma con o senza braccioli a
seconda dell'utilizzo. Nella foto si
possono vedere i prototipi con due
terminali di chiusura con e senza
braccioli e un divano continuo,
prodotto in serie da Sormani,
nell'atrio di una banca. /
The *Gran-Ma* series of armchairs
and sofas, with or without armrests
based on their use, was presented
in 1984 at the 24th Salone
del Mobile. The photos show
prototypes of the armchair with
and without armrests, and a long
sofa, manufactured by Sormani for
serial production, inside the lobby
of a bank.

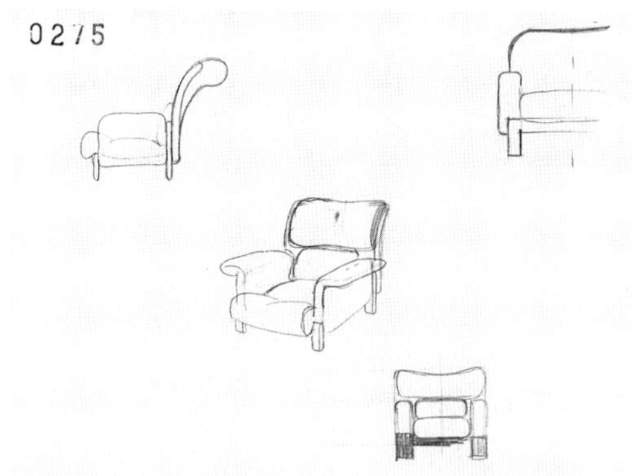

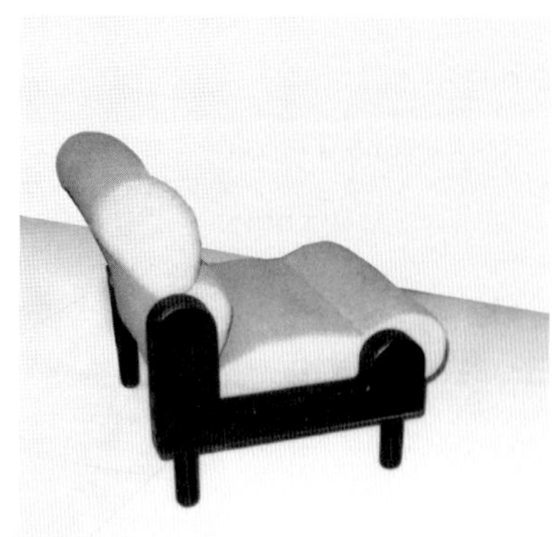

77
"Combi Bed"
Monoblocco letto /
Mobile unit bed

AJC.0279
progetto / design 1965
prototipo / prototype 2000

Monoblocco-letto con un elemento
cilindrico basso e rotante e tre
torri mobili poste agli angoli. Gli
elementi a torre sono variamente
attrezzati con videoregistratore,
TV, frigorifero, contenitori vari ed
elementi aperti e chiusi.
Il prototipo è stato realizzato per
la mostra *4:3. 50 anni di design
italiano e tedesco* alla Kunsthalle
der BRD di Bonn nel 2000.

Il progetto era completato da un
"tavolo totale" che rappresentava
un monoblocco giorno che
conteneva tutto l'occorrente per le
attività diurne. /
Mobile unit bed with a low, rotating
cylinder and three movable
turrets at its corners. The turret
elements can be equipped with
video recorder, television, mini-bar,
various containers, and open and
closed elements.
The prototype was realized for
the exhibition *4: 3. 50 Years of
Italian and German Design* at the
Kunsthalle der BRD, Bonn, in 2000.
The project included a "total table"
consisting of a one-piece unit
containing everything required for
daily activities.

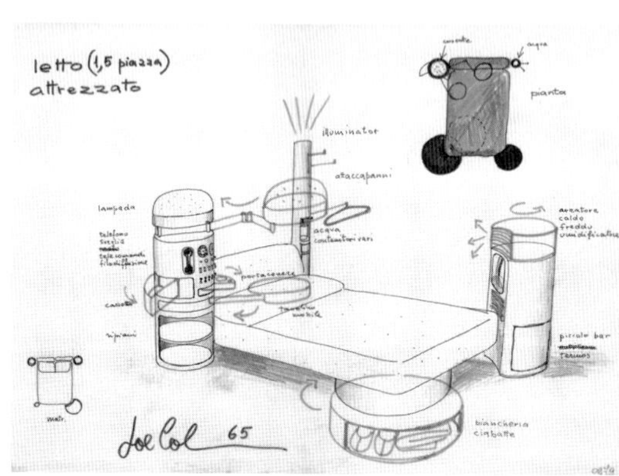

78

Secondo e terzo appartamento di Joe Colombo in via Argelati a Milano / Joe Colombo's second and third apartment in Via Argelati, Milan

AIC.0284
progetto / design 1965
realizzazione / realization 1965-1967

La distribuzione interna di questo appartamento è ancora definita da partizioni interne che delimitano le camere e i servizi.
All'interno della camera da letto principale una tenda rossa a lamelle permette la realizzazione di un piccolo ambiente toilette riservato.
Il soggiorno aperto sull'ingresso è caratterizzato dalla presenza di oggetti mobili, alcuni su ruote, che modificano la zona pranzo e soggiorno a seconda delle necessità. Il tavolo da pranzo, con anche la funzione di tavolino, è estraibile da un grande cassetto montato su una pedana che delimita la zona soggiorno.
Le pareti e il pavimento della pedana sono rivestiti in feltro.
Nella prima versione i mobili sono in legno naturale scuro mentre nella seconda versione sono bianchi.
In entrambe le soluzioni i mobili e le lampade sono progettati da Joe Colombo e prodotti in serie. /
The internal space of this apartment is partitioned to delimit the rooms, kitchen, and bathroom. Inside the main bedroom, a red slat curtain conceals a small, private dressing room.
The living room is an open space furnished with mobile units, some on casters, which modify the dining and sitting room as needed. The dining table, which can also function as a coffee table, is removed from a large drawer mounted on a platform that delimits the living room.
The sides and floor of the platform are covered with felt.
The furnishings in the first version were in dark natural wood and white in the second version.
In both solutions, furnishings and lamps come from a serial production designed by Joe Colombo.

79

"Crossed"
Pouf / Ottoman

AJC.0391
progetto / design 1965
produzione / production 1965
riedizione / re-edition 2014
B-LINE
vedi / see p. 86

Pouf imbottito in poliuretano espanso con base in legno adatto a spazi interni ed esterni e caratterizzato da cuciture a contrasto che spiccano sul tessuto. È realizzato su base quadrata e rettangolare in modo da creare numerose composizioni di sedute. È stato utilizzato in pelle nel 1965 per gli arredi di un appartamento ad Alassio e poi riutilizzato in vari altri arredi. /
Soft padded ottoman made of polyurethane foam with a wooden base suitable for interior and exterior décor. It stands out for its contrasting seams that stand out on the fabric. It was realized with square and rectangular bases that can be mixed and matched to create numerous arrangements.

A leather version was produced in 1965 for the furnishings of an apartment in Alassio and later used for several other furnishing solutions.

80
"Tris"
Sedia / Chair

AJC.0297
progetto / design 1965
produzione / production 1965
fuori produzione / out of
production

Sedia/poltroncina a tre gambe con
due aperture triangolari nel punto
di incontro tra sedile, schienale e
fianchi trapezoidali.
La poltroncina è leggermente
imbottita e rivestita in pelle.
È stata attribuita alla località
Madonna di Campiglio. /
Three-legged chair/armchair with
two triangular openings where
the seat, backrest, and trapezoidal
sides meet.
It is lightly padded and covered
in leather.
It was attributed to Madonna
di Campiglio.

81
Negozio "Lella Sport"
a Milano / "Lella Sport"
store in Milan

AJC.0005
progetto / design 1966
realizzazione / realization 1966

Il piano terra del negozio di articoli
sportivi Lella Sport è caratterizzato
da un grande bancone in laminato
per la cassa e da uno scaffale
bianco con scomparti quadrati.
Il limitato spazio di vendita è
ampliato da un soppalco che si
raggiunge con una scala. Sul
soppalco si trovano i camerini di
prova, scaffali e cinque contenitori
mobili per abiti sospesi a una
struttura metallica composta
da archi colorati in rosso che
si estendono come ponti fra il
soppalco stesso e la vetrina, visibili
anche dall'esterno del negozio.
La balaustra del soppalco, su cui
poggiano i contenitori, è costituita
da una lunga cassettiera metallica. /
The ground floor of "Lella Sport"
sport apparel and equipment store
is striking for the large check-out
counter in plastic laminate and the
white shelving unit with square
organizers. The limited sales space
of the store is fully exploited by
a mezzanine that is reached by a
staircase. On the mezzanine are
the fitting rooms, shelves and five
movable containers for garments,
suspended from the ceiling via
a metal structure made of red-
colored arches that extend like
bridges between the mezzanine
itself and the shop window, also
visible from the outside of the store.
The banister of the mezzanine, on
which the containers rest, consists
of a long metal chest of drawers.

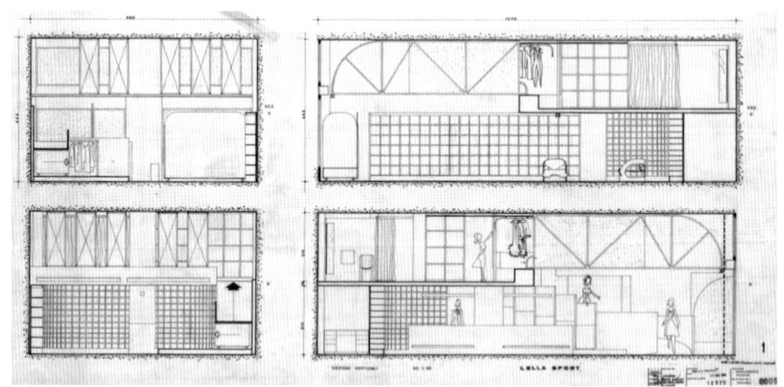

82
Parete mobile attrezzata con librerie / Mobile wall equipped with bookcases

AJC.0039
progetto / design 1966
realizzazione / realization 1966
fuori produzione / out of production

Questa parete mobile, realizzata per *Domus Ricerca* e presentata nel 1966 all'Eurodomus 1 di Genova, è costituita da pannelli prefabbricati in laminato plastico PRINT che vengono montati a pressione fra pavimento e soffitto. Guarnizioni in gomma mantengono la parete isolata dai rumori e dalle differenze di temperatura.
Questa proposta di parete non richiede alcun intervento murario sia ai soffitti che ai pavimenti. Sono inoltre già inserite le canalizzazioni per l'impianto elettrico.
Nella parte superiore è prevista una rotaia continua a cui è possibile appendere un telaio in cui inserire ripiani per librerie, lampade o altri piccoli oggetti. /
This "mobile wall", realized for *Domus Ricerca* and presented in 1966 at Eurodomus 1 in Genoa, consists of PRINT prefabricated plastic laminate panels that are

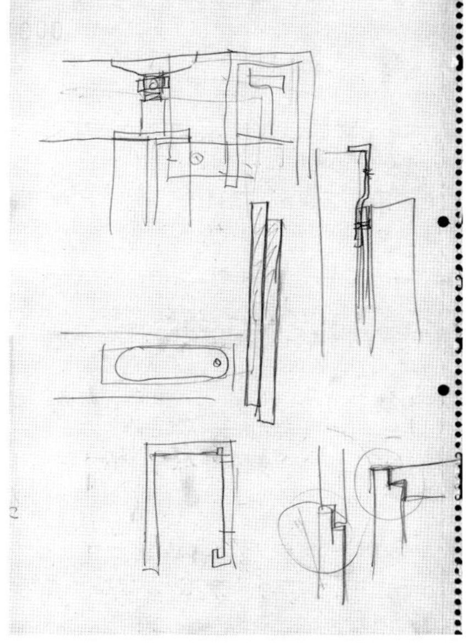

pressure mounted between floor and ceiling. Rubber gaskets insulate the wall from noise and temperature differences.
This wall does not require any masonry work, either on the ceiling or the floor. It is already equipped with conduits for electrical wiring. On the upper part is a continuous rail on which it is possible to hang a frame that houses shelves for bookcases lamps and small objects.

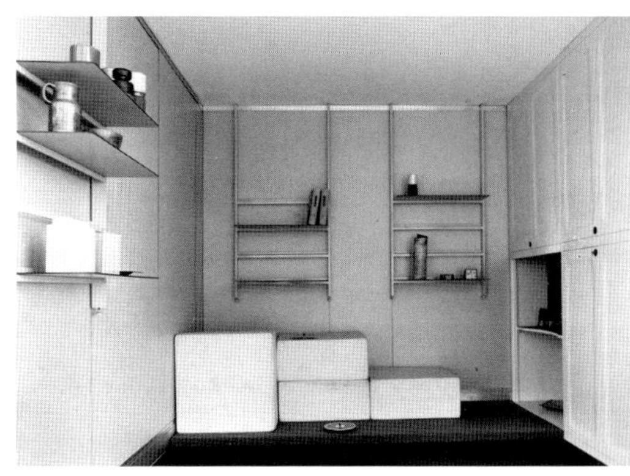

83
"Toga"
Sedia, poltrona e divano / Chair, armchair, and sofa

AJC.0047
progetto / design 1966
produzione / production 1967
fuori produzione / out of production

La sedia/poltroncina *Toga*, qui nello schizzo, nasce come seduta di una serie che comprende sedie, poltrone, tavoli e contenitori. Il comfort della seduta e il morbido appoggio della gamba sono assicurati dalla forma curva e avvolgente e dall'imbottitura di grande spessore; come si può vedere nello schizzo la schiena è libera e lo schienale basso funge anche da bracciolo. Il basamento della sedia appoggia su due scivoli di nylon e nella parte anteriore su di un rullo di gomma atto ad ammortizzare la seduta e a facilitare lo scorrimento della sedia al momento di alzarsi. Lo studio prevede la realizzazione della poltroncina con due scocche in

fiberglass con agganci a diverse altezze per sedie alte o basse.
La poltrona è costituita da una scocca in fiberglass e da un sistema di imbottitura con cuciture a impronta che ne definiscono la forma. /
The *Toga* chair/armchair, reproduced here in the sketch, was conceived as part of a series that encompassed chairs, armchairs, tables, and containers. The comfort of the seat and the soft support for the legs are ensured by the curved and enveloping shape and the thick padding. As the sketch shows, the back has ample space and the low backrest also acts as an armrest. The base of the chair rests on two nylon slides and, at the front, on a rubber roller designed to cushion the seat and facilitate the sliding of the chair when the person sitting on it stands up. The design foresees the construction of the chair with two fiberglass shells hooked at different heights to create either high or low seating. The armchair has a fiberglass frame and padding with stitching that defines its forms.

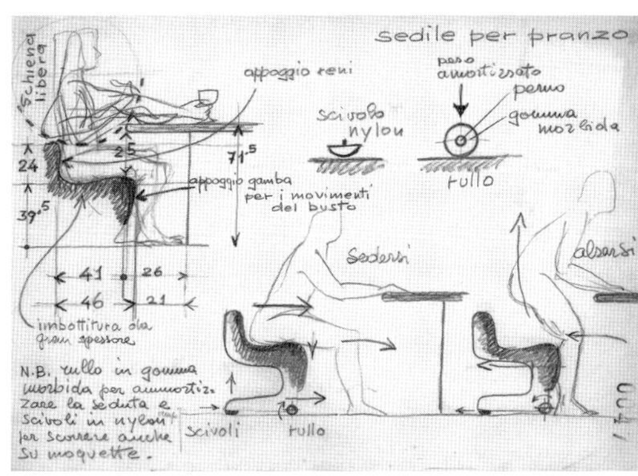

84
"Clessidra"
**Bicchieri e vasi /
Glasses and vases**

AJC.0321
progetto / design 1966
produzione / production 2017
KARAKTER
vedi / see p. 87

Bicchieri con due volumi diversi,
accoppiati e reversibili, in vetro,
il cui nome *Clessidra* richiama la
possibilità di uso anche capovolti.
Come nello schizzo, viene prodotta
anche una seconda serie di
bicchieri in cui uno dei due
volumi diventa pieno e ridotto di
dimensioni per creare una facile
presa dopo averli riposti rovesciati.
Proprio la forma accoppiata delle
due versioni ha suggerito un uso
come "porta candela". /
Reversible glass vases with two
diverse volumes coupled together,
whose name *Clessidra* [hourglass]
recalls the possibility of their use
even when overturned.
As shown in the sketch, a second
set of glasses was also produced,
in which one of the volumes is filled
and reduced in size to allow for easy
grip after being placed upside down.
The coupled form of the two
versions suggested a new use as a
'candle holder.'

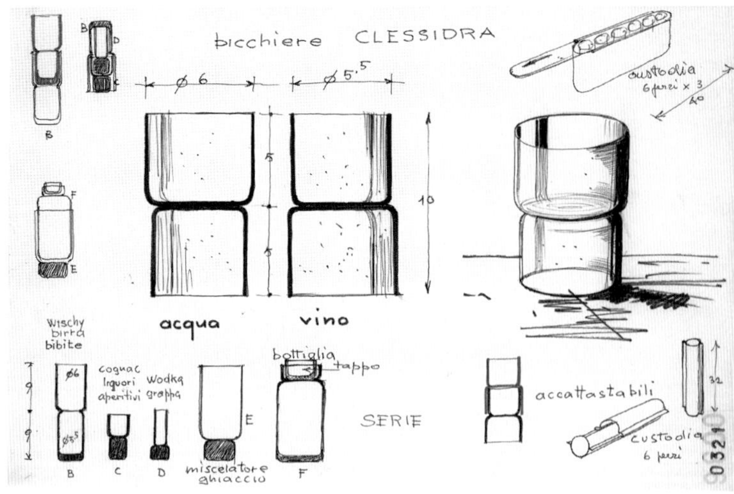

85
"Cart"
Poltrona / Armchair

AJC.0021
progetto / design 1966
produzione / production 2016
DITRE ITALIA
vedi / see p. 88

La forma ergonomica è
caratterizzata da un unico bracciolo/
schienale avvolgente che permette
l'appoggio delle braccia ad altezza
naturale. La superficie unica e la
forma inclinata dello schienale
conferiscono continuità all'oggetto.
La poltrona appoggia su due ruote
frontali monodirezionali e su due
piedini posteriori che permettono
facilità di spostamento. /
Its ergonomic shape is characterized
by a single armrest/backrest
enveloping the person seated that
allows for the support of the arms at
natural height. Its single surface and
the inclined form of the backrest
lend dynamism to the form.
The armchair rests on two front
unidirectional casters and two rear
feet, making it easy to move it.

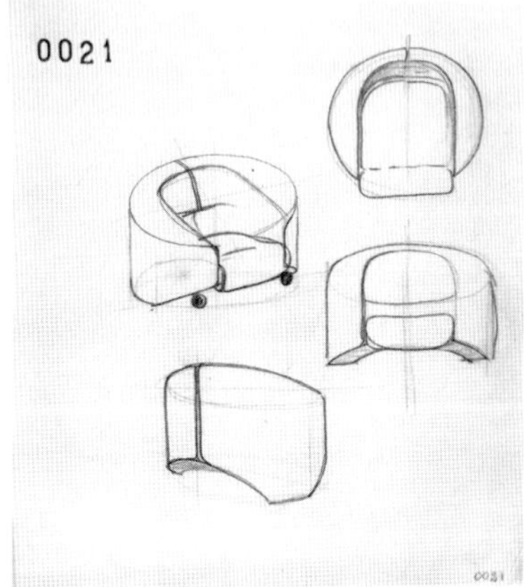

86
"Spring"
Lampada / Lamp

AJC.0060
progetto / design 1966
produzione / production 1968
fuori produzione / out of production

Serie realizzata in metallo con
parti cromate e parti verniciate
a fuoco, è un apparecchio
per illuminazione costituito da
elementi combinabili fra loro in
un sistema adattabile a qualsiasi
esigenza: lampade da tavolo,
da terra, a morsetto, a plafone
eccetera.
La prima versione aveva il corpo
lampada cilindrico, poi modificato
con una sezione a "U".
È orientabile in ogni direzione
ed estensibile per lo scorrimento
della molla a spirale attraverso un
morsetto. /
A series made of metal with chromed
and heat-lacquered parts. This
lighting system consists of modular
elements that can be combined to
create various solutions: table, wall,
clamp, ceiling lamps, etc.
The first version had a cylindrical
lamp body, which was later
modified with a U-shaped section.
It is extendable and adjustable in all
directions thanks to the spring that
is blocked with a clamp.

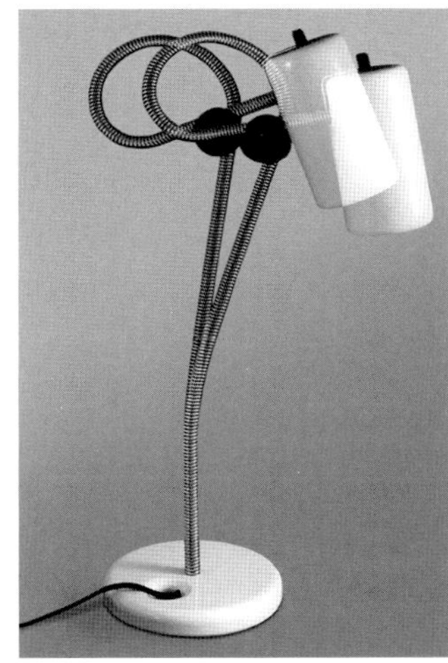
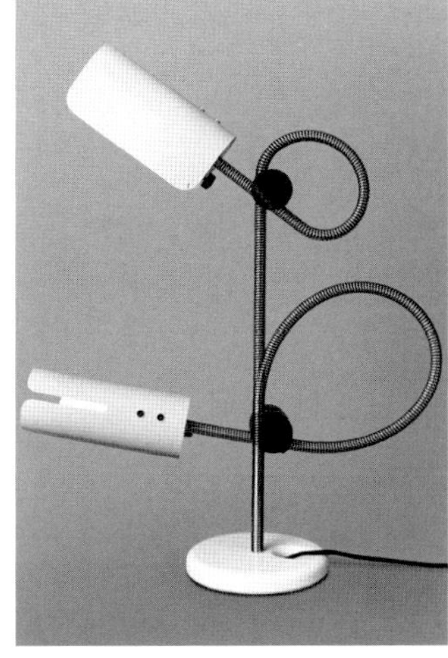
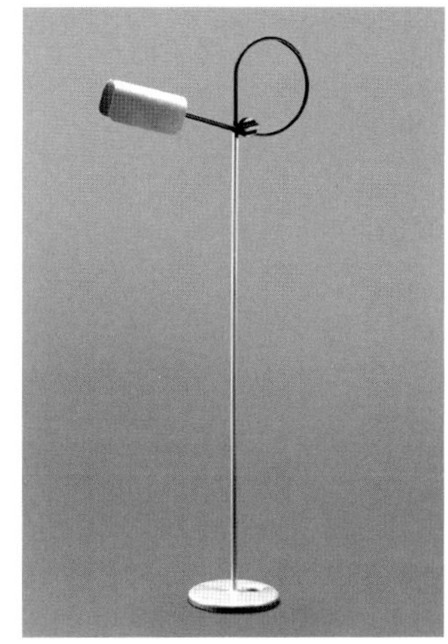

87
"Anubis"
Lampada / Lamp

AJC.0242
progetto / design 1966
produzione / production 1976
fuori produzione / out of
production

Lampada da tavolo costituita da un
corpo lampada in lamiera tranciata,
piegata e verniciata.
Una particolare scanalatura della
base permette l'alloggiamento
di parte dello stelo che per la
sua particolare forma a "L" può
presentarsi inclinato o verticale. /
Table lamp obtained from cut,
folded, and lacquered metal sheet.
A special groove at the base
houses the L-shaped stem, which
can be oriented vertically or
inclined.

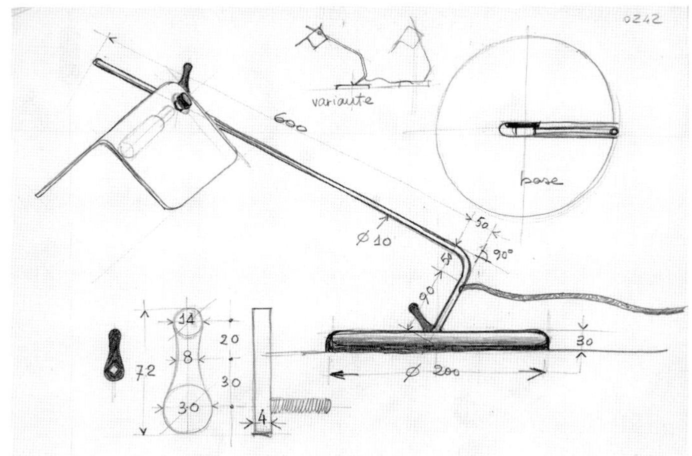

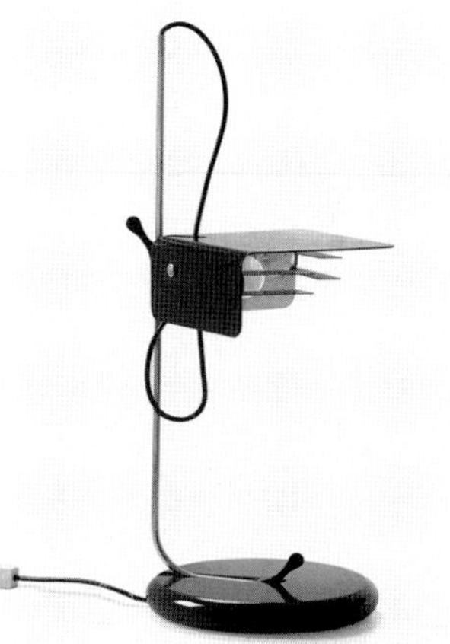

88
"Castoro"
Lampada / Lamp

AJC.0256
progetto / design 1966
produzione / production 1979
fuori produzione / out of
production

Sistema di illuminazione studiato
per la produzione industriale in
grande serie e a basso costo.

Il riflettore di forma semisferica
in perspex opalino viene montato
su supporti diversi in metallo
verniciato, per essere utilizzato
come lampade da tavolo, da parete
o da soffitto. /
A lighting system devised for low-
cost mass production.
The hemispherical matte Perspex
light diffuser is mounted on a
lacquered metal support (designed
in various shapes) to create table,
wall, or ceiling lamps.

89
**Cucina a blocco centrale /
Central block kitchen**

AJC.0263
progetto / design 1966
realizzazione / realization 1966
fuori produzione / out of
production

La cucina monoblocco con misure
ridotte (160 x 140 cm), posta al
centro di un locale, permette una
fruibilità totale su tutto il perimetro
e un notevole risparmio di volume
di utilizzo. Le funzioni contenute
equivalgono a moduli lineari con
ingombro di 450 cm.
Il volume di base e il suo
piano contengono tutti gli
elettrodomestici, lavello, fornello e
un piano per due persone. Nella
parte superiore sono collocati gli
armadietti, la cappa e i pannelli di
illuminazione. Per la finitura Joe
Colombo sperimenta il laminato
Abet Print antiriflesso, nuovo
materiale dell'epoca.

Fu presentato come novità
dell'"Abitare in cucina" nel 1966
per *Domus Ricerca* all'Eurodomus
1 di Genova. /
This compact kitchen, built in
a single block with reduced
dimensions (160 x 140 cm), when
placed in the center of a room,
allows total usability of its entire
perimeter and a considerable
saving in terms of space. It contains
all the functions that would occupy
450 cm in a standard kitchen
placed against a wall.
The lower unit and its top surface
contain all the electrical appliances,
a sink, a stove, and a preparation/
dining surface for two persons.
The upper unit contains cabinets,
the hood and lighting panels.
For the finishing, Joe Colombo
experimented Abet Print anti-
reflective laminate panels, a new
material at the time.
It was presented as an innovative
model at *Abitare in cucina* in 1966
for *Domus Ricerca* at Eurodomus 1
in Genoa.

90

**Lampada in metacrilato /
Methacrylate lamp**

AJC.0267
progetto / design 1966
produzione / production 1966
riedizione / re-edition 2018
fuori produzione / out of
production

Lampade da tavolo e plafoniere
studiate per la produzione
industriale in grande serie e a
basso costo.
Il riflettore è uguale in tutti i modelli,
mentre i supporti, ricavati da tubi
estrusi e poi tranciati in forme
diverse, sono stati poi stampati
a iniezione. /
Table and ceiling lamps designed
for low-cost mass production.
All models have the same light
diffuser, while the injection-molded
supports obtained from extruded
metal are cut into different shapes.

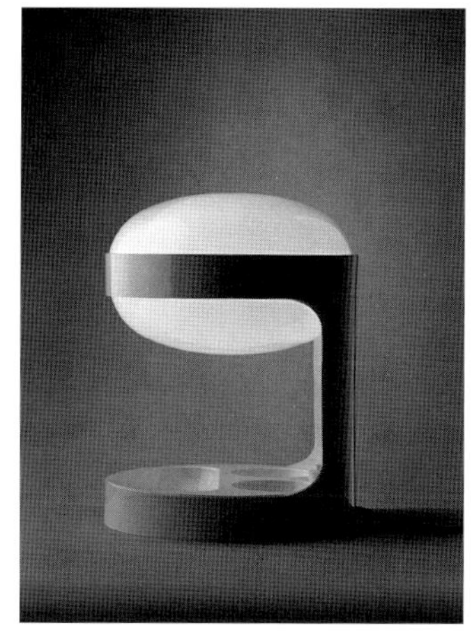

91

**"Il Kilometro"
Mobiletti pensili /
Wall-mounted shelves**

AJC.0001
progetto / design 1967
produzione / production 1967
riedizione / re-edition 2014
KARAKTER
vedi / see p. 90

Sistema modulare che comprende
diversi elementi con varie funzioni
appesi a una barra fissata lungo
le pareti e di lunghezza variabile.
Il sistema permette svariate
composizioni con ripiani, scaffali,
vetrinette, cassettiere, librerie,
vani per radio e giradischi,
mobiletti bar, in legno naturale o
laccato.
Originariamente le barre di
sospensione erano anche
elettrificate e permettevano
l'inserimento di faretti per
l'illuminazione.
Prodotto nel 1967 e utilizzato
anche nell'appartamento di Joe
Colombo, è stato riedito nel
2014. /
Modular shelving system consisting
of several elements with various
functions hanging from a bar

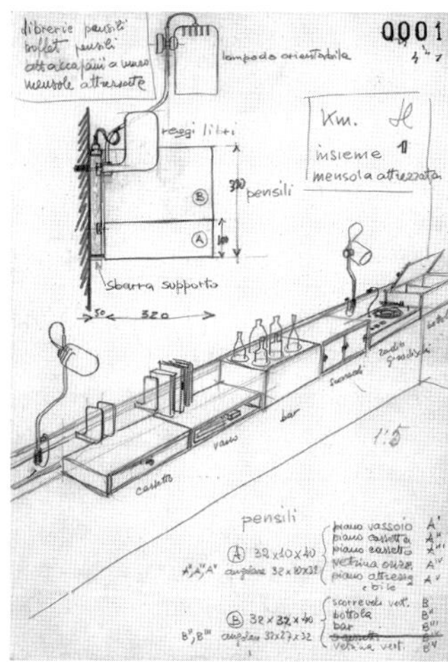

fixed to the wall whose length is
adjustable. This system allows
for several compositions with
shelves, display cabinets, drawers,
bookcases, radio and record-player
container, minibar. Its elements are
produced in natural or lacquered
wood.
The support bars were originally
provided with sockets for the
insertion of spotlights.
Initially produced in 1967 and used
in Joe Colombo's apartment, this
shelving system was reissued in
2014.

92

**Allestimento dello stand
"Kartell" alla Rinascente
di Milano / Set-up of
the "Kartell" stand at La
Rinascente in Milan**

AJC.0004
progetto / design 1967
realizzazione / realization 1967

All'interno dei grandi magazzini La
Rinascente a Milano, Joe Colombo
progetta l'allestimento per una
mostra di Kartell, che si presenta al
pubblico come industria moderna
con prodotti tutti progettati da
designer italiani e in materiale
plastico. L'allestimento è costituito
da un piano inclinato che segue
l'andamento della scala mobile,
già percepibile all'arrivo al piano
e accessibile da un percorso in
salita che divide in due parti il piano
espositivo sul quale sono posti
tutti gli oggetti, tavoli, lampade,
sedie, accessori vari per la casa.

L'allestimento viene pubblicato
nell'articolo *In mostra su un piano
inclinato*, "Domus", n. 447, febbraio,
1967. /
Inside the La Rinascente
department store in Milan, Joe
Colombo designed the set-up of
an exhibit devoted to Kartell, which
was introduced to the public as a
modern industry that manufactured
products in plastic materials
designed by Italian designers. The
layout of the stand foresaw an
inclined plane that followed the
direction of the escalator, already
perceptible upon arrival to the
floor and accessible by a ramp
that divided the exhibition into
two areas where all the objects,
including tables, lamps, chairs,
and various accessories for home
furnishing were displayed. This
installation was covered by *Domus*,
issue no. 447, February 1967, in
the article entitled "In mostra su un
piano inclinato" (On display on an
inclined plane).

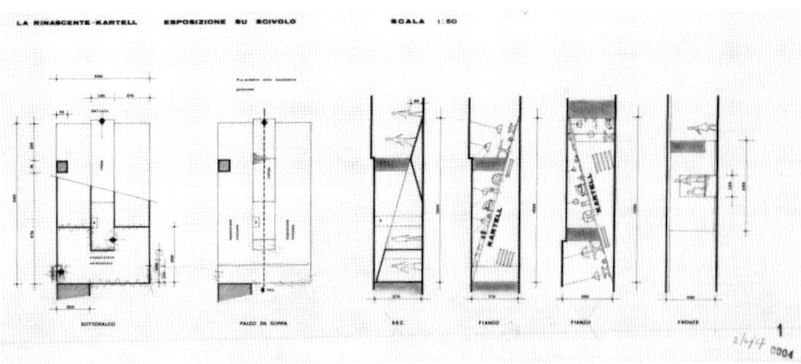

93

**Negozio "Siniscalchi"
a Milano / "Siniscalchi"
store in Milan**

AJC.0009
progetto / design 1967
realizzazione / realization 1967

Nel negozio di abbigliamento
maschile Siniscalchi il pavimento
e le pareti sono rivestiti in feltro
rosso, mentre il soffitto è rivestito
da una serie di pannelli cromati,
curvati e forati, realizzati con un
laminato plastico in cui corrono gli
impianti.
L'illuminazione si diffonde
attraverso i pannelli forati,

Gli arredi sono moduli che possono
essere attrezzati diversamente e
accostabili gli uni agli altri. I blocchi
vetrina in cristallo sono spostabili
su rotelle. /
The floor and walls of the
Siniscalchi men's clothing store
are covered with red felt, while the
ceiling is paneled with a series of
curved and perforated chromed
plates in plastic laminate that
conceal the electrical wiring.
Lighting is diffused through the
perforated panels.
Furnishing consists of modular
units that can be placed next
to each other to serve several
functions. Swivel casters allow the
glass showcases to be moved.

94
"Musica"
Carrello / Trolley

AJC.0010
progetto / design 1967
produzione / production 1968
fuori produzione / out of
production

Dedicato all'ascolto della musica,
questo carrello è stato progettato
e prodotto in occasione di una
mostra organizzata dalla Abet
Laminati presso La Rinascente
di Milano per promuovere la
diffusione di mobili realizzati con
laminati plastici Print.
Il carrello, scorrevole su ruote,
è composto da tre montanti e
da piani paralleli sagomati in
modi diversi e posti a distanze
differenziate, così da offrire la
massima accessibilità a radio,
televisore, giradischi e registratore,
oltre a una piccola raccolta di
dischi. /
This trolley for music equipment
was designed and manufactured
for an exhibit organized by Abet
Laminati at the La Rinascente
department store in Milan to
promote the sale of furnishings
made with Print plastic laminate.
This trolley rests on swivel casters
and is composed of three vertical
supports holding parallel tops
with varying shapes placed at
different heights to offer maximum
accessibility to the radio, television,
turntable, recorder, as well as an
organizer for records.

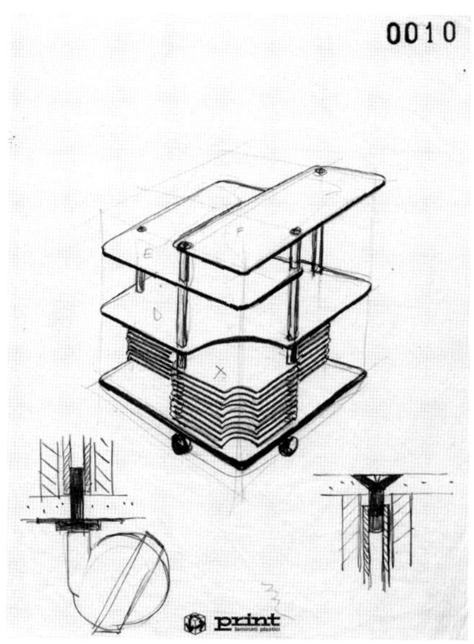

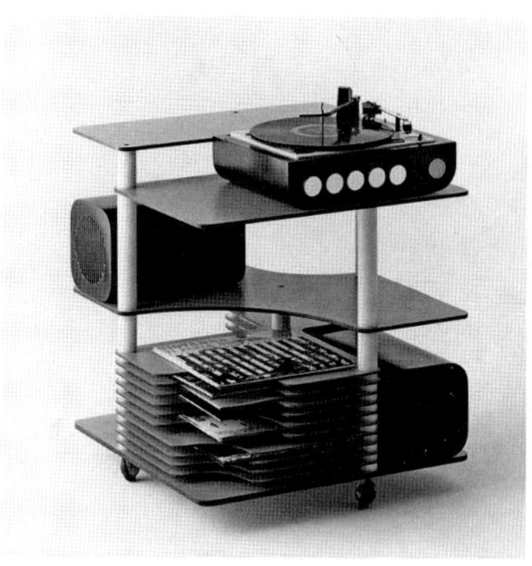

95
"Basculante"
Portacenere / Ashtray

AJC.0014
progetto / design 1967
produzione / production 1968

Portacenere ideato per i fumatori di
pipa oltre che per quelli di sigarette.
Un particolare sistema di
basculaggio nasconde i mozziconi
ancora accesi e soffoca il fumo
all'interno.
Un profilo in gomma morbida e non
infiammabile permette lo svuotamento
del fornelletto della pipa. /
Ashtray designed for both pipe and
cigarette smokers.
A special tilting system conceals
still lit butts and suffocates the
smoke inside the ashtray.
A fire-retardant rubber device
allows the pipe bowl to be emptied.

96
"Basket"
Poltrona e divano /
Armchair and sofa

AJC.0028
progetto / design 1967
produzione / production 1968

Poltrona con scocca in vimini
irrigidita con uno strato di
fiberglass spalmato all'interno. I
cuscini imbottiti sono fissati alla
scocca con ganci predisposti nello
strato di fiberglass.
Per l'utilizzo all'esterno i cuscini
sono facilmente sganciabili in caso
di intemperie. /
Armchair with wicker frame
reinforced with an internal
fiberglass shell. The padded
cushions are fixed to the frame
with hooks on the fiberglass layer.
Also ideal for outdoor use as the
cushions are easily removed in
case of bad weather.

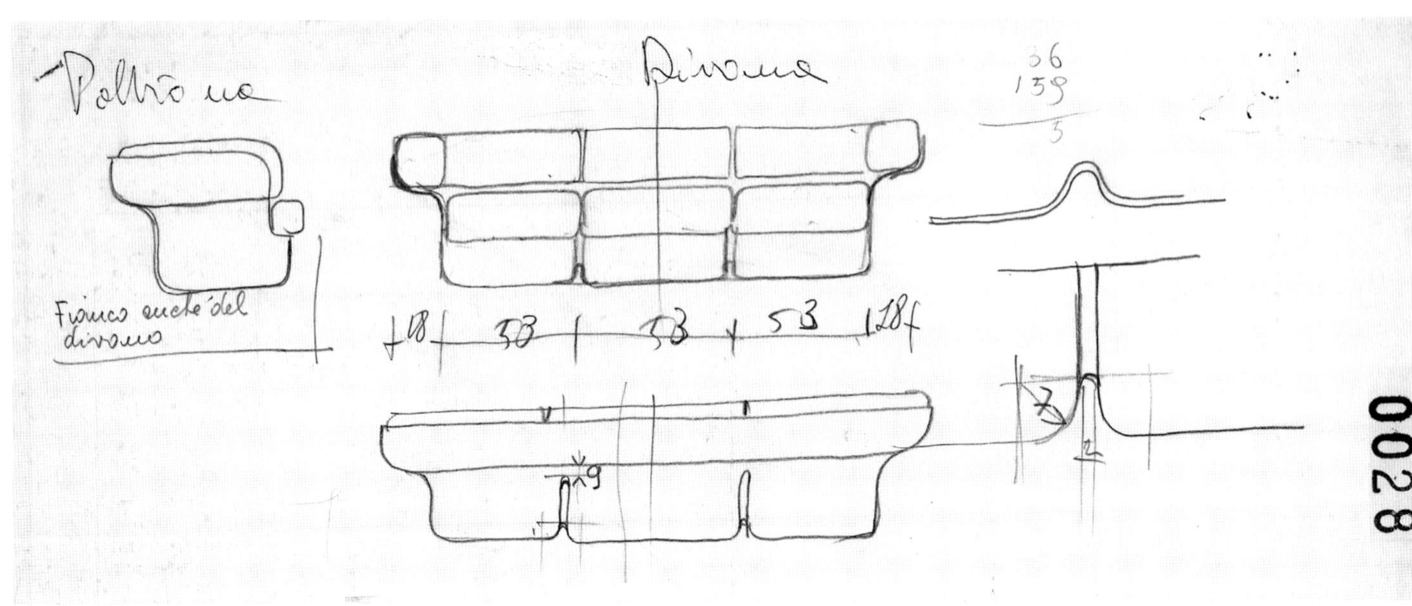

97

"Two in One"
Bicchieri e vasi /
Glasses and vases

AJC.0036
progetto / design 1967
realizzazione / realization 1968
produzione / production 2015
LYNGBY PORCELAIN
vedi / see p. 91

Innovativa serie di bicchieri
reversibili per acqua e vino, liquori,
bibite, cocktail.
Questo progetto prevede
l'accoppiamento di due forme
diverse unite alla base.
I primi prototipi furono realizzati
da Riedel nel 1968 su progetti
del 1967 di varie forme "double"
ed esposti poi in occasione della
mostra monografica al Musée d'Art
moderne di Villeneuve D'Ascq nel
1984.
Sono stati rieditati nel 2015 nella
versione bicolore, come vasi per
fiori reversibili, e nella versione
trasparente come bicchieri a
elementi singoli. /
An innovative series of reversible
glasses for water, wine, spirits, soft
drinks, cocktails.
This design involves the coupling of

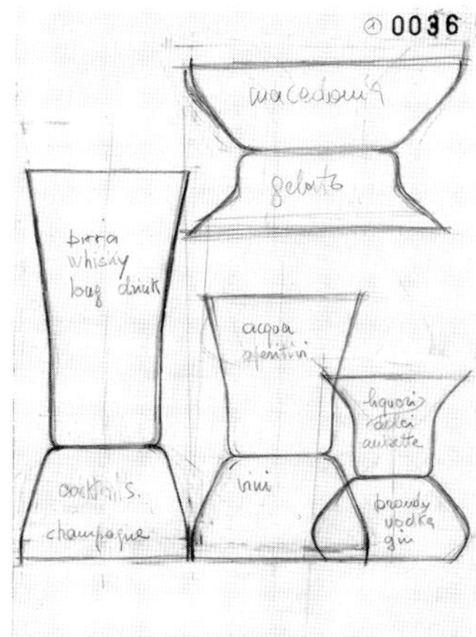

two different shapes joined
at the base.
The first prototypes were
produced by Riedel in 1968 upon
designs from 1967 of various
"double" shapes, which were then
exhibited on the occasion of the
monographic exhibition held at the
Musée d'Art Moderne in Villeneuve
D'Ascq in 1984.
This series was reissued in
2015 in a two-color version as
reversible flower vases and in a
transparent version as single-
element glasses.

98

Appartamento a Barlassina /
Apartment in Barlassina

AJC.0040
progetto / design 1967
realizzazione / realization 1967

In questa ristrutturazione di un
piccolo appartamento di 45 m², con
tetto a due falde di altezza 4,20
metri al colmo, Joe Colombo ricava
sei posti letto e due bagni, oltre al
soggiorno, la zona pranzo e una
piccola cucina. Ottiene la massima
abitabilità dello spazio attraverso la
creazione di diversi livelli funzionali
e dimensionamenti che fanno
riferimento agli spazi disegnati per
le cabine navali.
Alcuni "gradoni" diventano sedili,
altri diventano piani di appoggio o
contenitori, altri ancora diventano
la zona notte. L'uso sapiente del

colore applicato su pavimenti, pareti
e soffitti permette di mantenere lo
spazio unitario.
Gli arredi e le luci sono in gran
parte disegnati da Joe Colombo. /
In the renovation of this small
(45 m² - 484 ft²) apartment, with a
double-pitched roof height of 4.2 m
(13.9 ft) at its ridge, Joe Colombo
designed a space accommodating
six bed places, two bathrooms,
living room, dining area, and a small
kitchen. He exploited the available
space to its maximum through the
creation of several functional levels
drawing from boat design.
Some "raised units" became seats,
others were used as countertops or
organizers, and still others became
the bedroom area. The skillful use
of color for floors, walls, and ceiling
gave unity to the environment.
Most furnishings and lamps were
designed by Joe Colombo.

99
"T14"
**Sistema programmabile
per abitare / Programmable
living system**

AJC.0050a
progetto / design 1967
produzione / production 1968

Presentato alla XIV Triennale
di Milano, questo sistema di
arredamento è stato concepito per
la grande produzione in serie e la
distribuzione attraverso i grandi
magazzini.
Gli elementi base sono contenitori
formati da pannelli in laminato
plastico con profili antiurto che,
a seconda delle loro dimensioni
e degli elementi accessori, come
cassetti, ripiani e appenderie,
possono costituire l'arredamento di
un intero alloggio. I vari contenitori
si agganciano fra loro per mezzo di
magneti che servono anche per la
chiusura delle ante.
Altro elemento base è quello
metallico, a squadra, che serve
come gamba per tavoli e scrivanie
o come telaio per poltrone, letti
o divani. Completa il sistema una
lampada orientabile fissata con
un morsetto o appoggiata su di
un piano, la cui luce può essere
schermata, filtrata e colorata per
mezzo di alette mobili di vario tipo.
Il sistema è stato presentato nel
1968 alla XIV Triennale di Milano e
poi prodotto da La Rinascente. /
This furnishing system was
presented at the XIV Milan Triennale.
It was conceived for large-scale
serial production for distribution
through department stores.
The basic elements are plastic
laminate containers with impact-
resistant profiles that can furnish
an entire apartment based on their
size and accessory elements, such
as drawers, shelves, and hanging
rails. The various containers can
be hooked together by means
of magnets that are also used to
close the doors of the organizers.
Another distinctive element is the
triangle-shaped metal frame, which
serves as legs for tables and desks,
or as a frame for armchairs, beds,
or sofas. The system is completed
by an adjustable lamp fixed with
a clamp or placed on a surface,
whose light can be rotated in all
directions and screened, filtered, or
colored by means of movable slats
of various shapes.
This system was presented in
1968 at the XIV Milan Triennale
and then produced by the La
Rinascente department store.

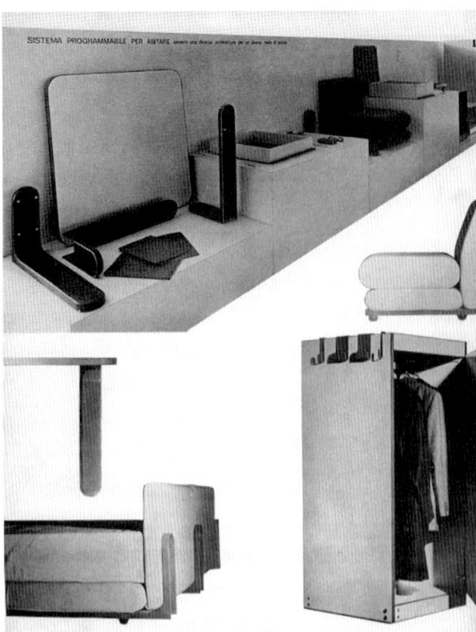

100
"T14"
Lampada / Lamp

AJC.0050b
progetto / design 1967
produzione / production 1968
fuori produzione / out of production

La lampada *T14* viene progettata per completare il *Sistema programmabile per abitare* pur avendo una propria autonomia d'uso.
Si tratta di un cilindro di altezza ridotta rispetto al diametro con quattro alette mobili da usare anche singolarmente per schermare o riflettere la luce che può essere anche filtrata o colorata con appositi dischi traslucidi facilmente applicabili.
Il sistema è stato presentato nel 1968 alla XIV Triennale di Milano e poi prodotto da La Rinascente. / The *T14* lamp was designed as an accessory for the *Programmable living system*, while being an independent item.
It consists of a cylinder shorter than its diameter equipped with movable slats that can be used individually to shield or reflect the light, which can also be filtered or colored using the special translucent disks that are easy to apply.
This system was presented in 1968 at the XIV Milan Triennale and then produced by the La Rinascente department store.

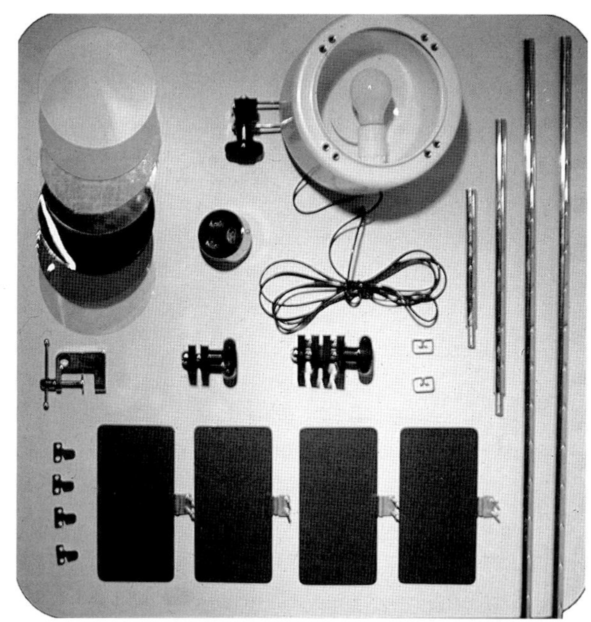

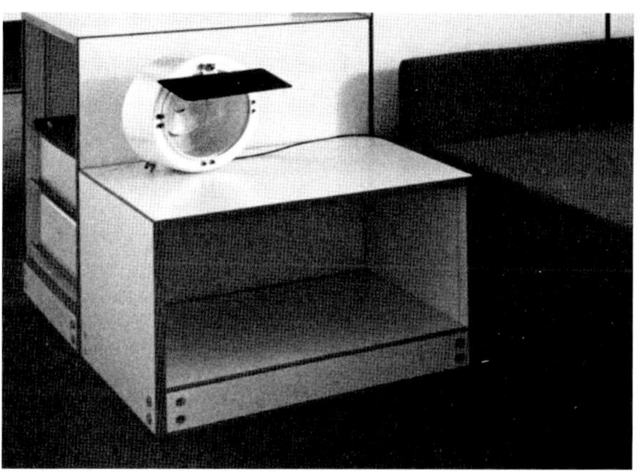

101
"Totem"
Appendiabiti / Coat hanger

AJC.0091
progetto / design 1967
produzione / production 2013
INDUSTRIE CARNOVALI
vedi / see p. 92

In un cilindro in acciaio inox satinato all'interno e laccato in vari colori all'esterno è ricavata una grande asola per riporre ombrelli e bastoni. Uno specchio riflette l'intera persona posta in piedi di fronte. Il *Totem* è dotato di ganci appendiabiti di varie forme, posizionabili a piacimento sul bordo circolare superiore. Può essere completato da una lampada che proietta la luce sul soffitto. / A stainless-steel cylinder, with satin finish on the interior and an outer lacquered finish in various colors, with a large hollow for storing canes and umbrellas. A mirror reflects the whole figure of a person standing in front of it. *Totem* is equipped with hooks of different shapes, which can be positioned at will on the upper rounded edge. A lamp projecting light on the ceiling can further be added.

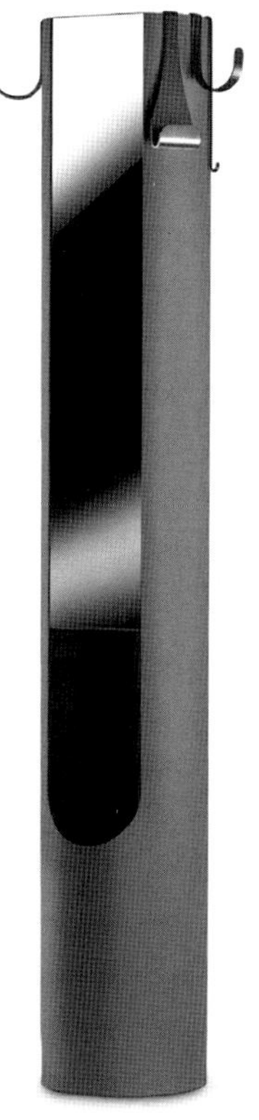

102

"Astrea"
Poltrona e divano /
Armchair and sofa

AJC.0051
progetto / design 1967
produzione / production 1968
COMFORT - Gruppo Fratelli
Longhi
Riedizione / Re-edition 2017
LONGHI
vedi / see p. 93

Poltrona e divano con struttura
in fiberglass di forma cilindrica
tagliata in diagonale per accogliere
cuscini indipendenti di diverse
altezze e forme che creano
schienali, braccioli e sedute. Lo
stesso tema verrà sviluppato nello
stesso anno in poltrone esposte
alla XIV Triennale di Milano nella
zona ricreazione e ristoro. /
Armchair and sofa with a cylindrical
fiberglass frame cut diagonally
to accommodate independent
cushions in different thicknesses
and shapes that create backrests,
armrests, and seats. This same
theme was developed in the same
year for the design of armchairs
that will be displayed in the rest
area of the XIV Milan Triennale.

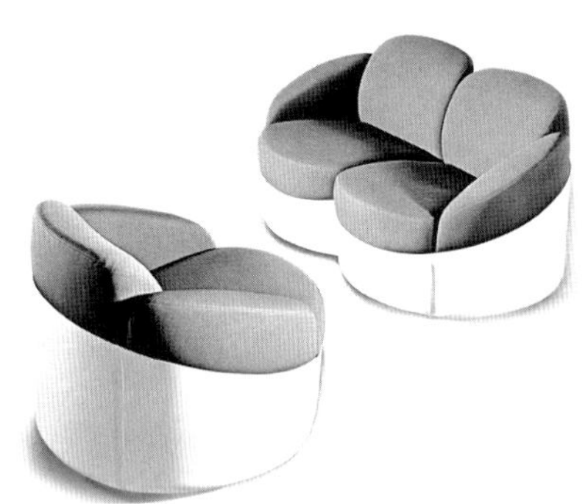

103

"Slide"
Poltrona / Armchair

AJC.0054
progetto / design 1967
realizzazione / realization 1967
fuori produzione / out of
production

Il prototipo della poltrona *Slide*
è stato realizzato nel 1967
sfruttando le caratteristiche
elastiche del poliestere rinforzato
con fibra di vetro ed è utilizzabile
sia all'interno che all'esterno. La
scocca che costituisce la base
della poltrona presenta una serie
di onde che hanno due funzioni,
la prima di sfruttare l'elasticità
del materiale per aumentare il
confort della seduta, la seconda
di poter diminuire lo spessore del
materiale alleggerendo tutta la
scocca. I cuscini in tre elementi
sono imbottiti in poliuretano,
rivestiti in tessuto e asportabili
facilmente. /
The prototype of the *Slide* armchair
was realized in 1967. It exploits the
elasticity of glass fiber reinforced
polymer and can be used both
indoors and outdoors. The shell
constituting the frame of the
armchair has a series of 'waves'
with two functions: to exploit
the elasticity of the material for
an increased seat comfort, and
to reduce the thickness of the
padding making the entire frame
lighter. The cushions, made up of
three elements, are padded with
polyurethane and covered with
fabric and easily removable.

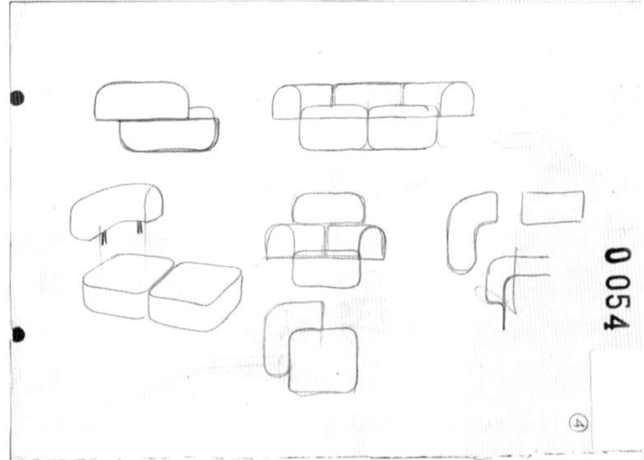

104

Negozio "Mario Valentino"
a Milano / "Mario Valentino"
store in Milan

AJC.0082
progetto / design 1967
realizzazione / realization 1967

Il negozio di calzature *Mario
Valentino*, a Milano, viene studiato da
Joe Colombo già nel 1966 quando
Mario Valentino lo invita a progettare
uno spazio vendita monomarca.
Ornella Cirillo, autrice del libro
Mario Valentino del 2017, osserva
che "Colombo considera il rito
dell'acquisto come uno spettacolo"
creando uno spazio circolare
visibile dall'esterno attraverso due
grandi vetrine perpendicolari fra
loro e dotato di specchi interni che
permettono la valutazione delle
calzature indossate da più punti.
Un sistema di illuminazione a lamelle
di perspex di vari colori e di diverse
lunghezze conferisce spettacolarità
a tutto l'ambiente. /
The *Mario Valentino* footwear
store in Milan was studied by Joe
Colombo as early as 1966, when
Mario Valentino invited him to
design a monobrand boutique. In
2017, the author of the book *Mario
Valentino*, Ornella Cirillo, observed
that "Colombo considers the ritual
of shopping as a show", by creating
a circular space visible from the
outside through two large windows
perpendicular to each other and
placing internal mirrors that allow
the view of the footwear from
several positions. A lighting system
with Perspex slats of various colors
and lengths lends a theatrical air to
the entire environment.

105
"Additional System"
Sistema modulare /
Modular system

AJC.0124
progetto / design 1967
produzione / production 1968
fuori produzione / out of
production

È un sistema modulare composto
da cuscini di sei differenti
dimensioni che a seconda del
numero e della loro posizione
possono creare divani, poltrone,
pouf. I cuscini si agganciano l'uno
all'altro per mezzo di una forcella
sottostante; sono stampati in
poliuretano con struttura metallica
di irrigidimento e ricoperti in
tessuto elasticizzato. Le forcelle
di aggancio sono stampate in
pressofusione di alluminio.
Il progetto fu presentato nel 1968
in occasione della XIV Triennale di
Milano, in una prima versione, poi
modificata. /
A modular system consisting
of cushions of six different
dimensions that, depending
on the number used and their
arrangement, can create sofas,
armchairs, ottomans. The cushions
are attached to each another by
means of underlying hooks; they
are in molded polyurethane with
a metal stiffening structure and
covered with elasticized fabric. The
hooks are in die-cast aluminum.
The first version of this design, later
modified, was presented in 1968 at
the XIV Milan Triennale.

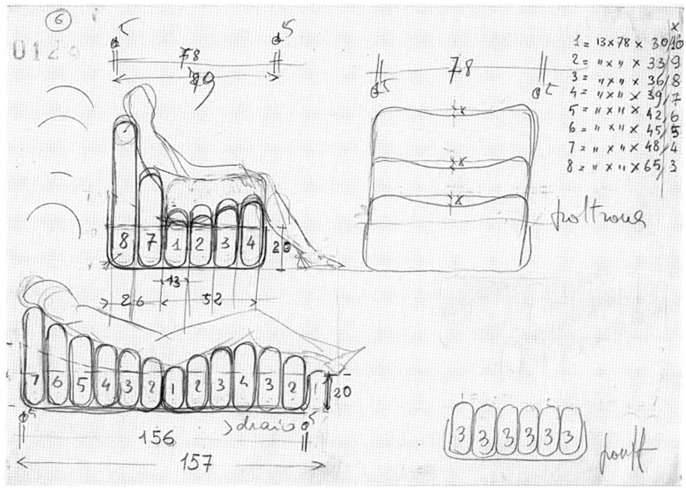

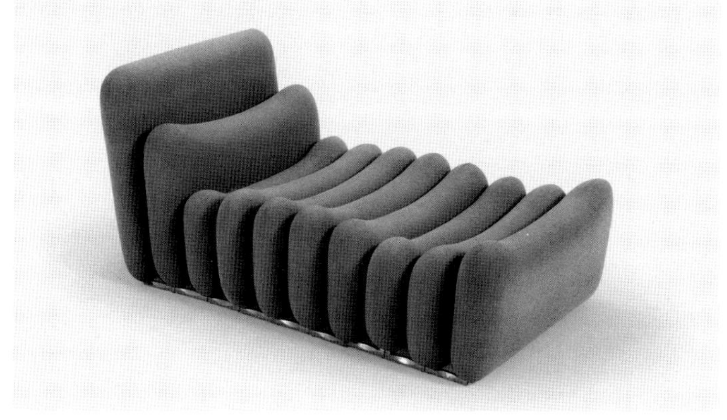

106
**Specchio da parete /
Wall mirror**

AJC.0179
progetto / design 1967
produzione / production 1967
fuori produzione / out of
production

Lo specchio da parete progettato
da Joe Colombo è un semplice
specchio con cornice in metacrilato
nei colori bianco, turchese, arancio,
rosso, verde, nero e prodotto per
alcuni anni da Kartell.
In questo periodo Joe Colombo
abbandona la forma ellittica e
introduce in vari progetti una forma
costituita da due semicerchi e
da due linee parallele formando
nuove funzioni come la porta del
monoblocco *Cucina* per la Bayer. /
This wall mirror designed by Joe
Colombo is a simple mirror with a
methacrylate frame in either white,
turquoise, orange, red, green, or black
color, which was manufactured for a
few years by Kartell.
In this period, Joe Colombo put
aside his distinctive elliptical forms
and introduced a new shape made
of two semicircles and two parallel
lines to create new solutions, such
as the door for the *Kitchen* mobile
unit designed for Bayer.

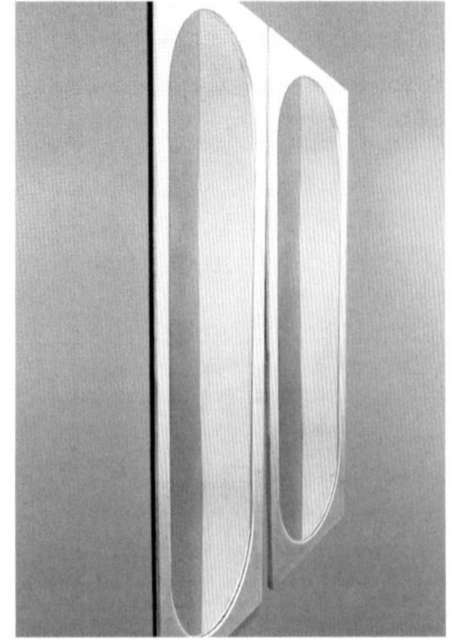

107
**"Coupé cilindrica"
Serie di lampade / Lamp series**

AJC.0265
progetto / design 1967
produzione / production 1967
OLUCE
riedizione / re-edition 2002
OLUCE
vedi / see p. 94

Il sistema di illuminazione della
Coupé è composto da due forme
diverse: una cilindrica e una
semisferica.
La *Coupé cilindrica* è realizzata
in metallo con parti verniciate a
fuoco nella forma cilindrica con una
fresatura superiore.
È prodotta nelle versioni da terra,
da tavolo e ad arco con attacco
a parete. Uno snodo in materiale
plastico nero ne permette
l'inclinazione, la rotazione e la
variabilità d'altezza del riflettore.
In passato è stata prodotta anche
in versione ad arco, da terra e a
morsetto.
Per festeggiare il cinquantesimo
anno di produzione, nel 2017, è
stata presentata in colore oro. /
The *Coupé* lighting system
foresees two different shapes:
a cylindrical and a semispherical
dome. The cylindrical version is
produced in metal with a heat-
lacquered cylinder milled at the top.
It is produced as a floor, table,
and arched wall lamp. A joint in
black plastic allows the inclination,
rotation and height adjustment of
the dome to direct the light beam.
In the past, it was also produced as
arched, floor, and clamp versions.
A version with gold finish was
presented in 2017 to celebrate the
fiftieth year of production.

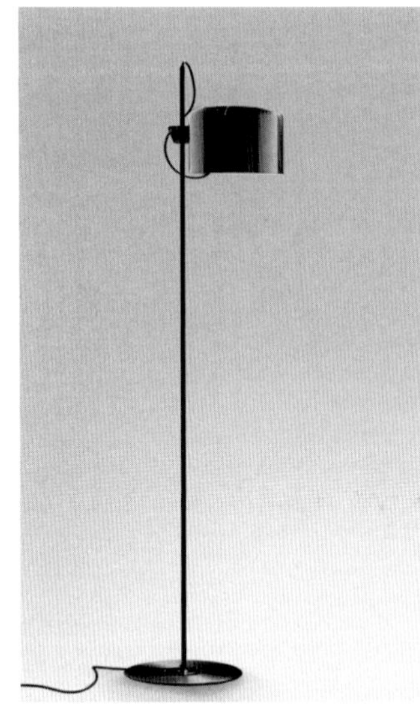

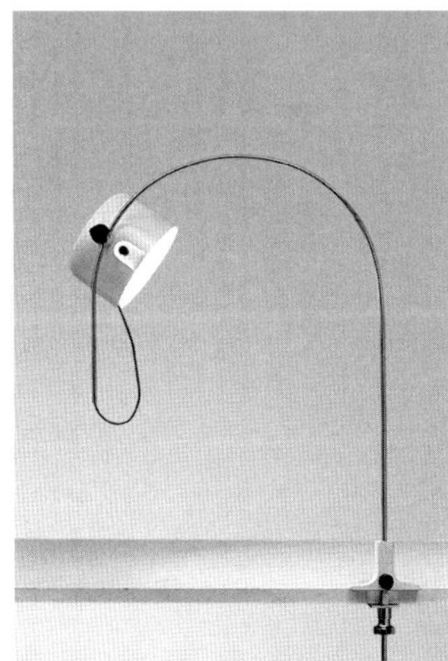

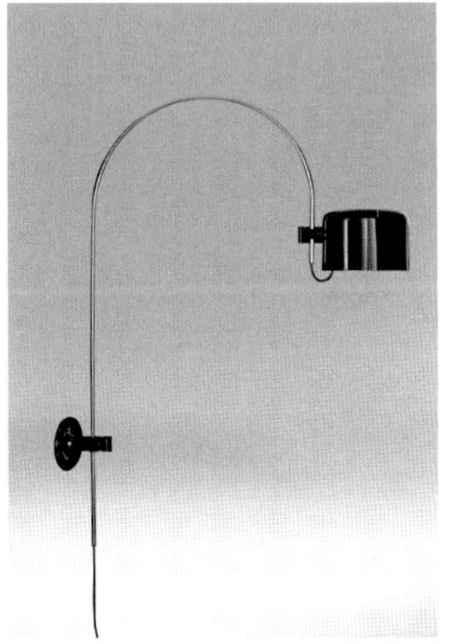

108

**"Coupé semisferica"
Serie di lampade /
Lamp series**

AJC.0266
progetto / design 1967
produzione / production 1967
OLUCE
riedizione / re-edition 2015
OLUCE
vedi / see p. 94

Il progetto di questo sistema
di illuminazione è stato prodotto
in due forme diverse: una cilindrica
e una semisferica.
La *Coupé semisferica* in versione

da terra è caratterizzata da
uno stelo ad arco di notevoli
dimensioni. Uno snodo di plastica
nera ne permette la rotazione
e la variabilità d'altezza.
È stata realizzata in metallo
con parti verniciate a fuoco. /
This lighting system was
produced in two different shapes:
a cylindrical and a semispherical
dome.
The floor version of the
semispherical *Coupé* lamp has an
original long and arched stem. A
joint
in black plastic allows its rotation
and height adjustment.
It was produced in metal with

109

**Allestimento dello stand
"Bernini" al Salone del
Mobile a Parigi / Set-up of
the "Bernini" stand at the
Furniture Trade Show in Paris**

AJC.0270
progetto / design 1967
realizzazione / realization 1967

L'allestimento, che sembra
rappresentare un paesaggio
vegetale come un campo coltivato
a granturco, è costituito da un'area
su pedana a cui si accede da
gradoni disposti in diagonale dove
gli elementi verticali sono tondini
in acciaio cromati o verniciati
bianchi con sequenze ritmate come
fossero corde di strumenti musicali
e con funzione di separazione

filtrata tra l'esterno e l'interno dello
stand stesso. L'effetto, che risulta
spettacolare, richiama i suoi primi
stand alla Fiera Campionaria di
Milano per l'esposizione di cavi
elettrici. /
This set-up seems to represent
a country landscape, like a field
cultivated with corn. It consists of
a raised platform accessible by
steps arranged diagonally, where
the vertical elements made of
chromed and white-lacquered
steel rods are placed in rhythmic
sequences as if they were strings
of musical instruments, filtering
the entrance inside the stand
itself. This spectacular effect
recalls the first stands designed by
Joe Colombo for the Milan Trade
Fair for the display of electrical
wiring.

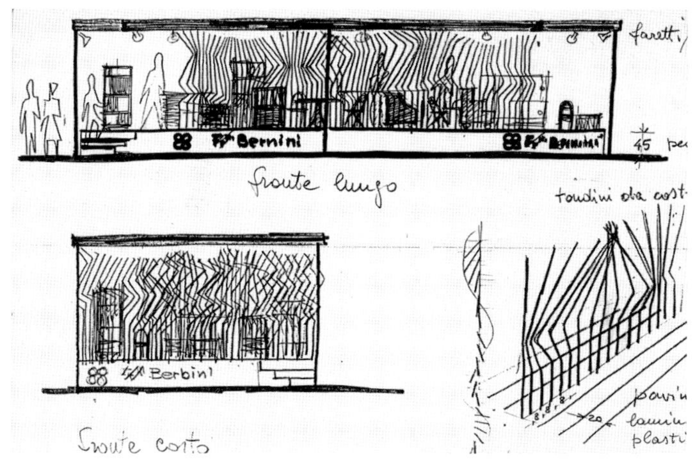

Allestimento "Settore attrezzato ricreazione e ristoro" alla XIV Triennale di Milano / Set-up of the "Rest and dining area" at the XIV Milan Triennale

AJC.0002
progetti / designs 1968
realizzazione / realization 1968

Nell'ambito della XIV Triennale di Milano il settore destinato ai visitatori per i momenti di relax è costituito da un monolitico sedile multiplo *Monterelax* per 40 persone, a forma di emisfero composto da elementi in gomma piuma.
I visitatori possono salire su gradoni in cui sono inserite sedute molto confortevoli ricavate nel volume per rilassarsi guardando proiezioni su schermi appesi a una struttura del soffitto.
La zona ristoro è un'ampia area che si affaccia sul parco attrezzata con bar e tavola calda. Il banco-bar è composto da otto moduli autonomi, dotati di predisposizioni elettriche e di lampade *Spider* ad arco, che illuminano in modo ottimale senza interferire con l'operatore. I moduli contengono diverse funzioni: uno è adibito a bancone e cassa, uno è dotato di lavello e refrigeratore, uno di bottigliera e frigo, uno è adibito a tavola calda o gelateria, uno può contenere la macchina del caffè. Nell'allestimento della Triennale la composizione è lineare, ma i moduli potevano essere composti anche in posizioni diverse, a croce, a blocco centrale triangolare o quadrato, a zig zag.
La zona è completata da sedili e tavolini costituiti da parallelepipedi rivestiti di tessuto sky giallo.
Collaborazione per gli effetti cinetico-visuali di Gianni Colombo. /
The rest area designed for the XIV Milan Triennale, where visitors could linger for a moment to relax, foresaw a multiple seat single-unit called *Monterelax* accommodating 40 people, shaped like a hemisphere and manufactured in foam rubber.
The comfortable seats were carved in the volume of the unit, where visitors could relax watching projections on the screens hanging from a frame fixed to the ceiling.
The dining area covered a large surface overlooking the park, equipped with a bar and a cafeteria.

The bar counter consisted of eight independent modules equipped with electrical wiring and arched *Spider* lamps that guaranteed optimal lighting without interfering with the staff's work. The modules were devised for several functions: check-out counter, sink and refrigerator, bottle holder and fridge, a diner or ice cream parlor, coffee corner.
For the set-up of the Milan Triennale, the modules were placed horizontally, although they could also be arranged differently, including a cross shape, with a triangular or square central block, or following a zigzag pattern.
The dining area was completed with seats and small tables consisting of parallelepipedal units covered with yellow synthetic leather.
Gianni Colombo collaborated on the kinetic-visual effects.

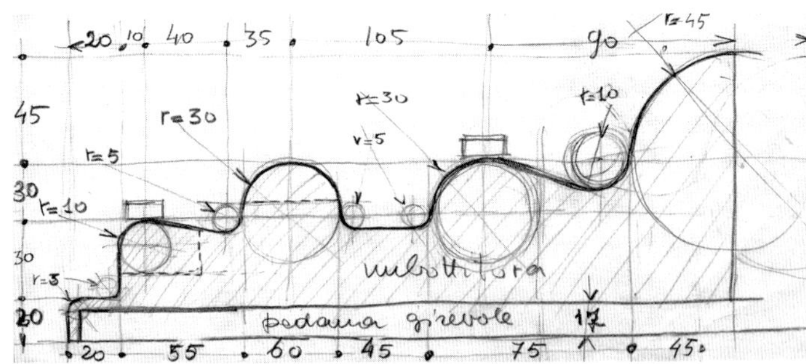

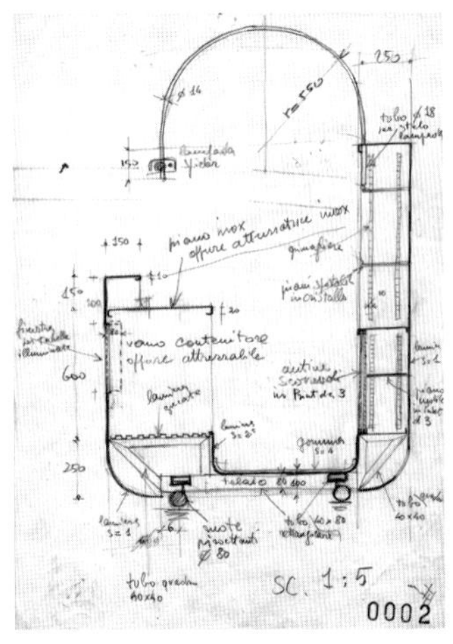

"Flash"
Lampada / Lamp

AJC.0045
progetto / design 1968
produzione / production 1969
fuori produzione / out of
production

La lampada *Flash* è stata disegnata
per una lampadina Cornalux, con
vetro in parte schermato e in parte
opaco, ed è stata ispirata dall'uso
del flash che all'epoca si applicava
esternamente alla macchina
fotografica.
La sua forma deriva da uno studio
sull'intersezione tra solidi
di rotazione e piani.
Questo sistema di illuminazione
include le versioni da terra, da
tavolo, a soffitto, a parete, a
morsetto. Ne sono state prodotte
anche una versione in vetro e una
di misura ridotta.
In due foto sono illustrati lo studio
dei componenti per la lavorazione
e quelli pronti per il montaggio. /
The *Flash* lamp was designed
for a Cornalux bulb, with partially
shielded and partially matte glass.
This lamp drew inspiration from the
flash that at the time was mounted
externally to a photo camera.
Its shape stems from a study on
the intersection between rotating
solids and flat surfaces.
This lighting system includes
floor, table, ceiling, wall, and
clamp versions. A glass version
and a smaller size lamp were also
manufactured.
These photos show the study of
the components for manufacturing
and the elements ready for
assembly.

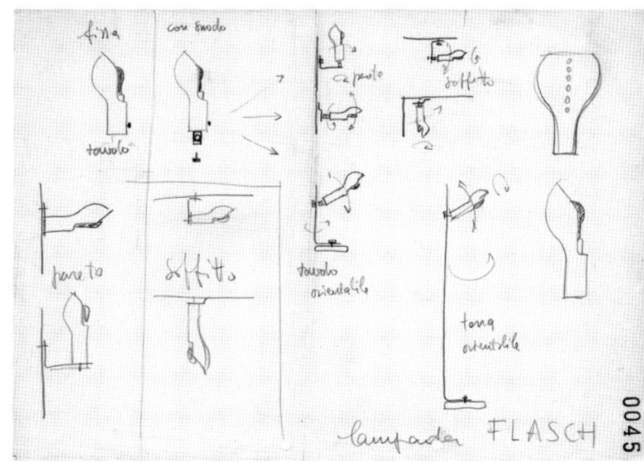

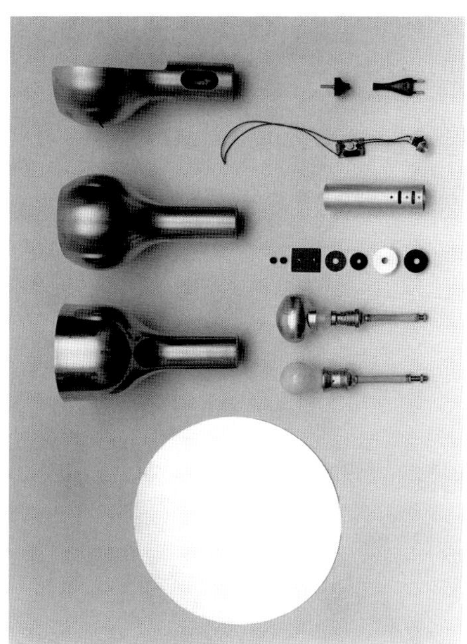

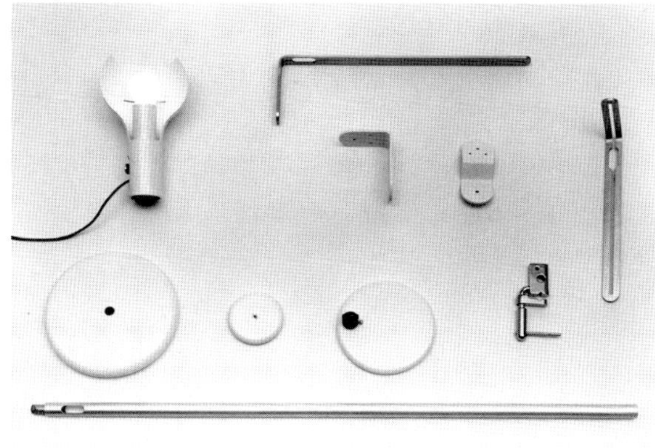

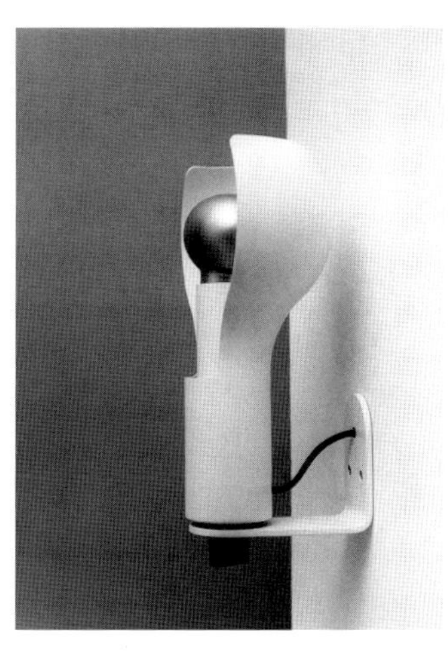

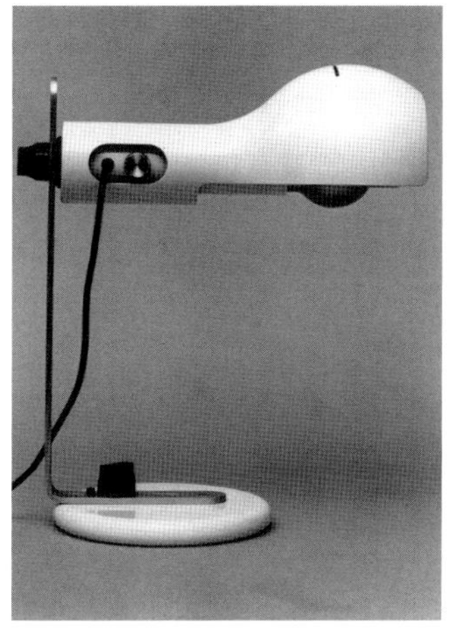

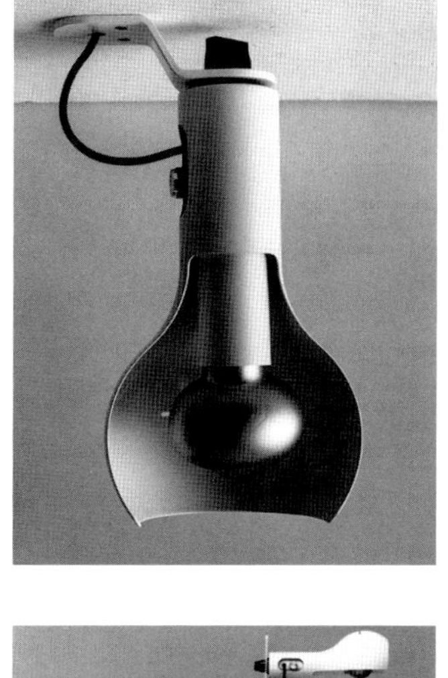

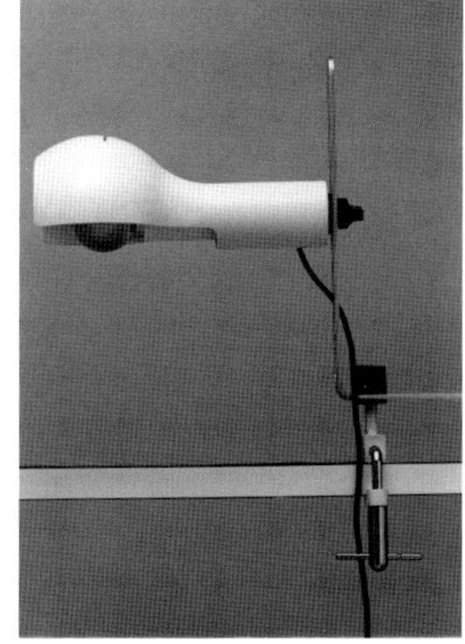

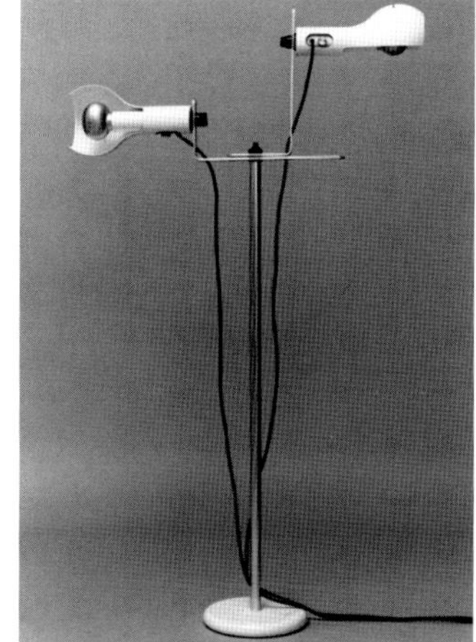

**Negozio "Mario Valentino"
a Napoli / "Mario Valentino"
Store in Naples**

AJC.0003
progetto / design 1968
realizzazione / realization 1968

Il negozio di calzature
Mario Valentino a Napoli è il
secondo negozio progettato
da Joe Colombo per lo stesso
committente; qui lo spazio è
rettangolare con una parte
architettonica squadrata che lo
invade proprio nella parte centrale.
Con una soluzione geniale, Joe
Colombo ripete il tema dello
spazio circolare circondando il
volume intrusivo in un semicerchio
e completando le pareti laterali
con specchi che raddoppiano la
dimensione ottica dello spazio. I
colori verde scuro e giallo sono
le combinazioni per pavimento,
pareti e soffitto, accostati a sedili
continui, pouf e grandi superfici
di illuminazione.
Anche in questo caso sono
gli effetti luminosi a conferire
spettacolarità all'insieme. /
The *Mario Valentino* footwear store
in Naples is the second boutique
designed by Joe Colombo for the
same client. This time, the store
was a rectangular space with a
square architectural structure in
the center. Joe Colombo devised
an ingenious solution, repeating
the theme of the circular space by
surrounding the structure in the
middle of the store in a semicircle
and completing the side walls with
mirrors that doubled the optical
dimension of the space. Dark
green and yellow were chosen
for the floor, walls and ceiling.
Completing the furnishing were
seats, ottomans, and large lighting
surfaces.
In this case, too, the lighting effects
lend a theatrical air to the overall
environment.

**"Sferico"
Bicchiere / Glass**

AJC.0089
progetto / design 1968
produzione / production 1968
riedizione / re-edition 2016
KARAKTER
vedi / see p. 96

Serie di bicchieri derivata da
combinazioni tra geometrie sferiche
e cilindriche. I primi prototipi
sono stati realizzati da Riedel con
dimensioni ridotte in vetro soffiato
nel 1968 e con basamenti di
diverse forme.
Altri prototipi del 1995 sono stati
realizzati da Nason Moretti in
misure standard ed esposti alla
mostra *I Colombo* alla Galleria
d'Arte Moderna e Contemporanea
dell'Accademia Carrara a Bergamo.
Sono prodotti in serie, con basi
circolari, da Karakter dal 2016. /
A series of glasses stemming from
combinations between spherical
and cylindrical geometries. The
first prototypes were produced
by Riedel in blown glass in 1968,
in smaller sizes than the original
design and with bases of different
shapes.
Other prototypes from 1995 were
produced by Nason Moretti in
standard sizes and exhibited at the
I Colombo exhibition at the *Galleria
d'Arte Moderna e Contemporanea* of
the *Accademia Carrara* in Bergamo.
The serial production of the version
with circular bases was started in
2016 by Karakter.

 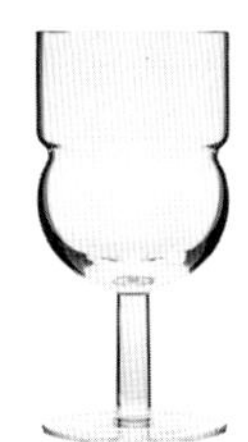    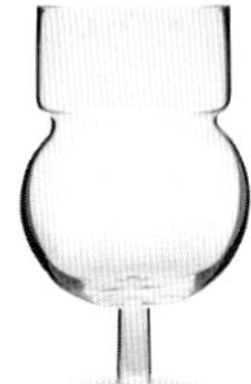

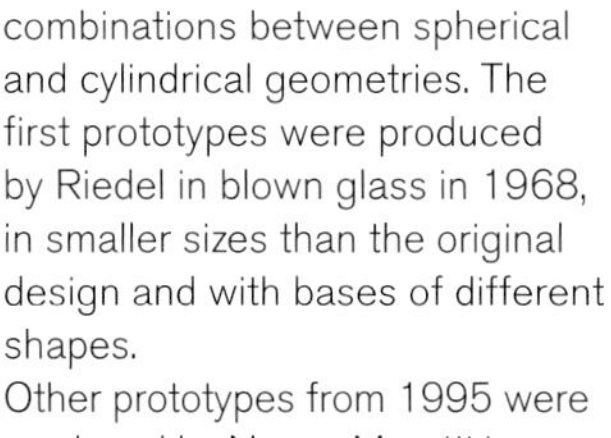

"Mastro"
Tavolo / Table

AJC.0182
progetto / design 1968
produzione / production 1970
fuori produzione / out of production

Il tavolo *Mastro* faceva parte di una serie di tavoli rettangolari, quadrati, circolari e di altre forme, tutti in laminato stratificato Print, all'epoca una novità perché di spessore di 13 mm, che permetteva ai produttori di utilizzare direttamente il pannello senza dover applicare il laminato ad altri materiali. /
The *Mastro* table was part of a series of tables designed with different shapes: rectangular, square, round, etc. They were all manufactured in Print layered plastic laminate, a novelty at the time since they had a 13-mm thickness, which allowed manufacturers to use the panels directly without having to apply the laminate to other materials.

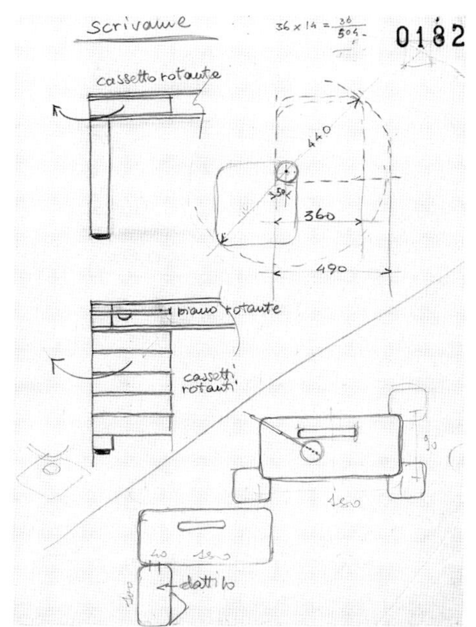

"Box 1"
Monoblocco notte-giorno / Night and day multi-function mobile unit

AJC.0065
progetto / design 1968
produzione / production 1968
fuori produzione / out of production

Questa struttura monoblocco è la sintesi di tutto ciò che occorre a una persona per abitare. È composta da un armadio con ante scorrevoli nella parte frontale, mentre la parte posteriore serve da testata per il letto che è posto a un'altezza che permette il posizionamento degli altri elementi del blocco: una cassettiera, uno scaffale a giorno, una scrivania o una toilette.
Completano il gruppo una poltroncina/sedia che, se ribaltata, serve da scaletta per salire sul letto e una lampada orientabile che può essere utilizzata sia per il letto che per la scrivania. Il blocco chiuso ha un ingombro di 2,5 x 1,30 m e può essere collocato in un angolo, lungo una parete o anche al centro di un locale. Più blocchi possono essere affiancati sia di testa che lateralmente.
Gli elementi più piccoli sono provvisti di rotelle e possono essere spostati a seconda delle esigenze. /
This multi-function mobile unit represents the synthesis of what a person needs in their living space. It includes a cabinet with sliding doors on the front, while the back of the cabinet serves as a headboard. The bed is placed at a height that allows the arrangement of the other modules making up the unit: a chest of drawers, a shelf, a desk, or a toilet. The unit is completed with a chair/armchair that can be used, when turned over, as a ladder to reach the bed, and an adjustable lamp that can be used when lying in bed or seated at the desk. When closed, this compact unit takes 2.5 x 1.30 m (8.2 x 4.2 ft) of space and can be placed in the corner of a room, against a wall, or even in the center of a room. More units can be placed side by side, or vertically. The smaller elements are fitted with swivel casters and can be moved as needed.

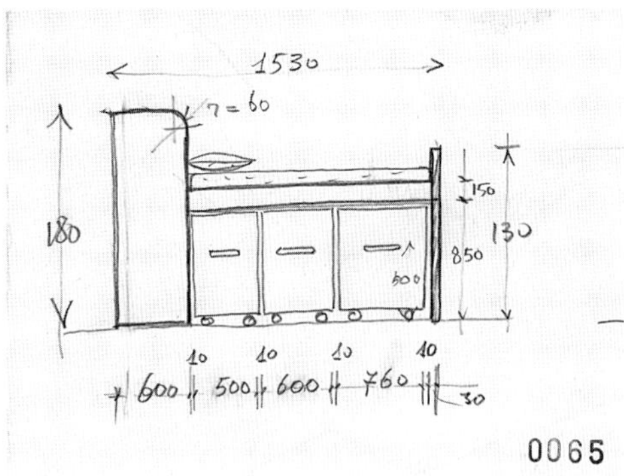

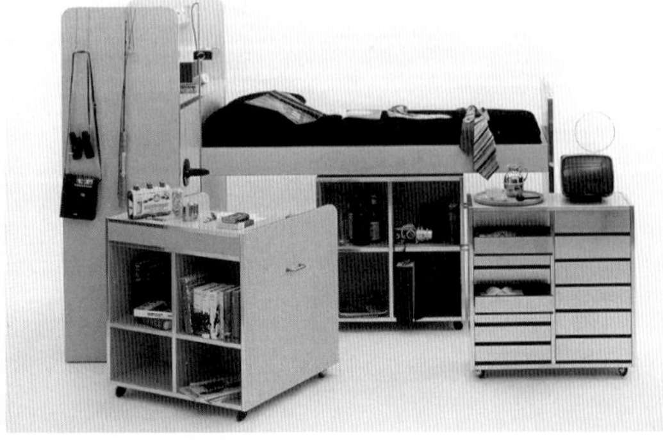

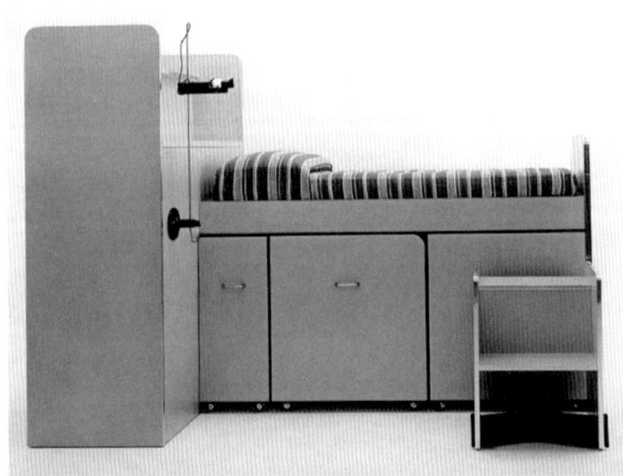

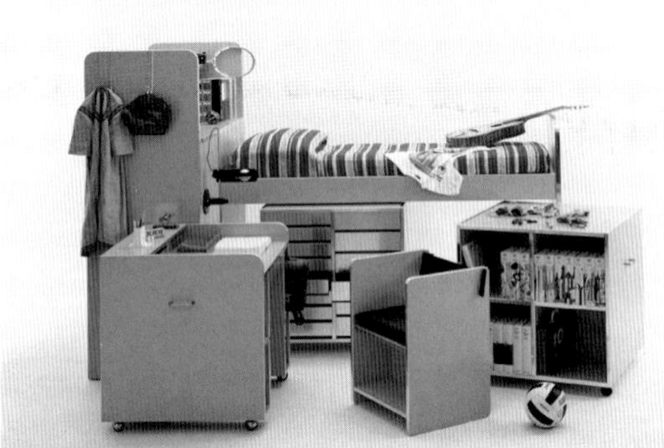

116
"Poker"
Tavolo / Table

AJC.0052
progetto / design 1968
realizzazione / realization 1969
ZANOTTA
produzione / production 1969
ZANOTTA
vedi / see p. 97

Tavolo da gioco quadrato realizzato con l'innovativo materiale laminato plastico Print stratificato, dello spessore di 13 mm.

Due piani paralleli sono collegati da gambe metalliche tubolari che nascondono una vite con dado di serraggio. Gli angoli sono completati con pianetti d'appoggio rotanti, estraibili, con portacenere. / Square gaming table made with the innovative Print layered plastic laminate (13 mm thickness). Two parallel panels are connected by tubular metal legs that hide a screw and its corresponding fastening nut. The corners are completed with rotating and extractible supports fitted with an ashtray.

117
"Vademecum"
Lampada / Lamp

AJC.0079
progetto / design 1968
produzione / production 1969
fuori produzione / out of production

Lampada da tavolo di piccole dimensioni di forma compatta a parallelepipedo. È costituita da una base in Cycolac, polimero termoplastico per stampaggio a iniezione, e da un coperchio in acciaio inox, collegati da uno snodo che permette di posizionare lo schermo durante l'uso in diverse posizioni per ottenere più o meno luce. Abbassandolo completamente si chiude per riporlo. / Small table lamp with a compact parallelepipedal shape. It consists of a base in Cycolac (an injection-molded thermoplastic polymer) and a stainless steel screen. The two components are connected by a joint that allows the positioning of the screen to obtain more or less light. When the screen is lowered completely, the lamp can be closed for storage.

118

"Menissa"
Piatti / Dishes

AJC.0086
progetto / design 1968
produzione / production 1970
fuori produzione / out of production

Ricavato da uno studio di forme reversibili, tema caro a Joe Colombo, questi piatti in ceramica forte, da usare anche rovesciati, hanno la particolarità di avere un bordo sagomato in modo da permettere, per ragioni igieniche, la presa senza toccare l'incavo che contiene il cibo. La particolare forma permette di sovrapporre il piatto più piccolo al piatto fondo come un vero e proprio cappello. È stato prodotto nei colori nero e bianco dalla Ceramiche Franco Pozzi. /

These dishes in robust ceramic stem for a study on reversible shapes, a theme dear to Joe Colombo; in fact, they can also be used upside down. Their rim is shaped in such a way that they can be held without touching the recess that contains food. Their original shape allows the smaller dish to be stacked inside the larger one as if it were a hat. It was manufactured in black and white by Ceramiche Franco Pozzi.

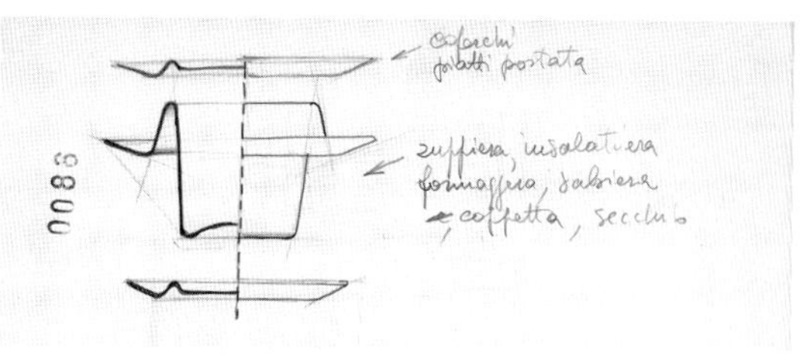

119

Allestimento dello stand
"ADI" all'Eurodomus 2
a Torino / Set-up of the
"ADI" stand at Eurodomus 2
in Turin

AJC.0093
progetto / design 1968
realizzazione / realization 1968

Questo stand dell'ADI (Associazione per il Disegno Industriale) è stato progettato in occasione della *Mostra pilota della casa moderna* all'Eurodomus 2 a Torino.
Denominato *La montagna dell'ADI*, è stato realizzato con il sistema di costruzione Abstracta, composto da tre elementi, tubi, giunti a incastro e piani modulari, e attraeva l'attenzione dei visitatori per la sua forma insolita.
La struttura, formata da tubi, sorregge una serie di pannelli sovrapposti lungo una linea obliqua a 45° per accogliere all'interno un tunnel espositivo dove il pubblico poteva assistere a due sequenze di proiezioni simultanee che illustravano esempi di design. La grafica applicata all'esterno è chiara e segue il sistema costruttivo.
Collaborazione al progetto: Arch. Alberto Rosselli. /

This stand was designed for ADI (Industrial Design Association) for the *Mostra pilota della casa moderna* exhibit at Eurodomus 2 in Turin.
Dubbed *The ADI Mountain*, it was realized with the Abstracta construction system consisting of three units, piping, interlocking joints, and modular planes, and attracted the attention of visitors for its unusual shape.
The frame was made up of pipes and supported various panels overlapping over a 45° inclined plane to accommodate an interior exhibition tunnel accessible to the public who could assist to two simultaneous projections illustrating examples of design. The graphic on the exterior was linear and followed the structural system.
Architect Alberto Rosselli collaborated on the project.

120

Lampada a spina /
Lamp with embedded plug

AJC.0099
progetto / design 1968
produzione / production 1968
fuori produzione / out of production

Su di una base cilindrica, in lamiera laccata con la superficie increspata a onde, da una parte è direttamente innestata la spina, mentre dall'altra viene avvitata la lampada a calotta argentata che riflette la luce sui cerchi a onde concentriche che creano un particolare effetto estetico. /

The plug is embedded in the cylindrical lacquered metal base with a rippled wave surface. The silver cap lamp is screwed on the opposite side, reflecting the light on concentric circle of waves that create an original aesthetic effect.

121
"Triangular Container System"

AJC.0101
progetto / design 1968
produzione / production 1969
fuori produzione / out of
production

È una serie costituita da
parallelepipedi a tre altezze
su ruote in laminato plastico,
incernierati lungo la diagonale.
Aprendosi si trasformano da
parallelepipedi a pianta quadrata
in prismi a pianta triangolare.
Permettono infinite soluzioni d'uso.
Possono essere utilizzati come
unità singole o a piccoli gruppi e,
se aperti, si possono articolare nello
spazio per suddividere gli ambienti.
Corredati da una vasta gamma
di accessori possono servire da
contenitori per diversi usi: armadi,
scaffali, librerie, bar, tavolini,
appendiabiti, e altro.
Esposto nel 1971 a
La mia casa, Torino. /
A series consisting of
parallelepipedal units in plastic
laminate resting on casters. Three
different heights are available. The
units are hinged along the diagonal
so that, when they are opened, they
transform from a parallelepiped
with a square base into a prism
with a triangular base.
These units allow for an infinite
array of uses. They can be used
as single units or in small groups.
When they are open, they can be
arranged to partition the space.
They are accompanied by a broad
range of accessories that serve
as containers for different uses:
wardrobes, shelves, bookcases,
bars, tables, coat hangers, and more.
This system was exhibited in 1971
at *La mia casa*, Turin.

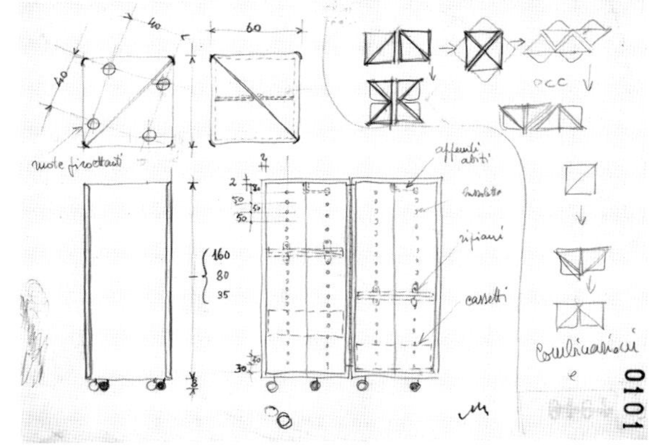

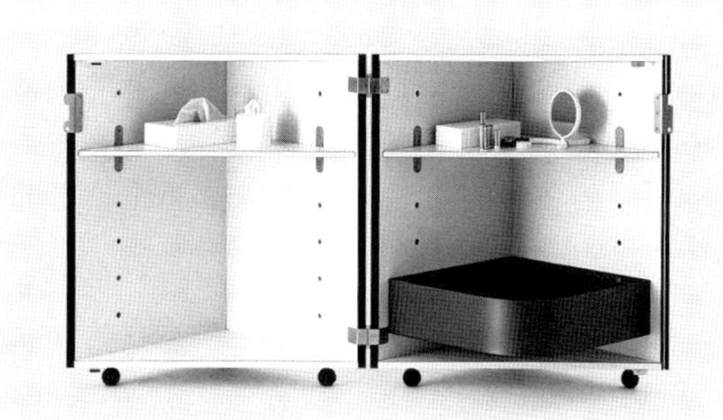
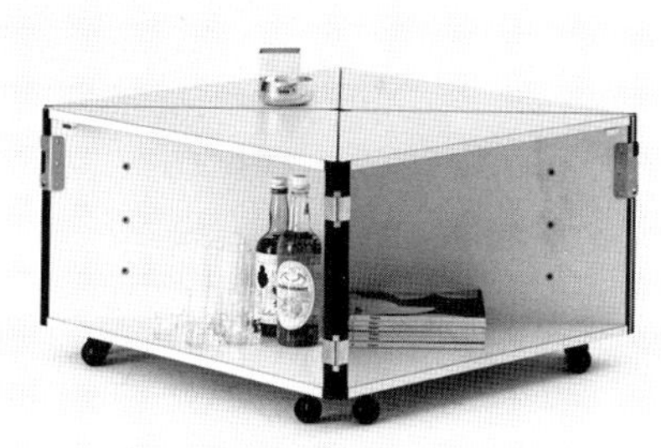

122
"Biglia"
Portacenere / Ashtray

AJC.0106
progetto / design 1968
produzione / production 1969
ARNOLFO DI CAMBIO
riedizione / re-edition 2018
ARNOLFO DI CAMBIO
Compagnia Italiana del Cristallo
vedi / see p. 98

Portacenere in cristallo con
rivestimento in metallo che
permette di eliminare mozziconi di
sigaretta e fumo con la semplice
rotazione della sfera, anch'essa in
cristallo, appoggiata alla base.
Variamente colorato o cromato,
era completato da una serie di altri
oggetti da fumo: portasigarette

cilindrico sormontato da un
accendino sferico in cristallo e
scatola portasigari con coperchio
metallico scorrevole.
Dopo un periodo di sospensione
la produzione della *Biglia* è stata
ripresa nel 2018. /
Metal-plated crystal ashtray
that allows for the elimination
of cigarette butts and their
smoke with the simple rotation
of the crystal sphere resting on
the base. Produced in polished
silver and other colors, it was
completed by a series of other
smoking objects: a cylindrical
cigarette case with a spherical
crystal lighter and a cigar case
with sliding metal cover.
After a period of suspension, the
production of *Biglia* was resumed
in 2018.

123
Negozio "Au bucheron" a
Parigi / "Au bucheron" store
in Paris

AJC.0163
progetto / design 1968
realizzazione / realization 1968

Il negozio a Parigi vuole essere il
primo negozio di design di gusto
pop che evidenzia i primi concetti
di "anti-design" espressi e applicati
da Joe Colombo. L'ambiente
è essenziale con il pavimento
asfaltato, in continuità con la strada,
come se si trattasse di un mercato.
Gli oggetti sono esposti appoggiati
al pavimento o su pedane oppure
appesi a una tralicciatura metallica
usata anche per distribuire
l'illuminazione. La struttura
metallica della tralicciatura era già
stata utilizzata per il negozio di
Lella Sport a Milano nel 1966 e qui
regge anche dei pannelli scorrevoli

rivestiti in ciré che costituiscono
gli unici divisori ottici. Gli oggetti
più piccoli sono appoggiati
semplicemente su oggetti più
grandi come tavoli e mobiletti. /
This store in Paris was meant to be
the first POP style design boutique
to highlight the first concepts of
"antidesign" expressed and applied
by Joe Colombo. The environment
is essential with a paved floor in
continuity with the street outdoors
as if it were a market. The objects
are displayed resting on the floor
or on platforms, or hanging from
a metal railing that also serves to
house electrical lighting.
The metal railing structure had
already been used in 1966 for the
Lella Sport store in Milan. In this
case, it also supports sliding panels
covered in oilcloth, which constitute
the only optical partitions of the
store. Smaller items are simply
placed on top of larger objects,
such as tables or small cabinets.

124
"Conchiglia"
Lampada / Lamp

AJC.0254
progetto / design 1968
produzione / production 1980
fuori produzione / out of production

Nata dallo studio formale di
intersezioni tra solidi di rotazione e
piani, la forma ottenuta permette
l'accostamento di due elementi
per dar vita a una forma nuova.
Progettata all'epoca per un'applique
realizzata in metallo verniciato,
poteva essere usata anche come
plafoniera. È stata rimessa in
produzione in due versioni: come
lampada da parete e incandescenza
a luce diffusa, con il corpo in vetro
opalino bianco e il supporto a parete
in metallo laccato, e come lampada
alogena da terra, con diffusore in
vetro opalino bianco e struttura in
metallo laccato. /
The shape of this lamp, stemming
from a study on intersections
between rotating solids and flat
surfaces, allows the combination
of two elements to give life to a
new form. Originally designed as
a wall lamp in lacquered metal, it
could also be used as ceiling light.
It was produced in two versions:
as a wall lamp with incandescent
light diffused by a white matte
glass cover and the wall support in
lacquered metal, and as a halogen
floor lamp with a white matte
glass diffuser and lacquered metal
structure.

125
"Risciò"
Lampada / Lamp

AJC.0255
progetto / design 1968
prototipo / prototype 1979
fuori produzione / out of production

Lampada da tavolo a luce riflessa
in metallo verniciato, costituita da
un corpo in tubo tranciato e da un
riflettore in lamiera tornita e tranciata.
In colore bianco o colorato, all'esterno
ha un cappello con aletta che si può
togliere per ottenere luce diffusa. /
The body consists of a tube, while
the reflector is obtained from
lathed and sheared metal sheet. It
was produced in white and other
colors. Its wide-brimmed hat can be
removed to obtain diffuse light.

126
"Valentino"
Pouf / Ottoman

AJC.0501
progetto / design 1968
produzione / production 1968
riedizione / re-edition 2016
fuori produzione / out of
production

Il pouf *Valentino* è stato studiato per
il negozio di calzature a Napoli ed è
costituito da pannelli smussati agli
angoli e montati in modo da poter
contenere, nel piano superiore, un
cuscino quadrato in pelle. Il foro
laterale che conteneva calzascarpe
e altri oggetti utili alla prova delle
scarpe è stato ingrandito per poter
contenere riviste e giornali. /
The *Valentino* ottoman was
designed for the footwear store
in Naples and is made of panels
beveled at the corners and mounted
in such a way as to accommodate a
square leather cushion on top. The
lateral hole, originally designed to
contain a shoehorn and other items
useful for trying on footwear, was
later enlarged to hold magazines
and newspapers.

127

"Cabriolet Bed"
Monoblocco multifunzionale /
Multi-function mobile unit

AJC.0145
progetto / design 1969
produzione / production 1970
fuori produzione / out of production

Cabriolet Bed, insieme al monoblocco *Rotoliving*, viene disegnato nel 1969 ed è il risultato delle ricerche svolte da Joe Colombo per un nuovo modo di abitare. Entrambe le attrezzature facevano parte dell'arredamento dell'abitazione di Joe Colombo e sintetizzano l'una l'attrezzatura per la notte, l'altra quella per il giorno.

Questo letto decapottabile ha una parete/testata che incorpora un guardaroba accessibile dal retro in modo da poter essere utilizzato al centro di una stanza.
Esposto per la prima volta all'Eurodomus 3 alla Triennale di Milano, nel 1970, è stato prodotto in pochi esemplari. Insieme a *Rotoliving* questa struttura prosegue e sviluppa il discorso sull'"anti-design", già iniziato da Joe Colombo alcuni anni prima attraverso i suoi vari esperimenti: *Minikitchen* e *Combi Center* (1963), *Container For Lady - For Man* (1964), *Sistema programmabile per abitare* (1967), *Box 1* (1968), *Visiona 1* (1969).
È stato realizzato e prodotto dalla ditta Sormani. Un prototipo di proprietà della Galleria d'Arte Moderna e Contemporanea dell'Accademia Carrara di Bergamo è stato esposto in più mostre. /

The *Cabriolet Bed* was designed in 1969 together with the *Rotoliving* multi-function mobile unit and is the result of the research conducted by Joe Colombo for a new living space. Both units furnished Joe Colombo's apartment. They represent the synthesis of night and day furnishings, respectively. This convertible bed has a headboard/wall that incorporates a wardrobe accessible from the rear, so that the bed can also be placed in the center of a room.
It was first exhibited at Eurodomus 3 at the Milan Triennale in 1970, and was produced in a limited number. Together with *Rotoliving*, this structure further develops the theme of 'antidesign' introduced by Joe Colombo a few years earlier through various experiments: *Minikitchen* and *Combi Center* (1963), *Container For Lady - For Man* (1964), *Programmable living system* (1967), *Box 1* (1968), *Visiona 1* (1969).
It was realized and manufactured by Sormani. A prototype owned by the Galleria d'Arte Moderna e Contemporanea dell'Accademia Carrara in Bergamo was displayed at several exhibitions.

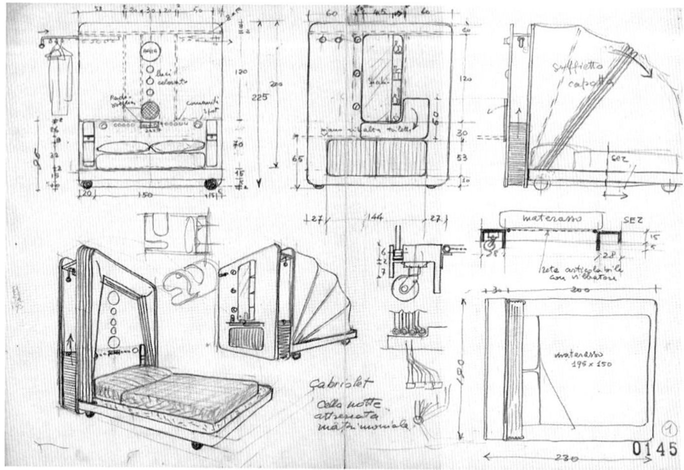

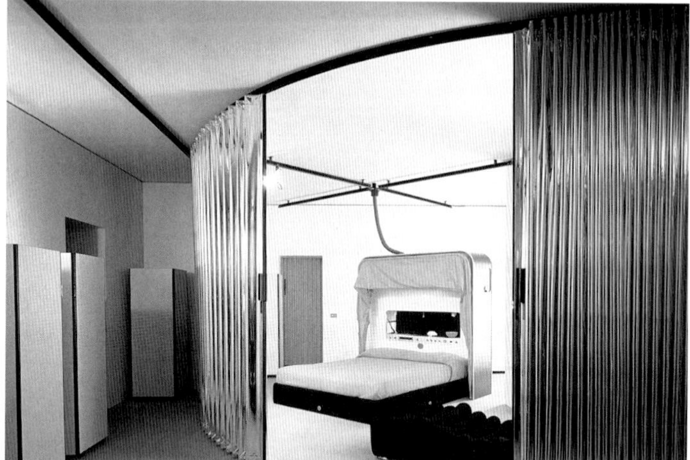

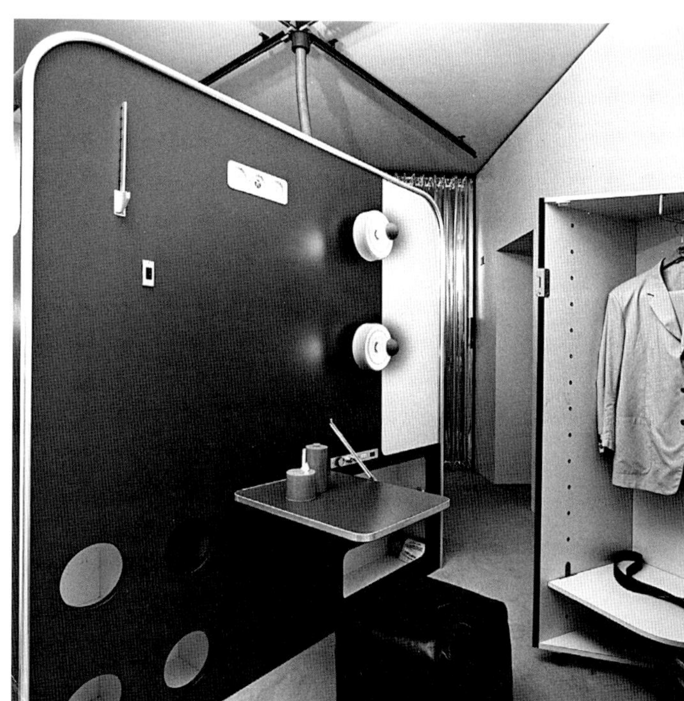

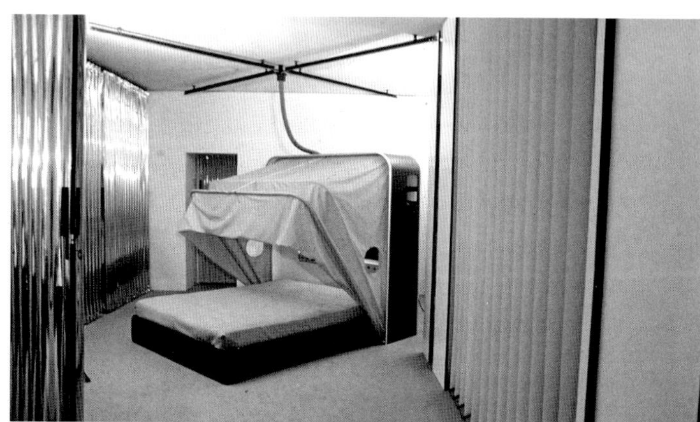

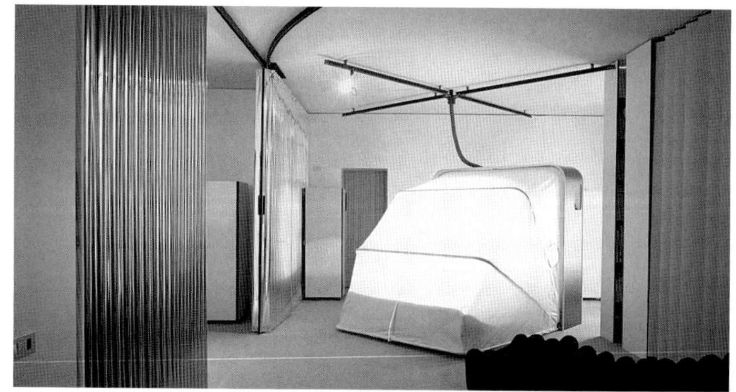

128
"Rotoliving"
Monoblocco multifunzionale / Multi-function mobile unit

AJC.0148
progetto / design 1969
produzione / production 1970
fuori produzione / out of production

Rotoliving, insieme al monoblocco *Cabriolet Bed*, viene disegnato nel 1969 ed è il risultato delle ricerche svolte da Joe Colombo per un nuovo modo di abitare. Entrambe le attrezzature facevano parte dell'arredamento dell'abitazione di Joe Colombo e sintetizzano l'una l'attrezzatura per la notte, l'altra quella per il giorno. *Rotoliving* è una macchina per abitare per la "zona giorno" con doppia funzione soggiorno e pranzo grazie alla rotazione della parte centrale attrezzata con mobile basso da un lato e con tavolo dall'altro lato. La doppia funzione è facilitata anche dall'uso della sedia trasformabile e con altezza variabile *Multichair*, all'interno dell'allestimento. Esposte per la prima volta all'*Eurodomus 3* alla Triennale di Milano nel 1970, sono state prodotte in serie limitata da Sormani. Queste due strutture proseguono e sviluppano il discorso sull'"anti-design" già iniziato da Joe Colombo alcuni anni prima, attraverso i suoi vari esperimenti: *Minikitchen* e *Combi Center* (1963), *Container For Lady - For Man* (1964), *Sistema programmabile per abitare* (1967), *Box 1* (1968), *Visiona 1* (1969). /

The *Rotoliving* multi-function mobile unit was designed in 1969 together with the *Cabriolet Bed* and is the result of the research conducted by Joe Colombo for a new living space. Both units furnished Joe Colombo's apartment. They represent the synthesis of day and night furnishings, respectively. *Rotoliving* is a "machine" for the living area, with the double function of living room and dining room thanks to the rotation of the central unit equipped with a low cabinet on one side and a table on the other. This dual function is facilitated by the presence of the transformable *Multichair*, which can be adjusted in variable heights and positions. This unit was first exhibited at *Eurodomus 3* at the Milan Triennale of 1970, and was produced in a limited series by Sormani. This double-structure unit further develops the theme of 'antidesign' introduced by Joe Colombo a few years earlier through various experiments: *Minikitchen* and *Combi Center* (1963), *Container For Lady - For Man* (1964), *Programmable living system* (1967), *Box 1* (1968), *Visiona 1* (1969).

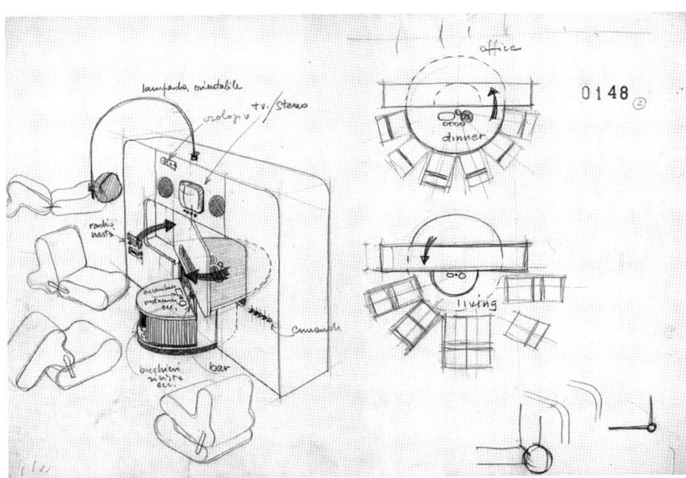

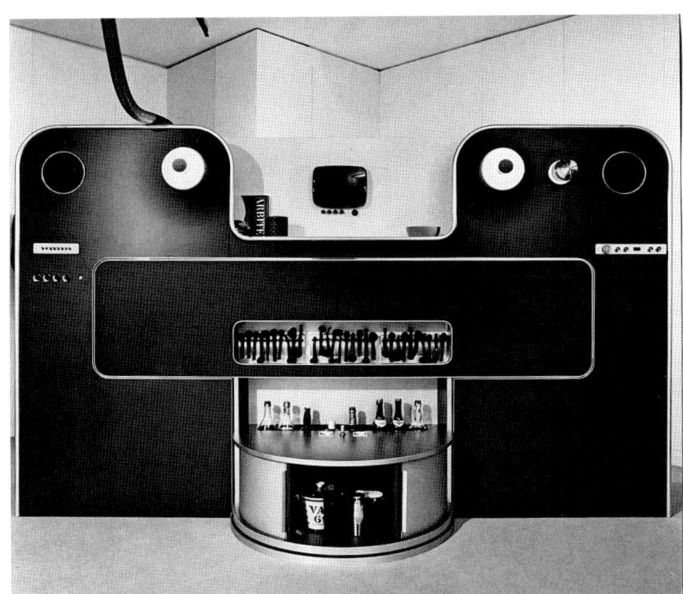

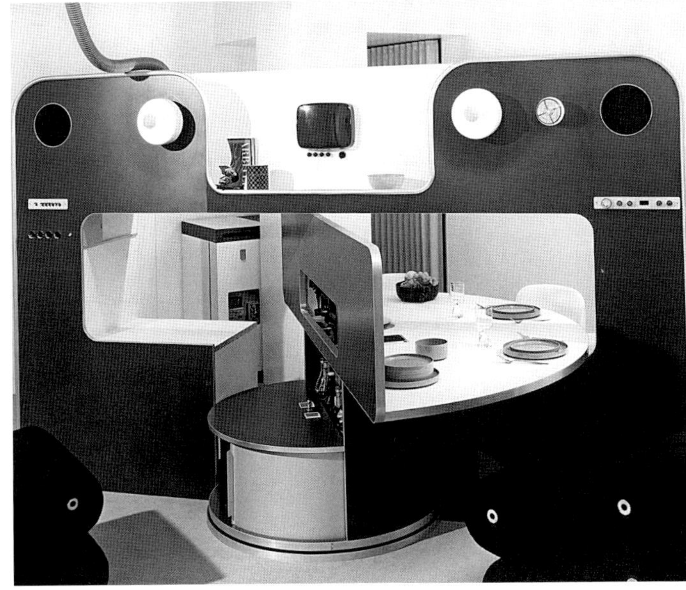

"Visiona 1" al Salone Interzum a Colonia e al Museo della Scienza e della Tecnica di Milano / "Visiona 1" at the Interzum Fair in Cologne and at the Science and Technology Museum in Milan

AJC.0115
progetto / design 1969
realizzazione / realization 1969

Questo progetto sperimentale rappresenta la realizzazione di un "habitat futuribile", ispirato al concetto di un nuovo modo di vivere con una realtà in costante evoluzione. Da qui nasce la proposta di rinunciare alla tradizionale suddivisione in locali eliminando le pareti divisorie. L'utilizzo dello spazio rimasto libero sarà possibile con i "monoblocchi", vere e proprie macchine per abitare, attrezzate e posizionate per rispondere a ogni esigenza. Si realizza così il superamento del concetto di mobile-oggetto in favore di un arredamento dinamico e funzionale che mette al servizio dell'uomo le scoperte tecnologiche più avanzate e l'impiego di nuovi materiali. L'allestimento prevede l'impiego di fiberglass e materiali plastici ABS e polipropilene (Duromer). I rivestimenti sono in moquette e fibre sintetiche prodotte da Bayer: Dralon, Veston, Perlon Bayer, Dorvivan. Frutto di sperimentazioni già realizzate con successo negli anni precedenti, questa struttura è composta da tre "blocchi" fra loro coordinati:
- *Central Living*: ambiente di soggiorno per leggere, ascoltare musica, radio, televisione, per la conversazione e il relax.
- *Night Cell*: chiudibile e climatizzabile per il riposo, corredata di bagno e armadi.
- *Kitchen Box*: cucina climatizzata e attrezzata con tavolo da pranzo estraibile.
È stato presentato per la prima volta al Salone Interzum di Colonia, poi al Museo della Scienza e della Tecnica a Milano e in altre città europee.
Collaborazione al progetto: Ignazia Favata; per l'ergonomia Antonio Grieco e per la psicologia Tullio Bonaretti. /
This experimental design represents the achievement of the 'habitat of the future,' inspired by the concept of a new living space addressing a reality in continuous evolution. Hence, the proposal to give up the traditional division of the living space into rooms eliminating any partitioning wall. The use of the remaining free space will be possible thanks to multi-function mobile units: true 'machines' equipped and positioned to meet every need. Thus, the concept of furniture-object is overcome in favor of dynamic and functional furniture that puts the most advanced technological discoveries and the use of new materials at the service of man. The unit is made of fiberglass, ABS, and polypropylene (Duromer). Coverings are in carpeting and synthetic fibers manufactured by Bayer: Dralon, Veston, Perlon Bayer, Dorvivan. This structure is the result of successful experiments in previous years and is composed of three coordinated 'units':
- *Central Living*: living room for reading, listening to music, television, conversation and relaxation.
- *Night Cell*: lockable and air conditioned; equipped with bathroom and wardrobes.
- *Kitchen Box*: air conditioned and equipped kitchen with a pull-out dining table.
It was first presented at Interzum Fair in Cologne, then at the Science and Technology Museum in Milan and in other European cities.
Collaboration on the project: Ignazia Favata, Antonio Grieco for ergonomics, and Tullio Bonaretti for psychology.

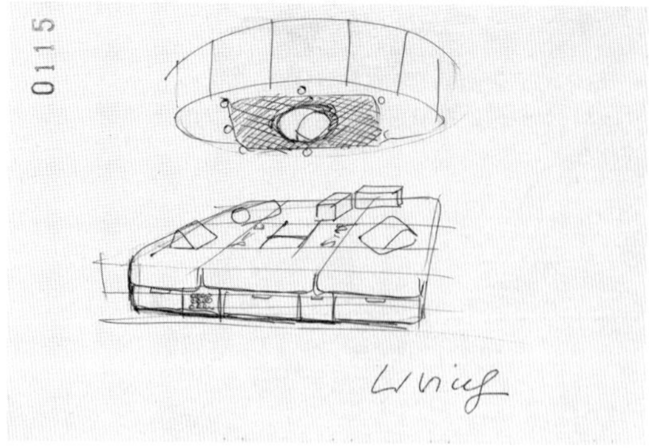

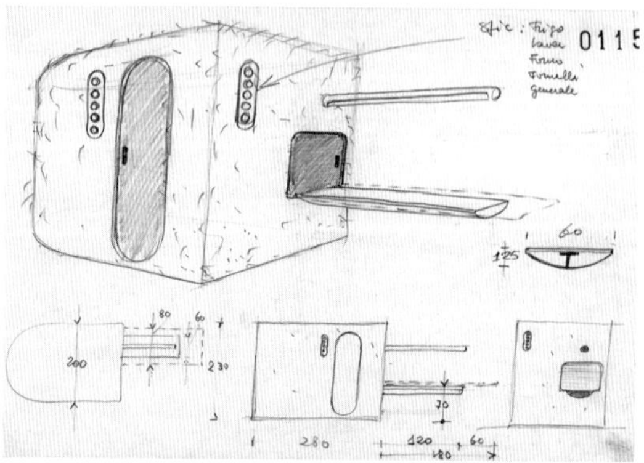

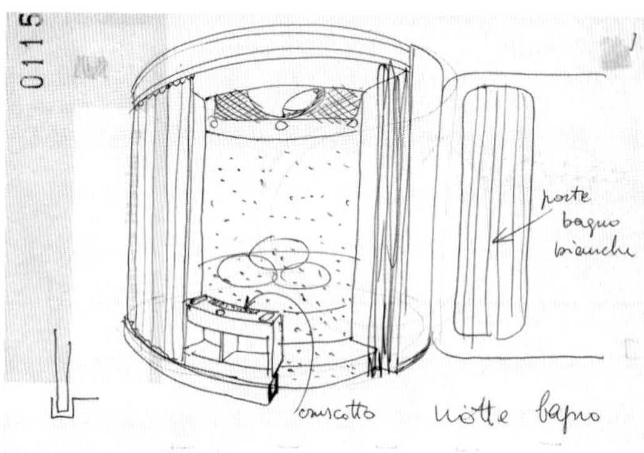

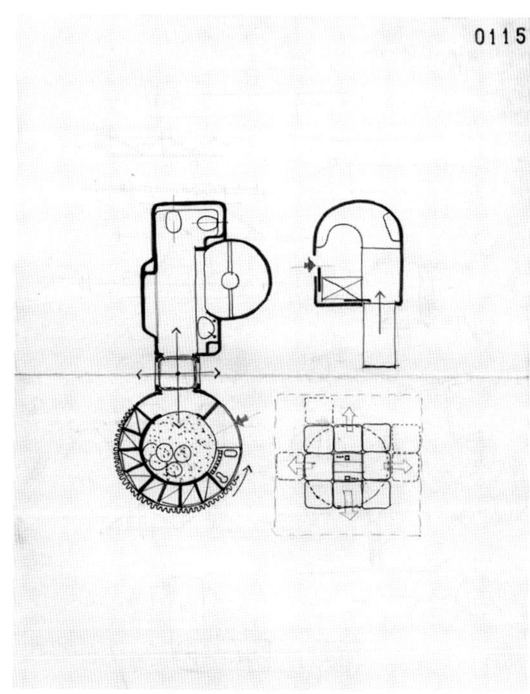

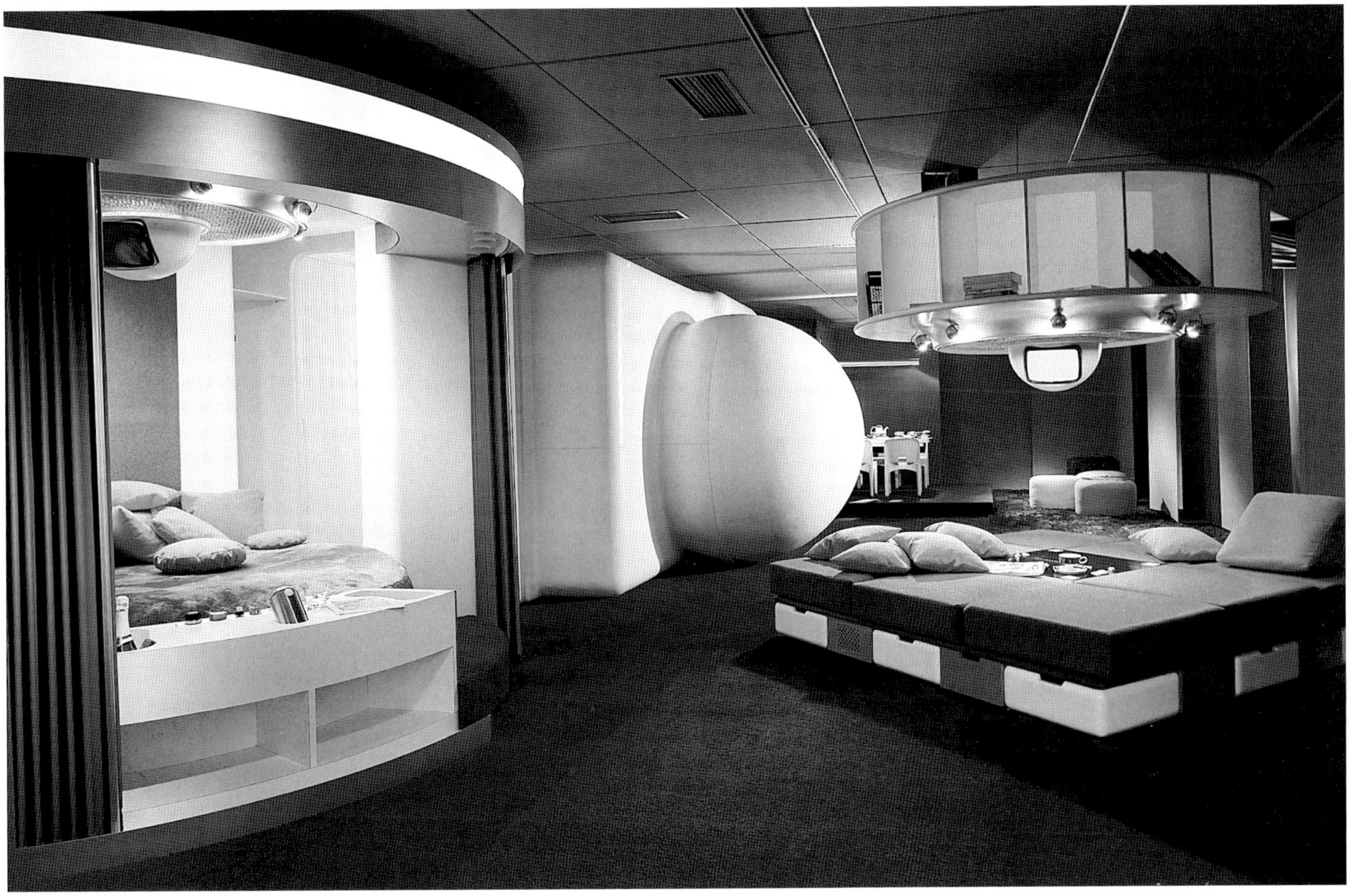

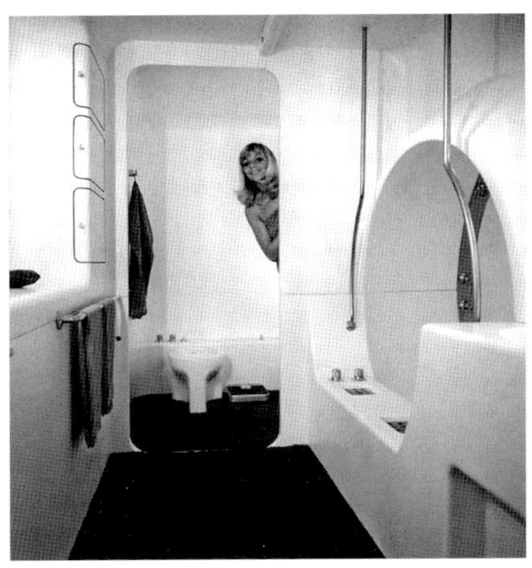

130
"Bazooka"
Proiettore / Projector

AJC.0107
progetto / design 1969
produzione / production 1969

Proiettore a fascio concentrato
(cosiddetto "occhio di bue") per
l'illuminazione di quadri, vetrine,
esposizioni ecc.
La forma di questo oggetto
scaturisce da uno studio puramente
tecnologico che determina un
volume cilindrico perfettamente
monolitico.
Esiste la possibilità di utilizzare
dei diaframmi metallici o degli
schermi colorati per ottenere
zone a luminosità differenziata
ed effetti cromatici. Per le diverse
possibilità d'uso è stato provvisto
di un supporto articolabile che gli
permette qualunque movimento.
È stato prodotto in due misure
diverse e verniciato in bianco o
nero. /
Spotlight projector for the lighting
of paintings, shop windows,
showcases, etc.
The shape of this object comes
from a purely technological study
that dictated its perfectly cylindrical
volume.
It can be fitted with metal
diaphragms or colored screens
to obtain areas of differentiated
brightness or chromatic effects.
For the various possibilities of use,
it was equipped with an adjustable
support to rotate it in any direction.
It was produced in two different
sizes, in white or black finish.

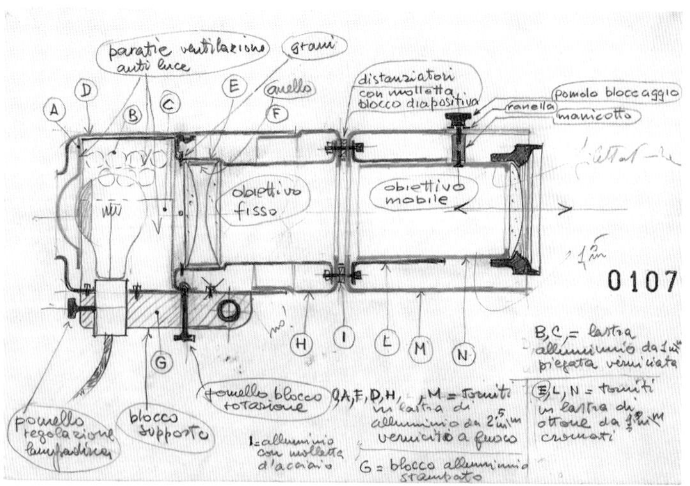

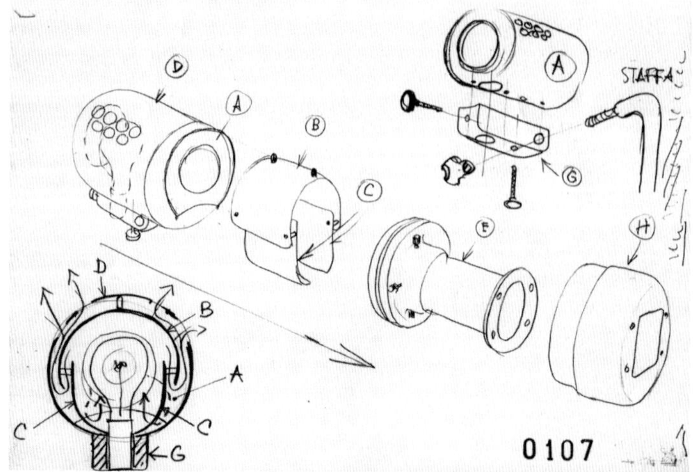

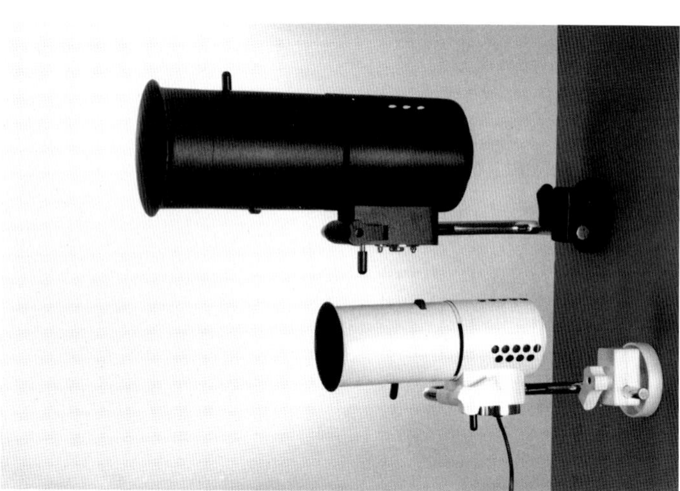

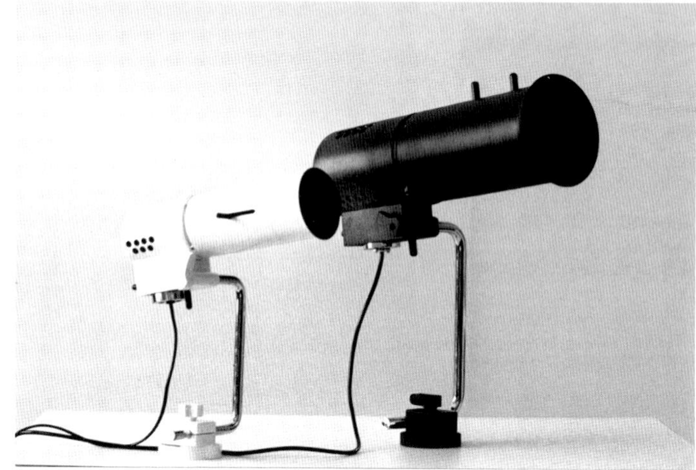

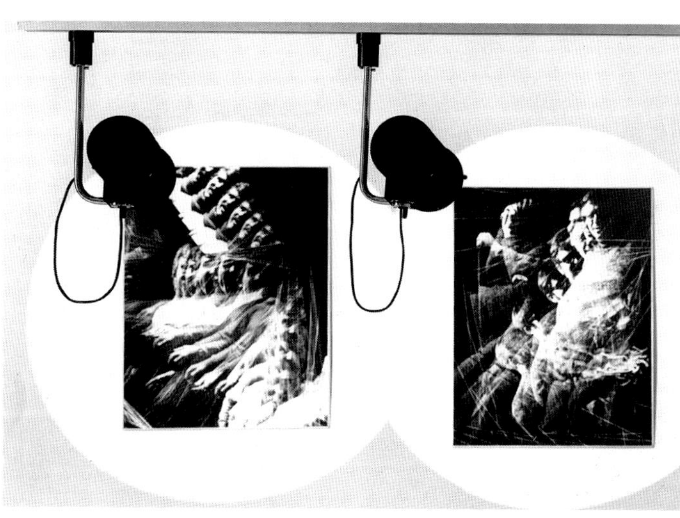

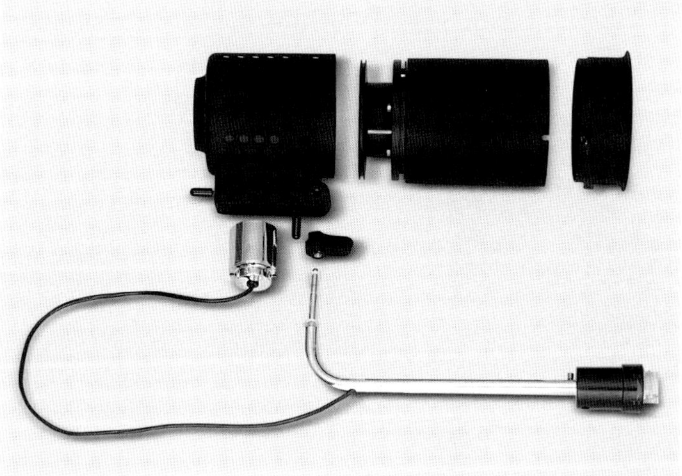

131
"Trisystem"
Apparecchio fotografico /
Camera

AJC.0114
progetto / design 1969
produzione / production 1970

Il disegno di questo prodotto è nato
da uno studio ergonomico per il
miglioramento dell'uso di comandi,
manopole, galletti di blocco, leve
ecc. e per diminuire i tempi di
utilizzo.
Gli apparecchi del genere,
normalmente simmetrici, richiedono
due operazioni; in questo
apparecchio a schema asimmetrico
si richiede una sola operazione.
Inoltre, per aumentare la flessibilità
del soffietto, sono stati raddoppiati
gli smussi sugli angoli.
L'apparecchio è programmato
in modo da poter accogliere
diversi formati e l'operazione di
trasformazione si risolve allentando
una sola vite con una moneta. /
The design of this camera stemmed
from an ergonomic study for the
improvement of controls, knobs,
wingnuts, levers, etc., for simpler use.
Cameras of this type, which are
generally symmetrical, require two
operations; only one operation
is required in this asymmetrical
version. Moreover, the flexibility of
the folding bellows is increased
thanks to rounded corners of the
bellows.
Various formats of photographs
can be taken with this camera by
tightening or loosening a single
screw with a coin.

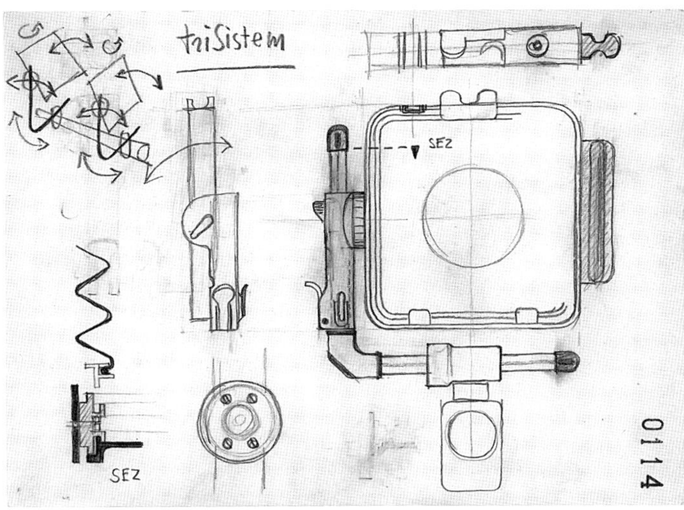

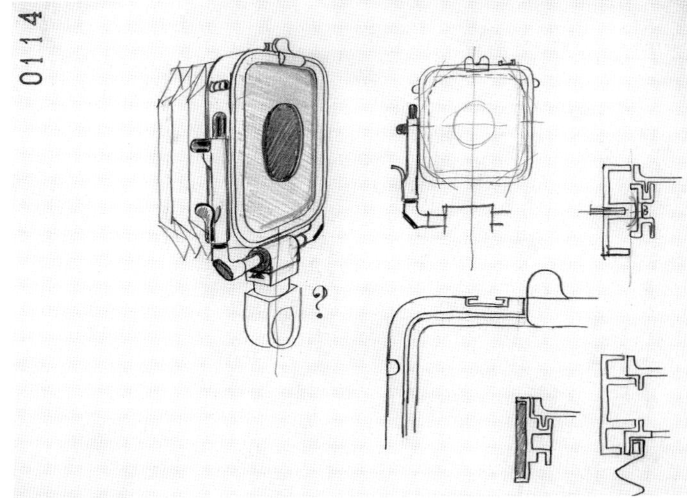

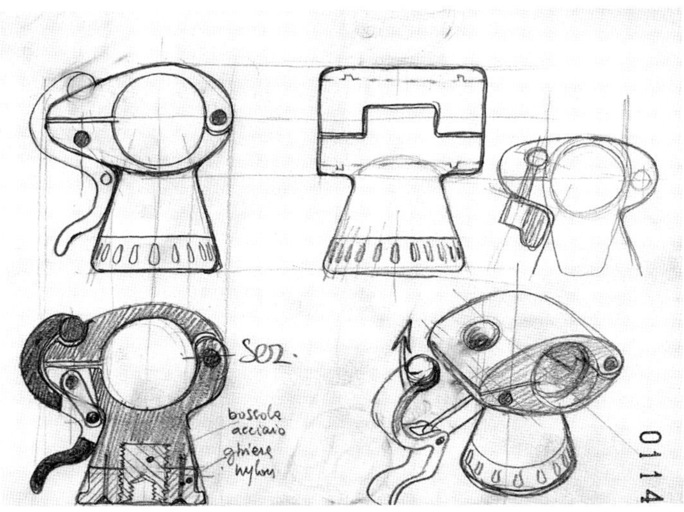

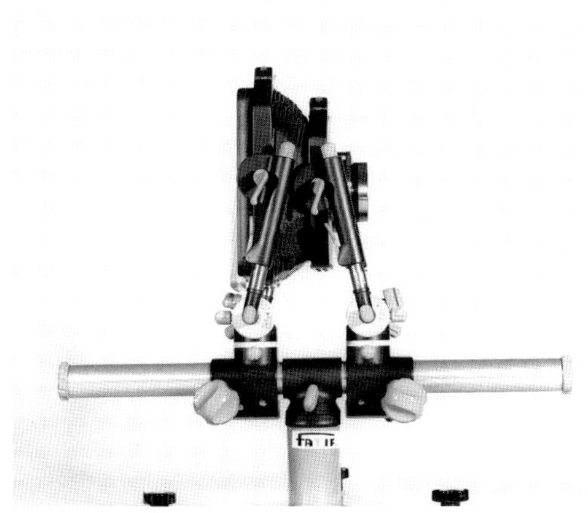

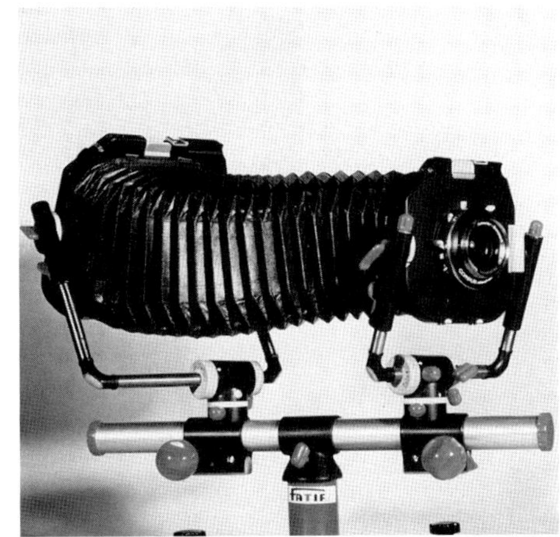

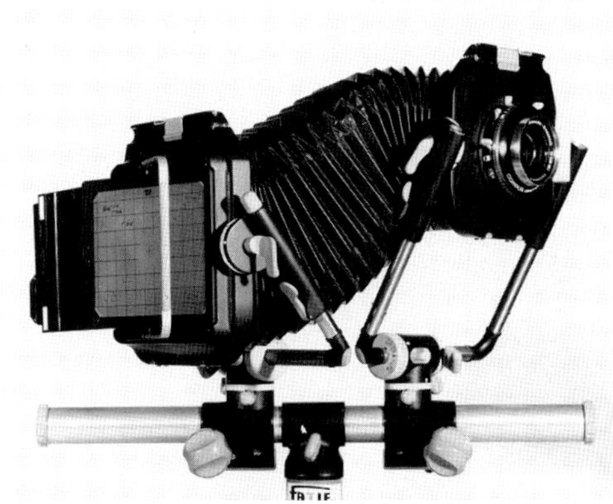

132

"Central Living"
Cuscini e contenitori /
Cushions and containers

AJC.0122
progetto / design 1969
produzione / production 1970
fuori produzione / out of production

Una serie di cuscini quadrati viene appoggiata su contenitori spostabili al cui centro è posizionato un mobile bar con analoga base ma di altezza maggiore, accessibile dall'alto e completato da una lampada a doppio braccio che può ruotare illuminando tutta la superficie. Il sistema è completato da cuscini prismatici con lati diversi che permettono all'utilizzatore di sedersi o sdraiarsi appoggiando la schiena o la testa.
È stato prodotto da Wittman Etsdorf am Kamp e presentato come soggiorno per un'area centrale libera. /
A series of square cushions rest on movable containers. At the center, a bar cabinet with a similar base but of greater height, is accessible from above and is completed with a double-armed lamp that can be rotated to illuminate the entire surface. The system is completed with prism-shaped cushions with different sides that allow a person to either sit or lie down resting their back or head.
It was manufactured by Wittman Etsdorf am Kamp and presented as furnishing to be placed in the center of a living room.

133

Appartamento a Madonna
di Campiglio / Apartment in
Madonna di Campiglio

AJC.0119
progetto / design 1969
realizzazione / realization 1969

L'intervento effettuato in questo appartamento è minimo e consiste nella realizzazione di due pareti, nel soggiorno e nella camera, con nicchie di varie misure che creano un paesaggio tridimensionale. Il colore rosso dei divani su una moquette color mattone chiaro, crea un legame tra gli elementi dell'insieme. I cuscini neri e rossi accompagnano piccoli elementi, come cassetti quadrati e rettangolari, anch'essi colorati di nero e di rosso. Sono presenti alcune lampade progettate da Joe Colombo come *Calotta* e *Fresnel*. /
The renovation of this apartment involved minimal intervention, consisting of the addition of two walls in the living room and bedroom with niches of various sizes that create a three-dimensional landscape. The red color of the sofas on a light brick-red carpeting creates harmony in the overall environment. The black and red cushions match other small elements, such as square and rectangular drawers, also in black and red colors. Furnishings are completed with some lamps designed by Joe Colombo, such as the *Calotta* and the *Fresnel*.

134
"Square System"
Contenitori / Containers

AJC.0132
progetto / design 1969
produzione / production 1970
riedizione / re-edition 2015
KARAKTER
vedi / see p. 99

Sistema di contenitori combinabili all'infinito originariamente prodotti in ABS stampato a iniezione, costituito da sei elementi: mezzo corpo, coperchio, cassetto, elemento ripiano-fondo-reggi cassetto, tapparella, tapparella per corpo intero, con ferramenta e accessori vari che permettono di comporre: mobiletti di diverse dimensioni, con ruote oppure con piedini regolabili con ante, cassetti, ripiani ecc. colonne centrali, singole o combinate, per librerie lineari a parete, nonché da centro locale quali divisori semplici o contrapposti scrivanie e tavoli da lavoro creati con l'aggiunta di piani aggiuntivi
Il sistema è stato rieditato e presentato al Salone del Mobile 2015 in lega di alluminio in risposta a nuove esigenze tecniche e di mercato. /
A system of infinitely combinable containers originally produced in injection-molded ABS, consisting of six elements: a half container, a cover, a drawer, a shelf/drawer support, a shutter, a shutter for the entire body of the container, besides hardware and various accessories to create: cabinets of various dimensions, on casters or adjustable feet, with doors, drawers, shelves, etc.
central columns, single or combined for wall bookcases, or as partitioning elements in a living space
desks and work tables when provided with additional tops
This system was reissued in aluminum alloy to meet new technical and market requirements and was presented at the 2015 edition of the Salone del Mobile.

135
"Tube Chair"
Poltrona / Armchair

AJC.0133
progetto / design 1969
produzione / production
1970-1976
riedizione / re-edition 2016
CAPPELLINI / CAP DESIGN
vedi / see p. 100

Da un tubo di plastica semirigida di 50 cm di diametro e lungo 60 cm, rivestito di espanso e di tessuto colorato, escono come per gioco altri tubi simili, di diametro inferiore. Con appositi giunti in gomma e metallo, i tubi si uniscono fra loro creando poltrone alte, basse, lunghe e divani con inclinazione variabile. Il progetto include una sacca per il trasporto.
La *Tube Chair* di Joe Colombo per Cappellini riceve il Design Awards 2018: Best Reissue Wallpaper International. /
From a semi-rigid hollow plastic cylinder – 50 cm / 19.6 in diameter and 60 cm / 23.6 in length – covered with foam and colored fabric, other similar tubes of a smaller diameter emerge, as if by chance. These tubes are fastened together with special rubber and metal clamps, creating low or high, short or long armchairs and sofas with adjustable inclination. The design includes a special carrying bag. The *Tube Chair* by Joe Colombo for Cappellini was awarded the Design Awards 2018: Best Reissue Wallpaper International.

136

"Robo"
Contenitore / Container

AJC.0161
progetto / design 1969
produzione / production 1969
riedizione / re-edition 2010
INDUSTRIE CARNOVALI
vedi / see p. 102

Il contenitore cilindrico su ruote progettato nel 1969 è stato esposto nel 1970 a Milano sia alla mostra Eurodomus 3 che al 10° Salone del Mobile. Prodotto in ABS, è stato riproposto anche in acciaio smaltato in tre altezze e in vari colori o con rivestimento in pelle. Contiene un elemento separatore dello spazio che ha tre scomparti di diversa forma e capienza e può essere usato come tavolino d'appoggio, minibar, supporto per la televisione o per il telefono, mobiletto da bagno, fioriera, porta ombrelli, contenitore per rotoli da disegno, giornali, riviste e altro ancora. /
This cylindrical container on casters was designed in 1969 and, in 1970, it was exhibited in Milan both at Eurodomus 3 and at the 10th Salone del Mobile. Originally produced in ABS, it was later proposed in enameled steel and in three different heights, in various colors or leather cover.
Its inner space is divided in three compartments of varying shape and capacity. It can be used as a side table, minibar, television or telephone support, bathroom cabinet, flower vase, umbrella stand, or container for drawing rolls, newspapers, magazines, and much more.

137

"Plafoniera Vacumform"
Plafoniera / Ceiling lamp

AJC.0188
progetto / design 1969
realizzazione / realization 1969
produzione / production 1971
fuori produzione / out of production

Le plafoniere per lampade fluorescenti progettate per la mensa della Rhodiatoce sono costituite da una struttura metallica per l'alloggiamento di lampade lineari fluorescenti montate una sopra l'altra in modo da ottenere una plafoniera di minimo ingombro. Nel 1971 sono state prodotte e perfezionate da Forma e Funzione per ridurne l'altezza. /
This fluorescent light ceiling lamp was designed for the Rhodiatoce corporate office's cafeteria. It consists of a metal structure housing linear fluorescent tubes mounted one above the other to create a ceiling lamp with minimum encumbrance. In 1971, the original model was fine-tuned by Forma e Funzione to reduce its height.

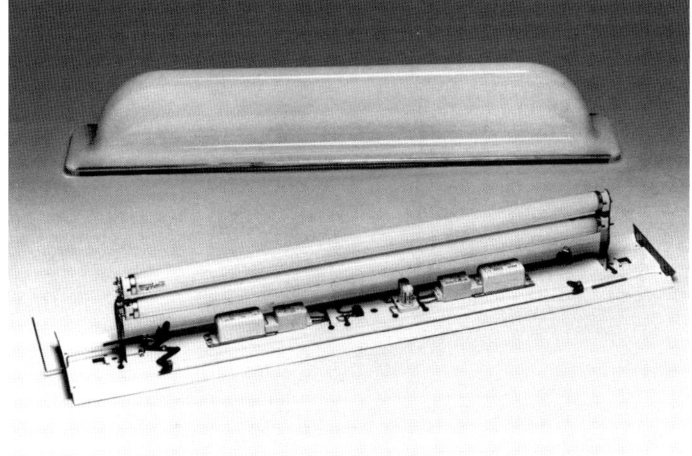

"Optimal"
Pipe / Tobacco Pipes

AJC.0233
progetto / design 1969
produzione / production 1970
fuori produzione / out of
production

La particolare forma delle pipe
con il fondo esterno del "fornello"
e il frontale appiattiti, permette
di appoggiarle su di un piano sia
spente che accese. Quando sono
accese le pipe sono parallele al
piano d'appoggio e il "fornello" è
perpendicolare al piano. Quando
sono spente si possono tenere in
posizione verticale senza necessità
di un accessorio apposito "poggia
pipa". /
The original shape of these
tobacco pipes with flattened bowl
and front side allows them to be
placed on a surface after smoking
or even while still lit. When the
pipe is lit, it rests parallel to the
support surface and the bowl is
perpendicular to the surface. When
empty, it can be placed in a vertical
position without the need for an
additional 'pipe rest' accessory.

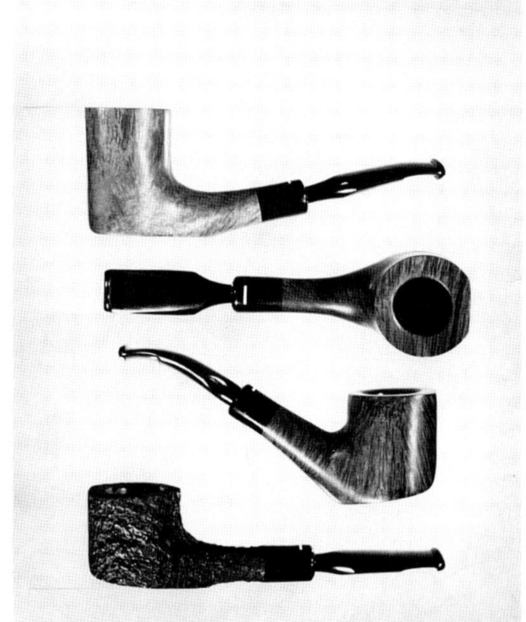

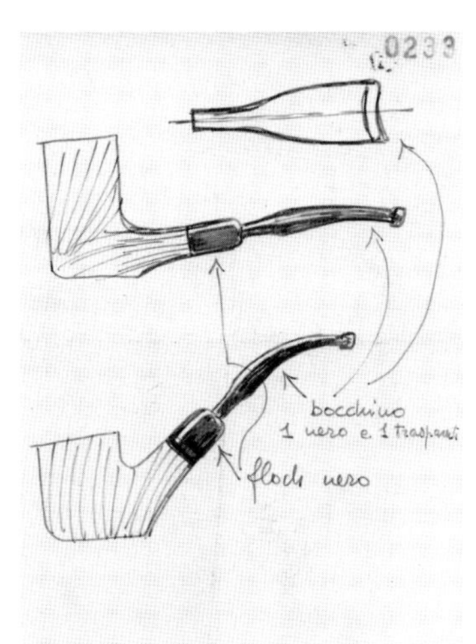

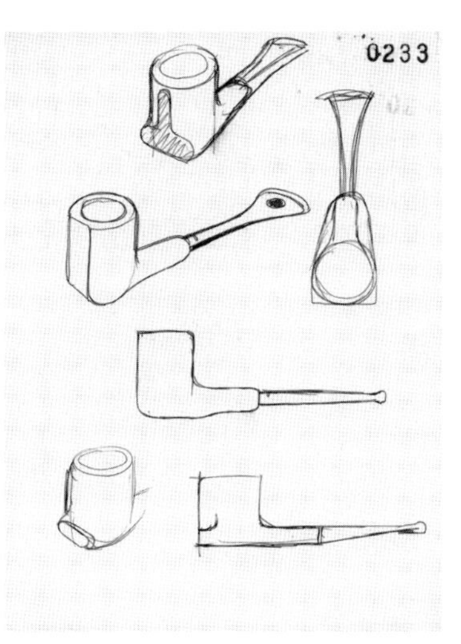

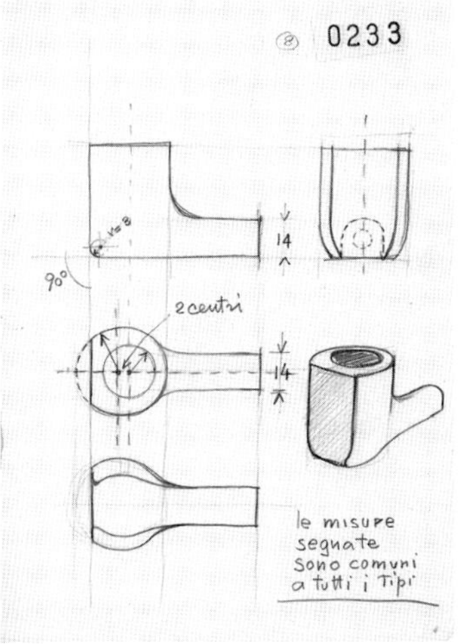

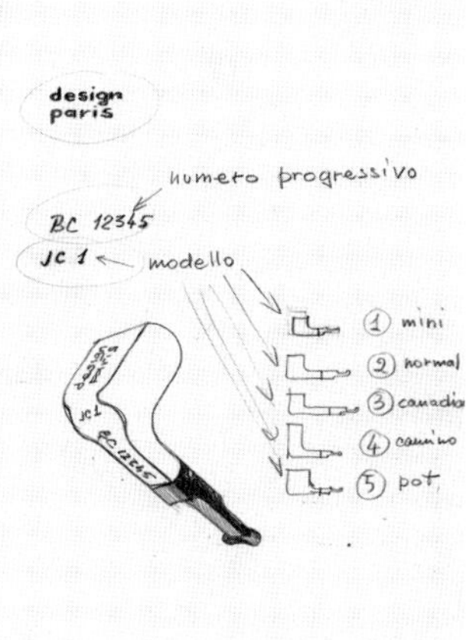

139
"Supertavolo"
Tavolo da disegno / Drawing table

AJC.0236
progetto / design 1969
prototipo di studio / studio
prototype 1974

Questo tavolo da disegno è stato pensato per poter soddisfare le esigenze del disegnatore nelle diverse posture che assume al tavolo da disegno: seduto, semiseduto, con o senza appoggio delle ginocchia. Il disegno nasce da un accurato studio ergonomico condotto in collaborazione con la Clinica del Lavoro del Policlinico di Milano e definisce i possibili movimenti del sedile e del tavolo. Entrambi possono essere alzati e inclinati e possono scorrere orizzontalmente su binari. Da questo primo studio del 1969 deriva nel 1974 il prototipo di un tavolo da disegno motorizzato, dotato di una pulsantiera che permette l'aggiustamento del sedile e della tavoletta poggiapiedi per stabilire un rapporto ottimale di altezza, inclinazione e distanza con il piano di lavoro.
Il progetto è pubblicato su *Domus*, n. 539, 1974. Nel 2014 il progetto viene esposto alla mostra *Michelangelo e il Novecento,* alla Fondazione Casa Buonarroti di Firenze, e pubblicato nel catalogo che l'accompagna, dove è messo in relazione con un disegno di Michelangelo per i plutei, monoblocchi polifunzionali (sedile, leggio-scrittoio, scaffale) della Biblioteca Medicea Laurenziana di Firenze. L'accostamento evidenzia analogie connesse allo studio del corpo umano, di percezione integrale del tema progettuale e di ricerca di soluzioni alternative. /
This drawing table was designed to meet the needs of designers in the different postures they assume at the drawing board: seated, half standing, with or without knee support. This design stemmed from a thorough ergonomic study carried out in collaboration with the Clinica del Lavoro of the Policlinico in Milan aimed at identifying possible adjustments of the seat and the table. Both can be raised in height and inclined, and slide horizontally on tracks. This initial study of 1969 gave life, in 1974, to a prototype consisting of a motorized drawing table fitted with a control panel to adjust the seat and the footrest to reach the perfect ratio between height, inclination, and distance to the work surface.
This design was published in *Domus*, issue no. 539, 1974. In 2014, this design was exhibited and published in the catalogue accompanying the *Michelangelo e il Novecento* exhibit, at the Fondazione Casa Buonarroti, Florence, when it was compared with Michelangelo's drawing for *plutei*, namely multi-purpose parapets that serve as seats, bookstands/writing desks, or shelves placed inside the Biblioteca Medicea Laurenziana in Florence. This comparison highlights analogies in the study of the human figure, of an integral perception of design, and the search for alternative solutions.

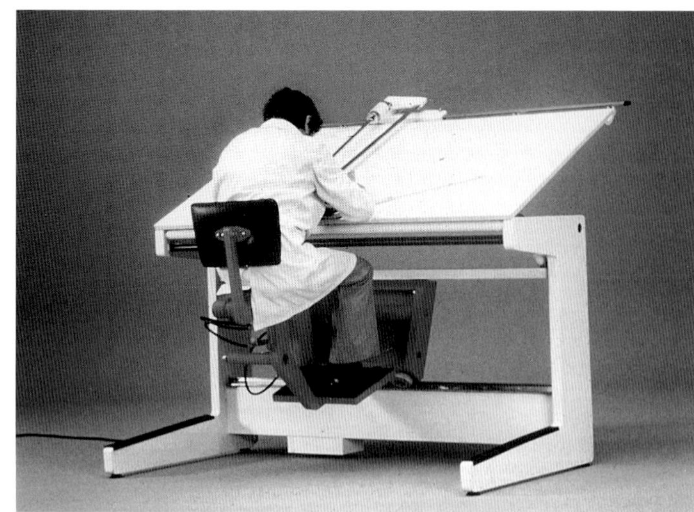

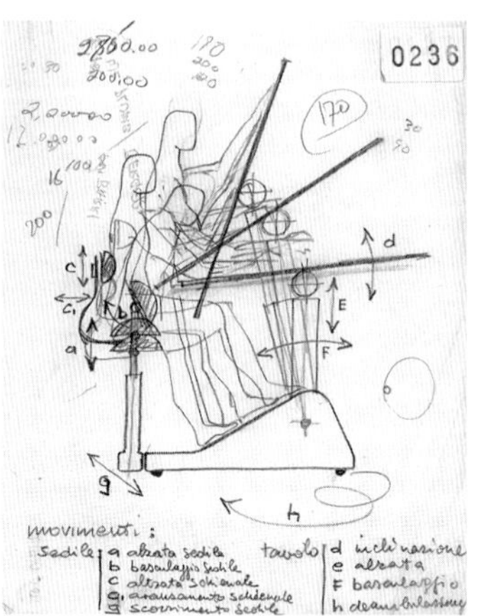

140
"K"
Tavolo / Table

AJC.0125
progetto / design 1969
produzione / production 1969
fuori produzione / out of production

Il tavolo *K* appositamente progettato da Joe Colombo per la mensa Rhodiatoce, è stato prodotto dalla Kartell in ABS con una struttura nervata e gambe smontabili simili a quelle delle sedie *Universale* che completano l'arredo. Il piano del tavolo era in laminato Print nei due colori delle aree di ristoro e dei vassoi anch'essi prodotti da Kartell. /
The K table, specifically designed by Joe Colombo for the Rhodiatoce corporate office's cafeteria, was manufactured by Kartell with a ribbed ABS frame and removable legs, similar to those of the *Universale* chairs that complete the furnishing. The table top was in Print plastic laminate in the two colors that distinguish the cafeteria and the trays, also manufactured by Kartell.

141

**Mensa per dipendenti della
Rhodiatoce / Rhodiatoce
corporate office's cafeteria**

AJC.0120
progetto / design 1969
realizzazione / realization 1969

Dovendo servire il pranzo
contemporaneamente a 600
dipendenti della Rhodiatoce,
viene progettato un sistema di
distribuzione con due percorsi
diversi segnalati con due colori
richiamati sulle pareti e sui vassoi
in modo da favorire la preselezione
dell'area di ristoro. Il pavimento che
risvolta per 30 cm sulle pareti è in
PVC a bolli in rilievo, mentre i tavoli
e le sedie sono in ABS prodotti da
Kartell e progettati da Joe Colombo.

È stata una delle prime sale mensa
a essere insonorizzata con speciali
pannelli a soffitto in cui erano
inserite le plafoniere, anch'esse
progettate da Joe Colombo. /
Having to accommodate up to 600
staff at lunch, a distribution system
was designed in the Rhodiatoce
corporate office's cafeteria with two
different paths marked with two
colors, repeated on the walls and on
the trays, in order to facilitate dining
service.
The flooring, continuing for 30 cm /
12 in up the wall, is in embossed
PVC, while tables and chairs are in
ABS, manufactured by Kartell upon
a design by Joe Colombo. It was
one of the first cafeterias insulated
with special ceiling panels with built-
in ceiling lights, also designed by
Joe Colombo.

142

**Quarto appartamento di Joe
Colombo in Via Argelati a
Milano / Joe Colombo's fourth
apartment in Via Argelati,
Milan**

AJC.0131
progetto / design 1970
realizzazione / realization 1970

Sono due macchine per abitare
coordinate e sintetizzano, l'una,
l'attrezzatura per la notte, l'altra,
quella per il giorno. Disegnate
nel 1969, sono il risultato di
ricerche per un nuovo habitat e
facevano parte dell'arredamento
dell'abitazione di Joe Colombo.
Esposte per la prima volta a
Eurodomus 3 alla Triennale di
Milano sono state prodotte in
pochi esemplari. Queste due
strutture proseguono e sviluppano
il discorso sull'anti-design già
iniziato da Joe Colombo anni prima,
attraverso i vari esperimenti da lui
fatti in precedenza: *Minikitchen* e

Combi Center (1963), *Container
For Lady - For Man* (1964),
Cucina a blocco centrale per
Domus Ricerca (1966), *Sistema
programmabile per abitare* (1967),
Box 1 (1968), *Visiona 1* (1969).
Two coordinated "machines" for
the living area, which represent
the synthesis of night and day
furnishings, respectively. The
initial design dates back to 1969
and is the result of the research
conducted for a new living space.
Both units furnished Joe Colombo's
apartment. They were first
exhibited at Eurodomus 3 at the
Milan Triennale and were produced
in a limited number. These two
structures further develop the
theme of "antidesign" introduced
by Joe Colombo a few years earlier
through various experiments:
Minikitchen and *Combi Center*
(1963), *Container For Lady -
For Man* (1964), *Central block
kitchen* for *Domus Ricerca* (1966),
Programmable living system (1967),
Box 1 (1968), *Visiona 1* (1969).

143
"5 in 1"
Bicchieri / Glasses

AJC.0314
progetto / design 1970
produzione / production 1990
riedizione / re-edition 2020
KARAKTER
vedi / see p. 103

Set di bicchieri in vetro soffiato,

inseribili l'uno nell'altro, con forme
integrabili; la composizione che ne
risulta ha una morfologia di fiore
stilizzato. È da sottolineare la praticità
dovuta all'ingombro molto ridotto. /
A set of blown glass vases, which
can be stacked one inside the
other. When stacked, the resulting
composition has the morphology
of a stylized flower. An extremely
practical system for storage thanks
to the compact form.

144
"Birillo"
Serie / Series

AJC.0142
progetto / design 1970
produzione / production 1970
fuori produzione / out of production

La serie, che prende il nome dallo sgabello per bar, comprende anche un pouf, il tavolino *Bistrò*, una poltrona e una sedia per ufficio con struttura in acciaio e scocca in fiberglass. La particolare forma del basamento nasconde nelle sporgenze semisferiche le ruote piroettanti. Il piano di seduta è rotante, a ritorno automatico. /

The series that takes its name from the bar stool also includes an ottoman, the low *Bistrò* table, an armchair, and an office chair with a steel frame and fiberglass seat. The original shape of the base conceals the swivel casters under raised hemispherical portions. The revolving seat has an automatic return mechanism.

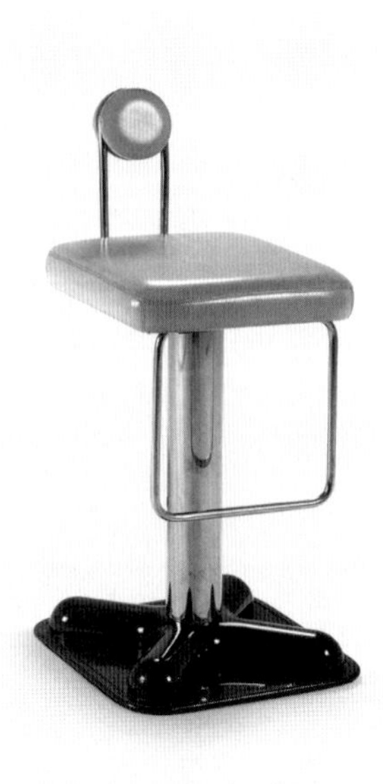

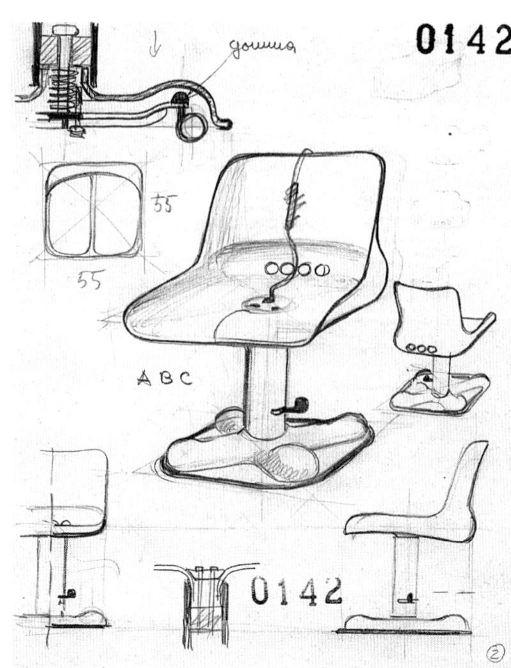

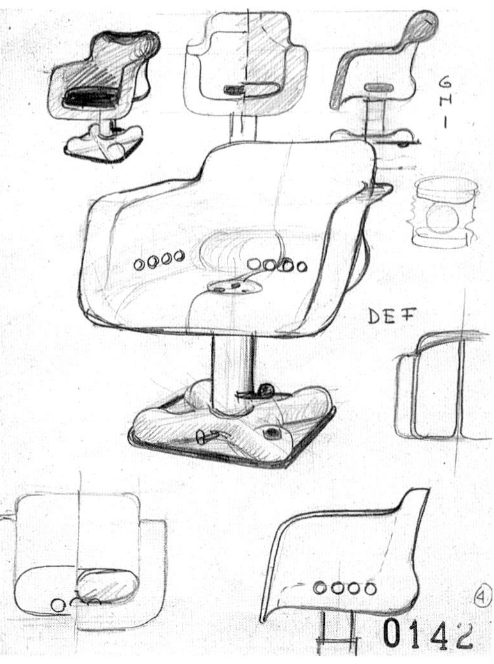

145

"Living Center"

AJC.0144
progetto / design 1970
produzione / production 1971

Attrezzatura per soggiorno tutta su ruote. Si tratta di chaise longue ampie con imbottitura di grande spessore che poggiano su una struttura in acciaio. Sono dotate di un cuscino autonomo ad angolo che può servire sia da poggiatesta sia come seduta per mangiare al tavolo o come elemento per appoggiare le gambe flesse.
Dai braccioli sono estraibili piani d'appoggio e portacenere; nella testata è previsto un incavo per i giornali e le riviste.
Il carrello è attrezzato per il servizio bar con vano per bottiglie e bicchieri e scomparti per radio e giradischi.
Per il servizio pranzo è previsto un tavolo con piano scorrevole dotato di piastra elettrica scaldavivande, di cella frigorifera per le bottiglie e scomparti per posate e vasellame.
Il sistema può essere anche utilizzato per allestire uno spazio ufficio. È stato prodotto da Rosenthal Studio Linie che aveva avviato un settore di arredi d'avanguardia. /

Living room furnishings on casters. Ample and comfortable lounge chairs with thick padding on a steel frame, fitted with an independent triangular-shaped cushion to be used as headrest, footrest, or even as a seat for dining. The armrests are equipped with pull-out supports and ashtrays, while the headrest has a recess for newspapers and magazines.
The trolley is equipped with a compartment for bottles and glasses, and organizers for radio and turntable.
The dining table has a sliding top equipped with electric ranges, a minibar for bottles, and organizers for cutlery and crockery.
This system can also be used in an office space. It was manufactured by Rosenthal Studio Linie, which had launched a sector of avant-garde furniture.

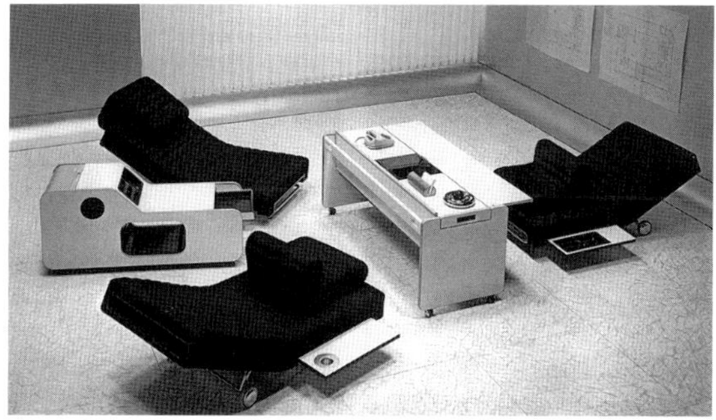

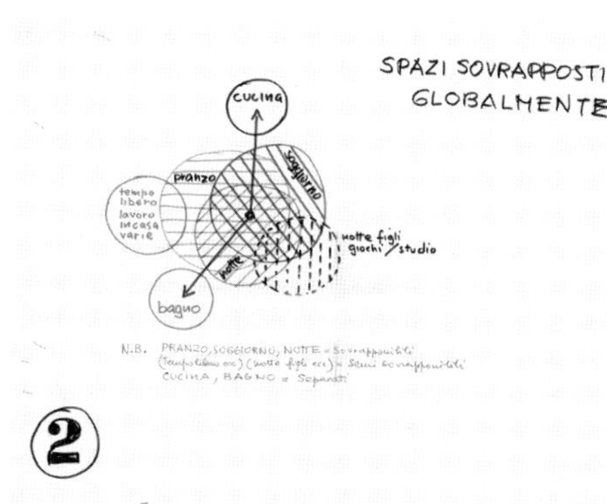

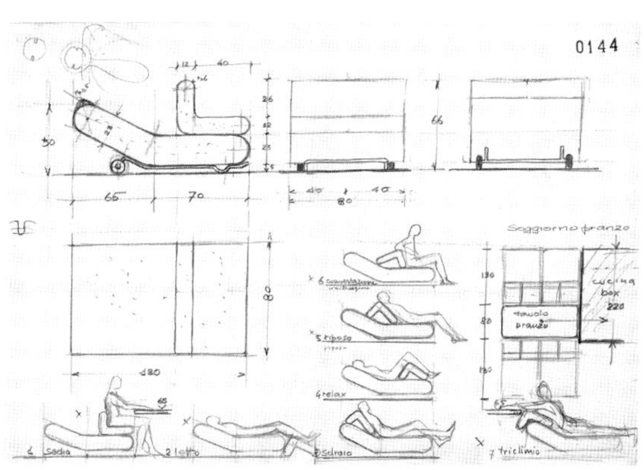

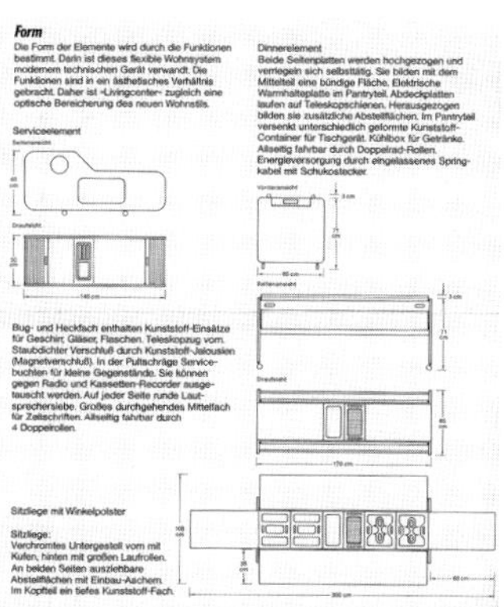

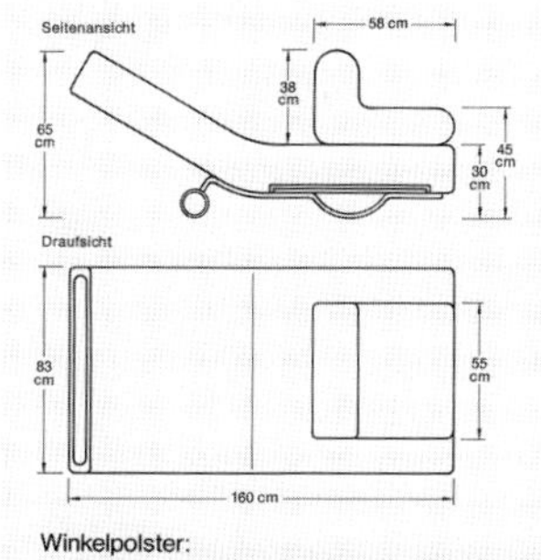

Details
Sitzliegen und Winkelpolster mit Schaumstoff-Polsterung. Strapazierfähiger Bezug aus Woll-Mischgewebe in den Farben Rotorange, Braun, Schwarz oder Weiß.

Dinnerelement und Serviceelement haben Seitenteile aus Schichtstoff in den Farben Rotorange, Braun oder Weiß mit hellgrauen Rand-profilen aus PVC. Tischplatten und Deckflächen aus weißem Schichtstoff, Kunststoff-Jalousien hellgrau. Alle Behälter und Servicebuchten aus schwarzem Luran S.

Änderungen vorbehalten.

Design: Joe Colombo, Mailand

Livingcenter
Flexibles Wohnsystem für die aktive Muße

146
**Lampione stradale /
Street lamp**

AJC.0137
progetto / design 1970
produzione / production 1971
fuori produzione / out of
production

Questo lampione singolo è stato
progettato per Pollice per risolvere
le varie combinazioni di lampioni
stradali utilizzando un solo palo di
supporto. Grazie a uno speciale
tipo di innesto, può essere usato
singolarmente oppure unito a uno
o più elementi disposti a raggiera,
sempre su di un unico supporto.
Per cambiare la lampada, la parte
inferiore su cui è inserito il vetro
viene aperta con una rotazione
verso il basso rispetto al coperchio
che resta fermo permettendo
all'operatore di avere sempre le
mani libere. /
This single-pole street lamp was
designed for Pollice as an easy
solution for street lighting using a
single support pole to be exploited
for several arrangements. This pole
can be used to hold an individual
lamp or several lamps with the
addition of elements arranged in
a radial pattern. The lamp can be
easily changed by removing the
glass cover underneath with a
simple rotation downward; the body
lamp remains fixed allowing the
operator to have their hands free.

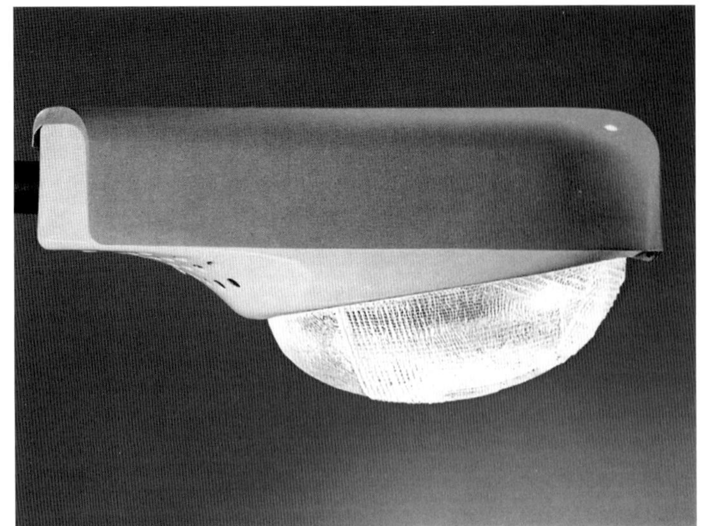

147
**"Multichair"
Poltrona / Armchair**

AJC.0146
progetto / design 1970
produzione / production 1970
riedizione / re-edition 2004
B-LINE
vedi / see p. 104

Sistema trasformabile costituito da
due cuscini imbottiti e rivestiti in
tessuto elasticizzato che possono
essere utilizzati singolarmente o
che, accostati in posizioni diverse,
diventano sedie, poltrone da
conversazione o da relax. In questo
caso li mantengono uniti due
appositi ganci con collegamento in
pelle. /
A convertible system consisting of
two padded cushions upholstered
with stretch fabric that can be
used as a single element or, when
arranged in different positions,
become chairs or armchairs for
conversation/relaxation. In the
photo, the two cushions are joined
with two leather belts and steel pins.

148
**Allestimento dello stand
"Hoechst" alla Fiera della
Plastica a Düsseldorf /
Set-up of the "Hoechst" stand
at the Düsseldorf Trade Fair
for Plastics and Rubber**

AJC.0147
progetto / design 1970
modello / model

Questo spazio espositivo,
progettato per la Fiera della
Plastica di Düsseldorf e non
realizzato, ha un'immagine che si
può associare a un grosso flipper
nel quale le persone sostituiscono
le palline. È costituito da una
grande cupola pressurizzata fatta
con una membrana in materiale
plastico e quattro tunnel in PVC,
uno per i clienti, due per i visitatori
e uno per il personale. Un grande
cilindro segnala la zona di ingresso
e otto "capsule" servono da punti
informazioni. I visitatori possono
vedere quello che accade all'interno
della cupola da una sequenza di
finestre lungo i tunnel.
All'interno della cupola centrale sono
allestite zone per la conversazione,
schermi per proiezioni e piccole
cabine chiuse per riunioni riservate. /
The layout of this stand, designed
for the Düsseldorf Trade Fair for
Plastics and Rubber but never
realized, brings to mind a giant
pinball machine, where people
replace the balls. It consists of
a large pressurized dome made
of a plastic membrane and four
PVC tunnels (one for customers,
two for visitors, and one for the
staff). A large cylinder indicates
the entrance, while eight 'capsules'
serve as information points. Visitors
can see the interior of the dome
through the windows placed along
the tunnel.
The interior of the dome has
conversation areas, projection
screens, and small closed booths
for private meetings.

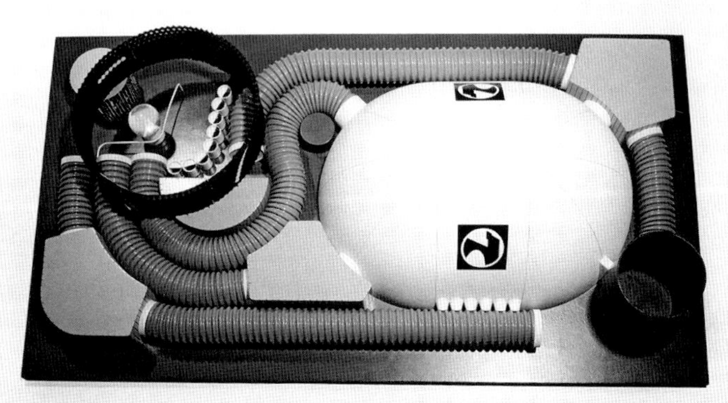

149

**Allestimento dello stand
"Elco-Bellato" all'Eurodomus
3 alla Triennale di Milano /
Set-up of the "Elco-Bellato"
stand at Eurodomus 3, Milan
Triennale**

AJC.0150
progetto / design 1970
realizzazione / realization 1970

Il tema del piano espositivo
inclinato è un tema caro a Joe
Colombo che lo ripropone in
modo spettacolare in un grande
spazio con un'altezza notevole
e un accesso frontale con due
colonne che ne aumentano l'effetto
espositivo ed evocano l'idea di
monumentalità. Le pareti e il
pavimento neri e il piano bianco
fortemente illuminato esaltano
i colori degli oggetti esposti,
che vengono riproposti anche
nello spazio accessibile sotto il
piano inclinato la cui superficie è
maggiore della sua proiezione. /
The inclined exhibition plane is a
theme dear to Joe Colombo, who
majestically proposed it for a large
space of considerable height.
The front entrance is marked by
two monumental columns that
increased the perception of the
volume. The black walls and floor
and the strongly illuminated white
surface enhance the colors of the
items on display, which were also
exhibited in the space below the
inclined plane, whose surface was
greater than its projection.

150

**Sistema per Punti vendita
programmati per autostrade
"Fini" / Furnishing system
for "Fini" sales points
along motorways**

AJC.0151
progetto / design 1970
realizzazione / realization 1970

Gli espositori per i Punti vendita
programmati per autostrade
Fini, noto produttore di cibi
emiliani, sono costituiti da spazi
liberi con pavimenti rivestiti in
gomma nera che risvolta sulle
pareti e da cilindri con piatti rotanti
per permettere la scelta dei cibi da
acquistare. Un elemento cilindrico
più basso con sedile ha la funzione
di cassa di vendita. In funzione
dello spazio i cilindri possono
essere posizionati in linea o a zig
zag, con intervalli che permettono
il passaggio libero delle persone.
I piani possono avere diverse
altezze e diverse suddivisioni
in modo da poter esporre dalle
bottiglie alla salumeria o altri cibi
confezionati. Il colore bianco e
giallo sono in giusto rapporto con
il pavimento e le pareti nere e
bianche. /
The display cases inside the Fini
sales points along motorways, a
renowned producer of foodstuffs
from the Emilia-Romagna region,
consist of free spaces with floors
covered in black rubber that
continues up along the walls
and of cylinders with revolving
tops showcasing the products
on sale. A lower cylindrical unit
with a seat serves as check-out
counter. Based on the available
space, the cylinders can be
aligned or arranged in a zigzag
pattern, leaving space to allow
the free passage of people. The
shelving system can be adjusted
at various heights and with
different types of organizers for
the display of bottles, cold cuts, or
other packaged food. The white
and yellow colors are perfectly
balanced with the floor and the
black and white walls.

151

**Allestimento dello stand
"Rosenthal" all'Eurodomus 3
alla Triennale di Milano /
Set-up of the "Rosenthal"
stand at Eurodomus 3
at the Milan Triennale**

AJC.0152
progetto / design 1970
realizzazione / realization 1970

Joe Colombo progetta lo stand Rosenthal in occasione di Eurodomus 3, presso il Palazzo dell'Arte, Milano, nel 1970.
Il progetto risolve con grande effetto le necessità espositive secondo i criteri di massima visibilità del prodotto, semplicità e richiamo dell'attenzione del visitatore.
Gli schizzi di progetto esprimono, con una grafica netta e ben riconoscibile, l'idea che prevede un percorso curvilineo ottenuto con cerchi tangenti tra loro di diverso raggio e scavato in un volume pieno che serve da espositore.
Il percorso continuo e ondulato guida il visitatore e lo invita a soffermarsi nei punti di esposizione del prodotto. Il blocco espositivo alto 150 cm permette la diretta percezione degli oggetti ivi collocati e simula la visione all'altezza minima dell'occhio così da vedere gli oggetti quasi di profilo.
Il contrasto cromatico tra pieno e vuoto evidenziato nei disegni è ottenuto con l'impiego di una moquette di alto spessore nera per il pavimento e la verniciatura bianca dei blocchi espositivi.
Lo spazio è contenuto sotto sei ombrelloni quadrati in stoffa che donano intimità a tutto l'insieme e che servono anche all'alloggiamento dei faretti illuminanti, posizionati verso l'alto in modo da ottenere una luce morbida e indiretta all'interno dell'ambiente. /
Joe Colombo designed the stand for Rosenthal on the occasion of Eurodomus 3, at the Palazzo dell'Arte, Milan, in 1970.
The design masterfully met display requirements lending maximum product visibility with eye-catching simplicity.
The preparatory sketches, with signature clear-cut graphics, perfectly express the idea of a curvilinear path through intersecting circles of varying diameter that cross the full volume of the display case. The continuous, undulating path leads visitors, prompting them to linger in front of the showcases. The 150 cm / 4.9 ft tall display case allows for an immediate perception of the items on exhibit and simulates vision at eye level, so that the full profile of the items can be appreciated. The chromatic contrast between empty and filled in spaces is highlighted in the drawings by thick black

carpet for the floor and the white lacquer of the display cases. The stand is sheltered by six square fabric umbrellas that lend an air of intimacy to the overall environment, and serve to house spotlights directed upward to obtain a soft and indirect light.

152

**Allestimento dello stand
"Zanotta" all'Eurodomus 3
alla Triennale di Milano /
Set-up of the "Zanotta" stand
at Eurodomus 3 at the Milan
Triennale**

AJC.0153
progetto / design 1970
realizzazione / realization 1970

Il percorso curvato, dove gli oggetti compaiono mentre si procede, è qui inserito in un tunnel formato da tessuto bianco e centine a semiarco che si riflettono in specchi a pavimento che costeggiano il percorso. Sugli specchi sono esposti i prodotti che si riflettono con un effetto di moltiplicazione.
Il contrasto tra pavimento nero in moquette e galleria bianca con specchi conferisce all'insieme una sensazione di galleggiamento del percorso. /
A tunnel in white fabric with arched supports that reflect in the mirrors on the floor is the structure housing a curved exhibition path where items on display appear to the gaze of visitors as they proceed. Items are placed on the mirrors, producing multiplying effects. The contrast between the black carpeted floor and the white gallery with mirrors lends a floating sensation to the environment.

153

**Allestimento dello stand
"Stilnovo" all'Eurodomus 3
alla Triennale di Milano /
Set-up of the "Stilnovo" stand
at Eurodomus 3 at the Milan
Triennale**

AJC.0155
progetto / design 1970
realizzazione / realization 1970

Il progetto è costituito da un
sistema modulare realizzato
in occasione di Eurodomus 3,
alla Triennale di Milano, per
lo stand della Stilnovo che
produce le lampade *Topo* e
Triedro e che produceva all'epoca
anche il proiettore *Bazooka* e il
portacenere *Basculante*. Il modulo
è costituito da un pannello a
"L" a base quadrata rivestito in
laminato plastico con raccordo
curvato, componibile e adattabile a
diverse esigenze espositive. I vari
moduli sono collegati da cerniere
metalliche, che ne permettono
la rotazione, e possono essere
utilizzati singolarmente, accoppiati,
a gruppi o capovolti. Gli oggetti
possono essere esposti a più
altezze grazie anche all'impiego
di mensole, ancorate nella
scanalatura centrale che è
elemento funzionale e che
nell'insieme crea una scansione
differenziata. La grafica coordinata
prevede l'applicazione del logo

su ogni modulo in modo che, se
capovolto, esso risulti sempre
correttamente leggibile e
proporzionato.
Il sistema viene riutilizzato
con successo per la mostra
monografica su Joe Colombo nel
1995 alla GAMeC di Bergamo e
in quella promossa dal COSMIT
- Comitato Organizzatore del
Salone Internazionale del Mobile
nell'aprile 1996.
Più recentemente, nell'aprile
2015, il sistema è stato ripreso
da Stilnovo per la presentazione
presso La Rinascente della
riedizione di alcuni storici
apparecchi per l'illuminazione, tra
cui le lampade *Topo* e *Triedro*. /
This design foresees a modular
system conceived for the stand
of Stilnovo at Eurodomus 3, Milan
Triennale. The company, which
currently manufactures the *Topo*
and *Triedro* lamps, at the time also
produced the *Bazooka* projector
and the *Basculante* ashtray. This
module consists of an L-shaped
square-plan panel covered in
plastic laminate and curved at its
base. These modular elements
can be combined according to the
specific display needs. The various
modules are connected by metal
hinges that allow their rotation;
they can be used as individual
units or grouped together,
even turned upside down. The
items on display can be placed

at different heights thanks to
shelves anchored to the central
slot, which is not only a functional
element but also diversifies the
global arrangement. Thanks
to coordinated graphics, the
company logo is placed on each
module and is perfectly legible and
proportionate even when the unit
is placed upside down.
This display system was
successfully reused in 1995 for

the monographic exhibit on Joe
Colombo at GAMeC in Bergamo,
and at the exhibit promoted by
COSMIT (the organizing committee
of the Salone Internazionale del
Mobile) in April 1996.
More recently, in April 2015, it
was used by Stilnovo at the La
Rinascente department store for
the display of reissued historical
lighting systems, including the
Topo and *Triedro* lamps.

154

**Allestimento dello stand
"Arnolfo di Cambio"
all'Eurodomus 3 alla Tirennale
di Milano / Set-up of the
"Arnolfo di Cambio" stand
at Eurodomus 3 at the Milan
Triennale**

AJC.0156
progetto / design 1970
realizzazione / realization 1970

Una scalinata cieca, assegnata come
spazio espositivo, è stata ridotta di
dimensione per creare, in un tunnel
espositivo, un piano inclinato laterale
con un cielo perpendicolare che
lo riflette. L'effetto è sorprendente
perché sul piano inclinato sono
fissate mensole semicircolari sulle
quali sono appoggiate le serie
di bicchieri della produzione. Il
cielo a specchio riflette gli oggetti

restituendo immagini con vista da
sopra cosicché gli oggetti assumono
forme nuove all'occhio del visitatore.
I piani neri e l'illuminazione lineare
creano un paesaggio denso di
prodotti che sembrano tutti diversi
tra loro. /
A blind staircase inside a tunnel,
reduced in size to create an
exhibition space, forms a lateral
inclined plane with a perpendicular
ceiling reflecting it. This inclined
surface is the actual showcase
with built-in semicircular shelves
that house the series of glasses
manufactured by the company.
The resulting effect is astonishing:
the mirroring ceiling reflects the
objects on display so that they take
on new forms to the eye of the
viewer. The black surfaces and the
linear lighting create a landscape
crammed with objects that seem
different from one another.

155

"Topo" e / and "Minitopo"
Lampade / Lamps

AJC.0158
progetto / design 1970
produzione / production 1970
STILNOVO
riedizione / re-edition 2019
STILNOVO
vedi / see p. 106

Apparecchio costituito da elementi combinabili fra loro per creare un sistema di illuminazione da tavolo, da parete e da terra. Il corpo lampada è nato come inviluppo di una lampadina a incandescenza con attacco E27 e oggi è prodotto con una lampadina Led.
Nella versione a morsetto, da tavolo e da terra, è estensibile e orientabile in ogni direzione grazie al sistema a due bracci snodati con rotazione sui due piani perpendicolari. È realizzato in acciaio stampato e verniciato a fuoco nei colori rosso, bianco, nero e verde e con supporto cromo. Viene anche prodotta una versione da tavolo con il suo caratteristico nome *Minitopo* costituita da tre elementi molto riconoscibili: il corpo lampada, il piccolo "orecchio" nero, posto nella parte superiore per la presa e la movimentazione della lampada, e la base in tubo piegato, arricciata come una coda a sostegno e passaggio del cavo elettrico. Per la *Minitopo* sono state sviluppate interessanti combinazioni di colori Chrome Special-total cromo e Gold Special-oro/nero e anche un colore speciale, un rosso – *Historical Iconic Red* – realizzato nel 2019 in occasione della mostra di design *Red In Italy. The Colours of Red in the Italian Design* promossa dall'Istituto Italiano di Cultura, da Campari Group e da Galleria Campari e presentata a Bruxelles. / A lighting system consisting of modular elements to be combined to create a table, wall, or floor lamp. The lampshade was originally designed to house a E27-mount incandescent bulb; today it is produced for a LED bulb.
In the clamp, table and floor versions, the lamp is extendable and adjustable in all directions thanks to two articulated arms with rotation on two perpendicular planes. It is produced in molded and heat-lacquered steel in red, white, black and green with chromed support. A table version with the delightful name *Minitopo* (little mouse) is also produced. It has three distinctive elements: the lampshade, the small black 'ear' placed on the upper part

to hold and move the lamp, and the gooseneck coiled like a tail that serves as the base and allows for the passage of the electrical wire. The *Minitopo* version was developed in original chromatic combinations: Chrome Special-total chrome and Gold Special-gold/black, and a special red called *Historical Iconic Red* realized in 2019 on the occasion of the Brussels design show *Red In Italy. The Colours of Red in the Italian Design*, promoted by the Italian Institute of Culture, the Campari Group, and Galleria Campari.

156

"Boby"
Carrello / Trolley

AJC.0139
progetto / design 1970
produzione / production 1970
B-LINE
vedi / see p. 108

Contenitore mobile e versatile con vassoi rotanti intorno a un asse posto lungo uno degli angoli. Viene utilizzato in uffici, in negozi, in casa, e in tutti i luoghi dove è necessario un contenitore di servizio multiplo, grazie alla sua capacità di contenimento e alla sua componibilità verticale in tre altezze diverse. Anche i cassetti hanno altezze diverse e possono essere montati con varie soluzioni. È realizzato in materiale plastico ABS e stampato a iniezione. Dal 1970 la produzione non è mai stata interrotta passando dal primo produttore alla B-Line attraverso la formazione di un ramo d'azienda. Per questo progetto Joe Colombo riceve il premio SMAU nel 1971. In seguito lo Studio Joe Colombo ha sviluppato *Spinny*, un'applicazione dei soli cassetti con un modello su ruote con struttura e basamento in acciaio con funzione di cassetteria, e un modello fisso con ancoraggio a parete. I cassetti in ABS stampati a iniezione ruotano di 180° intorno a una barra al centro del basamento e si bloccano tramite un aggancio alla struttura stessa. / Versatile and movable container with shelf modules that rotate around an axis placed along one of the corners. It is used in offices, stores, homes, and in any premise where a multi-purpose container is needed, thanks to its storage capacity and its vertical modularity with three different height solutions. The drawers also have different heights and can be assembled with different solutions. It is made of injection-molded ABS plastic material. Production has never been interrupted since 1970 and was transferred from the original manufacturer to B-Line through the creation of a company branch. In 1971, Joe Colombo was awarded the S.M.A.U. award for this design. The Studio Joe Colombo later developed *Spinny*, a drawer unit fitted with swivel casters and steel structure and base, and a fixed version with wall anchorage. The injection-molded ABS plastic drawers rotate 180° around a rod at the center of the base and are blocked with an anchorage to the structure.

157
"Triedro"
Lampada / Lamp

AJC.0140
progetto / design 1970
produzione / production 1970
STILNOVO
riedizione / re-edition 2019
STILNOVO
vedi / see p. 110

Sistema di illuminazione costituito da elementi combinabili tra loro in modi diversi per permettere l'illuminazione coordinata sia in un'abitazione che in un ufficio o in luoghi pubblici. Il corpo illuminante, costituito da una lamiera piana tranciata e piegata, può essere montato su diversi supporti per creare lampade da tavolo, a sospensione, a parete, da soffitto, a morsetto. Il sistema prevedeva anche un attacco a binario per permettere lo spostamento delle lampade in zone diverse. Originariamente pensata con tre piatti in lamiera assemblabili per la spedizione, è stata poi prodotta con un unico elemento in lamiera piegata a formare un fiore a tre petali. È prodotta in colore bianco con supporto nero. /
Lighting system consisting of several modular elements that can be combined to form various solutions for home, office, or public spaces. The lampshade consists of a bent and shaped metal sheet and can be mounted on various supports to create table, suspension, wall, ceiling, or clamp lamps. This system also foresaw a rail track to allow for the movement of the lightbulbs to different areas. Originally conceived with three metal elements to be assembled, it was later produced as a single folded metal lampshade forming a three-petaled flower. It is produced in white with a black support.

158
"Baccanti"
Bicchieri / Glasses

AJC.0165
progetto / design 1970
produzione / production 1991
fuori produzione / out of production

Serie di bicchieri in vetro soffiato lavorato a mano o in cristallo. La serie comprende dieci diversi bicchieri per rispondere alle diverse necessità dell'alta ristorazione. /
A series of hand-blown glass or crystal glasses. The series includes ten different glasses to respond to the needs of the finest restaurants.

**Espositori per / Showcases
for Arnolfo di Cambio**

AJC.0167
progetto / design 1970
realizzazione / realization 1970

Gli espositori studiati per i bicchieri
di Arnolfo di Cambio sono costituiti
da cilindri di cui due metallici, uno
alto e uno basso, e altri trasparenti
di altezze variabili. I cilindri
metallici alti costituiscono le basi
degli espositori su cui vengono
appoggiati i cilindri di una decina
di centimetri che contengono
l'illuminazione chiusa tra due
fogli di perspex opalino. Sui piani
illuminati del tamburello verranno
poi appoggiati i bicchieri, i vasi e
tutti gli oggetti da esporre. Infine,
sul bordo del tamburello, in una
apposita sede, vengono inseriti
i cilindri trasparenti. Il sistema è
quasi un gioco di sovrapposizioni
dove l'altezza degli elementi
trasparenti accompagna l'altezza
degli oggetti esposti fino a
ottenere torri espositive illuminate.

È stato utilizzato nello showroom
del produttore e in vari negozi di
cristallerie. /
The showcases designed for the
glasses manufactured by Arnolfo
di Cambio consist of various
cylinders, two of which are in
metal, one tall and one low, and
other transparent cylinders of
varying heights. The tall metal
cylinder forms the base for the
showcase, which supports a
4-inch tall cylindrical support
that contains the lighting system
between two matte Perspex
sheets. The glasses, vases, and
any other items for display rest on
the luminous cylindrical support.
The transparent cylinders are fixed
along the edge of the cylindrical
support and serve as a window for
the showcase. It is almost a play
of overlapping elements, where
the height of the transparent
cylinders follows the height of
the items on display, forming
illuminated display towers. These
display cases were used in the
manufacturer's showroom and in
various glassware stores.

**Allestimento dello stand
"Elco-Bellato" al 10° Salone
del Mobile di Milano / Set-up of
the "Elco-Bellato" stand at the
10th Salone del Mobile in Milan**

AJC.0172
progetto / design 1970
realizzazione / realization 1970

Il tunnel, proposto più volte da
Joe Colombo come parte di
un elemento che contiene il
materiale da esporre, sia suggerito
dal contesto sia proposto per
dimensionare lo spazio, è qui
finalmente completo. Un vero
tunnel a sezione quasi ovalizzata
come un tronco di autostrada. La
parte superiore e quella inferiore
sono piane, mentre le due pareti
laterali sono curvate, così le

superfici espositive si possono
moltiplicare con oggetti applicati
dappertutto. La scenografia è
così suggestiva da essere stata
pubblicata sulla copertina di
"Domus", n. 492, del 1970. /
The tunnel, proposed several times
by Joe Colombo as a container for
display cases, to either respond
to exhibiting space requirements
or to give a specific dimension
to the space, is finally complete
here: a true tunnel with an oval
section as if it were a portion
of a highway tunnel. The upper
and lower surfaces are flat, while
the two side walls are curved, so
that the exhibiting shelves can
be multiplied with objects placed
anywhere. The set design is so
suggestive that it was published
on the cover of *Domus*, issue no.
492 of 1970.

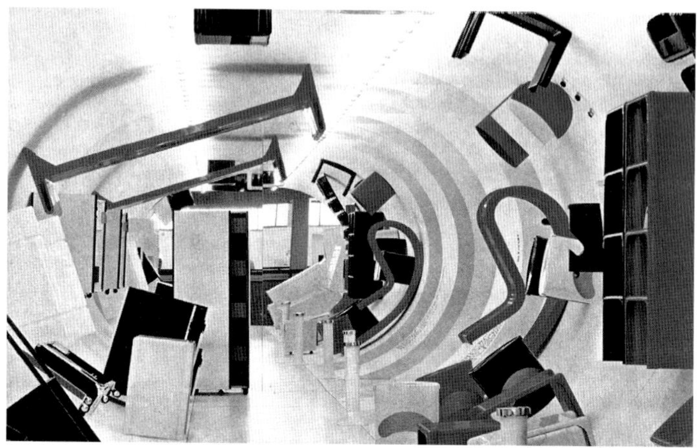

161
"Optic"
Orologio-sveglia / Alarm clock

AJC.0173
progetto / design 1970
produzione / production 1971
riedizione / re-edition 1988
ALESSI
vedi / see p. 112

Orologio da tavolo con schermo
antiriflesso in materiale plastico.
La cassa del meccanismo è
avvolta da una forma cilindrica
che, sporgente sul quadrante,
crea una schermatura antiriflesso
e, sporgente sul retro, permette
due posizioni una inclinata ed una
parallela al piano. Un foro praticato
nella parte superiore permette
di appendere l'orologio al muro.

Originariamente nata anche come
sveglietta, aveva una sporgenza
sotto il piano d'appoggio ed era
sufficiente passare dalla posizione
inclinata a quella parallela al piano
per interrompere la suoneria. /
Table clock with anti-glare
ABS screen. The mechanism is
accommodated inside a cylindrical
housing that protrudes from both
the clock face, creating an anti-
glare screen, and from the rear to
allow two positions: to sit parallel to
the supporting plane and at a slight
angle. A hole in the upper part
allows you to hang the clock on
a wall. Originally conceived as an
alarm clock, it had an underneath
raised support and the alarm could
be turned off simply by tilting the
clock from the inclined position to
the parallel position.

162
Valvola per GPL "Agip" / Valve
for "Agip" LPG cylinders

AJC.0174
progetto / design 1970
modello / model

Lo studio di una valvola per la
bombola a GPL aveva lo scopo di
permettere agli utenti di rilevare
il gas in fase di esaurimento
all'interno della bombola, in modo
da non rimanere privi del servizio.
Inoltre era necessario, in caso di
fuga di gas, permettere di capire
subito, senza alcun dubbio, quale
manopola girare. La semplicità
apparente della valvola nasconde
una grande complessità dei
componenti rapportata alla
pericolosità del sistema. Dopo
diverse soluzioni, la più semplice
e di lettura immediata è risultata
quella carenata. /
This specific valve for LPG
cylinders allowed users to detect
when the cylinder was nearly
empty, thus avoiding disruption
of service. In the event of a gas
leak, it also made it possible to
immediately understand, without
a doubt, which knob to turn. The
apparent simplicity of this valve
betrays a thorough study of each
single component in the light of
the potentially dangerous nature of
the system. After studying several
options, the design with a housing
cover resulted to be the simplest
solution for the easy detection of
gas levels and leaks.

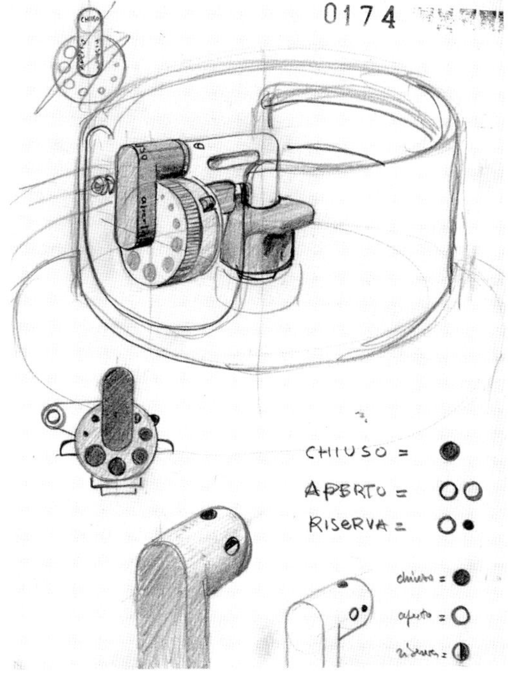

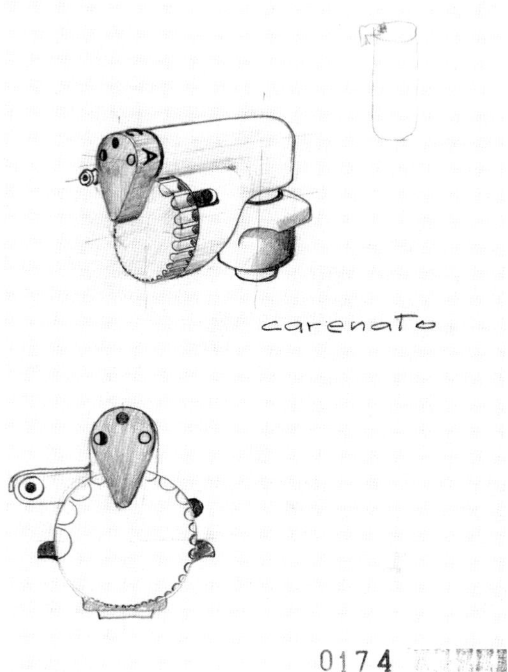

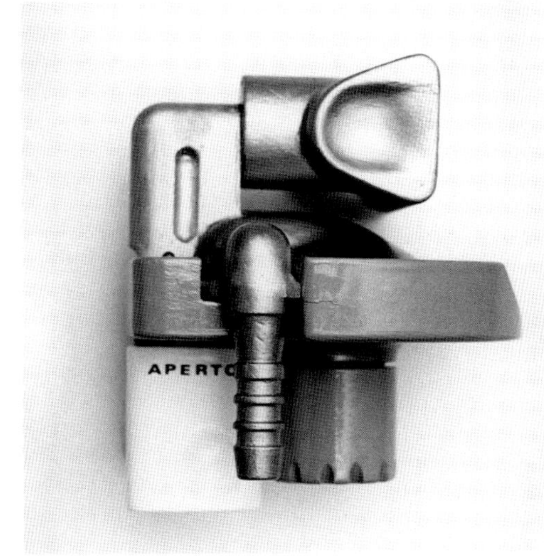

Sistema di arredamento per il punto vendita programmabile "Rosenthal" / Furnishing system for the "Rosenthal" modular sale point

AJC.0176
progetto / design 1970
modello / model

Sistema espositivo per vetrine, negozi di cristallerie e stand progettato per Rosenthal. Il sistema è costituito da struttura di supporto ramificata, espositore con luce, modulo plafone, lampada, modulo pavimento, tende avvolgibili, contenitore su ruote. Gli elementi sono componibili sulla base di una griglia quadrata e rispondono alle diverse necessità.
Lo studio include un progetto grafico, chiaro e facilmente adattabile da utilizzare nel cielino/plafone. /
A display system for shop windows, glassware shops, and exhibition stands designed for Rosenthal. This system consists of a modular support structure, display case with lighting, ceiling module, lamp, floor module, and roller blinds. The various elements can be combined atop a square grid in several arrangements based on specific needs.
This project incorporates a clear-cut graphic design adaptable for the ceiling module.

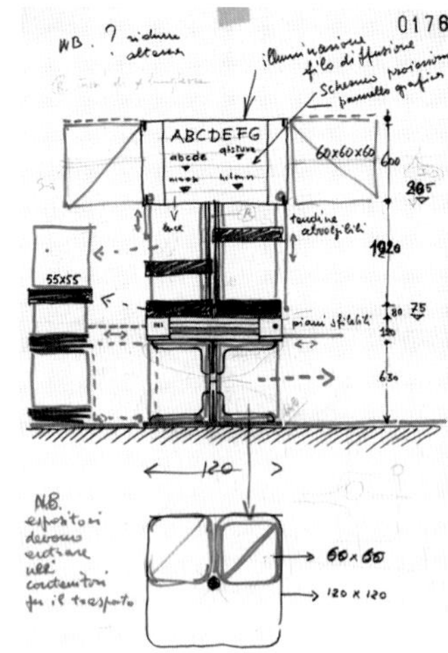

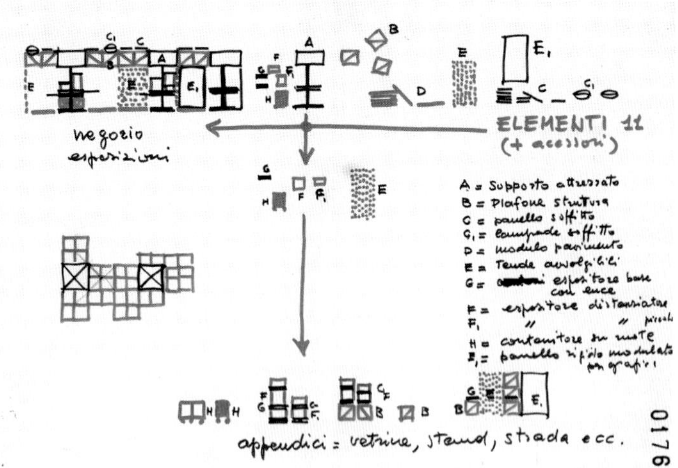

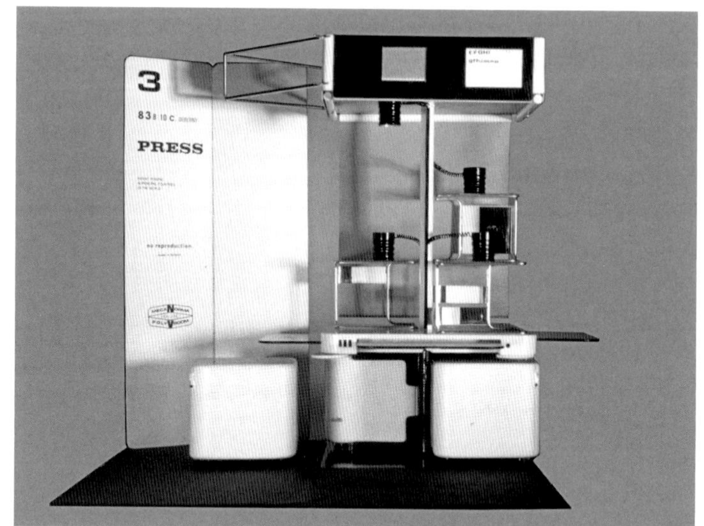

"Colombo 626"
Lampada / Lamp

AJC.0177a
progetto / design 1970
produzione / production 1970
OLUCE
vedi / see p. 114

Ora denominata *Colombo 626*, è stata la prima lampada *Alogena* destinata all'illuminazione di interni che aveva preso il nome della lampadina che utilizzava. È costituita da un corpo lampada in metallo verniciato a fuoco da inserire su uno stelo verticale nelle versioni da terra con base, da parete e da soffitto con piccole basi dove si nasconde il collegamento del cavo elettrico. Il corpo lampada presenta una parte esterna con fessure parallele trasversali per la dispersione del calore e una parte più interna con funzione di schermo/riflettore della luce. Utilizzava una lampadina alogena da 300 W e oggi è prodotta anche con una lampada LED da 24W. È spostabile verticalmente a diverse altezze e orientabile in tutte le direzioni con un morsetto in bachelite. Inoltre è dimmerabile. Il design è essenziale e di grande riconoscibilità.
È prodotta nei colori bianco e nero. /
Called today *Colombo 626*, this was the first *Alogena* lamp designed for interior lighting that took its name from the halogen lightbulb. It consists of a heat-lacquered metal reflector inserted on a vertical stem; available as floor lamp with a base, or as ceiling or wall lamp with smaller bases that conceal the plug for electrical wiring. The lampshade has transversal parallel slots to disperse heat, while the inner portion acts as a screen/light reflector. It used a 300W halogen lightbulb; today it is also produced with a 24W LED bulb. A Bakelite clamp allows to adjust it vertically to different heights and orient it in all directions; it is also equipped with a dimmer switch. Its design is essential and highly recognizable.

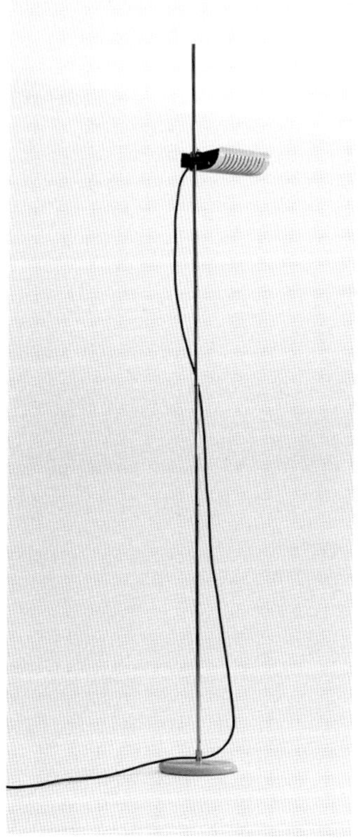

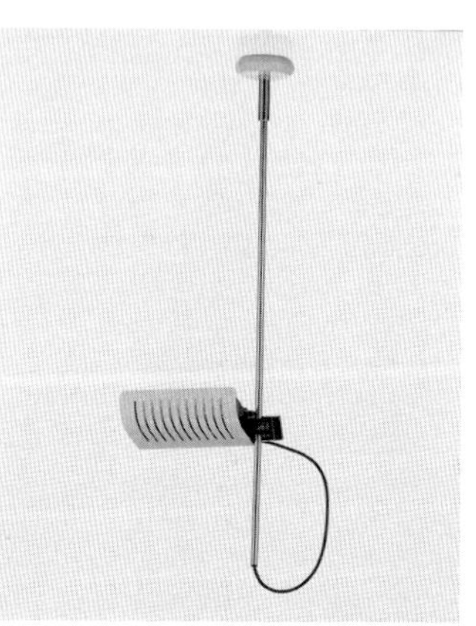

165
"Fluorescente a piastrella"
Lampada / Lamp

AJC.0177b
progetto / design 1970
produzione / production 2012
fuori produzione / out of
production

La lampada *Fluorescente a piastrella* è una versione della lampada *Colombo 626* con lampada fluorescente. La lunghezza del corpo lampada è stata raddoppiata per inserire una lampadina fluorescente a piastrella allo scopo di ottenere un risparmio energetico per uffici e ambienti con attività produttive. Lo stelo di sospensione è al centro della lampada anziché su un lato. / The *Fluorescente a piastrella* lamp is a version derived from the *Colombo 626* lamp with a fluorescent tube. The length of the lampshade is doubled compared to the original *626* lamp to allow for the insertion of a fluorescent tube for energy saving in offices and production environments. The suspension stem is in the middle of the lampshade rather than on one side.

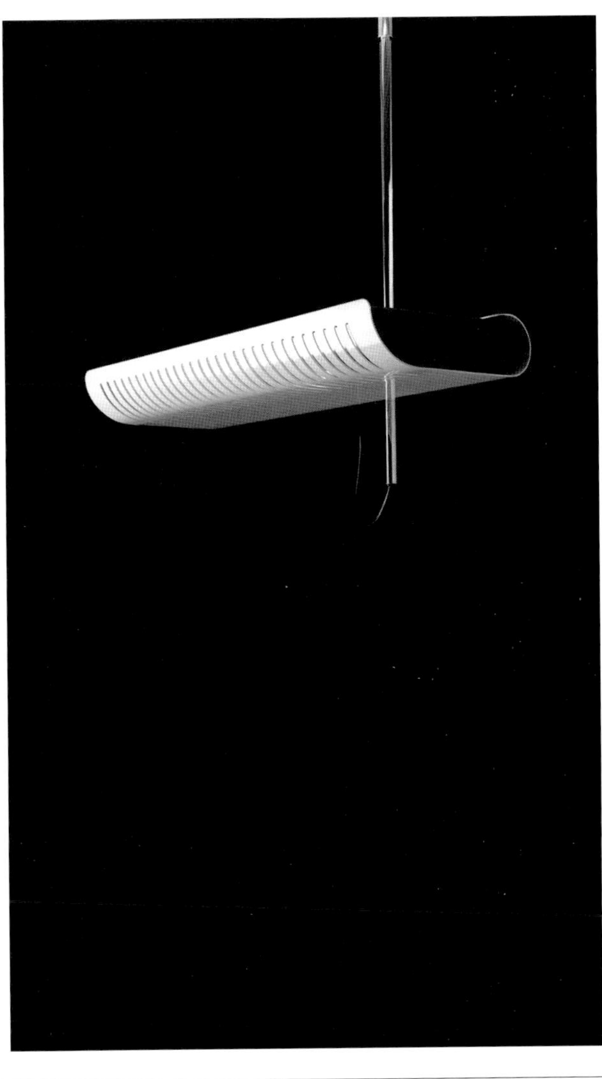

166
"Universale"
Poltrona / Armchair

AJC.0180
progetto / design 1970
prototipo / prototype 1971

Poltrona nata dallo sviluppo della sedia *Universale*, è stata realizzata solo con un prototipo perché gli studi sui materiali usati per stampaggio a iniezione non erano adatti a questo tipo di prodotto. Le pareti esterne sono piane per permettere l'accostamento per formare una schiera da utilizzare in posti pubblici. / An armchair developed from the *Universale* chair design. Only a prototype was realized because the materials for injection molding studied in the design phase were not suitable for this type of product. The external sides are flat for placing the chairs next to each other to form space saving rows in public places.

167

**"Imballaggio universale"
per bicchieri / "Universal
packaging systems" for
glasses**

AJC.0149
progetto / design 1970
produzione / production 1970
fuori produzione / out of
production

Gli *Imballaggi universali*
progettati per Arnolfo di Cambio
erano costituiti da scatole in
polistirolo espanso apribili in due
semigusci simmetrici con tre
spazi semicilindrici in cui inserire
i bicchieri uno sopra l'altro
distanziati da uno o più coni che,
entrando in parte nei bicchieri,
li tengono fermi proteggendoli
da urti. /
The *Universal packaging systems*
designed for the Arnolfo di
Cambio company consisted of
expanded polystyrene boxes that
opened up into two symmetrical
half-shells, each with three semi-
cylindrical spaces to accommodate
glasses separated by cones.
The cones entered partly into
the glasses holding them and
protecting them from impact.

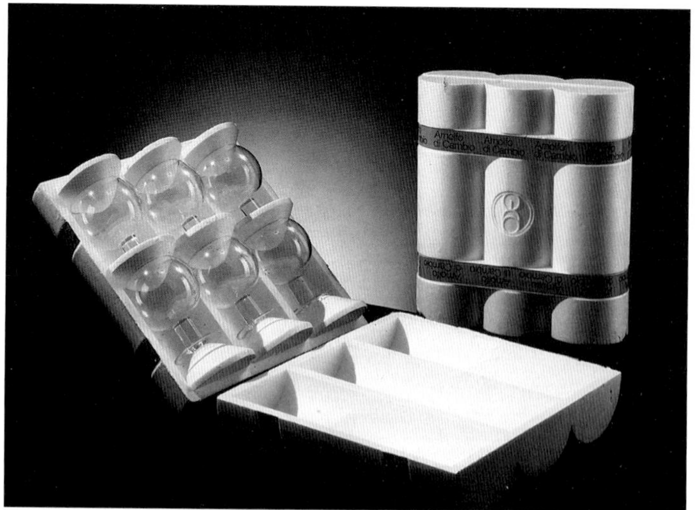

168

**"Calice"
Torre-faro / Tower-lighthouse**

AJC.0185
progetto / design 1970
realizzazione / realization 1971

Oltre al lampione stradale, Joe
Colombo studia per Pollice una
torre di illuminazione da utilizzare
nei parcheggi, in svincoli o tratti
stradali e in tutti gli spazi da
illuminare con una sola fonte
luminosa. Fino ad allora queste
torri alte 20 metri avevano
prevalentemente una scala lungo
tutto il palo per la manutenzione,
mentre è stato poi studiato un
sistema di discesa e salita di tutto il
cestello a semisfera con un numero
molto elevato di fari premontati. /
Besides a street lamp, Joe Colombo
designed a light tower for Pollice,
to be used in parking lots, along
highways and streets, and in any
other open space requiring a single
large light source. Until then, these
20 m/65.5 ft towers were equipped
with a ladder placed along the entire
height of the pole for maintenance
purposes, which was later replaced
with a system for the raising and
lowering of the entire hemispherical
cover equipped with numerous built-
in spotlights.

169
**Orologi da polso /
Wristwatches**

AJC.0186
progetto / design 1970
modello / model

Orologio da polso con quadrante
incernierato e blocco in posizione
ortogonale in modo da permettere
che, appoggiato su di un piano,
venga usato come orologio da
tavolo o sveglietta. Joe Colombo
ha progettato diversi modelli di
orologi da polso con anche vari tipi
di cinturini e con quadrante mobile.
Disegnò anche un orologio digitale
che all'epoca era un'assoluta
novità. /
Wristwatch with its face hinged
perpendicularly to the strap so
that when resting on a surface it
can be used as a table clock or an
alarm clock. Joe Colombo designed
several models of wristwatches,
with various types of straps and
movable face. He also designed
a digital wristwatch; an absolute
novelty at the time.

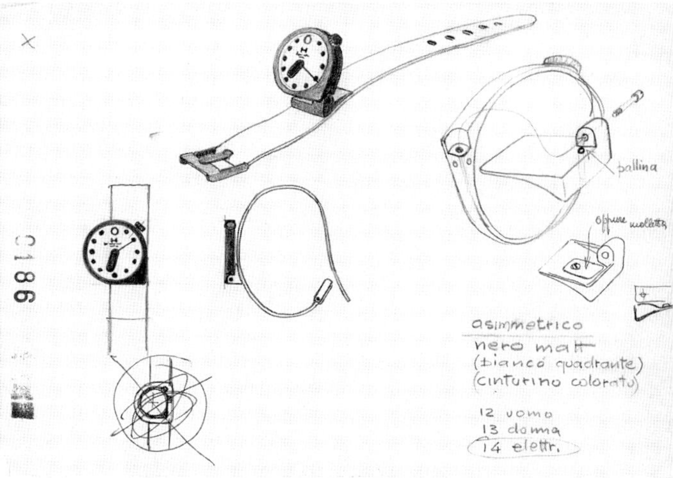

170
**"Minilamp"
Lampada / Lamp**

AJC.0212
progetto / design 1970
prototipo / prototype 1971

Nata da uno studio per una lampada
a lamelle con alogena da 50 watt, ha
il corpo illuminante formato da tanti
piatti di lamiera tranciata e piegata.
Un morsetto trattiene le lamelle
assemblate fra loro a pacchetto,
tenendole distanziate, in modo da
favorire la dispersione del calore.
Il corpo illuminante così ottenuto,
montato su uno stelo snodato crea una
lampada da terra di grande mobilità.

Può essere innestato su altri
supporti creando lampade diverse.
È stata esposta alla XV Triennale di
Milano nel 1973. /
This lamp stemmed from a study for
a lamella lamp with a 50W halogen
bulb. The lampshade consists of
various bent and molded metal slats.
A clamp holds the slats together
horizontally with space between
each other to favor heat dispersion.
The resulting lampshade is mounted
on an articulated stem for a versatile
floor lamp.
The lampshade can also be
mounted on different supports to
create diverse lamps.
It was exhibited at the XV Milan
Triennale in 1973.

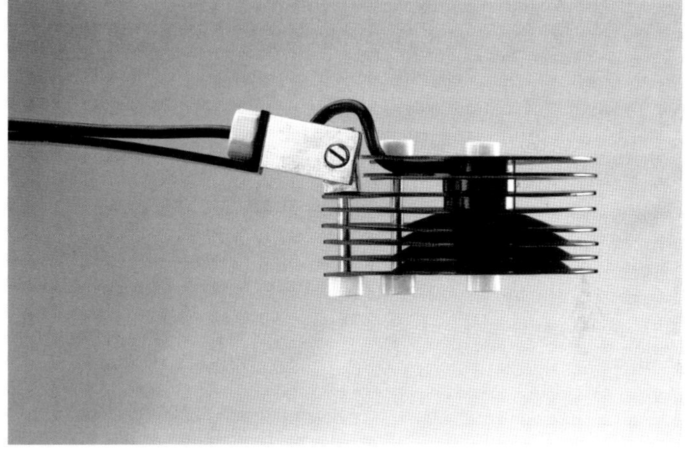

**Servizio di bordo Alitalia
"Linea '72" (prima classe) /
"Linea '72" Alitalia (first class)
in-flight service**

AJC.0218a
progetto / design 1970
produzione / production 1972

Questa serie nasce da uno studio sull'uso di oggetti da tavola su mezzi di trasporto in movimento per cui occorreva impedire il movimento dei vari componenti della serie durante il trasporto. Oltre alla caratteristica forma dei piatti con ali tagliate, è previsto che le tazze siano trattenute sul piatto da un incavo creato sul fondo corrispondente a una sporgenza sul piattino.
Questo particolare viene poi eliminato nelle versioni più recenti per esigenze di produzione.
Per progettare questo prodotto, Joe Colombo prende in considerazione altri aspetti importanti come: produzione limitata, dimensioni, volume, peso e stoccaggio, oltre a quelli relativi all'interblocco dei componenti.
Collaborazione al progetto: Ambrogio Pozzi e Ignazia Favata. / This dining set was conceived for use on moving vehicles, hence a design that prevented the various objects from slipping during transportation. Besides the characteristic shape of the dishes with sharp cut rims, the cup is held on the saucer thanks to a recess created on the bottom of the cup corresponding to a raised portion on the saucer.
This detail was later removed in more recent versions to meet production requirements.
In designing this dining set, Joe Colombo assessed various important aspects, such as limited production, dimensions, volume, weight, and storage, in addition to mechanisms to keep the various components secured in place.
Collaboration on the project: Ambrogio Pozzi and Ignazia Favata.

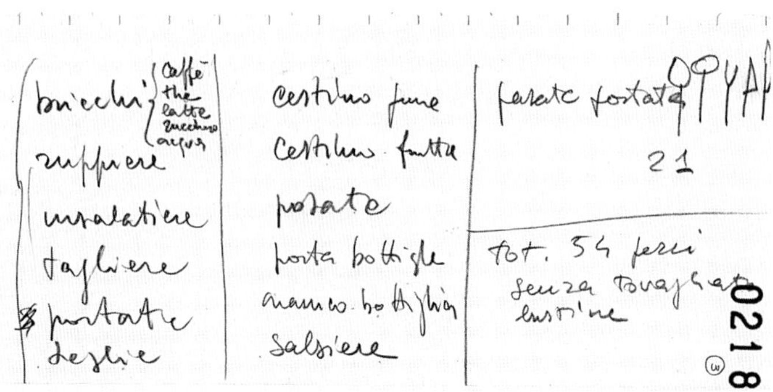

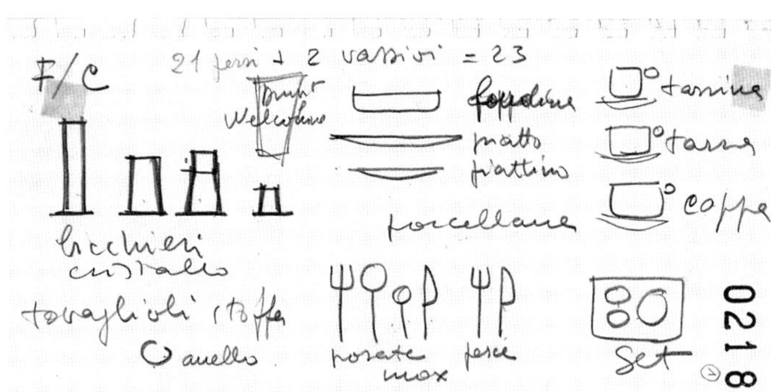

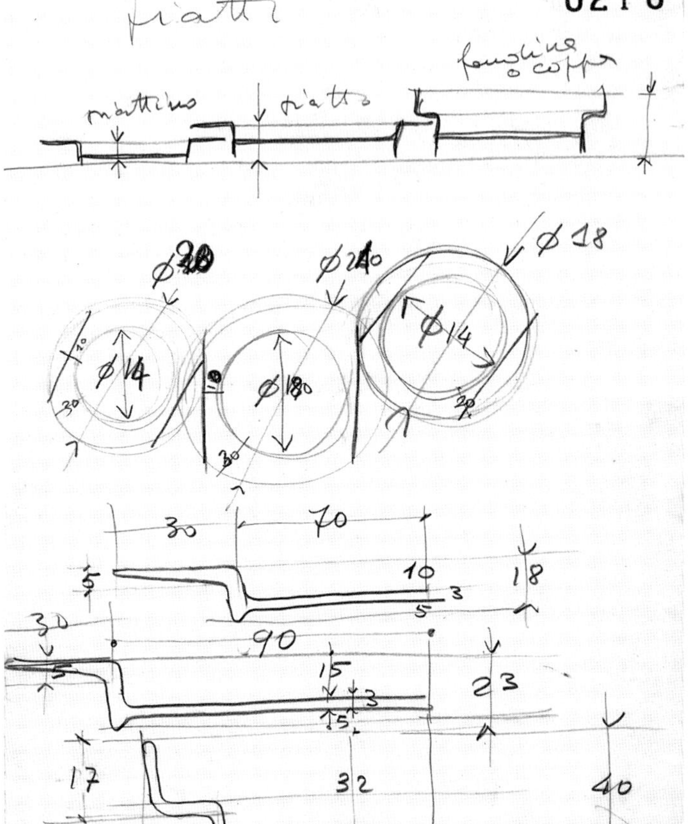

172

**Servizio di bordo Alitalia
"Linea '72" (seconda classe) /
"Linea '72" Alitalia (second
class) in-flight service**

AJC.0218b
progetto / design 1970
produzione / production 1972

La serie nasce da uno studio
sull'uso di oggetti da tavola su
mezzi di trasporto, in questo
caso gli aeroplani; quindi, oltre
ai vincoli di produzione e a quelli
dimensionali (volume, peso,
stoccaggio), occorreva prevedere
sistemi di bloccaggio tra i vari
componenti della serie.
Per questa ragione, nel servizio per
la classe turistica, le vaschette sono
incastrate nel vassoio preformato e le
posate si agganciano l'una all'altra.
Ne deriva che ogni oggetto ha
un'apposita sede che ne

impedisce lo slittamento.
Prodotto per Alitalia da Richard-
Ginori S.r.l.
Collaborazione al progetto:
Ambrogio Pozzi e Ignazia Favata. /
This dining set was conceived
for use on moving vehicles and,
specifically, for use on aircrafts.
Therefore, besides production and
size constraints (volume, weight,
storage), a mechanism to keep the
various components secured in
place had to be devised. For that
reason, the dining set designed for
the economy class has containers
embedded in a preformed tray and
the cutlery is hooked together.
The resulting design is a set with
each item placed in a pre-set
space thus avoiding slipping during
transportation.
Produced for Alitalia by Richard-
Ginori S.r.l.
Collaboration on the project:
Ambrogio Pozzi and Ignazia Favata.

173

**Posate assemblabili /
Stackable cutlery**

AJC.0218c
progetto / design 1970
prototipo / prototype 1972

Le *Posate assemblabili* in acciaio
inox sono state studiate per
vari usi, dall'utilizzo in eventi a
pic-nic, per ridurre gli ingombri
di stoccaggio e di distribuzione.
Il manico del coltello si ripiega
in due creando una specie di
busta dove vengono inserite le

altre posate. La compattezza e la
facilità di riassemblarle le rende
particolarmente adatte anche ad
altri usi. /
This set of stainless steel
Stackable cutlery was designed
for various uses, from receptions
to picnics, or wherever limited
storage and easy distribution is a
concern. The handle of the knife
folds in two creating a sort of
envelope where the other cutlery
is inserted. Its compactness and
ease of reassembly makes this set
particularly suitable for many other
uses.

174
"Ciclope"
Lampada / Lamp

AJC.0247
progetto / design 1970
produzione / production 1979
riedizione / re-edition 1981
fuori produzione / out of production

Lampada a sospensione scorrevole
verticalmente su due cavi paralleli.
Per un particolare sistema
di deviazione dei cavi, posto
all'interno, il corpo lampada
rimane sempre frenato.
Progettato per essere sospeso
orizzontalmente (come una
lampada stradale), è stato utilizzato
verticalmente con l'introduzione di
una lampada alogena. /
Suspension lamp whose lampshade
slides vertically along two parallel
cables and can be set at the desired
height thanks to a mechanism
embedded in the cables.
Originally designed to slide
horizontally (like a street lamp), the
lampshade was also used vertically
with a halogen lightbulb.

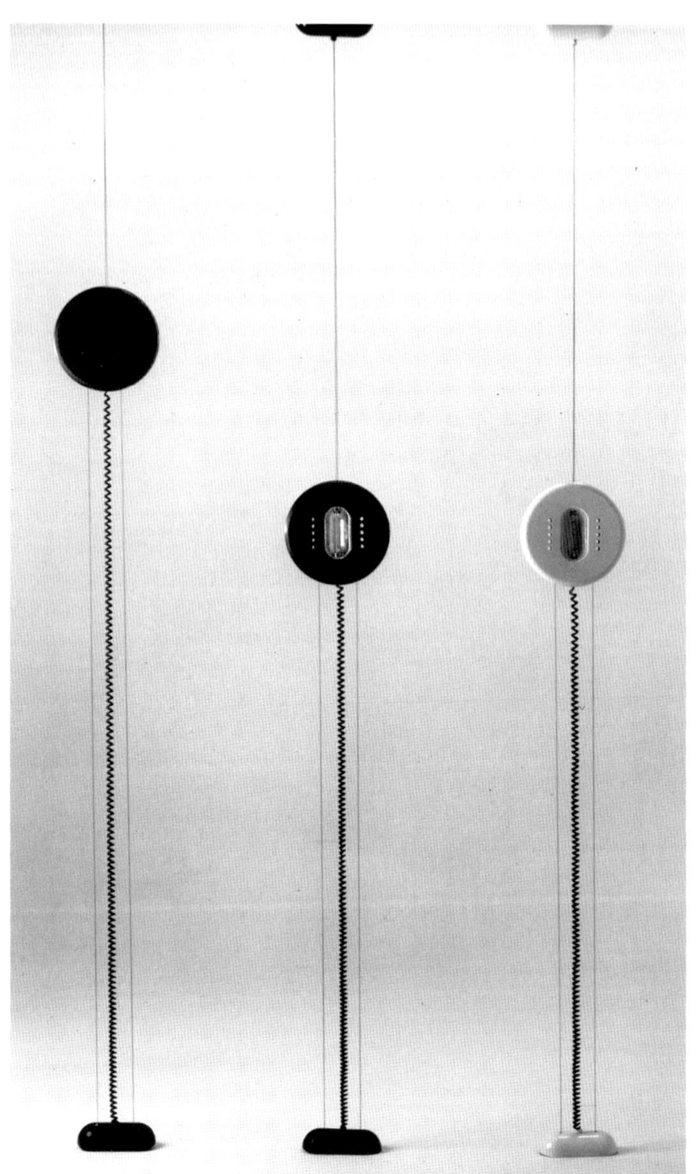

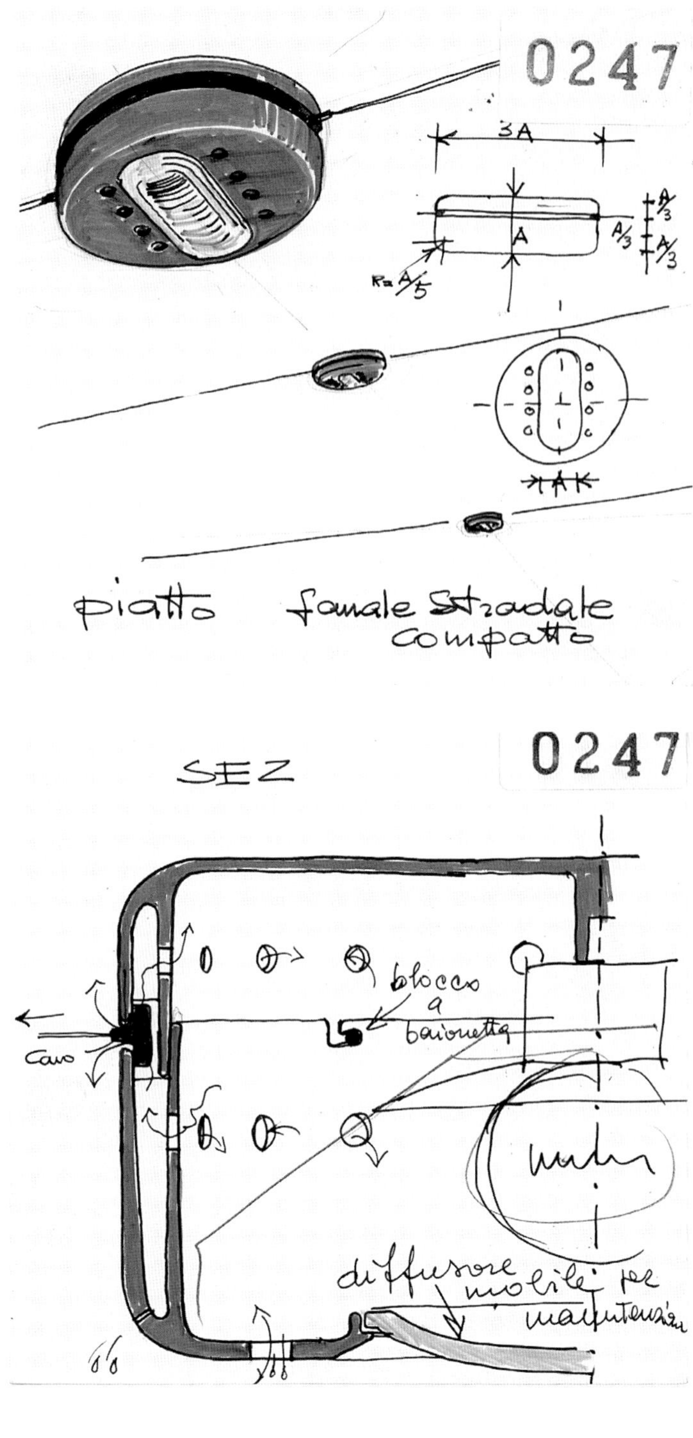

175

"Candyzionatore"
Condizionatore portatile /
Portable air conditioner

AJC.0258
progetto / design 1970
produzione / production 1970
fuori produzione / out of
production

Di forma cubica, questo
apparecchio condizionatore è stato
progettato per un duplice utilizzo
a seconda delle stagioni. Le due
facce opposte con griglie sono
identiche così che, agendo su
appositi comandi realizzati con leve
di rotazione, si poteva emettere
aria calda o fredda, secondo la
necessità. Oggi lo stesso risultato
si ottiene con l'inversione del ciclo.
Le griglie frontali hanno feritoie
radiali in modo da distribuire l'aria
in tutte le direzioni ed eliminare il
fruscio. Con accessori appositi si
può installare a incasso, a sbalzo o
su di un cavalletto a rotelle. È stato
prodotto dalla Candy che lo ha
battezzato *Candyzionatore* /
This cube-shaped air conditioner
was designed for dual use
according to the seasons. The
two opposite faces with grids
are identical so that, by turning a
specific knob, it emits hot or cool air
as needed. Today, the same result
is obtained with a reverse-cycle
inverter. The front grids have radial
slits to distribute air in all directions
and reduce noise when operating.
Thanks to specific accessories, it
can also be built-in, cantilevered or
placed on a wheeled stand.
It was produced by Candy with the
name *Candyzionatore*.

176
Formaggera / Cheese bowl

AJC.0393
progetto / design 1970
produzione / production 2015
fuori produzione / out of
production

La formaggera è stata presentata
in occasione di Expo 2015 e
prodotta sulla base dei disegni
originali del 1970.
È costituita da un piatto e
un contenitore in materiale
plastico trasparente con
coperchio metallico che scorre
sul contenitore. Il coperchio è
tagliato in modo che il cucchiaino
modellato possa essere posto
all'interno del contenitore. /
This cheese bowl was presented
at Expo 2015 and was produced
from the original drawings of
1970.
It consists of a saucer and a
transparent plastic container with
a sliding metal lid. A cut in the lid
accommodates a modeled spoon
to be placed inside the container.

177

"Snodata"
Lampada / Lamp

AJC.0193
progetto / design 1971
prototipo / prototype 1971

In questa lampada da terra, tutta in
materiale plastico, lo stelo è costituito
da un cingolato a segmenti snodati
che ne permettono la massima
flessibilità. Il corpo lampada sferico
ha un doppio guscio con un foro
esterno che permette la ventilazione
per disperdere il calore. /
A floor lamp produced entirely
in plastic material. Its stem is
a grooved pipe consisting of
articulated segments that allow
maximum flexibility. The spherical
lampshade has a double shell,
with an external hole that favors
ventilation and heat dispersion.

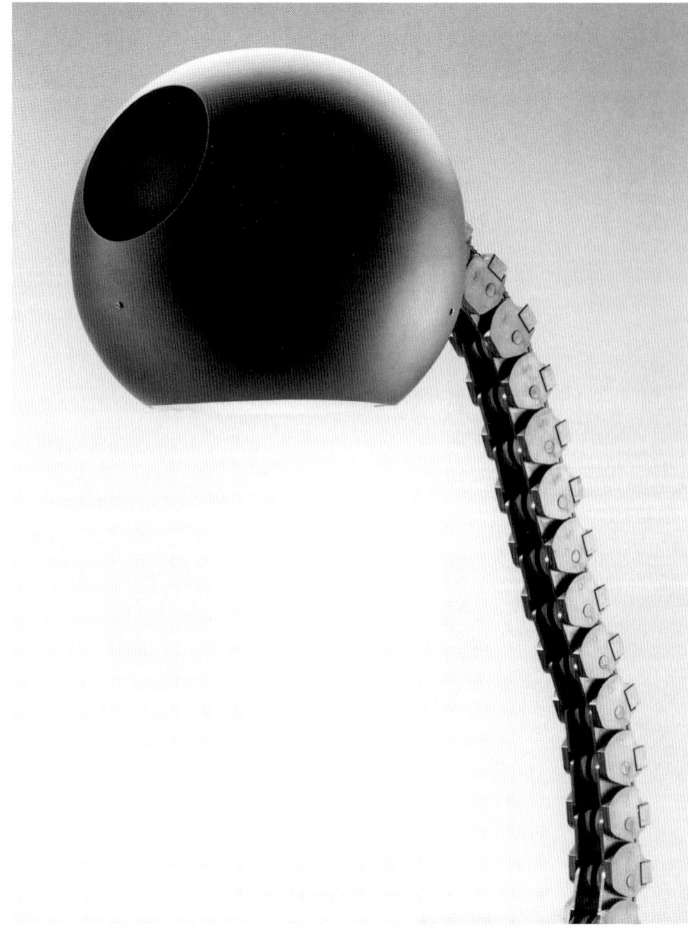

178

"Double"
Bicchiere / Glass

AJC.0197
progetto / design 1971
prototipo / prototype 1994
fuori produzione / out of production

Bicchieri, in vetro soffiato, che
fanno parte di una serie di oggetti
da tavola reversibili; possono
essere utilizzati a tavola per acqua
e vino e, capovolti, per liquori o
bibite.
Questo progetto nasce da un'unica
forma pressata al centro da
una pinza, formando due calici
asimmetrici. Il prototipo è stato
realizzato da Zennaro Orlando per
la mostra *I Colombo* alla Galleria
d'Arte Moderna e Contemporanea
di Bergamo nel 1995 e
successivamente esposto per la
mostra *Joe Colombo. Inventing the*
Future al Vitra Design Museum
nel biennio 2005-2006.
Consulenza alla realizzazione:
arch. Caterina Tognon /
These blown-glass vases were part
of a series of reversible objects to
be used at the table: they can be
used for water and wine but, when
overturned, they become glasses
for liquor or soft drinks.
This design develops from a
single glass pressed at the center
of the stem with pliers to create
two asymmetrical goblets. The
prototype was realized by Zennaro
Orlando for the *I Colombo* exhibit
housed at the Galleria d'Arte
Moderna e Contemporanea of
Bergamo in 1995; it was later
displayed at the *Joe Colombo.*
Inventing the Future exhibit held
at the Vitra Design Museum in
2005–2006.
Realization consultant:
Arch. Caterina Tognon

179

**Dama e scacchi in perspex /
Perspex checkers and chess
pieces**

AJC.0198a
progetto / design 1971
prototipo / prototype 1972

Le pedine della *Dama* e i
pezzi degli *Scacchi* sono in
perspex trasparente e hanno
un foro passante verticalmente,
filettato per far passare una vite
anch'essa filettata che li
allinea per riporli.
Una seconda versione era
costituita da pezzi con una
sporgenza filettata alla
sommità e un incavo anch'esso
filettato alla base, con la
stessa possibilità di avvitare un
elemento all'altro. /
Checkers and *Chess* pieces
in transparent Perspex. Each
piece has a threaded vertical
hole through which a matching
screw can be inserted to align
all pieces for easy storage. In
a second version, each piece
presented a raised threaded
protrusion at the top and a
threaded recess at the base, with
the same possibility of screwing
the pieces together.

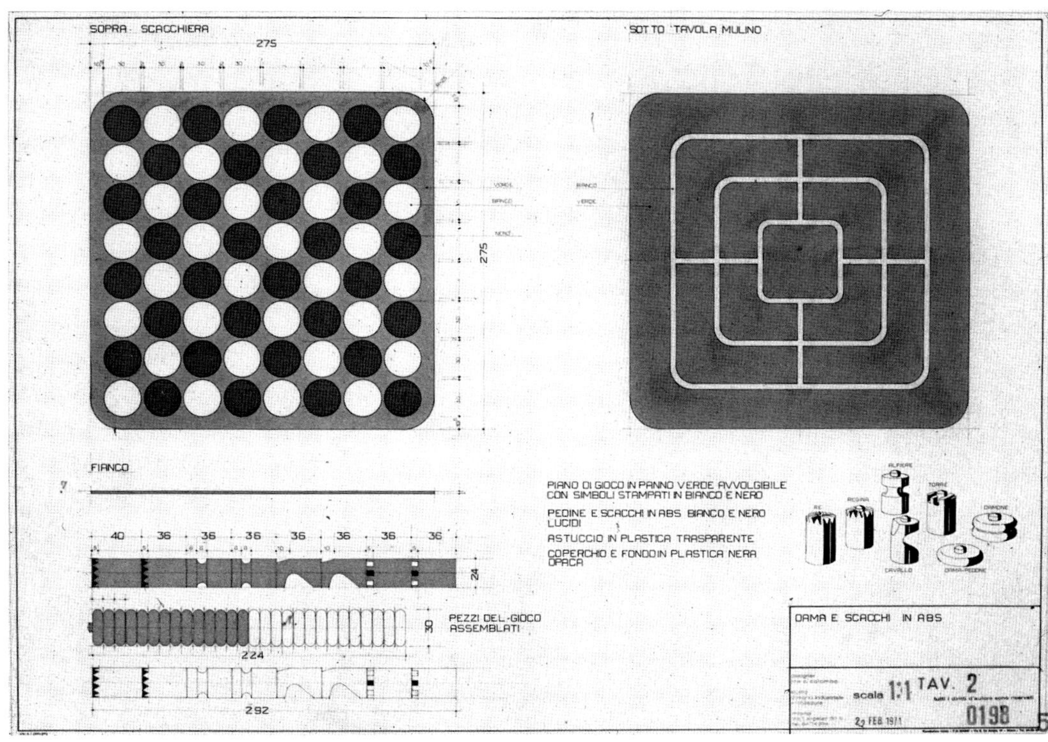

180

**Dama e scacchi in legno /
Wooden checkers and chess
pieces**

AJC.0198b
progetto / design 1971
prototipo / prototype 2005
fuori produzione / out of
production

Le pedine della *Dama* e i pezzi degli
Scacchi sono in legno intagliato
a mano. Hanno un foro passante
all'interno e sono sono impilabili su
tre lunghi perni in acciaio infissi in
una base di legno. Le tre pile sono
chiuse rispettivamente dai due "Re"
per gli scacchi e da un tappo per la
dama. La confezione, che assume
così una forma cilindrica, è corredata
di un tappetino-scacchiera e inserita
in un tubo di plexiglas. /
Hand-carved wooden *Checkers* and
Chess pieces. The hollow pieces
can be stacked on three long steel
pins driven into a wooden base.
The three stacks end with the two
Kings for chess and a Man for
checkers, respectively. The resulting
cylindrical package is equipped with
a chessboard mat and inserted in a
Plexiglas tube.

181
**Orologio-sveglia tascabile /
Pocket alarm clock**

AJC.0199
progetto / design 1971
produzione / production 1972
fuori produzione / out of production

Sveglietta da viaggio di piccole
dimensioni, tanto da poter essere
appesa al portachiavi o tenuta in
tasca.
È di tipo meccanico con una
particolarità innovativa: per
predisporre l'orario della suoneria,
invece di agire sulla lancetta interna,
si fa ruotare la ghiera del quadrante.
È stata prodotta da Nepro, marchio
specializzato in orologi-sveglia da
tavolo e da tasca. /
Travel alarm clock, so small that
it can be hung on a key ring
or tucked into a pocket. It is
mechanical with an innovative
feature: alarm time can be set by
rotating the bezel instead of the
internal hand. It was produced by
Nepro, which specializes in table
and pocket alarm clocks.

182
**"Elmo"
Lampada / Lamp**

AJC.0201
progetto / design 1971
produzione / production 1976
riedizione / re-edition 1984
fuori produzione / out of production

Lampada da tavolo con diffusore
orientabile in vetro incamiciato,
disponibile in vari colori. La base
è costituita da due piatti metallici
verniciati a fuoco e accoppiati
con un risvolto arrotondato
dove alloggiare il cavo elettrico.
Il supporto è in metallo cromato e
piegato in modo da ottenere una
superficie illuminata più ampia. Il
regolatore dell'intensità luminosa
è incorporato nella base. Con un
apposito attacco il riflettore può
essere usato come un faretto
indipendente. È stata rieditata nel
1984 in metallo nei colori bianco
e nero. /
Table lamp with adjustable
lampshade in jacketed glass,
available in several colors. The base
consists of two heat-lacquered
metal plates joined to form a
curved recess that houses the
electrical wiring. The stem is in
curved chrome-plated metal that
guarantees a broader illuminated
surface. The light intensity regulator
is embedded in the base. Thanks
to a special clamp, the reflector
can be used as an independent
spotlight. It was reissued in 1984
in black and white metal.

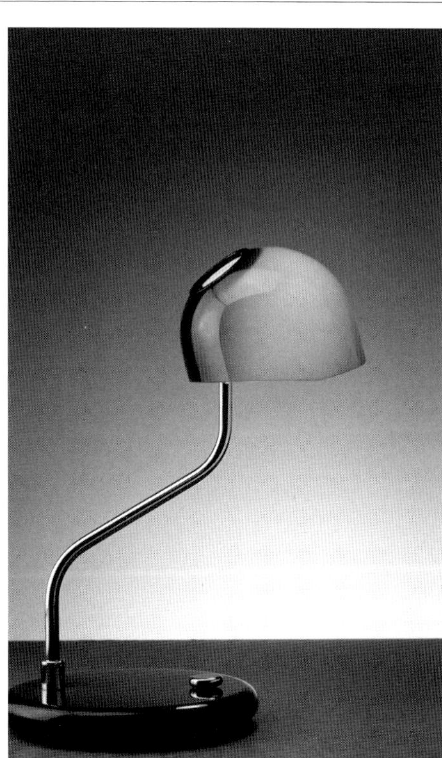

183
"Dinner Living"
Tavolo / Table

AJC.0202
progetto / design 1971
prototipo / prototype 1971

Tavolo trasformabile in laminato plastico con struttura in tubo metallico. Può essere utilizzato come tavolino per soggiorno di piccole dimensioni (80 x 80 x h 35), o come tavolo da pranzo per sei persone (80 x 150 x h 70). Esposto a *La mia casa*, Torino, nel 1971 per illustrare le possibilità di arredo multifunzionale all'interno di un monolocale di misure ridotte. / Convertible plastic laminate table with a metal tube frame. It can be used as a low living room coffee table (80 x 80 x h 35), or as a dining table for six people (80 x 150 x h 70). It was exhibited at *La mia casa* in Turin in 1971 to illustrate the various possible uses of multi-funcion furnishings in a small studio.

184
Esposizione "Casa amica"
a Milano / "Casa amica"
exhibition in Milan

AJC.0408
progetto / design 1971
realizzazione / realization 1971

"Casa Amica", la rivista di grande successo degli anni settanta edita dal "Corriere della Sera", organizzava ciclicamente allestimenti di nuove soluzioni di abitare con una serie di realizzazioni dal titolo *Le case firmate di Casa Amica*. Joe Colombo progettò "l'appartamento a spazio aperto" di superficie minima applicando la sua teoria di "spazio dinamico", dove tutto si muove garantendo un cambiamento continuo durante le ore della giornata, secondo le esigenze degli utenti. Vengono utilizzati in questo progetto solo mobili progettati da Joe Colombo, tutti su ruote, compresi gli armadi. Questi ultimi, profondi 60 cm, se chiusi, si aprono con cerniere su un lato formando due semiarmadi da 30+30 cm, se aperti.
Gli armadi nella versione libreria possono essere allineati lungo una parete o disposti a libro per creare angoli con funzioni diverse. Altri mobili contenitori da 60 cm, con apertura in diagonale a tre altezze, vengono utilizzati a servizio della cucina e del soggiorno o come divisori. La zona notte è costituita da una pedana che si divide in due parti e che, scorrendo su ruote, lascia libero il letto sottostante. La stessa soluzione era stata allestita alla mostra *La mia casa* a Torino nel marzo 1971, con uno spazio aperto per ambiente giorno e notte con mobili trasformabili tutti su ruote, come è stata riproposta successivamente nel settembre dello stesso anno. /
Casa Amica, the highly successful magazine of the 1970s published by *Corriere della Sera*, regularly organized exhibition events entitled *Casa Amica Signature Homes* featuring innovative living solutions.
Joe Colombo designed the 'open space apartment' with a minimum surface area by applying his theory of 'dynamic space,' where everything was convertible and modular to satisfy various needs throughout the day. This project comprised only furniture designed by Joe Colombo, all resting on casters, including cabinets. The latter, 60 cm deep when closed, could form two 30+30 cm half-cabinets when they were opened thanks to the lateral hinges. The cabinets in the bookcase version could be aligned along a wall or arranged like screens to create corners with various functions. Other 60-cm units with diagonal openings at three heights could be used as service tables in dining or living rooms or to partition the space. The bedroom area consisted of a platform divided into two parts that could slide on casters to uncover the bed which was located below. This same solution was set up for the *La mia casa* exhibition held in Turin in March 1971, with an open space for day and night furnished with modular units resting on casters; it was proposed again in September of the same year.

"Living Bed"
Letto / Bed

AJC.0204
progetto / design 1971
realizzazione / realization 1971
riedizione / re-edition 2006
fuori produzione / out of production

Il *Living Bed*, già proposto nella mostra *La mia casa* a Torino nel 1971 e nella mostra *Le case firmate di Casa Amica*, è stato rieditato nel 2006 con una variante che permetteva di trasformare una delle due pedane scorrevoli in testata del letto semplificandone l'utilizzo. Il letto chiuso diventa una pedana-giorno con cuscini triangolari per l'appoggio della schiena se seduti o per l'appoggio della testa se sdraiati. Il letto aperto diventa un letto con testiera e con una mezza pedana su ruote con appoggiati tutti gli oggetti che rimangono normalmente sulla pedana-giorno, compresi i cuscini. / The *Living Bed* was introduced in 1971 at the *La mia casa* exhibition in Turin, and at the *Casa Amica Signature Homes* exhibition. It was reissued in 2006 with a variant that allowed one of the two sliding platforms to be transformed into a headboard. The closed bed becomes a single living room platform with triangular cushions for back support when seated or for head support when lying down. The open unit reveals the bed underneath; one of the two sliding platforms becomes a headboard, while the other platform, on casters, can be slid backwards and serves to collect all the items that normally remain on the living room platform, including cushions.

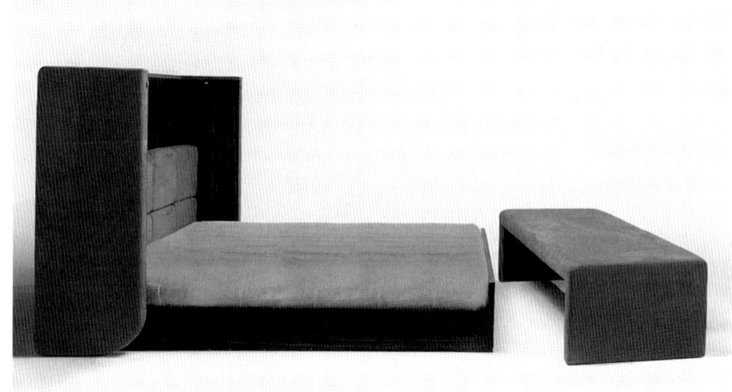

186
"Autovox"
Serie di autoradio /
Car radio series

AJC.0208
progetto / design 1971
modello / model 1971

Apparecchi radio per automobili, con una vasta gamma di modelli adatti a vetture diverse. Per ragioni di sicurezza dell'utilizzatore, i comandi di alcuni modelli sono stati progettati rientranti rispetto al profilo dell'apparecchio. La diversa colorazione dei comandi ne facilita l'individuazione e l'uso. / Car radio sets, with a wide range of models suitable for different types of cars. For user safety reasons, some models are fitted with reentrant controls. The different colors of the controls facilitate their identification and use.

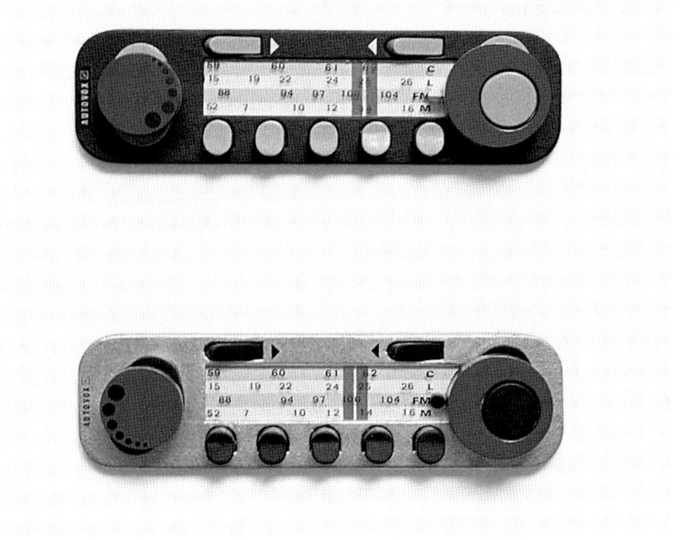

187
**Sedia "Pieghevole" /
"Folding" chair**

AJC.0214
progetto / design 1971
modello / model

Questa sedia faceva parte di un più
ampio studio per sedie pieghevoli
commissionato da Thonet di cui
sono rimasti cinque progetti. Il
modello fotografato nella sequenza
di chiusura dimostra la possibilità,
con alcuni passaggi, di ridurre la
sedia all'ingombro del solo sedile.
La scomparsa di Joe Colombo ha
impedito che il programma potesse
svilupparsi. /
This chair was part of a
wider study for folding chairs
commissioned by Thonet, of
which five designs exist today.
The example photographed in the
closing sequence demonstrates
that the chair could be folded up
to remain a simple seat with just a
few simple steps. Joe Colombo's
death prevented the further
development of this project.

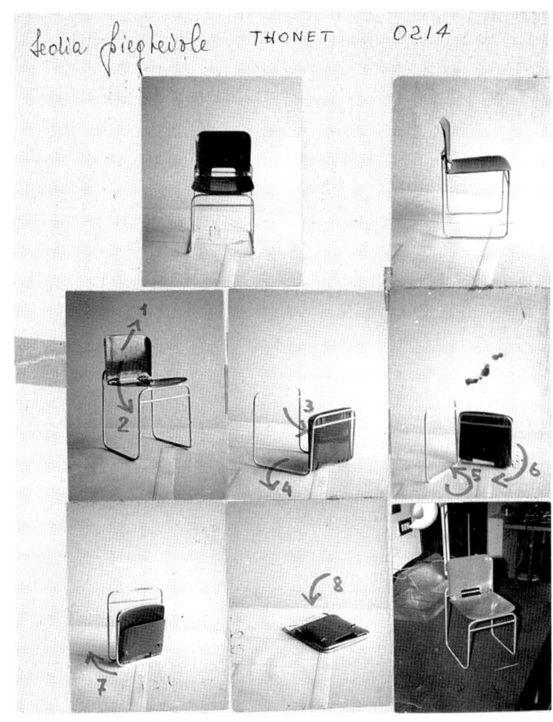

188
**"Roulotte"
Roulotte / Trailer**

AJC.0217
progetto / design 1971

Roulotte per tre persone in
un volume di 19 m³ (1,95 x
4,70 x 2,05 m) con particolare
sfruttamento razionale dello spazio
in altezza. È dotata di letto a due
piazze sotto pedana, armadi,
attrezzature per cucina e pranzo,
libreria e impianto radio TV. È
concepita per spazi residenziali
itineranti collocabili secondo le
esigenze, preferibilmente nel verde.
Nel progetto è ipotizzato un canotto
pneumatico, normalmente ripiegato
e riposto sotto la roulotte stessa
da gonfiare all'occorrenza per
trasformarla in anfibio. /
A trailer for three people in a 19 m³
space (1.95 x 4.70 x 2.05 m)
where the height is fully exploited.
It features a double bed under a
platform, cabinets, kitchen and
dining facilities, bookcase, and
TV-radio system. This trailer is
designed for itinerant residential
spaces, preferably immersed in
nature. The design included the
possible addition of a dinghy, folded
and stored under the trailer, to
be inflated when needed, which
transforms the trailer into an
amphibious home.

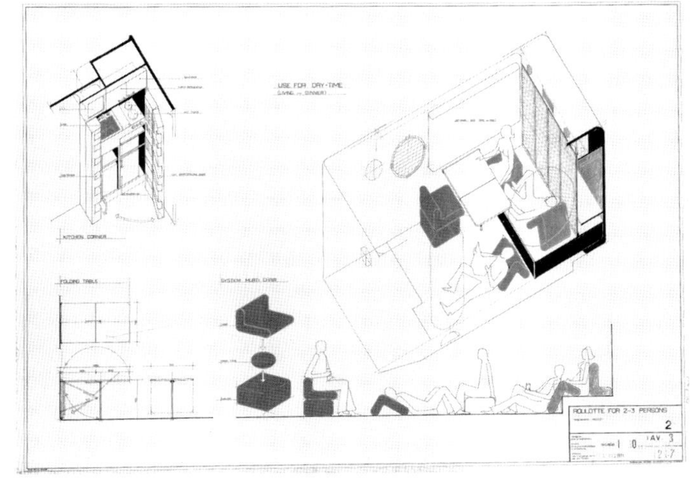

189
"Mobili Coordinati B"

AJC.0222
progetto / design 1971
prototipo / prototype 1971

Elementi in compensato
stratificato rivestito di laminato
plastico che possono essere
assemblati sia in senso orizzontale
che verticale; con antine scorrevoli
e accessori vari si possono
ottenere mobiletti a seconda delle
necessità. /
Components in layered plywood
covered with plastic laminate. The
components can be assembled
horizontally or vertically; with sliding
doors and various accessories, they
provide several types of containers
or cabinets.

"Total Furnishing Unit"
al / at MoMA, Newyork

AJC.0224
progetto / design 1971
realizzazione / realization 1972

Progettato come "habitat futuribile"
per la mostra *Italy. The New
Domestic Landscape* del 1972 al
Museum of Modern Art di New
York, è composto da quattro
monoblocchi: "Kitchen", "Cupboard",
"Bed and Privacy" e "Bathroom".
Queste strutture sono autonome
e differenziate in modo da essere
adattabili a spazi e a ambienti
diversi secondo le esigenze. Alla
mostra sono stati presentati
accostati fra loro occupando una
superficie di soli ventotto metri
quadrati.
L'armadio ("Cupboard") serve anche
come divisorio fra due ambienti
e il blocco giorno-notte ("Bed
and Privacy") somma in sé tutte
le funzioni dell'abitare: dormire,
mangiare, ricevere ospiti o ritirarsi
privatamente in un vano interno
appositamente studiato.
Collaborazione al progetto: Ignazia
Favata. Realizzazione: ANIC
Lanerossi, Boffi, Elco FIARM, Ideal
Standard, Sormani. Film: Gianni
Colombo, Livio Castiglioni.
È stato realizzato anche un piccolo
modello esposto in diverse mostre
e musei, tra cui *Joe Colombo.
Inventing the Future* alla Triennale di
Milano, nel 2005, e il Vitra Design
Museum, nel 2006. /
A design for the 'habitat of the
future' displayed at the *Italy.
The New Domestic Landscape*
exhibition in 1972 at the Museum
of Modern Art, New York. It
consists of four mobile units:
'Kitchen,' 'Cupboard,' 'Bed and
Privacy,' and 'Bathroom.'
These units are independent and
diversified to adapt to different
spaces and environments according
to needs. At the exhibition, they
were presented side by side,
occupying an area of just 28 m².
The cabinet ('Cupboard')
also serves as a partitioning
wall between two separate
environments. The night unit
('Bed and Privacy') contains all
living functions: sleeping, dining,
receiving guests, or finding some
privacy in a specifically designed
internal compartment.
Collaboration on the design:
Ignazia Favata. Realization: ANIC
Lanerossi, Boffi, Elco FIARM, Ideal
Standard, Sormani. Film: Gianni
Colombo, Livio Castiglioni.
A small model was also realized

and displayed at several exhibitions
and museums, including *Joe
Colombo. Inventing the Future* at
the Milan Triennale of 2005 and
the Vitra Design Museum, in 2006.

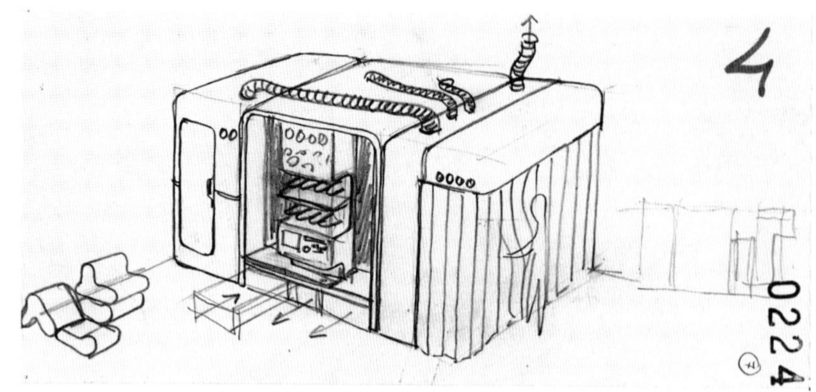

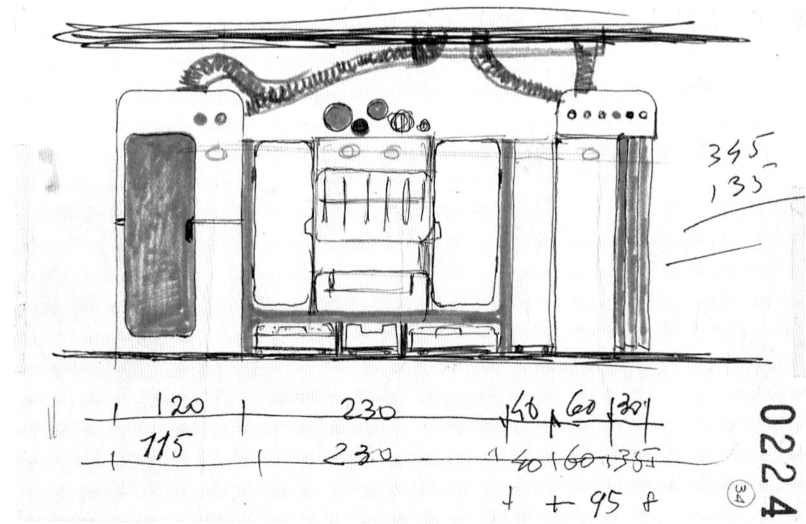

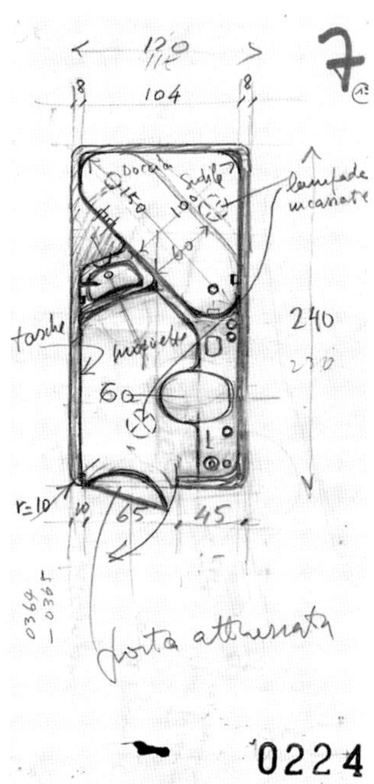

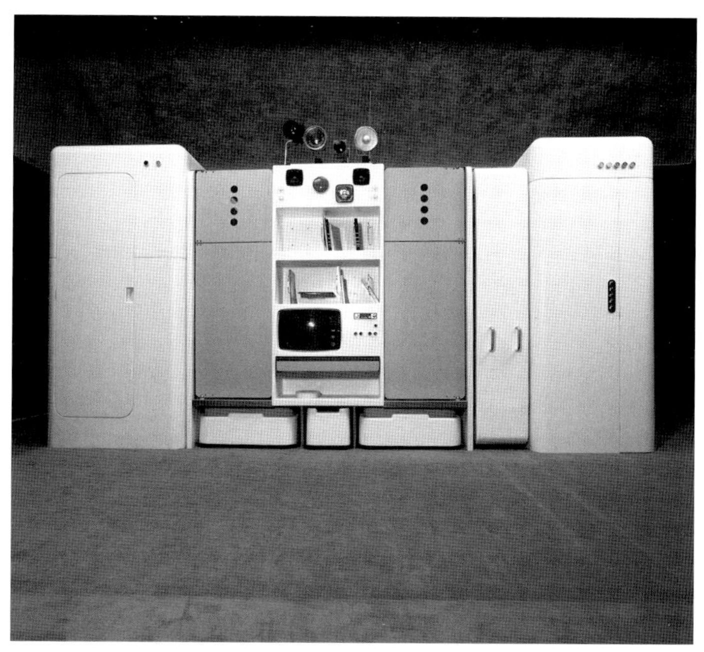

191
**Poltroncina da ufficio /
Office armchair**

AJC.0298
progetto / design 1971
produzione / production 1971
fuori produzione / out of production

Poltroncina e sedia girevoli e
sovrapponibili con i caratteristici
cuscini applicati allo schienale. La
particolare predisposizione inserita
nella scocca in fiberglass permette
l'applicazione e la sostituzione dei
cuscini. I tre modelli sono stati
presentati al Salone del Mobile nel
settembre del 1971. /
Swivel and stackable chairs (with
and without armrests) with original
cushions applied to the backrest. The
cushions, embedded in the fiberglass
frame, can be easily removed and
replaced. The three models were
presented at the Salone del Mobile in
September 1971.

192
**"Rotocenere"
Portacenere / Ashtray**

AJC.0191
progetto / design 1971
produzione / production 1972

Portacenere da tavolo e da terra
in melamina. La particolare forma
permette, con una semplice
rotazione, di far cadere la cenere
nella vaschetta sottostante
soffocando il fumo.
È dotato di comode tacche che
permettono l'appoggio delle
sigarette accese. È stato prodotto
in più colori e in due altezze. /
Table and floor ashtray in
melamine. With a simple rotation,
ashes are collected at the bottom
and the smoke is suffocated.
Convenient notches allow the
support of lit cigarettes. It was
produced in several colors and in
two heights.

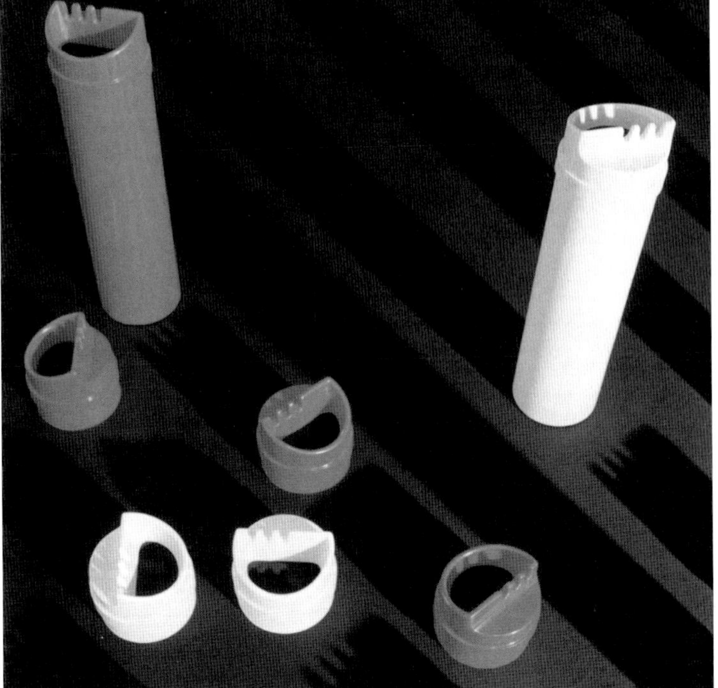

193
"Beta"
Maniglia / Handle

AJC.0277
progetto / design 1971
produzione / production 1972
OLIVARI
riedizione / re-edition 2010
OLIVARI *vedi / see p. 116*

Erano stati studiati e prodotti due
modelli, "α" e "β", che per la loro
forma richiamavano l'immagine
delle lettere dell'alfabeto greco.
Questo sistema brevettato bloccava
il montaggio con un dado protetto
da un elemento in resina nera. Nel
2010 la produzione è continuata
con il modello base della *Beta*.
La maniglia è prodotta in ottone con
le finiture in cromo lucido o satinato

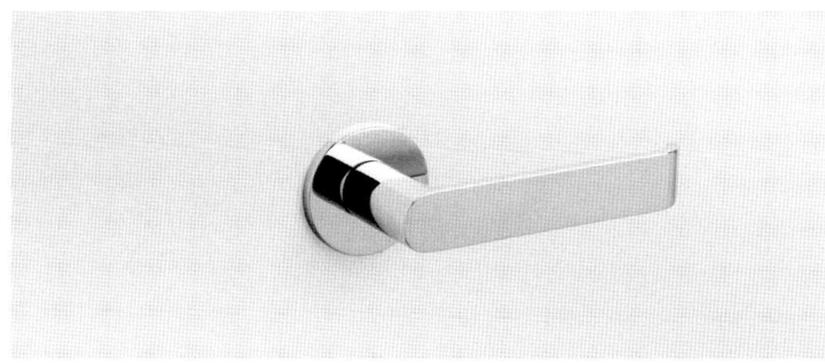

e in SuperInox o SuperAntracite
satinati. /
Two models of handle were studied
and produced. Because of their
shape, which recalled the image
of the two letters of the Greek
alphabet, they were named "α" and
"β", respectively.
This patented system was based

on an original and robust axial
assembly with a shock absorber in
black resin. In 2010, the *Beta* basic
model continued to be produced.
This handle is produced in brass
with polished or satin chrome
finishing and in satin-finished
Super Stainless steel or Super
Anthracite.

194
"Domo"
Lampada / lamp

AJC.0207
progetto / design 1971
produzione / production 1994
riedizione / re-edition 2016
KARAKTER
vedi / see p. 118

Con due tipi di bracci, uno
inclinato a 60 gradi e uno ad arco,
si ottengono tre modelli della
Domo. I due bracci si inseriscono
in morsetti che permettono la
rotazione in tutte le direzioni
nelle versioni da tavolo, da terra
e da parete. Il corpo lampada può
ruotare sul proprio asse offrendo la
massima possibilità di direzionare
la luce. Già prodotta nel 1971 in
vetro, è stata rieditata in lamiera
tranciata e stampata in colore
ottone, in verde scuro o nero. /
The principal feature of the *Domo*
lamp is its two different arms – one
inclined at 60 degrees and one
arch-shaped – to create either a
table, a floor, or a wall lamp. The
two arms are inserted into clamps
that allow rotation in all directions.
The lampshade can rotate on its
axis to direct the light beam at
leisure. Originally produced in glass
in 1971, it was reissued in molded
metal in the colors of brass, dark
green, and black.

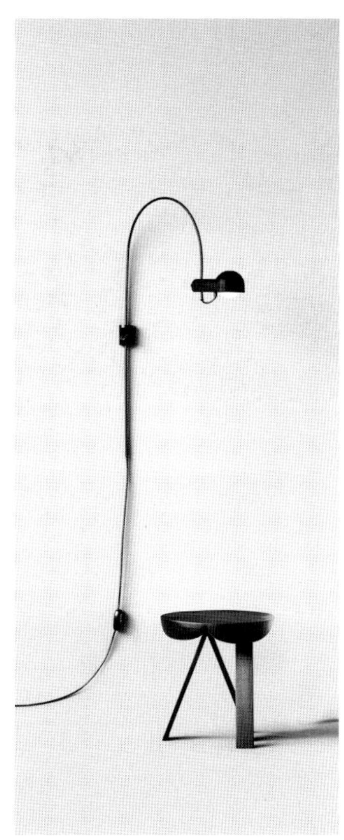

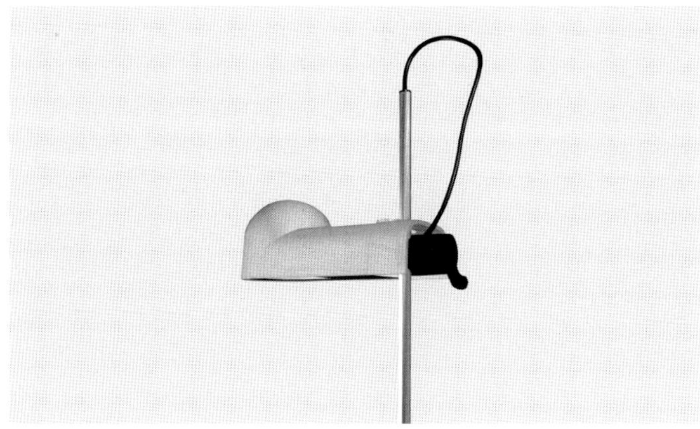

195
"Spinny"
Cassettiera / Drawer unit

AJC.1001
progetto / design 1970
produzione / production 2004
B-LINE
vedi / see p. 112

Nata dall'elaborazione dello studio
per il carrello-contenitore *Boby*,
questa cassettiera è disponibile
in due versioni: una con struttura
in acciaio e basamento su ruote
piroettanti e un'altra in versione
fissa con ancoraggio alla parete. I
cassetti in ABS stampati a iniezione
ruotano di 180° intorno a una
barra al centro del basamento e si
bloccano tramite un aggancio alla
struttura stessa. /
The design for this storage trolley
with drawers was developed from the
Boby container-trolley. It is available
in two versions: a steel frame with
base resting on swivel casters and a
fixed unit with wall anchorage. The
injection-molded ABS drawers rotate
180° around an axis at the center
of the base and are blocked with an
anchorage to the frame.

196
"Ellipse"
Mensola / Bookshelves

AJC.0392
progetto / design 1959
produzione / production 1959
riedizione / re-edition 2014
INDUSTRIE CARNOVALI
vedi / see p. 120

Il sistema di mensole *Ellipse* viene
disegnato da Joe Colombo per
il suo primo appartamento di via
Tristano Calco a Milano e utilizzato
a vista per reggere soppalcature e
come testata del letto con funzione
di piano-libreria, vano contenitore
e mensola. Il sistema è composto
da un modulo intero e da un mezzo
modulo. Nel 2014 è stato rieditato
in lega leggera di alluminio. /
The *Ellipse* shelf system was
designed by Joe Colombo for his
first apartment in Milan, Via Tristano
Calco, and was used to support
mezzanines, or as a headboard
having also the function of
bookshelf, storage container, or of
a simple shelf. This system consists
of a whole ellipsoidal module and a
half-ellipse module.
In 2014, this system was reissued
in light aluminum alloy.

197
"Paper Plus"
Cestino / Wastebasket

AJC.1002
progetto / design 2015
produzione / production 2015
INDUSTIRE CARNOVALI
vedi / see p. 121

Il cestino in metallo verniciato a fuoco *Paper Plus*, oltre a essere utilizzato come gettacarte, può raccogliere anche materiali di piccole dimensioni di tipo diverso grazie a una suddivisione accessoria interna. È dotato di ruote e di comoda presa per la mano con un foro per il pollice e un'asola per le altre quattro dita. / The *Paper Plus* heat-lacquered metal container can be used as a wastepaper basket, but also to collect different materials of smaller dimensions thanks to an internal partitioning. It is fitted with casters and a comfortable hand grip with a hole for the thumb and a space for the remaining four fingers.

198
"Class"
Poltrona e divano / Armchair and sofa

AJC.1003
progetto / design 2016
produzione / production 2016
DITRE ITALIA
vedi / see p. 122

Nata dall'elaborazione di uno schizzo di Joe Colombo, la serie di poltrone e divani *Class* è caratterizzata da una scocca imbottita e leggermente arrotondata sui bordi. La struttura collega il piano della seduta con lo schienale e definisce il bracciolo inclinato per un appoggio naturale ed ergonomico. I cuscini alloggiano all'interno della scocca e affiorano parzialmente dallo schienale e dalla seduta. Particolarmente adatto ad alberghi e sale d'attesa. / The *Class* series comprises armchairs and sofas and was developed from a sketch by Joe Colombo. Its main feature lies in its padded frame with slightly rounded edges. The frame connects the seat to the backrest and highlights the inclined armrest for a natural and ergonomic support. The cushions are embedded in the frame and emerge slightly from the backrest and the seat. Particularly suitable for hotels and waiting rooms.

199
**Collezione museale /
Museum collection**

AJC.0400
progetto / design 2016
produzione / production 2016
AGORART
vedi / see p. 124

Schizzi e frasi significative di Joe
Colombo sono illustrate su tessuto
o PVC per la collezione museale
creata da AGORART, Milano, nel
2016 di oggetti da utilizzare in tutte
le occasioni.
La collezione è stata ideata per
evidenziare la parte più rilevante
ed espressiva del lavoro di Joe
Colombo – *l'ideazione* – sempre
rappresentata con schizzi
prospettici e verificata con
dimensionamenti quotati.
La serie, costituita da otto elementi
suddivisi in quattro gruppi, evidenzia
quattro schizzi rappresentati
fedelmente in colore bianco e nero
che risaltano sui colori di fondo
scelti. Lo zainetto, il cuscino, la borsa
e la tovaglietta denominati *Nastro*
sono realizzati in cotone gobelin;
la mini borsa double e la pochette,
denominate *Acrilica*, sono realizzate
in nylon; la sciarpa, denominata
Combi Center, è realizzata in
lana e seta; la borsa shopping,
denominata *Elda* è realizzata in PVC.

La frase riprodotta sulla borsa *Elda*
introduce la quarta dimensione, "il
dinamismo", tema innovativo che ha
accompagnato tutta la produzione di
Colombo e le sue ambientazioni. /
Significant sketches and quotes
by Joe Colombo are illustrated
on fabric or PVC objects for the
museum collection created in 2016
by AGORART, Milan.
This collection was conceived to
highlight the most significant and
expressive side of Joe Colombo's
work. His *ideas* are always
reproduced with perspective
sketches and report the original
dimensions written down by the
author.
This series comprises eight
elements divided in four groups
that reproduce faithfully four black
and white sketches standing out
on the background colors. The
backpack, the cushion, the bag,
and the placemat of the *Nastro*
group are produced in Gobelin
cotton; the clutch and the pouch
of the *Acrilica* group are produced
in nylon; the scarf, called *Combi
Center*, is made of wool and silk;
the shopper, called *Elda*, is made
in PVC. The quote reproduced on
the *Elda* shopper introduces the
fourth dimension, 'dynamism', the
innovative concept underpinning
all of Colombo's production and
his settings.

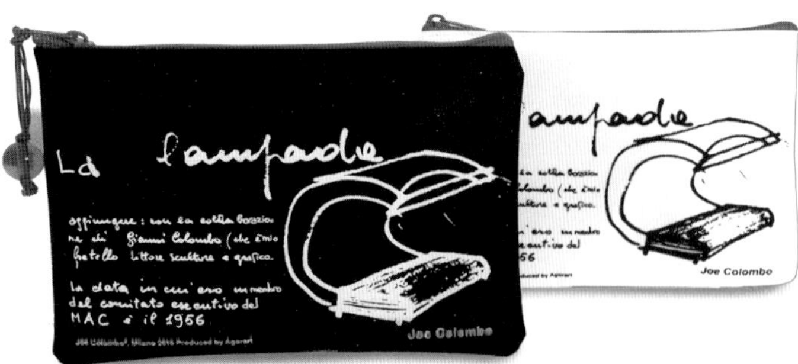

200
Collezione tappeti / Carpet collection

AJC.0398
progetti / designs 1968 '69 '70
produzione / production 2016
ABC ITALIA - AMINI CARPETS
vedi / see p. 126

vedi / see p. 126

Collezione di tappeti derivanti dai grafismi presenti nelle opere di Joe Colombo. Elaborazione grafica: Arch. Daniele Lo Scalzo Moscheri.

"Bubbles"
Serie di tappeti che utilizzano un progetto grafico di Joe Colombo applicato all'illuminazione e all'acustica. Il disegno è composto da cerchi di tre o quattro diametri diversi che creano ritmi e schemi dinamici. La collezione ripropone questi studi grafici in una diversa scala con cromie specifiche che aggiornano gli accostamenti degli anni settanta alla percezione odierna del colore mantenendo allo stesso tempo la sua riconoscibilità.

"Luce"
La serie di tappeti *Luce*, della collezione Joe Colombo, evidenzia gli elementi grafici e immediatamente riconoscibili del progetto del 1970 della lampada *Alogena* (*Colombo 626)*. Questa lampada, ancora prodotta e diventata icona del design, è il risultato della costante ricerca di Joe Colombo per l'innovazione e il legame con l'elemento tecnico. La parabola esterna, costituita da una lamiera tagliata da linee regolari, e il morsetto nero in bachelite sono i segni inconfondibili rappresentati in questa serie di tappeti.

"Tube carpet"
Il tappeto dedicato a una delle più note icone del design riproduce una delle numerose combinazioni dei quattro diametri che costituiscono il progetto della *Tube Chair* di Joe Colombo del 1969. I diametri inscritti in un cerchio mantengono le proporzioni originali, così come i colori evidenziano la struttura e lo schema progettuale. Semplicità del segno, dinamicità intrinseca delle forme e scelta dei colori caratterizzano il tappeto e lo rendono immediatamente riconoscibile.

"Isola"
Questa serie di tappeti ripropone il particolare segno grafico presente nei disegni tecnici del progetto di Joe Colombo per l'allestimento del padiglione Hoeschst in occasione della Fiera della Plastica di Düsseldorf nel 1970. Questo elemento deciso e morbido allo stesso tempo è mantenuto integralmente e completato con gradazioni di colore in parte già presenti nelle tavole originali e in parte nuove. /

A collection of carpets stemming from the 'graphic designs' of Joe Colombo's works. Graphic design processing by Architect Daniele Lo Scalzo Moscheri.

"Bubbles"
A series based on a graphic design conceived by Joe Colombo for lighting and acoustics. The motif consists of circles of three or four different diameters that create dynamic rhythms and patterns. The collection proposes these graphic designs to a different scale, where chromatic combinations harking back to the 1970s have been updated to a modern feel while maintaining the original design recognizability.

"Luce"
The *Luce* series of carpets from the Joe Colombo Collection highlights the graphic and immediately recognizable elements of the 1970 design for the *Alogena* lamp (*Colombo 626*). This icon of design, which is still produced, is the result of Joe Colombo's constant research for innovation and the application of technical features to his projects. The external parabola, consisting of a metal sheet cut along regular lines, and the black Bakelite clamp are the unmistakable signature elements represented in this series of carpets.

"Tube carpet"
This carpet, dedicated to one of the most renowned design icons, reproduces one of the numerous combinations of the four diameters at the basis of Joe Colombo's *Tube Chair* design from 1969. The diameters of the circles maintain their original proportions, likewise the colors, which highlight the original structure and project. Simplicity of design, intrinsic dynamism of forms, and choice of colors are the distinctive features of this carpet, making it immediately recognizable.

"Isola"
This series of carpets reintroduces the particular graphic design visible in technical drawings penned by Joe Colombo for the Hoechst pavilion at the Düsseldorf Trade Fair for Plastics and Rubber of 1970. This decisive yet smooth graphic element is integrally maintained and completed with a color range that was partly present in the original drawings and partly new.

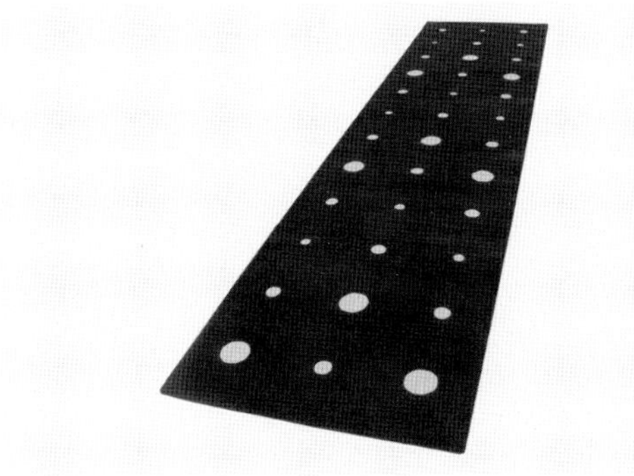

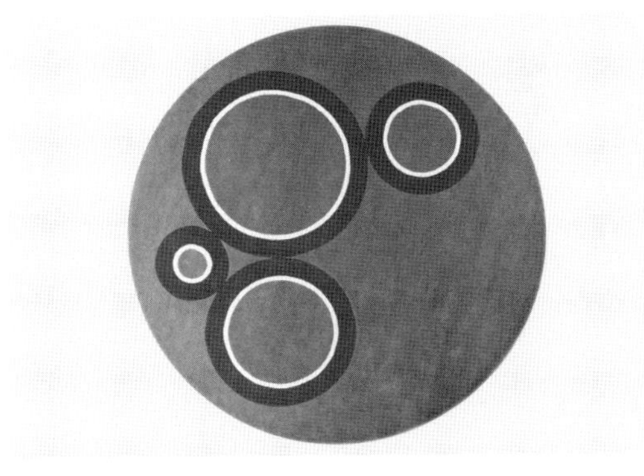

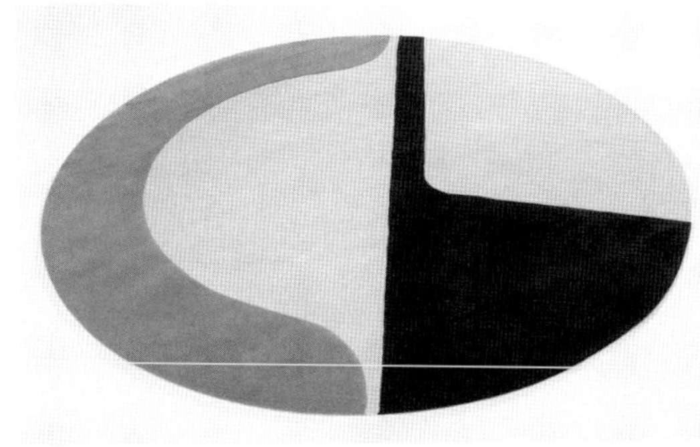

Cronologia della vita e delle opere

1930

30 luglio: a Milano nasce Cesare Colombo (detto Joe), secondo dei tre figli di Giuseppe (detto Mario) Colombo, proprietario di un'industria di conduttori elettrici in via Foppa a Milano, ed Ernesta (detta Tina) Benevolo Colombo. Il fratello maggiore, Sergio, muore a un anno e mezzo per un'epidemia. Cresce nel quartiere di Porta Lodovica in via Bianca di Savoia,16 a Milano.

1948

Ancora studente si dedica alla pittura e alla scultura d'avanguardia.

1949

1 agosto: si diploma al liceo artistico dell'Accademia di Belle Arti di Brera a Milano.

22 ottobre: inizia a frequentare la facoltà di Architettura al Politecnico di Milano.

1951

In seguito all'incontro con Enrico Baj e Sergio Dangelo inizia a frequentare gli artisti del Movimento Nucleare.

1952

16 maggio: *Proiezioni Nucleari* presso la Galleria Amici della Francia in corso Vittorio Emanuele, 31 *a Milano* insieme a Baj e Castelbarco.

16-24 maggio e 3-19 aprile: mostra *Movimento Nucleare* presso la Galleria Amici della Francia insieme a Baj, Dangelo, Preda, Pascal, Holand e Tullier.

Maggio: mostra *Arti Figurative nell'Architettura* presso la Galleria Amici della Francia insieme a Cascella, Baj, Dova, Crippa, Burri, Fontana, Cagli, Vedova, Matta, Prampolini e Sanfilippo ed altri.

Settembre: mostra *Movimento Nucleare* presso la Galleria delle Colonne a Como insieme a Baj, Dangelo, Tullier e Preda.

16 dicembre 1952 - 6 gennaio 1953: mostra *Movimento Nucleare* presso la Galleria dell'Annunciata e la saletta dell'Elicottero entrambi in via Fatebenefratelli, 22 a Milano, insieme a Dangelo, Baj e Mariani.

1953

15-30 maggio: mostra *Movimento Nucleare* presso la Galleria San Fedele in piazza San Fedele, 4 a Milano.

Mostra *Movimento Nucleare* presso la Galleria Montenapoleone 6-A insieme a Nando, Dangelo, Fontana, Tullier.

18-30 giugno: mostra *Movimento Nucleare* presso la Galleria Bergamini in via San Damiano insieme a Nando, Dangelo, Fontana, Tullier.

19-30 settembre: mostra *Movimento Nucleare* presso Studio B24 in via Borgonuovo, 24 a Milano.

Mostra *Movimento Nucleare* presso la Galerie Saint-Laurent a Bruxelles.

3-16 dicembre: mostra *Movimento Nu-cleare* presso la Galleria 4 Pipe in piazza Carlo Felice, 40 a Torino insieme a Baj, Dangelo, Mariani, Rusca, Serpi.

Mostra *Prefigurazione: Prospettive del Movimento Nucleare* a Milano insieme a Baj, Dangelo e Mariani.

1950-1960

Appassionato di macchine, inizia a disegnare automobili e continuerà negli anni successivi.

1953-1954

Arredamento del jazzclub Santa Tecla insieme a Baj e Dangelo. Un'intera parete viene rivestita con un "collage" costituito da pittura nucleare e da altre pareti escono manichini disintegrati perpendicolari alle pareti e al soffitto. Joe Colombo e Dangelo suonavano jazz in questo stesso stesso locale.

1954

28 gennaio - 5 dicembre: *Mostra del Muro Rotto* presso la Galleria Montenapoleone 6A insieme a Baj, Bettina, bianco, Dangelo, Dova, Fontana, Munari, Nando e Tullier.

1-15 marzo: mostra *Pittura Nucleare* presso Sala degli Specchi di Cà Giustinian a Venezia insieme a Allosia, Baj, Colucci, Mariani, Rusca e Serpi.

1-15 febbraio: mostra *Pittura Nucleare* presso la Galleria Lea in via Ruggero Settimo, 78/4 a Palermo insieme a Baj,

Life and Work Chronology

1930

July 30: Cesare Colombo (called Joe) was born in Milan, the second of three children, to Giuseppe (known as Mario) Colombo, the owner of an electrical equipment and component company located in Via Foppa in Milan, and Ernesta (known as Tina) Benevolo Colombo. He loses his elder brother, Sergio, who dies at the age of eighteen months because of an epidemic. He grows up in Via Bianca di Savoia no. 16 in the Porta Lodovica neighborhood, Milan.

1948

While still a student, he devotes himself to avant-garde painting and sculpture.

1949

August 1: graduates from the Art High School of the Brera Academy of Fine Arts in Milan.

October 22: enrolls at the School of Architecture of the Politecnico in Milan.

1951

Makes the acquaintance of Enrico Baj and Sergio Dangelo and begins frequenting the artists of the Movimento Nucleare art group.

1952

May 16: *Proiezioni Nucleari* exhibition at the *Amici della Francia* art gallery in corso Vittorio Emanuele no. 31 in Milan, together with Baj and Castelbarco.

May 16–24 and April 3–19: *Movimento Nucleare* exhibition at the Amici della Francia art gallery, together with Baj, Dangelo, Preda, Pascal, Holand, and Tullier

May: *Arti Figurative nell'Architettura* exhibition at the Amici della Francia art gallery, together with Cascella, Baj, Dova, Crippa, Burri, Fontana, Cagli, Vedova, Matta, Prampolini, Sanfilippo, and other artists.

September: *Movimento Nucleare* exhibition at the Galleria delle Colonne art gallery in Como, together with Baj, Dangelo, Tullier, and Preda.

December 16, 1952 – January 6, 1953: *Movimento Nucleare* exhibition at the Galleria dell'Annunciata and Saletta dell'Elicottero art galleries, both located in Via Fatebenefratelli no. 22 in Milan, together with Dangelo, Baj, and Mariani.

1953

May 15–30: *Movimento Nucleare* exhibition at the San Fedele art gallery in Piazza San Fedele no. 4 in Milan.

Movimento Nucleare exhibition at the Montenapoleone 6-A Gallery, together with Nando, Dangelo, Fontana, Tullier.

June 18–30: *Movimento Nucleare* exhibition at the Bergamini Gallery in Via San Damiano, together with Nando, Dangelo, Fontana, Tullier.

September 19–30: *Movimento Nucleare* exhibition at Studio B24 in Via Borgonuovo, 24, in Milan.

Movimento Nucleare exhibition at the Galérie Saint-Laurent in Brussels.

December 3–16: *Movimento Nucleare* exhibition at the 4 Pipe art gallery in Piazza Carlo Felice no. 40 in Turin, together with Baj, Dangelo, Mariani, Rusca, Serpi.

Prefigurazione: Prospettive del Movimento Nucleare exhibition in Milan, together with Baj, Dangelo, and Mariani.

1950–1960

As an automobile enthusiast, he begins designing automobiles, and will continue in subsequent years.

1953–1954

Furnishing of the Santa Tecla jazz club together with Baj and Dangelo. An entire wall is covered with a 'collage' of *Nucleare* painting, while disintegrated dummies emerge from other walls, perpendicular to the walls and ceiling. Joe Colombo and Dangelo played jazz in that same club.

1954

January 28 – December 5: *Mostra del Muro Rotto* exhibition at the Montenapoleone 6A art gallery, together with Baj, Bettina, Bianco, Dangelo, Dova, Fontana, Munari, Nando, and Tullier.

Colucci, Dangelo, Mariani, Russa e Serpi.

Partecipa alle mostre del *Movimento Arte Concreta* e fa parte del Comitato esecutivo MAC ESPACE con Munari, Dorfles, Mari, Veronesi e altri.

Presenta varie opere alla X Triennale e partecipa al I Congresso Italiano di Industrial Design. Realizza due allestimenti, uno per le Ceramiche di Albisola e l'altro per l'installazione di *Edicole televisive* di apparecchi Zenit.
Partecipa alla mostra collettiva *La litografia d'arte in italia* con la sua opera *Litografia a colori, n. 33*.
Nel concorso dell'allestimento del "Salone d'onore" è segnalato il suo progetto in collaborazione con l'architetto Leonardo Fiori.

1956
30 maggio-giugno: *II Mostra in Terrazza* presso la Galleria Montenapoleone 6A insieme a Angeli, Bertagnin, Cappello, Casè, Cosentino, Dova, Iliprandi, Fontana, Spinelli, Grazioli, Franchina, Mirko, Munari, Nando, Sambonet, Orsi, Catalani, Bofanti, Ajello, Giordano, Meneguzzo, Zanuso.

1956-1957
Realizza la sua prima costruzione in via Rosolino Pilo a Milano.

1957
30 marzo-11aprile: partecipa alla prima rassegna nazionale di arte concreta *MAC ESPACE* presso la Galleria Schettini in via Brera, 14 a Milano.

Aprile: gira il documentario *Con gli sci in agosto* sulla tecnica sciistica sullo Stelvio e sul Monte Bianco.

1-10 ottobre: partecipa all'*Esposizione d'Arte Contemporanea* alla XX Biennale Nazionale presso il Palazzo della Permanente in via Turati, 34 a Milano.

1958
La sua attività come pittore si ferma definitivamente.

Avvia il suo studio in un locale dello stabilimento di suo padre, in via Foppa a Milano, attiguo all'atelier di suo fratello, Gianni Colombo.

1958-1961
Suo padre si ammala. Dal 1958 dirige l'azienda di apparecchiature elettriche paterna per quattro anni. Questa esperienza rende possibile l'incontro del suo mondo artistico con quello dell'industria.

1959
Muore suo padre Giuseppe (Mario) Colombo.

Nello stesso anno sposa Elda Boiocchi e realizza il suo primo appartamento in via Tristano Calco a Milano.

1961
Termina la sua attività nell'industria paterna.

1961-1965
Apre il suo studio in viale Piave a Milano, attiguo all'atelier di suo fratello Gianni

1962
Disegna la lampada *Acrilica* per la produzione industriale in collaborazione con suo fratello Gianni.

1964
Realizza l'allestimento degli interni dell'albergo Pontinental a Platamona, in Sardegna, per cui riceve il premio premio IN/ACH dall'Instituito Nazionale di Architettura a Roma.

12 giugno - 27 settembre: alla XIII Triennale di Milano, riceve la Medaglia d'Oro per la lampada *Arcrilica*, produzione Oluce, e due medaglie d'argento per il *Combi Center*, produzione Bernini, e la *Minikitchen*, produzione Boffi.

1965
Si trasferisce nel suo secondo appartamento in via Argelati, 30a, a Milano e nel 1967 lo trasforma nel suo terzo appartamento con nuovi mobili bianchi da lui progettati.

Partecipa alla mostra internazionale *Interfurn Chairs of Nations* a Londra con la poltrona *Roll*.

La *Poltrona a elementi curvati* e la *Minikitchen* entrano a far parte della collezione permanente del MoMA - The Museum of Modern Art di New York.

1965-1969
Trasferisce il suo studio in via Argelati 30a, a Milano, attiguo all'atelier di suo fratello Gianni.

1966
Settembre: viene realizzata la mostra monografica *Collection of Colombo Furniture* al D/R International - Design Research International a NewYork.

Fa parte della prima realizzazione di *Domus Ricerca*, un appartamento sperimentale progettato dal Gruppo 1 insieme a Casati, Confalonieri, Hybsch, Massoni e Ponzio alla prima Eurodomus a Genova. Il progetto viene presentato successivamente in occasione della Biennale del Marmo a Vicenza.

3-4 ottobre: partecipa al primo Convegno promosso dal Comitato organizzatore del III Salone internazionale delle macchine e delle attrezzature per ufficio e dalla rivista "Design Italia" per parlare dell'illuminazione del piano di lavoro.

1967
Riceve il Compasso d'Oro per la lampada

March 1–15: *Pittura Nucleare* exhibition at the Sala degli Specchi of Cà Giustinian in Venice, together with Allosia, Baj, Colucci, Mariani, Rusca, and Serpi.

February 1–15: *Pittura Nucleare* exhibition at the Lea art gallery in Via Ruggero Settimo no. 78/4 in Palermo, together with Baj, Colucci, Dangelo, Mariani, Russa, and Serpi.

Participates in the *Movimento Arte Concreta* exhibitions and becomes a member of MAC ESPACE executive board together with Munari, Dorfles, Mari, Veronesi, and others.

Presents several works at the X Milan Triennale and participates in the first Italian Conference on Industrial Design. Realizes the set-up for the exhibition of Albisola ceramics and the installation of *Television Shrines* for Zenit equipment.
Participates in *La litografia d'arte in Italia* collective exhibition with his work entitled *Litografia a colori*, no. 33.
His design, conceived with the collaboration of Arch. Leonardo Fiori, is listed in the contest for the "Salone d'onore" setup.

1956
May 30–June: 2nd *Mostra in Terrazza* at the Montenapoleone 6A art gallery, together with Angeli, Bertagnin, Cappello, Casè, Cosentino, Dova, Iliprandi, Fontana, Spinelli, Grazioli, Franchina, Mirko, Munari, Nando, Sambonet, Orsi, Catalani, Bofanti, Ajello, Giordano, Meneguzzo, Zanuso.

1956–1957
Realizes his first building in Via Rosolino Pilo in Milan.

1957
March 30 – April 11: participates in the first *MAC ESPACE National Exhibition of Arte Concreta* at the Schettini art gallery in Via Brera no. 14 in Milan.

April: shoots the documentary film *Con gli sci in agosto* on skiing technique on Stelvio and Mont Blanc.

October 1–10: participates in the *Exhibition of Contemporary Art* in the framework of the XX National Biennale at the Palazzo della Permanente in Via Turati no. 34 in Milan.

1958
His activity as a painter is discontinued permanently.

Opens his studio in a room of his father's factory in Via Foppa in Milan, adjacent to his brother Gianni's atelier.

1958–1961
His father falls seriously ill. Beginning in 1958, he will manage his father's company for four years. This experience makes it possible for his artistic side to meet the world of industry.

1959
His father Giuseppe (Mario) Colombo dies.

In the same year, he marries Elda Boiocchi and realizes his first apartment in Via Tristano Calco in Milan.

1961
Terminates the management of his father's company.

1961–1965
Opens his studio in Viale Piave in Milan, next to his brother Gianni's atelier.

1962
Designs the *Acrilica* lamp for industrial production with the collaboration of his brother Gianni.

1964
Realizes the interiors for the Pontinental Hotel in Platamona, Sardinia, for which he receives the IN/ACH award from the Istituto Nazionale di Architettura in Rome.

June 12 – 27 September: at the XIII Milan Triennale, he is awarded with the Gold Medal for the *Acrilica* lamp, produced by Oluce, and two silver medals for the *Combi Center*, produced by Bernini, and the *Minikitchen*, produced by Boffi, respectively.

1965
Moves to his second apartment, in Via Argelati no. 30a in Milan and, in 1967, transforms it into his third apartment with new white furniture that he designs.

Participates in the *Interfurn Chairs of Nations international* exhibition in London with the *Roll* armchair.

The *Curved Element Armchair* and the *Minikitchen* become part of the Permanent Collection of the MoMA - The Museum Of Modern Art of New York.

1965–1969
Transfers his studio to Via Argelati no. 30a in Milan, next to his brother Gianni's atelier.

1966
September: *Collection of Colombo Furniture* monographic exhibition at D/R International, Design Research International in New York.

In Genoa, in the framework of *Domus Ricerca,* the first edition of Eurodomus 1 presents an experimental apartment designed by Gruppo 1 together with Casati, Confalonieri, Hybsch, Massoni, and Ponzio. The project is later presented at the *Biennale del Marmo* in Vicenza.

October 3–4: participates in the 1st Conference promoted by the Organizing Committee of the 3rd Salone internazionale delle macchine e delle attrezzature per ufficio and by *Design Italia* magazine on the topic "Desk Lighting."

1967
Receives the Compasso d'Oro award

Spider, produzione Oluce, dall'ADI - Associazione per il Disegno Industriale a Milano.

Settembre: realizza l'allestimento della mostra promozionale nei magazzini Gimbels a New York. Joe Colombo e Gae Aulenti rappresentano l'Italia.

Primo infarto cardiaco.

1968
Nell'ambito della XIV Triennale di Milano progetta una *Zona Relax* costituita da un monolitico sedile multiplo *Monterelax* e la *Zona Ristoro* attrezzata con un banco-bar composto da moduli autonomi e illuminato con lampade *Spider* ad arco.
Tra i prodotti che vengono esposti per la prima volta ci sono la poltrona *Astrea*, l'*Additional System* e il *Sistema programmabile per abitare "T14"*.

Viene premiato negli Stati Uniti per la lampada *Coupé cilindrica*, produzione Oluce, con l'International Design Award dall'American Institute of Interior Designers a Chicago.

Nello stesso anno riceve il 1° premio TECNHOTEL per la sedia *Universale*, produzione Kartell, la prima sedia realizzata in ABS progettata nel 1965.

1969
11-15 giugno: per conto della Bayer realizza il progetto sperimentale *Habitat futuribile, Visiona 1*, presentato al Salone Interzum di Colonia. Dal 23 al 28 settembre viene presentato anche al Museo della Scienza e della Tecnica a Milano. Collaborazione: Ignazia Favata.

Viene realizzata la mostra monografica *Colombo's Furniture* nei magazzini Macy's a New York.

Viene intervistato alla mostra *Qu'est-ce que le design ?* al Centre de Création Industrielle al Pavillon de Marsan al palazzo del Louvre a Parigi. Partecipa alla mostra insieme a Charles Eames, Fritz Eichler, Verner Panton e Roger Tallon, essendo considerato tra i cinque designer internazionali più rappresentativi.

1970
Trasferisce il suo studio in via Argelati 30b, a Milano attiguo al suo quarto appartamento.

Riceve il Compasso d'Oro per il condizionatore portatile *Candyzionatore*, produzione Candy dall'ADI - Associazione per il Disegno Industriale a Milano.

Partecipa alla *Rassegna collettiva di design* a Bruxelles, insieme a designer del calibro di Marco Zanuso e Richard Sapper.

1971
Riceve il 1° premio *SMAU* per il carello *Boby* a Milano.

Realizza l'allestimento della mostra *La mia casa* a Torino, riproposto nel settembre dello stesso anno per *Le case firmate per Casa Amica*. È l'ultimo progetto che viene realizzato prima della sua scomparsa.

1971
30 luglio: muore a causa di un infarto cardiaco.

L'Archivio dello Studio Joe Colombo continua l'attività con nuovi prodotti su disegni o schizzi di Joe Colombo e con la partecipazione a e realizzazione di mostre, pubblicazioni, libri monografici ecc. Le date tra parantesi si riferiscono all'anno del progetto di Joe Colombo.

1972
Total Furnishing Unit (del 1971), progettato da Joe Colombo con la collaborazione di Ignazia Favata, diventa uno dei primi progetti realizzati dopo la sua scomparsa dalla sua assistente in occasione della mostra *Italy: The New Domestic Landscape* al MoMA di New York. Viene girato un film ambientato nella mostra diretto da suo fratello Gianni e da Livio Castiglioni, fotografia di Adriano Bernacchi.

La sedia *Universale* viene esposta nel VI Salone del Mobile di Vienna e viene premiata con la Medaglia d'Argento dal Bauzentrum di Vienna.

Il servizio di bordo Alitalia *Linea '72* (del 1970) viene sviluppato e realizzato da Ignazia Favata su schizzi di Joe Colombo. Il progetto viene aggiornato durante gli anni successivi.
Produzione di *Dama* e *Scacchi* in perspex, maniglia *Beta*, *Orologio-sveglia tascabile* e *Rotocenere*.

1973
20 settembre - 20 novembre: alla XV Triennale di Milano, la prima Triennale dopo la sua scomparsa, continua ad avere una presenza notevole grazie alla mostra monografica *Joe Colombo* con ordinamento di Ignazia Favata, dove viene esposto per la prima volta il servizio di bordo Alitalia *Linea '72*.
Presentazione del prototipo della lampada a stelo in ferro verniciato nero *Minilamp* (del 1970).

Il servizio di bordo Alitalia *Linea '72* riceve la Medaglia d'Oro del Presidente della Repubblica al 31° Concorso Internazionale della Ceramica d'Arte Contemporanea di Faenza.

Segnalazione per: lampada *Flash*, tavolo *Bistrò* della serie *Birillo* e lampada *Colombo 626* detta *Alogena*, produzione Oluce, a BIO 5 - Biennale di Design, a Lubiana.

for the *Spider* lamp, produced by Oluce, from ADI - Associazione per il Disegno Industriale in Milan.

September: realizes the setup for Gimbel's department store promotional exhibition in New York. Joe Colombo and Gae Aulenti represent Italy.

First heart attack.

1968

In the framework of the XIV Milan Triennale, he designs a *Rest Area* consisting of a multiple seat single-unit called *Monterelax* and the *Dining Area* with a bar counter composed of independent modules lit with arched *Spider* lamps.
On exhibit for the first time are his *Astrea* armchair, *Additional System*, and *"T14" Programmable living system*.

He is awarded in the United States for the cylindrical *Coupé* lamp, produced by Oluce, with the International Design Award by the American Institute of Interior Designers in Chicago.

In the same year, receives the 1st TECNHOTEL Prize for the *Universale* chair, produced by Kartell. It is the first chair manufactured in ABS, designed in 1965.

1969

11–15 June: Receives the commission from Bayer to design *Visiona 1 Habitat of the Future* experimental project, which will be presented at the Interzum Fair in di Cologne. From 23 to 28 September, it will also be displayed at the Museo della Scienza e della Tecnica in Milan. Collaboration to the project: Ignazia Favata.

Colombo's Furniture monographic exhibition at Macy's department store in New York.

Interview at *Qu'est-ce que le design ?*

exhibition held at the Centre de Création Industrielle, Pavillon de Marsan inside the Palais du Louvre in Paris. Participates in the exhibition together with Charles Eames, Fritz Eichler, Verner Panton, and Roger Tallon, where he is considered among the most representative international designers.

1970

Moves his studio to Via Argelati no. 30b in Milan, next to his fourth apartment.

Receives the Compasso d'Oro Award for the *Candyzionatore* portable air conditioner, produced by Candy, from ADI Associazione per il Disegno Industriale in Milan.

Participates in the Brussels *Rassegna collettiva di design* along with designers of the caliber of Marco Zanuso and Richard Sapper.

1971

Receives the 1st SMAU Prize for the *Boby* trolley in Milan.

Realizes the setup of *La mia casa* exhibition in Turin, which is proposed again in September of the same year for the *Casa Amica Signature Homes* trade show. It is the last project that comes to light before his death.

1971

July 30: dies of a heart attack.

The Studio Joe Colombo Archives continue his activity launching new designs based on his drawings or sketches, realizing and participating in exhibitions, publications, monographs, etc. Dates in parentheses refer to the year of the design by Joe Colombo.

1972

The *Total Furnishing Unit* (1971), designed

by Joe Colombo with the collaboration of Ignazia Favata, is one of the first projects carried out after his death by his assistant on the occasion of the *Italy: The New Domestic Landscape* exhibition held at MoMA in New York. His brother Gianni and Livio Castiglioni shoot a film set in the exhibition; photography by Adriano Bernacchi.

The *Universale* chair is exhibited at the 6TH Furniture Fair in Vienna and is awarded with the Silver Medal by Bauzentrum in Vienna.

The Alitalia *Linea '72* in-flight service (1970) is developed and realized by Ignazia Favata upon Joe Colombo's sketches. The project is updated during the following years.
Production of *Perspex Checkers and Chess Pieces*, *Beta* handle, *Pocket Alarm Clock*, and *Rotocenere* ashtray.

1973

September 20 – November 20: at the XV Milan Triennale, the first edition after Joe Colombo's death, his presence is still notable thanks to the monographic exhibition entitled *Joe Colombo* curated by Ignazia Favata, during which the Alitalia *Linea '72* in-flight service is exhibited for the first time. Presentation of the prototype for the lamp with lacquered iron stem called *Minilamp* (1970).

The Alitalia *Linea '72* in-flight service receives the Gold Medal of the President of the Republic of Italy at the 31th International Contest for Contemporary Art Ceramics held in Faenza.

The *Flash* lamp, the *Bistrò* table from the *Birillo* series, and the *Colombo 626* lamp, known as *Alogena* lamp, produced by Oluce, are listed at BIO 5 - Design Biennial in Ljubljana.

1974

Realization of the prototype for a motorized drawing table called *Supertavolo*

1974

Realizzazione prototipo di un tavolo da disegno motorizzato, *Supertavolo* (del 1969); i disegni di Joe Colombo verranno esposti nel 2014 alla mostra *Michelangelo e il Novecento* al museo della Fondazione Casa Buonarroti di Firenze.

1975

Realizzazione del prototipo della sedia *Farfalla* (del 1964).

1976

Mostra monografica *Joe Colombo. Oggetti non ancora prodotti* alla Stoll Wohnbedarf a Colonia; vengono esposti vari disegni tecnici e schizzi di alcune lampade inedite di Joe Colombo.
Produzione delle lampade *Anubis* (del 1966) ed *Elmo* (del 1971) e riedizione della lampada *Onda* (del 1964).

Aprile: mostra monografica *A Joe Colombo Retrospective* alla International Residence Gallery a New York.

1979

Produzione delle lampade *Castoro* (del 1966), *Risciò* (del 1968) e *Ciclope* (del 1970).

1980

Lo sgabello *Birillo* (del 1970) riceve il premio Raccolta del Design alla XVI Triennale di Milano.

Produzione della lampada *Conchiglia* (del 1968).

1981

I bicchieri *5 in 1* (del 1970) e la lampada *Ciclope* (del 1970), con riedizione del 1981, vengono selezionati per il Compasso d'Oro dall'ADI - Associazione per il Disegno Industriale a Milano.

1984

26 ottobre - 30 dicembre: mostra monografica *Joe Colombo* al Musée d'Art Moderne a Lille Métropole (Villeneuve d'Ascq). Produzione della poltrona *Gran-Ma* (del 1965), poi presentata nello stesso anno al XXIV Salone del Mobile di Milano.

Riedizione della lampada *Elmo* (del 1971).

1986

Il tavolo *Poker* riceve il premio 1932-1985 Histoire du Design Zanotta dall'Istituto Italiano di Cultura a Strasburgo.

1988

Primo libro monografico, *Joe Colombo Designer 1930-1971*, scritto da Ignazia Favata ed edito da *Idea Books Edizioni*. Nello stesso anno viene pubblicato in inglese da The MIT Press negli Stati Uniti e da Thames and Hudson a Londra.

Riedizione dell'orologio *Optic* (del 1970).

1990

Produzione dei bicchieri *Portofino* (del 1964) e *5 in 1* (del 1970).

1991

Produzione dei bicchieri *Baccanti* (del 1970).

1993

Riedizione della *Minikitchen*, prodotta in Corian e adeguata alle nuove norme per le apparecchiature elettriche.

1994

Realizzazione del prototipo del bicchiere *Double* (del 1971) e produzione della lampada *Domo*.

1995

19 febbraio - 14 maggio: mostra monografica *I Colombo* alla Galleria d'Arte Moderna e Contemporanea dell'Accademia Carrara a Bergamo.

1996

18-22 aprile: mostra monografica *Joe Colombo* organizzata dal COSMIT al 35° Salone del Mobile di Milano con un padiglione creato appositamente.

12 settembre - 2 novembre: mostra monografica *A Colombo Retrospective: Italian Design in the '60s* alla New York School of Interior Design a New York.

1997

Riedizione del *Combi Center* (del 1963).

2000

17 marzo: *Joe Colombo: il profeta del design*, trasmissione televisiva con la partecipazione di Ignazia Favata su RAI - Radio Televisione Italiana, per il ciclo *Lezioni di Design*, condotta da Ugo Gregoretti.

Realizzazione del prototipo del *Combi Bed* (del 1965) in occasione della mostra *4:3. 50 anni di design italiano e tedesco* al Kunsthalle der BRD a Bonn.

2002

6-8 aprile: mostra monografica *Joe Colombo - Designer (1930-1971)* in occasione della mostra *Design Modernariato Novecento* al Parco Esposizioni Novegro a Milano.

Libro monografico *Joe Colombo: lighting design - interior design*, scritto da Marco Romanelli per Oluce.

Riedizione della lampada *Coupé cilindrica* (del 1967).

2004

Mostra monografica *Joe Colombo* alla Metropolitan Gallery di Tokyo.

Produzione della cassettiera *Spinny* dello Studio Joe Colombo. Il progetto è nato dall'elaborazione del carrello *Boby* (del 1970).
Riedizione delle poltrone *Superleggera* (1964) e *Multichair* (del 1970).
Libro monografico *Joe Colombo. Design*

(1969). Joe Colombo's drawings will be exhibited in 2014 at the *Michelangelo e il Novecento* exhibition held at the Museo della Fondazione Casa Buonarroti in Florence.

1975
Realization of the prototype for the *Farfalla* chair (1964).

1976
Joe Colombo. Oggetti non ancora prodotti monographic exhibition at the Stoll Wohnbedarf in Cologne. Several unpublished technical drawings and sketches for some lamps conceived by Joe Colombo are on display.
Production of the *Anubis* (1966) and *Elmo* (1971) lamps and reissuing of the *Onda* lamp (1964).

April: *A Joe Colombo Retrospective* monographic exhibition at the *International Residence* art gallery in New York.

1979
Production of the *Castoro* (1966), *Risciò* (1968), and *Ciclope* (1970) lamps.

1980
The *Birillo* stool (1970) is awarded with the Raccolta del Design Award at the XVI Milan Triennale.

Production of the *Conchiglia* lamp (1968).

1981
The *5 in 1* glasses (1970) and the *Ciclope* lamp (1970), reissued in 1981, are selected for the Compasso d'Oro Award from ADI Associazione per il Disegno Industriale in Milan.

1984
October 26 – December 30: *Joe Colombo* monographic exhibition at the Musée d'Art Moderne in Lille Métropole (Villeneuve d'Ascq).

Production of the *Gran-Ma* armchair (1965), which will be presented in the same year at the XXIV Salone del Mobile in Milan.

Reissuing of the *Elmo* lamp (1971).

1986
The *Poker* table receives the 1932-1985 Histoire du Design Zanotta Award from the Istituto Italiano di Cultura in Strasbourg.

1988
First monograph entitled *Joe Colombo Designer 1930-1971*, written by Ignazia Favata and published by Idea Books Edizioni. It is published in English in the same year by the MIT Press in the United States and by Thames and Hudson in London.

Reissuing of the *Optic* clock (1970).

1990
Production of the *Portofino* (1964) and *5 in 1* (1970) glasses.

1991
Production of the *Baccanti* glasses (1970).

1993
Reissuing of the *Minikitchen*, produced in Corian and adapted to new standards for electrical appliances.

1994
Realization of the prototype for the *Double* glass (1971) and production of the *Domo* lamp.

1995
February 19 – May 14: *I Colombo* monographic exhibition at the Galleria d'Arte Moderna e Contemporanea dell'Accademia Carrara in Bergamo.

1996
April 18–22: Joe Colombo monographic exhibition organized by COSMIT at the

35th Salone del Mobile in Milan inside a dedicated pavilion.

September 12 – November 2: *A Colombo Retrospective: Italian Design in the '60s* monographic exhibition at the New York School of Interior Design in New York.

1997
Reissuing of *Combi Center* (1963).

2000
March 17: *Joe Colombo: il profeta del design* TV show, with the participation of Ignazia Favata, broadcast on RAI - Radio Televisione Italiana within the "Lezioni di Design" cycle hosted by Ugo Gregoretti.

Realization of the prototype for *Combi Bed* (1965) on the occasion of *4:3. 50 anni di design italiano e tedesco* exhibition at the Kunsthalle der BRD in Bonn.

2002
April 6-8: *Joe Colombo - Designer (1930-1971)* monographic exhibition on the occasion of *Design Modernariato Novecento* al Parco Esposizioni Novegro exhibit in Milan.

Joe Colombo: lighting design - interior design monograph written by Marco Romanelli for Oluce.

Reissuing of the cylindrical *Coupé* lamp (1967).

2004
Joe Colombo monographic exhibition at the Metropolitan Gallery in Tokyo.

Production of the *Spinny* drawer unit designed by Studio Joe Colombo. The design stems from a development of the *Boby* trolley (1970).
Reissuing of the *Superleggera* armchair (1964) and of *Multichair* (1970).
Joe Colombo. Design antropologico monograph released within the *Universale*

antropologico nella collana "Universale di architettura" fondata da Bruno Zevi, volume curato da Giovanni D'Ambrosio ed edito da Testo & Immagine.

2005

16 settembre - 18 dicembre: mostra monografica *Joe Colombo. Inventing the Future* alla Triennale di Milano.

Realizzazione del prototipo di *Dama* e *Scacchi* in legno.

2006

21 gennaio - 10 settembre: mostra monografica *Joe Colombo. Die Erfindung der Zukunft* al Vitra Design Museum a Weil am Rhein.

Riedizione del *Living Bed* (del 1971). Un prototipo era già stato esposto alla mostra *La mia casa* a Torino e di seguito alla mostra *Le case firmate* organizzata da "Casa Amica" nel 1971.
Riedizione della poltrona *Roll* (del 1962), della sedia *Sbalzo* (del 1964) e della libreria *Continental* (del 1965).

Produzione della poltrona per ufficio *Bell Chair* (del 1963). Il progetto appartiene alla varie proposte per la poltroncina *Sella* prodotta nel 1965.
Produzione della libreria *Book Box* (del 1964). Il progetto deriva dalla serie *Personal Container* (del 1964).

2006-2007

2 dicembre 2006 - 25 febbraio 2007: mostra monografica *Joe Colombo. Inventing the Future* alla Manchester Art Gallery a Manchester.

2007

Riedizione della poltroncina *Cricket* (del 1963).

28 marzo 2007 - 18 agosto: mostra monografica *Joe Colombo. Invention du futur* al Musée des Arts Décoratifs del Louvre a Parigi.

2008

Produzione della poltrona *Onda* (del 1962). È stato realizzato un prototipo della poltrona per l'arredamento dell'albergo Pontinental a Platamona, Sardegna, nel 1964.

7 giugno - 31 agosto: mostra monografica *Joe Colombo. Design und die Erfindung der Zukunft* al Landesmuseum Joanneum a Graz.

2009

3 aprile - 30 agosto: mostra monografica *Joe Colombo. Design und die Erfindung der Zukunft* a Lipsia nel 2009.

2010

Riedizione del contenitore *Robo* (del 1969) e della maniglia *Beta* (del 1971).

2011

22-25 settembre: mostra monografica *Joe Colombo: Spazi contemporanei* alla Galleria Arcadia di Ginevra in occasione dei *Design Days* a Ginevra.

23 settembre: conferenza di Ignazia Favata, *Joe Colombo. Dal particolare al generale*, in occasione della mostra *Joe Colombo: Spazi contemporanei* all'Head - Haute École d'Art et de Design a Ginevra.

Libro monografico *Joe Colombo* nella collana *I maestri del design* diretta da Andrea Branzi, volume curato da Ignazia Favata e Vittorio Fagone ed edito da Sole 24 Ore.

Riedizione della lampada da terra *Bolle* e della *Poltroncina a elementi curvati* (entrambe del 1964). La poltrona è prodotta in materiale plastico PMMA, in tre colori, trasparente, nera e bianca e presentata al Salone del Mobile di Milano dello stesso anno.

2013

Videointervista con Ignazia Favata da Decio Carugati per Stilnovo in occasione

del Salone del Mobile di Milano nello Studio Joe Colombo a Milano.

Produzione dell'appendiabiti *Totem*.

Libro monografico *Joe Colombo* nella collana *I Protagonisti del Design* diretta da Vando Pagliardini, volume curato da Ignazia Favata e Alessandra Coppa ed edito da Hachette Fascicoli.

2014

Riedizione del modulo contenitore *Ring* (del 1964), della sedia *Modello 300* (del 1965), del pouf *Crossed* (del 1965), dei mobiletti pensili *Il Kilometro* (del 1967) e della mensola *Ellipse* (del 1959). La mensola è disegnata e realizzata da Joe Colombo per il suo primo appartamento in via Tristano Calco a Milano.

2015

Produzione della *Formaggera* (del 1970). Progetto sviluppato e realizzato su schizzi inediti di Joe Colombo per una produzione speciale presentata in occasione di Expo Milano 2015 per l'evento *De Gustibus* promosso da *Design Memorabilia*.
Produzione del cestino *Paper Plus* dello Studio Joe Colombo

Videointervista con Ignazia Favata da Valerio Castelli in occasione del *FuoriSalone* a Palazzo Litta a Milano

18 giugno: convegno *Design: Il marmo nel domestico, i Maestri a Carrara* in occasione di Marmotec Expo Edition a Carrara. Moderatore: Decio Carugati.

Minikitchen riceve due premi: il Wallpaper Design Awards e l'EDIDA - Elle Deco International Design Awards per la migliore cucina.

Riedizione della poltrona per ufficio *Bell Chair* (del 1963), della lampada *Globe* (del 1964), dei bicchieri e vasi *Two in One*

di architettura series created by Bruno Zevi; Giovanni D'Ambrosio (curator), Testo & Immagine publishers.

2005
September 16 – December 18: *Joe Colombo. Inventing the Future* monographic exhibition at the Milan Triennale.

Realization of the prototype for *Wooden Checkers and Chess Pieces.*

2006
January 21 – September 10: *Joe Colombo. Die Erfindung der Zukunft* monographic exhibition at the Vitra Design Museum in Weil am Rhein.

Reissuing of the *Living Bed* (1971). A prototype had been previously displayed at *La mia casa* exhibition in Turin and at the *Casa Amica Signature Homes* trade show organized by *Casa Amica* in 1971.
Reissuing of the *Roll* armchair (1962), of the *Sbalzo* chair (1964), and of the *Continental* bookcase (1965).

Production of the *Bell chair* office chair (1963). This design is part of the solutions proposed for the *Sella* small armchair produced in 1965.
Production of the *Book Box* bookcase (1964). This design stems from the *Personal Container* series (1964).

2006–2007
December 2, 2006 – February 25, 2007: *Joe Colombo. Inventing the Future* monographic exhibition at the Manchester Art Gallery in Manchester.

2007
Reissuing of the *Cricket* armchair (1963).

March 28, 2007 – August 18, 2007: *Joe Colombo. Invention du Futur* monographic exhibition at the Musée d'Arts Décoratifs, Palais du Louvre in Paris.

2008
Production of the *Onda* armchair (1962). A prototype had been realized for the furnishings of the *Pontinental Hotel* in Platamona, Sardinia, in 1964.

June 7 – August 31: *Joe Colombo. Design und die Erfindung der Zukunft* monographic exhibition at the Landesmuseum Joanneum in Graz.

2009
April 3 – August 30: *Joe Colombo. Design und die Erfindung der Zukunft* monographic exhibition in Leipzig.

2010
Reissuing of the *Robo* container (1969) and of the *Beta* handle (1971).

2011
September 22-25: *Joe Colombo: Spazi Contemporanei* monographic exhibition at the Arcadia art gallery in Geneva on the occasion of *Design Days.*

September 23: Ignazia Favata delivers a speech on *Joe Colombo. Dal particolare al generale* on the occasion of *Joe Colombo: Spazi Contemporanei* exhibit held at the Head - Haute École d'Arte et Design in Geneva.

Joe Colombo monograph released within the *I maestri del design* series directed by Andrea Branzi; Ignazia Favata and Vittorio Fagone (curators), published by Sole 24 Ore.

Reissuing of the *Bolle* floor lamp and of the *Curved Element Armchair* (both from 1964). The armchair is produced in PMMA plastic material in three colors (transparent, black, white) and is presented in the same year at the Salone del Mobile in Milan.

2013
Video interview released by Ignazia Favata

to Decio Carugati for Stilnovo on the occasion of the Salone del Mobile in Milan inside the Studio Joe Colombo in Milan.

Production of the *Totem* coat hanger.

Joe Colombo monograph released within the *I Protagonisti del Design* series directed by Vando Pagliardini; Ignazia Favata and Alessandra Coppa (curators), published by Hachette Fascicoli.

2014
Reissuing of the *Ring* container module (1964), the *Modello 300* chair (1965), the *Crossed* ottoman (1965), the *Il Kilometro* wall-mounted shelves (1967), and the *Ellipse* shelf system (1959). The bookshelf was designed and realized by Joe Colombo for his first apartment in Via Tristano Calco in Milan.

2015
Production of the *Cheese Bowl* (1970). A design developed and realized upon unpublished sketches by Joe Colombo for a special production presented at *Expo Milano 2015* for the *De Gustibus* event promoted by Design Memorabilia.
Production of the *Paper Plus* wastepaper basket by Studio Joe Colombo.

Video interview released by Ignazia Favata to Valerio Castelli on the occasion of *FuoriSalone* in Palazzo Litta in Milan.

June 18: *Design: Il Marmo nel Domestico, i Maestri a Carrara* conference on the occasion of *Marmotec Expo Edition* in Carrara. Moderator: Decio Carugati.

The *Minikitchen* is awarded with the Wallpaper Design Awards and the EDIDA-Elle Deco International Design Awards for the best kitchen.

Reissuing of the *Bell Chair* office armchair (1963), the *Globe* lamp (1964), *Two in one* glasses and vases (1967), the

(del 1967), della lampada *Coupé semisferica* (del 1967) e dei contenitori *Square System* (del 1969).

Riutilizzo dell'allestimento di stand "Stilnovo" all'Eurodomus 3 alla Triennale di Milano per la presentazione della riedizione di alcuni storici apparecchi per l'illuminazione, tra cui le lampade *Topo, Minitopo* e *Triedro* (del 1970) presso La Rinascente di Milano

2016

Intervista con Ignazia Favata di Daniele Lo Scalzo Moscheri in occasione del Salone Del Mobile alla Fiera di Milano a Rho per Varaschin.

Intervista in pubblico con Ignazia Favata di Daniele Lo Scalzo Moscheri in occasione del *FuoriSalone* di Milano nello Showroom Ditre Italia.

18 novembre: lezione di design *Joe Colombo. Dall'arredamento all'open space* nel Corso Internazionale ATHENS alla facoltà di Architettura del Politecnico di Milano.

Libro monografico *Joe Colombo. Soluzioni globali e futuribili dell'habitat* nella collana *Lezioni di architettura e design* diretta da Alessandra Coppa, volume curato da Alessandra Coppa e Ignazia Favata ed edito dal "Corriere della Sera" con "Abitare" e Politecnico di Milano

Riedizione della poltrona *Nastro* (del 1964), del tavolo *Joe* (del 1965), del bicchiere *Sferico* (del 1968), del pouf *Valentino* (del 1968), della *Tube Chair* (del 1969) e della lampada *Domo* (del 1971).

Produzione della serie di poltrona e divano *Class* dello Studio Joe Colombo.

Produzione delle poltrone *Impronta* (nel 1954) e *Cart* (del 1966).

Produzione di una serie di accessori per le collezioni museali con illustrazione degli schizzi e frasi significative di Joe Colombo.

Produzione di una collezione di tappeti derivanti dai grafismi presenti nelle opere di Joe Colombo: *Bubbles* (del 1968), *Luce* (del 1970), *Tube* (del 1969) e *Isola* (del 1970).

Settembre e ottobre: partecipazione di Ignazia Favata alla tavola rotonda *Gli anni 60-70 come corsa all'invenzione, alla creazione* in occasione della Design Week di Bologna da Roche Bobois.

Minikitchen, produzione Boffi, riceve la Menzione d'Onore per il Compasso d'Oro dall'ADI - Associazione per il Disegno Industriale a Milano.

Mobiletti pensili *Il Kilometro* (del 1967), produzione Karakter, riceve il premio Wallpaper International Design Awards: Best of the Rest per la riedizione del 2014.

La lampada *Coupé semisferica* (del 1967), produzione Oluce, riceve il premio Wallpaper International Design Awards: Best of the Rest per la riedizione del 2015.

2017

13 marzo e 15 novembre: lezione di design *Joe Colombo. L'open space: nuova soluzione 1969* nel Corso Internazionale ATHENS alla facoltà di Architettura del Politecnico di Milano.

Produzione di bicchieri e vasi *Clessidra* (del 1966).

Riedizione lampada *Coupé cilindrica* (del 1967) in colore oro per festeggiare il cinquantesimo anno della produzione di Oluce.

Videointervista con Ignazia Favata di Giorgio Tartaro per Ditre Italia in occasione del Salone del Mobile di Milano.

2018

Libro monografico *Joe Colombo 1952-1971* nella collana *Niche: Architecture. Design. Education. International Exchange* diretta da Yuki Sugihara e Toshihiko Suzuki; volume curato da Ignazia Favata, Elisabetta Borgatti e Toshihiko Suzuki ed edito da Opa Press, Tokyo.

Riedizione della *Lampada in metacrilato* (del 1966) e del portacenere *Biglia* (del 1968).

Tube Chair (del 1969), produzione Cappellini / Cap Design, riceve il premio Wallpaper International Design Awards, per la migliore riedizione.

2019

18 marzo: lezione di Design *Joe Colombo. Dall'architettura di interni all'open space* nel Corso Internazionale ATHENS alla facoltà di Architettura del Politecnico di Milano.

Inclusione nell'atlante del design *Atlas of Furniture Design* curato da Mateo Kries, pubblicato dal Vitra Design Museum di Weil am Rhein.

Inclusione nel libro *Big Book of Design* scritto da Andrea Branzi ed edito da 24 Ore Cultura, Milano.

Realizzazione della lampada *Topo*, produzione Stilnovo (del 1970), nel colore speciale *Historical Iconic Red*, in occasione della mostra *Red in Italy. The Colours of Red in Italian Design* promossa dall'Istituto Italiano di Cultura e Campari Group a Bruxelles.

Videointervista con Ignazia Favata per Stilnovo all'*Euroluce-Salone Internazionale dell'Illuminazione.*

2020

Riedizione dei bicchieri *5 in 1* (del 1970).

semispherical *Coupé* lamp (1967), and the *Square System* containers (1969). The stand setup originally conceived for Eurodomus 3, Milan Triennale, is used again by Stilnovo at the La Rinascente department store for the display of reissued historical lighting systems, including the *Topo*, *Minitopo*, and *Triedro* lamps (1970).

2016

Interview released by Ignazia Favata to Daniele Lo Scalzo Moscheri on the occasion of the Salone Del Mobile at the Milan Trade Fair in Rho for Varaschin.

Public interview released by Ignazia Favata to Daniele Lo Scalzo Moscheri on the occasion of *FuoriSalone* in Milan inside the Ditre Italia Showroom.

November 18: Design lecture on *Joe Colombo. Dall'arredamento all'open space* in the framework of the ATHENS International Program at the School of Architecture, Politecnico of Milan.

Joe Colombo. Soluzioni globali e futuribili dell'habitat monograph released within the *Lezioni di architettura e design* series directed by Alessandra Coppa, Alessandra Coppa and Ignazia Favata (curators), published by *Corriere della Sera* with *Abitare* and Politecnico of Milan.

Reissuing of the *Nastro* armchair (1964), the *Joe* table (1965), the *Sferico* glass (1968), the *Valentino* ottoman (1968), the *Tube Chair* (1969), and the *Domo* lamp (1971).

Production of the *Class* series comprising armchair and sofa by the Studio Joe Colombo.

Production of the *Impronta* (1954) and *Cart* (1966) armchairs.

Production of a series of accessories for the Museum Collection. featuring illustrations of Joe Colombo's sketches and meaningful quotes.

Production of the *Carpet collection* stemming from the 'graphic designs' of Joe Colombo's works: *Bubbles* (1968), *Luce* (1970), *Tube* (1969), and *Isola* (1970).

September and October: Ignazia Favata participates in the round table on *Gli anni 60-70 come corsa all'invenzione, alla creazione* held at Roche Bobois on the occasion of the *Design Week* in Bologna.

The *Minikitchen*, produced by Boffi, receives the Honorable Mention for Compasso d'Oro from ADI - Associazione per il Disegno Industriale in Milan.

The *Il Kilometro* wall-mounted shelf (1967) produced by Karakter is awarded with the Wallpaper International Design Awards: Best of the Rest for the 2014 reissuing.

The semispherical *Coupé* lamp (1967) produced by Oluce is awarded with the Wallpaper International Design Awards: Best of the Rest for the 2015 reissuing.

2017

March 13 – November 15: Design lecture on *Joe Colombo. L'open space: nuova soluzione 1969* in the framework of the ATHENS International Program at the School of Architecture, Politecnico of Milan.

Production of the *Clessidra* glasses and vases (1966).

Reissuing of the cylindrical *Coupé* lamp (1967) in gold color to celebrate the fiftieth anniversary of its production by Oluce.
Video interview released by Ignazia Favata to Giorgio Tartaro for Ditre Italia on the occasion of the Salone del Mobile in Milan.

2018

Joe Colombo 1952-1971 monograph released within the *Niche: Architecture. Design. Education. International Exchange* series directed by Yuki Sugihara and Toshihiko Suzuki; Ignazia Favata, Elisabetta Borgatti and Toshihiko Suzuki (curators), published by Opa Press, Tokyo.

Reissuing of the *Methacrylate Lamp* (1966) and of the *Biglia* ashtray (1968).

Tube Chair (1969) produced by Cappellini / Cap Design is awarded with the Wallpaper International Design Awards for the best reissuing.

2019

March 18: Design lecture on *Joe Colombo. Dall'architettura di interni all'open space* in the framework of the ATHENS International Program at the School of Architecture, Politecnico of Milan.

Inclusion in the *Atlas of Furniture Design* curated by Mateo Kries, published by the Vitra Design Museum, Weil am Rhein.

Inclusion in the *Big Book of Design* written by Andrea Branzi and published by 24 Ore Cultura, Milan.

Realization of the *Topo* lamp produced by Stilnovo (1970) in a special color, *Historical Iconic Red*, on the occasion of the Brussels design show *Red In Italy. The Colours of Red in Italian Design*, promoted by the Istituto Italiano di Cultura and Campari Group.

Video interview released by Ignazia Favata for Stilnovo at Euroluce - Salone Internazionale dell'Illuminazione.

2020

Reissuing of the *5 in 1* glasses (1970).

1. Joe Colombo, 1933

2. Joe e / and Gianni Colombo a / in Brunate (Como), 1945

3. Joe Colombo e / and Dangelo a / in Milano, 1951-1952

4. Joe Colombo mentre scia, anni cinquanta / Joe Colombo skiing, 1950s

5. Joe Colombo e / and Enrico Baj a / in Milano, 1951-1952

6. Joe Colombo alla Fiera di Colonia / at the Cologne Trade Fair, 1968

7. Joe Colombo con sua moglie Elda all'inagurazione di *Visiona 1* / Joe Colombo and his wife Elda at the opening of *Visiona 1*, 1969

8. Joe Colombo con prototipi e lampade Oluce / with Oluce prototypes and lamps, 1965

9. Joe Colombo su / in his Alfa Giulietta SS, metà anni sessanta / mid-1960s

5.

6.

7.

8.

9.

Elenco opere per categoria / Designs Grouped by Category

L'elenco presente contiene gli argomenti illustrati nel libro suddivisi per categoria. Le categorie, così come le voci di ogni categoria, sono in ordine alfabetico. Per ogni argomento sono state indicate le pagine che ospitano le schede corrispondenti della *Produzione* e del *Regesto* con il numero relativo (tra parentesi). I numeri che seguono la sigla AJC. si riferiscono ai codici dell'Archivio Joe Colombo. /
The list below classifies the designs illustrated in this book according to their category. The various categories, as well as the items in each category, are presented in alphabetical order. The list also includes, for every item, reference to the pages that contain its description in the *Production* and *Catalogue* sections and the catalogue number (in parentheses). The numbers which follow the abbreviation AJC. refer to the codes of the Joe Colombo Archive.

ALLESTIMENTI MOSTRE / EXHIBITION SET-UPS

ESPOSIZIONE "CASA AMICA" A MILANO / "CASA AMICA" EXHIBITION IN MILAN, AJC.0408, p. 235 (184)

INSTALLAZIONE DI "EDICOLE TELEVISIVE" ALLA X TRIENNALE DI MILANO / INSTALLATION OF "TELEVISION SHRINES" AT THE X MILAN TRIENNALE, AJC.0066a, p. 133 (4)

ALLESTIMENTO PER LE "CERAMICHE DI ALBISOLA" ALLA X TRIENNALE DI MILANO / SET-UP FOR "ALBISOLA CERAMICS" AT THE X MILAN TRIENNALE, AJC.0066b, p. 134 (5)

ALLESTIMENTO "SETTORE ATTREZZATO RICREAZIONE E RISTORO" ALLA XIV TRIENNALE DI MILANO / SET-UP OF THE "REST AND DINING AREA" AT THE XIV MILAN TRIENNALE, AJC.0002, p. 192 (110)

SISTEMA PROGRAMMABILE PER ABITARE "T14" / "T14" PROGRAMMABLE LIVING SYSTEM, AJC.0050a, p. 186 (99)

"TOTAL FURNISHING UNIT" AL / AT MOMA, NEW YORK, AJC.0224, p. 238 (198)

"VISIONA 1" AL SALONE INTERZUM A COLONIA E AL MUSEO DELLA SCIENZA E DELLA TECNICA DI MILANO / "VISIONA 1" AT THE INTERZUM FAIR IN COLOGNE AND AT THE SCIENCE AND TECHNOLOGY MUSEUM IN MILAN, AJC.0115, p. 204 (129)

ALLESTIMENTI STAND ESPOSITIVI E FIERISTICI / EXHIBITION AND TRADE FAIR STANDS

ALLESTIMENTO DELLO STAND "ADI" ALL'EURODOMUS 2 A TORINO / SET-UP OF THE "ADI" STAND AT EURODOMUS 2 IN TURIN, AJC.0093, p. 198 (119)

ALLESTIMENTO DELLO STAND "ARNOLFO DI CAMBIO" ALL'EURODOMUS 3 ALLA TIRENNALE DI MILANO / SET-UP OF THE "ARNOLFO DI CAMBIO" STAND AT EURODOMUS 3 AT THE MILAN TRIENNALE, AJC.0156, p. 219 (154)

ALLESTIMENTO DELLO STAND "BERNINI" AL SALONE DEL MOBILE A PARIGI / SET-UP OF THE "BERNINI" STAND AT THE FURNITURE TRADE SHOW IN PARIS, AJC.0270, p. 191 (109)

ALLESTIMENTO DELLO STAND "CHEMICO" ALLA FIERA CAMPIONARIA DI MILANO / SET-UP OF THE "CHEMICO" STAND AT THE MILAN TRADE FAIR, AJC.0271, p. 138 (13)

ALLESTIMENTO DELLO STAND "DITTA COLOMBO CESARE SPA" ALLA FIERA CAMPIONARIA DI MILANO / SET-UP OF THE "DITTA COLOMBO CESARE SPA" STAND AT THE MILAN TRADE FAIR, 1961, AJC.0296, p. 137 (12)

ALLESTIMENTO DELLO STAND "DITTA COLOMBO CESARE SPA" ALLA FIERA CAMPIONARIA DI MILANO / SET-UP OF THE "DITTA COLOMBO CESARE SPA" STAND AT THE MILAN TRADE FAIR, 1962, AJC.0289, p. 141 (19)

ALLESTIMENTO DELLO STAND "ELCO-BELLATO" ALL'EURODOMUS 3 ALLA TRIENNALE DI MILANO / SET-UP OF THE "ELCO-BELLATO" STAND AT EURODOMUS 3, MILAN TRIENNALE, AJC.0150, p. 217 (149)

ALLESTIMENTO DELLO STAND "ELCO-BELLATO" AL 10° SALONE DEL MOBILE DI MILANO / SET-UP OF THE "ELCO-BELLATO" STAND AT THE 10TH SALONE DEL MOBILE IN MILAN, AJC.0172, p. 222 (160)

ALLESTIMENTO DELLO STAND "HOECHST" ALLA FIERA DELLA PLASTICA A DÜSSELDORF / SET-UP OF THE "HOECHST" STAND AT THE DÜSSELDORF TRADE FAIR FOR PLASTICS AND RUBBER, AJC.0147, p. 216 (148)

ALLESTIMENTO DELLO STAND "KARTELL" ALLA RINASCENTE DI MILANO / SET-UP OF THE "KARTELL" STAND AT LA RINASCENTE IN MILAN, AJC.0004, p.182 (92)

Mostre, premi, collezioni, pubblicazioni / Exhibitions, Acknowledgments, Collections, Publications

HOTEL STELVIO AL PASSO DELLO STELVIO / STELVIO HOTEL AT THE STELVIO MOUNTAIN PASS, AJC.0325, p. 136 (10)

Mostre principali / Main exhibitions
MM / SE *Joe Colombo. Inventing the Future*, Triennale, Milano, 2005; Vitra Design Museum, Weil am Rhein, 2006; Manchester Art Gallery, Manchester, 2007; Musée des Arts Décoratifs, Louvre, Paris, 2007; Landesmuseum Joanneum, Graz, 2008; Grassimuseum, Leipzig, 2009

Collezioni Permanenti / Permanent collections
Vitra Design Museum, Weil am Rhein

Bibliografia selezionata / Select bibliography
Milano, Archivio Joe Colombo, disegno datato / drawing dated to 1961
Favata I., *Joe Colombo Designer: 1930-1971*, Idea Books Edizioni, Milano 1988

VILLA A / IN BARNI (CO), AJC.0337, p. 137 (11)

Mostre principali / Main exhibitions
MM / SE *Joe Colombo. Inventing the Future*, Triennale, Milano, 2005; Vitra Design Museum, Weil am Rhein, 2006; Manchester Art Gallery, Manchester, 2007; Musée des Arts Décoratifs, Louvre, Paris, 2007; Landesmuseum Joanneum, Graz, 2008; Grassimuseum, Leipzig, 2009

Collezioni permanenti / Permanent collections
Vitra Design Museum, Weil am Rhein

Bibliografia selezionata / Select bibliography
Milano, Archivio Joe Colombo, disegno datato / drawing dated to 1962

"ACRILICA" LAMPADA / LAMP, AJC.0260, pp. 58, 138 (14)

Mostre principali / Main exhibitions
MC / GE XIII Triennale, Milano 1964
MC / GE *Nieuwe Italiaanse Vormgeving*, Stichting Zentrum voor Industriel Vormgeving, Amsterdam, 1966-1967

MM / SE *Collection of Colombo Furniture*, D/R International - Design Research International, New York, settembre / September 1966
MC / GE *Design aus Italien*, Museum des 20. Jahrhunderts, Karlsruhe, 1970
MC / GE *Rassegna Collettiva Design*, Spazio Joe Colombo, Bruxelles, 1970
MM / SE *Retrospettiva di Joe Colombo*, XV Triennale, Milano, 1973
MC / GE *Design Since 1945*, Philadelphia Museum of Art, Philadelphia, 1983-1984
MM / SE Retrospettiva / Retrospective *Joe Colombo*, Musée d'Art Moderne, Lille Métropole (Villeneuve d'Ascq), 1984
MC / GE *Mobili italiani 1961-1991. Le varie età dei linguaggi*, 30° Salone del Mobile, Triennale, Milano, 1991
MM / SE *I Colombo*, Galleria d'Arte Moderna e Contemporanea, Accademia Carrara, Bergamo, 1995
MM / SE *Joe Colombo*, COSMIT - 35° Salone del Mobile, La Fiera, Milano, 1996
MC / GE *Il design italiano 1964-1990*, Triennale, Milano, 1996
MM / SE *A Colombo Retrospective: Italian Design in the '60s*, The New York School of Interior Design, New York, 1996
MC / GE *100 Forme della Luce: 1945-2000, Collezione Permanente del Design Italiano*, Triennale, Milano 2000
MC / GE *Lampade e Lampadine. Design della luce e sorgenti luminose*, XXIII Brescia Casa, Brescia, 2004
MM / SE *Joe Colombo. Inventing the Future*, Triennale, Milano, 2005; Vitra Design Museum, Weil am Rhein, 2006; Manchester Art Gallery, Manchester, 2007; Musée des Arts Décoratifs, Louvre, Paris, 2007; Landesmuseum Joanneum, Graz, 2008; Grassimuseum, Leipzig, 2009
MM / SE Retrospettiva / Retrospective *Joe Colombo*, Galerie Arcadia, Genève, 2011
MC / GE *The Plastic Collection*, CFC Editions, Art & Design Atomium Museum, Bruxelles, 2015

Premi e segnalazioni / Awards and acknowledgments
1964, Medaglia d'Oro / Gold Medal, XIII Triennale, Milano

Collezioni permanenti / Permanent collections
Plasticarium, Bruxelles
ADAM - Art & Design Atomium Museum, Bruxelles
Musée des Beaux-Arts de Montréal / Montreal Museum of Fine Arts, Montreal
Triennale, Milano
Vitra Design Museum, Weil am Rhein
Philadelphia Museum of Art, Philadelphia
The Metropolitan Museum of Art, New York
MoMA - Museum of Modern Art, New York
Museum für Gestaltung Kunstgewerbe Museum, Zürich

Bibliografia selezionata / Select bibliography
Mobili e oggetti di nuovo design, "Domus", n. 421, dicembre / December 1964, p. 46
I mostri, "Edilizia Moderna-Design", n. 85, trimestrale / quarterly magazine, 1964, p. 69
Domus per chi deve scegliere lampade di serie, "Domus", n. 424, marzo 1965, p. d/279
Sommario, "Domus", n. 433, dicembre / December 1965
Stile e qualità. Lampade della Oluce e della Kartell disegnate da Joe Colombo, "Forme", n. 9, settembre / September 1965, p. 28
Belloni A., *Beleuchtungskorper von Oluce, Milano*, "MD - Moebel Interior Design", n. 9, settembre / September 1965, p. 459

"ONDA" DIVANO / SOFA, AJC.0264b, pp. 60, 139 (15)

Mostre principali / Main exhibitions
MC / GE Salone del Mobile, La Fiera, Milano, 2008

Premi e segnalazioni / Awards and acknowledgments
1964, Premio IN/ARCH per gli interni dell'Albergo Pontinental in Sardegna / 1964, IN/ARCH Award for the interior design of the Hotel Pontinental in Sardinia, Platamona, Istituto Nazionale di Architettura

Bibliografia selezionata / Select bibliography
Milano, Archivio Joe Colombo, disegno datato / drawing dated to 1962
Salà N., *I maestri del design: Joe Colombo. L'Habitat del futuro*, "Casaviva", n. 9, settembre / September 2008, p. 134
Favata I., Fagone V., Branzi A., *I Maestri del Design: Joe Colombo*, edizioni Il Sole 24ORE Cultura srl, Milano 2011, p. 48

Favata I., Coppa A., Paglliardini V., *I Protagonisti del Design, Joe Colombo,* Hachette Fascicoli srl, Milano 2013, p. 46

**"CRICKET" e / and "CRICKET PLUS"
POLTRONCINA E SEDIA / ARMCHAIR AND
CHAIR**, AJC 0264c, pp. 62, 139 (16)

Mostre principali / Main exhibitions
MC / GE *Chairs of the Nations, Interfurn: 1st International Furniture Show*, London, 1965
MC / GE Salone del Mobile, Fiera di Milano, Rho, 2007
MC / GE *Il laboratorio delle eccellenze*, Arredaesse, Carugo, 2015

Bibliografia selezionata / Select bibliography
Milano, Archivio Joe Colombo, disegno datato / drawing dated to 1962
Favata I., Fagone V., Branzi A., *I Maestri del Design: Joe Colombo*, edizioni Il Sole 24ORE Cultura srl, Milano 2011, p. 48
Favata I., Coppa A., Pagliardini V., *I Protagonisti del Design, Joe Colombo,* Hachette Fascicoli srl, Milano 2013, p. 46

"ROLL" POLTRONA / ARMCHAIR,
AJC.0264a, p. 140 (17)

Mostre principali / Main exhibitions
MC / GE *Chairs of the Nations, Interfurn: 1st International Furniture Show*, London, 1965
MM / SE *Joe Colombo. Inventing the Future*, Triennale, Milano, 2005; Vitra Design Museum, Weil am Rhein, 2006; Manchester Art Gallery, Manchester, 2007; Musée des Arts Décoratifs, Louvre, Paris, 2007; Landesmuseum Joanneum, Graz, 2008; Grassimuseum, Leipzig, 2009

Collezioni permanenti / Permanent collections
Musée d'Art Moderne de Saint-Etienne Métropole, Saint-Etienne
Die neue Sammlung, München

Bibliografia selezionata / Select bibliography
Mobili e oggetti di nuovo design, "Domus", n. 421, dicembre / December 1964, p. 43

Margot Voelter-Gaissert, *Interfurn 1965. 1st International Furniture Show, London, Chairs of the Nations*, "MD - Moebel Interior Design", n. 5, maggio / May 1965, p. 213.
Una testimonianza, "Domus", n. 513, agosto / August 1972, p. 4

**HOTEL PONTINENTAL A / IN PLATAMONA,
SARDEGNA / SARDINIA**, AJC0269, p. 213 (141)

Mostre principali / Main exhibitions
MM / SE *I Colombo,* Galleria d'Arte Moderna e Contemporanea, Accademia Carrara, Bergamo 1995
MM / SE *Joe Colombo. Inventing the Future*, Triennale, Milano, 2005; Vitra Design Museum, Weil am Rhein, 2006; Manchester Art Gallery, Manchester, 2007; Musée des Arts Décoratifs, Louvre, Paris, 2007; Landesmuseum Joanneum, Graz, 2008; Grassimuseum, Leipzig, 2009

Premi e segnalazioni / Awards and acknowledgments
1964, premio IN/ACH per l'allestimento degli interni / IN/ACH award for interior design, Instituito Nazionale di Architettura, Roma

Bibliografia selezionata / Select bibliography
Interni di un albergo in Sardegna, "Domus", n. 421, dicembre / December 1964, pp. 36-42
Belloni A., *Hotel in Sardinien*, "MD - Moebel Interior Design", n. 5, maggio / May 1965, pp. 226-228
Massai E.V., *Colombo in perspective*, "Home Furnishings Daily", 13 aprile / April 1967, p. 7
Caccia C., *Incontro con Joe Colombo* (intervista con / interview with Joe Colombo), "Formaluce", n. 2, gennaio-febbraio / January–February 1968
Una testimonianza, "Domus", n. 513, agosto / August 1972

"COMBI CENTER", AJC.0013, p. 144 (24)

Mostre principali / Main exhibitions
MC / GE XIII Triennale, Milano, 1964
MM / SE *Collection of Colombo Furniture*, D/R International - Design Research International, New York, settembre / September 1966
MC / GE XIV Triennale, Milano, 1968

MC / GE *Design aus Italien*, Museum des 20. Jahrhunderts, Karlsruhe, 1970
MM / SE *Oluce e Joe Colombo*, Showroom Oluce, Milano, 1988
MC / GE *Mobili italiani 1961-1991. Le varie età dei linguaggi*, 30° Salone del Mobile, Triennale, Milano, 1991
MM / SE *I Colombo,* Galleria d'Arte Moderna e Contemporanea, Accademia Carrara, Bergamo 1995
MM / SE *Joe Colombo*, COSMIT - 35° Salone del Mobile, La Fiera, Milano, 1996
MC / GE *Il design italiano 1964-1990*, Triennale, Milano, 1996
MM / SE *Joe Colombo. Inventing the Future*, Triennale, Milano, 2005; Vitra Design Museum, Weil am Rhein, 2006; Manchester Art Gallery, Manchester, 2007; Musée des Arts Décoratifs, Louvre, Paris, 2007; Landesmuseum Joanneum, Graz, 2008; Grassimuseum, Leipzig, 2009
MC / GE *Salone del Mobile*, Fiera di Milano, Rho, 2006-2007
MC / GE *Macchina semplice. Dall'Architettura al design 100 anni di maniglie Olivari*, Giardini della Biennale, Venezia, 2010
MC / GE *Il Bel Paese dell'Arte. Fratelli d'Italia,* Galleria d'Arte Moderna e Contemporanea, Accademia Carrara, Bergamo, 2011-2012
MC / GE *Design, La Sindrome dell'Influenza*, Triennale, Milano, 2013
MC / GE *The Vitra Schaudepot, Architecture, Ideas, Objects*, inaugurazione esposizione permanente / opening of the permanent collection, Vitra Design Museum, Weil am Rhein, 2016

Premi e segnalazioni / Awards and acknowledgments
1964, Medaglia d'Argento / Silver Medal, XIII Triennale, Milano

Collezioni permanenti / Permanent collections
Vitra Design Museum, Weil am Rhein
Musée des Arts Décoratifs, Palazzo del Louvre / Palais du Louvre, Paris
Musée d'Art Moderne de Saint-Etienne Metropole, Saint-Etienne

Bibliografia selezionata / Select bibliography
Alla XIII Triennale di Milano, "Domus", n. 418, settembre / September 1964, p. 34
Joe Colombo, *Alcune nuove proposte per l'arredamento*, "Domus", n. 424, marzo / March 1965, p. 40
Belloni A., *Freizeitmöbel die wie Spielzeug*

ammuten, "MD - Moebel Interior Design", n. 10, ottobre / October 1965, p. 68.
Mailand-Spiegelbild Italienischen möbelschaffens, "Moebel Kultur", n. 11, novembre / November 1965, p. 1730.

"BELL CHAIR" POLTRONA / ARMCHAIR,
AJC.0374, pp. 63, 145 (25)

Mostre principali / Main exhibitions
MC / GE Salone del Mobile, Fiera di Milano, Rho 2007

Bibliografia selezionata / Select bibliography
Joe Colombo, *Alcune nuove proposte per l'arredamento*, "Domus", n. 424, marzo / March 1965, p. 42 (foto poltrona / armchair photo: Sella)
Nuovi disegni italiani, "Domus", n. 433, dicembre / December 1965, p. 65 (foto poltrona / armchair photo: Sella)
Favata I., Fagone V., Branzi A., *I Maestri del Design: Joe Colombo*, edizioni Il Sole 24ORE Cultura srl, Milano 2011, p. 48

"SELLA" POLTRONCINA / SMALL ARMCHAIR, AJC.0282, p. 146 (26)

Mostre principali / Main exhibitions
MC / GE *Modern Chairs 1918-1970*, The Whitechapel Art Gallery, Londra 1970
MM / SE *Joe Colombo. Inventing the Future*, Triennale, Milano, 2005; Vitra Design Museum, Weil am Rhein, 2006; Manchester Art Gallery, Manchester, 2007; Musée des Arts Décoratifs, Louvre, Paris, 2007; Landesmuseum Joanneum, Graz, 2008; Grassimuseum, Leipzig, 2009

Collezioni permanenti / Permanent collections
Vitra Design Museum, Weil am Rhein
CCI - Centre Georges Pompidou, Paris

Bibliografia selezionata / Select bibliography
Mailand-Spiegelbild italienischen Möbelschaffens, "Möbel Kultur", n. 11, novembre / November 1965, p. 1730
Joe Colombo, *Alcune nuove proposte per l'arredamento,* "Domus", n. 424, dicembre / December 1965, p. 42
Nuove proposte di arredamento per due appartamenti nella stessa casa, "Domus", n. 433, dicembre / December 1965
Møller S. E.*, The History of the Bentwood Chair,* "Mobilia", n. 128, marzo / March 1966
Domus per chi deve scegliere mobili di serie. Produzione Comfort, "Domus", n. 441, agosto / August 1966
Wie werden morgen die Möbel aussehen?, "Schöner Wohnen", n. 10, ottobre / October 1966

"MINIKITCHEN", AJC.0056, pp. 64, 147 (27)

Mostre principali / Main exhibitions
MC / GE XIII Triennale, Milano, 1964

MM / SE *Collection of Colombo Furniture*, D/R International - Design Research International, New York, settembre / September 1966
MC / GE Eurodomus1, settore / area Domus proposte, stand Abet print, Genova, 1966
MC / GE *Vorm gevers,* Stedelijk Museum, Amsterdam, 1968
MC / GE *Design aus Italien*, Museum des 20. Jahrhunderts, Karlsruhe, 1970
MC / GE *Rassegna collettiva di Design*, Spazio Joe Colombo, Bruxelles, 1970
MC / GE *Italy: The New Domestic Landscape*, MoMA - The Museum of Modern Art, New York 1972
MC / GE *Portable Word*, Museum of Contemporary Crafts, New York, 1973-1974
MC / GE *Design Since 1945*, Philadelphia Museum of Art, Philadelphia, 1983-1984
MM / SE Retrospettiva / Retrospective *Joe Colombo,* Musée d'Art Moderne, Lille Métropole (Villeneuve d'Ascq), 1984
MC / GE *Civiltà delle Macchine*, Assolombarda, Torino-Lingotto, 1990
MM / SE *I Colombo,* Galleria d'Arte Moderna e Contemporanea, Accademia Carrara, Bergamo 1995
MM / SE *Joe Colombo*, COSMIT - 35° Salone del Mobile, La Fiera, Milano, 1996
MM / SE *A Colombo Retrospective: Italian Design in the 60's*, The New York School of Interior Design,, New York 1996
MC / GE *Living in Motion: Design und Architecture für flexible Wohnen,* Vitra Design Museum, Rhein am Weil, 2001-2002
MM / SE *Joe Colombo. Inventing the Future*, Triennale, Milano, 2005; Vitra Design Museum, Weil am Rhein, 2006; Manchester Art Gallery, Manchester, 2007; Musée des Arts Décoratifs, Louvre, Paris, 2007; Landesmuseum Joanneum, Graz, 2008; Grassimuseum, Leipzig, 2009
MC / GE *La Cuisine mode de vie*, Archives d'Architecture Moderne, Bruxelles, 2006-2007
MC / GE *100 oggetti del design italiano, collezione permanente del design Italiano,* Triennale, Milano, 2007
MM / SE Retrospettiva / Retrospective *Joe Colombo*, Galerie Arcadia, Genève, 2011
MC / GE *Meet Design: Design, una storia italiana. Il design dal 1948*, Palazzo Bertalazone di San Fermo, Torino, 2011
MC / GE *100% Original Design, Be original Elle Decor*, Palazzo Reale, Milano, 2014
MC / GE *Cucina & Ultracorpi*, La Triennale, Milano 2015
MC / GE *Il design italiano. Storie,* La Triennale, Milano, 2018-2019
MC / GE *Home Furniture: Living in Yesterday's Tomorrow*, London Design Museum, London 2018-2019

Premi e segnalazioni / Awards and acknowledgments
1964, Medaglia d'Argento / Silver Medal, XIII Triennale, Milano
1968, Premio / Award "Futuribile in cucina", Fiera Campionaria del / Trade Fair of Friuli Venezia Giulia, Pordenone
2007, Wallpaper International Design Interiors Lifestyle, Best Kitchen
2015, Wallpaper Design Awards

2015, EDIDA - Elle Deco International Design Awards, per la migliore cucina / for the best kitchen
2016, Menzione d'Onore per / Honorable Mention for Compasso d'Oro, ADI - Associazione per il Disegno Industriale, Milano

Collezioni permanenti / Permanent collections
MoMA - The Museum of Modern Art, New York
Triennale, Milano
Philadelphia Museum of Art, Philadelphia

Bibliografia selezionata / Select bibliography
Alla XIII Triennale, "Domus", n. 418, settembre / September 1964, p. 33
Belloni A., *Freizeitmöbel die wie Spielzeug ammuten*, "MD - Moebel Interior Design", n. 10, ottobre / October 1965, p. 68
Nuovi mobili italiani, "Domus", n. 432, novembre / November 1965
Plumb B., *Cologne Collection*, "The New York Times Magazine", 27 febbraio / February 1966, p. 56
Una nuova concezione dell'arredamento: Joe Cesare Colombo, "Lotus", n. 3, 1966-1967
Caccia C., *Incontro con Joe Colombo* (intervista con / interview with Joe Colombo), "Formaluce", n. 2, gennaio-febbraio / January–February 1968

"ELDA" POLTRONA / ARMCHAIR, AJC.0129, pp. 66, 147 (28)

Mostre principali / Main exhibitions
MC / GE Eurodomus1, settore / area Domus proposte, stand Comfort, Genova 1966
MM / SE *Collection of Colombo Furniture*, D/R International - Design Research International, New York, settembre / September 1966
MC / GE *Mostra ai magazzini Gimbels / Exhibition at the Gimbels department store*, New York, 1967
MC / GE *Rassegna collettiva di Design*, Spazio Joe Colombo, Bruxelles, 1970
MM / SE Retrospettiva / Retrospective *Joe Colombo,* Musée d'Art Moderne, Lille Métropole (Villeneuve d'Ascq), 1984
MC / GE *Civiltà delle Macchine*, Assolombarda, Torino-Lingotto, 1990
MC / GE *Mobili italiani 1961-1991. Le varie età dei linguaggi*, 30° Salone del Mobile, Triennale, Milano 1991
MM / SE *I Colombo,* Galleria d'Arte Moderna e Contemporanea, Accademia Carrara, Bergamo 1995
MM / SE *Joe Colombo*, COSMIT - 35° Salone del Mobile, La Fiera, Milano, 1996
MM / SE *A Colombo Retrospective: Italian Design in the '60s*, The New York School of Interior Design, New York 1996
MM / SE *Joe Colombo. Inventing the Future*, Triennale, Milano, 2005; Vitra Design Museum, Weil am Rhein, 2006; Manchester Art Gallery, Manchester, 2007; Musée des Arts Décoratifs, Louvre, Paris, 2007; Landesmuseum Joanneum, Graz, 2008; Grassimuseum, Leipzig, 2009
MC / GE *Design contre design*, Galeries nationales du Grand Palais, Paris, 2008
MM / SE Retrospettiva / Retrospective *Joe Colombo*, Galerie Arcadia, Genève, 2011

MC / GE *Meet Design: Design, una storia italiana. Il design dal 1948*, Palazzo Bertalazone di San Fermo, Torino, 2011
MC / GE *The Vitra Schaudepot, Architecture, Ideas, Objects*, inaugurazione esposizione permanente / opening of the permanent collection, Vitra Design Museum, Weil am Rhein, 2016

Collezioni permanenti / Permanent collections
The Powerhouse Museum, Surry Hills, Australia
Musée des Beaux-Arts de Montréal / Montreal Museum of Fine Arts, Montreal
Musée des Arts Décoratifs, Palazzo del Louvre / Palais du Louvre, Paris
CCI - Centre Georges Pompidou, Paris
Musée d'Art Moderne de Saint-Etienne Métropole, Saint-Etienne
Die neue Sammlung, München
Vitra Design Museum, Weil am Rhein
Triennale, Milano
Stedelijk Museum, Amsterdam

Bibliografia selezionata / Select bibliography
Nuovi mobili italiani, "Domus", n. 432, novembre / November 1965, p. 33
Righini M., *Un homme nouveau*, "Le Nouvel Observateur", maggio / May 1966
Collection of Colombo Furniture, catalogo della mostra monografica / solo exhibition catalogue, D/R International - Design Research International, New York 1966
Møller S. E., *The History of the Bentwood Chair*, "Mobilia", n. 128, marzo / March 1966
La spia che mi amava, il decimo film della saga di James Bond / the 10th film of the 007 series, 1977
Antonelli P., *Joe Colombo: l'Existenzminimum*, in *Civiltà delle Macchine. Collezione per un modello di museo del disegno industriale italiano*, catalogo della mostra / exhibition catalogue, Assolombarda, Torino-Lingotto 1990
La Collection de design du Centre Georges Pompidou, catalogo della collezione permanente / permanent collection catalogue, Centre Georges Pompidou, Paris 2001
Favata I., *In studio con Joe Colombo*; Romanelli M., *Joe Colombo: una profezia interrotta. Accenni per un ritratto progettuale*; in *Joe Colombo. Inventing the Future*, catalogo della mostra monografica / solo exhibition catalogue, Vitra Design Museum, Skira, Milano 2005, pp. 38, 43, 105, 144-145, 189, copertina / cover

"ONDA" O / OR "RA" LAMPADA / LAMP, AJC.0008, p. 149 (31)

Mostre principali / Main exhibitions
MM / SE *I Colombo*, Galleria d'Arte Moderna e Contemporanea, Accademia Carrara, Bergamo, 1995
MM / SE *Joe Colombo*, COSMIT - 35° Salone del Mobile, La Fiera, Milano, 1996
MM / SE *Joe Colombo. Inventing the Future*, Triennale, Milano, 2005; Vitra Design Museum, Weil am Rhein, 2006; Manchester Art Gallery, Manchester, 2007; Musée des Arts Décoratifs, Louvre, Paris, 2007; Landesmuseum Joanneum, Graz, 2008; Grassimuseum, Leipzig, 2009

Collezioni permanenti / Permanent collections
Vitra Design Museum, Weil am Rhein

Bibliografia selezionata / Select bibliography
Nuove proposte di arredamento per due appartamenti nella stessa casa, "Domus", n. 433, dicembre / December 1965
Colombo Joe, Nuove lampade, "Domus", n. 568, marzo / March 1977, p. 35

POLTRONCINA A ELEMENTI CURVATI / CURVED ELEMENT ARMCHAIR, AJC.0043, pp. 68, 150 (34)

Mostre principali / Main exhibitions
MM / SE *Collection of Colombo Furniture*, D/R International - Design Research International, New York, settembre / September 1966
MC / GE *Vijftig jaar zitten*, Stedelijk Museum, Amsterdam, 1966
MC / GE *Mostra ai grandi magazzini La Rinascente*, stand Kartell, Milano, 1967
MC / GE *Mostra ai magazzini Gimbels / Exhibition at the Gimbels department store*, New York, 1967
MC / GE XIV Triennale, Milano, 1968
MC / GE Eurodomus 3, stand Kartell, Triennale, Milano, 1970
MC / GE *Modern Chairs 1918-1970*, The Whitechapel Art Gallery, London, 1970
MC / GE *Design aus Italien*, Museum des 20. Jahrhunderts, Karlsruhe, 1970
MC / GE *Italy: The New Domestic Landscape*, MoMA - The Museum of Modern Art, New York, 1972
MM / SE *A Joe Colombo Retrospettive*, International Residence Gallery, New York, aprile / April 1976
MC / GE *Design and Art of Modern Chairs*, The National Museum of Art, Osaka, 1978
MM / SE Retrospettiva / Retrospective *Joe Colombo*, Musée d'Art Moderne, Lille Métropole (Villeneuve d'Ascq), 1984
MC / GE *Mobili italiani 1961-1991. Le varie età dei linguaggi*, 30° Salone del Mobile, Triennale, Milano, 1991 cercare su originale
MM / SE *I Colombo*, Galleria d'Arte Moderna e Contemporanea, Accademia Carrara, Bergamo 1995
MM / SE *A Colombo Retrospective: Italian Design in the '60s*, The New York School of Interior Design, New York, 1996
MM / SE *Joe Colombo*, COSMIT - 35° Salone del Mobile, La Fiera, Milano, 1996
MM / SE *Joe Colombo. Inventing the Future*, Triennale, Milano, 2005; Vitra Design Museum, Weil am Rhein, 2006; Manchester Art Gallery, Manchester, 2007; Musée des Arts Décoratifs, Louvre, Paris, 2007; Landesmuseum Joanneum, Graz, 2008; Grassimuseum, Leipzig, 2009
MM / SE Retrospettiva / Retrospective *Joe Colombo*, Galerie Arcadia, Genève, 2011
MC / GE Salone del Mobile, Fiera di Milano, Rho, 2011
MC / GE *L'installazione Vermiglia*, Palazzo Reale, Salone del Mobile, Milano, 2016
MC / GE *The Vitra Schaudepot, Architecture, Ideas,*

Objects, inaugurazione esposizione permanente / opening of the permanent collection, Vitra Design Museum, Weil am Rhein, 2016

Collezioni permanenti / Permanent collections
MAK - Museum of Applied Arts / Museum für angewandte Kunst, Wien
ADAM - Art & Design Atomium Museum, Bruxelles
Musée des Beaux-Arts de Montréal / Montreal Museum of Fine Arts, Montreal
Uměleckoprůmyslové museum v Praze, Prague
Musée des Arts décoratifs, Palazzo del Louvre / Palais du Louvre, Paris
CCI - Centre Georges Pompidou, Paris
Kunstgewerbe Museum, Berlin
Die neue Sammlung, München
Vitra Design Museum, Weil am Rhein
Kunstmuseum Düsseldorf im Ehrenhof, Düsseldorf
Victoria & Albert Museum, London
Stedelijk Museum, Amsterdam
Museum Boijmans Van Beuningen, Rotterdam
The Denver Art Museum, Denver
MoMA - Museum of Modern Art, New York
Philadelphia Museum of Art, Philadelphia
Museo Kartell, Noviglio (MI)

Bibliografia selezionata / Select bibliography
Mobili e oggetti di nuovo design, "Domus", n. 421, dicembre / December 1964, p. 45
Joe Colombo, *Alcune nuove proposte per l'arredamento*, "Domus", n. 424, marzo / March 1965, pp. 40-41
Nuove proposte di arredamento per due appartamenti nella stessa casa, "Domus", n. 433, dicembre / December 1965
Ripa O., *Un esempio di casa del futuro* (intervista con / interview with Joe Colombo), "Novella 2000", n. 16, aprile / April 1966, p. 58

"SBALZO" SEDIA / CHAIR, AJC.0128, pp. 70, 151 (35)

Mostre principali / Main exhibitions
MM / SE *Collection of Colombo Furniture*, D/R International - Design Research International, New York, settembre / September 1966
MM / SE *Joe Colombo. Inventing the Future*, Triennale, Milano, 2005; Vitra Design Museum, Weil am Rhein, 2006; Manchester Art Gallery, Manchester, 2007; Musée des Arts Décoratifs, Louvre, Paris, 2007; Landesmuseum Joanneum, Graz, 2008; Grassimuseum, Leipzig, 2009
MC / GE Salone del Mobile, Fiera di Milano, Rho, 2006-2007
MM / SE Retrospettiva / Retrospective *Joe Colombo*, Galerie Arcadia, Genève, 2011
MC / GE *Il laboratorio delle eccellenze*, Arredaesse, Carugo, 2015

Bibliografia selezionata / Select bibliography
Nuove proposte di arredamento per due appartamenti nella stessa casa, Una nuova sedia, "Domus", n. 433, dicembre / December 1965, pp. 20-21, 28
Plumb B., *America discovers Colombo,* "The New York

Times Magazine", 4 settembre / September 1966
Ritter E., *Idées italiennes*, "L'Œil", n. 133, gennaio / January 1966, p. 68
Una nuova concezione dell'arredamento: Joe Cesare Colombo, "Lotus", n. 3, 1966-1967
Rea E., *Milano dichiara guerra all'antiquariato*, "Le Ore", n. 9, 3 marzo / March 1966, pp. 24, 26

LAMPADA A SCHERMO GIREVOLE INCLINATO / INCLINED ROTATING SCREEN LAMP, AJC.0049a1, p. 151 (36)

Mostre principali / Main exhibitions
MC / GE *Il design italiano 1964-1990*, Triennale, Milano 1996
MM / SE *Joe Colombo. Inventing the Future*, Triennale, Milano, 2005; Vitra Design Museum, Weil am Rhein, 2006; Manchester Art Gallery, Manchester, 2007; Musée des Arts Décoratifs, Louvre, Paris, 2007; Landesmuseum Joanneum, Graz, 2008; Grassimuseum, Leipzig, 2009
MM / SE Retrospettiva / Retrospective *Joe Colombo*, Galerie Arcadia, Genève, 2011

Collezioni permanenti / Permanent collections
ADAM - Art & Design Atomium Museum, Bruxelles
Stedelijk Museum, Amsterdam
Plasticarium, Bruxelles
Museo Kartell, Noviglio (MI)

Bibliografia selezionata / Select bibliography
Milano, Archivio Joe Colombo, foto datata / photo dated to 1964

LAMPADA A SCHERMO GIREVOLE FORATO / PERFORATED ROTATING SCREEN LAMP, AJC.0049a3, p. 152 (38)

Mostre principali / Main exhibitions
MC / GE *Mostra ai magazzini Gimbels / Exhibition at the Gimbels department store,* NewYork, 1967
MM / SE *I Colombo,* Galleria d'Arte Moderna e Contemporanea, Accademia Carrara, Bergamo, 1995
MC / GE *Il design italiano 1964-1990*, Triennale, Milano, 1996
MM / SE *Joe Colombo*, COSMIT - 35° Salone del Mobile, La Fiera, Milano, 1996
MC / GE *La Donation Kartell. Un environnement plastique 1949-1999*, Centre Pompidou, Paris, 2000-2001
MM / SE *Joe Colombo. Inventing the Future*, Triennale, Milano, 2005; Vitra Design Museum, Weil am Rhein, 2006; Manchester Art Gallery, Manchester, 2007; Musée des Arts Décoratifs, Louvre, Paris, 2007; Landesmuseum Joanneum, Graz, 2008; Grassimuseum, Leipzig, 2009
MM / SE Retrospettiva / Retrospective *Joe Colombo*, Galerie Arcadia, Genève, 2011

Collezioni permanenti / Permanent collections
Vitra design Museum, Weil am Rhein
Museo Kartell, Noviglio (MI)

Bibliografia selezionata / Select bibliography
Joe Colombo, *Alcune nuove proposte per l'arredamento*, "Domus", n. 424, marzo / March 1965, p. 42
Una lampada da tavolo, "Domus", n. 427, giugno / June 1965, p. 43
Belloni A., *Tischlampen von Joe Colombo*, "MD - Moebel Interior Design", n. 12, dicembre / December 1965, p. 620
Nuove proposte di arredamento per due appartamenti nella stessa casa, "Domus", n. 433, dicembre / December 1965
Plumb B., *America discovers Colombo,* "The New York Times Magazine", 4 settembre / September 1966

"BOLLE" LAMPADA DA TERRA / FLOOR LAMP, AJC.0049b, pp. 71, 153 (40)

Mostre principali / Main exhibitions
MM / SE *Colombo*, Galleria d'Arte Moderna e Contemporanea, Accademia Carrara, Bergamo, 1995
MM / SE *Joe Colombo*, COSMIT - 35° Salone del Mobile, La Fiera, Milano, 1996
MM / SE *Joe Colombo. Inventing the Future*, Triennale, Milano, 2005; Vitra Design Museum, Weil am Rhein, 2006; Manchester Art Gallery, Manchester, 2007; Musée des Arts Décoratifs, Louvre, Paris, 2007; Landesmuseum Joanneum, Graz, 2008; Grassimuseum, Leipzig, 2009
MM / SE Retrospettiva / Retrospective *Joe Colombo*, Galerie Arcadia, Genève, 2011

Bibliografia selezionata / Select bibliography
Milano, Archivio Joe Colombo, Foto abitazione a / Photo of a house in Crans Montana, 1964
Stile e qualità. Lampade della Oluce e della Kartell disegnate da Joe Colombo, "Forme", n. 9, settembre / September 1965, p. 29
Fagone V., *I Colombo,* catalogo della mostra monografica / solo exhibition catalogue, Edizioni Gabriele Mazzotta, Milano 1995, p. 179
Romanelli M., *Joe Colombo: lighting design + interior design,* Oluce, Grafiche Mazzucchelli, Milano 2002, pp. 41, 43, 45, 74-75

"NASTRO" POLTRONA / ARMCHAIR, AJC.0074, pp. 72, 153 (41)

Mostre principali / Main exhibitions
MM / SE *A Joe Colombo Retrospective*, International Residence Gallery, New York, aprile / April 1976
MC / GE Salone del Mobile, Milano, 1986
MC / GE *Kölner Möbelmesse - Salone del Mobile / Furniture Fair*, Köln,13-18 gennaio / January 1987
MM / SE *I Colombo,* Galleria d'Arte Moderna e Contemporanea, Accademia Carrara, Bergamo, 1995
MC / GE *Il design italiano 1964-1990*, Triennale, Milano, 1996
MM / SE *Joe Colombo*, COSMIT - 35° Salone del Mobile, La Fiera, Milano, 1996
MM / SE *Joe Colombo. Inventing the Future*, Triennale, Milano, 2005; Vitra Design Museum,

Weil am Rhein, 2006; Manchester Art Gallery, Manchester, 2007; Musée des Arts Décoratifs, Louvre, Paris, 2007; Landesmuseum Joanneum, Graz, 2008; Grassimuseum, Leipzig, 2009
MC / GE *Maestri del Design Italiano*, Shiodome Italia Creative Center, Tokyo, 2006
MC / GE *Segnali di Stile. Il premio Lissone, territorio, uomini, idee,* Museo d'Arte Contemporanea, Lissone, 2008

Collezioni permanenti / Permanent collections
Triennale, Milano

Bibliografia selezionata / Select bibliography
Poltrona 1000, Una poltrona di bastoni di malacca, "Domus", n. 427, giugno / June 1965, p. 44
Stile e qualità. Lampade della Oluce e della Kartell disegnate da Joe Colombo, "Forme", n. 9, settembre / September 1965, p. 30
Plumb B., *America discovers Colombo,* "The New York Times Magazine", 4 settembre / September 1966
Pagina pubblicitaria. La linea, in *XIV Triennale* (Guida mostra / Visitor's Guide), Triennale, Milano 1968

"GLOBE" LAMPADA / LAMP, AJC.0077, pp. 74, 154 (42)

Mostre principali / Main exhibitions
MM / SE *Collection of Colombo Furniture*, D/R International - Design Research International, New York, settembre / September 1966
MM / SE *I Colombo*, Galleria d'Arte Moderna e Contemporanea, Accademia Carrara, Bergamo, 1995
MM / SE *Joe Colombo*, COSMIT - 35° Salone del Mobile, La Fiera, Milano, 1996
MC / GE *Aperto Vetro*, Museo Correr, Venezia 2000
MM / SE *Joe Colombo. Inventing the Future*, Triennale, Milano, 2005; Vitra Design Museum, Weil am Rhein, 2006; Manchester Art Gallery, Manchester, 2007; Musée des Arts Décoratifs, Louvre, Paris, 2007; Landesmuseum Joanneum, Graz, 2008; Grassimuseum, Leipzig, 2009

Collezioni permanenti / Permanent collections
Vitra Design Museum, Weil am Rhein

Bibliografia selezionata / Select bibliography
Mobili e oggetti di nuovo design, "Domus", n. 421, dicembre / December 1964, p. 46
Domus per chi deve scegliere lampade di seri; Joe Colombo, *Alcune nuove proposte per l'arredamento*; "Domus", n. 424, marzo / March 1965, pp. d/279, 37, 39, 40
Belloni A., *Beleuchtungskorper von Oluce, Milano*, "MD - Moebel Interior Design", n. 9, settembre / September 1965, p. 460

"ASIMMETRICO" BICCHIERE / GLASS, AJC.0088, p. 154 (43)

Mostre principali / Main exhibitions
MC / GE *Design aus Italien*, Museum des 20. Jahrhunderts, Karlsruhe, 1970

MM / SE *Joe Colombo,* Musée d'Art Moderne, Lille Métropole (Villeneuve d'Ascq), 1984
MC / GE *Oluce e Joe Colombo,* Showroom Oluce, Milano, 1988
MM / SE *I Colombo,* Galleria d'Arte Moderna e Contemporanea, Accademia Carrara, Bergamo, 1995
MM / SE *A Colombo Retrospective: Italian Design in the '60s,* The New York School of Interior Design, New York, 1996
MM / SE *Joe Colombo,* COSMIT - 35° Salone del Mobile, La Fiera, Milano, 1996
MM / SE *Joe Colombo. Inventing the Future* Triennale, Milano, 2005; Vitra Design Museum, Weil am Rhein, 2006; Manchester Art Gallery, Manchester, 2007; Musée des Arts Décoratifs, Louvre, Paris, 2007; Landesmuseum Joanneum, Graz, 2008; Grassimuseum, Leipzig, 2009

Collezioni permanenti / Permanent collections
Musée des Arts Décoratifs, Palazzo del Louvre / Palais du Louvre, Paris
Die neue Sammlung, München
Philadelphia Museum of Art, Philadelphia
MoMA - Museum of Modern Art, New York

Bibliografia selezionata / Select bibliography
Kastholm J., *Joe Colombo,* "Mobilia", n. 172, novembre / November 1969
Notizie e novità di design, "Ottagono", n. 13, aprile / April 1969, p. 95
Isgrò E., *Perché il fiasco non è un quadrato,* "Oggi", n. 15, 9 aprile / April 1969, p. 98
Discoveries. Living Machines. Designer Joe Colombo rethinks the way he wants to live and design, "House and Garden", aprile / April 1971, pp. 94, 96

"CONTAINER FOR LADY - FOR MAN", AJC.0095a, p. 155 (44)

Mostre principali / Main exhibitions
MC / GE *Civiltà delle Macchine,* Assolombarda, Torino-Lingotto, 1990
MC / GE *Living in Motion: Design und Architecture für flexible Wohnen,* Vitra Design Museum, Rhein am Weil, 2001-2002

Collezioni permanenti / Permanent collections
The Metropolitan Museum of Art, New York

Bibliografia selezionata / Select bibliography
Ritter E., *Idées italiennes,* "L'Œil", n. 133, gennaio / January 1966, p. 71
I mobili a rotelle / La cucina retrattile, "Oggi", n. 43, 27 ottobre / October 1966, p. 71
Wie werden morgen die Möbel aussehen?, "Schöner Wohnen", n. 10, ottobre / October 1966, p. 104
Una nuova concezione dell'arredamento: Joe Cesare Colombo, "Lotus", n. 3, 1966-1967
Chevallaz M., *Joe Colombo, l'homme qui invente des meubles* (intervista con / interview with Joe Colombo), "Feuille d'avis de Lausanne", 15 settembre / September 1966, p. 49
Kastholm J., *Joe Cesare Colombo,* "Mobilia", n. 172, novembre / November 1969

"PERSONAL CONTAINER", AJC.0095b, p. 156 (45)

Mostre principali / Main exhibitions
MC / GE 10° Salone del Mobile, Milano, 1970
MM / SE *Joe Colombo. Inventing the Future,* Triennale, Milano, 2005; Vitra Design Museum, Weil am Rhein, 2006; Manchester Art Gallery, Manchester, 2007; Musée des Arts Décoratifs, Louvre, Paris, 2007; Landesmuseum Joanneum, Graz, 2008; Grassimuseum, Leipzig, 2009

Collezioni permanenti / Permanent collections
Vitra design Museum, Weil am Rhein
The Metropolitan Museum of Art, New York

Bibliografia selezionata / Select bibliography
Mailand. Spiegelbild Italienischen möbelschaffens, "Möbel Kultur", n. 11, novembre / November 1965, p. 1727
Nuovi mobili italiani, "Domus", n. 432, novembre / November 1965, pp. 28, 29, 31
Lanza E., *La casa che rotola,* "Domina", n. 4, giugno / June 1968, p. 106
Mobili sorpresa realizzati su disegno di Joe Colombo, "Rossana", n. 120-121, luglio-agosto / July–August 1968, p. 41
Emerson G., *Milan: An Old City with Modern Ideas,* "The New York Times", 28 maggio / May 1966, p. 10

"RING" MODULO CONTENITORE / CONTAINER MODULE, AJC.0390, pp. 76, 158 (49)

Mostre principali / Main exhibitions
MC / GE Salone del Mobile, Fiera di Milano, Rho 2014
MM / SE *Joe Colombo. Inventing the Future,* Triennale, Milano, 2005; Vitra Design Museum, Weil am Rhein, 2006; Manchester Art Gallery, Manchester, 2007; Musée des Arts Décoratifs, Louvre, Paris, 2007; Landesmuseum Joanneum, Graz, 2008; Grassimuseum, Leipzig, 2009

Bibliografia selezionata / Select bibliography
Milano, Archivio Joe Colombo, foto datata / photo dated to 1964
Joe Colombo. Inventing the Future, catalogo della mostra monografica / solo exhibition catalogue, Vitra Design Museum, Skira 2005, p. 156

"FRESNEL" LAMPADA / LAMP, AJC.0248a, pp. 77, 159 (50)

Mostre principali / Main exhibitions
MC / GE *Rassegna collettiva di Design,* Spazio Joe Colombo, Bruxelles, 1970
MM / SE Retrospettiva / Retrospective *Joe Colombo,* Musée d'Art Moderne, Lille Métropole (Villeneuve d'Ascq), 1984
MM / SE *I Colombo,* Galleria d'Arte Moderna e Contemporanea, Accademia Carrara, Bergamo, 1995
MM / SE *Joe Colombo,* COSMIT - 35° Salone del Mobile, La Fiera, Milano, 1996

MC / GE *Il design italiano 1964-1990,* Triennale, Milano, 1996
MC / GE *Aperto Vetro,* Museo Correr, Venezia, 2000
MM / SE *Joe Colombo. Inventing the Future,* Triennale, Milano, 2005; Vitra Design Museum, Weil am Rhein, 2006; Manchester Art Gallery, Manchester, 2007; Musée des Arts Décoratifs, Louvre, Paris, 2007; Landesmuseum Joanneum, Graz, 2008; Grassimuseum, Leipzig, 2009
MC / GE *Italy Made in Art Now. Arti Contemporanee e Disegno industriale,* MoCA - Museum of Contemporary Art, Shanghai, 2006

Collezioni permanenti / Permanent collections
Philadelphia Museum of Art, Philadelphia
Vitra Design Museum, Weil am Rhein

Bibliografia selezionata / Select bibliography
Domus per chi deve scegliere lampade di serie, "Domus", n. 424, marzo / March 1965, p. d/280
Una lampada da tavolo, e lampade da giardino, "Domus", n. 427, giugno / June1965, p. 34
Joe Colombo Designer, supplemento a / supplement to "Abitare", n. 108, settembre / September 1972, p. 207

"OPTICAL" LAMPADA / LAMP, AJC.0262, p. 160 (53)

Mostre principali / Main exhibitions
MM / SE *I Colombo,* Galleria d'Arte Moderna e Contemporanea, Accademia Carrara, Bergamo, 1995
MM / SE *Joe Colombo,* COSMIT - 35° Salone del Mobile, La Fiera, Milano, 1996
MC / GE *Il design italiano 1964-1990,* Triennale, Milano, 1996
MC / GE *Aperto Vetro,* Museo Correr, Venezia 2000
MM / SE *Joe Colombo. Inventing the Future,* Triennale, Milano, 2005; Vitra Design Museum, Weil am Rhein, 2006; Manchester Art Gallery, Manchester, 2007; Musée des Arts Décoratifs, Louvre, Paris, 2007; Landesmuseum Joanneum, Graz, 2008; Grassimuseum, Leipzig, 2009

Collezioni permanenti / Permanent collections
Philadelphia Museum of Art, Philadelphia

Bibliografia selezionata / Select bibliography
Oluce pagina pubblicitaria, in *XIII Triennale di Milano,* catalogo della mostra / exhibition catalogue, Triennale, Milano 1964
Belloni A., *Beleuchtungskorper von Oluce, Milano,* "MD - Moebel Interior Design", n. 9, settembre / September 1965, p. 460
Stile e qualità. Lampade della Oluce e della Kartell disegnate da Joe Colombo, "Forme", n. 9, settembre / September 1965, p. 29

"SMOKE" BICCHIERE / GLASS, AJC.0112, pp. 78, 161 (54)

Mostre principali / Main exhibitions
MC / GE *Vorm gevers,* Stedelijk Museum, Amsterdam, 1968

MC / GE *Design aus Italien*, Museum des 20. Jahrhunderts, Karlsruhe, 1970
MC / GE Eurodomus 3, stand Arnolfo di Cambio, Triennale, Milano, 1970
MM / SE *I Colombo*, Galleria d'Arte Moderna e Contemporanea, Accademia Carrara, Bergamo, 1995
MM / SE *Joe Colombo. Inventing the Future*, Triennale, Milano, 2005; Vitra Design Museum, Weil am Rhein, 2006; Manchester Art Gallery, Manchester, 2007; Musée des Arts Décoratifs, Louvre, Paris, 2007; Landesmuseum Joanneum, Graz, 2008; Grassimuseum, Leipzig, 2009
MM / SE Retrospettiva / Retrospective *Joe Colombo*, Galerie Arcadia, Genève, 2011
MC / GE *Meet Design: Design. Una Storia Italiana*, Mercati di Traiano. Museo dei fori Imperiali, Roma 2011
MC / GE *Arts & Foods. Rituali dal 1851*, Triennale, Milano 2015
MC / GE *Creativa Produzione. La Toscana e il design italiano 1950-1990*, Fondazione Ragghianti, Lucca 2015
MC / GE *Milano anni '60. Storia di un decennio irripetibile*, Palazzo Morando, Milano 2019-20

Collezioni permanenti / Permanent collections
Stedelijk Museum, Amsterdam
Philadelphia Museum of Art, Philadelphia
Denver Art Museum, Denver
Triennale, Milano
Indianapolis Museum of Art, Michigan
Museum Boijmans Van Beuningen, Rotterdam
Musée des Beaux-Arts de Montréal / Montreal Museum of Fine Arts, Montreal
Museo del Cristallo di Colle Di Val D'elsa, Siena

Bibliografia selezionata / Select bibliography
Mobili e oggetti di nuovo design, "Domus", n. 421, dicembre / December 1964, p. 44
Stile e qualità. Lampade della Oluce e della Kartell disegnate da Joe Colombo, "Forme", n. 9, settembre 1965, pp. 30-31
Un bicchiere per circostanze particolari, "Design Italia", n. 1, marzo-aprile / March–April 1966, pp. 36-37
Reif R., *Jeo Colombo: "If Everyone Joined the Avant-grade.."*, "The New York Times", 9 settembre / September 1966, p. 51
Ripa O., *Un esempio di casa del futuro* (intervista con / interview with Joe Colombo), "Novella 2000", n. 16, aprile / April 1966
Una nuova concezione dell'arredamento: Joe Cesare Colombo, "Lotus", n. 3, 1966-67
Rea E., *Milano dichiara guerra all'antiquariato*, "Le Ore", n. 9, 3 marzo / March 1966

"CALOTTA" LAMPADA / LAMP, AJC.0100, p. 16 (56)

Mostre principali / Main exhibitions
MC / GE XIII Triennale, Triennale, Milano 1964
MM / SE *Collection of Colombo Furniture*, D/R International - Design Research International, New York, settembre / September 1966

Premi e segnalazioni / Awards and acknowledgments
1964, Segnalazione, XIII Triennale, Milano

Collezioni permanenti / Permanent collections
Vitra Design Museum, Weil am Rhein

Bibliografia selezionata / Select bibliography
Mobili e oggetti di nuovo design, "Domus", n. 421, dicembre 1964, p. 46
Joe Colombo, *Alcune nuove proposte per l'arredamento* "Domus", n. 424, marzo 1965, pp. 38, 39, 41
Stile e qualità. Lampade della Oluce e della Kartell disegnate da Joe Colombo, "Forme", n. 9, settembre / September 1965, p. 29
Belloni A., *Beleuchtungskorper von Oluce, Milano*, "MD - Moebel Interior Design", n. 9, settembre / September 1965, p. 459
Una nuova concezione dell'arredamento: Joe Cesare Colombo, "Lotus", n. 3, 1966-1967

"SUPERCOMFORT" POLTRONA / ARMCHAIR, AJC.0237, p. 163 (57)

Mostre principali / Main exhibitions
MM / SE *Collection of Colombo Furniture*, D/R International - Design Research International, New York, settembre / September 1966
MC / GE *Design aus Italien*, Museum des 20. Jahrhunderts, Karlsruhe 1970
MM / SE *Joe Colombo*, Musée d'Art Moderne, Lille metropole (Villeneuve d'Ascq) 1984
MM / SE *Oluce e Joe Colombo*, Showroom Oluce, Milano 1988
MM / SE *I Colombo*, Galleria d'Arte Moderna e Contemporanea, Accademia Carrara, Bergamo 1995
MM / SE *Joe Colombo*, COSMIT - 35° Salone del Mobile, La Fiera, Milano, 1996
MC / GE Salone del Mobile, Fiera di Milano, Rho 2004-5-6-7-8-9-10-11
MM / SE *Joe Colombo. Inventing the Future*, Triennale, Milano, 2005; Vitra Design Museum, Weil am Rhein, 2006; Manchester Art Gallery, Manchester, 2007; Musée des Arts Décoratifs, Louvre, Paris, 2007; Landesmuseum Joanneum, Graz, 2008; Grassimuseum, Leipzig, 2009
MM / SE Retrospettiva / Retrospective *Joe Colombo*, Galerie Arcadia, Genève, 2011
MC / GE *Meet Design: Design, una storia italiana. Il design dal 1948*, Palazzo Bertalazone di San Fermo, Torino, 2011

Collezioni permanenti / Permanent collections
Vitra Design Museum, Weil am Rhein

Bibliografia selezionata / Select bibliography
Joe Colombo, *Alcune nuove proposte per l'arredamento*, "Domus", n. 424, marzo / March 1965, p. 41
La poltrona 1000, "Domus", n. 427, giugno / June 1965, pp. 42-43
Nuove proposte di arredamento per due appartamenti nella stessa casa, "Domus", n. 433, dicembre / December 1965

MØller S. E., *The History of the Bentwood Chair*, "Mobilia", n. 128, marzo / March 1966
Domus per chi deve scegliere mobili di serie. Produzione Comfort, "Domus", n. 441, agosto / August 1966, p. 34.
Reif R., *Joe Colombo: "If Everyone Joined the Avant-Garde…"*, "The New York Times", 9 settembre / September 1966, p. 51
Wie werden morgen die Möbel aussehen?, "Schöner Wohnen", n. 10, ottobre / October 1966

"PORTOFINO" BICCHIERI / GLASSES, AJC.0322, p. 167 (65)

Mostre principali / Main exhibitions
MM / SE *Joe Colombo. Inventing the Future*, Triennale, Milano, 2005; Vitra Design Museum, Weil am Rhein, 2006; Manchester Art Gallery, Manchester, 2007; Musée des Arts Décoratifs, Louvre, Paris, 2007; Landesmuseum Joanneum, Graz, 2008; Grassimuseum, Leipzig, 2009

Collezioni permanenti / Permanent collections
Die neue Sammlung, München

Bibliografia selezionata / Select bibliography
Fagone V., *Il design di Joe Colombo dall'arredo all'attrezzatura*, "Ottagono", n. 101, dicembre / December 1991 - gennaio / January 1992
Romeo F., *Ritorno al futuro*, "Case da Abitare", n. 91, ottobre / October 2005

"ALFA" MANIGLIA CON PARACOLPI / HANDLE WITH SHOCK ABSORBER, AJC.0030, p. 168 (67)

Mostre principali / Main exhibitions
MM / SE *Joe Colombo*, Musée d'Art Moderne, Lille metropole (Villeneuve d'Ascq), 1984
MC / GE *Italia Diseño 1946/1986*, Museo Rufino Tamayo, Mexico, 1986
MM / SE *Oluce e Joe Colombo*, Showroom Oluce, Milano, 1988
MC / GE *Creativitalia: The Joy of Italian Design*, Railcity Shiodome, Tokyo, 1990
MM / SE *I Colombo*, Galleria d'Arte Moderna e Contemporanea, Accademia Carrara, Bergamo, 1995
MM / SE *A Colombo Retrospective: Italian Design in the '60s*, The New York School of Interior Design, New York, 1996
MM / SE *Joe Colombo*, COSMIT - 35° Salone del Mobile, La Fiera, Milano, 1996
MM / SE *Joe Colombo. Inventing the Future*, Triennale, Milano, 2005; Vitra Design Museum, Weil am Rhein, 2006; Manchester Art Gallery, Manchester, 2007; Musée des Arts Décoratifs, Louvre, Paris, 2007; Landesmuseum Joanneum, Graz, 2008; Grassimuseum, Leipzig, 2009

Collezioni permanenti / Permanent collections
The Philadelphia Museum of Art, Philadelphia
Die neue Sammlung, München

Bibliografia selezionata / Select bibliography
Un pò di tutto, supplemento a / supplement to "Abitare", n. 108, settembre / September 1972, p. 373
Paracolpi bumpers, "Domus", n. 538, settembre / September 1974
Olivari pagina pubblicitaria, "Domus", n. 565, dicembre / December 1976
Baroni D., *I protagonisti del design, Joe Colombo*, "La rivista dell'arredamento - Interni", n. 269, giugno / June 1977
Mettiamo su casa insieme, supplemento a / supplement to "Abitare", n. 159, novembre / November 1977

"SPIDER" SERIE DI LAMPADE / LAMP SERIES, AJC.0061, pp. 80, 169 (68)

Mostre principali / Main exhibitions
MM / SE *Collection of Colombo Furniture*, "D/R International - Design Research International", New York, settembre / September 1966
MC / GE Eurodomus 1, Stand Oluce, Genova, 1966
MC / GE *Mostra ai magazzini Gimbels / Exhibition at the Gimbels department store,* NewYork, 1967
MC / GE XIV Triennale, Milano, 1968
MC / GE *M.I.A. - Mostra internazionale dell'arredamento*, Villa Reale, Monza, 1968
MC / GE *Qu'est-ce que le design?,* Centre de Création Industrielle, Pavillon de Marsan, Palazzo del Louvre / Palais du Louvre, Paris, 1969
MC / GE *Rassegna collettiva di design*, Spazio Joe Colombo, Bruxelles, 1970
MC / GE *Italy: The New Domestic Landscape*, MoMA - The Museum of Modern Art, New York, 1972
MC / GE *Design & Design - Compassi d'oro. Promossa dall'ADI e dal Comune di Milano*, Palazzo delle Stelline, Milano, 1979; Palazzo Grassi, Venezia, 1979
MC / GE *Design Since 1945*, Philadelphia Museum of Art, Philadelphia, 1983-1984
MM / SE Retrospettiva / Retrospective *Joe Colombo,* Musée d'Art Moderne, Lille Métropole (Villeneuve d'Ascq), 1984
MC / GE *Italia Diseño 1946/1986,* Museo RufinoTamayo, Mexico, 1986
MC / GE *Mobili italiani 1961-1991. Le varie età dei linguaggi*, 30° Salone del Mobile, Triennale, Milano, 1991
MM / SE *I Colombo,* Galleria d'Arte Moderna e Contemporanea, Accademia Carrara, Bergamo, 1995
MM / SE *A Colombo Retrospective: Italian Design in the '60s*, The New York School of Interior Design, New York, 1996
MM / SE *Joe Colombo*, COSMIT - 35° Salone del Mobile, La Fiera, Milano, 1996
MM / SE *Joe Colombo. Inventing the Future*, Triennale, Milano, 2005; Vitra Design Museum, Weil am Rhein, 2006; Manchester Art Gallery, Manchester, 2007; Musée des Arts Décoratifs, Louvre, Paris, 2007; Landesmuseum Joanneum, Graz, 2008; Grassimuseum, Leipzig, 2009
MC / GE *100 oggetti del design italiano. Collezione permanente del design Italiano*, Triennale, Milano, 2007

MM / SE Retrospettiva / Retrospective *Joe Colombo*, Galerie Arcadia, Genève, 2011
MC / GE *Il laboratorio delle eccellenze*, Arredaesse, Carugo, 2015

Premi e segnalazioni / Awards and acknowledgments
1967, Compasso d'Oro, ADI - Associazione per il Disegno Industriale, Milano

Collezioni permanenti / Permanent collections
The Philadelphia Museum of Art, Philadelphia
The Metropolitan Museum of Art, New York
Uměleckoprůmyslové c, Prague
Musée des Arts Décoratifs, Palazzo del Louvre / Palais du Louvre, Paris
Musée d'Art Moderne de Saint-Etienne Métropole, Saint-Etienne
Kunstgewerbemuseum, Berlin
Die neue Sammlung, München
Triennale, Milano
CLAC - Collezione del Compasso d'oro, ADI, Cantù
Stedelijk Museum, Amsterdam
Vitra Design Museum, Weil am Rhein
MoMA - The Museum of Modern Art, New York

Bibliografia selezionata / Select bibliography
Nuovi mobili italiani, "Domus", n. 432, novembre / November 1965, pp. 30, 32
Stile e qualità. Lampade della Oluce e della Kartell disegnate da Joe Colombo, "Forme", n. 9, settembre / September 1965, p. 29
Belloni A., *Beleuchtungskorper von Oluce, Milano*, "MD - Moebel Interior Design", n. 9, settembre / September 1965, p. 460
Nuove proposte di arredamento per due appartamenti nella stessa casa, "Domus", n. 433, dicembre / December 1965, pp. 18-30

"UNIVERSALE" SEDIA / CHAIR, AJC.0159, p. 170 (71)

Mostre principali / Main exhibitions
MC / GE *Mostra ai magazzini Gimbels / Exhibition at the Gimbels department store*, New York, 1967
MC / GE XIV Triennale, Milano, 1968
MC / GE BIO 3 - Biennale di Design / Biennial of Design, Ljubljana, Slovenia 1968
MC / GE *Atti del colloquio internazionale sull'esportazione della sedia,* 22° Fiera Internazionale, Trieste, 1970
MC / GE *Rassegna collettiva di design*, Stand Joe Colombo, Bruxelles, 1970
MC / GE *Modern Chairs 1918-1970*, The Whitechapel Art Gallery, London, 1970
MC / GE *Design aus Italien*, Museum des 20. Jahrhunderts, Karlsruhe, 1970
MC / GE *Italy: The New Domestic Landscape*, MoMA - The Museum of Modern Art, New York 1972
Industrial Design aus Italien, Museum des 20. Jahrhunderts, Schweizergarten, Wien 1972
MC / GE *Forme nuove in Italia*, Facoltà di Belle Arti / College of Fine Arts, University of Tehran, 1973
MC / GE *La sedia in materiale plastico,* Centrokappa, Noviglio, 1975

MM / SE *A Joe Colombo Retrospettive*, International Residence Gallery, New York, aprile / April 1976
MC / GE *Design and Art of Modern Chairs*, The National Museum of Art, Osaka, 1978
MC / GE *Design Since 1945*, Philadelphia Museum of Art, Philadelphia, 1983-1984
MM / SE *Joe Colombo*, Musée d'Art Moderne, Lille Métropole (Villeneuve d'Ascq), 1984
MC / GE *Italia Diseño 1946/1986,* Museo Rufino Tamayo, Mexico, 1986
MM / SE *Oluce e Joe Colombo*, Showroom Oluce, Milano, 1988
MC / GE *Creativitalia: The Joy of Italian Design*, Railcity Shiodome, Tokyo, 1990
MC / GE *Mobili italiani 1961-1991. Le varie età dei linguaggi*, 30° Salone del Mobile, Triennale, Milano 1991
MM / SE *I Colombo*, Galleria d'Arte Moderna e Contemporanea, Accademia Carrara, Bergamo, 1995
MC / GE *Il design italiano 1964-1990*, Triennale, Milano. 1996
MM / SE *Joe Colombo*, COSMIT - 35° Salone del Mobile, La Fiera, Milano, 1996
MC / GE *Il design italiano nei musei del mondo, 1950-1990*, Galleria d'Arte Moderna, Roma, 1998
MC / GE *Arte programmata e cinetica in Italia, 1958-1968*, Galleria d'Arte Niccoli, Parma, 2000
MC / GE *La Donation Kartell. Un environnement plastique 1949-1999*, Centre Pompidou, Paris, 2000-2001
MC / GE *La città e il design 1951-2001. Made in Italy*, COSMIT - 40° Salone del Mobile, Triennale, Milano, 2001
MM / SE *Design modernariato novecento*, Parco Esposizioni Novegro, Linate, 2002
MM / SE *Joe Colombo. Inventing the Future*, Triennale, Milano, 2005; Vitra Design Museum, Weil am Rhein, 2006; Manchester Art Gallery, Manchester, 2007; Musée des Arts Décoratifs, Louvre, Paris, 2007; Landesmuseum Joanneum, Graz, 2008; Grassimuseum, Leipzig, 2009
MC / GE *Italy Made in Art Now. Arti contemporanee e disegno industriale,* MoCA - The Museum of Contemporary Art, Shanghai 2006
MC / GE *50+2Y Italian Design*, NAMOC - The National Art Museum of China, Pechino 2006
MC / GE *100 Oggetti del Design Italiano, Collezione Permanente del Design Italiano,* Triennale, Milano 2007
MM / SE Retrospettiva / Retrospective *Joe Colombo*, Galerie Arcadia, Genève, 2011
MC / GE *Meet Design: Design, una storia italiana. Il design dal 1948*, Palazzo Bertalazone di San Fermo, Torino, 2011
MC / GE *La sedia in materiale plastico attraverso il lavoro di Joe Colombo per Kartell*, Triennale, Milano, 2011
MC / GE *Design. La sindrome dell'influenza,* Triennale, Milano, 2013
MC / GE *The Plastic Collection*, CFC Editions, Art & Design Atomium Museum, Bruxelles, 2015
MC / GE *Miniature Exhibition. 100 Sedute Classiche, Collezione Vitra*, Palazzo Popoli, Bologna, 2016
MC / GE *Failures, Process Beyond Success*, in occasione della / on the occasion of Milan Design Week, Cascina Cuccagna, Milano, 8-17 aprile / April 2016
MC / GE *Failures, Process Beyond Success*,

Fuorisalone, Cascina Cuccagna, Milano, 2016
MC / GE *The Vitra Schaudepot, Architecture, Ideas, Objects*, inaugurazione esposizione permanente / opening of the permanent collection, Vitra Design Museum, Weil am Rhein, 2016

Premi e segnalazioni / Awards and acknowledgments
1968, 1° Premio / 1st Prize Tecnhotel
1968, Segnalazione / Listed for BIO 3 - Biennale di Design / Biennial of Design, Ljubljana, Slovenia
1970, Selezione per / Selected for the Compasso d'Oro, ADI Associazione per il Disegno Industriale, Milano
1972, Medaglia d'argento / Silver Medal, Bauzentrum, Wien

Collezioni permanenti / Permanent collections
Vitra Design Museum, Weil am Rhein
Kunstmuseum Düsseldorf im Ehrenhof, Düsseldorf
Victoria & Albert Museum, London
Triennale, Milano
CLAC - Collezione del Compasso d'oro, ADI, Cantù
Museo Kartell, Noviglio (MI)
Stedelijk Museum, Amsterdam
Kunstmuseum Den Haag, Den Haag
Philadelphia Museum of Art, Philadelphia
Museum Boijmans Van Beuningen, Rotterdam
The Denver Art Museum, Denver
MoMA - The Museum of Modern Art, New York
Museum Für Gestaltung Kunstgewerbe Museum, Zürich
ADAM - Art & Design Atomium Museum, Bruxelles
Musée des Beaux-Arts de Montréal / The Montreal Museum of Fine Arts, Montreal
Plasticarium, Bruxelles
Uměleckoprůmyslové museum v Praze, Prague
Musée des Arts Décoratifs, Palazzo del Louvre / Palais du Louvre, Paris
CCI - Centre Georges Pompidou, Parigi
Musée d'Art Moderne de Saint-Etienne Métropole, Saint-Etienne
Kunstgewerbe Museum, Berlin
Die neue Sammlung, München

Bibliografia selezionata / Select bibliography
Reif R., *A European Influence: Furniture that is Fun*, "The New York Times", 9 ottobre / October 1967
Una sedia in plastica stampata ad iniezione, "Domus", n. 446, gennaio / January 1967, p. 51
Mostra Kartell alla Rinascente, "Domus", n. 447, febbraio / February 1967, p. 98
Flash segnalazioni. Mostra ai magazzini Gimbel's, "Domus", n. 458, gennaio / January 1968, p. 44
Caccia C., *Incontro con Joe Colombo* (intervista con / interview with Joe Colombo), "Formaluce", n. 2, gennaio-febbraio / January–February 1968
XIV Triennale de Milan, "L'Œil", n. 164-165, agosto-settembre / August–September 1968, p. 84

"CONTINENTAL" LIBRERIA / BOOKCASE, AJC.0234b, pp. 82, 172 (73)

Mostre principali / Main exhibitions
MM / SE / *Colombo,* Galleria d'Arte Moderna e Contemporanea, Accademia Carrara, Bergamo, 1995

MM / SE *Joe Colombo. Inventing the Future*, Triennale, Milano, 2005; Vitra Design Museum, Weil am Rhein, 2006; Manchester Art Gallery, Manchester, 2007; Musée des Arts Décoratifs, Louvre, Paris, 2007; Landesmuseum Joanneum, Graz, 2008; Grassimuseum, Leipzig, 2009
MC / GE *Salone del Mobile*, Fiera di Milano, Rho, 2006-2007
MM / SE Retrospettiva / Retrospective *Joe Colombo*, Galerie Arcadia, Genève, 2011
MC / GE *Design. La sindrome dell'influenza,* Triennale, Milano, 2013
MC / GE *Il laboratorio delle eccellenze*, Arredaesse, Carugo, 2015
MC / GE *Quirinale contemporaneo*, Palazzo di Quirinale, Roma, 2020

Bibliografia selezionata / Select bibliography
Un negozio per chi fotografa, "Domus", n. 427, giugno / June 1965, pp. 35-39
Una testimonianza, "Domus", n. 513, agosto / August 1972, p. 4
Favata I., *Joe Colombo Designer: 1930-1971*, Idea Books Edizioni, Milano 1988
Mattino cinque 2008, programma di attualità, tutti i giorni su / daily TV show on Canale 5, Mediaset
La terrazza sul lago, Cielo TV, 2 marzo / March 2012, ore 21 / h 21

"JOE" TAVOLO / TABLE, AJC.0399, p. 173 (74)

Mostre principali / Main exhibitions
MM / SE Salone del Mobile, Fiera di Milano, Rho 2016

Bibliografia selezionata / Select bibliography
Joe Colombo, *Alcune nuove proposte per l'arredamento*, "Domus", n. 424, marzo / March 1965, p. 41
Joe Colombo. Inventing the Future, catalogo della mostra monografica / solo exhibition catalogue, Vitra Design Museum, Skira 2005, p. 179
Joe Colombo 1952-1971, Yuki Sugihara, "NICHE 05", Opa Press, Tokyo 2018

"MODELLO 300" SEDIA / CHAIR, AJC.0259, pp. 85, 173 (75)

Mostre principali / Main exhibitions
MM / SE *Collection of Colombo Furniture*, D/R International - Design Research International, New York, settembre / September 1966
MC / GE *Kölner Möbelmesse - Salone del Mobile / Furniture Fair,* Köln, 1966
MC / GE XIV Triennale, Milano, 1968
MM / SE Retrospettiva / Retrospective *Joe Colombo,* Musée d'Art Moderne, Lille Métropole (Villeneuve d'Ascq), 1984
MM / SE *I Colombo,* Galleria d'Arte Moderna e Contemporanea, Accademia Carrara, Bergamo, 1995
MM / SE *A Colombo Retrospective: Italian Design in the '60s*, The New York School of Interior Design, New York, 1996
MM / SE Joe Colombo, COSMIT - 35° Salone del Mobile, La Fiera, Milano, 1996

MM / SE *Joe Colombo. Inventing the Future*, Triennale, Milano, 2005; Vitra Design Museum, Weil am Rhein, 2006; Manchester Art Gallery, Manchester, 2007; Musée des Arts Décoratifs, Louvre, Paris, 2007; Landesmuseum Joanneum, Graz, 2008; Grassimuseum, Leipzig, 2009
MC / GE *Macchina semplice. Dall'Architettura al design 100 anni di maniglie Olivari*, Giardini della Biennale, Venezia, 2010

Bibliografia selezionata / Select bibliography
Plumb B., *America discovers Colombo,* "The New York Times Magazine", 4 settembre / September 1966
Neun Stuhle von zwei Millionen, *Kölner Möbelmesse,* "MD - Möbel Interior Design", n. 3, marzo / March 1966
Décor à l'italienne, "ELLE France", n. 1109, marzo / March 1967, p. 103
Arredamento in bianco e blu, "Ottagono", n. 7, ottobre / October 1967, pp. 46-47

"CROSSED" POUF / OTTOMAN, AJC.0391, pp. 86, 175 (79)

Mostre principali / Main exhibitions
MC / GE Salone del Mobile, Fiera di Milano, Rho, 2014

Bibliografia selezionata / Select bibliography
Milano, Archivio Joe Colombo, foto datata / photo dated to 1965
Riedizioni, "Interni", n. 77, 9 aprile / April 2015, p. 18
Sugihara Y., Suzuki T., *Joe Colombo 1952-1971*, "Niche 05", Opa Press, Tokyo 2018

"CLESSIDRA" BICCHIERI E VASI / GLASSES AND VASES, AJC.0321, pp. 87, 178 (84)

Bibliografia selezionata / Select bibliography
Milano, Archivio Joe Colombo, schizzo datato / sketch dated to 1966
Fagone V., *Il design di Joe Colombo dall'arredo all'attrezzatura*, "Ottagono", n. 101, dicembre-gennaio / December–January 1992, p. 65
Joe Colombo. Inventing the Future, catalogo della mostra monografica / solo exhibition catalogue, Vitra Design Museum, Skira 2005, p. 190

"CART" POLTRONA / ARMCHAIR, AJC.0021, pp. 88, 178 (85)

Mostre principali / Main exhibitions
MC / GE Salone del Mobile, Fiera di Milano, Rho, 2016

Bibliografia selezionata / Select bibliography
Milano, Archivio Joe Colombo, schizzo datato / sketch dated to 1966
Musante G., *Il ritorno del futuro*, "Interni", n. 9, settembre / September 2016, p. 92

Vetrina, Speciale Imbottiti, Ditre Italia, "Living - Corriere della Sera", n. 10, 4 ottobre / October 2016, p. 214
Coppa A., Mainoli A., *Joe Colombo: Soluzioni globali e futuribili dell'habitat*, "Corriere della Sera", "Abitare" e Politecnico di Milano, Milano 2016, pp. 72-75, 119

"SPRING" LAMPADA / LAMP, AJC.0060, p. 179 (86)

Mostre principali / Main exhibitions
MC / GE Eurodomus2, Triennale, Milano, 1968
MC / GE *Design aus Italien*, Museum des 20. Jahrhunderts, Karlsruhe, 1970
MM / SE *I Colombo,* Musée d'Art Moderne, Lille Métropole (Villeneuve d'Ascq), 1984
MC / GE *Oluce e Joe Colombo*, Showroom Oluce, Milano, 1988
MM / SE *I Colombo,* Galleria d'Arte Moderna e Contemporanea, Accademia Carrara, Bergamo, 1995
MM / SE *Joe Colombo*, COSMIT - 35° Salone del Mobile, La Fiera, Milano, 1996
MM / SE *Joe Colombo. Inventing the Future*, Triennale, Milano, 2005; Vitra Design Museum, Weil am Rhein, 2006; Manchester Art Gallery, Manchester, 2007; Musée des Arts Décoratifs, Louvre, Paris, 2007; Landesmuseum Joanneum, Graz, 2008; Grassimuseum, Leipzig, 2009

Premi e segnalazioni / Awards and acknowledgments
1968, Segnalazione alla / Listed for the XIV Triennale, Milano
1970, International Design Award, American Institute of Interior Designers, Chicago

Collezioni permanenti / Permanent collections
Vitra Design Museum, Weil am Rhein
The Metropolitan Museum of Art, New York
MoMA - The Museum of Modern Art, New York

Bibliografia selezionata / Select bibliography
Lampade Martinelli luce, "Domus-Eurodomus 2", n. 463, giugno / June 1968, pp. 67, 68
Design-Italian lights, "AD Architectural Design", n. 7/6, novembre / November 1968, p. 553
Kastholm J., *Joe Cesare Colombo*, "Mobilia", n. 172, novembre / November 1969
Creative Forms by Joe Colombo, "Japan Interior Design", n. 130, gennaio / January 1970

LAMPADA IN METACRILATO / METHACRYLATE LAMP, AJC.0267, p. 181 (90)

Mostre principali / Main exhibitions
MC / GE *Mostra ai magazzini Gimbels / Exhibition at the Gimbels department store,* New York, 1967
MM / SE *Joe Colombo,* Musée d'Art Moderne, Lille metropole (Villeneuve d'Ascq) 1984
MC / GE *Mobili italiani 1961-1991. Le varie età dei linguaggi*, 30° Salone del Mobile, Triennale, Milano, 1991

MM / SE *I Colombo,* Galleria d'Arte Moderna e Contemporanea, Accademia Carrara, Bergamo, 1995
MC / GE *Il design italiano 1964-1990*, Triennale, Milano, 1996
MM / SE *Joe Colombo*, COSMIT - 35° Salone del Mobile, La Fiera, Milano, 1996
MC / GE *La donation Kartell. Un environnement plastique 1949-1999*, Centre Pompidou, Paris, 2000-1
MM / SE *Joe Colombo. Inventing the Future*, Triennale, Milano, 2005; Vitra Design Museum, Weil am Rhein, 2006; Manchester Art Gallery, Manchester, 2007; Musée des Arts Décoratifs, Louvre, Paris, 2007; Landesmuseum Joanneum, Graz, 2008; Grassimuseum, Leipzig, 2009
MM / SE Retrospettiva / Retrospective *Joe Colombo*, Galerie Arcadia, Genève, 2011
MC / GE *Meet Design: Design, una storia italiana. Il design dal 1948*, Palazzo Bertalazone di San Fermo, Torino, 2011
MC / GE *La sedia in materiale plastico attraverso il lavoro di Joe Colombo per Kartell*, Triennale, Milano, 2011
MC / GE *Lightopia,* Vitra Design Museum, Weil Am Rhein, 2013
MC / GE *The Plastic Collection*, CFC Editions, Art & Design Atomium Museum, Bruxelles, 2015

Collezioni permanenti / Permanent collections
Plasticarium, Bruxelles
ADAM - Art & Design Atomium Museum, Bruxelles
Musée des Beaux-Arts de Montréal / Montreal Museum of Fine Arts, Montreal
Uměleckoprůmyslové museum v Praze, Prague
CC - Centre Georges Pompidou, Paris
Musée d'Art Moderne de Saint-Etienne Métropole, Saint-Etienne
Die neue Sammlung, München
Vitra Design Museum, Weil am Rhein
Kunstmuseum Düsseldorf im Ehrenhof, Düsseldorf
The Israel Museum, Gerusalemme / Jerusalem
Triennale, Milano
Museo Kartell, Noviglio (MI)
Museum Für Gestaltung Kunstgewerbe Museum, Zürich

Bibliografia selezionata / Select bibliography
Qualcosa si muove nel design per la casa, "Design Italia", n. 3-4, settembre-dicembre / September–December 1966, p. 48
Lanzuolo A., *La casa in plastica eccola qui*, "Il Giorno", 18 novembre / November 1966, p. 7
Décor à l'italienne, "ELLE France", n. 1109, marzo / March 1967
Flash segnalazioni. Mostra ai magazzini Gimbel's, "Domus", n. 458, gennaio / January 1968, p. 44
Un mini spazio di Joe Colombo, "Domus", n. 462, maggio / May 1968
L'Oeil aux aguets sur le sicob, "L'Œil", n. 167, novembre / November 1968, p. 78

"IL KILOMETRO" MOBILETTI PENSILI / WALL-MOUNTED SHELVES, AJC.0001, pp. 90, 181 (91)

Mostre principali / Main exhibitions
MC / GE *Mostra nello Showroom Bernini*, Roma, 1968

MC / GE *Kölner Möbelmesse - Fiera del Mobile / Furniture Fair*, Köln, 1972
MM / SE *I Colombo,* Galleria d'Arte Moderna e Contemporanea, Accademia Carrara, Bergamo 1995
MM / SE *Joe Colombo. Inventing the Future*, Triennale, Milano, 2005; Vitra Design Museum, Weil am Rhein, 2006; Manchester Art Gallery, Manchester, 2007; Musée des Arts Décoratifs, Louvre, Paris, 2007; Landesmuseum Joanneum, Graz, 2008; Grassimuseum, Leipzig, 2009

Premi e segnalazioni / Awards and acknowledgments
2016, Wallpaper International Design Awards, Best of the Rest, per la migliore riedizione / for the best re-edition

Bibliografia selezionata / Select bibliography
Isgrò E., *Perché il fiasco non è un quadrato*, "Oggi", anno / year 25, n. 15, 9 aprile / April 1969, p. 98
Telefonata da Colonia. Fiera del mobile 1972, "Domus", n. 509, aprile / April 1972, p. 34
Linearità in attrezzature componibili, "Ottagono", n. 25, giugno / June 1972, pp. 62, 63
Joe Colombo Designer, supplemento a / supplement to "Abitare", n. 108, settembre / September 1972, p. 204
Guzzi A., *Il Kilometro. Razionale utilizzo dello spazio*, "Commercio Mobili", n. 95, marzo / March 1972, pp. 36, 37

"BASCULANTE" PORTACENERE / ASHTRAY, AJC.0014, p. 183 (95)

Mostre principali / Main exhibitions
MC / GE XIV Triennale, Milano, 1968
MM / SE *Joe Colombo*, Musée d'Art Moderne, Lille Métropole (Villeneuve d'Ascq), 1984
MC / GE *Italia Diseño 1946/1986,* Museo Rufino Tamayo, Mexico, 1986
MM / SE *I Colombo,* Galleria d'Arte Moderna e Contemporanea, Accademia Carrara, Bergamo, 1995
MM / SE *Joe Colombo*, COSMIT - 35° Salone del Mobile, La Fiera, Milano, 1996

Collezioni permanenti / Permanent collections
Philadelphia Museum of Art, Philadelphia

Bibliografia selezionata / Select bibliography
La produzione - Italia, "Interni", numero speciale / special issue 14° Triennale, giugno / June 1968
Isgrò E., *Perché il fiasco non è un quadrato*, "Oggi", n. 15, 9 aprile / April 1969, p. 98
Più ambienti per un salone, "Casa arredamento giardino", n. 20, dicembre / December 1969

"TWO IN ONE" BICCHIERI E VASI / GLASSES AND VASES, AJC.0036, pp. 91,185 (97)

Mostre principali / Main exhibitions
MM / SE Retrospettiva / Retrospective *Joe Colombo*, Musée d'Art Moderne, Lille metropole (Villeneuve d'Ascq), 1984

MM / SE *l Colombo,* Galleria d'Arte Moderna e Contemporanea, Accademia Carrara, Bergamo, 1995
MM / SE *A Colombo Retrospective: Italian Design in the '60s,* The New York School of Interior Design, New York 1996
MC / GE *Aperto Vetro,* Museo Correr, Venezia. 2000
MC / GE *Sensi Divini. La cultura del bere tra architettura e design,* Triennale, Milano, 2004
MM / SE *Joe Colombo. Inventing the Future,* Triennale, Milano, 2005; Vitra Design Museum, Weil am Rhein, 2006; Manchester Art Gallery, Manchester, 2007; Musée des Arts Décoratifs, Louvre, Paris, 2007; Landesmuseum Joanneum, Graz, 2008; Grassimuseum, Leipzig, 2009

Collezioni permanenti / Permanent collections
CCI - Centre Georges Pompidou, Paris

Bibliografia selezionata / Select bibliography
Creative Forms by Joe Colombo, "Japan Interior Design", n. 130, gennaio / January 1970
Fagone V., *I Colombo,* catalogo della mostra monografica / solo exhibition catalogue, Galleria d'Arte Moderna e Contemporanea dell'Accademia Carrara, Bergamo, Gabriele Mazzotta, Milano, 1995, pp. 144-145
Joe Colombo, COSMIT - 35° Salone del Mobile, catalogo della mostra monografica / solo exhibition catalogue, La Fiera di Milano, Officina d'Arte Grafica, Milano 1996, pp. 58-59
Kries M., *Joe Colombo. Inventing the Future,* catalogo della mostra monografica / solo exhibition catalogue, Vitra Design Museum, Skira 2005, p. 190

"TOTEM" APPENDIABITI / COAT HANGER, AJC.0091, pp. 92, 187 (101)

Mostre principali / Main exhibitions
MC / GE Salone del Mobile, Fiera di Milano, Rho, 2013

Bibliografia selezionata / Select bibliography
Milano, Archivio Joe Colombo, schizzo datato / sketch dated to 1967
Favata I., *Joe Colombo Designer 1930-1971,* Idea Books Edizioni, Milano 1988, p. 21
Sugihara Y., Suzuki T., *Joe Colombo 1952-1971,* "Niche 05", Opa Press, Tokyo 2018, pp. 51,98-99

"ASTREA" POLTRONA E DIVANO / ARMCHAIR AND SOFA, AJC.0051, pp. 93, 188 (102)

Mostre principali / Main exhibitions
MC / GE *Sièges 1925-1968,* Musée des Arts Décoratifs, Palazzo del Louvre / Palais du Louvre, Paris, 1968
MM / SE *Joe Colombo. Inventing the Future,* Triennale, Milano, 2005; Vitra Design Museum, Weil am Rhein, 2006; Manchester Art Gallery, Manchester, 2007; Musée des Arts Décoratifs, Louvre, Paris, 2007; Landesmuseum Joanneum, Graz, 2008; Grassimuseum, Leipzig, 2009

Bibliografia selezionata / Select bibliography
Brunhammer Y., *Sièges 1925-1968. Exposition au Musée des Arts Décoratifs,* "L'Œil", n. 160, aprile / April 1968
Domus Design, "Domus", n. 477, agosto / August 1969
Comfort (pagina pubblicitaria / advertising page), "Domus", n. 478, settembre / September 1969
Antidesign a Parigi, "Shop", n. 2/3, maggio-agosto / May–August 1969
Domus Design a Rotterdam, "Domus", n. 483, febbraio / February 1970

"ADDITIONAL SYSTEM", AJC.0124, p. 189 (105)

Mostre principali / Main exhibitions
MC / GE XIV Triennale, Milano, 1968
MC / GE *Modern Chairs 1918-1970,* The Whitechapel Art Gallery, London, 1970
MC / GE *Italy: The New Domestic Landscape,* MoMA - The Museum of Modern Art, New York, 1972
MC / GE *Industrial Design aus Italien,* Museum des 20. Jahrhunderts, Schweizergarten, Wien 1972
MC / GE *Forme nuove in Italia,* Facoltà di Belle Arti / College of Fine Arts, University of Tehran, Teheran, 1973
MM / SE *A Joe Colombo Retrospettive,* International Residence Gallery, New York, aprile / April 1976
MC / GE *Design and Art of Modern Chairs,* The National Museum of Art, Osaka, 1978
MC / GE *Design Since 1945,* Philadelphia Museum of Art, Philadelphia, 1983-1984
MC / GE *Mobili italiani 1961-1991. Le varie età dei linguaggi,* 30° Salone del Mobile, Triennale, Milano, 1991
MM / SE *l Colombo,* Galleria d'Arte Moderna e Contemporanea, Accademia Carrara, Bergamo, 1995
MC / GE / GE *Il design italiano 1964-1990,* Triennale, Milano, 1996
MM / SE *Joe Colombo,* COSMIT - 35° Salone del Mobile, La Fiera, Milano, 1996
MC / GE *Arte programmata e cinetica in Italia, 1958-1968,* Galleria d'Arte Niccoli, Parma, 2000
MC / GE *Focus on Chaise longue,* Salone Internazionale della Sedia, Udine, 2005
MM / SE *Joe Colombo. Inventing the Future,* Triennale, Milano, 2005; Vitra Design Museum, Weil am Rhein, 2006; Manchester Art Gallery, Manchester, 2007; Musée des Arts Décoratifs, Louvre, Paris, 2007; Landesmuseum Joanneum, Graz, 2008; Grassimuseum, Leipzig, 2009
MM / SE Retrospettiva / Retrospective *Joe Colombo,* Galerie Arcadia, Genève, 2011
MC / GE *Meet Design: Design, una storia italiana. Il design dal 1948,* Palazzo Bertalazone di San Fermo, Torino, 2011
MC / GE *Design. La sindrome dell'influenza,* Triennale, Milano 2013
MC / GE *The Vitra Schaudepot, Architecture, Ideas, Objects,* inaugurazione esposizione permanente / opening of the permanent collection, Vitra Design Museum, Weil am Rhein, 2016

Collezioni permanenti / Permanent collections
Vitra Design Museum, Weil am Rhein
The Metropolitan Museum of Art, New York

Bibliografia selezionata / Select bibliography
Design alla XIV Triennale, "Domus", n. 466, settembre / September 1968, pp. 28-30
La produzione - Italia, "Interni", numero speciale / special issue 14° Triennale, giugno / June 1968
Tre radio, "Domus", n. 481, dicembre / December 1969, p. 41
Creative Forms by Joe Colombo, "Japan Interior Design", n. 130, gennaio / January 1970
Domus Design a Rotterdam, "Domus", n. 483, febbraio / February 1970
Design Abroad: Italy - Joe Colombo, "Industrial Design", n. 17/4, maggio / May 1970

"COUPÉ" SERIE LAMPADE / LAMP SERIES, AJC.0265-0266, pp. 94, 190 (107), 191 (108)

Mostre principali / Main exhibitions
MC / GE *Vorm gevers,* Stedelijk Museum, Amsterdam, 1968
MC / GE *Design aus Italien,* Museum des 20. Jahrhunderts, Karlsruhe, 1970
MC / GE *Rassegna collettiva di design,* Spazio Joe Colombo, Bruxelles, 1970
MM / SE Retrospettiva / Retrospective *Joe Colombo,* Musée d'Art Moderne, Lille Métropole (Villeneuve d'Ascq), 1984
MM / SE *l Colombo,* Galleria d'Arte Moderna e Contemporanea, Accademia Carrara, Bergamo, 1995
MM / SE *Joe Colombo,* COSMIT - 35° Salone del Mobile, La Fiera, Milano, 1996
MM / SE *Joe Colombo. Inventing the Future,* Triennale, Milano, 2005; Vitra Design Museum, Weil am Rhein, 2006; Manchester Art Gallery, Manchester, 2007; Musée des Arts Décoratifs, Louvre, Paris, 2007; Landesmuseum Joanneum, Graz, 2008; Grassimuseum, Leipzig, 2009
MM / SE Retrospettiva / Retrospective *Joe Colombo,* Galerie Arcadia, Genève, 2011
MC / GE *Il laboratorio delle eccellenze,* Arredaesse, Carugo, 2015

Premi e segnalazioni / Awards and acknowledgments
1968, International Design Award, American Institute of Interior Designers, Chicago, per la versione cilindrica / for the cylindrical version
2016, Wallpaper International Design Awards, Best of the Rest, per le migliori riedizioni per la versione semisferica / for the best re-edition of the semispherical version

Collezioni permanenti / Permanent collections
MoMA - The Museum of Modern Art, New York
Musée des Beaux-Arts de Montréal / Montreal Museum of Fine Arts, Montreal
Uměleckoprůmyslové museum v Praze, Prague
Neue Sammlung Museum, München
Stedelijk Museum, Amsterdam
Vitra Design Museum, Weil am Rhein

Bibliografia selezionata / Select bibliography
Arredamento in bianco e blu, "Ottagono", n. 7, ottobre / October 1967, pp. 44-51
Un mini spazio di Joe Colombo, "Domus", n. 462, maggio / May 1968
Caccia C., *Incontro con Joe Colombo* (intervista con / interview with Joe Colombo), "Formaluce", n. 2, gennaio-febbraio / January–February 1968

"FLASH" LAMPADA / LAMP, AJC.0045, p. 193 (111)

Mostre principali / Main exhibitions
MC / GE Eurodomus 3, Triennale, Milano, 1970
MC / GE *Rassegna Collettiva Design*, Spazio Joe Colombo, Bruxelles, 1970
MC / GE *Design aus Italien*, Museum des 20. Jahrhunderts, Karlsruhe, 1970
MC / GE BIO 5 - Biennale di Design / Biennial of Design, Ljubljana, Slovenia, 1973
MM / SE *Joe Colombo*, Musée d'Art Moderne, Lille Métropole (Villeneuve d'Ascq), 1984
MM / SE *Oluce e Joe Colombo*, Showroom Oluce, Milano, 1988
MC / GE *Mobili italiani 1961-1991. Le varie età dei linguaggi*, 30° Salone del Mobile, Triennale, Milano, 1991
MM / SE *I Colombo*, Galleria d'Arte Moderna e Contemporanea, Accademia Carrara, Bergamo, 1995
MM / SE *Joe Colombo*, COSMIT - 35° Salone del Mobile, La Fiera, Milano, 1996
MM / SE *Joe Colombo. Inventing the Future*, Triennale, Milano, 2005; Vitra Design Museum, Weil am Rhein, 2006; Manchester Art Gallery, Manchester, 2007; Musée des Arts Décoratifs, Louvre, Paris, 2007; Landesmuseum Joanneum, Graz, 2008; Grassimuseum, Leipzig, 2009
MC / GE *Italy Made in Art Now-Arti Contemporanee e Disegno industriale*, MoCA - The Museum of Contemporary Art, Shanghai 2006
MM / SE Retrospettiva / Retrospective *Joe Colombo*, Galerie Arcadia, Genève, 2011

Premi e segnalazioni / Awards and acknowledgments
1973, Segnalazione / Listed for BIO 5 - Biennale di Design / Biennial of Design, Lubiana, Slovenia

Collezioni permanenti / Permanent collections
Uměleckoprůmyslové museum v Praze, Prague

Bibliografia selezionata / Select bibliography
Creative Forms by Joe Colombo, "Japan Interior Design", n. 130, gennaio / January 1970, p. 62
Rassegna, "Domus", n. 484, marzo / March 1970
Eurodomus 3, "Formaluce", n. 16, maggio-giugno / May–June 1970, p. 20
Segnaliamo, "Domus – Eurodomus 3", n. 488, luglio / July 1970, p. 30
Design abroad: Italy - Joe Colombo, "Industrial Design", n. 17/4, maggio / May 1970, p. 29
Luce privata, "Interni", n. 47, novembre / November 1970, p. 33
Joe Colombo Designer, supplemento a / supplement to "Abitare", n. 108, settembre / September 1972, p. 206

"SFERICO" BICCHIERE / GLASS, AJC.0089, pp. 96, 194 (113)

Mostre principali / Main exhibitions
MM / SE *I Colombo*, Galleria d'Arte Moderna e Contemporanea, Accademia Carrara, Bergamo, 1995
MM / SE *Joe Colombo. Inventing the Future*, Triennale, Milano, 2005; Vitra Design Museum, Weil am Rhein, 2006; Manchester Art Gallery, Manchester, 2007; Musée des Arts Décoratifs, Louvre, Paris, 2007; Landesmuseum Joanneum, Graz, 2008; Grassimuseum, Leipzig, 2009
MC / GE *Salone del Mobile*, Fiera di Milano, Rho, 2016
MM / SE *Joe Colombo*, COSMIT - 35° Salone del Mobile, La Fiera di Milano, Rho, 1996

Bibliografia selezionata / Select bibliography
Milano, Archivio Joe Colombo, disegno datato / drawing dated to 1968
Kries M., *Joe Colombo-Inventing the future*, catalogo della mostra monografica / solo exhibition catalogue, Vitra Design Museum, Skira 2005, p. 191

"MASTRO" TAVOLO / TABLE, AJC.0182, p. 195 (114)

Mostre principali / Main exhibitions
MC / GE Eurodomus 3, stand Zanotta, Triennale, Milano, 1970

Bibliografia selezionata / Select bibliography
Segnaliamo, "Domus – Eurodomus 3", n. 488, luglio / July 1970
Le case firmate. L'appartamento a spazio aperto, "Casa Amica", n. 37, settembre / September 1971, pp. 20-24
Casciani S., *Mobili come architetture*, Arcadia edizioni, Milano 1984

"BOX 1" MONOBLOCCO NOTTE-GIORNO / NIGHT AND DAY MULTI-FUNCTION MOBILE UNIT, AJC.0065, p. 196 (115)

Mostre principali / Main exhibitions
MC / GE XIV Triennale, Milano, 1968
MC / GE *6° Biennale dello standard nell'arredamento*, Mariano Comense, 1968
MC / GE *Qu'est-ce que le design ?*, Centre de Création Industrielle, Pavillon de Marsan, Palazzo del Louvre / Palais du Louvre, Paris, 1969
MM / SE *I Colombo*, Galleria d'Arte Moderna e Contemporanea, Accademia Carrara, Bergamo, 1995
MC / GE *Il design italiano 1964-1990*, Triennale, Milano, 1996
MC / GE *Living in Motion: Design und Architecture für flexible Wohnen*, Vitra Design Museum, Rhein am Weil, 2001-2002
MM / SE *Joe Colombo. Inventing the Future*, Triennale, Milano, 2005; Vitra Design Museum, Weil am Rhein, 2006; Manchester Art Gallery, Manchester, 2007; Musée des Arts Décoratifs, Louvre, Paris, 2007; Landesmuseum Joanneum, Graz, 2008; Grassimuseum, Leipzig, 2009

MM / SE Retrospettiva / Retrospective *Joe Colombo*, Galerie Arcadia, Genève, 2011

Collezioni permanenti / Permanent collections
Vitra Design Museum, Weil am Rhein

Bibliografia selezionata / Select bibliography
Milano: mobili all'ottavo Salone, "Domus", n. 468, novembre / November 1968, p. 34.
Duckett M., *New Furniture: the Competition*, "Design", n. 242, febbraio / February 1969, p. 58
Sverbeyeff E., Morrison H., *The young designers-A total environment*, "House Beautiful" ", n. 7, luglio / July 1969
La linea pagina pubblicitaria, "Shop, n. 2/3, maggio-agosto 1969
Reif R., *Colombo's Designs Bridge Language and Generation Gaps*, "New York Times", 9 aprile / April 1969
Qu'est-ce que le design?, "L'Œil", n. 178, ottobre / October 1969
Macy's, "The New York Times", 12 aprile / April 1969

"POKER" TAVOLO / TABLE, AJC.0052, pp. 97, 197 (116)

Mostre principali / Main exhibitions
MC / GE *Design aus Italien*, Museum des 20. Jahrhunderts, Karlsruhe, 1970
MC / GE *Deuxième Biennale Intérieur*, Courtrai, Belgio / Belgium, 1970
MC / GE *Rassegna collettiva di Design*, Spazio Joe Colombo, Bruxelles, 1970
MC / GE *Italy: The New Domestic Landscape*, MoMA - The Museum of Modern Art, New York, 1972
MC / GE *Industrial Design aus Italien*, Museum des 20. Jahrhunderts, Schweizergarten, Wien,1972
MC / GE *Forme nuove in Italia*, Facoltà di Belle Arti / College of Fine Arts, University of Tehran, Tehran, 1973
MM / SE *Joe Colombo*, Musée d'Art Moderne, Lille Métropole (Villeneuve d'Ascq), 1984
MC / GE *Joe Colombo*, COSMIT - 35° Salone del Mobile, La Fiera di Milano, 1996
MM / SE *A Colombo Retrospective: Italian Design in the '60s*, The New York School of Interior Design, New York, 1996
MM / SE *Joe Colombo. Inventing the Future*, Triennale, Milano, 2005; Vitra Design Museum, Weil am Rhein, 2006; Manchester Art Gallery, Manchester, 2007; Musée des Arts Décoratifs, Louvre, Paris, 2007; Landesmuseum Joanneum, Graz, 2008; Grassimuseum, Leipzig, 2009

Premi e segnalazioni / Awards and acknowledgments
1986, Premio / Prize Istituto Italiano di Cultura "1932-1985 Histoire du Design Zanotta", Strasbourg

Collezioni permanenti / Permanent collections
MoMA - The Museum of Modern Art, New York
Triennale, Milano
Vitra Design Museum, Weil am Rhein

Bibliografia selezionata / Select bibliography
La superficie che costruisce, "Interni", n. 47, novembre / November 1970, p. 52

Deuxième Biennale Intérieur a Courtrai, Belgio, "Inlordesign", n. 35-36, dicembre / December 1970, p. 201
Dream a little dream for me, "Industrial Design", n. 17/4, Maggio / May 1970, p. 29
Dimensione D, "Formaluce", n. 24/25, settembre-dicembre / September–December 1971, pp. 24-25

"VADEMECUM" LAMPADA / LAMP, AJC.0079, p. 197 (117)

Mostre principali / Main exhibitions
MM / SE *A Colombo Retrospective: Italian Design in the '60s*, The New York School of Interior Design, New York, 1996
MM / SE *Joe Colombo. Inventing the Future*, Triennale, Milano, 2005; Vitra Design Museum, Weil am Rhein, 2006; Manchester Art Gallery, Manchester, 2007; Musée des Arts Décoratifs, Louvre, Paris, 2007; Landesmuseum Joanneum, Graz, 2008; Grassimuseum, Leipzig, 2009
MM / SE Retrospettiva / Retrospective *Joe Colombo*, Galerie Arcadia, Genève, 2011

Collezioni permanenti / Permanent collections
Vitra Design Museum, Weil am Rhein
Museo Kartell, Noviglio (MI)
Philadelphia Museum of Art, Philadelphia

Bibliografia selezionata / Select bibliography
Il mobile Italiano protagonista degli anni '70. Si afferma sempre più la "linea italiana", "Momento-sera", 30-31 ottobre / October 1970, p. 16
Favata I., *Joe Colombo Designer 1930-1971*, Idea Books Edizioni, Milano 1988

"MENISSA" PIATTI / DISHES, AJC.0086, p. 198 (118)

Mostre principali / Main exhibitions
MC / GE Eurodomus 3, Triennale, Milano, 1970
MM / SE *I Colombo,* Galleria d'Arte Moderna e Contemporanea, Accademia Carrara, Bergamo, 1995
MM / SE *A Colombo Retrospective: Italian Design in the '60s*, The New York School of Interior Design, New York, 1996
MM / SE *Joe Colombo*, COSMIT - 35° Salone del Mobile, La Fiera, Milano, 1996
MM / SE *Joe Colombo. Inventing the Future*, Triennale, Milano, 2005; Vitra Design Museum, Weil am Rhein, 2006; Manchester Art Gallery, Manchester, 2007; Musée des Arts Décoratifs, Louvre, Paris, 2007; Landesmuseum Joanneum, Graz, 2008; Grassimuseum, Leipzig, 2009
MC / GE *Arts & Foods, Rituali dal 1851,* Triennale, Milano, 2015

Collezioni permanenti / Permanent collections
Philadelphia Museum of Art, Philadelphia

Bibliografia selezionata / Select bibliography
VII vetro marmo ceramica, "Domus - Eurodomus 3", n. 488, luglio / July 1970

This Is Eurodomus 3, "Domus - Eurodomus 3", n. 488, luglio 1970, / July p. 28
Joe Colombo-Designer, supplemento a / supplement to "Abitare", n. 108, settembre / September 1972

LAMPADA A SPINA / LAMP WITH EMBEDDED PLUG, AJC.0099, p. 198 (120)

Mostre principali / Main exhibitions
MC / GE *Vorm gevers,* Stedelijk Museum, Amsterdam, 1968

Collezioni permanenti / Permanent collections
Stedelijk Museum, Amsterdam

Bibliografia selezionata / Select bibliography
Settore: Andere Europese landen / Other European Countries - Joe Colombo, Italië, in *Vorm gevers*, catalogo della mostra / exhibition catalogue, Stedelijk Museum, Amsterdam 1968

"TRIANGULAR CONTAINER SYSTEM", AJC.0101, p. 199 (121)

Mostre principali / Main exhibitions
MC / GE Eurodomus 3, stand Elco-Bellato, Triennale, Milano, 1970
MC / GE *La mia casa*, Torino, 1971
MC / GE *Le case firmate*, Fratelli Brambilla, Corsico, 1971
MM / SE *Joe Colombo,* Musée d'Art Moderne, Lille Métropole (Villeneuve d'Ascq), 1984
MM / SE *I Colombo,* Galleria d'Arte Moderna e Contemporanea, Accademia Carrara, Bergamo, 1995
MM / SE *Joe Colombo*, COSMIT - 35° Salone del Mobile, La Fiera, Milano, 1996
MM / SE *Joe Colombo. Inventing the Future*, Triennale, Milano, 2005; Vitra Design Museum, Weil am Rhein, 2006; Manchester Art Gallery, Manchester, 2007; Musée des Arts Décoratifs, Louvre, Paris, 2007; Landesmuseum Joanneum, Graz, 2008; Grassimuseum, Leipzig, 2009

Collezioni permanenti / Permanent collections
CCI - Centre Georges Pompidou, Paris

Bibliografia selezionata / Select bibliography
Segnaliamo, "Domus - Eurodomus3", n. 488, luglio / July 1970
Moro D., *Oggi il design: la situazione in Italia*, "Rassegna", n. 11/12, settembre / September 1970
Visto a Milano: 10° Salone del Mobile, "Interni", n. 47, novembre / November 1970
En exclusivité: Le design se meurt (intervista con / interview with Joe Colombo), "Inlordesign", n. 35-36, dicembre / December1970
Joe Colombo. Triangular Storage System, "Domus", n. 493, dicembre / December 1970
Joe Colombo, "L'Architecture d'aujourd'hui", n. 155, aprile-maggio / April–May 1971, p. 56.
Mortier M., Hatje G., Kaspar E.,*10 New furniture-Neue Möbel*, Verlag Gerd Hatje, Stuttgart 1971

"BIGLIA" PORTACENERE / ASHTRAY, AJC.0106, pp. 98, 200 (122)

Mostre principali / Main exhibitions
MM / SE *I Colombo,* Galleria d'Arte Moderna e Contemporanea, Accademia Carrara, Bergamo, 1995
MM / SE *Joe Colombo*, COSMIT - 35° Salone del Mobile, La Fiera, Milano, 1996
MC / GE *Aperto Vetro*, Museo Correr, Venezia, 2000
MM / SE *Joe Colombo. Inventing the Future*, Triennale, Milano, 2005; Vitra Design Museum, Weil am Rhein, 2006; Manchester Art Gallery, Manchester, 2007; Musée des Arts Décoratifs, Louvre, Paris, 2007; Landesmuseum Joanneum, Graz, 2008; Grassimuseum, Leipzig, 2009

Bibliografia selezionata / Select bibliography
Armonie di cristallo, "Oggi", anno / year 27, n. 50, dicembre / December 1971, p. 11
Nuove cose per la casa, "Domus", n. 512, luglio / July 1972
Baroni D., *I protagonisti del design, Joe Colombo*, "La rivista dell'arredamento Interni", n. 269, giugno / June 1977, p. 55

"CONCHIGLIA" LAMPADA / LAMP, AJC.0254, p. 201 (124)

Mostre principali / Main exhibitions
MM / SE *I Colombo,* Galleria d'Arte Moderna e Contemporanea, Accademia Carrara, Bergamo, 1995
MM / SE *Joe Colombo*, COSMIT - 35° Salone del Mobile, La Fiera, Milano, 1996

Collezioni permanenti / Permanent collections
Philadelphia Museum of Art, Philadelphia
Bibliografia selezionata / Select bibliography
Milano, Archivio Joe Colombo, foto datata / photo dated to 1980
Fagone V., Favata I., *Joe Colombo*, collana / series *I maestri del design* diretta da / curated by Andrea Branzi, Il Sole 24 Ore, Milano 2011, p. 50
Favata I., Coppa A., *Joe Colombo*, collana / series *I Protagonisti del Design* diretta da / curated by Vando Pagliardini, Hachette Fascicoli, Milano 2013, p. 47

"CABRIOLET BED", AJC.0145, p. 202 (127)

Mostre principali / Main exhibitions
MC / GE Eurodomus 3, stand Sormani, Triennale, Milano, 1970
MC / GE *Design Since 1945*, Philadelphia Museum of Art, Philadelphia, 1983-1984
MM / SE *Joe Colombo,* Musée d'Art Moderne, Lille Métropole (Villeneuve d'Ascq), 1984
MC / GE *Il Progetto Domestico. La casa dell'uomo: archetipi e prototipi*, XVII Triennale di Milano, Milano, 1986
MM / SE *Oluce e Joe Colombo*, Showroom Oluce, Milano, 1988
MC / GE *Mobili italiani 1961-1991. Le varie età dei linguaggi*, 30° Salone del Mobile, Triennale, Milano, 1991

MM / SE / *Colombo,* Galleria d'Arte Moderna e Contemporanea, Accademia Carrara, Bergamo, 1995
MC / GE *Il design italiano 1964-1990*, Triennale, Milano, 1996
MM / SE *Joe Colombo*, COSMIT - 35° Salone del Mobile, La Fiera, Milano, 1996
MC / GE *Living in motion: Design und Architecture für flexible Wohnen,* Vitra Design Museum, Rhein am Weil, 2001-2
MM / SE *Joe Colombo. Inventing the Future*, Triennale, Milano, 2005; Vitra Design Museum, Weil am Rhein, 2006; Manchester Art Gallery, Manchester, 2007; Musée des Arts Décoratifs, Louvre, Paris, 2007; Landesmuseum Joanneum, Graz, 2008; Grassimuseum, Leipzig, 2009
MM / SE Retrospettiva / Retrospective *Joe Colombo*, Galerie Arcadia, Genève, 2011
MC / GE *Design, La sindrome dell'influenza,* Triennale, Milano, 2013
MC / GE *Il laboratorio delle eccellenze*, Arredaesse, Carugo, 2015

Collezioni permanenti / Permanent collections

Galleria d'Arte Moderna e Contemporanea dell'Accademia Carrara, Bergamo

Bibliografia selezionata / Select bibliography

Propost, "Domus – Eurodomus 3", n. 488, luglio / July 1970, p. 21
New System Furniture Design by Joe Colombo, "Japan Interior Design", n. 139, ottobre / October 1970
Mosconi D., *Design Italia '70, A*chille Mauri Editore, Milano 1970
Joe Colombo, *Habitat umano, dalla sedia alla città*, in Ceppellini V. (a cura di / ed.), *Il Milione. Libro dell'anno 1971*, Istituto geografico de agostini, Novara 1971
Milano: la casa VIP di un designer VIP, "Domus", n. 494, gennaio / January 1971
Bertoldi S., *La casa? Tutta da rifare: mobili e muri* (intervista con / interview with Joe Colombo), "Oggi", n. 4, gennaio / January, p. 54
Clamart 3, "L'Œil", n. 194, febbraio / February 1971, pp. 54-55
Belloni A., *Dynamisches Wohnen*, "MD-Möbel Interior Design", n. 2, febbraio / February 1971
Joe Colombo, "L'Architecture d'aujourd'hui", n. 155, aprile-maggio / April–May 1971, p. 56

"ROTOLIVING", AJC.0148, p. 203 (128)

Mostre principali / Main exhibitions

MC / GE Eurodomus 3, Stand Sormani, Triennale, Milano, 1970
MM / SE *A Joe Colombo Retrospective*, International Residence Gallery, New York, aprile / April 1976
MC / GE *Design Since 1945*, Philadelphia Museum of Art, Philadelphia, 1983-1984
MM / SE *Joe Colombo*, Musée d'Art Moderne, Lille Métropole (Villeneuve d'Ascq), 1984
MM / SE *Oluce e Joe Colombo*, Showroom Oluce, Milano, 1988
MC / GE *Mobili italiani 1961-1991. Le varie età dei linguaggi*, 30° Salone del Mobile, Triennale, Milano, 1991

MM / SE / *Colombo,* Galleria d'Arte Moderna e Contemporanea, Accademia Carrara, Bergamo, 1995
MC / GE *Il design italiano 1964-1990*, Triennale, Milano, 1996
MM / SE *Joe Colombo*, COSMIT - 35° Salone del Mobile, La Fiera, Milano, 1996
MC / GE *Living in Motion: Design und Architecture für flexible Wohnen,* Vitra Design Museum, Rhein am Weil, 2001-2002
MM / SE *Joe Colombo. Inventing the Future*, Triennale, Milano, 2005; Vitra Design Museum, Weil am Rhein, 2006; Manchester Art Gallery, Manchester, 2007; Musée des Arts Décoratifs, Louvre, Paris, 2007; Landesmuseum Joanneum, Graz, 2008; Grassimuseum, Leipzig, 2009
MM / SE Retrospettiva / Retrospective *Joe Colombo*, Galerie Arcadia, Genève, 2011
MC / GE *Cucina&Ultracorpi,* La Triennale, Milano, 2015

Bibliografia selezionata / Select bibliography

Propost, "Domus - Eurodomus 3", n. 488, luglio / July 1970, p. 21
New system furniture design by Joe Colombo, "Japan Interior Design", n. 139, ottobre / October 1970
Mosconi D., *Design Italia '70, A*chille Mauri Editore, Milano 1970
Joe Colombo, *Habitat umano, dalla sedia alla città*, in Ceppellini V. (a cura di / ed.), *Il Milione. Libro dell'anno 1971*, Istituto geografico de agostini, Novara 1971
Milano: la casa VIP di un designer VIP, "Domus", n. 494, gennaio / January 1971
Bertoldi S., *La casa? Tutta da rifare: mobili e muri* (intervista con / interview with Joe Colombo), "Oggi", n. 4, gennaio / January, p. 55
Discoveries. Living Machines. Designer Joe Colombo rethinks the way he wants to live and design, "House and Garden", aprile / April 1971
Design in action: Colombo, "Industrial design", n. 18/3, aprile / April 1971
Belloni A., *Dynamisches Wohnen*, "MD - Moebel Interior Design", n. 2, febbraio / February 1971

"VISIONA 1", AJC.0115, p. 204 (129)

Mostre principali / Main exhibitions

MC / GE *Qu'est-ce que le design ?,* Centre de Création Industrielle, Pavillon de Marsan, Palazzo del Louvre / Palais du Louvre, Paris 1969
MC / GE *Civiltà delle macchine,* Assolombarda, Torino-Lingotto, 1990
MC / GE *Mobili italiani 1961-1991. Le varie età dei linguaggi*, 30° Salone del Mobile, Triennale, Milano, 1991
MM / SE / *Colombo,* Galleria d'Arte Moderna e Contemporanea, Accademia Carrara, Bergamo, 1995
MC / GE *Pop in Orbit. Design from the Space Age,* Design Exchange, Toronto, 1995
MC / GE *Il design italiano 1964-1990*, Triennale, Milano, 1996
MM / SE *Joe Colombo*, COSMIT - 35° Salone del Mobile, La Fiera, Milano, 1996
MC / GE *Vergangene Zukunft-Design zwischen*

Utopie und Wissenschaft, Kunst halle Krems, 2001-2002
MM / SE *Joe Colombo. Inventing the Future*, Triennale, Milano, 2005; Vitra Design Museum, Weil am Rhein, 2006; Manchester Art Gallery, Manchester, 2007; Musée des Arts Décoratifs, Louvre, Paris, 2007; Landesmuseum Joanneum, Graz, 2008; Grassimuseum, Leipzig, 2009
Hyper-Links: Architecture and Design, Yale University Press, Art Institute of Design, Chicago, 2011
MM / SE Retrospettiva / Retrospective *Joe Colombo*, Galerie Arcadia, Genève, 2011
MC / GE *Cucina & Ultracorpi,* La Triennale, Milano, 2015
MC / GE *Beleza em Movimento. Icones do Design Italiano na Casa Fiat de Cultura*, Belo Horizonte, Brasile / Brazil, 2019

Bibliografia selezionata / Select bibliography

Luukela A., *Huomispäivän asunto,* "Avotakka", n. 8, agosto / August 1969
Joe Colombo, *Visiona '69 a Colonia,* "Il Mobile", n. 13, 10 luglio / July 1969, p. 12
A Colonia per la Bayer, "Domus", n. 478, settembre / Sptember 1969
Qu'est-ce que le design?, "L'Œil", n. 178, ottobre / October 1969
Guenzi C., *Ricerche e proposte per un habitat futuribile: Joe Colombo,* "Casabella", n. 342, 1969
Kastholm J., *Joe Cesare Colombo,* "Mobilia", n. 172, novembre / November 1969
Visiona '69. Una sensacional experimentacion hacia la decoracion del futuro, "Hogares modernos", n. 39, settembre / September 1969
Visiona '69, "Arredorama", n. 1, dicembre / December 1969, pp. 10-17
Gevers C., Jébéjian E.H., *Le meuble pour qui et pour quoi? L'homme au travail 3/en collectivité*, "La Maison", n. 12-1, dicembre / December 1969 - gennaio / January 1970
Joe Colombo, *Habitat*, "Fenarete", n. 127, giugno / June 1970

"BAZOOKA" PROIETTORE / PROJECTOR, AJC.0107, p. 206 (130)

Mostre principali / Main exhibitions

MC / GE *Rassegna Collettiva Design*, Spazio Joe Colombo, Bruxelles, 1970
MC / GE *Design aus Italien*, Museum des 20. Jahrhunderts, Karlsruhe, 1970
MC / GE Eurodomus 3, Triennale, Milano, 1970
MC / GE *Industrial Design aus Italien*, Museum des 20. Jahrhunderts, Schweizergarten, Wien, 1972
MC / GE *Forme nuove in Italia*, Facoltà di Belle Arti / College of Fine Arts, University of Tehran, Tehran, 1973
MM / SE *Joe Colombo,* Musée d'Art Moderne, Lille Métropole (Villeneuve d'Ascq), 1984
MM / SE / *Colombo,* Galleria d'Arte Moderna e Contemporanea, Accademia Carrara, Bergamo, 1995
MM / SE *Joe Colombo*, COSMIT - 35° Salone del Mobile, La Fiera, Milano, 1996
MM / SE *Joe Colombo. Inventing the Future*, Triennale, Milano, 2005; Vitra Design Museum, Weil

am Rhein, 2006; Manchester Art Gallery, Manchester, 2007; Musée des Arts Décoratifs, Louvre, Paris, 2007; Landesmuseum Joanneum, Graz, 2008; Grassimuseum, Leipzig, 2009

Premi e segnalazioni / Awards and acknowledgments
1970, Selezione per / Selected for the Compasso d'Oro, ADI - Associazione per il Disegno Industriale, Milano

Collezioni permanenti / Permanent collections
Vitra Design Museum, Weil am Rhein

Bibliografia selezionata / Select bibliography
Creative Forms by Joe Colombo, "Japan Interior Design", n. 130, gennaio / January 1970
Segnaliamo, "Domus - Eurodomus 3", n. 488, luglio / July 1970, p. 30
Guenzi C., *Design e prestazioni*, "Casabella", n. 347, aprile / April 1970
Moro D., *Oggi il design: la situazione in Italia,* "Rassegna", n. 11/12, settembre / September 1970, p. 25
Light durch Leuchten, "MD - Moebel Interior Design", n. 4, aprile / April 1972, p. 104
Joe Colombo. Designer, supplemento a / supplement to "Abitare", n. 108, settembre / September 1972

"TRISYSTEM" APPARECCHIO FOTOGRAFICO / CAMERA, AJC.0114, p. 207 (131)

Mostre principali / Main exhibitions
MC / GE *Rassegna Collettiva Design*, Spazio Joe Colombo, Bruxelles, 1970
MC / GE *Design aus Italien*, Museum des 20. Jahrhunderts, Karlsruhe, 1970
MC / GE *Industrial Design aus Italien*, Museum des 20. Jahrhunderts, Schweizergarten, Wien, 1972
MM / SE *A Joe Colombo Retrospettive*, International Residence Gallery, New York, aprile / April 1976
MM / SE *Joe Colombo,* Musée d'Art Moderne, Lille Métropole (Villeneuve d'Ascq), 1984
MM / SE *Oluce e Joe Colombo*, Showroom Oluce, Milano, 1988
MM / SE *I Colombo,* Galleria d'Arte Moderna e Contemporanea, Accademia Carrara, Bergamo, 1995
MM / SE *Joe Colombo*, COSMIT - 35° Salone del Mobile, La Fiera, Milano, 1996
MM / SE *Joe Colombo. Inventing the Future*, Triennale, Milano, 2005; Vitra Design Museum, Weil am Rhein, 2006; Manchester Art Gallery, Manchester, 2007; Musée des Arts Décoratifs, Louvre, Paris, 2007; Landesmuseum Joanneum, Graz, 2008; Grassimuseum, Leipzig, 2009

Premi e segnalazioni / Awards and acknowledgments
1970, Selezione per / Selected for the Compasso d'Oro, ADI - Associazione per il Disegno Industriale, Milano

Bibliografia selezionata / Select bibliography
Per professionisti-Apparecchio fotografico professionale, "L'Œil", n. 185, maggio / May 1970

Joe Colombo - Apparecchio fotografico professionale, "Domus", n. 486, maggio / May 1970, p. 43.
Design Abroad: Italy - Joe Colombo, "Industrial Design", n. 17/4, maggio / May 1970
Mosconi D., *Design Italia '70,* Achille Mauri Editore, Milano 1970
Joe Colombo-Designer, supplemento a / supplement to "Abitare", n. 108, settembre / September 1972
Una testimonianza, "Domus", n. 513, agosto / August 1972, p. 4

"SQUARE SYSTEM" CONTENITORI / CONTAINERS, AJC.0132, pp. 99, 209 (134)

Mostre principali / Main exhibitions
MC / GE Eurodomus 3, Stand Elco-Bellato, Triennale, Milano, 1970
MM / SE *Retrospettiva di Joe Colombo*, XV Triennale, Milano, 1973
MM / SE *A Joe Colombo Retrospettive*, International Residence Gallery, New York, aprile / April 1976
MM / SE Retrospettiva / Retrospective *Joe Colombo,* Musée d'Art Moderne, Lille Métropole (Villeneuve d'Ascq), 1984
MM / SE *I Colombo,* Galleria d'Arte Moderna e Contemporanea, Accademia Carrara, Bergamo, 1995
MM / SE *Design modernariato novecento*, Parco Esposizioni Novegro, Linate, 2002
MM / SE *Joe Colombo. Inventing the Future*, Triennale, Milano, 2005; Vitra Design Museum, Weil am Rhein, 2006; Manchester Art Gallery, Manchester, 2007; Musée des Arts Décoratifs, Louvre, Paris, 2007; Landesmuseum Joanneum, Graz, 2008; Grassimuseum, Leipzig, 2009
MC / GE *The Plastic Collection*, CFC Editions, Art & Design Atomium Museum, Bruxelles, 2015
MC / GE *Salone del Mobile*, Fiera di Milano, Rho, 2015

Collezioni permanenti / Permanent collections
Philadelphia Museum of Art, Philadelphia
CCI - Centre Georges Pompidou, Paris
MoMA – The Museum of Modern Art, New York
ADAM - Art & Design Atomium Museum, Bruxelles

Bibliografia selezionata / Select bibliography
Segnaliamo, "Domus - Eurodomus 3", n. 488, luglio / July 1970, p. 21
New System Furniture design by Joe C. Colombo, "Japan Interior Design", n. 139, ottobre / October 1970, pp. 17-21
Mobile Italiano '70 Joe Colombo, "MD-Moebel Interior Design", n. 11, novembre / November 1970, pp. 74-77
En exclusivité: Le design se meurt (intervista con / interview with Joe Colombo), "Infordesign", n. 35-36, dicembre / December 1970, p. 257
Bühler P., *Joe Colombo. Patron de la "Casa nostra"* (intervista con / interview withJoe Colombo), "H", n. 3, agosto-settembre / August–September 1971, pp. 75-76
Moro D., *Oggi il design: a situazione in Italia*, "Rassegna", n. 11/12, 1970

"TUBE CHAIR" POLTRONA / ARMCHAIR, AJC.0133, pp. 100, 209 (135)

Mostre principali / Main exhibitions
MC / GE Eurodomus 3, Stand Flexform, Triennale, Milano, 1970
MC / GE 10° Salone del Mobile, Milano, 1970
MC / GE *Italy: The New Domestic Landscape*, MoMA - The Museum of Modern Art, New York, 1972
MC / GE *Design and Art of Modern Chairs*, The National Museum of Art, Osaka, 1978
MM / SE *Joe Colombo,* Musée d'Art Moderne, Lille Métropole (Villeneuve d'Ascq), 1984
MC / GE *Italia Diseño 1946/1986,* Museo Rufino Tamayo, Mexico, 1986
MC / GE *Mobili italiani 1961-1991. Le varie età dei linguaggi*, 30° Salone del Mobile, Triennale, Milano, 1991
MM / SE *I Colombo,* Galleria d'Arte Moderna e Contemporanea, Accademia Carrara, Bergamo, 1995
MM / SE *Joe Colombo. Inventing the Future*, Triennale, Milano, 2005; Vitra Design Museum, Weil am Rhein, 2006; Manchester Art Gallery, Manchester, 2007; Musée des Arts Décoratifs, Louvre, Paris, 2007; Landesmuseum Joanneum, Graz, 2008; Grassimuseum, Leipzig, 2009
MC / GE *100 Oggetti del Design Italiano. Collezione permanente del design Italiano,* Triennale, Milano, 2007
MC / GE *Au fond de l'inconnu pour trouver du nouveau,* Musée d'Art Moderne, Saint-Etienne, 2009
MM / SE Retrospettiva / Retrospective *Joe Colombo*, Galerie Arcadia, Genève, 2011
MC / GE *Meet Design: Design, una storia italiana. Il design dal 1948*, Palazzo Bertalazone di San Fermo, Torino, 2011
MC / GE *Design. La sindrome dell'influenza,* Triennale, Milano 2013
MC / GE *The Vitra Schaudepot, Architecture, Ideas, Objects*, inaugurazione dell'esposizione permanente / opening of the permanent collection, Vitra Design Museum, Weil am Rhein, 2016
MC / GE *Le Dessin sans Réserve*, Musée des Arts Décoratifs, palazzo del Louvre / Palais du Louvre, Paris, 2020-2021
MC / GE *Le Siège se révolte !*, Musée de la ville de Saint-Quentin-en-Yvelines, Montigny-le-Bretonneux, 2020-2021

Premi e segnalazioni / Awards and acknowledgments
2018, Wallpaper Design Awards, per la migliore riedizione / for the best re-edition

Collezioni permanenti / Permanent collections
Stedelijk Museum, Amsterdam
The Denver Art Museum, Denver
The Metropolitan Museum of Art, New York
MoMA - The Museum of Modern Art, New York
Plasticarium, Bruxelles
ADAM - Art & Design Atomium Museum, Bruxelles
CCI - Centre Georges Pompidou, Paris
Musée des Arts Décoratifs, Palazzo del Louvre / Palais du Louvre, Parigi
Musée d'Art Moderne de Saint-Etienne Metropole, Saint-Etienne
Die neue Sammlung, München
Vitra Design Museum, Weil am Rhein

Bibliografia selezionata / Select bibliography
Segnaliamo, "Domus - Eurodomus 3", n. 488, luglio / July 1970
New System Furniture Design by Joe C. Colombo, "Japan Interior Design", n. 139, ottobre / October 1970
Joe Colombo, "L'Architecture d'aujourd'hui", n. 155, aprile-maggio / April–May 1971, p. 56.
Bühler P., *Joe Colombo. Patron de la "Casa nostra"* (intervista con / interview with Joe Colombo), "H", n. 3, agosto-settembre / August–September 1971, pp. 77-79

"ROBO" CONTENITORE / CONTAINER,
AJC.0161, pp. 102, 210 (136)

Mostre principali / Main exhibitions
MC / GE Eurodomus 3, stand Elco-Bellato, Triennale, Milano 1970
MC / GE *X Salone del Mobile*, La Fiera, Milano, 1970
MM / SE *A Joe Colombo Retrospective*, International Residence Gallery, New York, aprile / April 1976
MM / SE Retrospettiva / Retrospective *Joe Colombo,* Musée d'Art Moderne, Lille Métropole (Villeneuve d'Ascq), 1984
MM / SE *I Colombo,* Galleria d'Arte Moderna e Contemporanea, Accademia Carrara, Bergamo 1995
MM / SE *A Colombo Retrospective: Italian Design in the 60's,* The New York School of Interior Design, New York 1996
MM / SE *Joe Colombo*, COSMIT - 35° Salone del Mobile, La Fiera, Milano, 1996
MM / SE *Joe Colombo. Inventing the Future*, Triennale, Milano, 2005; Vitra Design Museum, Weil am Rhein, 2006; Manchester Art Gallery, Manchester, 2007; Musée des Arts Décoratifs, Louvre, Paris, 2007; Landesmuseum Joanneum, Graz, 2008; Grassimuseum, Leipzig, 2009
MM / SE Retrospettiva / Retrospective *Joe Colombo*, Galerie Arcadia, Genève, 2011
MC / GE *Il laboratorio delle eccellenze*, Arredaesse, Carugo 2015
MC / GE *The Plastic Collection*, CFC Editions, Art & Design Atomium Museum, Bruxelles, 2015

Collezioni permanenti / Permanent collections
ADAM - Art & Design Atomium Museum, Bruxelles
Philadelphia Museum Of Art, Philadelphia
CCI - Centre Georges Pompidou, Paris

Bibliografia selezionata / Select bibliography
En exclusivité: Le design se meurt (intervista con / interview with Joe Colombo)*,* "Infordesign", n. 35-36, dicembre / December 1970, p. 257
Elco (pagina pubblicitaria / advertising page), "Rassegna", n. 11/12, settembre / September 1970
Bühler P., *Joe Colombo. Patron de la "Casa nostra"* (intervista con / interview with Joe Colombo), "H", n. 3, agosto-settembre / August–September 1971, pp. 75-76

"OPTIMAL" PIPE / TOBACCO PIPES,
AJC.0233, p. 211 (138)

Mostre principali / Main exhibitions
MM / SE *I Colombo,* Galleria d'Arte Moderna e Contemporanea, Accademia Carrara, Bergamo, 1995
MM / SE *Joe Colombo*, COSMIT - 35° Salone del Mobile, La Fiera, Milano, 1996
MM / SE *Joe Colombo. Inventing the Future*, Triennale, Milano, 2005; Vitra Design Museum, Weil am Rhein, 2006; Manchester Art Gallery, Manchester, 2007; Musée des Arts Décoratifs, Louvre, Paris, 2007; Landesmuseum Joanneum, Graz, 2008; Grassimuseum, Leipzig, 2009
MM / SE Retrospettiva / Retrospective *Joe Colombo,* Galerie Arcadia, Genève, 2011
MC / GE *The Italian Way. Tra artigianato e tecnologia. Progetti intorno al corpo*, Fiera, Vicenza, 2011
MC / GE *Milano anni '60. Storia di un decennio irripetibile,* Palazzo Morando, Milano, 2019-2020

Collezioni permanenti / Permanent collections
Musée d'Art Moderne de Saint-Etienne Métropole, Saint-Etienne

Bibliografia selezionata / Select bibliography
Joe Colombo Designer, supplemento a / supplement to "Abitare", n. 108, settembre / September 1972
Grassi A., Pansera A., *Atlante del design italiano 1940-80*, Gruppo editoriale Fabbri, Milano 1984
Favata I., *Joe Colombo Designer 1930-1971*, Idea Books Edizioni, Milano 1988

"5 IN 1" BICCHIERI / GLASSES, AJC.0314, pp. 103, 213 (143)

Mostre principali / Main exhibitions
MM / SE *I Colombo,* Galleria d'Arte Moderna e Contemporanea, Accademia Carrara, Bergamo 1995
MC / GE *Aperto Vetro*, Museo Correr, Venezia, 2000
MM / SE *Joe Colombo. Inventing the Future*, Triennale, Milano, 2005; Vitra Design Museum, Weil am Rhein, 2006; Manchester Art Gallery, Manchester, 2007; Musée des Arts Décoratifs, Louvre, Paris, 2007; Landesmuseum Joanneum, Graz, 2008; Grassimuseum, Leipzig, 2009
MC / GE *Meet Design: Design, una storia italiana. Il design dal 1948*, Palazzo Bertalazone di San Fermo, Torino, 2011
MM / SE Retrospettiva / Retrospective *Joe Colombo*, Galerie Arcadia, Genève, 2011
MC / GE *Arts & Foods, Rituali dal 1851,* Triennale, Milano, 2015

Premi e segnalazioni / Awards and acknowledgments
1991, Selezione per / Selected for the Compasso d'Oro, ADI - Associazione per il Disegno Industriale, Milano

Collezioni permanenti / Permanent collections
Die Neue Sammlung, München
The Metropolitan Museum of Art, New York

Bibliografia selezionata / Select bibliography
Milano, Archivio Joe Colombo, schizzo datato / sketch dated to 1970

Casciani S., *Gli universi paralleli di Gianni e Joe*, "Abitare", n. 339, aprile / April 1995, p. 208
Fagone V., *I Colombo*, catalogo della mostra monografica / solo exhibition catalogue, Galleria d'Arte Moderna e Contemporanea, Accademia Carrara, Bergamo, 1995, pp. 142-143
Branzi A., *Il design italiano 1964-1990*, catalogo della mostra / exhibition catalogue, Triennale, Milano 1996, p. 46
Kries M., *Joe Colombo. Inventing the Future,* catalogo della mostra monografica / solo exhibition catalogue, Vitra Design Museum, Skira 2005
Joe Colombo, catalogo della mostra monografica / solo exhibition catalogue, Galleria Arcadia, Ginevra 2011, pp. 84-5

"BIRILLO" SERIE / SERIES, AJC.0142, p. 214 (144)

Mostre principali / Main exhibitions
MC / GE Eurodomus 3, stand Zanotta, Triennale, Milano, 1970
MC / GE Salone del Mobile, Milano, 1971
MC / GE BIO 5 - Biennale di Design / Biennial of Design, Ljubljana, Slovenia, 1973
MC / GE *Design and Art of Modern Chairs*, The National Museum of Art, Osaka 1978
MC / GE *Raccolta del Design*, XVI Triennale, Milano 1980
MM / SE *Joe Colombo,* Musée d'Art Moderne, Lille Métropole (Villeneuve d'Ascq), 1984
MM / SE *Oluce e Joe Colombo*, Showroom Oluce, Milano 1988
MC / GE *Mobili italiani 1961-1991_Le varie età dei linguaggi, 30° Salone del Mobile*, Triennale, Milano 1991
MM / SE *I Colombo,* Galleria d'Arte Moderna e Contemporanea, Accademia Carrara, Bergamo, 1995
MM / SE *Joe Colombo*, COSMIT - 35° Salone del Mobile, La Fiera, Milano, 1996
MC / GE *Living in motion: Design und Architecture für flexible Wohnen,* Vitra Design Museum, Rhein am Weil, 2001-2002
MM / SE *Design modernariato novecento*, Parco Esposizioni Novegro, Linate 2002
MM / SE *Joe Colombo. Inventing the Future*, Triennale, Milano, 2005; Vitra Design Museum, Weil am Rhein, 2006; Manchester Art Gallery, Manchester, 2007; Musée des Arts Décoratifs, Louvre, Paris, 2007; Landesmuseum Joanneum, Graz, 2008; Grassimuseum, Leipzig, 2009
MC / GE *Tomorrow Now. When design meets science-fiction*, MUDAM - Musée d'Art Moderne Grand-Duc Jean, Luxembourg 2007
MM / SE Retrospettiva / Retrospective *Joe Colombo*, Galerie Arcadia, Genève, 2011

Premi e segnalazioni / Awards and acknowledgments
1973, Segnalazione, BIO 5 - Biennale di Design / Biennial of Design, Ljubljana, Slovenia
1980, Premio / Award "Raccolta del Design", XVI Triennale, Milano

Collezioni permanenti / Permanent collections
Musée d'Art Moderne, Lille Métropole (Villeneuve d'Ascq)
Die neue Sammlung, Monaco di Baviera

Vitra Design Museum, Weil am Rhein
Kunstmuseum Düsseldorf im Ehrenhof, Dusseldorf
Triennale, Milano
MoMA - Museum of Modern Art, New York
Museum Für Gestaltung Kunstgewerbe Museum, Zurigo
Musée Des Beaux-Arts de Montréal / The Montreal Museum of Fine Arts, Montreal
CCI-Centre Georges Pompidou, Parigi

Bibliografia selezionata / Select bibliography
Segnaliamo, "Domus - Eurodomus 3", n. 488, luglio / July 1970.
Mosconi D., *Design Italia '70*, Achille Mauri Editore, Milano 1970
In prospettiva il Salone del Mobile di Milano, "Arredorama", n. 10, ottobre / October 1971
I mobili del '72, "Interni", n. 58, ottobre / October 1971.
Salone del Mobile, Mailand 1971, "MD - Moebel Interior Design", n. 1, gennaio / January 1972, p. 79
Una testimonianza, "Domus", n. 513, agosto / August 1972, p. 4

"LIVING CENTER", AJC.0144, p. 215 (145)

Mostre principali / Main exhibitions
MM / SE *A Joe Colombo Retrospettive*, International Residence Gallery, New York, aprile / April 1976
MM / SE *A Colombo Retrospective:Italian Design in the 60's*, The New York School of Interior Design, New York 1996
MM / SE *Joe Colombo. Inventing the Future*, Triennale, Milano, 2005; Vitra Design Museum, Weil am Rhein, 2006; Manchester Art Gallery, Manchester, 2007; Musée des Arts Décoratifs, Louvre, Paris, 2007; Landesmuseum Joanneum, Graz, 2008; Grassimuseum, Leipzig, 2009
MC / GE *Arts & Foods, Rituali dal 1851*, Triennale, Milano, 2015

Collezioni permanenti / Permanent collections
Die neue Sammlung, München
Vitra Design Museum, Weil Am Rhein
Philadelphia Museum of Art, Philadelphia
MoMA - The Museum of Modern Art, New York

Bibliografia selezionata / Select bibliography
The Kind of Toys for the Game of Relaxing, "Domus", n. 511, giugno / June 1972, p. 34
A Joe Colombo Retrospective, Galleria International Residence, catalogo della mostra monografica / solo exhibition catalogue, New York 1976
Favata I., *Joe Colombo Designer 1930-1971*, Idea Books Edizioni, Milano 1988
Mendini A., *Una testimonianza. Joe e Gianni Colombo, designer e artisti*, "Abitare", n. 339, aprile / April 1995, p. 210

"MULTICHAIR" POLTRONA / ARMCHAIR, AJC,0146, pp. 104, 216 (147)

Mostre principali / Main exhibitions
MC / GE *Italy: The New Domestic Landscape*,

MoMA - The Museum of Modern Art, New York, 1972
MC / GE *10 anni di Premio SMAU Industrial Design 1968-78*, Milano, 1979
MM / SE *Joe Colombo*, Musée d'Art Moderne, Lille Métropole (Villeneuve d'Ascq), 1984
MC / GE *Civiltà delle Macchine*, Assolombarda, Torino-Lingotto, 1990
MM / SE *I Colombo*, Galleria d'Arte Moderna e Contemporanea, Accademia Carrara, Bergamo, 1995
MC / GE *Living in Motion: Design und Architecture für flexible Wohnen*, Vitra Design Museum, Rhein am Weil, 2001-2002
MM / SE *Design Modernariato Novecento*, Parco Esposizioni Novegro, Linate, 2002
MM / SE *Joe Colombo. Inventing the Future*, Triennale, Milano, 2005; Vitra Design Museum, Weil am Rhein, 2006; Manchester Art Gallery, Manchester, 2007; Musée des Arts Décoratifs, Louvre, Paris, 2007; Landesmuseum Joanneum, Graz, 2008; Grassimuseum, Leipzig, 2009
MM / SE Retrospettiva / Retrospective *Joe Colombo*, Galerie Arcadia, Genève, 2011
MC / GE *Meet Design: Design, una storia italiana. Il design dal 1948*, Palazzo Bertalazone di San Fermo, Torino, 2011
MC / GE *Design. La sindrome dell'influenza*, Triennale, Milano, 2013
MC / GE *The Vitra Schaudepot, Architecture, Ideas, Objects*, inaugurazione esposizione permanente / opening of the permanent collection, Vitra Design Museum, Weil am Rhein, 2016
MC / GE *Il laboratorio delle eccellenze*, Arredaesse, Carugo, 2015
MC / GE *Home Furniture: Living in Yesterday's Tomorrow*, London Design Museum, London, 2018-2019

Collezioni permanenti / Permanent collections
Musée des Beaux-Arts de Montréal / The Montreal Museum of Fine Arts, Montreal
CCI - Centre Georges Pompidou, Paris
The Metropolitan Museum of Art, New York
Vitra Design Museum, Weil am Rhein
The Denver Art Museum, Denver

Bibliografia selezionata / Select bibliography
New System Furniture Design by Joe Colombo, "Japan Interior Design", n. 139, ottobre / October 1970, p. 28
Il mobile Italiano protagonista degli anni '70. Si afferma sempre più la "linea italiana", "Momento-sera", 30-31 ottobre / October 1970, p. 16
Milano: la casa VIP di un designer VIP, "Domus", n. 494, gennaio / January 1971, pp. 21-4
Belloni A., *Dynamisches Wohnen*, "MD - Moebel Interior Design", n. 2, febbraio / February 1971, pp. 24-27
Le case firmate. L'appartamento a spazio aperto, "Casa Amica", n. 37, settembre / September 1971, pp. 20-24
Private Residence of Joe C. Colombo, "Japan Interior Design", n. 142, gennaio / January 1971, pp. 62-64

"TOPO" E / AND "MINITOPO" LAMPADE / LAMPS, AJC.0158, pp. 106, 220 (155)

Mostre principali / Main exhibitions

MC / GE Eurodomus 3, Stand Stilnovo, Triennale, Milano, 1970
MM / SE Retrospettiva / Retrospective *Joe Colombo*, Musée d'Art Moderne, Lille Métropole (Villeneuve d'Ascq) 1984
MM / SE *I Colombo*, Galleria d'Arte Moderna e Contemporanea, Accademia Carrara, Bergamo, 1995
MM / SE *A Colombo Retrospective: Italian Design in the '60s*, The New York School of Interior Design, New York, 1996
MM / SE *Joe Colombo*, COSMIT - 35° Salone del Mobile, La Fiera, Milano, 1996
MM / SE *Joe Colombo. Inventing the Future*, Triennale, Milano, 2005; Vitra Design Museum, Weil am Rhein, 2006; Manchester Art Gallery, Manchester, 2007; Musée des Arts Décoratifs, Louvre, Paris, 2007; Landesmuseum Joanneum, Graz, 2008; Grassimuseum, Leipzig, 2009
MM / SE Retrospettiva / Retrospective *Joe Colombo*, Galerie Arcadia, Genève, 2011
MC / GE *Colori del Rosso*, Galleria Campari, Sesto San Giovanni 2015; Istituto Italiano di Cultura, Bruxelles, 2019

Collezioni permanenti / Permanent collections
Musée des Arts Décoratifs, Palazzo del Louvre / Palais du Louvre, Paris
The Israel Museum, Gerusalemme / Jerusalem
Vitra Design Museum, Weil am Rhein
Museum Für Gestaltung Kunstgewerbe Museum, Zürich
MoMA - The Museum of Modern Art, New York
Stedelijk Museum, Amsterdam

Bibliografia selezionata / Select bibliography
Apparecchi per illuminazione, catalogo Stilnovo / Stilnovo catalogue, n. 23, trimestrale / quarterly magazine, aprile-giugno / April– June 1971
Joe Colombo-Designer, supplemento a / supplement to "Abitare", n. 108, settembre / September 1972
Light durch Leuchten, "MD - Moebel Interior Design", n. 4, aprile / April 1972, p. 105
Video intervista per Stilnovo (intervista con / interview with Ignazia Favata), Euroluce - Salone Internazionale dell'Illuminazione 2019

"BOBY" CARRELLO / TROLLEY, AJC.0139, pp. 108, 220 (156)

Mostre principali / Main exhibitions
MM / SE *Joe Colombo*, Musée d'Art Moderne, Lille Métropole (Villeneuve d'Ascq), 1984
MC / GE *Civiltà delle Macchine*, Assolombarda, Torino-Lingotto, 1990
MM / SE *I Colombo*, Galleria d'Arte Moderna e Contemporanea, Accademia Carrara, Bergamo, 1995
MM / SE *Joe Colombo*, COSMIT - 35° Salone del Mobile, La Fiera, Milano, 1996
MC / GE *Colombo Retrospective: Italian Design in the '60s*, The New York School of Interior Design, New York,1996
MC / GE *Living in Motion: Design und Architecture für flexible Wohnen*, Vitra Design Museum, Rhein am Weil, 2001-2002

MM / SE *Design Modernariato Novecento*, Parco Esposizioni Novegro, Linate, 2002
MM / SE *Joe Colombo. Inventing the Future*, Triennale, Milano, 2005; Vitra Design Museum, Weil am Rhein, 2006; Manchester Art Gallery, Manchester, 2007; Musée des Arts Décoratifs, Louvre, Paris, 2007; Landesmuseum Joanneum, Graz, 2008; Grassimuseum, Leipzig, 2009
MC / GE *100 Oggetti del design italiano. Collezione permanente del design italiano,* Triennale, Milano, 2007
MM / SE Retrospettiva / Retrospective *Joe Colombo*, Galerie Arcadia, Genève, 2011
MC / GE *Design Dance,* Teatro dell'Arte, Triennale, Milano, 2012
MC / GE *Design. La sindrome dell'influenza,* Triennale, Milano, 2013
MC / GE *The Plastic Collection*, CFC Editions, Art & Design Atomium Museum, Bruxelles, 2015
MC / GE *The Vitra Schaudepot, Architecture, Ideas, Objects*, inaugurazione esposizione permanente / opening of the permanent collection, Vitra Design Museum, Weil am Rhein, 2016

Premi e segnalazioni / Awards and acknowledgments
1971, 1° premio / 1st prize S.M.A.U., Milano

Collezioni permanenti / Permanent collections
CCI - Centre Georges Pompidou, Paris
Plasticarium, Bruxelles
Musee d'Art Moderne de Saint-Etienne Metropole, Saint-Etienne
Die Neue Sammlung, München
Victoria & Albert Museum, London
Indianapolis Museum of Art, Newfields
Philadelphia Museum of Art, Philadelphia
The Denver Art Museum, Denver
MoMA - The Museum of Modern Art, New York
Vitra Design Museum, Weil Am Rhein
Kunstmuseum Düsseldorf Im Ehrenhof, Düsseldorf
Museum für Gestaltung Kunstgewerbe Museum, Zürich
Triennale, Milano
Musée des Beaux-Arts de Montréal / The Montreal Museum of Fine Arts, Montreal
ADAM - Art & Design Atomium Museum, Bruxelles
Stedelijk Museum, Amsterdam

Bibliografia selezionata / Select bibliography
Boby esposto in permanenza al "The Museum of Modern Art at New York", catalogo Bieffeplast / Bieffeplast catalogue, Padova 1970
Una torre su ruote, "Domus", n. 511, giugno / June 1972, p. 40
Bieffeplast (pagina pubblicitaria / advertising page), "Abitare", n. 107, luglio-agosto / July–August 1972
Joe Colombo Designer, supplemento a / supplement to "Abitare", n. 108, settembre / September 1972
Santi Gualteri F.*, Mettiamo su casa insieme*, supplemento a / supplement to "Abitare", n. 111, dicembre / December 1972, p. 54

"TRIEDRO" LAMPADA / LAMP, AJC.0140, pp. 110, 221 (157)

Mostre principali / Main exhibitions
MC / GE *Rassegna collettiva di design*, Stand Joe Colombo, Bruxelles, 1970
MM / SE *Joe Colombo*, Musée d'Art Moderne, Lille Métropole (Villeneuve d'Ascq), 1984
MM / SE *I Colombo,* Galleria d'Arte Moderna e Contemporanea, Accademia Carrara, Bergamo, 1995
MM / SE *A Colombo Retrospective: Italian Design in the '60s*, The New York School of Interior Design, New York, 1996
MM / SE *Joe Colombo. Inventing the Future*, Triennale, Milano, 2005; Vitra Design Museum, Weil am Rhein, 2006; Manchester Art Gallery, Manchester, 2007; Musée des Arts Décoratifs, Louvre, Paris, 2007; Landesmuseum Joanneum, Graz, 2008; Grassimuseum, Leipzig, 2009
MM / SE Retrospettiva / Retrospective *Joe Colombo*, Galerie Arcadia, Genève, 2011

Collezioni permanenti / Permanent collections
The Israel Museum, Gerusalemme / Jeruselem
Philadelphia Museum of Art, Philadelphia
Vitra Design Museum, Weil am Rhein

Bibliografia selezionata / Select bibliography
Stilnovo (pagina pubblicitaria / advertising page), in *Design aus Italien*, catalogo della mostra / exhibition catalogue, Museum des 20. Jahrhunderts, Karlsruhe, 1970
Stilnovo (pagina pubblicitaria / advertising page), "Domus", n. 510, maggio / May 1972
Nuove cose per la casa, "Domus", n. 512, luglio / July 1972
Joe Colombo Designer, supplemento a / supplement to "Abitare", n. 108, settembre / September 1972
Stilnovo (pagina pubblicitaria / advertising page), "Casa vogue", n. 14, giugno / June 1972

ESPOSITORI PER / SHOWCASES FOR ARNOLFO DI CAMBIO, AJC.0167, p. 222 (159)

Mostre principali / Main exhibitions
MM / SE *I Colombo,* Galleria d'Arte Moderna e Contemporanea, Accademia Carrara, Bergamo, 1995
MM / SE *Joe Colombo. Inventing the Future*, Triennale, Milano, 2005; Vitra Design Museum, Weil am Rhein, 2006; Manchester Art Gallery, Manchester, 2007; Musée des Arts Décoratifs, Louvre, Paris, 2007; Landesmuseum Joanneum, Graz, 2008; Grassimuseum, Leipzig, 2009

Collezioni permanenti / Permanent collections
Vitra Design Museum, Weil am Rhein

Bibliografia selezionata / Select bibliography
Milano, Archivio Joe Colombo, foto datata / photo dated to 1970

"OPTIC" OROLOGIO-SVEGLIA / ALARM CLOCK, AJC.0173, pp. 112, 223 (161)

Mostre principali / Main exhibitions
MC / GE *Industrial Design aus Italien*, Museum des 20. Jahrhunderts, Wien, 1972
MC / GE *Forme nuove in Italia*, Facoltà di Belle Arti / College of Fine Arts, University of Tehran, Tehran, 1973
MM / SE Retrospettiva / Retrospective *Joe Colombo,* Musée d'Art Moderne, Lille Métropole (Villeneuve d'Ascq), 1984
MM / SE *I Colombo,* Galleria d'Arte Moderna e Contemporanea, Accademia Carrara, Bergamo, 1995
MM / SE *A Colombo Retrospective: Italian Design in the '60s*, The New York School of Interior Design, New York, 1996
MM / SE *Joe Colombo*, COSMIT - 35° Salone del Mobile, La Fiera, Milano, 1996
MM / SE *Joe Colombo. Inventing the Future*, Triennale, Milano, 2005; Vitra Design Museum, Weil am Rhein, 2006; Manchester Art Gallery, Manchester, 2007; Musée des Arts Décoratifs, Louvre, Paris, 2007; Landesmuseum Joanneum, Graz, 2008; Grassimuseum, Leipzig, 2009
MM / SE Retrospettiva / Retrospective *Joe Colombo*, Galerie Arcadia, Genève, 2011

Collezioni permanenti / Permanent collections
Philadelphia Museum of Art, Philadelphia
Musée des Beaux-Arts de Montréal / Montreal Museum of Fine Arts, Montreal
Die neue Sammlung, München
Kunstmuseum Düsseldorf im Ehrenhof, Düsseldorf
Triennale, Milano
Stedelijk Museum, Amsterdam
The Denver Art Museum, Denver
The Metropolitan Museum of Art, New York

Bibliografia selezionata / Select bibliography
TIC..TIC..TIC.., "Arredorama", n. 10, ottobre / October 1971
Ritz Italora (pagina pubblicitaria / advertising page), "Domus", n. 510, maggio / May 1972
Ritz Italora (pagina pubblicitaria / advertising page), "Casa Vogue", n. 14, giugno / June 1972
Joe Colombo Designer, supplemento a / supplement to "Abitare", n. 108, settembre / September 1972
Strumenti, "Domus", n. 518, gennaio / January 1973, p. 30

"COLOMBO 626" LAMPADA / LAMP, AJC.0177a, pp. 114, 224 (164)

Mostre principali / Main exhibitions
MM / SE Retrospettiva / Retrospective *Joe Colombo,* Musée d'Art Moderne, Lille Métropole (Villeneuve d'Ascq), 1984
MC / GE *Italia Diseño 1946/1986,* Museo Rufino Tamayo, Mexico, 1986
MM / SE *I Colombo,* Galleria d'Arte Moderna e Contemporanea, Accademia Carrara, Bergamo, 1995
MC / GE *Il design italiano 1964-1990*, Triennale, Milano, 1996
MM / SE *A Colombo Retrospective: Italian Design in the '60s*, The New York School of Interior Design, New York, 1996

MM / SE *Design Modernariato Novecento*, Parco Esposizioni Novegro, Linate, 2002
MM / SE *Joe Colombo*, COSMIT - 35° Salone del Mobile, La Fiera, Milano, 1996
MM / SE *Joe Colombo. Inventing the Future*, Triennale, Milano, 2005; Vitra Design Museum, Weil am Rhein, 2006; Manchester Art Gallery, Manchester, 2007; Musée des Arts Décoratifs, Louvre, Paris, 2007; Landesmuseum Joanneum, Graz, 2008; Grassimuseum, Leipzig, 2009
MC / GE *Italy Made in Art Now. Arti contemporanee e disegno industriale,* MoCA - The Museum of Contemporary Art, Shanghai, 2006
MM / SE Retrospettiva / Retrospective *Joe Colombo*, Galerie Arcadia, Genève, 2011
MC / GE *Lightopia,* Vitra Design Museum, Weil Am Rhein, 2013

Premi e segnalazioni / Awards and acknowledgments
1973, Segnalazione / Listed for BIO 5 - Biennale di Design / Biennial of Design, Ljubljana, Slovenia

Collezioni permanenti / Permanent collections
Musée des Arts Decoratifs, Palazzo del Louvre / Palais du Louvres, Paris
Die neue Sammlung, München
Kunstmuseum Düsseldorf im Ehrenhof, Düsseldorf
Triennale, Milano
Philadelphia Museum of Art, Philadelphia
The Denver Art Museum, Denver
Vitra Design Museum, Weil am Rhein

Bibliografia selezionata / Select bibliography
Le case firmate. L'appartamento a spazio aperto, "Casa Amica", n. 37, settembre / September 1971, pp. 21,23
Minicasa per pignoli, "Oggi", n. 25, giugno / June 1971, p. 66
Ancora luce, supplemento a / supplement to "Abitare", n. 108, settembre / September 1972, pp. 306-307

"LINEA '72" SERVIZIO DI BORDO ALITALIA (PRIMA E SECONDA CALSSE) / ALITALIA (FIRST AND SECOND CLASS) IN-FLIGHT SERVICE, AJC.0218a/b, p. 228 (171) e / and 229 (172)

Mostre principali / Main exhibitions
MM / SE *Retrospettiva di Joe Colombo*, XV *Triennale*, Milano, 1973
MC / GE *Conseguenze impreviste: arte, moda, design*, Prato, 1982-1983
MM / SE *Joe Colombo,* Musée d'Art Moderne, Lille Métropole (Villeneuve d'Ascq), 1984
MC / GE *Italia Diseño 1946/1986,* Museo Rufino Tamayo, Mexico, 1986
MM / SE *Oluce e Joe Colombo*, Showroom Oluce, Milano, 1988
MC / GE *Civiltà delle Macchine,* Assolombarda, Torino-Lingotto, 1990
MM / SE *I Colombo,* Galleria d'Arte Moderna e Contemporanea, Accademia Carrara, Bergamo, 1995
MC / GE *Il design italiano 1964-1990*, Triennale, Milano, 1996

MM / SE *A Colombo Retrospective: Italian Design in the '60s*, The New York School of Interior Design, New York, 1996
MM / SE *Joe Colombo*, COSMIT - 35° Salone del Mobile, La Fiera, Milano, 1996
MC / GE *Airworld - Design and Architecture for Air Travel*, Vitra Design Museum, Weil am Rhein, 2004
MM / SE *Joe Colombo. Inventing the Future*, Triennale, Milano, 2005; Vitra Design Museum, Weil am Rhein, 2006; Manchester Art Gallery, Manchester, 2007; Musée des Arts Décoratifs, Louvre, Paris, 2007; Landesmuseum Joanneum, Graz, 2008; Grassimuseum, Leipzig, 2009
MC / GE *Italy Made in Art Now. Arti contemporanee e disegno industriale*, MoCA - The Museum of Contemporary Art, Shanghai, 2006
MC / GE *100 oggetti del design italiano. Collezione permanente del design italiano*, Triennale, Milano, 2007
MC / GE *Airworld. Design and Architecture for Air Travel* (mostra itinerante / travelling exhibition), Vitra Design Museum, Weil am Rhein, 2007
MC / GE *Arts & Foods, Rituali dal 1851,* Triennale, Milano, 2015
MC / GE *Creativa Produzione. La Toscana e il design italiano 1950-1990*, Fondazione Ragghianti, Lucca, 2015
MC / GE *Il design italiano - Storie,* La Triennale, Milano, 2018-2019

Premi e segnalazioni / Awards and acknowledgments
1973, Medaglia d'oro del Presidente della Repubblica, XXXI Concorso Internazionale della Ceramica d'Arte Contemporanea, per il Servizio di bordo Alitalia, Richard Ginori, Faenza / Gold Medal of the President of the Republic of Italy, XXXI International Contest for Contemporary Art Ceramics, Alitalia in-flight service, Richard Ginori, Faenza

Collezioni permanenti con la prima classe / Permanent collections including the first class
Musée des Arts Décoratifs, Palazzo del Louvre / Palais du Louvre, Paris
MoMA - The Museum of Modern Art, New York
Triennale, Milano
Philadelphia Museum of Art, Philadelphia

Collezioni permanenti con la seconda classe / Permanent collections including the second class
Musée des Arts Décoratifs, Palazzo del Louvre / Palais du Louvre, Paris
MoMA - The Museum of Modern Art, New York
Kunstmuseum Den Haag, Den Haag
Philadelphia Museum of Art, Philadelphia

Bibliografia selezionata / Select bibliography
XV Triennale di Milano, catalogo della mostra / exhibition catalogue, Triennale, Milano 1973
Retrospettiva di Joe Colombo alla XV Triennale di Milano, "Forme", n. 51, febbraio / February 1974, p. 19
Baroni D., *I protagonisti del design, Joe Colombo*, "La rivista dell'arredamento Interni", n. 269, giugno / June 1977, p. 56

"CICLOPE" LAMPADA / LAMP, AJC.0247, p. 230 (174)

Mostre principali / Main exhibitions
MC / GE *XII edizione Compasso d'Oro - ADI*, Triennale, Milano, 1981
MM / SE *Joe Colombo,* Musée d'Art Moderne, Lille Métropole (Villeneuve d'Ascq), 1984
MM / SE *Oluce e Joe Colombo*, Showroom Oluce, Milano, 1988
MM / SE *I Colombo,* Galleria d'Arte Moderna e Contemporanea, Accademia Carrara, Bergamo, 1995
MM / SE *Joe Colombo*, COSMIT - 35° Salone del Mobile, La Fiera, Milano, 1996
MC / GE *Il progetto della luce lungo i percorsi del Compasso d'Oro dal 1954 ad oggi*, Museo del CLAC, Cantù 1997-1998
MC / GE *Il progetto della luce lungo i percorsi del premio Compasso d'oro* ADI, Museo delle Arti Decorative, Barcelona 1999; Manezh, Mosca / Moscow 2000; Fidexpò, San Pietroburgo / Saint Petersburg 2000
MM / SE *Joe Colombo. Inventing the Future*, Triennale, Milano, 2005; Vitra Design Museum, Weil am Rhein, 2006; Manchester Art Gallery, Manchester, 2007; Musée des Arts Décoratifs, Louvre, Paris, 2007; Landesmuseum Joanneum, Graz, 2008; Grassimuseum, Leipzig, 2009

Premi e segnalazioni / Awards and acknowledgments
1981, Selezione per / Selected for the Compasso d'Oro, ADI - Associazione per il Disegno Industriale, Milano

Collezioni permanenti / Permanent collections
Vitra Design Museum, Weil am Rhein

Bibliografia selezionata / Select bibliography
Lampade Francesconi, "Domus", n. 603, febbraio / February 1980, p. 47
Righetti R., *Magazine Idee*, "L'Europeo", n. 4, gennaio / January 1980, p. 57
Notizie & design. Una mostra per Joe Colombo, "Abitare", n. 232, marzo / March 1985, p. 1

"CANDYZIONATORE" CONDIZIONATORE PORTATILE / PORTABLE AIR CONDITIONER, AJC.0258, p. 231 (175)

Mostre principali / Main exhibitions
MC / GE *Italy: The New Domestic Landscape*, The Museum of Modern Art, New York, 1972
MC / GE *1929-1973: Domus: 45 ans d'architecture, design, art,* Musée des Arts Décoratifs, Louvre, Paris, 1973
MC / GE *Design & Design - Compassi d'oro - promossa dall'ADI e dal Comune di Milano*, Palazzo delle Stelline, Milano, 1979; Palazzo Grassi, Venezia, 1979
MC / GE *Oluce e Joe Colombo*, Showroom Oluce, Milano, 1988
MM / SE *I Colombo,* Galleria d'Arte Moderna e Contemporanea, Accademia Carrara, Bergamo, 1995
MM / SE *Joe Colombo*, COSMIT - 35° Salone del Mobile, La Fiera, Milano, 1996

MOSTRE, PREMI, COLLEZIONI, PUBBLICAZIONI

MC / GE *Il design italiano nei musei del mondo.1950-1990,* Galleria d'Arte Moderna, Roma, 1998
MC / GE *Mostra antologica della Collezione storica Compasso d'Oro ADI,* Museo d'Arte e Design di Helsinki, Finlandia / Finland 1999
MC / GE *La città e il design 1951-2001. Made in Italy,* COSMIT - 40° Salone del Mobile, Triennale, Milano, 2001
MM / SE *Design Modernariato Novecento,* Parco Esposizioni Novegro, Linate, 2002
MC / GE *Compasso d'Oro,* ADI e COSMIT, Triennale, Milano 2004
MM / SE *Joe Colombo. Inventing the Future,* Triennale, Milano, 2005; Vitra Design Museum, Weil am Rhein, 2006; Manchester Art Gallery, Manchester, 2007; Musée des Arts Décoratifs, Louvre, Paris, 2007; Landesmuseum Joanneum, Graz, 2008; Grassimuseum, Leipzig, 2009

Premi e segnalazioni / Awards and acknowledgments
1970, Compasso d'Oro, ADI - Associazione per il Disegno Industriale, Milano

Bibliografia selezionata / Select bibliography
Compasso d'oro 1970, "Formaluce", n. 17, luglio-agosto / July–August 1970
Il premio compasso d'oro ADI 1970, "Domus", n. 489, agosto / August 1970, p. 35
Moro D., *Oggi il design: la situazione in Italia,* "Rassegna", n. 11/12, settembre / September 1970
Sì o no al compasso d'oro, "Ottagono", n. 18, settembre / September 1970, p. 30
De Carli C., Eco U., *I mass-media e i "modelli" dell'abitare,* "Interni - La rivista dell'arredamento", n. 54, giugno / June 1971, p. 52
Domus Design a Rotterdam, "Domus", n. 483, febbraio / February 1972
Gregotti V., *Italian design 1945-1971,* in *Italy: The New Domestic Landscape,* catalogo della mostra / exhibition catalogue, The Museum of Modern Art, New York 1972, p. 340
Il corriere dell'Arredamento, supplemento a / supplement to "Interni", n. 66, giugno / June 1972
Joe Colombo-Designer, supplemento a / supplement to "Abitare", n. 108, settembre / September 1972
Restany P., *I 45 anni di Domus a Parigi,* "Domus", n. 525, agosto / August 1973, p. 35

LAMPADA "ELMO", AJC.0201, p. 234 (182)

Mostre principali / Main exhibitions
MM / SE *Joe Colombo. Mostra di dsegni di oggetti inediti,* Köln, 1976
MM / SE *Joe Colombo,* Musée d'Art Moderne, Lille metropole (Villeneuve d'Ascq), 1984
MM / SE *I Colombo,* Galleria d'Arte Moderna e Contemporanea, Accademia Carrara, Bergamo, 1995
MM / SE *Joe Colombo,* COSMIT - 35° Salone del Mobile, La Fiera, Milano, 1996
MM / SE *Joe Colombo. Inventing the Future,* Triennale, Milano, 2005; Vitra Design Museum, Weil am Rhein, 2006; Manchester Art Gallery, Manchester, 2007; Musée des Arts Décoratifs, Louvre, Paris, 2007; Landesmuseum Joanneum, Graz, 2008; Grassimuseum, Leipzig, 2009

Collezioni permanenti / Permanent collections
Vitra Design Museum, Weil am Rhein

Bibliografia selezionata / Select bibliography
Se ne parla, "Casa Vogue", n. 56, aprile / April 1976, p. 154
Nuove lampade, "Domus", n. 568, marzo / March 1977, p. 34
Baroni D., *I protagonisti del design. JoeColombo,* "La rivista dell'arredamento - Interni", n. 269, giugno / June 1977
Flash su una azienda che guarda al futuro, Illuminotecnica, n. 211/212, luglio/agosto 1978, p. 118

"TOTAL FURNISHING UNIT" AL / AT THE MOMA, NEWYORK, AJC.0224, p. 238 (190)

Mostre principali / Main exhibitions
MC / GE *Italy: The New Domestic Landscape,* MoMA - The Museum of Modern Art, New York, 1972
MM / SE *Joe Colombo,* Musée d'Art Moderne, Lille Métropole (Villeneuve d'Ascq), 1984
MC / GE *Mobili italiani 1961-1991. Le varie età dei linguaggi,* 30° Salone del Mobile, Triennale, Milano, 1991
MM / SE *I Colombo,* Galleria d'Arte Moderna e Contemporanea, Accademia Carrara, Bergamo, 1995
MM / SE *A Colombo Retrospective: Italian Design in the '60s,* The New York School of Interior Design, New York, 1996
MM / SE *Joe Colombo,* COSMIT - 35° Salone del Mobile, La Fiera, Milano, 1996
MC / GE *Living in motion: Design und Architecture für flexible Wohnen,* Vitra Design Museum, Rhein am Weil 2001-2
MM / SE *Joe Colombo. Inventing the Future,* Triennale, Milano, 2005; Vitra Design Museum, Weil am Rhein, 2006; Manchester Art Gallery, Manchester, 2007; Musée des Arts Décoratifs, Louvre, Paris, 2007; Landesmuseum Joanneum, Graz, 2008; Grassimuseum, Leipzig, 2009
MC / GE *Casa per Tutti. Abitare la città globale,* Triennale, Milano, 2008
MC / GE *Environments and Counter Environments: Experimental Media in Italy: The New Domestic Landscape, MoMA 1972,* Columbia University, Architecture Gallery, New York, 2008-2009; MoMA–The Museum of Modern Art, New York 2009; S AM - Schweizerisches Architekturmuseum, Basel 2010; DHUB - Hub Barcelona, Barcelona 2010-2011; Arkitekturmuseet, Stockholm, 2011
MC / GE *Macchina semplice. Dall'Architettura al design 100 anni di maniglie Olivari,* Giardini della Biennale, Venezia, 2010
MM / SE Retrospettiva / Retrospective *Joe Colombo,* Galerie Arcadia, Genève, 2011
MC / GE *Design. La sindrome dell'influenza,* Triennale, Milano, 2013
MC / GE *Arts & Foods, Rituali dal 1851,* Triennale, Milano, 2015
MC / GE *Home Furniture: Living in yesterday's tomorrow,* London Design Museum, London, 2018-2019

Bibliografia selezionata / Select bibliography
Total furnishing Unit, film di / a film by Gianni Colombo e / and Livio Castiglioni, 1972

Favata I. (raccolta / collection), *Joe Colombo. Stralci di articoli scritti nel 1970 e 1971 da Joe Colombo per diverse riviste italiane e stranier,* "D'Ars", anno / year XIII, n. 60, 1972
Colombo. Total Furnishing Unit, "Rassegna - Modi di abitare oggi", n. 21, marzo-aprile / March–April 1972
Sono partiti per New York, "Domus", n. 510, maggio / May 1972, p. 21
Stilnovo (pagina pubblicitaria / advertising page), "Casa Vogue", n. 14, giugno / June 1972
L'Italia a New York per The "New Domestic Landscape", "Ottagono", n. 25, giugno / June 1972
Joe Colombo. Total Furnishing Unit. House Environment, "Japan Interior Design", n. 159, giugno / June 1972
Una mostra a New York. L'inquinamento domestico. L'habitat cabinato, "Abitare", n. 107, luglio-agosto / July–August 1972

"ROTOCENERE", AJC.0191, p. 240 (192)

Mostre principali / Main exhibitions
MM / SE *Joe Colombo,* Musée d'Art Moderne, Lille Métropole (Villeneuve d'Ascq), 1984
MM / SE *I Colombo,* Galleria d'Arte Moderna e Contemporanea, Accademia Carrara, Bergamo, 1995
MM / SE *A Colombo Retrospective: Italian Design in the '60s,* The New York School of Interior Design, New York, 1996
MM / SE *Joe Colombo,* COSMIT - 35° Salone del Mobile, La Fiera, Milano, 1996
MM / SE *Joe Colombo. Inventing the Future,* Triennale, Milano, 2005; Vitra Design Museum, Weil am Rhein, 2006; Manchester Art Gallery, Manchester, 2007; Musée des Arts Décoratifs, Louvre, Paris, 2007; Landesmuseum Joanneum, Graz, 2008; Grassimuseum, Leipzig, 2009
MM / SE Retrospettiva / Retrospective *Joe Colombo,* Galerie Arcadia, Genève, 2011
MC / GE *The Plastic Collection,* CFC Editions, Art & Design Atomium Museum, Bruxelles 2015

Collezioni permanenti / Permanent collections
Museo Kartell, Noviglio (MI)
Philadelphia Museum of Art, Philadelphia
ADAM - Art & Design Atomium Museum, Bruxelles
Plasticarium, Bruxelles

Bibliografia selezionata / Select bibliography
Milano, Archivio Joe Colombo, catalogo produttore storico datato / historical manufacturer catalogue dated to 1972
D'Ambrosio G., *Joe Colombo: design antropologico,* collana / series *Universale di architettura* fondata da / created by Bruno Zevi, Testo & Immagine, Torino 2004, p. 60
Rizzoni G. (a cura di / ed.), Calendario *Agenda del Design 2006,* Scheiwiller edizioni, Milano 2006, p. 51

"BETA" MANIGLIA / HANDLE, AJC.0277, pp. 116, 241 (193)

Mostre principali / Main exhibitions
MM / SE Retrospettiva / Retrospective *Joe Colombo,*

Musée d'Art Moderne, Lille Métropole (Villeneuve d'Ascq), 1984
MM / SE *I Colombo,* Galleria d'Arte Moderna e Contemporanea, Accademia Carrara, Bergamo, 1995
MM / SE *A Colombo Retrospective: Italian Design in the '60s,* The New York School of Interior Design, New York, 1996
MM / SE *Joe Colombo,* COSMIT - 35° Salone del Mobile, La Fiera, Milano 1996
MM / SE *Joe Colombo. Inventing the Future,* Triennale, Milano, 2005; Vitra Design Museum, Weil am Rhein, 2006; Manchester Art Gallery, Manchester, 2007; Musée des Arts Décoratifs, Louvre, Paris, 2007; Landesmuseum Joanneum, Graz, 2008; Grassimuseum, Leipzig, 2009
MC / GE *Macchina semplice. Dall'Architettura al design 100 anni di maniglie Olivari,* Giardini della Biennale, Venezia, 2010

Collezioni permanenti / Permanent collections
Philadelphia Museum of Art, Philadelphia

Bibliografia selezionata / Select bibliography
Nuove maniglie, catalogo Olivari / Olivari catalogue, Novara 1973
Olivari (pagina pubblicitaria / advertising page), "Forme", n. 51, febbraio / February 1974
Paracolpi bumpers, "Domus", n. 538, settembre / September 1974

"DOMO" LAMPADA / LAMP, AJC.0207, pp. 118, 241 (194)

Mostre principali / Main exhibitions
MM / SE *Joe Colombo. Mostra di dsegni di oggetti inediti,* Stoll Wohnbedarf, Köln 1976
MM / SE *I Colombo,* Galleria d'Arte Moderna e Contemporanea, Accademia Carrara, Bergamo, 1995
MM / SE *Joe Colombo,* COSMIT - 35° Salone del Mobile, La Fiera, Milano, 1996
MC / GE Salone del Mobile, Fiera di Milano, Rho, 2016

Bibliografia selezionata / Select bibliography
Milano, Archivio Joe Colombo, disegno datato / sketch dated to 1971
Joe Colombo. Mostra di dsegni di oggetti inediti, catalogo della mostra monografica / solo exhibition catalogue, Stoll Wohnbedarf, Köln 1976
Fagone V., *I Colombo,* catalogo della mostra monografica / solo exhibition catalogue, Galleria d'Arte Moderna e Contemporanea, Accademia Carrara, Bergamo 1995, p. 195
Joe Colombo, COSMIT - 35° Salone del Mobil, catalogo della mostra monografico / solo exhibition catalogue, La Fiera, Milano 1966, pp. 144-145.
Karakter, "Rum Review", gennaio / January 2016
Musante G., *Il ritorno del futuro,* "Interni", n. 9, settembre / September 2016, p. 92
Sugihara Y., Suzuki T., *Joe Colombo 1952-1971,* "Niche 05", Opa Press, Tokyo 2018, pp. 51, 168-169

"ELLIPSE" MENSOLA / BOOKSHELVES, AJC 0392, pp. 120, 242 (196)

Mostre principali / Main exhibitions
MC / GE Salone del Mobile, Fiera di Milano, Rho, 2015

Bibliografia selezionata / Select bibliography
Favata I., *Joe Colombo Designer 1930-1971,* Idea Books Edizioni, Milano 1988, p. 13
Kries M., *Joe Colombo. Inventing the Future,* catalogo della mostra monografica / solo exhibition catalogue, Vitra Design Museum, Skira 2005, pp. 123, 138
Favata I., *Protagonisti: Joe Colombo,* "Antiquariato", n. 316, agosto / August 2007, p. 112
Sugihara Y., Suzuki T., *Joe Colombo 1952-1971,* "Niche 05", Opa Press, Tokyo 2018, p. 57

"PAPER PLUS" CESTINO / WASTEBASKET, AJC.1002, pp. 121, 243 (197)

Mostre principali / Main exhibitions
MC / GE Salone del Mobile, Fiera di Milano, Rho, 2015

Bibliografia selezionata / Select bibliography
Milano, Archivio Joe Colombo, schizzo datato / sketch dated to 1970

"CLASS" POLTRONA E DIVANO / ARMCHAIR AND SOFA, AJC.1003, pp. 122, 243 (198)

Mostre principali / Main exhibitions
MC / GE *Salone del Mobile,* Fiera di Milano, Rho, 2017

Bibliografia selezionata / Select bibliography
Ditre Italia (pagina pubblicitaria / advertising page), "Corriere della Sera", anno / year 142, n. 80, 5 aprile / April 2017, p. 38
Tartaro G. *Video intervista per Ditre Italia* (intervista con / interview with Ignazia Favata), Salone del Mobile 2017

COLLEZIONE MUSEALE / MUSEUM COLLECTION, AJC.0400, pp. 124, 244 (199)

Mostre principali / Main exhibitions
Triennale di Milano, Bookshop, 2016
Biennale di Architettura di Venezia, Bookshop presso / at Giardini della Biennale e / and Corderie dell'Arsenale, 2016

Bibliografia selezionata / Select bibliography
Belloni P., *Brown touch,* "Elle Décor", aprile / April 2018
Sugihara Y., Suzuki T., *Joe Colombo 1952-1971,* "Niche 05", Opa Press, Tokyo 2018, p. 58
Gianquitto M., *Design Stories, Joe Colombo "Domani è troppo presto",* "DDN - Design Diffusion News", n. 244, dicembre / December 2018, p. 35

COLLEZIONE TAPPETI / CARPET COLLECTION, AJC.0398, pp. 126, 245 (200)

Bibliografia selezionata / Select bibliography
Musante G., *Il ritorno del futuro,* "Interni", n. 9, settembre / September 2016, p. 91
Croci M., *Dalla cucina al salotto, la parola d'ordine è comodità. Fantasia anni '70,* "Sette - Corriere della Sera", n. 14, 8 aprile / April 2016, p. 51 per la versione *Bubbles* / for the *Bubbles* version
Coppa A., Mainoli A., *Joe Colombo. Soluzioni globali e futuribili dell'habitat,* "Corriere della Sera", Abitare e Politecnico di Milano, Milano 2016, pp. 98-103

Bibliografia essenziale / Selected Bibliography

LIBRI MONOGRAFICI / MONOGRAPHS

Favata I., *Joe Colombo Designer 1930-1971*, Idea Books Edizioni, Milano 1988.

Favata I., *Joe Colombo and Italian Design of the Sixties*, The MIT Press - Massachussetts Institute of Technology, USA / Thames and Hudson, London 1988.

Romanelli M., *Joe Colombo: lighting design - interior design*, OLuce, Grafiche Mazzucchelli (MI), 2002.

D'Ambrosio G., *Joe Colombo: design antropologico*, collana / series *Universale di architettura* fondata da / created by Bruno Zevi, Testo & Immagine, Torino 2004.

Fagone V., Favata I., *Joe Colombo,* collana / series *I maestri del design* diretta da / curated by Andrea Branzi, "Il Sole 24 Ore", Milano 2011.

Favata I., Coppa A., *Joe Colombo*, collana / series *I Protagonisti del Design* diretta da / curated by Vando Pagliardini, Hachette Fascicoli, Milano 2013.

Coppa A., Favata I., *Joe Colombo. Soluzioni globali e futuribili dell'habitat,* collana / series *Lezioni di architettura e design* diretta da / curated by Alessandra Coppa, "Corriere della Sera", "Abitare" e / and Politecnico di Milano, Milano 2016.

Suzuki T., Favata I., Borgatti E., Joe Colombo 1952-1971, collana Niche: Architecture. Design. Education. International Exchange diretta da Yuki Sugihara e Toshihiko Suzuki, Opa press, Tokyo 2018

CATALOGHI DI MOSTRE MONOGRAFICHE / SOLO EXHIBITION CATALOGUES

Collection of Colombo Furniture, catalogo della mostra / exhibition catalogue, D/R International - Design Research International, New York 1966.

Joe Colombo. Mostra di dsegni di oggetti inediti, catalogo della mostra / exhibition catalogue, Stoll Wohnbedarf, Köln 1976.

Joe Colombo, catalogo della mostra / exhibition catalogue, Musée d'Art Moderne, Lille métropole (Villeneuve-d'Ascq) 1984.

Fagone V., *I Colombo*, catalogo della mostra / exhibition catalogue, Galleria d'Arte Moderna e Contemporanea dell'Accademia Carrara di Bergamo, Mazzotta, Milano 1995.

Joe Colombo, catalogo della mostra / exhibition catalogue, COSMIT, XXXV Salone del Mobile, Fiera di Milano, aprile / April 1996.

A Colombo Retrospective: Italian Design in the '60s, catalogo della mostra / exhibition catalogue, The New York School of Interior Design, New York 1996.

Novegro. Design. Modernariato. Novecento, catalogo della mostra / exhibition catalogue, Parco Esposizioni Novegro, Milano 2002.

Joe Colombo, Metropolitan Gallery Inc., Tokyo 2004.

Kries M. (a cura di / ed.), *Joe Colombo. Inventing the Future*, catalogo della mostra / exhibition catalogue, Vitra Design Museum, Weil am Rhein, Skira, Milano 2005.

Joe Colombo, catalogo della mostra / exhibition catalogue, Galleria Arcadia, Ginevra 2011.

TESTI MONOGRAFICI E INTERVISTE CON O SU JOE COLOMBO / MONOGRAPHIC TEXTS AND INTERVIEWS WITH OR ABOUT JOE COLOMBO

Interni di un albergo in Sardegna, "Domus", n. 421, dicembre / December 1964, pp. 36-42.

Alcune nuove proposte per l'arredamento, "Domus", n. 424, marzo / March 1965, pp. 36-46.

Belloni A., *Hotel in Sardinien*, "MD - Moebel Interior Design", n. 5, maggio / May 1965, pp. 226-228.

Una lampada da tavolo, e lampade da giardino. Un negozio per chi fotografa. La poltrona 1000-Una poltrona di bastoni di malacca, "Domus", n. 427, giugno / June 1965, pp. 34-44.

Stile e qualità - Lampade della Oluce e della Kartell disegnate da Joe Colombo, "Forme", n. 9, settembre / September 1965, pp. 29-31, copertina / cover.

Nuove proposte di arredamento per due appartamenti nella stessa casa, "Domus", n. 433, dicembre / December 1965.

Belloni A., *Interview mit Joe C. Colombo* (intervista con / interview with Joe Colombo), "MD - Moebel interior Design", n. 1, gennaio / January 1966, pp. 135, 136.

Joe Colombo. Un nuovo mobile per la camera da letto, "Domus", n. 434, gennaio / January 1966, pp. 34-36.

Joe Colombo. Una nuova sedia smontabile, "Domus", n. 435, febbraio / February 1966, p. 41.

Plumb B., *Cologne Collection*, "The New York Times", 27 febbraio / February 1966, p. 56.

Joe Colombo. Una torre mobile e scomponibile, "Domus", n. 436, marzo / March 1966, p. 30.

Un bicchiere per circostanze particolari, "Design Italia", n. 1, marzo-aprile / March–April 1966, pp. 36-37.

Un esempio di casa del futuro (intervista con / interview with Joe Colombo), "Novella 2000", n. 16, aprile / April 1966, pp. 58-60.

Emerson G., *Milan: An Old City With Modern Ideas*, "The New York Times", 28 maggio / May 1966, p. 10.

Una casa libera, "Design Italia", n. 2, maggio-agosto / May–August 1966, pp. 4-13, copertina / cover.

Plumb B., *Tomorrow, Italian Style*, "The New York Times", 5 giugno / June 1966.

La prima realizzazione di Domusricerca, "Domus - Eurodomus 1", n. 440, luglio / July 1966, pp.7-22.

Plumb B., *America discovers Colombo*, "The New York Times Magazine", 4 settembre / September 1966.

Reif R., *Jeo Colombo: "If Everyone Joined the Avant-Garde…"*, "The New York Times Magazine", 9 settembre / September 1966, p. 51.

Chevallaz M., *Joe Colombo, l'homme qui invente des meubles* (intervista con / interview with Joe Colombo), "Feuille d'avis de Lausanne", 15 settembre / September 1966, p. 49.

Joe Colombo, *L'illuminazione del piano di lavoro*, "Design Italia", n. 3-4, settembre-dicembre / September–December 1966, pp. 95-96.

Joe Colombo, *Un'avanguardia di ieri, confermata oggi dal successo, crea prospettive valide per il domani*, "Design Italia", n. 3-4, settembre-dicembre / September–December 1966, pp. 22-27.

Joe Colombo, *Industrial design realtà d'oggi*, "Successo", n. 11, novembre / November 1966.

Una nuova concezione dell'arredamento: Joe Cesare Colombo, "Lotus", n. 3, 1966-1967.

Una sedia in plastica stampata ad iniezione, "Domus", n. 446, gennaio / January 1967, p. 51.

Negozio per lo sport, "Domus", n. 448, marzo / March 1967, pp. 28-33.

Massai E.V., *Colombo in perspective*, "Home Furnishings Daily", 13 aprile / April 1967, pp. 6-7.

Arredamento in bianco e blu, "Ottagono", n. 7, ottobre / October 1967, pp. 44-51.

Per la moda maschile. Allestimento di Joe Colombo, "Ottagono", n. 8, gennaio / January 1968, pp. 70-75.

Caccia C., *Incontro con Joe Colombo*, "Formaluce", n. 2, gennaio-febbraio / January–February 1968, pp. 19-25.

Un mini spazio di Joe Colombo, "Domus", n. 462, maggio / May 1968, pp. 22-28.

Mobili sorpresa realizzati su disegno di Joe Colombo, "Rossana", n. 120-121, luglio-agosto / July–August 1968, pp. 40, 41.

Joe Colombo, *La prima sedia stampata in plastica ad iniezione*, "Lotus", n. 5, gennaio / January 1969, p. 46.

Dibattito sulla Triennale, "Casabella", n. 333, febbraio / February 1969, p. 48.

Guenzi C., *Cronache di disegno industriale, News in Industrial Design*, "Casabella", n. 333, febbraio / February 1969, pp. 28-33, 48.

Joe Colombo, *Proposte: servizio di ristoro programmato*, "Shop", n. 1, marzo / March 1969, pp. 57- 58.

Accessori per il soggiorno, "Ottagono", n. 13, aprile / April 1969, pp. 68, 69.

Valentino a Milano, "Shop", n. 2/3, maggio-agosto / May–August 1969, pp. 29-31.

Antidesign a Parigi, "Shop", n. 2/3, maggio-agosto / May–August 1969, pp. 40-44.

Joe Colombo, *Visiona '69 a Colonia,* "Il Mobile", n. 13, 10 luglio / July 1969, p. 12.

Luukela A., *Huomispäivän asunto,* "Avotakka", n. 8, agosto / August 1969, pp. 14-17.

Reif R., *Colombo's Designs Bridge Language and Generation Gaps*, "The New York Times Magazine", 4 settembre / September 1969.

A colonia per la Bayer, "Domus", n. 478, settembre / September 1969, pp. 26-31.

Visiona '69. Una sensacional experimentacion hacia la decoracion del futuro, "Hogares modernos", n. 39, settembre / September 1969.

Snoijnk B., *Twee Ton voor een vezelhuis,* "Panorama", n. 40 , settembre-ottobre / September–October 1969, pp. 38-41.

Kastholm J., *Joe Cesare Colombo*, "Mobilia", n. 172, novembre / November 1969.

Guenzi C., *Ricerche e proposte per un habitat futuribile: Joe Colombo*, "Casabella", n. 342, 1969.

Joe Colombo, *Anti Design*, "Casabella", n. 342, 1969.

Visiona '69, "Arredorama", n. 1, dicembre / December 1969, pp. 10-17.

L'avenir du meuble systèmes et matériaux nouveaux, "La Maison", n. 12-1, dicembre / December 1969 - gennaio / January 1970, pp. 516-523.

Creative Forms by Joe C. Colombo, "Japan Interior Design", n. 130, gennaio / January 1970, pp. 29-67.

Visiona 69. Nouvelle conception de l'espace habitable, "L'Architecture d'aujourd'hui", n. 148, febbraio-marzo / February–March 1970, pp. 60-62.

Negozio Valentino a Napoli, "Shop", n. 1, febbraio-marzo / February–March 1970, pp. 47-49.

Joe Colombo, *Habitat*, "Fenarete", n. 127, giugno / June 1970, pp. 52-59.

Mensa per 600, "Domus", n. 487, giugno / June 1970, pp. 24-25.

New System Furniture Design by Joe C. Colombo, "Japan Interior Design", n. 139, ottobre / October 1970, pp. 17-28.

Il Kitsch. Il parere di, "Skema", n. 13, novembre / November 1970, p. 58.

Joe Colombo, *Design Habitat,* novembre / November 1970.

Mobile Italiano '70 Joe Colombo, "MD - Moebel Interior Design", n. 11, novembre / November 1970, pp. 74-77.

Joe Colombo, Conferenza Rosenthal, 21 novembre / November 1970.

Design: la fine di un mito?, "Ottagono", n. 19, dicembre / December 1970, pp. 21-27.

En exclusivité: Le design se meurt (intervista con / interview with Joe Colombo), "Infordesign", n. 35-36, dicembre / December 1970, pp. 256-257.

Milano: la casa VIP di un designer VIP, "Domus", n. 494, gennaio / January 1971, pp. 20-24.

Bertoldi S., *La casa? Tutta da rifare: mobili e muri* (intervista con / interview with Joe Colombo), "Oggi", n. 4, gennaio / January 1971.

Private Residence of Joe C. Colombo, "Japan Interior Design", n. 142, gennaio / January 1971, pp. 60-67.

Joe Colombo, *Dal microcosmo al macrocosmo*, "Casa Arredamento Giardino", gennaio / January 1971, p. 23.

Clamart 3, "L'Œil", n. 194, febbraio / February 1971, pp. 54-55.

Belloni A., *Dynamisches Wohnen*, "MD - Moebel Interior Design", n. 2, febbraio / February 1971, pp. 24-27.

Joe Colombo, "Meubles & décors", n. 858, marzo / March 1971, pp. 33-38.

Discoveries. Living Machines. Designer Joe Colombo rethinks the way he wants to live and design, "House and Garden", aprile / April 1971, pp. 94-97.

Ando S., *Joe Colombo-Visiona '69*, "Toshi-Jutaku of Urban Housing", 7104 n.36, aprile / April 1971, pp. 79-82.

Joe Colombo, "L'Architecture d'aujourd'hui", n. 155, aprile-maggio / April–May 1971, pp. 56-59.

Bühler P., *Joe Colombo-Patron de la "Casa nostra"* (intervista con / interview with Joe Colombo), "H", n. 3, agosto-settembre / August–September 1971, pp. 74-79.

Le case firmate. L'appartamento a spazio aperto, "Casa Amica", n. 37, settembre / September 1971, pp. 19-28, copertina / cover.

Fogh F., *Joe Cesare Colombo,* "Mobilia", n. 195, ottobre / October 1971.

Guzzi A., *Il Kilometro. Razionale utilizzo dello spazio*, "Commercio Mobili", n. 95, marzo / March 1972, pp. 36, 37.

Colombo. Total Furnishing Unit, "Rassegna", n. 21, marzo-aprile / March–April 1972, pp. 46-47.

L'Italia a New York per "The New Domestic Landscape, "Ottagono", n. 25, giugno / June 1972, pp. 62, 63.

Joe Colombo. Total Furnishing Unit. House Environment, "Japan Interior Design", n. 159, giugno / June 1972, pp. 35-37.

Una mostra a New York. L'inquinamento domestico. L'habitat cabinato, "Abitare", n. 107, luglio-agosto / July–August 1972, pp. 122-129.

Una testimonianza, "Domus", n. 513, agosto / August 1972, pp.1-4.

Joe Colombo - Designer, supplemento a / supplement to "Abitare", n. 108, settembre / September 1972, pp. 204-217.

Retrospettiva di Joe Colombo alla XV Triennale di Milano, "Forme", n. 51, febbraio / February 1974, pp. 17-24.

Come riplasmare una casa, "Abitare", n. 124, aprile / April 1974, pp. 72-75.

Sanders R., *Joe Colombo's Total Design in Zukunft Wohnen*, "Unser TWanker", n. 2, luglio / July 1974, pp. 2-11.

Paracolpi Bumpers, "Domus", n. 538, settembre / September 1974, p. 25.

Tavolo a motore, "Domus", n. 539, ottobre / October 1974, pp. 36-37.

Joe Colombo. Nuove lampade, "Domus", n. 568, marzo / March 1977, pp. 34, 35.

Baroni D., *I protagonisti del design. Joe Colombo*, "La rivista dell'arredamento - Interni", n. 269, giugno / June 1977, pp. 54-57.

Roulotte anfibia. Un inedito di Joe Colombo, "Cara Caravan", n. 6, 1980.

Olds A., *Design History - Joe Colombo*, "ID - Magazine of International Design", settembre-ottobre / September–October 1989, pp. 66-69.

Fagone V., *Il design di Joe Colombo dall'arredo all'attrezzatura*, "Ottagono", n.101, dicembre / December 1991 – gennaio / January 1992, pp. 56-69.

Bosoni G., *Gli Epici. Joe Colombo*, "Gap Casa", n. 94, gennaio-febbraio / January–February 1993, pp. 112-117, 145.

Mendini A., *Una testimonianza*, "Abitare", n. 339, aprile / April 1995, p. 210.

Irace F., *Joe Colombo Architetto e designer. Joe e Gianni Colombo, designer e artisti*, "Abitare", n. 339, aprile / April 1995, pp. 206-207.

Kuranishi M., *Joe Colombo* (intervista con / interview with Ignazia Favata), "Brutus", n. 360, marzo / March 1996, pp. 94-99.

Reif R., *A Wizard Who Saw a Future of Simplicity*, "The New York Times", 29 settembre / September 1996, p. 41.

Clayden P., *Pop Hero: Joe Colombo*, "Elle Decoration", n. 59, maggio / May 1997, pp. 108, 110.

M.O., *CULT Invest in the Best*, "Elle Decoration", gennaio / January 1999, p. 32.

Del Buono N., *Un genio inquieto - La febbre dell'invenzione*, "AD - Architectural", n. 222, novembre / November 1999, pp. 128, 129.

Anedi G., *I Maestri. Le ragioni di una scelta: Joe Colombo visto da Ignazia Favata* (intervista con / interview with Ignazia Favata), "Argomenti di Architettura", n. 1, 2000, pp. 10-11.

Fitoussi B., *Un homme d'intuition*, "Glamour-Homme Numéro", n. 2, autunno e inverno / fall and winter 2001, pp. 108-113.

Laudani M., *Joe Colombo (1930-1971)* (intervista con / interview with Ignazia Favata), "Giaguaro", n. 4, inverno / winter 2001, pp. 32-39.

Lavezzari P., *Joe Colombo's passion & projects*, "Casa Vogue", n. 14, dicembre / December 2002.

Basileo M., *L'uovo (in vetro) di Colombo*, "Monsieur", anno / year 5, n. 38, giugno / June 2005, p. 162.

Bianchi R., *Ieri, la casa di domani*, "AD - Architectural Digest", n. 292, settembre / September 2005, pp. 94-98.

Romeo F., *Ritorno al futuro*, "Case da Abitare", n. 91, ottobre / October 2005, pp. 79-84.

Bassi A., *A Master of Italian Design. Un Maestro del Design Italiano*, "Auto & Design", n. 155, novembre-dicembre / November–December 2005, pp. 81-83.

Joe Colombo. Inventing the Future, "Flare - Architectural Lighting Magazine", n. 39, 2005, pp. 86-94.

Viladas P., *Going back to the future with Joe Colombo. Modern man*, "The New York Times - Style Magazine Holiday", 4 dicembre / December 2005, pp. 24, 84, 86.

Favata I., *Creare per l'industria*, "Progettare", n. 298, marzo / March 2006, pp. 72-76.

Tashiro K., *Futuristic Italian Designer: Joe Colombo*, "Casa Brutus", n. 75, giugno / June 2006, pp. 184-191.

Siemenc C., *Design. Joe Colombo, voyageur inventif* (intervista con / interview witih Ignazia Favata), AMC - Le Moniteur Architecture, n. 170, maggio / May 2007, pp. 36, 38, 40.

Langmead J., *Design Awards 2007. Best Kitchen: Minikitchen*, "Wallpaper - International Design Interiors Lifestyle", 2007.

Pasca V., *1969-1980. Joe Colombo*, "L'Europeo", n. 6, dicembre / December 2007, p.108.

Coppa A., *Flessibilità. Appartamento di Joe Colombo*, "Arketipo - Il Sole 24 Ore", n. 32, aprile / April 2008, pp. 104-115.

Gerosa B., *Cubo d'autore*, "Brava Casa", n. 5, maggio / May 2008, pp. 194, 196.

Salà N., *I maestri del Design. Joe Colombo. L'Habitat del futuro*, "Casaviva", n. 9, settembre / September 2008, pp. 132-137.

Odoni G., *Come eravamo negli anni settanta*, "Casamica - Corriere della Sera", n. 11, novembre / November 2008, pp. 166-169.

Graham D., *Joe Colombo, i Sessanta e i Neo-Sessanta*, "Abitare", n. 487, novembre / November 2008, pp. 40-42.

Riedizioni d'autore, "Interni - La rivista dell'arredamento", n. 1/2, gennaio-febbraio / January–February 2009, pp. 18-19.

Joe Colombo - Elco di Arturo Bellato & Figli, "Lotus", n. 137, marzo / March 2009, pp. 100-101.

Ott M., *Progressive Design for a Progressive Journal: Verner Panton's Interiors for the Spiegel Building in Hamburg*, "Studies in the Decorative Arts - New York", n. 1, autunno-inverno / autumn–winter 2009-2010, p. 116.

Vercelloni M., *Joe Colombo. L'invenzione del Futuro*, "Interni", n. 5, maggio / May 2010, pp. 42-45.

Design History. Industrial Designer Joe Colombo, "Kempinski - Luxury and Lifestyle Magazine", n. 22, 2010, pp. 36-38.

Classics reissued with a twist past perfect, "Interior Design- USA", n. 8, giugno / June 2011, pp. 88, 90, 92.

Jaeger K., *Ein Fall für Colombo*, "AD - Architectural Digest", n. 126, febbraio / February 2012, pp. 62-63.

Calatroni A., *Joe Colombo Spider e Topo, progettati senza tempo*, "Luce - AIDI publisher", trimestrale / quarterly magazine, 2014, n. 309, pp. 76-80.

Magistà A., *Joe Colombo. L'uomo che inventò il futuro*, "Casa D - la Repubblica", 9 luglio / July 2015, pp. 1, 42, 43.

Calatroni A., *La luce di Joe Colombo* (intervista con / interview with Ignazia Favata), "Luce", n. 315, trimestrale / quarterly magazine, 2016, pp. 54-57.

Musante G., *Il ritorno del futuro*, "Interni", n. 9, settembre / September 2016, pp. 18,91-92.

Vollaard P., *Model House*, "Mark", n. 64, ottobre-novembre / October–November 2016, pp. 54-57.

SELECTED BIBLIOGRAPHY

F.S., *1967 Die Wucht in Dosen. 1971 L'uomo è mobile, AD Choice. 100 Jhare design*, numero speciale / special issue 2017, pp. 86, 90.

Calatroni A., *Joe Colombo. Piccolo Sole da parete* (intervista con / interview with Ignazia Favata), "Luce", n. 325, trimestrale / quarterly magazine, 2018, pp. 74-77.

Gianquitto M., *Design Stories. Joe Colombo "Domani è troppo presto"*, "DDN - Design Diffusion News", n. 244, dicembre / December 2018, pp. 32-39.

Trini T., *Time Machine, Joe Colombo e l'Antidesign*, "Flash Art", n. 348, marzo-aprile / March–April 2020, pp. 62-64.

Gugliotta F., *La Minitopo firmata Colombo? Sulla scrivania* (intervista con / interview with Ignazia Favata), "Design - La Repubblica", 24 giugno / June 2020, p. 3.

LIBRI / BOOKS

Ritter E. (a cura di / ed.), *Design Italiano-Mobili*, Carlo Bestetti edizioni d'Arte, Milano 1968, pp. 44-45, 70, 71, 108, 109, 114, 115, 173.

Frey G., *The Modern Chair: 1850 to Today*, Arthur Niggli Ltd., Teufen 1970, pp. 130, 133, 138, 154, 183.

Mosconi D., *Design Italia '70*, Achille Mauri Editore, Milano 1970.

Joe Colombo, *Habitat umano, dalla sedia alla città*, in Ceppellini V. (a cura di / ed.), *Il Milione. Libro dell'anno 1971*, Istituto Geografico De Agostini, Novara 1971, pp. 64-65.

Mortier M., Hatje G., Kaspar E., *10 New Furniture. Neue Möbel*, Verlag Gerd Hatje, Stuttgart 1971, pp. 53, 91, 97, 122-125.

Favata I. (a cura di / ed.), *Joe Colombo. Stralci di articoli scritti nel 1970 e 1971 da Joe Colombo per diverse riviste italiane e straniere*, "D'Ars", anno / year XIII, n. 60, 1972, pp. 150-155.

Joe Colombo, *Spazio dinamico*, in *Orientamenti Moderni nell'Edilizia*, Edizioni Over, Milano 1972.

Dorfles G., *Introduzione al disegno industriale*, Einaudi, Torino 1972.

Fossati P., *Il Design*, Tattilo, Roma 1973, pp. 150, 158, 182-183.

Calvesi M., *Le due avanguardie*, vol. II, Lerici editori, Bari 1975, p. 246.

Pansera A., *Storia e cronaca della Triennale*, Longanesi & C., Milano 1978.

Mang K., *History of Modern Furniture*, Academy Editions, London 1979.

Taborelli G., Fagone V., *Italian Design: forma, progetto e produzione*, Redoff, Milano 1979, pp. 16, 25, 32, 33, 42-43.

Brunt A., *Guida agli stili del mobile*, Arnoldo Mondadori Editore, Milano 1979, pp. 234-235, 244.

Gregotti V., *Il disegno del prodotto industriale, Italia 1960-1980*, Electa, Segrate (MI) 1982, pp. 314, 315, 364-365, 392-393.

Mastropietro M., *Un'industria per il design*, Lybra Immagine edizioni, Milano 1982, nn. 37, 67, pp. 51, 73, 83.

Wills G., Baroni D., Chiarelli B., *Il Mobile: storia, progettisti, tipi e stili*, Arnoldo Mondadori, Milano 1983, pp. 272, 275, 277, 321, 325.

Ratti C., *Dalla scultura al compensato curvato*, Tipo-Lito Mariani, Lissone (MI) 1984.

Grassi A., Pansera A., *Atlante del Design italiano 1940-80*, Gruppo editoriale Fabbri, Milano 1984, pp. 43, 53, 57, 63, 134-136, 151, 157, 159, 174-176, 187, 194, 196, 218, 242, 246, 262.

1949-1984 Progetti per il presente. Kartell, Centrokappa, Noviglio 1984.

Casciani S., *Mobili come architetture*, Arcadia edizioni, Milano 1984, pp. 73-75, 94-96, 15, 161.

Branzi A., *La casa calda, Esperienze del Nuovo Design Italiano*, Idea books edizioni, Milano 1984.

Morello A., Ferrieri A. C., *Plastiche e Design*: *Cultura materiale e cultura dei materiali. Progetti e realtà della Kartell*, Arcadia edizioni, Milano 1984, pp. 123-124, 138.

Gramigna G., *Immagini e contributi per una storia dell'arredo italiano1950-1980*, Arnoldo Mondadori Editore, Milano 1985, pp. 145, 148, 190, 210, 216, 218, 229, 236, 261, 266, 269, 276, 296, 298, 313, 317, 321-322, 334-337, 346, 356.

Bayley S., *The Conran Directory of Design*, Octopus Conran, London 1985, p. 108.

Scarzella P., *Il bel metallo: storia dei casalinghi nobili Alessi*, Arcadia edizioni, Milano 1985, p. 137.

Lorenz M., Dietz U., Thyriot M., Sembach K.J., *Classici Moderni: mobili che fanno storia*, Editoriale Domus, Rozzano (MI) 1985.

Il Progetto Domestico. La casa dell'uomo: archetipi e prototipi. Saggi, XVII Triennale, Milano, Electa, Segrate (MI) 1986, p. 239.

Pansera A., Vitta A., *Guida all'arte contemporanea*, Marietti Editore, Milano 1986, pp. 152, 157.

Sembach K. J., Leuthäuser G., Gössel P., *Möbeldesign des 20. Jahrhunderts*, Taschen, Köln 1988, p. 196.

Calabrese O., De Giorgi M., Ferrari P., *Elettricità:* storia,significato e disegno di un prodotto industriale, Bassani Ticino Edizioni, Milano 1988, pp. 105, 107.

Frateili E., *Continuità e trasformazione. Una storia del design italiano*, Alberto Greco Editore, Milano 1989, pp. 79, 96, 122, 125.

Cusin C., *Acqua, aria, luce, servizi igienici*, in Dani F., *Il libro delle case*, Sarin edizioni, Roma 1989, pp. 108, 109.

Giacobone T. F., Guidi P., Pansera A., *Dalla casa elettrica alla casa elettronica*, Arcadia Edizioni, Milano 1989, pp. 95, 190-192.

Vinca Masini L., *Arte contemporanea. La linea dell'unicità. Arte come volontà e non rappresentazione*, Giunti Editore, Firenze 1989, vol. II, p. 707.

Pansera A., *Guida all'architettura moderna. Il design del mobile italiano dal 1946 a oggi*, Editori Laterza, Roma-Bari 1990, pp.37, 40, 53, 55, 67, 104, 157-158, 172, 175, 177-178, 180, 183.

Massey A., *Interior Design of the 20th Century*, Thames & Hudson Ltd, London 1990.

Casciani S., *L'architettura presa per mano. La maniglia moderna e la produzione Olivari*, Idea Books edizioni, Milano 1992, p. 75.

Bürdek B. E., *Design. Storia, teoria e pratica del design del prodotto*, prima edizione / first edition 1991, trad. it. / Italian trans., Mondadori, Milano 1992.

D'Auria A., De Fusco R., *Il progetto del design. Per una didattica del disegno industriale*, Etas libri, Milano 1992, pp. 225, 359.

La Pietra U., *Joe Colombo: il designer globale*, Officina Alessi Watches, Crusinallo 1992, pp. 4-7.

Negri A., Pirovano C., *I nucleari*, in *La pittura in Italia. Il Novecento 1*, Electa, Segrate (MI) 1993, vol. I, pp. 138, 141-142, 144.

Börnsen Holtman N., *Italian Design*, Taschen, Köln 1994, pp. 32, 70-71, 74-75.

Biffi Gentili E. (a cura di / ed.), *La Sindrome di Leonardo. Arte e Design in Italia 1940-1975*, Umberto Allemandi & C., Torino 1995, nn. 7, 59, 61, pp. 15, 16, 21, 31-33.

Karcher E., Von Perfall M., *Italienisches Design*, Wilhelm Heyne Verlag, München 2000, pp. 48, 72, 106, 110, 116-119, 138, 150.

Topham S., *Where's my Space Age?, The Rise and Fall of Futuristic Design*, Prestel Verlag, München 2003, pp. 82-83.

Lazzaroni L., Molinari L., Finessi B., *The Art of Display. L'Arte di mettere in mostra*, Skira, Milano 2006, pp. 37, 176, 181, 194.

Migayrou F., *Architecture du corps intensif*, in *Les Ca-*

hiers du Musée national d'art moderne, Centre Pompidou, Paris 2006, n. 96, pp. 57-70.

Salmon B., *Chefs-d'œuvre du musée des Arts décoratifs*, Les Arts Décoratifs, Paris 2006, pp. 196, 197.

Formicola L., *Il problema dimensionale*, in Finizio G., *Architettura & mobilità*, Skira, Milano 2006, pp. 170-181.

Culot M., Pirlot A.M., *La Cuisine. Mode de vie*, Archives d'Architecture Moderne, Bruxelles 2006, p. 48.

Annichiarico S. (a cura di / ed.), *100 Oggetti del Design Italiano. Collezione Permanente del Design Italiano, La Triennale di Milano*, Gangemi Editore, Roma 2007, pp. 48, 54, 55, 58, 59, 78, 79, 83, 86.

Picchi F., *Kartell* (intervista con / interview with Giulio Castelli), in Castelli G., Antonelli P., Picchi F., *La Fabbrica del Design italiano. Conversazioni con i protagonisti del Design italiano*, Skira, Milano 2007, pp. 32, 33.

De Fusco R., *Made in Italy, storia del design italiano*, Laterza, Roma-Bari 2007.

Bassi A., *Design anonimo in Italia. Oggetti comuni e progetto incognito*, Mondadori Electa, Milano 2007, pp. 254, 255.

Castelli G., Antonelli P., Picchi F., *La fabbrica del design italiano. Conversazioni con i protagonisti del design italiano*, Skira, Milano 2007, pp. 32, 33, 34, 35, 194, 198, 199.

Design in 1000 oggetti. 501-600, Phaidon Design Classics - La biblioteca di Repubblica L'Espresso, Roma 2008, n. 584.

Callaghan D., Watson A., *Art and Design Studies*, Hodder Gibson, Glasgow 2008, p. 128.

Sutcliffe S., Dovroey J.P., Simonti F., Geddes-Brown L., *The Art of Vintage*, Jacqui Small, London 2009, pp. 251, 262-263.

Coats M., Brooker G., Stone S., *The Visual Dictionary of Interior Architecture and Design*, Ava publishing, Svizzera / Switzerland 2009, p. 55.

Una tavola lunga un secolo - A Table a Century Long, Corraini edizioni, Milano 2009, p. 86.

Sparke P., *The Genius of Design*, Quadrille, London 2009, pp. 168, 169, 177.

Hanks D., *The Century of Modern Design. Selection from the Liliane and David M. Stewart Collection*, Flammarion, Paris 2010, pp. 183, 204, 207, 245, 263, 266, 477.

Bergamasco P., Croci V., Colonetti A. (a cura di / ed.), *Design in Italia. L'esperienza del quotidiano*, Giunti editore, Firenze 2010, pp. 210, 260, 288.

Casciani S., *Macchina semplice. Dall'architettura al design.100 anni di maniglie Olivari*, Skira, Milano 2011, pp. 76-87.

Lavarini G. M. J. (a cura di / ed.), c/o Selvini, *Manuale dell'architetto: sedie d'autore. Speciale argomenti di architettura*, Di Baio Editore, Milano 2011, pp. 38, 54.

Mosca A., *500 Tricks. Illuminazione*, Logosedizioni, Modena 2011, pp. 178, 183, 249.

Ryan Z., *Fashioning the Object: Bless, Boudicca, Sandra Backlund*, Art Institute of Chicago, Chicago 2012, p.18.

Bergamasco P., Croci V., *Repertori. Design Luci*, Giunti editore, Firenze 2012, p. 70.

Auricchio V., Colonetti A., Capatti A. (a cura di / ed.), *Design in cucina. Oggetti, riti, luoghi*, Compositori/Ottagono, Bologna / Giunti editore, Firenze 2012, pp. 24, 26, 161-163, 201.

Bradbury D., *The Iconic Interiors. 1900 to the Present*, Thames & Hudson Ltd, London 2012, pp. 21, 254, 270, 275.

Ciagà G.L., *Gli archivi di architettura. Design e grafica in Lombardia*, Comune di Milano, CASVA - Centro di alti studi sulle arti visive, Milano 2012, pp. 96-97.

Some Notes about Hannes Wettstein and Joe Colombo, Pallucco pubblicazioni, Treviso 2012, pp. 1-24.

Storace E., Holzwarth H.W., Annicchiarico S., *Kartell. The Culture of Plastics*, Taschen, Köln 2013, pp. 36, 94-97, 108-121, 128, 130, 134-135, 144, 147.

Suzuki T., *Beyod Boundaries. Product. Interior and Architecture*, Tokyo, Japan 2013, pp. 10, 96-97, 120, 121.

Carugati D. G. R., *Stilnovo*, Mondadori Electa, Milano 2013, pp. 36-37, 44-47, 50-63, 141.

Brooker G., *Key Interiors since 1900*, Lauence King Publishing, London 2013, pp. 30-33.

Pansera A., *Italie*, in Forest D., *L'Art du Design*, Citadelle & Mazenod, Paris 2013, pp. 280, 298-301.

Rossi C., *A New Domestic Landscape. On the Environment of Joe Colombo and Superstudio*, in Caviar S. (a cura di / ed.), *Sqm. The Quantified Home*, Lars Müller Publisher 2014, pp. 52-59.

Prof. Zeinstra J., *Dash: Interiors on Display / Stijlkamers*, Delft Architectural Studies on Housing, Nai010 Uitgevers, Rotterdam 2014, pp. 128-131.

Kries E. M., Lipsky J., Edelmann T., Stappmanns V., *Konstantin Grcic Panorama*, Vitra Design Museum, Weil am Rhein 2014, pp. 11-33, 262.

Finessi B., Sonnoli L., *Design: 101 storie Zanotta*, Silvana Editoriale, Cinisello Balsamo (MI) 2015, pp. 78-79, 280-281.

Favardin P., Bloch-Champfort G., *Decorators of the 60s-70s*, Éditions Norma, Paris 2015, pp. 13, 17, 39, 126-133, 175.

House of the Future, a+u Architecture and Urbanism, November Special Issue, Nobuyuki Yoshida A+U Publishing Ltd, Japan 2015, pp. 84-85.

Yudina A., *Furnitecture: Furniture That Transforms Space / Arredi che trasformano lo spazio*, Thames & Hudson Ltd, London / L'Ippocampo edizioni, Milano 2015, p. 13.

Brauniger T., *Apparecchi per illuminazione. Giuseppe Ostuni. OLuce*, Luminaires-Moderniste Edition, Germania / Germany 2015.

Meltzer B., Von Oppeln T. (a cura di / ed.), *Rethinking the Modular*, USM, Schraerer Sohne AG, Thames and Hudson Ltd, London 2016, pp. 140, 144-146.

Art1 (Highschool Textbook), Mitsumura Tosho Publishing Ltd, Kamiosaki Shinagawa-ku, Japan 2016, p. 48.

Alessi A., *La fabbrica dei sogni. Alessi dal 1921*, Rizzoli, Milano 2016, p. 25.

Setti S., *Un archetipo avveniristico. L'architettura del Placentarium*, in Pasqualino di Marineo R. (a cura di / ed.), *Piero Manzoni, nuovi studi*, Fondazione Piero Manzoni, Carlo Cambi Editore, Poggibonsi (SI) 2017, pp. 116, 120.

Binder M. (a cura di /ed.), *Kunst Buch 2 (Art book2)*, Schoningh Westermann Gruppe, Paderborn 2017, p. 11.

Cirillo O., *Mario Valentino. Una storia tra moda, design e arte*, Skira, Milano 2017, pp. 126-129.

Sparke P., *Industrial Design in the Modern Age*, Rizzoli Electa, Milano / Kravis Design Center, New York 2018, pp. 63, 361.

Orrom J., *Chair Anatomy. Design and Construction*, Thames & Hudson Ltd, London 2018, pp. 200-203, 230.

Favata I., *Joe Colombo*, in Mainoli A., Sammicheli M., *The Design City. Milanocittà laboratorio*, Forma Edizioni, Firenze, 2018, pp. 112-115.

Favata I., Borgatti E., *Tube Chair. Minikitchen*, in Coppa A., *Maledetto Design*, Centauria, Milano 2019, pp. 86-91.

Archer S., *The Midcentury Kitchen*, The Country Man Press, WW Norton and Company, New York 2019, p. 179.

Meneguzzo M., *Dalla ricostruzione alla contestazione*, Marsilio Editori, Venezia 2019, p. 65.

Favata I., Borgatti E., *Objects*, in Kries M., Eisenbrand J. (a cura di / ed.), *Atlas of Furniture Design*, Vitra Design Museum, Weil am Rhein 2019, pp. 470-471,

482-483, 496-497, 510-511, 587, 594, 600, 606-607, 645, 646, 649, 652, 835, 878, 991-992, 997-998, 1024-1025.

Branzi A., *Big Book of Design*, 24 Ore Cultura, Milano 2019, pp. 44, 117-123, 395-397.

Dardi D., Pasca V., *Manuale di Storia del Design*, Silvana Editoriale, Cinisello Balsamo (MI) 2019, pp. 193, 197, 200, 202, 277.

Cappellieri A., Pirola M., *I talenti italiani. Mente, mano, macchina*, Fondazione Cologni, Milano / Marsilio Editori, Venezia 2020, pp. 97, 118-119, 127, 268, 272.

Travis T., *The V&A Book of Colour in Design*, Thames & Hudson, V&A Publishing, London 2020, pp. 91, 104.

CATALOGHI DI MOSTRE COLLETTIVE / GROUP EXHIBITION CATALOGUES

Decima Triennale di Milano, catalogo della mostra / exhibition catalogue, Triennale, Milano 1954, pp. 28, 376, 389, 401.

Settore: momenti di tempo libero; Settore: le produzioni, in *XIII Triennale di Milano*, catalogo della mostra / exhibition catalogue, Triennale, Milano 1964, pp. 29, 126, 133.

Beckmann Internationale Möbel, manifestino della mostra / exhibition poster, Kiel 1965.

Vijftig jaar zitten, catalogo della mostra / exhibition catalogue, Stedelijk Museum, Amsterdam 1966, nn. 151, 152.

Nieuwe Italiaanse Vormgeving, catalogo della mostra / exhibition catalogue, Stichting Zentrum voor Industriel Vormgeving, Amsterdam 1966, n. 5.

Joe Colombo, *Espressioni e produzioni italiane; Sistema programmabile per abitare; Ricreazione e ristoro. Il bar*, in *XIV Triennale*, catalogo della mostra / exhibition catalogue, Triennale, Milano 1968, pp. 138, LXXI, LXXIII, LXXV, LXXVI, LXXVIII.

Vorm gevers, catalogo della mostra / exhibition catalogue, Stedelijk Museum, Amsterdam 1968.

Siéges 1925-1968, catalogo della mostra / exhibition catalogue, Musée des Arts Décoratifs, Louvre, Paris 1968.

M.I.A - Mostra internazionale dell'arredamento, catalogo della mostra / exhibition catalogue, la Villa Reale, Monza 1968.

Borgese G. (a cura di / ed.), *Milano chi*, catalogo della mostra / exhibition catalogue, Editoriale milanese, Milano 1969, p. 22.

Intervista con / Interview with Joe Colombo, in *Qu'est-ce que le Design?*, catalogo della mostra / exhibition catalogue, CCI - Centre de Création Industrielle, Paris 1969.

Visiona 1, catalogo della mostra / exhibition catalogue, Interzum, Köln 1969, Museo della Scienza e della Tecnica, Milano 1969.

Rassegna collettiva di design, catalogo della mostra / exhibition catalogue, Bruxelles 1970.

Atti del colloquio internazionale sull'esportazione della sedia, catalogo della mostra / exhibition catalogue, XXII Fiera Internazionale di Trieste, Trieste 1970.

Modern Chairs 1918-1970, catalogo della mostra / exhibition catalogue, The Whitechapel Art Gallery, London 1970, pp. 61, 79, 80, 91.

Deuxième Biennale Intérieur, catalogo della mostra / exhibition catalogue, Courtrai, Belgio / Belgium 1970.

Möbel Messe e Handwerke Kammer, catalogo della mostra / exhibition catalogue, Salone del Mobile, Köln 1970.

Industrial Design aus Italien, catalogo della mostra / exhibition catalogue, Museum des 20. Jahrhunderts, Karlsruhe 1972.

Industrial Design aus Italien, catalogo della mostra / exhibition catalogue, Museum des 20. Jahrhunderts, Schweizergarten, Vienna 1972, pp. 16, 30, 31, 32, 40, 43.

Italy: The New Domestic Landscape, catalogo della mostra / exhibition catalogue, The Museum of Modern Art, New York 1972.

Favata I., *Mostra II. L'opera di Joe Colombo*, in *XV Triennale*, catalogo della mostra / exhibition catalogue, Milano 1973, pp. 90-91.

Forme nuove in Italia, catalogo della mostra / exhibition catalogue, Facoltà di Belle Arti / Department of Fine Arts, University of Tehran, Tehran 1973.

Portable Word, catalogo della mostra / exhibition catalogue, Museum of Contemporary Crafts, New York 1973-1974.

La sedia in materiale plastico, catalogo della mostra / exhibition catalogue, Centrokappa, Noviglio 1975.

A Joe Colombo Retrospective, catalogo della mostra / exhibition catalogue, Galleria International Residence, New York 1976.

Design and Art of Modern Chairs, catalogo della mostra / exhibition catalogue, The National Museum of Art, Osaka 1978, pp. 70, 76, 93, 100, 107-109.

Design & Design. Compassi d'oro - promossa dall'ADI e dal Comune di Milano, catalogo della mostra / exhibition catalogue, Palazzo delle Stelline, Milano / Palazzo Grassi, Venezia 1979, pp. 102, 113.

10 anni di Premio SMAU Industrial Design. 1968-78, catalogo della mostra / exhibition catalogue, Milano 1979.

XVI Triennale, sezione Raccolta del Design, catalogo della mostra / exhibition catalogue, Milano 1980.

Arte nucleare 1951-1957. Opere, testimonianze, documenti, catalogo della mostra / exhibition catalogue, Galleria San Fedele, Milano 1980.

XII edizione Compasso d'Oro, catalogo della mostra / exhibition catalogue, Triennale, Milano, Electa, Segrate (MI) 1981, p. 28.

Alinovi F. (a cura di / ed.), *Conseguenze impreviste: arte, moda, design - rassegna stampa e corrispondenza,* catalogo della mostra / exhibition catalogue, Electa, Segrate (MI) 1982-1983, p. 82.

Design since 1945, catalogo della mostra / exhibition catalogue, Philadelphia Museum of Art, USA 1984, pp. XX, 61, 87, 123-124, 145-146, 209.

Italia Diseño 1946/1986, catalogo della mostra / exhibition catalogue, Museo Rufino Tamayo, Mexico 1986, pp. 66, 68-69, 140-143, 146, 148, 153.

Caramel L. (a cura di / ed.), *Movimento arte concreta 1948-1958*, catalogo della mostra / exhibition catalogue, Galleria Fonte d'Abisso, Modena 1987.

La forma del lavoro: venti anni di Premio SMAU Industrial Design, catalogo della mostra / exhibition catalogue, Arengario, Milano, Electa, Segrate (MI) 1989, pp. 32, 74-75, 195.

Antonelli P., *Joe Colombo. L'Existenzminimum*, in Antonelli P., De Giorgi M., *Civiltà delle macchine. Collezione per un modello di museo del disegno industriale italiano*, catalogo della mostra / exhibition catalogue, Lingotto, Torino, Gruppo Editoriale Fabbri, Milano 1990, pp. 70-73.

Creativitalia: The Joy of Italian Design, catalogo della mostra / exhibition catalogue, Railcity Shiodome, Tokyo 1990, pp. 128, 184, 246.

Donà C. (a cura di / ed.), *Mobili italiani 1961-1991. Le varie età dei linguaggi*, catalogo della mostra / exhibition catalogue, COSMIT - XXX Salone Internazionale del Mobile, Triennale, Milano 1991, pp. 74,102, 112, 133, 136, 137, 146-147, 150, 181, 190, 209, 210, 212, 217, 219, 221, 224-227, 230.

Corgnati M., *Giamaica: arte a Milano 1946-1959*, catalogo della mostra / exhibition catalogue, Casa del Mantegna, Mantova / Galleria Comunale d'Arte, Cesena/ Villa La Versiliana, Pietrasanta, Poligrafico della Publi-Paolini, Mantova 1992.

The Italian Metamorphosis 1943-1968, catalogo della mostra / exhibition catalogue, The Solomon R. Guggenheim Museum, New York 1994, n. 744.

Branzi A., *Il design italiano 1964-1990*, catalogo del-

la mostra / exhibition catalogue, Triennale di Milano, Electa, Segrate (MI) 1996.

Corgnati M. (a cura di / ed.), *Il movimento nucleare. Arte a Milano 1946-1959,* catalogo della mostra / exhibition catalogue, Palazzo Sertoli, Galleria Credito Valtellinese, Palazzo Pretorio e Palazzo Martinengo, Sondrio, Grafiche Aurora, Verona 1998.

Rizzi R., Steiner A., Origoni F. (a cura di / ed.), *Design Italiano, Compasso d'Oro ADI,* catalogo della mostra / exhibition catalogue, Galleria del Design e dell'Arredamento, Cantù 1998, pp. 12, 175-176.

La donation Kartell. Un environnement plastique 1949-1999, catalogo della mostra / exhibition catalogue, Centre Pompidou, Paris 2000, pp. 1, 31, 53, 54, 60, 63, 67.

Favata I., *Unità globale,* in *4:3. 50 Jahre Italienisches & Deutsches Design,* catalogo della mostra / exhibition catalogue, Kunst und Ausstellungshalle der Bundesrepublik Deutschland GmbH, Bonn, 2000, pp. 102, 103.

100 Forme della Luce: 1945-2000, Collezione Permanente del Design Italiano, catalogo della mostra / exhibition catalogue, Triennale, Milano 2000.

Romanelli M., *Aperto Vetro,* catalogo della mostra / exhibition catalogue, Museo Correr, Venezia, Electa, Segrate (MI) 2000, pp. 89-91, 299.

Settembrini L., COSMIT (a cura di / ed.), *La città e il design - 1951-2001 Made in Italy,* catalogo della mostra / exhibition catalogue, Triennale, Milano 2001.

Schwartz Clauss M., *Travelling exhibition - Living in motion. Design und Architecture für flexible Wohnen,* catalogo della mostra / exhibition catalogue, Vitra Design Museum, Rhein am Weil 2002.

Annichiarico S., *L'Anti-design ovvero l'immaginazione del possibile*; Tonelli Michail M.C., *Joe Colombo.* In *Maestri Design italiano. Collezione Permanente Triennale di Milano,* catalogo della mostra-festival / festival-exhibition catalogue, Europalia-Italia, Grand-Hornu di Mons, Belgio / Belgium 2003, pp. 22-23, 102-107.

Sensi divini. La cultura del bere tra architettura e design, catalogo della mostra / exhibition catalogue, Triennale, Milano 2004.

Italy Made in Art Now. Arti contemporanee e disegno industriale, catalogo della mostra / exhibition catalogue, MOCA - The Museum of Contemporary Art, Shanghai, Cina / China 2006, pp. 57, 98, 122, 136, 150, 189.

Maestri del Design Italiano, catalogo della mostra / exhibition catalogue, Shiodome Italia Creative Center, Shiodome Area, Tokyo 2006.

Travelling exhibition. Airworld. Design and Architecture fot Air Travel, catalogo della mostra / exhibition catalogue, Vitra Design Museum, Weil Am Rhein 2007.

Midal A., *Tomorrow Now. When design meets science-fiction,* catalogo della mostra / exhibition catalogue, MUDAM - Musée d'Art Moderne Grand-Duc Jean, Luxembourg 2007, pp. 51-53.

Ferrari F., *Utopie e nuovi materiali*, in Irace F. (a cura di / ed.), *Casa per Tutti. Abitare la città globale*, catalogo della mostra / exhibition catalogue, Triennale di Milano, Electa, Segrate (MI) 2008, pp. 132, 133, 200, 201.

Pavitt J., *The Bomb in the Brain*, in Crowly D., Pavitt J., *Cold War: Art and Design in a Divided World 1945-1970,* catalogo della mostra / exhibition catalogue, Victoria & Albert Museum, London 2008, p. 105.

Design contre design, catalogo della mostra / exhibition catalogue, Galeries nationales du Grand Palais, RMN, Paris 2008, p. 337.

Segnali di Stile. Il premio Lissone, territorio, uomini, idee, catalogo della mostra / exhibition catalogue, Museo d'Arte Contemporanea, Lissone 2008.

Au fond de l'inconnu pour trouver du nouveau, catalogo della mostra / exhibition catalogue, Musée d'Art Moderne, Saint-Etienne 2009.

De Rijk T. (a cura di / ed.), *Norm=Form on Standardisation and Design,* catalogo della mostra / exhibition catalogue, Gemeentemuseum den Haag, Netherland 2010, Unesco World Heritage Zollverein, Essen 2010, pp. 155, 253.

Macchina semplice. Dall'architettura al design 100 anni di maniglie Olivari, Spazio Paradiso, Giardini della Biennale, Venezia 2010.

Hyper-Links: Architecture and Design, catalogo della mostra / exhibition catalogue, Yale University Press, Art Institute of Design, Chicago 2011, p. 13.

Di Pierantonio G., Rodeschini M.C. (a cura di / ed.), *Il Bel Paese dell'Arte - Fratelli d'Italia,* catalogo della mostra / exhibition catalogue, Galleria d'Arte Moderna e Contemporanea dell'Accademia Carrara di Bergamo, Nomos Edizioni, Busto Arsizio (VA) 2011, pp. 49, 65, 238-239.

Cappellieri A. (a cura di / ed.), *The Italian Way. Tra artigianato e tecnologia. Progetti intorno al corpo,* catalogo della mostra / exhibition catalogue, Electa, Segrate (MI) 2011.

Romanelli M., Pirola M., Imperatori P. (a cura di / ed.), *Meet Design: Design, una storia italiana. Il design dal 1948,* catalogo della mostra / exhibition catalogue, Palazzo Bertalazone di San Fermo, Torino 2011-2012, Skira, Milano 2011, pp. 66-68, 71, 74, 76, 117, 145, 148, 168, 243, 245, 267, 268.

Creative Junctions. First Beijing International Design Triennial, catalogo della mostra / exhibition catalogue, National Museum of China, Beijing 2011, pp. 119, 184.

Nicolin P., Rota I. (a cura di / ed.), *Design. La sindrome dell'influenza,* catalogo della mostra / exhibition catalogue, Triennale di Milano, Corraini Edizioni, Milano 2013, pp. 126-127.

Migayrou F., *Kosice: une physique de l'architecture*, catalogo della mostra / exhibition catalogue, Centre Pompidou, Paris 2013, p. 53.

Kries M., Kugler J. (a cura di / ed.), *Lightopia,* catalogo della mostra / exhibition catalogue, Vitra Design Museum, Weil Am Rhein 2013, pp. 65, 77, 81.

Pelaldo Matton L. (a cura di / ed.), *100% Original Design. Be Original Elle Décor,* catalogo della mostra / exhibition catalogue, Palazzo Reale di Milano, Elle Décor Italia, Milano 2014, pp. 108-109, 173.

Turrini D., *Joe Colombo, 31. Progetti di sedute e di un tavolo da disegno,* in Ferretti E., Pierini M., Ruschi P., *Michelangelo e il Novecento,* catalogo della mostra / exhibition catalogue, Casa Buonarroti, Firenze / Galleria Civica di Modena, Silvana Editoriale, Milano 2014, pp. 227-230.

Favata I., Borgatti E., *Minikitchen. Joe Colombo*, in Celant G. (a cura di / ed.), *Cucina & Ultracorpi,* catalogo della mostra / exhibition catalogue, Triennale di Milano, Electa, Segrate (MI) 2015, pp. 344-345.

Favata I, *The Zancope Apartment by Joe Colombo*, in *Design London Evening & Day Sales,* catalogo dell'asta / auction catalogue, Galleria Phillips, London 2015.

Dantini M., *Il cibo del mutante. Design e fantascienza*, in Germano Celant (a cura di / ed.), *Arts & Foods. Rituali dal 1851,* catalogo della mostra / exhibition catalogue, Triennale di Milano, Electa, Segrate (MI) 2015, pp. 625, 638-640.

Trincherini E., Turrini D., Ciappi S., *Creativa Produzione. La Toscana e il design italiano 1950-1990,* catalogo della mostra / exhibition catalogue, Fondazione Ragghianti Studi Sull'Arte, Lucca 2015, pp. 24-25, 44, 76.

Il laboratorio delle eccellenze, catalogo della mostra / exhibition catalogue, Arredaesse, Carugo 2015, pp. 27-29, 76-79.

Bony A., Midal A., Thommeret R., *The Plastic Collection,* catalogo della collezione permanente / permanent exhibition catalogue, CFC Editions et Art & Design Atomium Museum, Bruxelles 2015, pp. 17, 39, 58, 59, 61, 79, 91, 96, 107, 152.

Mojana M. (a cura di / ed.), *I Colori del Rosso*, catalogo della mostra / exhibition catalogue, Galleria Campari, Sesto San Giovanni (MI) 2016, p. 46.

Finessi B. Bosoni G., Pirola M., Porcu M. (a cura di / ed.), *Stanze. Altre filosofie dell'abitare,* catalogo della mostra / exhibition catalogue, XXI Triennale di Milano, Marsilio Editori, Venezia 2016, pp. 15, 27, 86, 93, 135, 137, 199, 201, 207.

Kries M., Stappmanns V., *The Vitra Schaudepot. Ar-*

chitecture, Ideas, Objects, catalogo dell'inaugurazione dell'esposizione permanente / permanent exhibition opening catalogue, Vitra Schaudepot, Weil am Rhein 2016, pp. 36, 40, 47, 66-67, 69-70, 73, 100-101.

Friedman S., Wallace J., Kinchin J., *MoMA at NGV, 130 Years of Modern and Contemporary Art*, catalogo della mostra / exhibition catalogue, Melbourne, Australia 2018, p. 146.

Steierhoffer E., McGuirk J., *Home Futures. Living in Yesterday's Tomorrow*, catalogo della mostra / exhibition catalogue, London Design Museum Publishing, London 2018.

Annichiarico S. (diretto da / ed.), Alessi C., Dalla Mura M., De Giorgi M., Pasca V., Riccini R., *Il design italiano - Storie*, catalogo della mostra / exhibition catalogue, Triennale di Milano, Electa, Segrate (MI) 2018-2019.

Blaisse L., Fayolle C., *Le Mobilier d'architectes 1960-2020*, catalogo della mostra / exhibition catalogue, Cité de l'architecture & du patrimoine, Paris 2019, pp. 12, 13, 36-37, 41, 138-139, 144.

Galli S. (a cura di / ed.), *Milano anni '60. Storia di un decennio irripetibile*, catalogo della mostra / exhibition catalogue, Comune di Milano, Palazzo Morando, Milano 2019-2020.

Roca C., *Les Dessins de siège, du croquis au document de communication*, in Gady B., *Le Dessin sans réserve*, catalogo della mostra / exhibition catalogue, Musée des Arts Décoratifs, Louvre, Paris 2020, p. 191.

Kries M., Eisenbrand J., *Home Stories. 100 Years. 20 Visionary Interiors*, catalogo della mostra / exhibition catalogue, Vitra Design Museum, Weil am Rhein 2020, p. 154.

Mazzantini C. (a cura di / ed.), *Quirinale contemporaneo*, Treccani, Roma 2020.

RIVISTE E QUOTIDIANI / MAGAZINES AND NEWSPAPERS

I mostri, "Edilizia Moderna-Design", n. 85, trimestrale / quarterly publication, 1964, p. 69.

G. B., *Le mostre. Nando, Colombo, Dangelo, Fontana, Tullier*, "Avanti! - Milano", 24 giugno / June 1953.

Valsecchi M., *Arte. Nucleari e spaziali a confronto*, "Tempo", 16 luglio / July 1953.

Alla XIII Triennale, "Domus", n. 418, settembre / September 1964, pp. 33, 34.

Belloni A., *Beleuchtungskorper von Oluce, Milano*, "MD - Moebel Interior Design", n. 9, settembre / September 1965, p. 459.

A.Belloni, *Freizeitmöbel die wie Spielzeug ammuten*, "MD - Moebel Interior Design", n. 10, ottobre / October 1965, p. 68.

Nuovi mobili italiani, "Domus", n. 432, novembre / November 1965, pp. 28, 29, 32, 33, 36, 37.

Mailand. Spiegelbild italienischen Möbelschaffens, "Möbel Kultur", n. 11, novembre / November 1965, pp. 1727-1730.

A.Belloni, *Tischlampen von Joe Colombo*, "MD - Moebel Interior Design", n. 12, dicembre / December 1965, p. 620.

Ritter E., *Idées italiennes*, "L'Œil", n. 133, gennaio / January 1966, pp. 68, 71.

Neun Stuhle von zweiMillionen. Kölner Möbelmesse. Salone del Mobile, Colonia, "MD - Moebel Interior Design", n. 3, marzo / March 1966, pp. 56, 64.

Neun Stuhle von zweiMillionen, "MD - Moebel Interior Design", n. 3, marzo / March 1966, p. 64.

MØller S. E., *The History of the Bentwood Chair*, "Mobilia", n. 128, marzo / March 1966.

MØller S. E., *Italian Future* (testo sul / text about the Salone del Mobile), "Mobilia", n. 129, aprile / April 1966.

G. C., *Sulla mostra EuroDomus, 30 aprile - 15 maggio*, "Casabella", n.304, aprile / April 1966.

Un tecnico per ogni problema, "Ottagono", n. 1, aprile / April 1966, p. 12.

Domusricerca. Dichiarazione del gruppo 1, "Domus", n. 438, maggio / May 1966, pp. 29-30.

Domus per chi deve scegliere mobili di serie. Produzione Comfort, "Domus", n. 441, agosto / August 1966, pp. d/347, d/348.

Wie werden morgen die Möbel aussehen?, "Schöner Wohnen", n. 10, ottobre / October 1966, pp. 102-106.

Massai E., *Milan - Milan nis in top Design form*, "Home Furnishing Daily", 6 ottobre / October 1966.

Mostra Kartell alla Rinascente, "Domus", n. 447, febbraio / February 1967.

A Milano il Salone del Mobile, "Domus", n. 456, novembre / November 1967, p. 40.

American Vigour, French Flair, "Design", n. 228, dicembre / December 1967, p. 55.

Compasso d'Oro ADI 1967, "Ottagono", n. 8, gennaio / January 1968, pp. 30, 31.

Flash segnalazioni. Mostra ai magazzini Gimbel's, "Domus", n. 458, gennaio / January 1968, p. 44.

Lamp on a String, "Design", n. 232, aprile / April 1968, p. 66.

Brunhammer Y., *Sièges 1925-1968. Exposition au Musée des Arts Décoratifs*, "L'Œil", n. 160, aprile / April 1968, pp. 72, 79.

Mezzanotte M., *Le case firmate*, "Panorama", n. 111, maggio / May 1968, p. 55.

Gli allestimenti - ADI, "Domus - Eurodomus 2", n. 463, giugno / June 1968, pp. 37, 38.

Gardella J., *La dissalazione dell'acqua marina*; *La produzione Italia*, "Interni", numero speciale / special issue, XIV Triennale, giugno / June 1968, pp. 22-24, 47, 56-60.

Design alla XIV Triennale, "Domus", n. 466, settembre / September 1968, pp. 28-30, 31-34.

Milano: mobili all'ottavo Salone, "Domus", n. 468, novembre / November 1968, pp. 34,40.

Problème bureau: quatre solutions, "L'Œil", n. 167, novembre / November 1968, pp. 64-69.

Design. Italian Lights, "AD - Architectural Design", n. 7/6, novembre / November 1968, p. 553.

Rogers S., *Togetherness*, "New York Post", 20 gennaio / January 1969, p. 44.

Notizie e novità di design, "Ottagono", n. 12, gennaio / January 1969, p. 81.

Duckett M., *New Furniture: The Competition*, "Design", n. 242, febbraio / February 1969, p. 58.

Macy's Unloads, "Home Furnishings Daily", n. 70, New York, 9 aprile / April 1969, p. 4.

Macy's, "The New York Times", 12 aprile / April 1969, p. 7.

Una piccola casa per molti amici, "Interni", n. 28, aprile / April 1969, pp. 14-17.

Sverbeyeff E., Morrison H., *The Young Designers. A Total Environment*, "House Beautiful", n. 7, luglio / July 1969, pp. 226-227.

Interiors-Squirearchy, "Design", n. 248, agosto / August 1969, p. 54.

Domus design, "Domus", n. 477, agosto / August 1969, pp. 25-32.

A Paris, quai de Béthune, "L'Œil", n. 176-177, agosto-settembre / August–September 1969, pp. 48-55.

Qu'est-ce que le Design?, "L'Œil", n. 178, ottobre / October 1969, pp. 59-60.

A Trieste, il concorso per gli imbottiti, "Domus", n.479, ottobre / October 1969, p. 32.

Mobili al nono Salone di Milano, "Domus", n. 480, novembre / November 1969, p. 33.

Tre radio, "Domus", n. 481, dicembre / December 1969, p. 41.

80 metri quadri rivestiti di blu, "Abitare", n. 81, dicembre / December 1969, pp. 8-11.

Nuove forme per arredi morbidi, "Arredorama", n. 2, gennaio-marzo / January–March 1970, p. 17.

Domus Design a Rotterdam, "Domus", n. 483, febbraio / February 1970, pp. 43-44.

Michel E., *Design et société de consommation,* "Cree", n. 3, febbraio-marzo / February–March 1970.

Guenzi C., *Design e prestazioni*, "Casabella", n. 347, aprile / April 1970, p. 12.

Compasso d'oro ADI 1970-specchi, " Arredorama", n. 3, aprile-giugno / April–June 1970, p. 44.

Design abroad: Italy -Joe Colombo, "Industrial Design", n. 17/4, Maggio / May 1970, pp. 28-29.

Il centro "IN" apre a Roma, "Ottagono", n. 17, maggio / May 1970, p. 135.

Kim Moltzer: l'interprétation originale d'un espace traditionnel. Per professionisti-Apparecchio fotografico professional. Visti a Colonia, "L'Œil", n. 185, maggio / May 1970, pp. 30-34, 40, 43.

Eurodomus 3, "Formaluce", n. 16, maggio-giugno / May–June 1970, p. 20.

System abstract, "Shop", n. 3, giugno-agosto / June–August 1970, pp. 58-60.

This is eurodomus 3. Segnaliamo, "Domus - Eurodomus3", n. 488, luglio / July 1970, pp. 49, 55.

Compasso d'oro 1970, "Formaluce", n. 17, luglio-agosto / July–August 1970.

Il premio compasso d'oro ADI 1970, "Domus", n. 489, agosto / August 1970, p. 35.

Moro D., *Oggi il design: la situazione in Italia*, "Rassegna", n. 11/12, settembre / September 1970, pp. 14, 16, 20, 21, 25.

Sì o no al compasso d'oro, "Ottagono", n. 18, settembre / September 1970, p. 30.

"Domus", n. 492, novembre / November 1970, copertina / cover.

Visto a Milano: 10° Salone del Mobile, "Interni", n. 47, novembre / November 1970, pp. 43, 46.

Joe Colombo. Triangular Storage System, "Domus", n. 493, dicembre / December 1970, pp. 32, 33.

1970: retrospettive sul mobile italiano ed europeo, "L'industria del Mobile", n. 116, gennaio / January 1971, pp. 4, 16, 20.

Sièges, "L'Œil", n. 197, maggio / May 1971, p. 60.

Luminaires, "Équipement architecture intérieure", n. 119, maggio-giugno / May–June 1971, p. 51.

Siemek Espanet M., *La stanza dei bottoni*, "Interni - La rivista dell'Arredamento", n. 54, giugno / June 1971, pp. 5-10.

Torino esposizioni. Nuove immagini della casa, "Domus", n. 500, luglio / July 1971, pp. 37, 41.

I mobili del '72, "Interni", n. 58, ottobre / October 1971.

In prospettiva il Salone del Mobile di Milano, "Arredorama", n. 10, ottobre / October 1971, pp. 6-11.

Milano: cronaca del salone del mobile 1971, "Domus", n. 504, novembre / November 1971, p. 28.

Salone del Mobile, Mailand 1971, "MD - Moebel Interior Design", n. 1, gennaio / January 1972, p. 79.

100 mq per vivere in quattro, "Casa amica", supplemento a / supplement to "Amica", n. 6, 8 febbraio / February 1972, pp. 49-54.

Telefonata da Colonia: Fiera del mobile 1972, "Domus", n. 509, aprile / April 1972, p. 34.

Light durch Leuchten, "MD - Moebel Interior Design", n. 4, aprile / April 1972, pp. 104, 105.

Complementi d'arredamento, "Commercio mobili", n. 97, maggio / May 1972, p. 48.

Sono partiti per New York, "Domus", n. 510, maggio / May 1972, p. 21.

The Kind of Toys for the Game of Relaxing. Una torre su ruote, "Domus", n. 511, giugno / June 1972, pp. 34, 40.

Il corriere dell'Arredamento, supplemento a / supplement to "Interni", n. 66, giugno / June 1972.

Italia: il nuovo paesaggio domestic, "Casa Vogue", n. 14, giugno / June 1972 , pp. 90-99.

Nuove cose per la casa, "Domus", n. 512, luglio / July 1972.

Strumenti, "Domus", n. 518, gennaio / January 1973, p. 30.

Rassegna, "Domus", n. 521, aprile / April 1973, p. d/578.

Celestini C., Poniatosky P., *Vivere all'aperto,* "Casa Amica", supplemento a / supplement to "Amica", n. 18, maggio / May 1973, pp. 42-43.

Restany P., *I 45 anni di Domus a Parigi,* "Domus", n. 525, agosto / August 1973, p. 35.

Massioni L., *Corrispondenza da Luigi Massioni*, "Ottagono", n. 30, settembre / September 1973.

Bossi G., *La cucina da ieri a domani*, "Rassegna - Modi di abitare oggi", n. 32, gennaio-febbraio / January–February 1974, pp. 42-43.

L'attrezzo domestico, "Casabella", n. 386, febbraio / February 1974, pp. 52-54.

Mistretta G., *La casa per tutti. Una proposta d'arredo*, "Milanocasa", febbraio-marzo / February–March 1974, p. 92.

Da Pesaro un mobile per l'Europa, supplemento a / supplement to "Il Mobile Marchigiano", n. 74, marzo / March 1974.

Dorfles G., *Il disegno industriale*, "L'Arte Moderna", n.15, Milano 1975, pp. 90-92, 95-96.

100 sedie in materia plastica, "Domus", n. 555, febbraio / February 1976, p. 41.

Se ne parla, "Casa Vogue", n. 56, aprile / April 1976, p. 154.

I blocchi cucina PreFab 7, "Domus", n. 565, dicembre / December 1976, pp. 11, 12.

Inventario delle novità: le lampade, "Abitare", n. 152, marzo / March 1977, p. 34.

Mettiamo su casa insieme, supplemento a / supplement to "Abitare", n. 159, novembre / November 1977, pp. 22, 28.

Flash su una azienda che guarda al futuro, "Illuminotecnica", n. 211/212, luglio-agosto / July–August 1978, p. 118.

Prodotti per abitare meglio. Accessori, Mettiamo su casa insieme, supplemento a / supplement to "Abitare", n. 180, dicembre / December 1979, p. 28.

Lampade Francesconi, "Domus", n. 603, febbraio / February 1980, p. 47.

Mobili per il 1981 dal 20° salone del mobile di Milano, "Abitare", n. 191, gennaio-febbraio / January–February 1981, p. 40.

Dietz U., Thyriot M., *Moderne Klassiker Möbel, die Geschichte machen, Teil 3: Esstische,* "Schöner Wohnen", n. 6, giugno / June 1981, pp. 33, 42.

Bearzotti L., *La maniglia*, "Ottagono", n. 62, settembre / September 1981, pp. 62-66.

Dietz U., Thyriot M., *Moderne Klassiker Möbel die Geschichte machen, Teil 5: Einzelmöbel,* "Schöner Wohnen", n. 9, settembre / September 1981, pp. 65, 72.

Dietz U., Thyriot M., *Moderne Klassiker Möbel die Geschichte machen, Teil 7: Lampen (2),* "Schöner Wohnen", n. 11, novembre / November 1981, pp. 93, 96, 101.

Tommaso T., *La chiocciola dei sensi*, "Domus", n. 624, gennaio / January 1982, p. 51.

Scarzella P., *Maniglie di architetti*, "Domus", n. 625, febbraio / February 1982, p. 62.

Dietz U., Thyriot M., *Moderne Klassiker Möbel die Geschichte machen, Teil 12: Hocker, Schankelstuhle,*

"Schöner Wohnen", n. 4, aprile / April 1982, pp. 157, 164.

Choix:20 luminaires, Maison & Jardin, n. 283, maggio / May 1982, p. 254.

Dècoration: l'Italie en super formes, "Maison française", n. 358, giugno / June 1982, p. 113.

Baroni D., D'Auria A., *Sedie in materiale plastico*, "Interni", n. 332, luglio-agosto / July–August 1983, p. 57, 59.

I mobili per il 1984. Video Salone, "Abitare", n. 221, gennaio-febbraio / January–February 1984, p. 72.

Meikle J., *1945-1980: il design a stelle e strisce*, "Modo", n. 68, aprile / April 1984, pp. 45, 46.

Zighetti A., *Quali e perché - I bestsellers*, "Casa Vogue", n. 151, aprile / April 1984, p. 234.

Conoscere il compensato curvato, "Casa Vogue", n. 152, maggio / May 1984, p. 223.

Marchesi G., *Cucina e cultura: mostra alla Fiera di Milano*, "Casa Vogue", n. 153, giugno / June 1984, p. 171.

6 giorni di lavoro - 24° Salone del Mobile, "Abitare", n. 231, gennaio- febbraio / January–February 1985, pp. 47, 58.

Notizie & design - Una mostra per Joe Colombo, "Abitare", n. 232, marzo / March 1985, p. 1.

La non cucina: compatta o nell'armadio, "Abitare", n. 235, giugno / June 1985, p. 40.

Mingo D., *Esterno con luci*, "Ufficio Stile", n. 10, ottobre / October 1985, p. 101.

Manzini E., *È di plastica?*, "Domus", n. 666, novembre / November 1985, pp. 54-55.

De Giorgi M., *L'archetipo imbottito*, "Domus", n. 686, settembre / September 1987, p. 84.

Mizrahil M., Travini A., *Mobili di design - I pezzi grandi firme*, "Brava casa", n. 9, settembre / September 1987, p. 63.

Irace F., *Design e ritorno. La bella forma è un boomerang*, "Il Sole 24 Ore", n. 116, 8 maggio / May 1988, p. 24.

Giani S., *Seduti ieri e oggi. 1960/1990 trent'anni di divani*, "Casa Amica", n. 8, settembre / September 1988, pp. 110-111.

Scafuri R., *Design d'azzardo. Tavoli da gioco*, "Brava casa", n. 9, settembre / September 1988, p. 93.

De Angelis A., *Oggetti smarriti*, "Gd'A - Il giornale dell'Arredamento", n. 3, 15 marzo / March 1990, p. 23.

Gramigna G., *Forme in luce*, "Area", n. 3, settembre / September 1990, p. 50.

Pitta F., Zoppis G., *30 anni di Salone*, "Casa Amica", n. 5, aprile / April 1991, pp. 61, 66.

Mobili Italiani 1961-1991. Le varie età dei linguaggi, "Gd'A - Il Giornale dell'Arredamento", n. 6, giugno / June 1991, p. 5.

Uno sguardo sulla storia del mobile italiano, "Arredo-rama", n. 226, gennaio / January 1992, p. 49.

Dell'Acqua Bellavitis A., *Small is Beautiful*, "Ottagono", n. 104, settembre / September 1992, p. 37.

La non cucina, "Ottagono", n. 107, giugno / June 1993, pp. 118-121.

Morteo E., *Taglia e incolla: immagini e flash letterari dedicati al letto*, "Gap Casa", n. 111, ottobre / October 1994, pp. 80, 82.

Milano e i maestri nucleari. In esposizione a Sondrio le famose sculture in ossa di Enrico Baj, "Giornale di Sondrio Centro Valle-Cultura", 22 marzo / March 1998, p. 32.

Kuranishi M., *Key Figures in the Mid-Century. Joe Colombo*, "Dream Design-Japan", n. 7, 2002, pp. 50-55.

Digest Italia, "AD - Architectural Digest", n. 6, giugno / June 2006, pp. 62, 64.

Pansera A., Facchetti E., Sciama S., Tartaro G., *La rete del saper fare. I Musei d'impresa*, "BOX - Progetto e Percorsi", n. 68, gennaio / January 2007, pp. 18-25.

Spinazzè P., Sbordone S., *Design vintage in mostra*, "Casa Amica", n. 1/2, febbraio / February 2007, pp. 94-101.

Favata I., *Sedie di ieri, di oggi*, "Progettare", n. 308, febbraio / February 2007, pp. 50-54.

Pagni C., *Dossier cucina habitat - La cucina contemporanea*, "Dossier Habitat - Rivista dell'abitare", n. 28, aprile / April 2007, pp. 48-51.

Vasques S., *Dossier Grandi Maestri del '900*, "Elle Décor Italia", n. 5, maggio / May 2007, p. 501.

Favata I., *Protagonisti: Joe Colombo*, "Antiquariato", n. 316, agosto / August 2007, pp. 110-115.

Favata I., *L'importanza della forma nel progetto*, "Progettare", n. 315, ottobre / October 2007, pp. 72-74.

Branzi A., *Le 7 ossessioni del design Italiano*, "L'Europeo", n. 6, dicembre / December 2007, pp. 45-52.

КАК ТЕСЕН МДР, "AD - Architectural Digest Russia", n. 2, febbraio / February 2008, pp. 65-67.

Boeri C., Koivu A., *Museo del Design*, "Abitare", n. 503, giugno 2010, pp. 170-182.

Casa Vogue è sonho, "Casa Vogue - Brazil", n. 300, agosto / August 2010.

Berger S., *Wir lieben wohnen*, "Schöner Wohnen", n. 11, Novembre / November 2010, p. 306.

Kitchens, "Brutus Casa - Life Design Magagazine Japan", n. 132, marzo / March 2011, pp. 27, 70-75.

Bassi A., *Non solo oggetti ma icone*, "Casa D - la Repubblica", n. 737, 9 aprile / April 2011, pp. 71-92.

Espacesrétrospective, Arcadia Genève rétrospective Joe Colombo, "Espaces contemporains", n. 5, settembre-ottobre / September–October 2011, p. 74.

Das buch der designer-Die 150 wichtigsten designer & Ihre besten möbel, "Schöner Wohnen", 2011, pp. 32, 33.

Bergamasco P., *Icone*, "Casamica - Corriere della Sera Design magazine", n. 2, 14 aprile / April 2012, pp. 82-84.

Corva L. (intervista con / interview with Ignazia Favata), Tommasini M., *Be Original. L'eredità del design*, "Elle décor", n. 5, maggio / May 2013, pp. 27-31.

Prugnard M., *Couleurs Vintage*, "Espaces Contemporains", n. 6, dicembre / December 2013 - Febbraio / February 2014, p. 108.

Sammicheli M., *La città sospesa. City in suspence*, "Abitare", n. 541, gennaio-febbraio / January–February 2015, p. 126.

Campostrini P., *Il cibo di Celant*, "Elle Décor", n. 4, aprile / April 2015, pp. 151-156.

Riedizioni, "Interni", n. 77, 9 aprile / April 2015, p. 18.

Tendance: vintage superstar, "Elle Décoration", n. 239, ottobre / October 2015, p. 60.

Rosso B., Bortolotto M., *Decorscouting*, "Elle Décor", n. 11, novembre / November 2015, p. 62.

Karakter, "Rum Review", gennaio / January 2016, pp. 10-13.

La Triennale di Milano, supplemento a / supplement to "Domus", n. 1000, marzo / March 2016, pp. 33, 36.

Design Italia 1928-2016 100 Record, "Domus", n. 1000, marzo / March 2016, pp. 151, 158.

Giorgi F., *Nuvola rossa*, "Elle Décor", n. 4, aprile / April 2016, pp. 137, 138.

Vinelli M., *Quattro tubi di gloria anticonformista*, "Corriere Design-Corriere della Sera", 12 aprile / April 2016, p. 120.

The shape of light. OLuce. The Globe, "IFDM-Il foglio del mobile", n. 5, maggio / May 2016, p. 68.

Bosoni G., *L'âge d'or dei "maestri" del design italiano*, "Cartaditalia - Rivista di cultura italiana contemporanea", n. 2, ottobre / October 2016, pp. 56, 70.

Pini F., *Arte e oltre. Il carrellino tuttofare e la poltrona arrotolata*, "Sette - Corriere della Sera", n. 5, 3 febbraio / February 2017, p. 85.

Nani S., *Il genio nella lampada* (intervista con / interview with Antonio Verderi, Oluce), "Design - Corriere della Sera", 4 aprile / April 2017, p. 15.

Vinelli M., *Il totem di Colombo con spirito di adattamento*, "Corriere della Sera", 22 aprile / April 2017, p. 37.

Fabiani C., *Verstektes Mailand. Auf den Spuren der Maestri/Hidden Milan. On the trail of the maestri*, "MD - Craft & Materials", aprile / April 2017, pp. 38-42.

Algera K., *The Life of Things. The Sink*, "Mac Guffin", n. 4, primavera-estate / spring–summer 2017, pp. 110-111, 114-115.

Riolo E., *Elements - Soluzioni per l'ufficio, Boby, la cassettiera intramontabile*, "iQArch", n. 70, giugno / June 2017, pp. 79-88.

Telo Lounge, "Domus", n. 1020, gennaio / January 2018, p. 119.

Gerosa M., *Best Reissues*, "Wallpaper", febbraio / February 2018, p. 120.

Nobile Mino E., *La visione a gauche del comfort*, "Interni", in occasione della / on the occasion of Mostra Anteo, n. 85, aprile / April 2018, pp. 36-39.

Raggi F., *'68 - Design e altre storie*, "Interni", in occasione della / on the occasion of Mostra Anteo, n. 85, aprile / April 2018, pp. 4, 8, 13, 14, 20.

Foresti C., *In cucina*, "Interni", in occasione della / on the occasion of *Mostra Anteo*, n. 85, aprile / April 2018, pp. 76-77.

Soward A., *Sono famosi*, "AD", n. 441, aprile / April 2018, pp. 202-204.

Rossetti B., Polegato W., *Maison Arredo. Joe & Friends,* "Marie Claire Maison", n. 2, febbraio / February 2019, pp. 115-124.

Kietzmann N., *Die Prequels des Design. Die Stunde null des Transformation. Moebels*, "H.O.M.E.", n. 4/19, aprile / April 2019, p. 74.

Ciulli F., *Alla ricerca della luce perduta*, "Luce", n. 330, trimestrale / quarterly magazine, 2019, p. 89.

Intervista con IF, *Ignazia Favata*, "DARC magazine-Decorative Lighting in Architecture (UK)", Agosto / August 2020, p. 21.

De Calignon V., *La controverse de l'intérieur / Interior Controversy*, "Radar", n. 2, pubblicazione annuale / yearly publication, 2020, pp. 40, 42, 44.

In copertina / Cover

Boby
Carrello / Trolley
AJC.0139
progetto / design 1970
produzione / production 1970 B-LINE
foto di / photo by Andrea Pancino

Silvana Editoriale

Direzione editoriale / Direction
Dario Cimorelli

Art Director
Giacomo Merli

Coordinamento editoriale / Editorial Coordinator
Sergio Di Stefano

Redazione / Copy Editor
Paola Rossi

Traduzioni / Translations
Atlantica Centro Servizi di Elena Giorgetti, Firenze

Impaginazione / Layout
Annamaria Ardizzi

*Coordinamento di produzione /
Production Coordinator*
Antonio Micelli

Segreteria di redazione / Editorial Assistant
Giulia Mercanti

Ufficio iconografico / Photo Editors
Alessandra Olivari, Silvia Sala

Ufficio stampa / Press Office
Lidia Masolini, press@silvanaeditoriale.it

Silvana Editoriale S.p.A.
via dei Lavoratori, 78
20092 Cinisello Balsamo, Milano
tel. 02 453 951 01
fax 02 453 951 51
www.silvanaeditoriale.it

Le riproduzioni, la stampa e la rilegatura
sono state eseguite in Italia
Reproductions, printing and binding in Italy
Stampato da / Printed by Tecnostampa - Pigini
Group Printing Division, Loreto-Trevi
Finito di stampare nel mese di febbraio 2021
Printed Febraury 2021